학생, 현장기술자, 기능장 대비를 위한 기초에서 응용까지

PLC 제어기술

원규식, 김대광, 이두용, 김원배 공저

동일출판사

머리말

최근 4차산업혁명의 강조 속에 혁신적 기술변화는 종합기술의 미래를 예고하고 있다. 더구나 요즘의 기술적 트렌드는 GLOBAL 경쟁구도 속에 확실하고, 유연한 자동화 시스템을 요구하게 되었고 이에 우리 엔지니어들은 다양한 현장에서 고급 기술을 접목하여 응용할 수 있는 능력을 요구 받게 되었다.

따라서 21세기의 자동화의 꽃이라고 불리는 PLC의 활용기술이야 말로 오늘날 전기및자동화 관련학과의 학생 및 현장기술자와 기능장시험대비 수험자들에게 필수요건으로 부각되었다. 이에 부응 하기위해 본 교재를 집필하게 되었고, 여러 가지의 PLC기종 중 저자들이 ,관련학과의 학생들과 기업체의 전기및자동화 분야 관련 기술자들을 대상으로 강의한바 가장 보편적으로 사용하고 있는 XGT와 MELSEC PLC의 기종별로 예제를 수록하여 기본적 언어를 활용 할 수 있도록 편성하였다. 본 교재는 총 5장으로 편성하였고 제3장의 유형에 따른 소형 PLC의 접속방법을 통하여 입력과 출력의 연결방법을 완전 이해하도록 구성하였고 제4장의 기본회로를 모두반복 연습한다면 PLC의 기본적 능력을 갖추었다 할 수 있다. 이어서 추후 출간될 고급기술인을 위한 교재를 공부하는데 큰 도움이 될 것이며, 아울러 독자 여러분의 고견한 학문적 충고를 기다리며 추후 보완하여 보다 알찬 교재가 되도록 출간할 것을 약속드리는 바입니다.

SOFTWARE PLC관련 자료를 얻기 위한 인터넷 사이트를 소개하니 참고하시기 바랍니다.

- LS산전 홈페이지 : http://kr.lsis.biz/
  LS산전 제품에 대한 매뉴얼, 소프트웨어등을 다운로드.
  XG5000에 대한 SOFTWARE 다운로드
- MELSEC PLC 홈페이지 : http://www.mitsubishi-automation.co.kr/
  미쓰비시 제품(PLC, 터치스크린, 서보모터 등)에 대한 매뉴얼,
  소프트웨어 등을 다운로드하기 바라며,

또한 시퀀스 기본부터 PLC기본 관련 자료 및 동영상은 NAVER 사이트 접속하여 카페에서 "전기기능장 연구 모임회"에서 도움받기를 원한다.

본 교재가 발간되도록 어려울 때 용기와 열정을 갖도록 도움을 주신 주님의 은혜에 감사드리며, 또한 대학에서 그간의 후학을 위해 열강하신 귀한 자료로 함께 집필에 함께하신 이두용 교수님, 김원배 교수님, 김대광 교수 그리고 원고정리에 도움을 준 조한준(성균관대 대학원), 이한수, 기능장 오태석에게도 고마움을 전하며, 동일출판사의 송민호 부장 및 편집장과 관계자분들과, 정창희 사장님께 감사함을 전하는 바입니다.

대표저자 원 규 식

목차

PLC Control Technology

제1장 XGT(XGB)의 기본이론

제1절 PLC 개요 및 구성

제2절 PLC 설치와 연결

제3절 LD 편집 및 PLC 프로그램 주요기능

제4절 PLC 명령어

제 2 장 MELSEC의 기본이론

제 1 절 GX Developer의 이해하기

제 2 절 GX Works2의 기본이론

제 3 장 전기회로와 PLC 입출력도

제 4 장 실무를 위한 프로그램 연습

제 5 장 시퀀스회로의 논리변환하기

memo

1

XGT(XGB)의 기본이론

PLC Control Technology

Power Line Communication

제 1 절 PLC 개요 및 구성

1 정의 및 출현 배경

1) 정의

PLC란, 계전기 제어반 기반으로 릴레이, 타이머, 카운터 등을 각각 연결하여 기능 구현하던 것을 간단한 프로그램으로 동작할 수 있도록 만든 디지털로 동작하는 전자 장치이다. PLC는 1968년 미국의 자동차사인 GM사가 개발을 시작하였으며, 초기에는 PC(Programmable Controller)로 불렸으나 개인용 컴퓨터의 약자인 PC(Personal Computer)와 혼동되어, 1978년 미국 전기공업협회(NEMA, National Electric Manufacturing Association)에서 PLC(Programmable Logic Controller)로 명명하고 "디지털 또는 아날로그 입출력 모듈을 통하여 로직, 시퀀싱, 타이밍, 카운팅, 연산과 같은 특수한 기능을 수행하기 위하여 프로그램이 가능한 메모리를 사용하고 여러 종류의 기계나 프로세서를 제어하는 디지털 동작의 전자 장치"로 정의하였다.

입력	→	PLC	→	출력
▪ 디지털 신호 (스위치류, 센서류 등) ▪ 아날로그 신호 (전류, 전압 등)	→	▪ 로직 처리(AND, OR, NOT및 기본논리 등) ▪ 시퀀스 처리 ▪ 타이머, 카운터, 연산과 같은 특수기능	→	▪ 램프 켜기 ▪ 모터 구동 ▪ 솔레노이드 등 부저,MC,Relay의 코일단자

2) 출현 배경

① 생산설비의 대규모화, 고도화, 복잡화
② 복잡한 시퀀스제어회로 구성에 따른 대규모 공간의 필요와 처리속도의 한계
③ 릴레이, 타이머, 카운터 등을 연결하는 시퀀스제어회로의 복잡한 배선작업
④ 제어시스템 변경에 많은 시간과 비용 소요

⑤ 다양한 기능 구현을 위한 유연한 제어 시스템의 필요

GM사가 제시한 PLC의 10대 조건

① 프로그램 작성 및 변경이 용이하고, 시퀀스 변경이 용이할 것
② 점검 및 보수가 용이하고 Plug-in 방식일 것
③ 계전기 제어반보다 신뢰성이 높을 것
④ 출력은 상위 컴퓨터와 결합 기능을 가질 것
⑤ 계전기 제어반보다 소형일 것
⑥ 계전기 제어반보다 가격 면에서 유리할 것
⑦ 전압 입력은 AC 115[V] 표준일 것
⑧ 전압 출력은 AC 115[V]로 최저 2[A]의 용량을 가질 것
⑨ 전체 시스템 변경을 최소화하면서 기본 시스템은 확장이 가능할 것
⑩ 최저 4KWord에 확장 가능한 프로그래머블 메모리를 가질 것

2 장점 및 응용분야

1) 장점

PLC는 부피가 작으며, 제어회로의 작성, 수정, 관리를 프로그램 작성으로 용이하게 할 수 있다.

- 수치연산(덧셈, 뺄셈, 곱셈, 나눗셈)및 고속연산처리가 가능하다.
- 릴레이회로의 제어방법을PLC의 프로그래밍 언어로 처리가 가능하다.
- PLC 프로그래밍 언어로 시퀀스 제어 및 피드백 제어가 가능하다.
- 자기진단 기능을 가진다.
- 용도에 따라, 접점 수를 거의 무제한으로 확장 가능하다.
- PLC의 시스템 설정이나 프로그램은 ROM 메모리 내에 백업되어 있으므로, 전원을 끊어도 프로그램이 유지될 수 있는 안정성이 우수하다.
- 회로의 내용변경이 용이하다. 릴레이 시퀀스에서는 회로를 수정하는 경우에는 배선변경이 필요하지만, PLC는 소프트웨어상의 프로그램 변경만으로 제어회로를 변경할 수 있다.

2) 계전기 제어반과 PLC 제어의 비교

<table>
<tr><td>계전기
제어반</td><td></td><td>① 복잡한 전선 결선
② 작업 중 변경사항 발생 시 전체 결선을 다시 해야 함
③ 다양하고 복잡한 제어를 할 수 없는 한계
④ 제어를 위한 결선 공간이 커짐</td></tr>
<tr><td>PLC 제어</td><td></td><td>① 복잡한 전선 결선을 PLC 프로그램으로 대체
② 작업 중 변경사항 발생 시 결선을 변경하지 않고 프로그램만 변경
③ 서보모터, 온도제어 등 다양하고 복잡한 제어 가능
④ 인터넷망을 이용한 원거리 통합제어 가능
⑤ 제어를 위한 최소의 결선공간만 필요</td></tr>
</table>

3) 응용분야

산업 구분	제어 대상
식품/음료	컨베이어 총괄 제어, 생산라인 자동 제어
제철/제강/금속	작업장 하역 제어, 원료수송 제어, 압연 라인 제어
섬유/화학/자동차	직조 염색 라인 제어, 조립 라인 제어, 전송 라인 제어, 도장 라인 제어
기계/제조/가공	산업용 로봇 제어, 공작기계 제어, 송/배수 펌프 제어
상하수도/공해처리	정수장 제어, 하수 처리 제어, 송/배수 펌프 제어
물류	출하 제어, 자동 창고 제어, 하역 설비 제어, 반송 라인 제어
공장 설비	압축기 제어, 동력 제어

전기를 이용한 설비 및 제어 계통의 모든 영역에서 PLC가 이용되고있어 21세기의 자동화 의꽃이라 말한다

3 PLC 구성 및 기본 용어

1) PLC 구성

PLC에는 블록타입과 모듈타입이 있다.
블록타입은 CPU부와 입출력부가 하나의 케이스 내에 설치되어 있으며, I/O점수가 수십 점 정도로서 소규모 시스템용이다. XGB XBC-DR30SU가 대표기종으로 이 타입은 외부 전원을 사용하지 않고도 PLC에 내장된 전원으로 입출력기기를 동작시킬 수 있다.
모듈타입은 베이스 유닛과 베이스 유닛에 0~7의 각 슬롯에 전원공급모듈, CPU모듈, 입출력모듈, A/D 및 D/A모듈, 통신모듈 등을 선택하여 장착할 수 있으며, 제어대상에 따라서 모듈을 증설하여 확장이 가능하다. 대규모 시스템용이다.
블록타입 PLC는 전원부, CPU, 메모리부, 입력부, 출력부로 구성되어 있다.

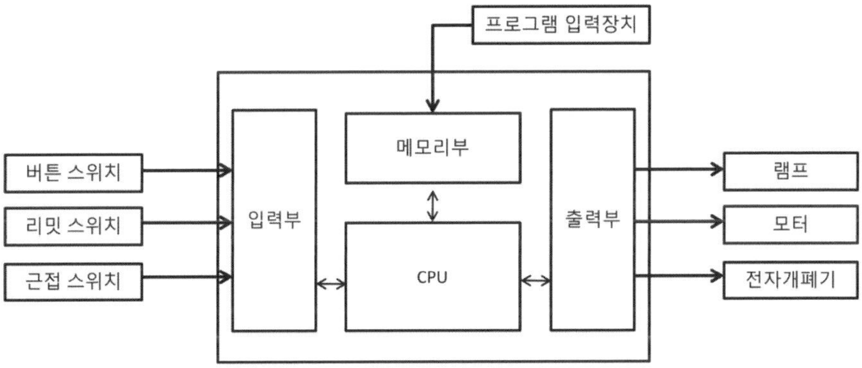

PLC 기본 구성도

① **CPU(중앙처리장치)** : 컴퓨터의 CPU와 같은 역할을 담당하며 입력부의 입력신호에 의해 제어처리를 한 다음 출력부를 통해 출력신호를 밖으로 내보낸다.

② **입력부** : 버튼스위치, 검출용 리밋 스위치, 근접센서, 광센서 등의 입력기기로부터 입력신호를 PLC로 읽어 들이는 역할을 담당한다.

③ **출력부** : 램프, 모터, 솔레노이드, 전자 접촉기, 전자 개폐기 등의 출력기기가 접속되며, 제어처리 결과인 출력신호를 PLC 밖으로 내보내는 역할을 담당한다.

2) 기본 용어

(1) 스위치 형태의 입력과 출력 코일

구분	릴레이 로직	PLC 로직	내용
A 접점	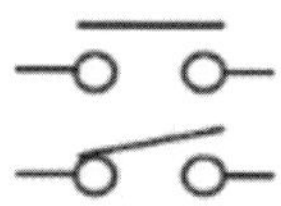	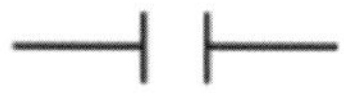	평상시 개방(OPEN)되어 있는 접점 NO (Normally Open)
B 접점	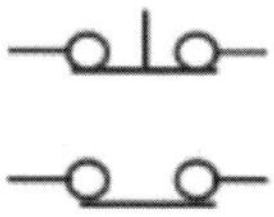		평상시 폐쇄(Closed)되어 있는 접점 NC(Normally Closed)
C 접점	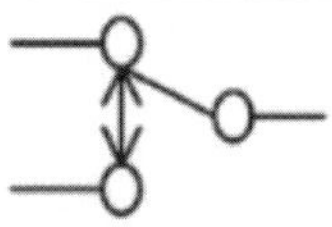	없음	A접점, B접점 혼합형
출력코일	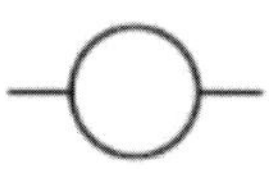		연산결과 접점 출력
응용명령	없음		PLC 응용 명령 수행

(2) 기초 용어

① 점(Point) : 입력 18점, 출력 12점의 PLC는 스위치나 센서 등 입력기기를 최대 18개, 램프나 릴레이 등 출력기기를 12개 연결할 수 있다. PLC의 입/출력 용량을 표시할 때 사용한다.

② 스텝(Step) : PLC 명령어의 최소 단위로 A접점, B접점, 출력 코일 등의 명령이 1스텝에 해당하는 명령이다. 기타 응용 명령어의 경우 하나의 명령어가 다수의 스텝을 점유한다. 프로그램 용량 및 CPU속도를 표시하는 단위로 사용된다. (용량 : 30k step, 속도 : sec/step)

③ 스캔타임(Scan Time) : 사용자가 작성 프로그램의 1회 수행에 걸리는 시간을 말한다. 스텝수가 많은 프로그램의 경우 스캔 타임이 증가한다.

④ WDT(Watch Dog Timer) : 프로그램의 연산 폭주나 CPU 기능고장에 의하여 출력을 하지 못 할 경우 설정한 시간(WDT) 대기 후 에러를 발생시키는 시스템 감시 타이머이다. 기본 200ms로 설정되어 있으며, 파라미터 지정에서 변경 가능하다.

⑤ 파라미터(Parameter) : 통신, 시스템 환경 등의 데이터이다. 프로그램과 함께 PLC에 저장된다.

4 제어 처리 순서 및 메모리 구조

PLC Control Technology

1) 제어 처리 순서

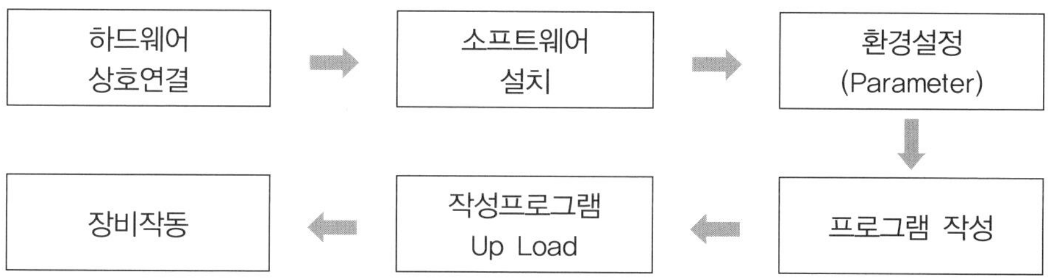

제어 처리 시 PLC는 온도처럼 연속된 양(Analog Data)의 데이터를 처리(덧셈, 뺄셈 등) 하지 못하므로 연속된 양(Analog Data)을 수치(Digital Data)로 변형한 다음 처리하고, 다시 연속된 양으로 내보내야 한다. 따라서 Analog Data(전압, 전류 값)를 Digital Data(수치)로 변환해 주는 A/D 모듈과 Digital Data(수치)를 Analog Data(전압, 전류)로 변환해 주는 D/A 모듈을 장착하여 처리한다.

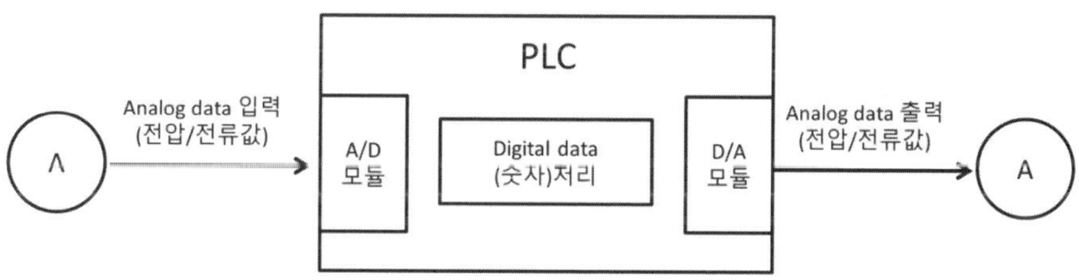

A/D입력, D/A출력 제어도

2) 메모리 데이터영역

구분		데이터영역	파라미터 변경가능
비트 디바이스 영역 방식은 첫 자리에 디바이스 종류를, 중간 자리는 10진수로 워드 위치를, 마지막 자리는 16진수로 워드 내의 비트 위치를 표기한다. Ex) P000F			
P	입출력 접점	P0000 ~ P1023F (16,384점) 실제 입력 P0~P17 / 출력 P40~P41 까지 디바이스명 사용	×

구분		데이터영역	파라미터 변경가능
M	내부 접점	M0000 ~ M1023F (16,384점)	○
K	정전 유지 접점	K0000 ~ K4095F (65,536점)	×
L	통신 접점	L0000 ~ L2047F (32,768점)	×
F	특수 접점	F0000 ~ F1023F(16,384점)	×
T	타이머 접점	100㎳, 10㎳, 1㎳: T0000 - T1023 (1,024점) 파라미터 설정에 의해 영역 변경이 가능함	○
C	카운터 접점	C0000 ~ C1023 (1,024점)	○
S	스텝 컨트롤러	S00.00 ~ S127.99	○
워드 디바이스 영역			
D	데이터 레지스터	D0000 ~ D10239 (10,240워드)	○
U	아날로그 데이터 레지스터	U0.0 ~ U0A.31 (352워드) 아날로그 데이터 리프레시 영역	×
Z	인덱스 레지스터	Z000~Z127 (128워드)	×
R	파일 레지스터	R0000~R10239(10,240워드)	-

① **P영역** : 외부기기를 연결하는 입력부와 출력부에 해당하는 영역으로 푸시 버튼, 리밋 스위치, 전환 스위치 등의 입력기기와 램프, 모터, 솔레노이드 등의 출력기기를 연결한다. 입력 모듈의 상태를 읽어 해당 대응되는 P영역에 저장하고 연산 결과가 저장된 P영역 데이터를 출력 모듈로 저장한다. P영역 중 입출력으로 사용되지 않는 부분은 M영역과 동일하게 사용할 수 있다. A, B 접점 사용 가능하다.

② **M영역** : PLC내부 릴레이의 기능으로 프로그램에서 비트 데이터를 저장할 수 있도록 제공되는 내부 메모리이다. 외부로 직접 출력은 불가능 하지만 P와 연결하여 외부로 출력이 가능하다. 전원 ON시와 RUN 시에 파라미터 설정에 의해 래치 영역으로 지정되지 않은 영역은 0으로 삭제된다. A, B 접점 사용 가능하다.

③ **K영역** : 정전 시 데이터를 유지하는 디바이스 영역으로 별도로 정전유지 파라미터를 설정하지 않고 사용할 수 있다. M영역과 사용 용도는 동일하며, 전원 ON 이나 RUN 시에 기존 데이터를 보존하는 래치 영역으로 기본 파라미터의 래치 영역 1로 설정한 것과 같은 동작을 한다. A, B 접점 사용이 가능하다.
프로그램 작성 후 실행, XG5000에서 메모리 지우기 실행, CPU 리셋 키 조작의 경우에는 데이터가 0으로 지워진다.

④ **L영역** : 통신모듈 장착 시 통신모듈의 정보(서비스 정보, 플래그 정보)를 제공하는 통신모듈 전용 플래그 영역이다. 래치 영역 1의 동작 특성과 동일하게 데이터를 유지한다. 통신모듈을 사용하지 않는 경우에는 M영역과 동일하게 사용 가능하다.

⑤ T 영역 : 타이머 영역으로 기본주기 1ms, 10ms, 100ms의 3종류가 있다. 타이머의 접점, 현재 값, 설정 값 상태를 저장한다. 명령어(TON, TOFF, TMR, TMON, TRTG)에 따라 계수 방법이 다르다.
최대 hFFFF(65535)까지 10진 또는 16진수로 설정 가능하다.

⑥ C영역 : 카운터 영역으로 입력조건 Rising Edge (Off→On)에서 카운트하며 Reset 입력에서 카운터 동작을 중지하고 현재 값을 0으로 삭제하거나 설정 값으로 변경한다. 카운터의 접점, 현재 값, 설정 값 상태를 저장한다. 명령어 (CTU, CTD, CTUD, CTR)에 따라 각 계수 방법이 다르다.
최대hFFFF까지 설정 가능하다.

5 PLC 기호와 작성규칙

PLC Control Technology

1) 프로그래밍 언어의 종류

PLC 프로그래밍 언어는 도형식 언어로서 래더도 (Ladder Diagram : LD) 언어, 기능블록도 (Function Block Diagram : FBD) 언어, SFC (Sequential Function Chart), 텍스트 형식 언어로서 명령리스트 (Instruction List : IL) 언어, 구조화 텍스트 (Structured Text : ST) 언어의 5종류가 있다.
래더도가 가장 많이 사용되며, 다음으로 SFC와 FBD 가 사용되고 있다.

2) 래더도 기호와 작성 규칙

JIS에서는 래더도의 정의를 “접점, 코일, 도형으로 표시된 기능, 그 외의 형식으로 표시된 기능, 기능 블록 및 이들에 관련되는 데이터, 레이블로 이루어지는 1개 또는 그 이상의 네트워크를 좌우의 모선 내에 기술한 그림”으로 정의하고 있다.
래더도 언어는 릴레이회로의 기호와 유사하며, 래더 프로그램은 좌우의 모선 사이에 접점, 코일, 타이머와 카운터 등의 펑션 또는 펑션블록을 연결하여 작성한다.

(1) 래더도 기호

구분	기호	이름	설명
모선	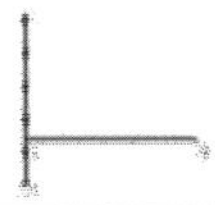	좌측 모선	BOOL 1의 값
		우측 모선	값이 정해져 있지 않음
연결선		가로 연결선	왼쪽 값을 오른쪽으로 전달
	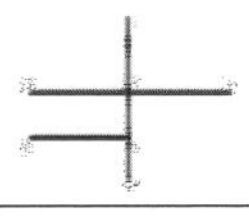	세로 연결선	왼쪽 가로 연결선들의 논리합
입력 접점	—| |—	평상시 열린 접점 (Normally Open)	변수의 상태가 ON일 때 좌측의 상태가 우측으로 전달 변수의 상태가OFF일 때 우측의 연결선 상태는 OFF
	—|/|—	평상시 닫힌 접점 (Normally Closed)	변수의 상태가 OFF일 때 좌측의 상태가 우측으로 전달 변수의 상태가ON일 때 우측의 연결선 상태는 OFF
	—|P|—	양 변환 검출접점	변수의 상태가 OFF에서 ON으로 변화하는 순간 1스캔 시간 동안 ON (상승에지 펄스입력)
	—|N|—	음 변환 검출접점	변수의 상태가 ON 에서 OFF 로 변화하는 순간 1 스캔 시간 동안 ON (하강에지 펄스입력)
출력접점	임시 코일 (Momentary Coils)		
	—( )—	코일	좌측의 연산 결과를 지정된 접점으로 출력 (관련된 BOOL 변수에 넣음)
	—(/)—	역 코일	좌측의 연산 결과를 반전하여 지정된 접점으로 출력 (관련된 BOOL 변수에 연산 결과를 반전하여 넣음)
	래치 코일 (Latched Coils)		
	—(S)—	셋(Latch) 코일	연산 결과가 1번 ON 에서 OFF 되어도 출력값은 ON 유지 (좌측 연결선 상태가 ON일 때 변수는 ON 되고, RESET Coil에 의해 OFF 되기 전까지 ON 상태 유지)
	—(R)—	리셋(Unlatch) 코일	셋 되었던 접점을 리셋 시킴 (좌측 연결선 상태가 ON일 때 변수는 OFF 되고, SET Coil에 의해 ON 되기 전까지 OFF 상태 유지)
	상태 변환 검출 코일 (Transition-Sensing Coils)		
	—(P)—	양 변환 검출코일	연산 결과가 OFF에서 ON으로 변하는 순간 관련된 BOOL 변수의 값은 1 스캔 시간 동안만 ON
	—(N)—	음 변환 검출코일	연산 결과가 ON에서 OFF로 변하는 순간 관련된 BOOL 변수의 값은1 스캔 시간 동안만 ON

① **모선** : 래더 회로의 전원라인(좌측 모선, 예 24V)과 0V라인(우측 모선)을 표시하는 기호이며, 수직선으로 표시한다.

② **연결선(가로선, 세로선)** : 좌측 모선의 BOOL 1 값은 프로그램에서 우측으로 전달된다. 이때, 전달되는 선을 전원 흐름선 또는 연결선이라 하며, 접점이나 코일에 연결되어 있는 선이다. 가로 연결선과 세로 연결선이 있다.

③ **접점** : 입출력 접점 또는 메모리 변수의 ON/OFF 상태를 표시한다.

④ **코일** : 좌측에 있는 입력 조건에 따라 연결되는 출력요소, 릴레이를 ON/OFF 시키는 것으로 래더도에서 가장 우측에만 올 수 있다.

(2) 래더도 작성 규칙

① 회로는 가로로 작성한다.
② 신호는 왼쪽에서 오른쪽으로 전달한다.
③ 회로는 동작순으로 위쪽에서 아래쪽으로 순서대로 작성하고, 출력 내용은 아래쪽에 배치하며 관련되는 내용은 분산시키지 않는다.
④ 접점과 코일에는 요소번호(BOOL 변수, 디바이스 번호, I/O No.라고 불림) 또는 변수명을 표시하며, 요소번호와 변수명을 함께 표시할 수도 있다. PLC 내부에 있는 타이머, 카운터 등의 펑션 블록에는 임시 변수명(instance name)을 붙인다.
⑤ 시퀀스 제어 프로그램은 기능별로 나누어 작성하면 프로그램 전체를 이해하기 쉽다. 또한 프로그램 내에 신호이름이나 설명문(코멘트)을 삽입하면 이해가 쉬워진다.
⑥ 입력 측 모선(좌측 모선)에 출력코일은 직접 접속해서는 안되며, 상시 출력을 ON하고자 하는 경우 상시 ON접점(_ON)을 사용한다.
⑦ 출력 측 모선(우측 모선)에 접점을 직접 접속해서는 안되며, 출력 측 모선에는 출력코일이나 응용명령(타이머, 카운터 등)을 접속한다.
⑧ 동일한 출력코일을 여러 개 중복하여 사용해서는 안 된다.
⑨ 출력코일이나 타이머 명령 등의 응용명령은 연속하여 출력할 수 없다. 단 출력코일은 병렬로 접속할 수 있지만 직렬로 접속해서는 안 된다.

3) 래더도 기호와 작성 규칙

타임차트란 종축에 입출력기기, PLC 내부의 카운터, 타이머 등의 상태를 표시하고, 횡축에는 시간의 변화를 표시한 것으로서, 입출력기기와 내부 릴레이, 타이머 등의 움직임을 시간에 따라 ON과 OFF의 두 값으로 표시한다. 타이머의 설정시간은 숫자로 표기

한다.
타임차트는 모든 요소의 변화상태를 읽을 수 있고, 필요한 시점에서의 입력과 출력의 관계를 확실히 알 수 있다.

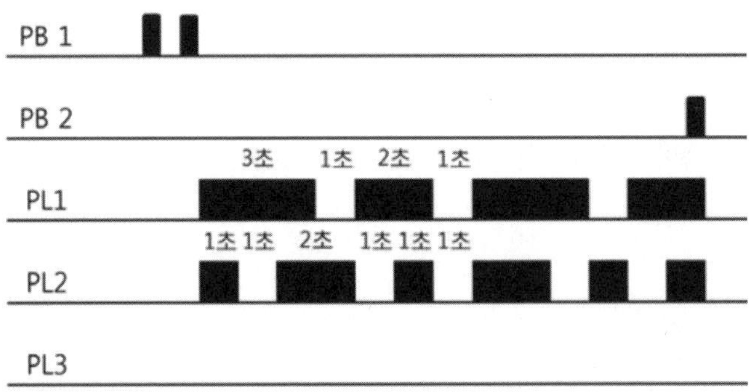

타임차트 예시

제 2 절 PLC 설치와 연결

1 PLC 설치와 연결

1) PLC(XGB XBC-DR30SU)

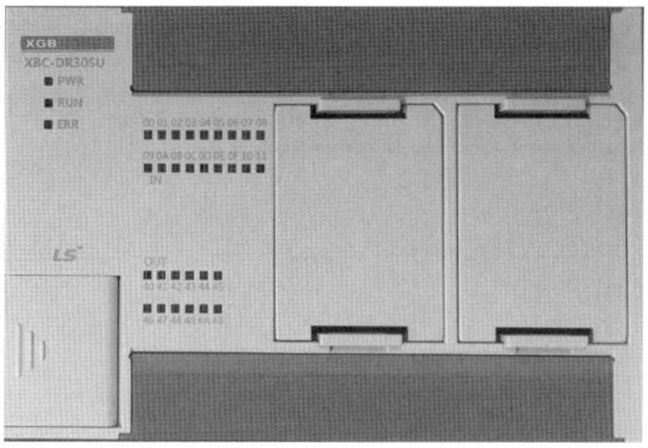

기본 유닛	AC 100 ~ 240V 전원, DC 24V입력 18점, 릴레이 출력 12점		
XBC-DR30SU 외형치수(mm)	W	D	H
	135	64	90

(1) 성능규격

항목	규격
연산 방식	• 반복연산, 정주기 연산, 인터럽트연산, 고정주기 스캔
입출력 제어 방식	• 스캔동기 일괄처리 방식 (리프레시 방식) • 명령어에 의한 다이렉트 방식
연산처리 속도(기본명령)	• 0.094㎲/step
프로그램 메모리용량	• 15Kstep
최대 입출력 점수	• 254점 (기본+증설7대(통신제품2대))
운전모드	• RUN, STOP, DEBUG
자기 진단 기능	• 연산지연감시, 메모리 이상, 입출력 이상
프로그램 접속포트	• USB(1Ch),RS-232C(1Ch)
정전 시 데이터 보존방법	• 기본 파라미터에서 래치(리테인) 영역 설정
주요 내장기능	• Cnet(RS-232C,RS-485) • PID, 고속카운터

(2) 기기의 각 부 명칭

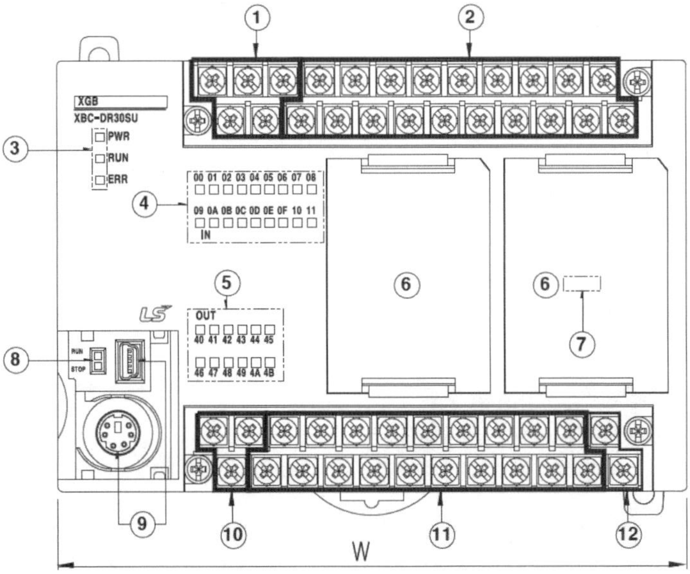

① 내장통신 접속 단자대	② 입력 단자대	③ 상태 표시LED
④ 입력 표시용LED	⑤ 출력 표시용LED	⑥ 옵션 보드 홀더
⑦ O/S 모드 딥스위치	⑧ RUN/STOP 모드 스위치	⑨ PADT접속용 커넥터
⑩ 전원 단자대	⑪ 출력 단자대	⑫ 24V출력(보조전원)

(3) 입출력 배선

① 내부통신 및 입력부

회로구성	NO.	접점	NO.	접점	형태
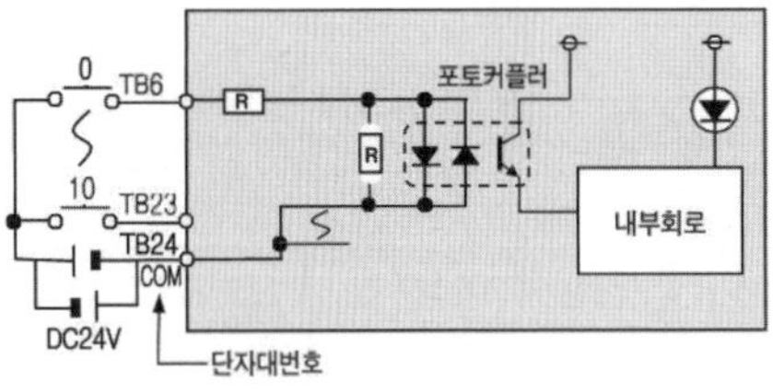			TB1	RX	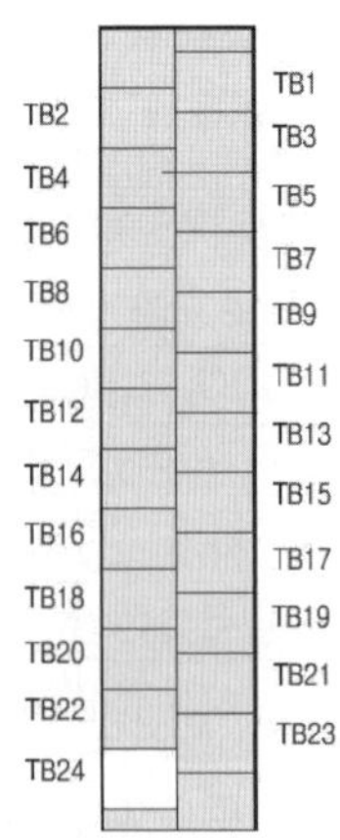
	TB2	485+	TB3	TX	
	TB4	485-	TB5	SG	
	TB6	00	TB7	01	
	TB8	02	TB9	03	
	TB10	04	TB11	05	
	TB12	06	TB13	07	
	TB14	08	TB15	09	
	TB16	0A	TB17	0B	
	TB18	0C	TB19	0D	
	TB20	0E	TB21	0F	
	TB22	10	TB23	11	
	TB24	COM			

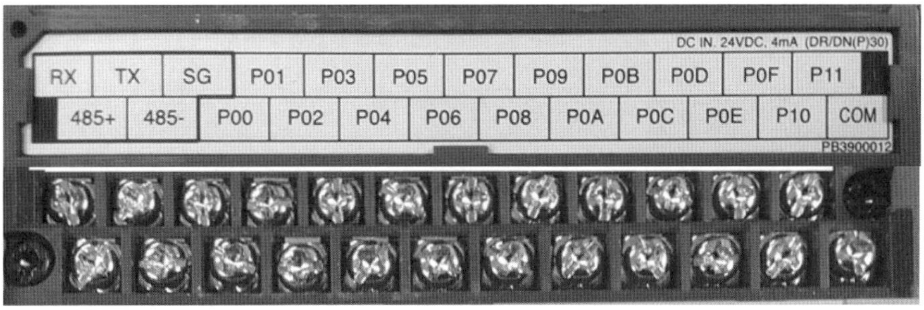

- 내부 RS-232C 통신 단자 : 접점 Rx, Tx, SG
- 내부 RS-485 통신 단자 : 접점 485+, 485-
- 외부 입력 스위치 단자 : 접점 P00~P11(P 접점 번호는 16진수, 18점), COM

② 전원 및 릴레이 출력부

회로구성

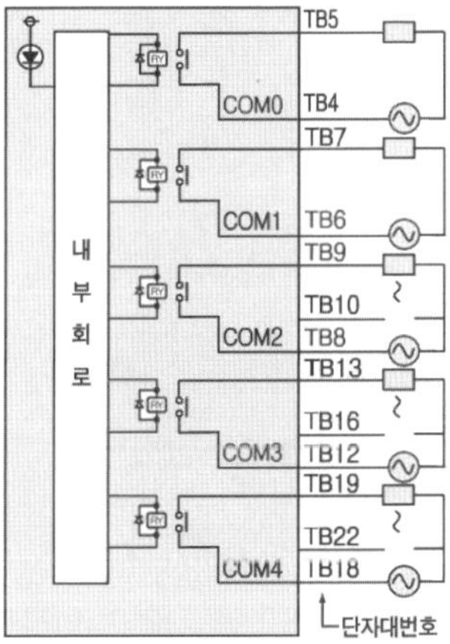

NO.	접점	NO.	접점
		TB1	AC100 -240V
TB2	PE	TB3	
TB4	COM0	TB5	40
TB6	COM1	TB7	41
TB8	COM2	TB9	42
TB10	43	TB11	NC
TB12	COM3	TB13	44
TB14	45	TB15	46
TB16	47	TB17	NC
TB18	COM4	TB19	48
TB20	49	TB21	4A
TB22	4B	TB23	24V
TB24	24G		

형태

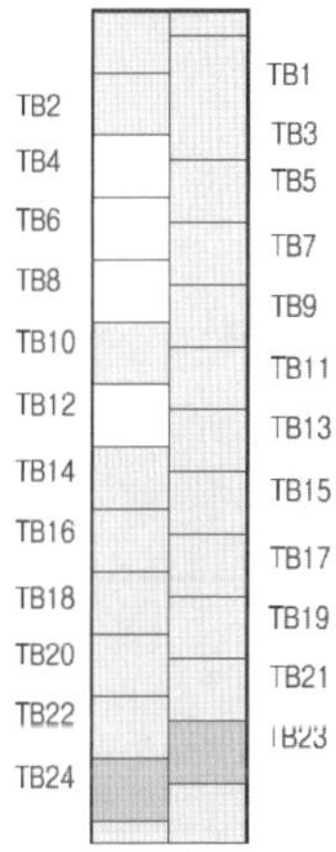

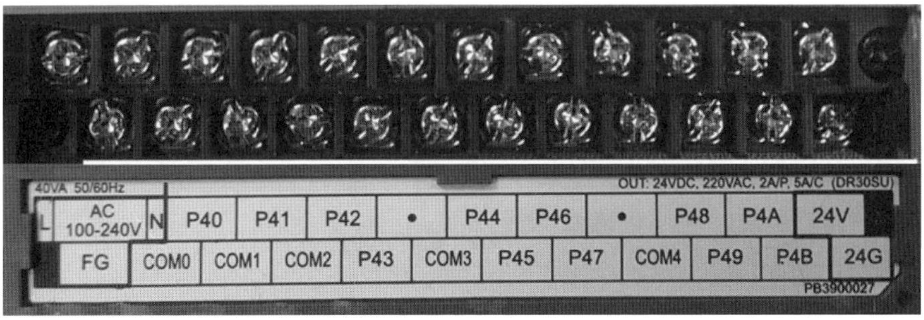

- 전원 단자 : 접점 L, N (AC 100-240V))
- 접지 단자(프레임 그라운드 단자) :접점 FG
- 출력 접점 단자 : 접점P40 ~ P4B(P 접점 번호는 16진수, 12점), COM0 ~ COM4
- DC24V 전압 출력 단자 : 접점 24V(+), 24G(-) (DC입력 스위치를 연결 시 사용)

2) 주변기기

① PMC_310S : RS-232C 접속(다운로드) 케이블

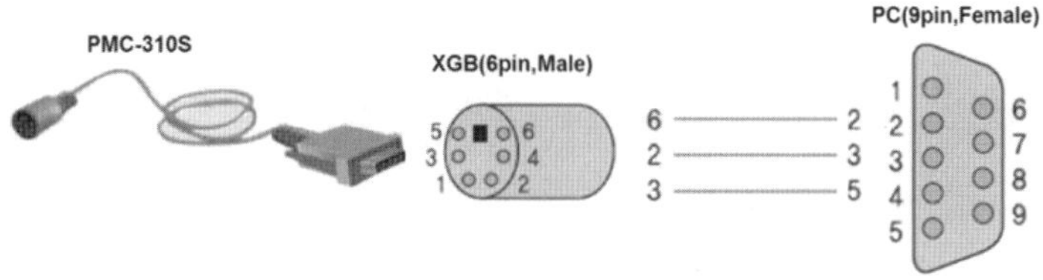

② USB_301A : USB 접속(다운로드) 케이블

③ 파워케이블(AC 220V 2C)

④ HIV 전선(1.5 SQ)

⑤ 배선연결U자형단자(1.5 SQ) 및 열 수축튜브

⑥ 케이블 타이(100mm)

3) 시스템 구성도

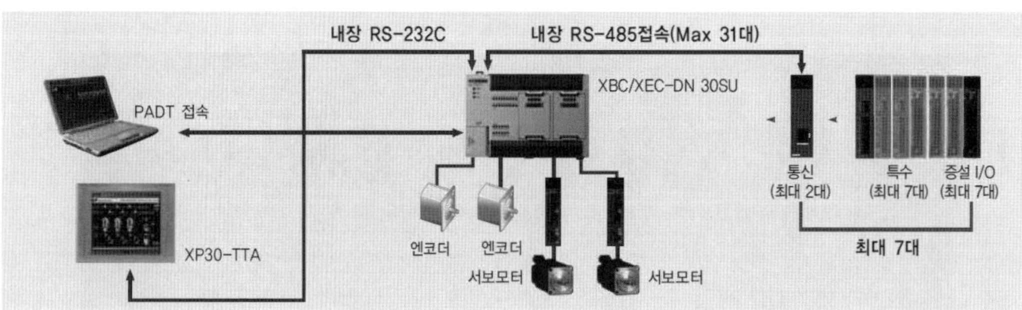

4) 프로그래밍 소프트웨어 XG5000 을 위한 컴퓨터 요구 성능

항 목	사용규격
사용환경	Window 2000, XP, Vista, Win7, Win8(32/64bit)
사용기준	IBM 호환 PC with Pentium3 이상 / 200MHz 이상
메모리 용량	System RAM : 256MB 이상
HDD	200 MB free memory space
통신 포트	프로그램 전송을 위한 통신포트 1개 (RS-232C 시리얼 포트 또는 USB 포트)
모니터	1024 X 768 이상의 해상도
마우스	컴퓨터에 연결 가능한 마우스 1개

2 PLC 장비 연결

PLC Control Technology

1) 입력단자의 연결

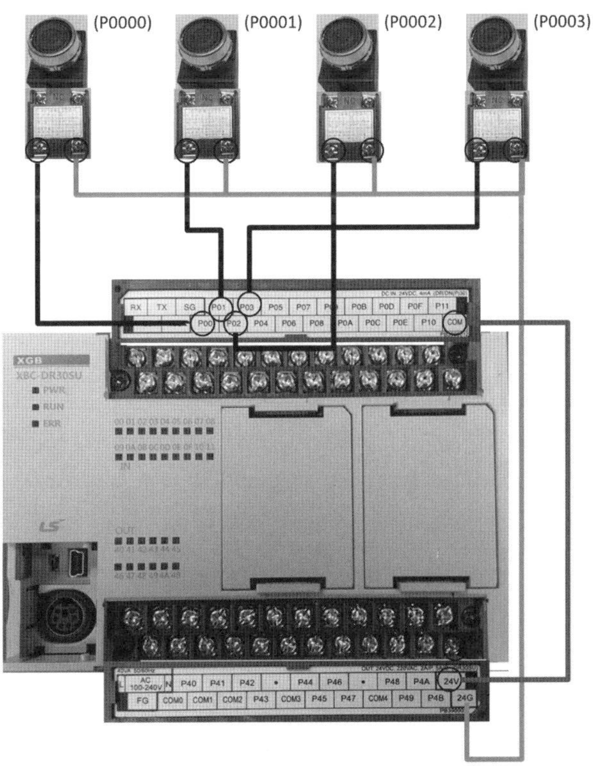

① 입력단자의 COM은 출력단자의 24V와 연결한다.
② 출력단자의 24G는 버튼 스위치, 리밋 스위치, 릴레이, EOCR 등의 입력기기 공통 접점과 연결한다. (NPN 입력방식)
③ 입력기기의 다른 접점을 입력단자대 접점P00~P11단자에 연결한다.

2) 전원, 접지 및 출력단자의 연결

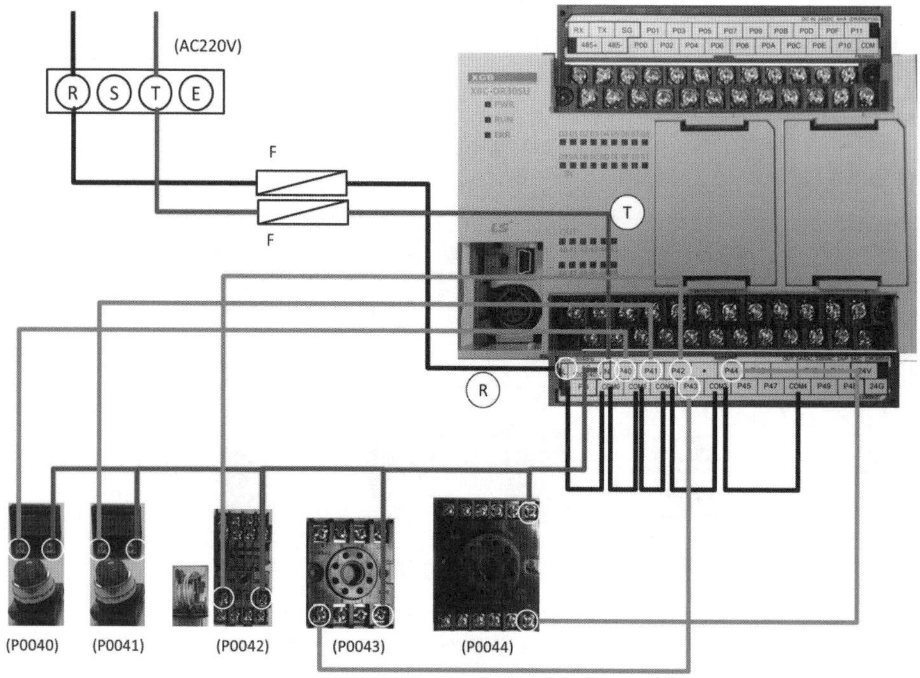

① 220V 전원 케이블을 전원단자대에 연결하고, 전원단자대와 퓨즈홀더를 연결한다.
② 퓨즈홀더 윗상(R상)을 출력단자대 전원단자 L접점에 연결한다.
③ 전원단자 L접점과 출력단자 COM0 ~ COM4를 공통으로 연결한다.
④ 퓨즈홀더 아랫상(T 상)을 출력단자대 전원단자 N접점에 연결한다.
⑤ 전원단자 N접점을 출력기기 공통 접점과 연결한다.
⑥ 출력단자대 접점P40 ~ P4B단자를 출력기기의 다른 접점과 연결한다.
(릴레이 연결 시 접점 : 8핀 릴레이 2번, 7번 / 14핀 릴레이 13번, 14번 / 12핀 파워릴레이(MC) 6번, 12번 / …)
⑦ 접지단자 FG 접점은 제어판 24P 단자대에 단독 접지한다. (RSTE 3상의 E상 3종 접지와 연결하면 안 된다.)

3) 통신 연결

컴퓨터와 PLC를 USB 케이블로 연결한다.

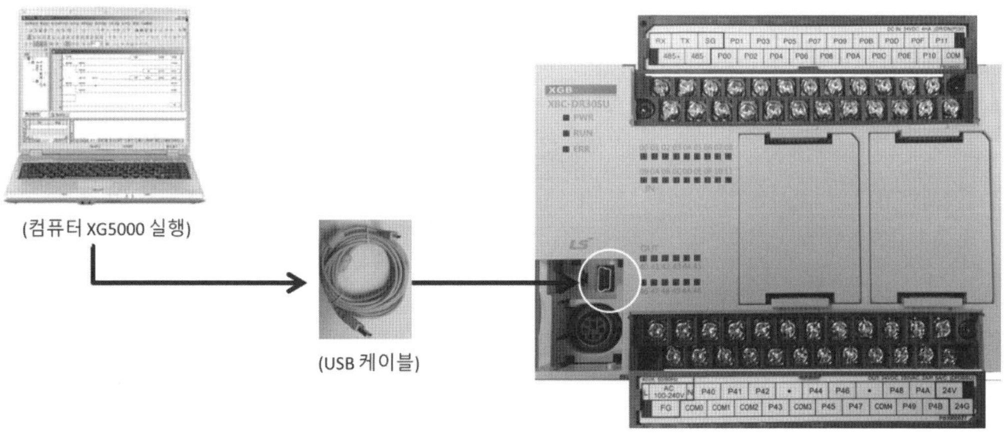

3 PLC 소프트웨어 XG5000 설치

PLC Control Technology

1) XG5000 소프트웨어 다운받기

① LS산전 홈페이지(http://www.lsis.com)에 접속한다.
② 사업소개 〉 제품정보 〉 Smart산업자동화 솔루션 〉 PLC 〉 XG 5000 페이지에서 다운로드 탭을 선택한다.
③ 다운로드 자료 제목 "[PLC] XG5000 V4.20-2017.3 (국문/영문)"을 선택하여 첨부파일 "XG5000_V4.20_Kr(2017-04-06)_REL.zip (284,542 Kbyte)"을 다운로드 받는다. 소프트웨어는 최신 버전을 다운로드하여 설치하면 된다.

2) XG5000 소프트웨어 설치하기

① 다운로드 한 파일을 압축풀기 실행한다.
② 설치파일을 실행하여 프로그램을 설치한다.
- 메시지창의 "설치", "YES", "다음", "계속", "마침"을 선택하면서 설치과정을 진행하

면 설치가 완료되고, 바탕화면에 아이콘이 생성된다.

- 컴퓨터와 PLC가 USB 접속 되어 있는 경우, 설치 마지막 단계에서 USB 디바이스 드라이버 설치 창이 나타나는데, 계속 버튼을 눌러서 USB 디바이스 드라이버를 설치한다.

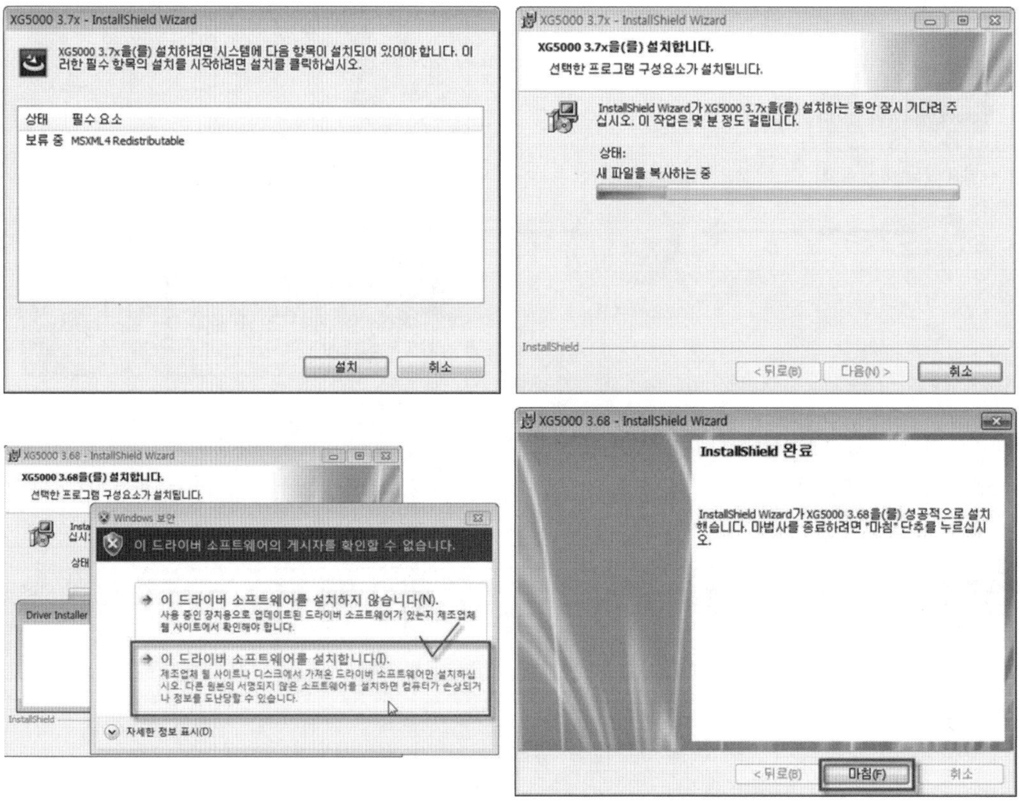

③ 설치가 정상적으로 수행되지 않을 경우

설치 순서 2단계에서 설치가 이루어지지 않고 같은 창이 반복해서 뜨거나, 에러 메시지 창이 뜨는 경우가 있다.

- 원인 : 필수 재배포 패키지의 경우 설치를 위하여 관리자 권한이 필요한데 관리자 권한이 없는 계정으로 설치를 시도 하거나, 설치 과정에서 임시 설치 경로에 특수문자(경우에 따라 한글포함)가 있는 경우 문제가 될 수 있다. 사용자 계정 이름에 한글이 있는 경우도 이 경우에 해당된다.
- 해결 방안 : XG5000 설치 시 관리자 권한이 있는 계정으로 설치한다. 또한, 설치 시 설치파일이 위치한 경로에 특수문자가 포함되어 있는지 확인이 필요하며 사용자 계정에 한글이 있는 경우 Administrator 계정으로 설치가 이루어져야 한다.

3) USB 디바이스 드라이버 설치 확인

USB 접속이 안 될 경우 다음과 같이 디바이스 드라이버 설치를 확인한다.

① 바탕 화면 [내 컴퓨터] 아이콘에서 마우스 오른쪽 버튼을 클릭한 후 메뉴 [관리]를 선택한다.

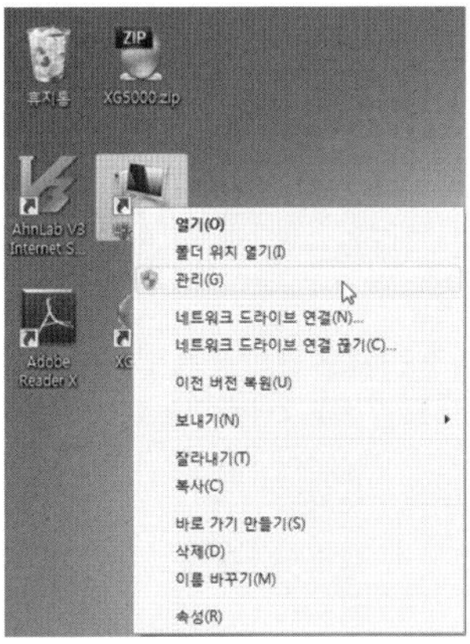

② 다음 그림과 같은 컴퓨터 관리 대화상자가 나타나면 대화상자의 왼쪽 트리 목록에서 [컴퓨터 관리(로컬)]-[시스템도구]-[장치관리자]를 차례로 확장한다. 오른쪽 목록에 나타나는 항목은 컴퓨터에 설치된 장치마다 서로 다르게 나타날 수 있다.

- 정상인 경우 : [범용 직렬 버스 컨트롤러] 하위에 [LGIS XGSeries] 라는 목록이 그림과 같이 나타나면 정상적으로 디바이스 드라이버가 설치된 것이다.
- 비정상인 경우 : 아래와 같이 나타나면 디바이스 드라이버가 정상으로 설치되지 않은 경우다. 이 경우 아래 순서에 따라 다시 설치한다.

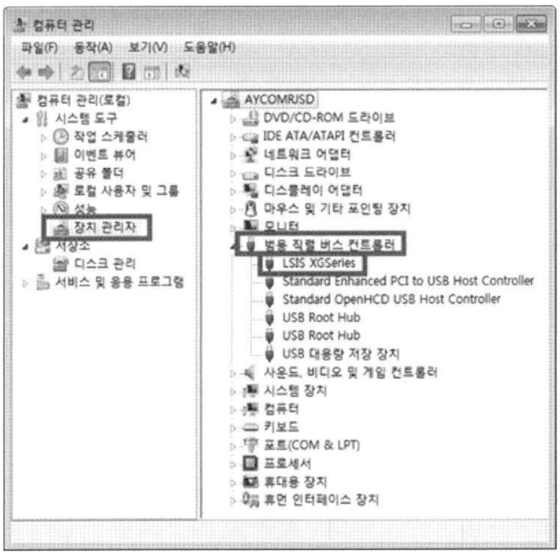

정상설치

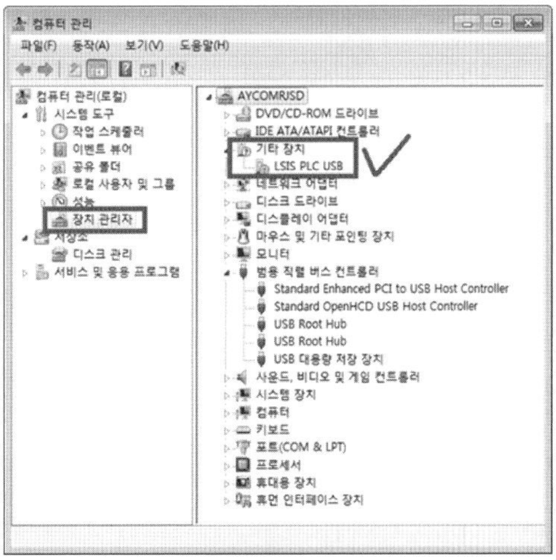

비정상 설치

③ 비정상인 경우 아이콘에 느낌표 표시가 나타나는 디바이스 드라이버에서 마우스 오른쪽 버튼을 클릭한다. 메뉴[드라이버 소프트웨어 업데이트]를 선택한다.

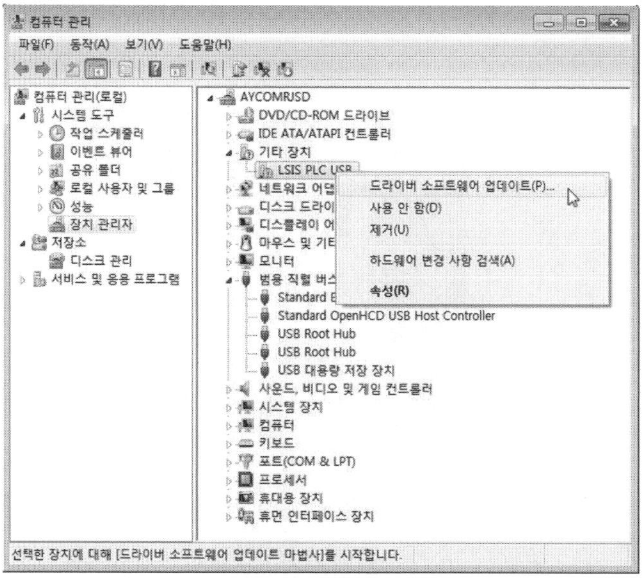

④ 드라이버 소프트웨어 검색 대화상자가 나오면 옵션 "컴퓨터에서 드라이버 소프트웨어 찾아보기"를 선택하고, 대화상자가 나타나면 찾아보기 버튼을 누른다.

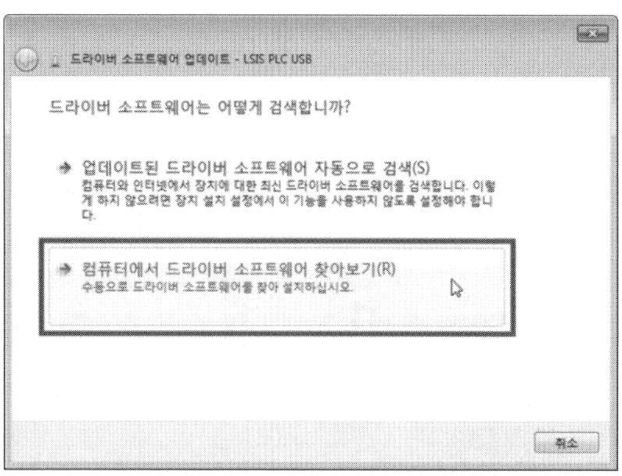

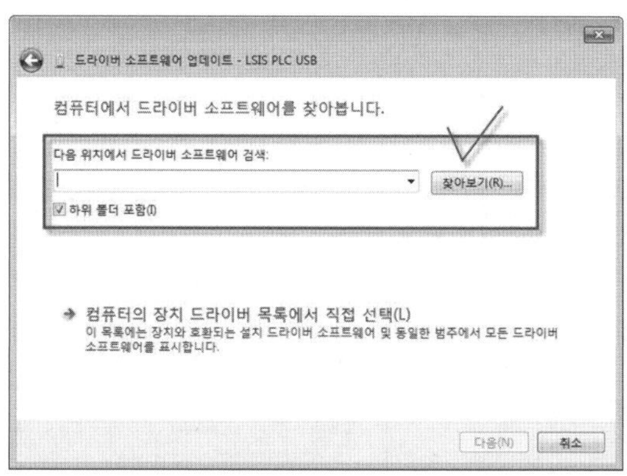

⑤ 폴더 찾기 대화상자에서 XG5000이 설치된 폴더로 이동하여 Drivers 폴더를 선택하고, 드라이버 소프트웨어 검색란에 디바이스 드라이버의 파일이 있는 디렉토리가 나타나면 다음 버튼을 누른다.

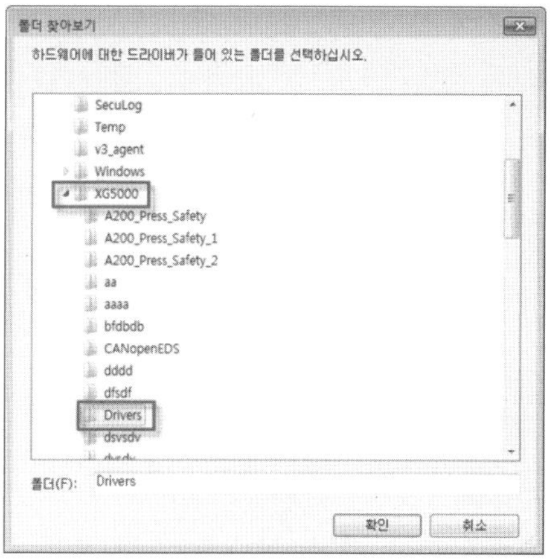

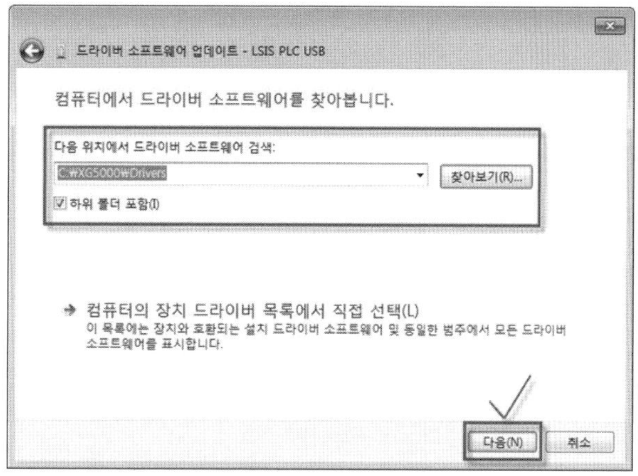

⑥ 드라이버 설치 창과 동시에 윈도우 보안 창이 나타나면, “이 드라이버 소프트웨어를 설치합니다”를 선택한다. 드라이버 소프트웨어 업데이트 완료 대화상자가 나타나면 닫기 버튼을 눌러 디바이스 드라이버 설치를 완료한다.

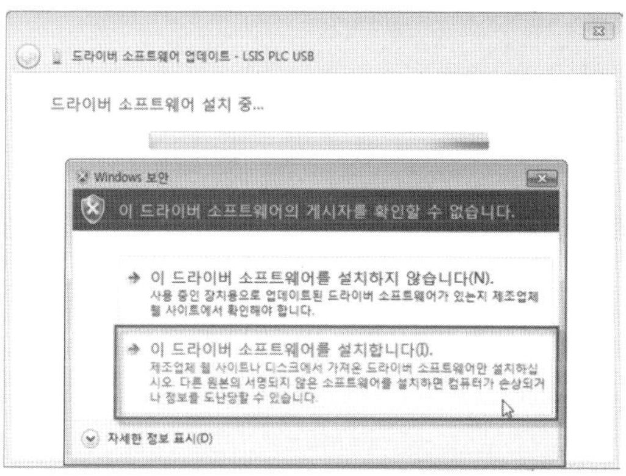

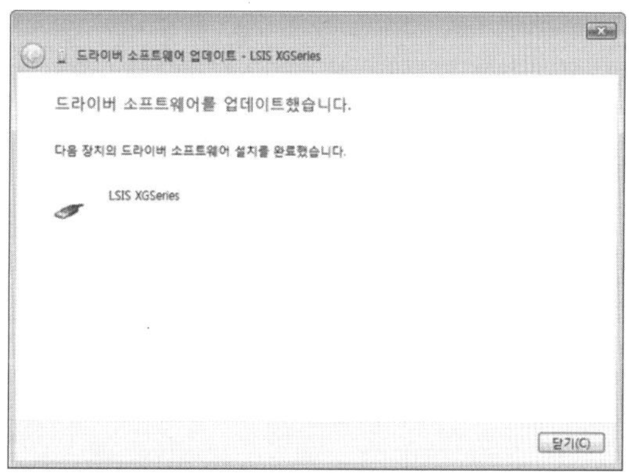

4 XG5000 화면구성과 기능

PLC Control Technology

1) 화면 구성

• XG5000 소프트웨어의 화면구성은 아래 그림과 같다.

① 메뉴 : 프로그램 편집을 위한 기본 메뉴이다.
② 도구모음 : 메뉴를 간편하게 실행할 수 있다.
③ 프로젝트 창 : 현재 열려있는 프로젝트의 구성 요소를 나타낸다.
④ 펑션 / 펑션블록 창 : 최근에 사용된 펑션 / 펑션블록을 나타낸다.
⑤ 상태 바 : XG5000의 상태, 접속된 PLC의 정보 등을 나타낸다.
⑥ 편집 창(프로그램 창) : 현재 LD 편집 창이 나타난다.
⑦ 시스템 카달로그 창 : 시스템 카달로그 및 EDS 정보 등을 나타낸다.

2) 메뉴 구성

• 메뉴를 선택하면 명령어들이 나타나고, 원하는 명령을 마우스 또는 키로 선택하면 명령을 실행할 수 있다. 단축키(Ctrl+X, Ctrl+C)가 있는 메뉴인 경우에는 단축키를 눌러서 직접 명령을 선택할 수 있다.

(1) 프로젝트

명 령		설 명
새 프로젝트		프로젝트를 처음 생성
프로젝트 열기		기존의 프로젝트 열기
PLC 로부터 열기		PLC 에 있는 프로젝트 및 프로그램을 업-로드
KGLWIN 파일 열기		KGLWIN 용 프로젝트 파일 열기
GMWIN 파일 열기		GMWIN 용 프로젝트 파일 열기
프로젝트 저장		프로젝트를 저장
다른 이름으로 저장		프로젝트를 다른 이름으로 저장
프로젝트 닫기		프로젝트 닫기
항목추가	PLC	새로운 PLC를 프로젝트에 추가
	태스크	새로운 태스크를 PLC에 추가
	프로그램	새로운 프로그램을 PLC 에 추가
	펑션	새로운 사용자 펑션을 PLC에 추가
	펑션 블록	새로운 사용자 펑션블록을 PLC에 추가
	데이터 타입	새로운 사용자 데이터 타입을 PLC에 추가
	통신모듈	새로운 통신 모듈을 네트워크에 추가
파일로부터 항목 읽기	PLC	파일로부터 PLC 프로그램 읽기
	변수/설명	파일로부터 변수/설명 읽기
	프로그램	파일로부터 프로그램 읽기
	I/O 파라미터	파일로부터 I/O 파라미터 읽기
	기본 파라미터	파일로부터 기본 파라미터 읽기
파일로 항목 저장		프로젝트 창에서 선택된 항목을 파일로 저장
변수/설명 파일로 저장		변수/설명문을 파일로 저장하여 타 어플리케이션에서 사용
프로젝트 비교		두 개의 프로젝트를 비교하여 결과를 보여줌
인쇄		활성화되어 있는 창의 내용을 인쇄
미리보기		인쇄될 화면 미리보기
프로젝트 인쇄		프로젝트의 항목을 선택하여 인쇄
프린터 설정		프린터 옵션을 설정
종료		XG5000 종료

(2) 프로그램 편집

명 령	설 명
편집 취소	프로그램 편집 창에서 편집을 취소하고 바로 이전 상태로 복귀
재실행	편집 취소된 동작을 다시 복구
잘라내기	블록을 잡아 삭제하면서 클립보드에 복사

명 령		설 명
복사		블록을 잡아 클립보드에 복사
붙여넣기		클립보드로부터 편집 창에 복사
삭제		블록을 잡아 삭제하거나 선택된 항목을 삭제
모두 선택		현재 활성화된 창의 모든 내용을 블록으로 표시
삽입 모드/겹침 모드		겹침 모드에서 삽입 모드로, 삽입 모드에서 겹침 모드로 전환
라인 삽입		커서 위치에 새로운 라인을 추가
라인 삭제		커서 위치에 있는 라인을 삭제
셀 삽입		커서 위치에 입력 가능한 셀을 추가
셀 삭제		커서 위치에서 하나의 셀을 삭제
모듈 변수 자동 등록		I/O 파라미터에 설정된 모듈 관련된 변수들을 변수/설명에 자동 추가
네트워크 변수 자동등록		XG-CANOpen 에 할당된 변수들을 변수/설명에 자동 추가
프로그램 최적화		프로그램을 자동으로 최적화
설명문/레이블 입력		커서 위치에 설명문 또는 레이블을 입력
비 실행문 설정		커서가 있는 렁 또는 블록 설정된 영역을 렁 단위로 비 실행문 설정
비 실행문 해제		커서가 위치한 렁 또는 블록 설정된 영역의 비 실행문 해제
북 마크	설정/해제	북마크를 설정 또는 해제
	모두 해제	모든 북마크 설정을 해제
	이전 북마크	이전 북마크로 이동
	다음 북마크	다음 북마크로 이동
편집 도구		각 프로그램에 사용되는 편집 도구
읽기 모드로 전환		읽기 모드 및 편집 모드로 전환

(3) 찾기/바꾸기

명 령		설 명
디바이스 찾기		디바이스를 종류별로 찾기
문자열 찾기		원하는 문자를 찾기
디바이스 바꾸기		원하는 디바이스를 찾아 새로운 디바이스로 바꾸기
문자열 바꾸기		원하는 문자를 찾아 새로운 문자로 바꾸기
다시 찾기		이전에 실행한 찾기 또는 바꾸기를 반복 실행
찾아가기	스텝/라인	원하는 스텝 위치로 커서를 이동
	렁 설명문	원하는 렁 설명문 위치로 커서를 이동
	레이블	원하는 레이블 위치로 커서를 이동
	END 명령어	END 명령어 위치로 커서를 이동
이전 메시지		메시지 창에서 이전 메시지가 가리키는 곳으로 이동
다음 메시지		메시지 창에서 다음 메시지가 가리키는 곳으로 이동

(4) 보기

명 령	설 명
IL	LD 편집 중 IL 보기로 전환
LD	IL 편집 중 LD 보기로 전환
프로젝트 창	프로젝트 창을 보이거나 숨김
P2P 창	P2P 보기 창을 보이거나 숨김
고속링크 창	고속링크 보기 창을 보이거나 숨김
메시지 창	메시지 창을 보이거나 숨김
변수 모니터 창	변수 모니터 창을 보이거나 숨김
명령어 창	명령어 창을 보이거나 숨김
EDS 정보 창	EDS 정보 창을 보이거나 숨김
카달로그 창	카달로그 창을 보이거나 숨김
메모리 참조	메모리 사용 정보를 메시지 창의 메모리 참조 탭에 표시
사용된 디바이스	사용 디바이스정보를 메시지 창의 사용된 디바이스 탭에 표시
프로그램 검사	프로그램 검사 결과를 메시지 창의 프로그램 검사 탭에 표시
변수 보기	프로그램에 변수 이름을 나타냄
디바이스 보기	프로그램에 디바이스 이름을 나타냄
디바이스/변수 보기	프로그램에 디바이스와 변수를 나타냄
디바이스/설명문 보기	프로그램에 디바이스와 설명문을 나타냄
변수/설명문 보기	프로그램에 변수와 설명문을 나타냄
화면 확대	화면을 확대하여 보여줌
화면 축소	화면을 축소하여 보여줌
너비 자동 맞춤	변수/설명 창에서 셀 너비를 문자열 너비에 자동 맞춤
높이 자동 맞춤	LD 또는 변수/설명 창에서 셀 높이를 문자열 높이에 자동 맞춤
전체화면	프로그램 창 또는 변수/설명 창을 화면 전체로 확대
등록 정보	프로젝트 창에 선택된 항목의 등록 정보를 보여줌
LD 화면 속성	LD 화면 속성을 보여줌
접점수 증가	접점의 수를 증가 시킴
접점수 감소	접점의 수를 감소 시킴

(5) 온라인

<table>
<tr><th colspan="2">명 령</th><th>설 명</th></tr>
<tr><td colspan="2">접속/접속 끊기</td><td>PLC 와 접속하거나 접속 해제</td></tr>
<tr><td colspan="2">접속 설정</td><td>접속 방법 설정</td></tr>
<tr><td rowspan="3">모드 전환</td><td>런</td><td rowspan="3">PLC 모드를 전환</td></tr>
<tr><td>스톱</td></tr>
<tr><td>디버그</td></tr>
</table>

<table>
<tr><th colspan="2">명 령</th><th>설 명</th></tr>
<tr><td colspan="2">읽기</td><td>파라미터/프로그램/설명문 등을 PLC로부터 읽기</td></tr>
<tr><td colspan="2">쓰기</td><td>파라미터/프로그램/설명문 등을 PLC 에 쓰기</td></tr>
<tr><td colspan="2">PLC 와 비교</td><td>프로젝트를 PLC에 저장된 프로젝트와 비교</td></tr>
<tr><td colspan="2">플래시 메모리 설정</td><td>플래시 메모리 설정 창 보기</td></tr>
<tr><td rowspan="3">통신 모듈 설정</td><td>다운로드/업로드(파일)</td><td>모듈의 OS 또는 BBM 파일 다운로드 또는 업로드</td></tr>
<tr><td>Config,업로드</td><td>Dnet 와 Pnet 의 컨피규레이션 정보 업로드</td></tr>
<tr><td>시스템 진단</td><td>시스템 진단 창 표시</td></tr>
<tr><td rowspan="6">리셋/클리어</td><td>PLC 리셋</td><td>PLC 리셋</td></tr>
<tr><td>개별통신 모듈 리셋</td><td>개별로 통신 모듈 리셋</td></tr>
<tr><td>PLC 지우기</td><td>PLC에 있는 파라미터/프로그램/설명문 지우기</td></tr>
<tr><td>PLC 모두 지우기</td><td>PLC에 있는 프로그램, 비밀번호, 데이터 모두 지우기</td></tr>
<tr><td>SD 메모리 포맷</td><td>SD 메모리 카드 포맷</td></tr>
<tr><td>파라미터 지우기</td><td>통신 모듈 파라미터 지우기</td></tr>
<tr><td rowspan="5">진단</td><td>PLC 정보</td><td>PLC 정보창</td></tr>
<tr><td>PLC 이력</td><td>PLC 이력창</td></tr>
<tr><td>PLC 에러/경고</td><td>PLC 에러 이력/경고 창</td></tr>
<tr><td>I/O 정보</td><td>I/O 정보 창</td></tr>
<tr><td>PLC 이력 저장</td><td>PLC 의 이력 저장</td></tr>
<tr><td colspan="2">강제 I/O 설정</td><td>강제 I/O 설정 창</td></tr>
<tr><td colspan="2">I/O 스킵 설정</td><td>I/O 스킵 설정 창</td></tr>
<tr><td colspan="2">고장 마스크 설정</td><td>고장 마스크 설정 창</td></tr>
<tr><td colspan="2">모듈 교환 마법사</td><td>모듈 교환을 위한 대화식 창</td></tr>
<tr><td colspan="2">런 중 수정 시작</td><td>런 중 수정 시작</td></tr>
<tr><td colspan="2">런 중 수정 쓰기</td><td>런 중 수정된 프로그램 및 정보 PLC에 쓰기</td></tr>
<tr><td colspan="2">런 중 수정 종료</td><td>런 중 수정 종료</td></tr>
</table>

(6) 모니터

명 령	설 명
모니터 시작/끝	모니터 시작/종료
모니터 일시 정지	모니터 일시 정지
모니터 다시 시작	일시 정지된 모니터 다시 시작
모니터 일시 정지 설정	모니터 일시 정지 조건 설정
현재 값 변경	모니터중인 디바이스의 값 설정
시스템 모니터	시스템 모니터 실행
디바이스 모니터	디바이스 모니터 실행
특수모듈 모니터	특수 모듈 모니터 실행

명 령	설 명
트렌드 모니터	트렌드 모니터 실행
PID 모니터	PID 모니터 실행
SOE 모니터	SOE 모니터 실행
사용자 이벤트	이벤트 설정과 이벤트 이력이 보기
데이터 트레이스	테이터 트레이스 실행

(7) 디버그

명 령	설 명
디버그 시작/끝	디버그 모드로 전환하여 디버그 시작/디버그 종료
런	브레이크 포인트까지 런 시킴
스텝 오버	한 스텝씩 런 시킴
스텝 인	서브 루틴을 디버깅
스텝 아웃	서브 루틴으로부터 빠져 나감
커서 위치까지 런	커서 위치까지 런 시킴
브레이크 포인트 설정/해제	브레이크 포인트를 설정 또는 해제
브레이크 포인트 목록	설정된 브레이크 포인트 목록 보기
브레이크 조건	브레이크 조건 설정

(8) 도구

명 령		설 명
네트워크 관리자		PLC 네트워크를 보여주고 파라미터를 설정
온도 제어		XG-TCON 툴을 실행
위치 제어		XG-PM 툴 실행
주소 계산기		주소 계산기 실행
시뮬레이터 시작		시뮬레이터 시작
아스키 테이블 표		아스키 테이블 표 보기
사용자 정의		도구, 명령어 사용자가 정의
옵션		사용자에 맞게 XG5000 환경 변경
EDS	EDS 파일 등록	EtherNet/IP 모듈에 사용하는 EDS 파일을 등록
	EDS 파일 삭제	EtherNet/IP 모듈에 사용하는 EDS 파일을 삭제
	EDS 파일 보기	EtherNet/IP 모듈에 사용하는 EDS 파일을 표시

(9) 창

명 령	설 명
새 창	활성화된 창에 대해 새 창 열기
분할	활성화된 창을 분할
새 가로 탭 그룹	XG5000에 속해 있는 여러 창들을 가로 탭으로 배열
새 세로 탭 그룹	XG5000에 속해 있는 여러 창들을 세로 탭으로 배열
다음 탭 그룹으로 이동	다음 탭 그룹으로 이동
이전 탭 그룹으로 이동	이전 탭 그룹으로 이동
모두 닫기	XG5000 에 속해 있는 여러 창들을 모두 닫기
창 레이아웃 다시 설정	프로젝트의 디폴트 레이아웃 설정

(10) 도움말

명 령	설 명
XG5000 사용 도움말	XG5000 사용 도움말 보기
명령어 도움말	PLC 명령어 도움말 보기
LS 산전 홈 페이지	LS 산전 홈 페이지 인터넷 접속
XG5000 정보	XG5000 의 정보 보기

3) 도구 모음

XG5000에서 자주 사용되는 메뉴들을 아이콘 형태로 제공하고 있다.

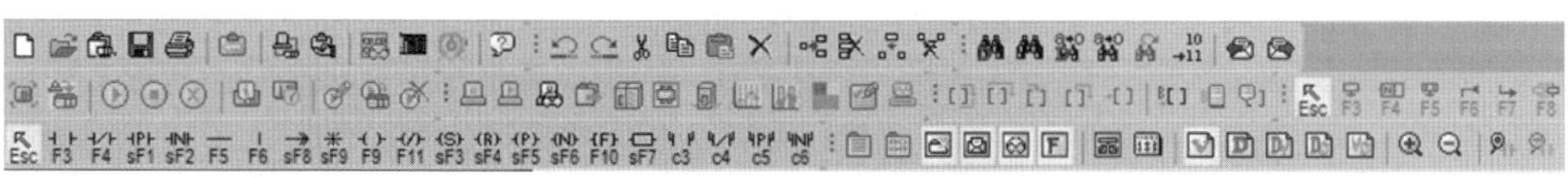

4) LD (Ladder Diagram)

- LD 편집 요소의 입력은 LD 도구 모음에서 입력할 요소를 선택한 후 지정한 위치에서 마우스를 클릭하거나 단축키를 눌러 시작한다.

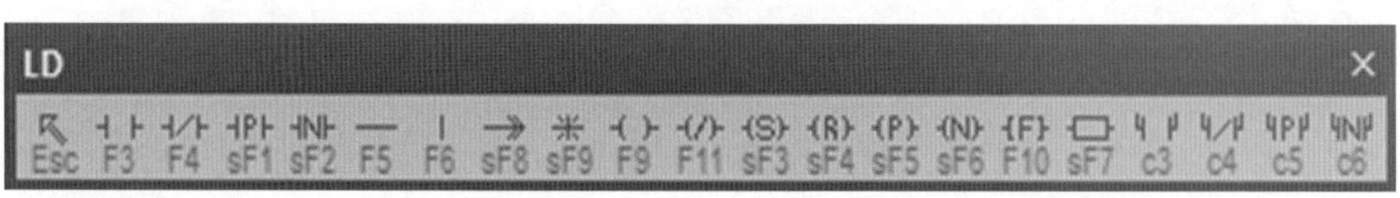

기호	단축키	설명
Esc	Esc	선택 모드로 변경
F3	F3	평상시 열린 접점 (A접점, Normally Open)
F4	F4	평상시 닫힌 접점 (B접점, Normally Closed)
sF1	Shift + F1	양 변환 검출 접점 (Positive transition-sensing)
sF2	Shift + F2	음 변환 검출 접점 (Negative transition-sensing)
F5	F5	가로선
F6	F6	세로선
sF8	Shift + F8	연결선 (가로선 채우기)
sF9	Shift + F9	반전 입력 (반전 접점)
F9	F9	코일
F11	F11	역코일
sF3	Shift + F3	셋(latch) 코일
sF4	Shift + F4	리셋(unlatch) 코일
sF5	Shift + F5	양 변환 검출 코일 (Positive transition-sensing coil)
sF6	Shift + F6	음 변환 검출 코일 (Negative transition-sensing coil)
F10	F10	펑션/펑션 블록 (Function / Function Block)
sF7	Shift + F7	확장 펑션
c3	Ctrl+3	평상시 열린 OR 접점 (A접점, Normally Open)
c4	Ctrl+4	평상시 닫힌 OR 접점 (B접점, Normally Closed)
c5	Ctrl+5	양 변환 검출 OR 접점 (Positive transition-sensing)
c6	Ctrl+6	음 변환 검출 OR 접점 (Negative transition-sensing)

- 아래의 단축키는 커서 이동에 관한 단축키이다. 해당 단축키는 XG5000에서 재정의 할 수 없다.

단축키	설명
Home	열의 시작으로 이동
Ctrl + Home	프로그램의 시작으로 이동
Back space	현재 데이터를 삭제하고 왼쪽으로 이동
→	현재 커서를 오른쪽으로 한 칸 이동
←	현재 커서를 왼쪽으로 한 칸 이동
↑	현재 커서를 위쪽으로 한 칸 이동
↓	현재 커서를 아래쪽으로 한 칸 이동
End	열의 끝으로 이동
Ctrl + End	편집된 가장 마지막 줄로 이동

5) 상태표시줄

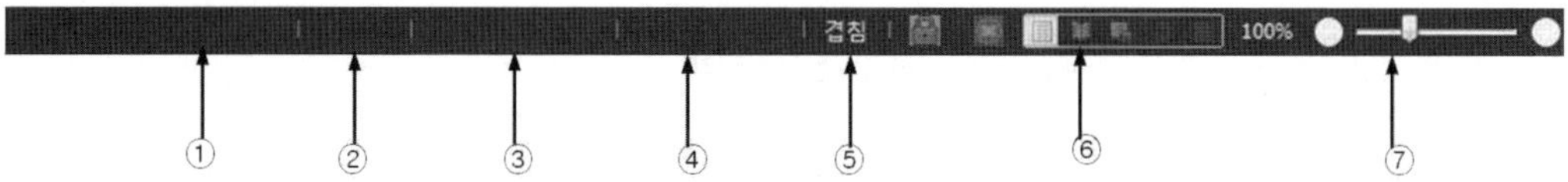

① **컨피그레이션** : 활동 컨피그레이션의 이름을 표시한다.
② **PLC 의 상태** : 현재 PLC 의 운전 상태를 나타낸다.
③ **접속 상태** : 활성 PLC 와의 접속 상태를 나타낸다.
④ **커서 위치 표시** : 프로그램을 편집할 때 커서의 위치를 표시한다.
⑤ **모드** : 현재 편집모드를 표시한다.
⑥ **안전 서명 상태** : 안전 서명 상태를 표시한다.
⑦ **확대/축소** : 프로그램의 화면을 확대 및 축소 한다.

5 PLC 프로그램 환경설정

PLC Control Technology

바탕화면에서 XG5000 프로그램 아이콘을 클릭해서 프로그램을 실행한다.

1) 접속방법/접속단계 설정

- PLC와의 연결 네트워크를 설정한다.
- 로컬 접속 설정은 RS-232C 또는 USB 연결이 가능하다.
- XG5000에서 PLC로의 접속은 방법과 단계의 2가지 옵션을 미리 정해 주어야 한다.
- 접속 옵션은 메뉴의 [온라인] → [접속설정]을 선택한다.

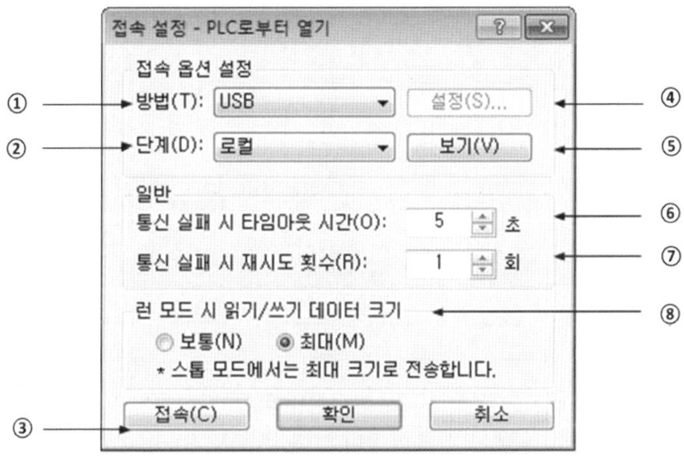

① **접속 방법** : PLC와 연결 시 통신 미디어를 설정한다. RS-232C, USB, Ethernet, Modem으로 설정할 수 있다.

② **접속 단계** : PLC와의 연결 구조를 설정한다. 로컬, 리모트 1단, 리모트 2단 연결 설정을 할 수 있다.

③ **접속** : 설정된 접속 옵션 사항으로 PLC와 연결을 시도한다.

④ **설정** : 방법(T)에서 선택된 접속 방법에 따른 상세 설정을 할 수 있다.

⑤ **보기** : 전체적인 접속 옵션을 한 눈에 확인할 수 있다.

⑥ **타임 아웃 시간** : 설정된 시간 내에 PLC와의 통신 연결을 재개하지 못할 경우 타임아웃이 발생하여 연결 재시도를 할 수 있다.

⑦ **재시도 횟수** : PLC와의 통신 연결 실패 시 몇 회를 더 다시 통신 연결 할지를 설정한다.

⑧ **런 모드 시 읽기/쓰기 데이터 크기** : 데이터 전송 프레임의 크기를 설정한다. 이 옵션

은 PLC 운전 모드가 런 일 때만 적용되며 그 외 운전모드는 최대 프레임 크기로 전송한다.

(1) 로컬 RS-232C 연결

① 접속 방법을 RS-232C로 선택한다.
② 설정 버튼을 눌러 통신 속도 및 통신 COM 포트를 설정한다.
③ 확인 버튼을 눌러 접속 옵션을 저장한다.

알 아 두 기

- 기본 설정이 RS-232C COM1에 통신 속도 115200bps 이다.
- 통신 속도는 38400bps와 115200bps를 지원한다.
- 통신 포트는 COM1 ~ COM8까지 지원한다.
- USB to Serial 장치를 사용할 경우 통신 포트는 가상의 COM 포트를 사용한다. 설정된 포트 번호를 확인하려면 장치관리자에서 확인 가능하다.
- XG5000에서 접속과 XG-PD, 디바이스 모니터, 시스템 모니터에서의 접속이 하나의 PLC에 동시에 가능하다. 단, 접속 옵션의 사항이 동일할 경우에만 가능하다.

(2) 로컬 USB 연결

① 접속 방법을 USB로 설정한다.
② USB는 세부 설정 사항이 없다. 그러므로 설정 버튼이 비활성화 된다.
③ 확인 버튼을 눌러 접속 옵션을 저장한다.

알 아 두 기

- USB로 PLC를 연결하기 위해서는 USB 장치 드라이버가 설치되어 있어야 한다. 설치가 되어 있지 않다면 먼저 설치하시고 연결해야 한다.
- XG5000 설치 시 USB 드라이버는 자동 설치된다. USB 드라이버가 정상적으로 설치되지 않을 경우 LS산전 홈페이지에서 드라이버를 다운로드 후 설치한다.

2) 옵션

- 프로젝트 관련 사항을 설정한다.
- 메뉴 [도구]-[옵션]을 선택하고, 옵션 대화 상자에서 XG5000을 선택한다.

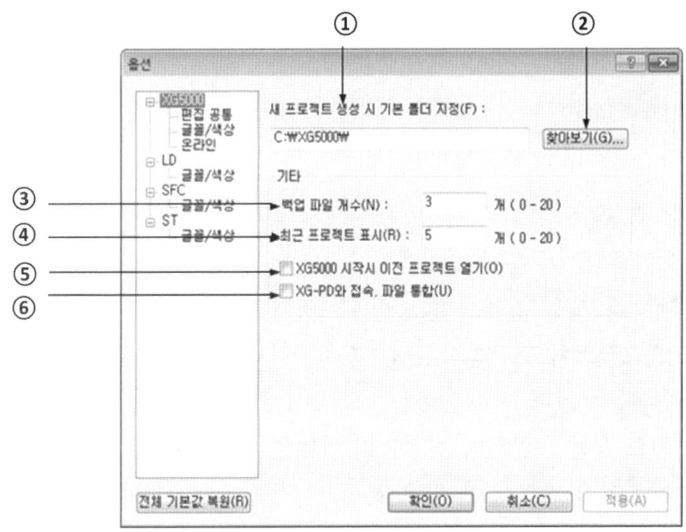

① 새 프로젝트 생성 시 기본 폴더 지정하여 프로그램을 저장할 위치를 설정한다. (새 프로젝트를 만들 때 생성되는 위치)
② 찾아보기 : 폴더를 검색한다.
③ 프로젝트 파일을 복구하기 위한 백업 파일 개수를 설정한다. 최대 20 개까지 설정할 수 있다.
④ 메뉴 [프로젝트] - [최근 프로젝트] 목록에 표시될 최근에 열었던 프로젝트 목록의 개수를 설정한다. 최대 20 개까지 설정할 수 있다.
⑤ 체크하면 XG5000 을 시작할 때 가장 최근에 작업했던 프로젝트를 자동으로 연다.
⑥ XG5000 메뉴를 통해 XG-PD 를 실행할 때, XG5000 의 접속 옵션과 PLC 이름을 XG-PD 에 동일하게 표시되도록 한다.

3) 편집 공통 옵션

- 메뉴 [도구] - [옵션]을 선택하고, 옵션 대화 상자에서 [편집공통]을 선택한다.

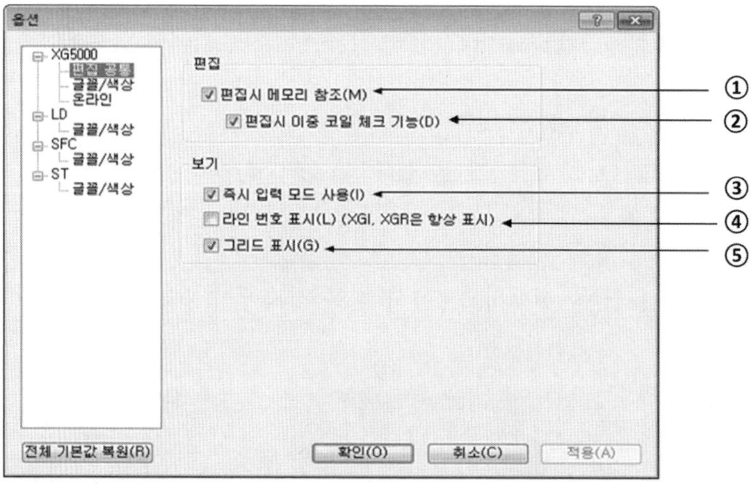

① **편집 시 메모리 참조** : LD 편집 중에 선택된 디바이스에 대해서 메모리 참조 내용을 자동으로 보여준다. 이 옵션이 선택되지 않았을 때는 메뉴 [보기] - [메모리 참조]를 선택하여 메모리 사용 결과를 확인할 수 있다.

② **편집 시 이중 코일 체크 기능** : 편집 중에 이중 코일을 검사하여 이중 코일 창에서 결과를 확인할 수 있다.

③ **즉시 입력 모드 사용** : 임의의 접점을 입력했을 때 사용자가 디바이스를 바로 입력할 수 있도록 디바이스 입력 창을 띄운다. 즉시 입력 모드 사용이 선택되지 않았을 때는 사용자가 접점에 커서를 옮긴 후 더블 클릭 또는 Enter 를 입력하여 편집할 수 있다. (사용유무는 사용자가 편한 쪽을 선택한다. 즉시 입력 모드를 선택하면 프로그램 시 접점을 입력할 때마다 변수명과 디바이스명을 각각 적어야 한다. 선택을 해제하면 변수명과 디바디스명을 한꺼번에 작성할 수 있다.)

④ **라인 번호 표시** : 편집 창에서 라인 번호를 표시한다. 프로그램 시 위치 및 줄을 쉽게 확인할 수 있게 한다. 꼭, 선택하도록 한다.

⑤ **그리드 표시** : 편집 창 화면에 그리드를 표시한다.

6 PLC 프로그램 작성 및 동작

PLC Control Technology

1) 새 프로젝트 작성 후 동작하기

(1) 새 프로젝트 만들기

- 메뉴 [프로젝트] - [새 프로젝트] 를 선택하여 프로젝트를 새로 만든다. 여기서 단축 아이콘을 사용할 수도 있다. 이때 프로젝트 이름과 동일한 폴더도 같이 만들어지고 그 안에 프로젝트 파일이 생성된다.
- 새 프로젝트 대화상자에서 프로젝트 이름(N), 파일위치(D), CPU시리즈(S), CPU종류(C), 프로그램 이름(R), 프로그램 언어, 프로젝트 설명문(O)을 입력하고 [확인] 버튼을 누른다.
- CPU 시리즈 및 CPU 종류 선택은 아래 'PLC 시리즈별 제품 일람표' 를 참조한다.

① **프로젝트 이름** : 원하는 프로젝트 이름을 입력한다. 이 이름이 프로젝트 파일 이름이 된다. 통합형 프로젝트 파일의 확장자는 "xgwx" 이다.

② **파일 위치** : 사용자가 입력한 프로젝트 이름으로 폴더가 만들어지고 그 폴더에 프로젝트 파일이 생성 된다.

③ [⋯] : 기존 폴더를 보고 프로젝트 파일 위치를 지정해 준다.
④ **CPU 시리즈** : PLC 시리즈를 선택한다.
⑤ **CPU 종류** : CPU 기종을 선택한다.
⑥ **프로그램 이름** : 프로젝트에 기본으로 포함되는 프로그램 이름을 입력한다.
⑦ **프로젝트 설명문** : 프로젝트 설명문을 입력한다.
⑧ **디바이스 자동 할당** : 디바이스 자동 할당을 선택하면 다음과 같은 기능을 이용할 수 있다.
- 로컬 변수 : 프로그램 안에서만 접근 가능한 변수
- 글로벌 변수 : 모든 프로그램에서 접근 가능한 변수
- ST 언어
- SFC 언어

⑨ **프로그램 언어** : IEC형 PLC 또는 디바이스 자동 할당을 선택했을 때만 선택 가능하다.

알 아 두 기

- 디바이스 자동 할당을 선택하면 변수를 선언할 때 디바이스를 지정하지 않아도 XG5000이 자동으로 할당해 준다.
- 디바이스 자동 할당이 가능한 PLC는 XGK 시리즈만 가능하다.
- 프로젝트 파일 : 새 프로젝트를 만들 때 프로젝트 파일 이름과 동일한 폴더가 만들어지고 그 폴더 안에 프로젝트 파일이 생성된다. 프로젝트 파일의 확장자는 입력하지 않아도 "xgwx"가 자동으로 붙는다.

※ PLC 시리즈별 제품 일람표

PLC시리즈	CPU종류	제품명	PLC시리즈	CPU종류	제품명
XGK	XGK-CPUE	XGK-CPUE	XGI	XGI-CPUU	XGI-CPUU
	XGK-CPUS	XGK-CPUS		XGI-CPUU/D	XGI-CPUU/D
	XGK-CPUA	XGK-CPUA		XGI-CPUUN	XGI-CPUUN
	XGK-CPUH	XGK-CPUH	XGR	XGR-CPUH	XGR-CPUH/F
	XGK-CPUU	XGK-CPUU			XGR-CPUH/T
	XGK-CPUSN	XGK-CPUSN			XGR-CPUH/S
	XGK-CPUHN	XGK-CPUHN		XGR-INC	XGR-INCT
	XGK-CPUUN	XGK-CPUUN			XGR-INCF
XGI	XGI-CPUE	XGI-CPUE	XGB	XGB-DR16C3	XGB-DR16C3
	XGI-CPUS	XGI-CPUS		XGB-DR32HL	XGB-DR32HL
	XGI-CPUH	XGI-CPUH		XGB-XBMS	XBM-DR16S

PLC시리즈	CPU종류	제품명	PLC시리즈	CPU종류	제품명
XGB	XGB-XBMS	XBM-DN16S	XGB	XGB-XBCE	XBC-DR30E
		XBM-DN32S			XBC-DN30E
	XGB-XBCH	XBC-DR32H			XBC-DP30E
		XBC-DN32H	XGB(IEC)	XGB-XECH	XEC-DN32H
		XBC-DR64H			XEC-DN64H
		XBC-DN64H			XEC-DP32H
		XBC-DN32H/DC			XEC-DP64H
		XBC-DN64H/DC			XEC-DR32H
		XBC-DR32H/DC			XEC-DR64H
		XBC-DR64H/DC			XEC-DR32H/D1
	XGB-XBCU	XBC-DR28U			XEC-DR64H/D1
		XBC-DR28UP		XGB-XECS	XEC-DN20SU
		XBC-DR28UA			XEC-DN30SU
		XBC-DN32U			XEC-DN40SU
		XBC-DN32UP			XEC-DN60SU
		XBC-DN32UA			XEC-DR20SU
	XGB-XBCS	XBC-DR30SU			XEC-DR30SU
		XBC-DN30S(U)			XEC-DR40SU
		XBC-DP30SU			XEC-DR60SU
		XBC-DR20SU		XGB-XECE	XEC-DN10E
		XBC-DN20S(U)			XEC-DN14E
		XBC-DP20SU			XEC-DN20E
		XBC-DR40SU			XEC-DN30E
		XBC-DN40SU			XEC-DP10E
		XBC-DP40SU			XEC-DP14E
		XBC-DR60SU			XEC-DP20E
		XBC-DN60SU			XEC-DP30E
		XBC-DP60SU			XEC-DR10E
	XGB-XBCE	XBC-DR10E			XEC-DR14E
		XBC-DN10E			XEC-DR20E
		XBC-DP10E			XEC-DR30E
		XBC-DR14E		XGB-XECU	XEC-DN32U
		XBC-DN14E			XEC-DN32UP
		XBC-DP14E			XEC-DN32UA
		XBC-DR20E			XEC-DR28A
		XBC-DN20E			XEC-DR28UP
		XBC-DP20E			XEC-DR28UA

(2) 프로젝트 창 확인

- 좌측 프로젝트 창에 프로젝트 이름이 표시되고, 프로그램 작성 준비가 완료되었다.
- 프로젝트 창의 구성은 아래와 같다.

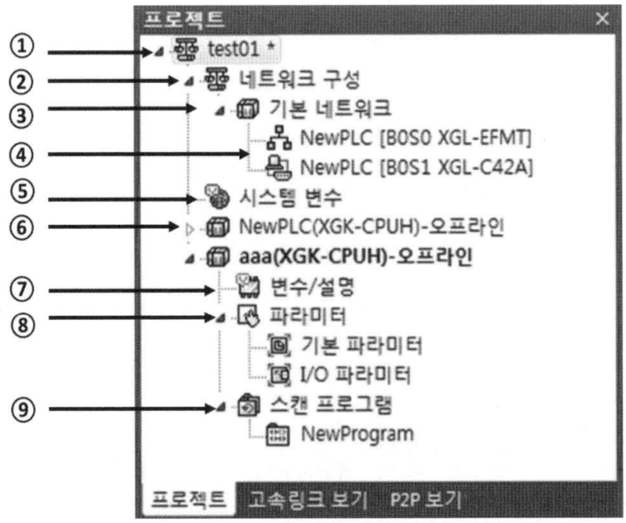

① **프로젝트** : 시스템 전체를 정의한다. 하나의 프로젝트에 여러 개의 관련된 PLC를 포함시킬 수 있다.
② **네트워크 구성** : 이 프로젝트에 속해 있는 네트워크 들을 정의한다.
③ **추가된 네트워크** : 네트워크 종류별로 추가할 수 있다.
④ **통신 모듈** : 네트워크에 속해 있는 통신 모듈을 나타낸다.
⑤ **시스템 변수** : 네트워크를 통해서 PLC 간에 공유되는 변수들을 나타낸다.
⑥ **PLC** : CPU 모듈 하나에 해당되는 시스템을 나타낸다.
⑦ **변수/설명** : 디바이스에 지정된 변수와 설명문을 편집하고 볼 수 있다.
⑧ **파라미터** : PLC 시스템의 동작 및 구성에 대한 내용을 정의한다.
⑨ **스캔 프로그램** : 항시 실행되는 프로그램을 하위 항목에 정의한다.

알 아 두 기

- 프로젝트 창의 PLC (NewPLC(XGK-CPUH)-오프라인) 에서 CPU의 종류가 다른 것으로 선택하여 잘못되었을 경우 다시 프로그램 하는 것이 아니라 여기서 CPU의 종류를 변경할 수 있다.
- NewPLC(XGK-CPUH)-오프라인 에 마우스 오른쪽 버튼 클릭하여 창이 뜨면 '등록 정보(T)…' 를 클릭한다.
- PLC 등록정보 대화상자가 나타난다. 여기서 PLC의 CPU 종류를 변경 할 수 있다.

(3) 프로그램 작성

프로그램 작성을 시작한다.

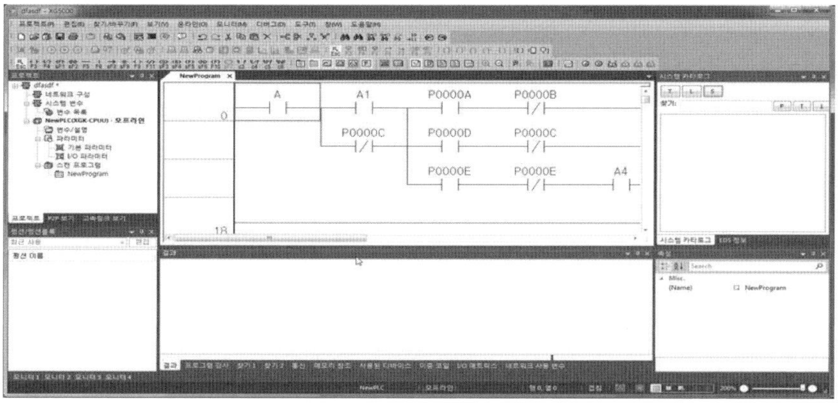

(4) 컴퓨터와 PLC 간 접속 설정

- 프로그램 작성이 완료되면 PLC에 프로그램을 쓰기 위해 PLC와 접속한다.
- 메뉴에서 [온라인] - [접속 설정]을 클릭하고 접속설정 대화상자가 나타나면 설정내용을 확인한다.
- 대화상자에서 방법(T)은 'USB'로 선택하고, 단계(D)는 '로컬'로 선택한 다음 [접속(C)] 버튼을 클릭한다.

(5) I/O 파라미터 설정

- PLC와의 접속이 완료되면 PLC에 프로그램을 쓰기 전에 I/O 파라미터 설정을 확인한다. I/O 파라미터가 설정되지 않은 상태에서 프로그램과 파라미터를 PLC에 쓰기하면 에러가 발생한다.

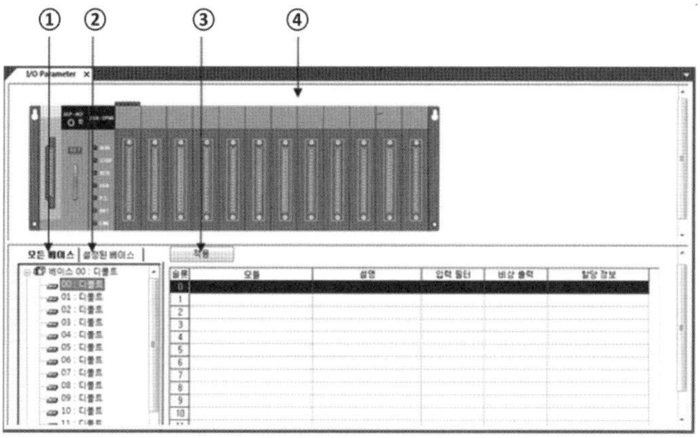

① **모든 베이스** : 베이스 모듈 정보와 슬롯 별 모듈 정보를 표시한다. 슬롯에 모듈을 지정하지 않은 경우'디폴트'로 표시된다.

② **설정된 베이스** : 모듈이 선택된 베이스만 표시한다.

③ **적용** : 변경사항을 적용하고 대화 상자를 닫는다.

④ **모듈 정보 창** : 설정된 모듈을 이미지로 표시한다.

- 프로젝트 창에서 'I/O 파라미터' 항목을 클릭하면 I/O 파라미터 설정 창에서 확인 및 설정 할 수 있다. 현재 PLC에 장착되어 있는 모듈에 대해 I/O 파라미터를 설정하고 설정이 완료되면 [적용] 버튼을 누른다.

(6) 프로그램 쓰기

- PLC 접속 및 I/O 파라미터 설정을 확인 후 작성된 프로그램을 PLC에 쓰기 한다.
- 사용자 프로그램 및 각 파라미터, 설명문 등을 PLC로 전송한다.
- 메뉴의 [온라인] - [쓰기] 를 선택하고, 대화상자에서 PLC로 전송할 데이터를 선택한 후 확인 버튼을 누르면 선택된 데이터를 PLC로 전송한다.

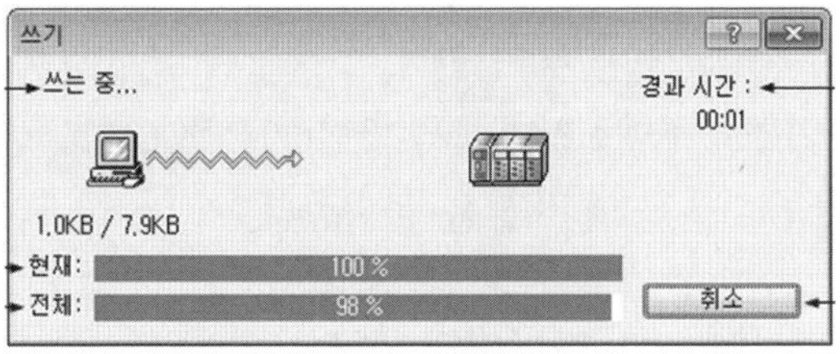

알 아 두 기

- 특수 모듈 파라미터 쓰기는 I/O 파라미터 쓰기가 선택 된 경우에만 쓸 수 있다.
- PLC로 쓰기 할 때에는 반드시 PLC의 'RUN/STOP 모드' 스위치를 STOP에 두고 쓰기 해야 REMOTE 모드가 되어 프로그램이 전송된다. RUN 모드에서는 프로그램을 전송 할 수 없다.

(7) PLC 런 모드 전환

- PLC에 프로그램 쓰기가 정상적으로 완료되면 '런 모드' 로의 전환을 묻는 메시지가 나타난다. 이때 [예(Y)] 버튼을 누르면 PLC가 RUN 된다.
- 모드 전환은 메뉴 [온라인] - [모드 전환] - [런/스톱/디버그] 에서도 선택 할 수 있다.

알 아 두 기

- PLC의 운전 모드 전환 시에는 PLC의 리모트 딥 스위치가 ON 이어야 하고, 운전 모드 딥 스위치가 STOP이어야 한다.
- 런 중 수정 쓰기 시간은 스톱에서 쓰는 시간보다 더 많이 걸린다.
- PLC가 런 모드일 때는 네트워크 파라미터와 설명문만 쓰기 가능하다.

(8) 프로그램 모니터링

- PLC에 전송된 프로그램을 모니터 하기 위해 메뉴 [모니터] - [모니터 시작/끝] 을 선택하면 모니터링이 시작된다.
- 컴퓨터와 PLC간 통신을 하면서 동작상황을 모니터링 할 수 있다.
- 메뉴 [모니터] - [모니터 시작/끝] 항목을 선택하여 모니터를 정지 할 수 있다.

(9) 종료(접속 끊기)

- 종료하기 위해 메뉴 [온라인] - [모드 전환] - [스톱] 을 선택하여 PLC를 스톱시킨다.
- PLC가 스톱되면 접속을 끊기 위해 다시 메뉴 [온라인] - [접속 끊기] 를 선택하여 컴퓨터와 PLC 간 접속을 해제한다.

(10) 프로젝트 저장

- 메뉴 [프로젝트] - [프로젝트 저장] 을 선택한다.

알 아 두 기

- 프로젝트가 편집되어 저장할 필요가 있을 경우에는 프로젝트 창의 프로젝트 이름 옆에 “＊” 표시가 나타난다.

- 프로젝트를 다른 파일로 저장하고자 하는 경우, 메뉴 [프로젝트] - [다른 이름으로 저장] 을 선택하고 확인 버튼을 누른다.

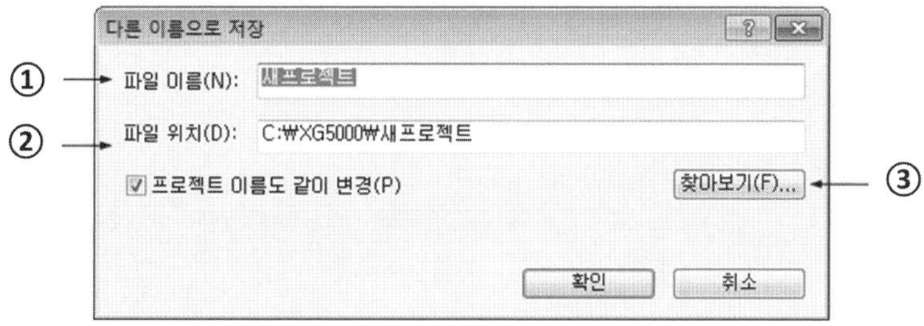

① **프로젝트 이름** : 원하는 프로젝트 이름을 입력한다. 통합 형 프로젝트 파일의 확장자는 " .xgwx"이다.

② **파일 위치** : 사용자가 입력한 프로젝트 이름과 같은 이름의 폴더에 프로젝트 파일이 생성된다. 폴더는 자동으로 만들어 진다.

③ **찾아 보기** : 기존 폴더를 보고 프로젝트 파일 위치를 지정해 준다.

(11) 프로젝트 닫기

- 메뉴 [프로젝트] - [프로젝트 닫기] 를 선택한다.
- 프로젝트가 편집된 후 저장이 안 된 상태이면 아래와 같은 메시지가 나타난다.
- 저장을 원하면 [예(Y)] 버튼을 누른다.

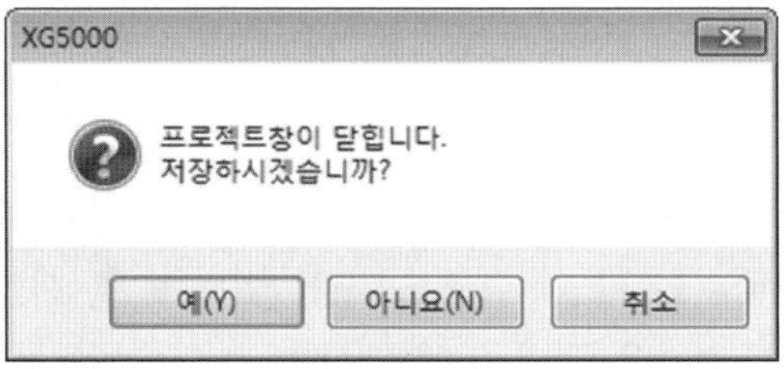

2) 기존 프로젝트 파일을 열어 동작하기

(1) 프로젝트 열기

- 메뉴 [프로젝트] - [프로젝트 열기] 를 선택한다. 열기 대화상자에서 프로젝트 파일을 선택한 후 열기 버튼을 누른다.

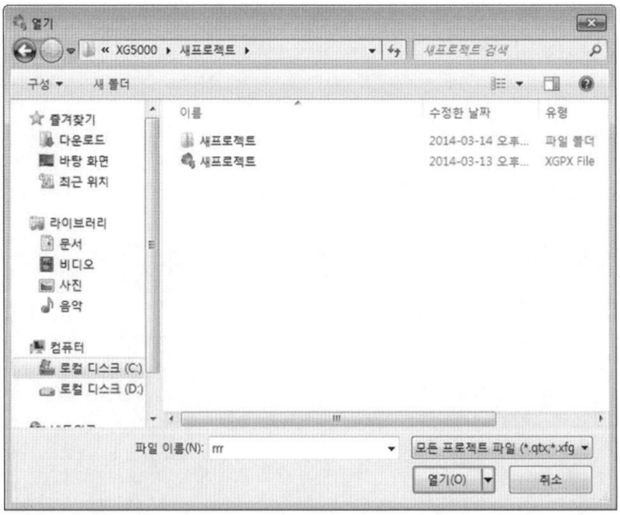

알아두기

- 통합형 프로젝트 파일의 확장자는 " .xgwx" 이다.
- PLC 프로그래밍 프로젝트 파일의 확장자는 " .xgpx" 이다.
- 네트워크 설정 프로젝트 파일의 확장자는 " .xfgx"이다.
- 열기 대화 상자에서 프로젝트 파일을 선택하면 설명문 영역에서 프로젝트 설명문을 확인할 수 있다.

(2) PLC로부터 열기

- PLC에 저장된 내용을 읽어와 프로젝트를 새로 만들어 준다. XG5000에 이미 프로젝트가 열려 있다면 이 프로젝트는 닫고 프로젝트를 새로 만들어 준다.
- 메뉴 [프로젝트] - [PLC 로부터 열기] 를 선택하고, 접속 설정 대화상자에서 접속할 대상 선택 후 확인을 누르면 새로운 프로젝트가 생성된다.

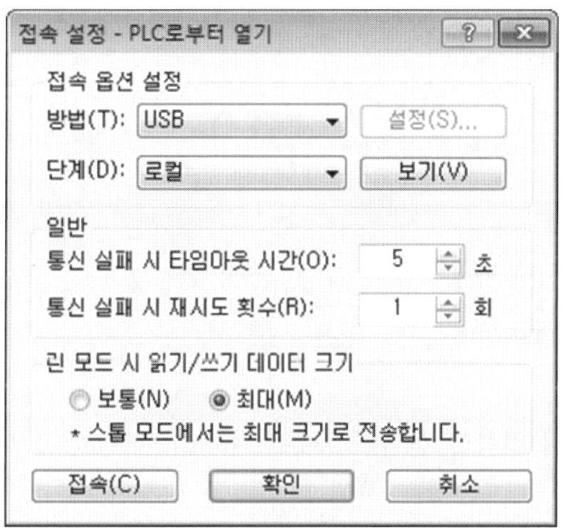

알아두기

- PLC로부터 읽은 프로젝트는 메뉴 [프로젝트] - [프로젝트 저장] 을 선택해야 컴퓨터에 저장된다.
- 현재 열려 있는 프로젝트에 PLC 내용을 읽어오기 위해서는 메뉴 [온라인] - [읽기] 를 선택해야 한다.

(3) 나머지 과정은 위의 "6. 1) 새 프로젝트 작성 후 동작하기"와 동일하다.

제3절 LD 편집 및 PLC 프로그램 주요기능

1 LD 편집

1) LD프로그램 편집

(1) 접점 입력

접점(평상시 열린 접점, 평상시 닫힌 접점, 양 변환 검출 접점, 음 변환 검출 접점)을 입력한다.

① 접점을 입력하고자 하는 위치로 커서를 이동시킨다.

② 도구 모음에서 입력할 접점의 종류를 선택하고 편집 영역을 클릭한다. 또는 입력하고자 하는 접점 에 해당하는 단축키를 누른다.

③ 변수 입력 대화 상자에서 디바이스명을 입력한 후 확인을 누른다. 변수 입력 대화 상자에 대한 상 세한 설명은 (3)의 변수/디바이스 입력을 참고한다.

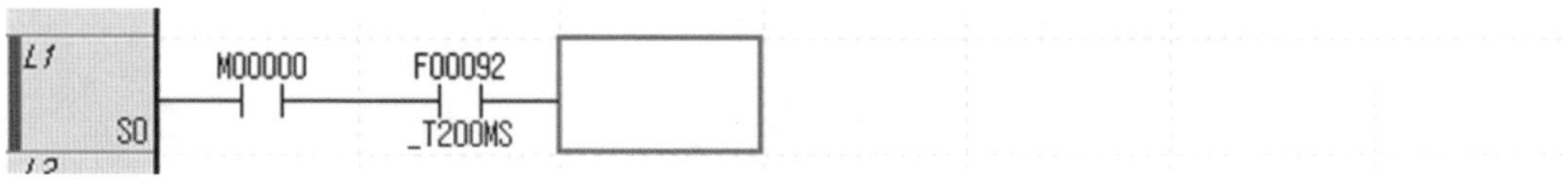

알 아 두 기

- 메뉴 [도구]-[옵션]-[옵션 대화상자]를 선택한다. LD/IL 편집 페이지에서 즉시 입력 모드가 해제된 경우에는 변수 입력 대화상자가 표시되지 않는다.

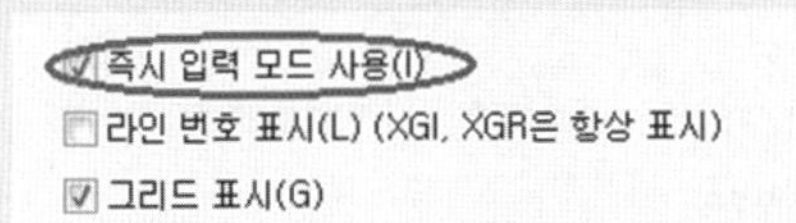

- 편집 시 엔터키에 대한 기본 동작은 이전 편집에서 입력한 접점(코일)의 종류와 같은 접점(코일)을 입력한다. 예) 이전 편집에서 평상 시 열린 접점을 입력한 후 엔터키를 입력하면, 평상시 열린 접 점이 재입력 된다.

(2) OR 접점 입력

OR 접점(평상시 열린 OR 접점, 평상시 닫힌 OR 접점, 양 변환 검출 OR 접점, 음 변환 검출 OR 접점)을 입력한다.

① OR 연결하고자 하는 위치로 커서를 이동시킨다.

② 도구 모음에서 입력할 접점의 종류를 선택하고 편집 영역을 클릭한다. 또는 입력하고자 하는 OR접점에 해당하는 단축키를 누른다.

③ 변수 입력 대화 상자에서 디바이스 명을 입력한 후 확인을 누른다. 변수 입력 대화 상자에 대한 상세한 설명은 (3)의 변수/디바이스 입력을 참고한다.

알 아 두 기

- 알겹침 모드에서 커서 위치에 접점 등이 있는 경우 OR 연결이 동작하지 않는다.
- 응용 명령어 등이 있는 경우에는 세로선이 삽입되지 않을 수 있다.

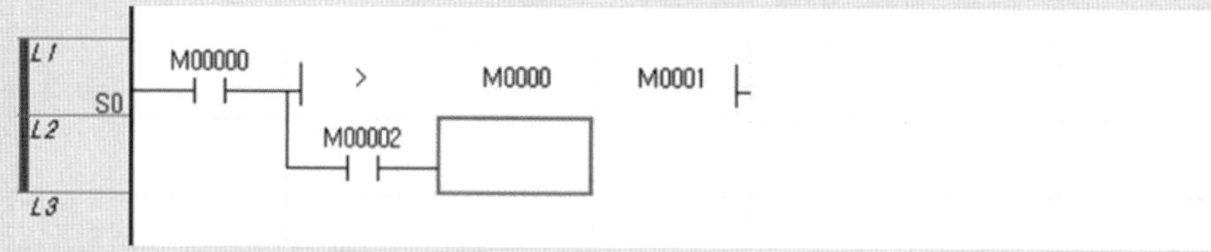

(3) 변수/디바이스 입력

㉠ 변수/디바이스 입력

디바이스 또는 변수/설명을 입력한다.

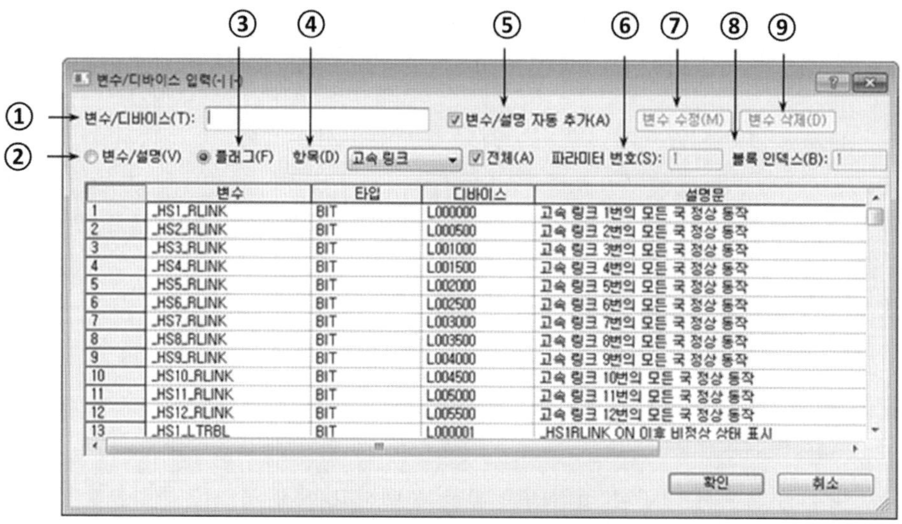

① **변수/디바이스** : 디바이스 또는 선언된 변수 명을 입력한다. 입력한 문자열이 변수 형태이며 해당 문자열이 변수/설명에 변수로 등록되어 있지 않은 경우 변수/설명 추가 대화 상자가 표시된다.

② **변수/설명** : 목록에 선언된 변수/설명을 표시한다.

③ **플래그** : 목록에 플래그를 표시한다. 플래그의 상세 종류는 플래그 항목에서 선택할 수 있다.

④ **항목** : 플래그의 종류를 표시하는 선택 상자로, 시스템/고속링크/P2P/PID 플래그를 선택할 수 있다.

⑤ **변수/설명 자동 추가** : 입력한 디바이스를 변수/설명에 자동으로 추가할지 여부를 선택한다. 변수/ 설명 자동 추가를 선택한 경우, 변수/설명 목록에 등록되지 않은 디바이스를 입력하면 변수/설명 추가 대화 상자가 표시된다.

⑥ **파라미터 번호** : 선택한 플래그 항목별 설정 번호를 입력한다. 고속링크는 0~12, P2P는 0~8, PID는 0~63이다.

⑦ **변수 수정** : 선택한 변수/설명을 수정한다.

⑧ **블록 인덱스** : 선택한 플래그의 항목별 블록 번호를 입력한다. 고속링크는 0~127, P2P는 0~63이다.

⑨ **변수 삭제** : 선택한 변수/설명을 삭제한다.

변수/설명 추가 대화상자

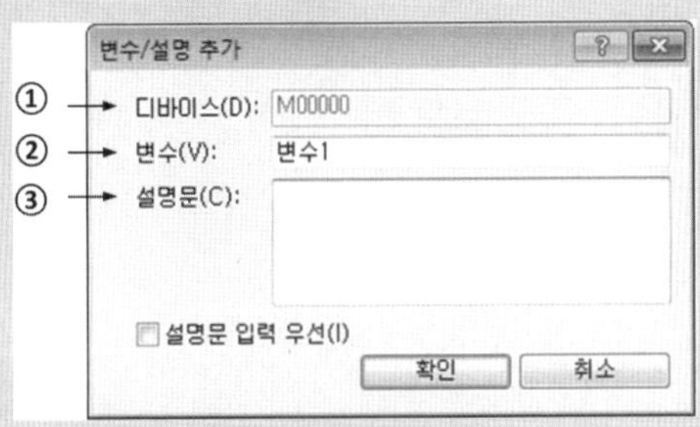

① 디바이스 : 추가할 디바이스를 입력한다.
② 변수 : 추가할 변수 명을 입력한다.
③ 설명무 : 추가할 설명문을 입력한다.

ⓛ 디바이스 자동 할당 프로젝트에서 변수 선택

아래 대화상자는 디바이스 자동 할당 프로젝트인 경우에 표시 되는 창이다.

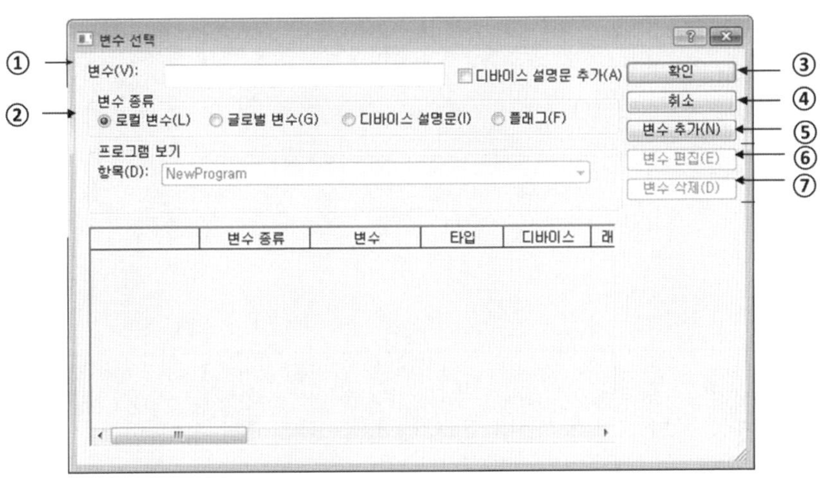

① **변수** : 상수, 직접 변수 또는 선언된 변수 명을 입력 할 수 있다. 입력한 문자열이 변수 형태이며 해당 문자열이 로컬 변수 목록에 변수로 등록되어 있지 않은 경우, 변수 추가 대화 상자가 표시된다.

② **확인** : 입력 또는 선택한 사항을 적용하고 대화 상자를 닫는다.

③ **취소** : 대화 상자를 닫는다.

④ **변수 종류** : 선언된 변수의 종류를 선택 할 수 있다.

⑤ **변수 추가** : 로컬 변수 목록에 변수를 추가 할 수 있는 대화 상자를 호출 한다.

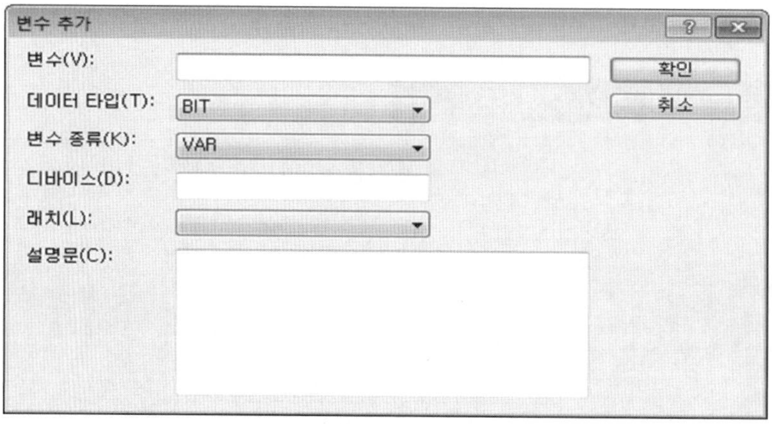

⑥ **변수 편집** : 선택된 변수를 편집 할 수 있는 대화 상자를 호출 한다.

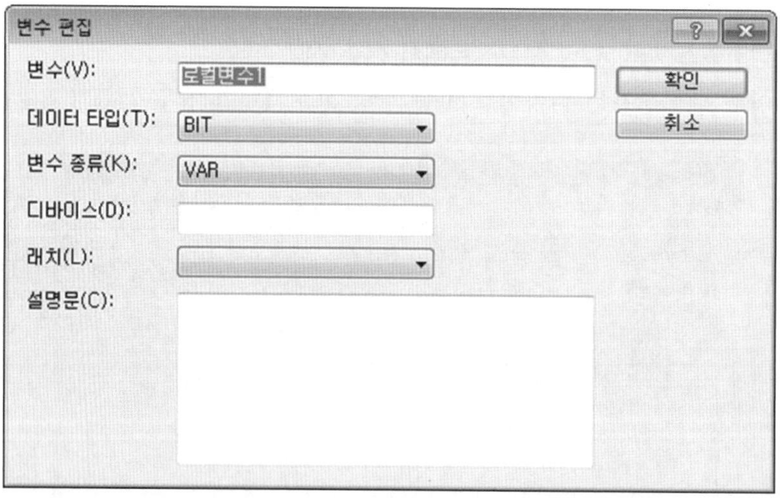

⑦ **변수 삭제** : 선택된 변수를 로컬 변수 목록에서 삭제 한다.

알 아 두 기

- 변수/디바이스 입력 대화 상자에서 변수 명으로 입력하는 경우, 현재 표시되는 변수/설명 목록을 기준으로 자동 완성된다. 예를 들어, 현재 플래그가 표시되고 있는 경우 FA를 입력하면 F000A 디바이스로 자동 완성된다. 만일 변수/설명이 표시되고 있는 경우에는 FA를 입력하면 FA로 시작하는 변수 이름을 찾아 해당 변수 명으로 자동완성 된다.
- 편집 한 변수/설명은 실행 취소 및 재실행 되지 않는다.

(4) 선 입력

수평선은 LD 편집 요소간에 가로 연결을 위하여 수직선은 세로 연결을 위하여 입력한다.

㉠ 수평선 입력

① 연결하고자 하는 곳으로 커서를 이동 시킨다.

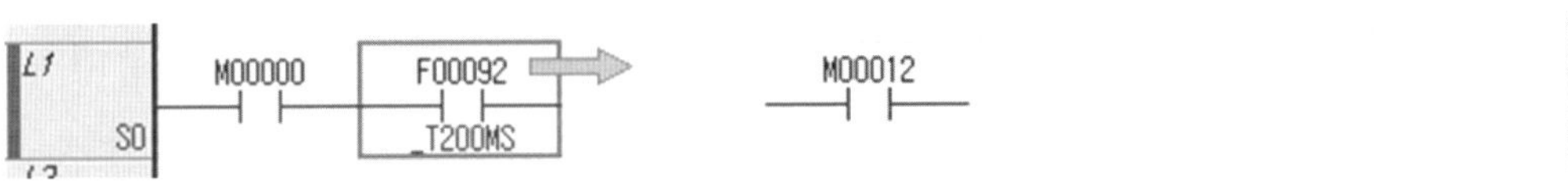

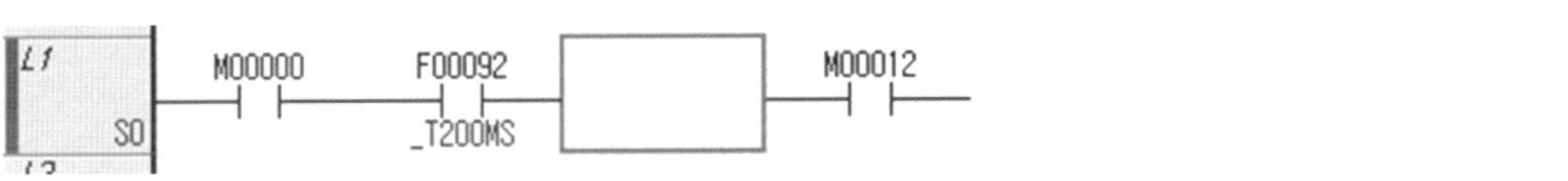

② 수평선 입력 단축키를 선택한다. 또는 도구 모음에서 수평선을 선택하고 가로선을 입력할 편집 영역을 선택한다.

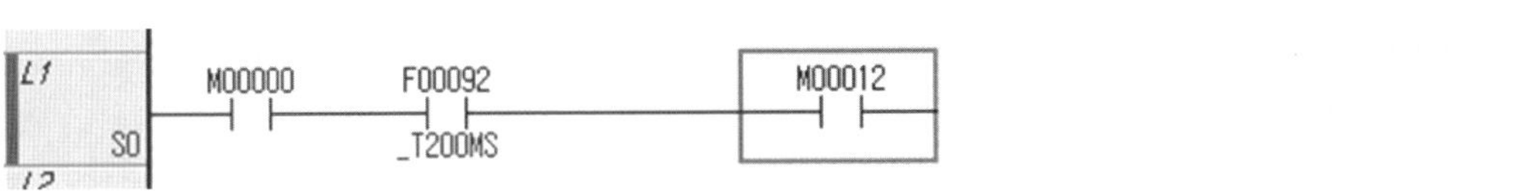

㉡ 수직선 입력

① 연결하고자 하는 곳으로 커서를 이동 시킨다.

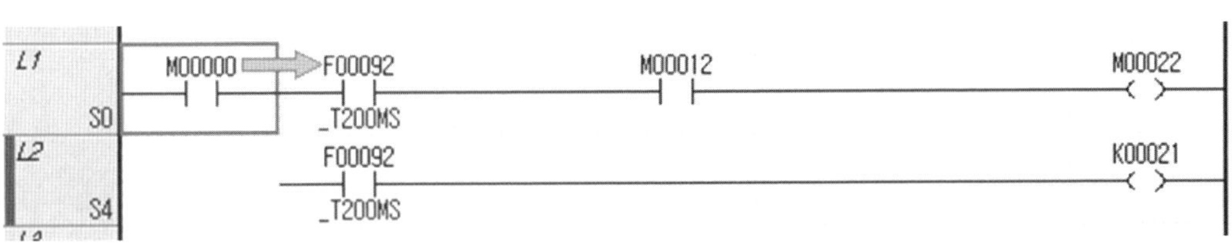

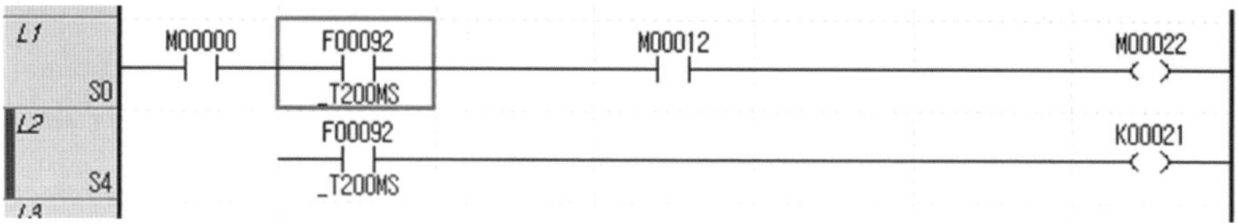

② 수직선 입력 단축키를 선택한다. 또는 도구 모음에서 수직선을 선택하고 세로선을 입력할 편집 영역을 선택한다.

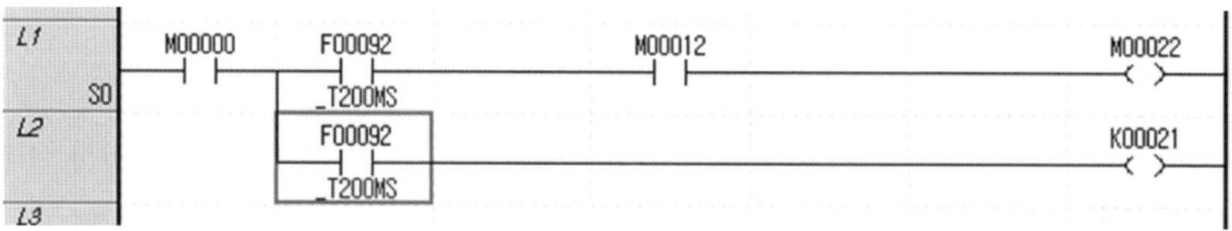

알 아 두 기

- 알수직선은 현재 커서를 기준으로 왼쪽 아래 방향으로 입력된다.

(5) 코일 입력

코일(코일, 역코일, 양 변환 검출 코일, 음 변환 검출 코일)을 입력한다.

① 코일을 입력하고자 하는 위치로 커서를 이동시킨다.

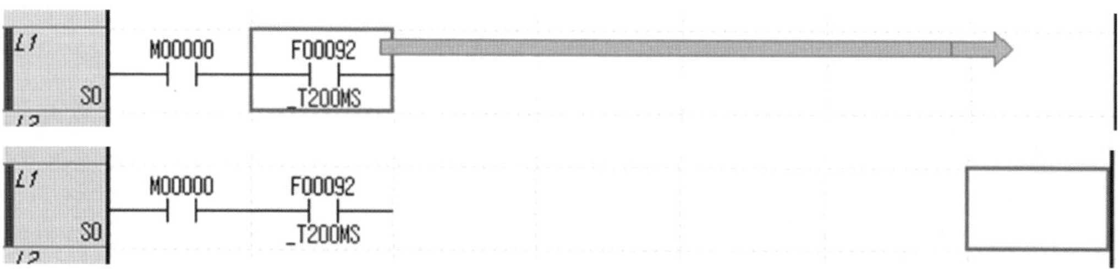

② 도구 모음에서 입력할 코일의 종류를 선택하고 편집 영역을 클릭한다. 또는 입력하고자 하는 코일 에 해당하는 단축키를 누른다.
③ 변수 입력 대화 상자에서 디바이스 명을 입력한 후 확인을 누른다.

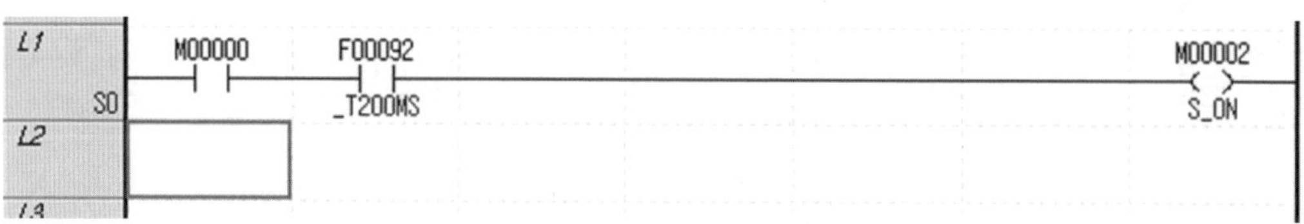

알 아 두 기

- 코일류 및 출력 관련 응용 명령어를 입력하면 왼쪽 요소와의 연결을 위하여 수평선이 자동 입력된다.
- 하나의 프로그램 내 이중 코일 출력을 작성 시 마지막 코일 값에 따라 출력 모듈로 출력된다.

(6) 응용 명령어 입력

연산을 위한 응용 명령어를 입력한다.

① 응용 명령어를 입력하고자 하는 위치로 커서를 이동시킨다.

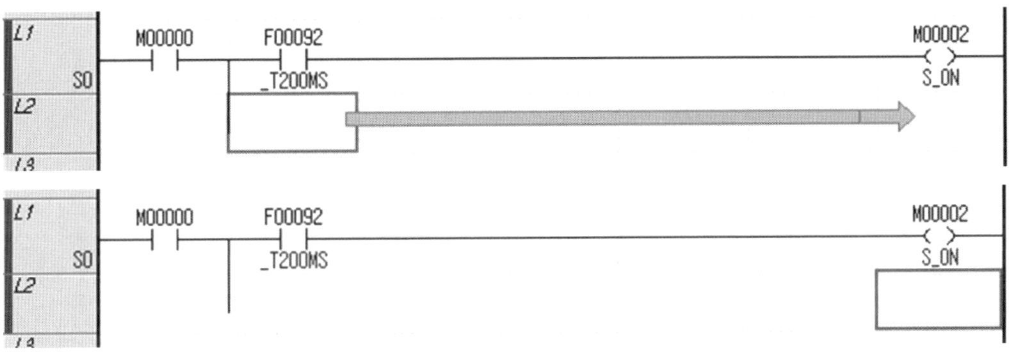

② 도구 모음에서 입력할 응용 명령어를 선택하고 편집 영역을 클릭한다. 또는 응용 명령어 입력 단축키를 누른다.

③ 응용 명령어를 입력하거나, 입력한 응용 명령어를 편집한다.

④ 응용 명령어 입력 대화 상자에서 응용 명령어를 입력한 후 확인 버튼을 누른다.

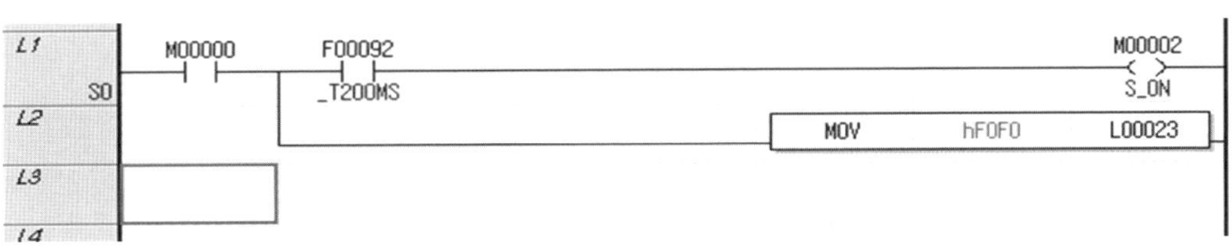

응용명령 대화상자

① 응용명령 : 응용 명령어를 입력한다. 입력한 응용 명령어를 편집하는 경우 이전의 응용 명령어가 초기값으로 표시된다.
② 분류 : 응용 명령어의 분류를 표시한 것으로, 특정 분류를 선택하면 해당 분류에 속하는 명령어들이 명령어 리스트에 표시된다.
③ 변수/디바이스 입력 : 변수/디바이스 대화상자를 표시한다. 변수/디바이스 대화상자에서 선택한 디바이스는 현재 커서 위치에 삽입된다.
④ 명령어 : 지정한 분류에 속하는 명령어 리스트가 표시된다. '전체'를 선택한 경우 모든 명령어가 표시된다.
⑤ 사용방법 : 입력한 응용 명령어의 분류, 사용 방법 및 오퍼랜드 별 가능 영역을 표시한다.
⑥ 명령어 도움말 : 선택 또는 입력한 명령어에 대한 도움말을 표시한다.
⑦ 확인 : 입력한 내용을 적용하고 대화 상자를 닫는다.
⑧ 취소 : 대화상자를 닫는다.

알 아 두 기

- 응용 명령어에 대한 설명은 XGT CPU 사용설명서를 참고하기 바란다.
- 응용 명령어 입력 시, 다음의 방법을 사용하면 변수/디바이스 명을 쉽게 입력할 수 있다.
  ① 응용 명령어를 입력한다.
  ② 엔터키를 누르면 변수/디바이스 입력 대화상자가 표시된다.
  ③ 변수/디바이스 입력 대화상자에서 디바이스 명을 입력 또는 선택한다.
  ④ 입력이 완료되면 선택한 변수/디바이스 명이 표시된다.
  ⑤ 만일 입력한 오퍼랜드가 마지막 오퍼랜드가 아닌 경우에는 다음 입력을 위해 커서가 자동으로 이동된다.

(7) 펑션/펑션 블록의 응용 명령어 입력

디바이스 자동할당 프로젝트로 생성한 경우에만 가능한 명령어이다.

① 확장 펑션 응용 명령어를 입력하고자 하는 위치로 커서를 이동시킨다.

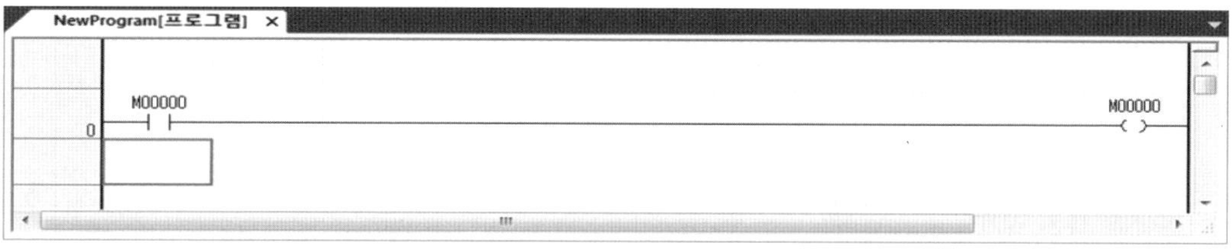

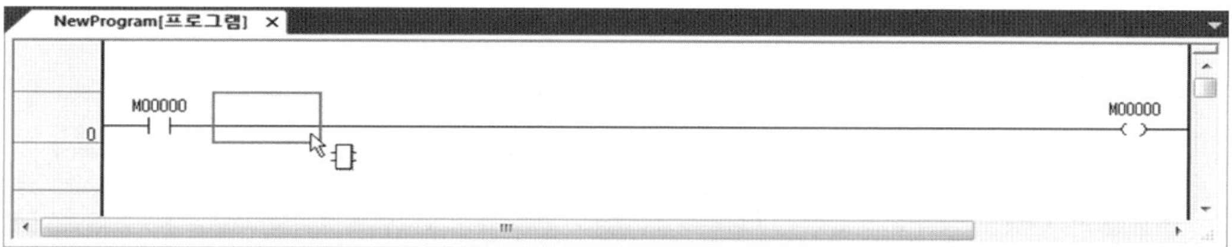

② 도구 모음에서 입력할 확장 펑션 응용 명령어를 선택하고 편집 영역을 클릭한다. 또는 확장 펑션 응용 명령어 입력 단축키를 누른다.

③ 응용 명령어 입력 대화 상자에서 응용 명령어를 입력한 후 확인 버튼을 누른다.

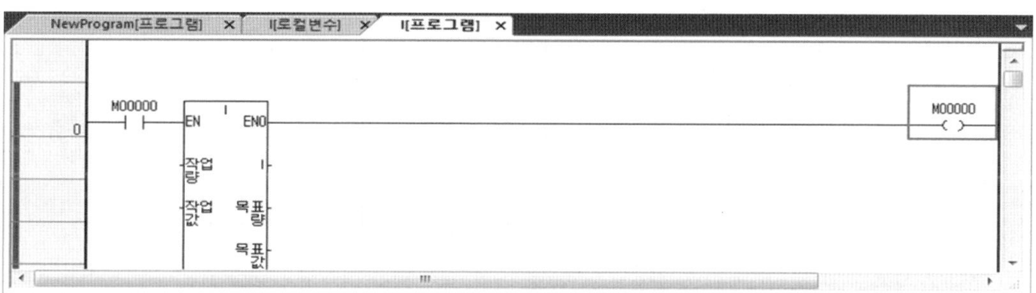

(8) 설명문 입력

렁 및 출력 설명문을 입력한다. 렁의 시작 위치에 표시되는 설명문을 [렁 설명문], 출력 요소에 대한 설명문을 [출력 설명문]이라고 한다.

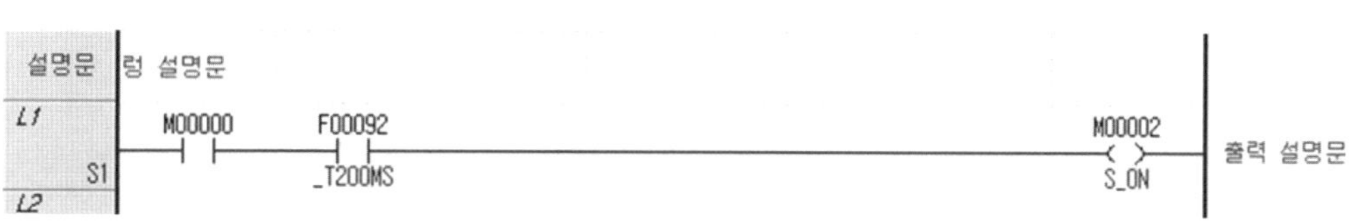

㉠ 렁 설명문

① 렁 설명문을 입력하고자 하는 위치로 커서를 이동시킨다.

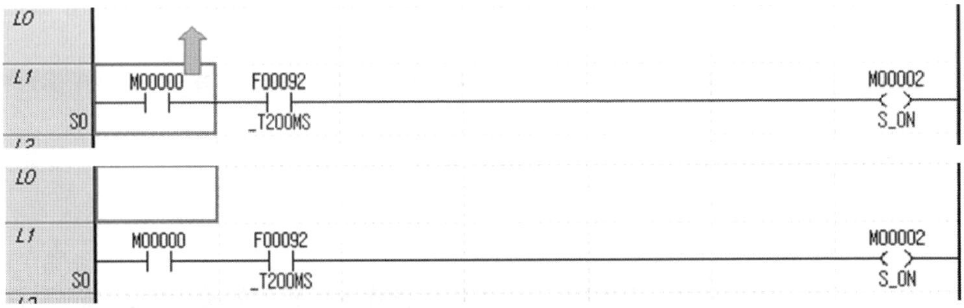

② 메뉴 [편집] - [설명문/레이블 입력]을 선택한다.

설명문/레이블

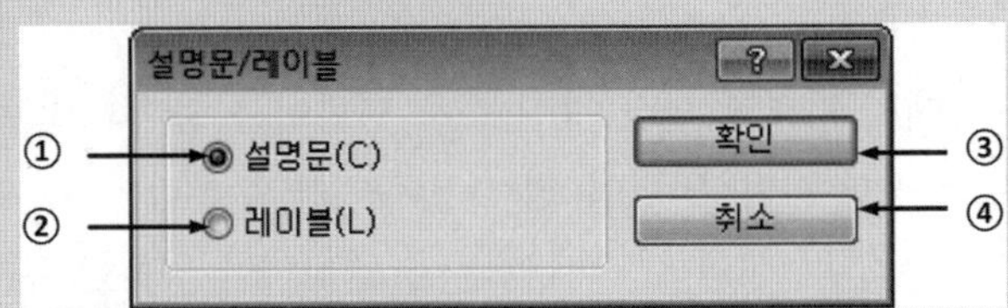

① 설명문 : 렁 설명문 입력을 선택한다.
② 레이블 : 레이블 입력을 선택한다.
③ 확인 : 선택한 내용을 적용하고 대화 상자를 닫는다.
④ 취소 : 대화 상자를 닫는다.

③ 렁 설명문 대화상자가 표시되며 설명문 입력하고 확인 버튼을 누른다.

렁 설명문

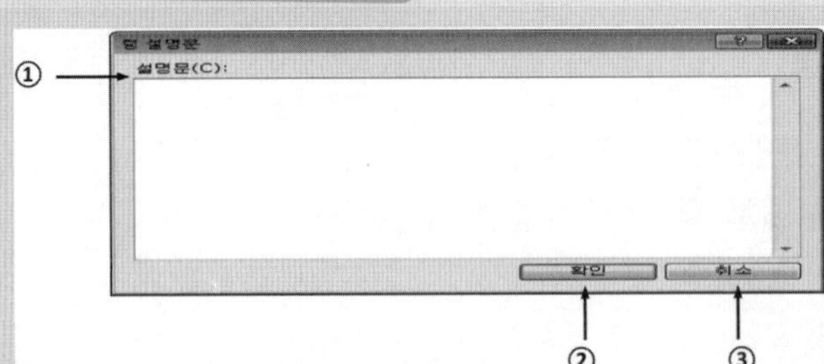

① 설명문 : 입력할 렁 설명문 또는 출력 설명문의 내용을 입력한다.
② 확인 : 입력한 내용을 적용하고 대화상자를 닫는다.
③ 취소 : 대화 상자를 닫는다.

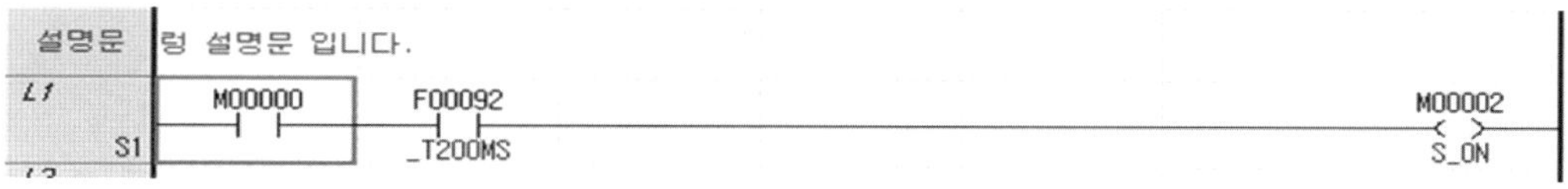

㉡ 출력 설명문

① 출력 설명문을 입력하고자 하는 위치로 커서를 이동시킨다.

② 마우스 왼쪽 버튼을 더블 클릭하거나, 엔터 키를 누른다.

③ 출력 설명문 대화 상자에 설명문을 입력하고 확인을 누른다.

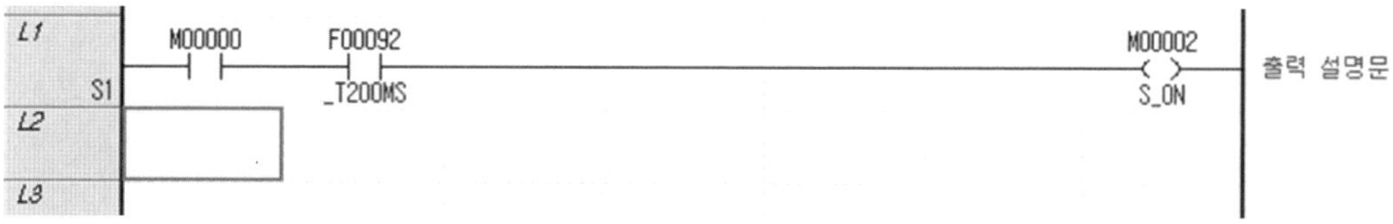

알아두기

• 출력 설명문은 출력 요소가 존재하는 경우에만 입력이 가능하다.

(9) 레이블 입력

응용 명령어 JMP에서 참조할 레이블을 입력한다.

① 레이블을 입력하고자 하는 위치로 커서를 이동시킨다.

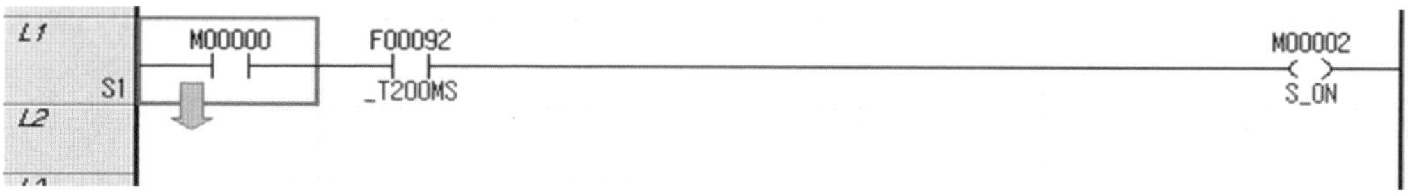

② 메뉴 [편집]-[설명문/레이블 입력]을 선택한다.

③ 대화 상자에서 레이블을 선택하고 엔터 키 혹은 확인 버튼을 누른다.

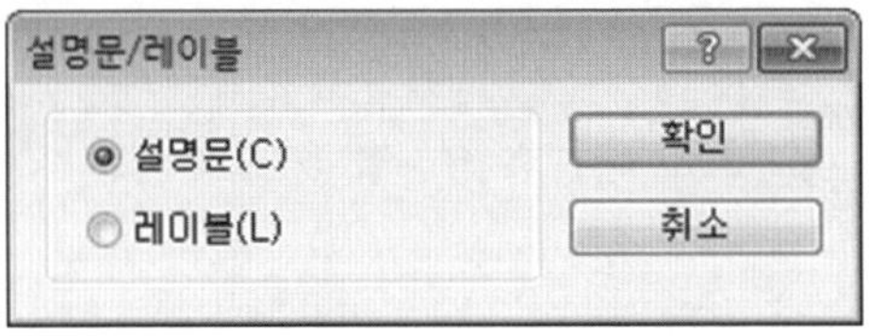

④ 레이블 대화 상자에서 추가할 레이블을 입력한 후 확인 버튼을 누른다.

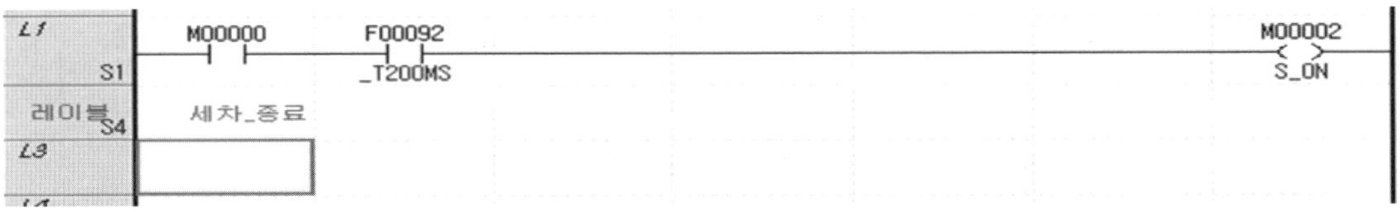

알 아 두 기

- 레이블은 영문 16자, 한글 8자까지 입력 가능하다.
- 레이블은 대/소문자를 구별하며, 레이블의 첫 글자는 숫자 혹은 특수 문자로 시작할 수 없다.
- 레이블 입력 규칙은 변수/설명 입력 규칙을 따른다.

(10) 셀 삽입

현재 커서 위치에 새로운 셀을 삽입한다.

① 셀을 삽입하고자 하는 위치로 커서를 이동시킨다.

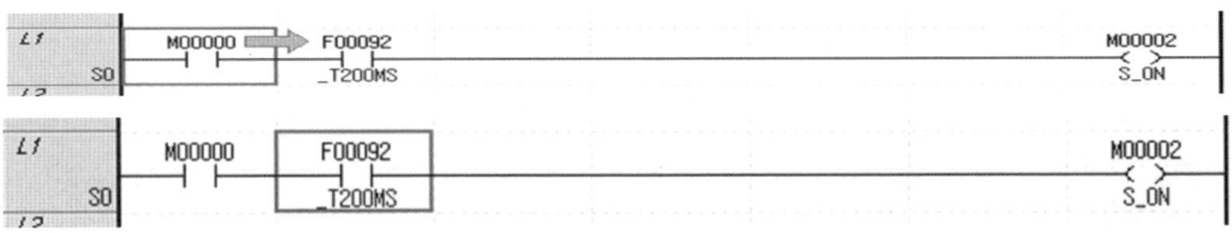

② 메뉴 [편집]-[셀 삽입]을 선택한다.

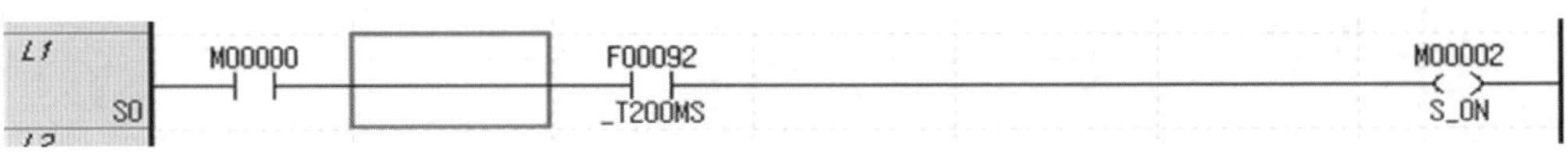

알아두기

• 셀 삽입은 렁 단위로 동작한다.

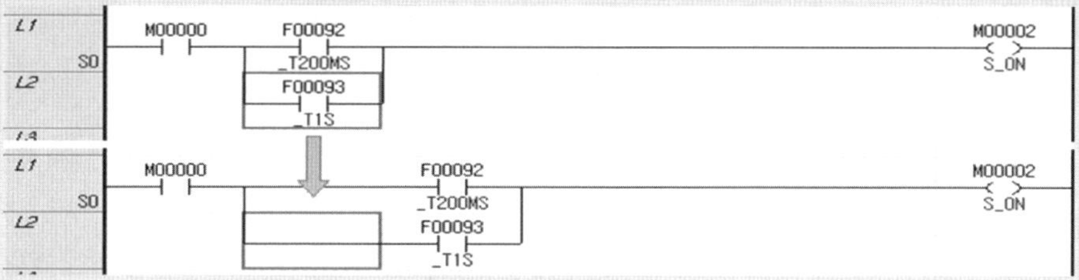

(11) 라인 삽입

현재 커서 위치에 새로운 라인을 삽입한다.

① 라인을 삽입하고자 하는 위치로 커서를 이동시킨다.

② 메뉴 [편집]-[라인 삽입]을 선택한다.

알아두기

• 라인 삽입 시 현재 커서 위치에 새로운 라인이 삽입된다.
• 라인 삽입 시 영역이 선택되어 있으면, 선택된 영역의 라인 수만큼 새로운 라인이 삽입된다.

(12) 요소 삭제

입력한 접점, 코일, 응용 명령어, 선, 렁/출력 설명문, 레이블을 삭제한다.

① 삭제하고자 하는 요소 위치로 커서를 이동시킨다.

② 메뉴 [편집]- [삭제]를 선택한다.

(13) 셀 삭제

입력된 접점, 수평선과 같은 요소를 삭제하고, 다음 위치의 셀을 당긴다.

① 삭제하고자 하는 셀의 위치로 커서를 이동시킨다.

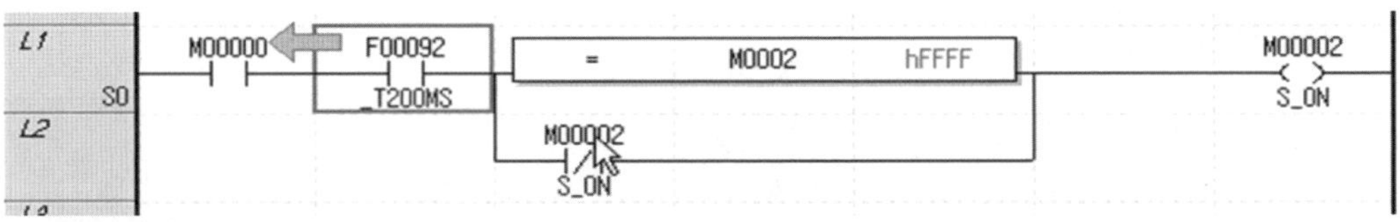

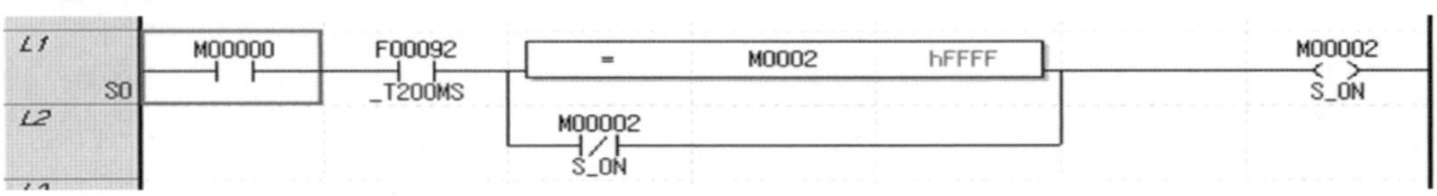

② 메뉴 [편집] - [셀 삭제]를 선택한다.

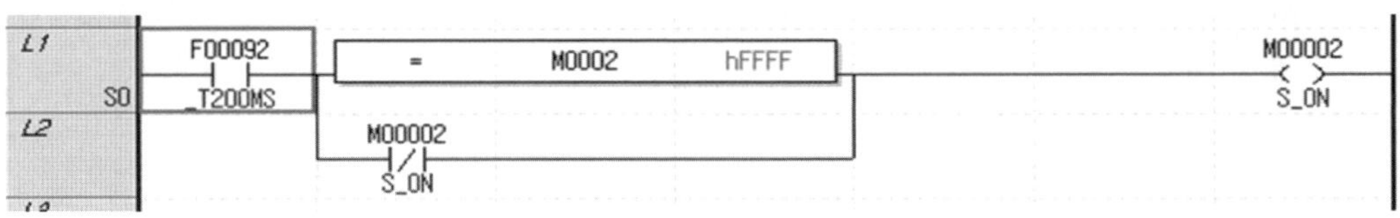

알 아 두 기

- 셀 삭제는 렁 단위로 동작한다.
- 현재 커서 위치에 OR로 연결된 요소들 중 수평선을 제외한 다른 요소가 포함된 경우 셀 삭제는 동작 하지 않는다.

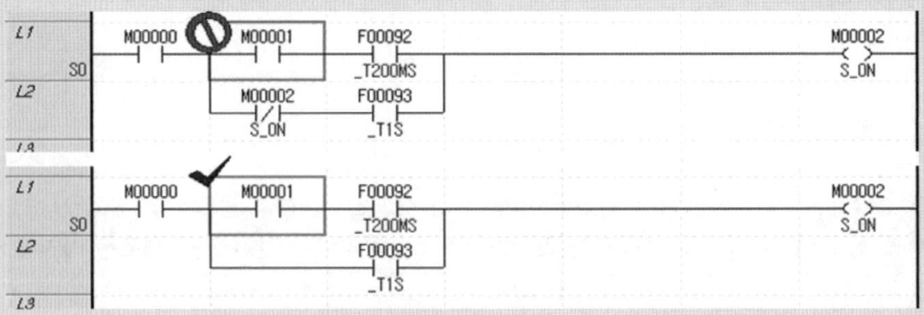

(14) 라인 삭제

선택된 영역의 모든 라인을 삭제한다.

① 삭제하고자 하는 라인으로 커서를 이동시킨다.

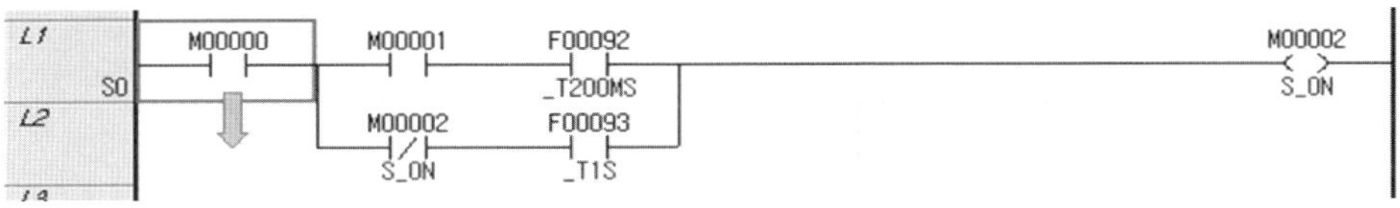

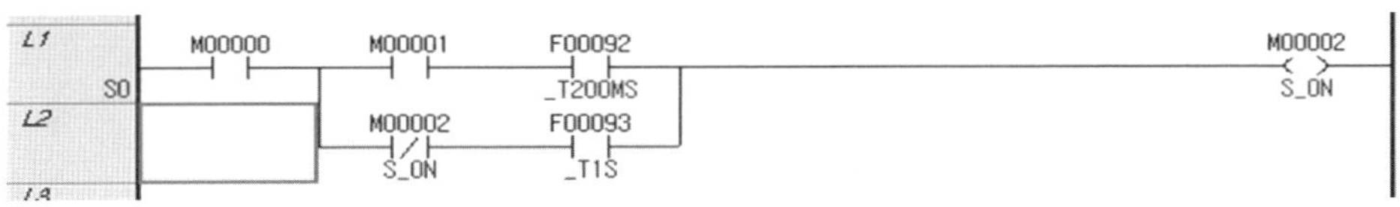

② 메뉴 [편집] - [라인 삭제]를 선택한다.

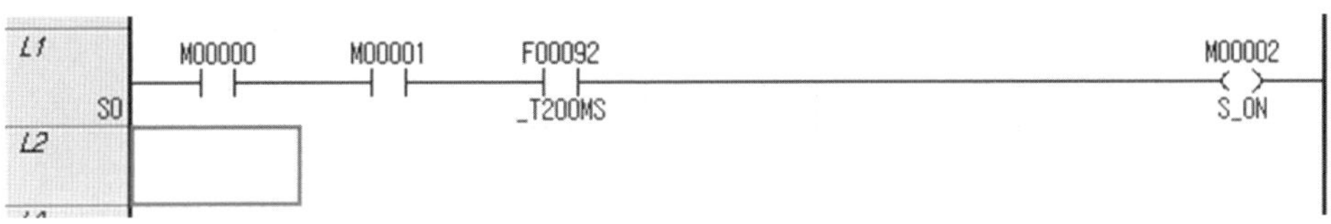

(15) 복사/잘라내기/붙여넣기

선택된 영역의 데이터를 복사하거나, 잘라내어 지정한 위치로 복사할 수 있다. 복사와 다르게 잘라 내기는 현재 선택된 영역의 데이터를 삭제한다.

㉠ 복사

① 복사하고자 하는 영역을 선택한다.

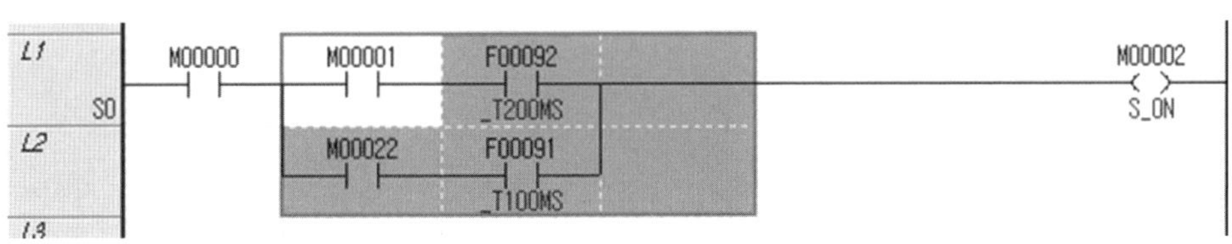

② 메뉴 [편집] - [복사]를 선택한다.

③ 붙여 넣고자 하는 영역으로 커서를 이동시킨다.

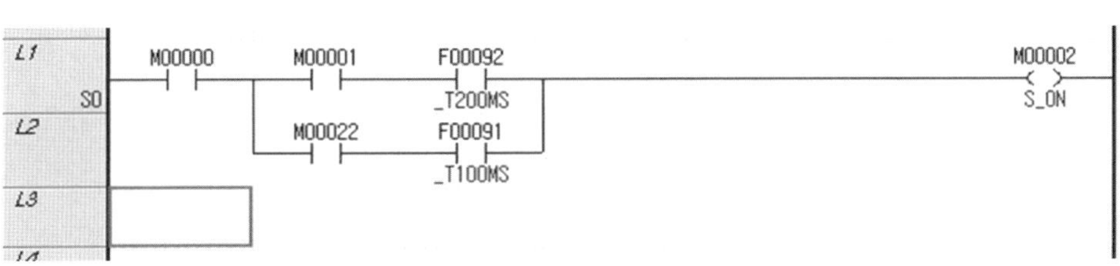

④ 메뉴 [편집] - [붙여넣기]를 선택한다.

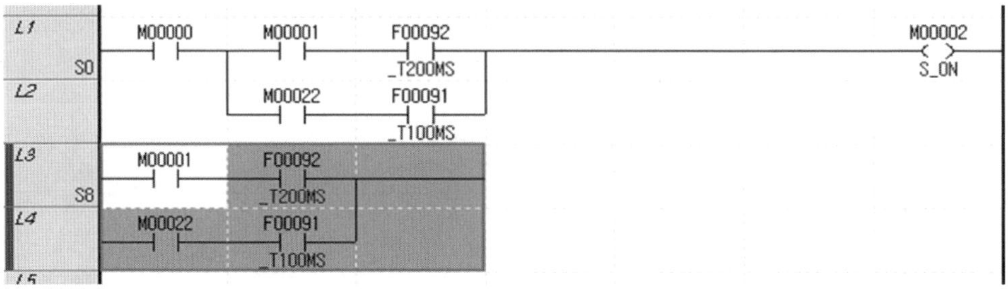

㉡ 잘라내기

① 잘라내고자 하는 영역을 선택한다.

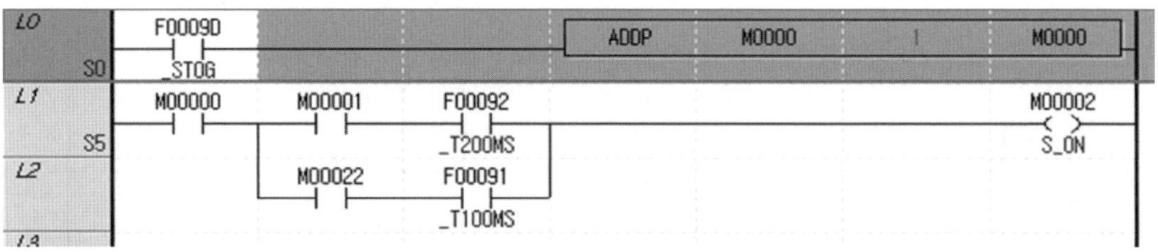

② 메뉴 [편집] - [잘라내기]를 선택한다.

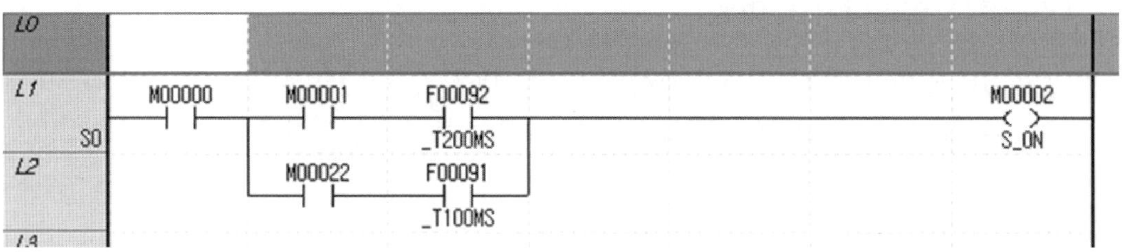

③ 붙여 넣고자 하는 영역으로 커서를 이동시킨다.

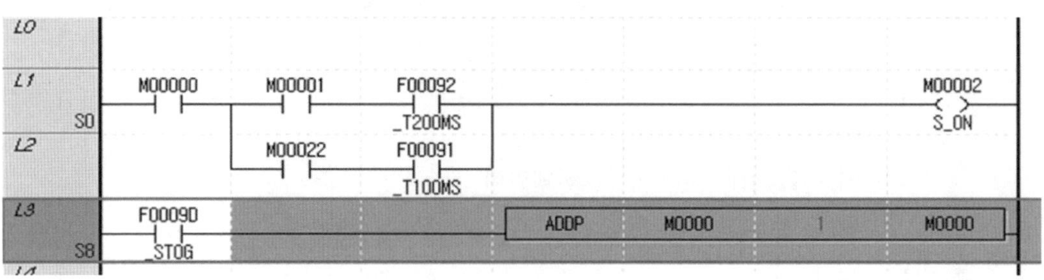

(16) 드래그 & 드롭

드래그 & 드롭을 이용하면 마우스를 이용하여 보다 편리하게 편집할 수 있다. LD 프로그램에서는 드래그 & 드롭을 이용한 LD 데이터의 이동, 복사를 지원한다. 또한 변수/설명 창으로부터 변수/설명에 대한 정보를 드래그하여 접점, 코일 및 응용 명령어의 오퍼랜드에 드롭 할 수 있다.

㉠ 드래그 & 드롭의 시작

드래그 할 영역을 선택한 후 해당 영역으로 마우스 커서를 이동시킨다. 해당 위치에서 마우스 왼쪽 버튼을 누르고 있으면 커서의 모양이 아래와 같이 변경된다. 마우스 커서의 변경은 드래그 & 드롭이 준비 되었음을 의미한다.

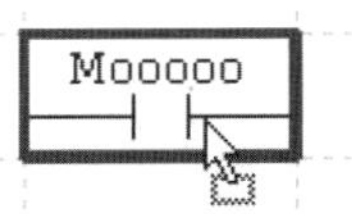

데이터의 이동

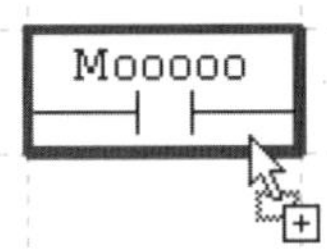

데이터의 복사

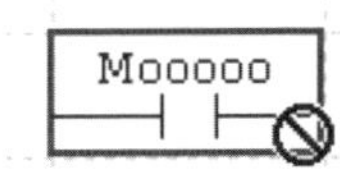

데이터의 복사 및 이동이 불가능한 경우

㉡ 데이터의 이동

특정 영역의 데이터를 이동하고자 하는 경우에 사용한다. 데이터 이동 후에는 이전의 선택된 영역의 데이터는 삭제된다. 드래그 & 드롭을 이용한 데이터의 이동은 아래와 같은 순서를 따른다.

① 이동할 데이터의 영역을 선택한다.

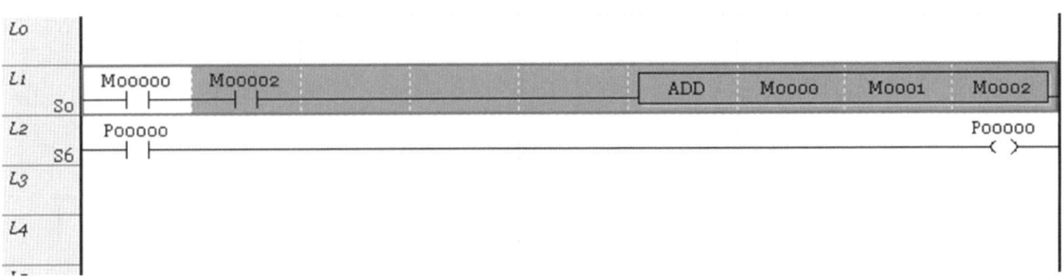

② 선택 영역에 마우스 커서를 위치 시키고 왼쪽 마우스 버튼을 누르고, 커서 모양이 변경될 때까지 기다린다.

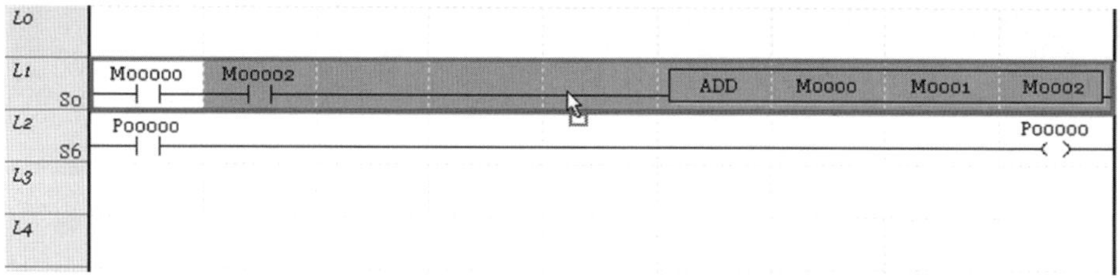

③ 이동하고자 하는 위치로 마우스 커서를 이동한 후, 누르고 있던 마우스 왼쪽 버튼을 해제한다.

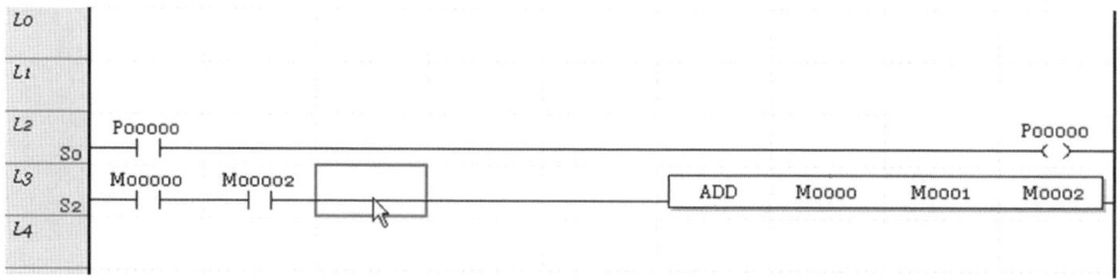

㉢ 데이터의 복사

특정 영역의 데이터를 복사 하고자 하는 경우에 사용한다. 데이터의 이동과 다르게 선택된 이전의 데이터는 유지된다. 데이터를 복사 하고자 하는 경우에는 드래그 시작 전 혹은 시작 이후에 키보드의 컨트롤 키를 누르면 된다. 드래그 & 드롭을 이용한 데이터의 복사는 아래와 같은 순서를 따른다.

① 복사할 데이터 영역을 선택한다.

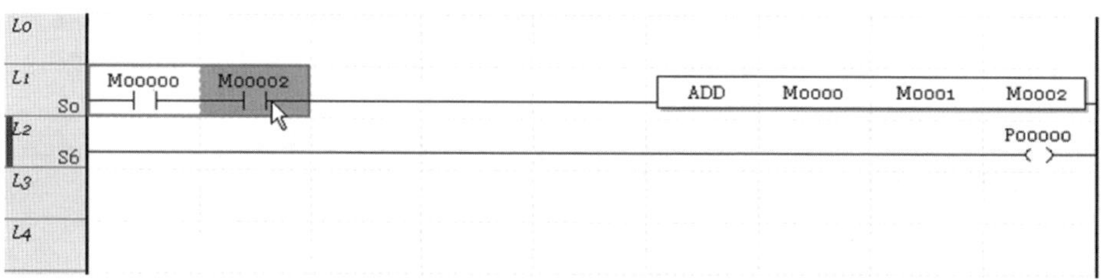

② 선택 영역에 마우스 커서를 위치 시키고 컨트롤 키와 함께 왼쪽 마우스 버튼을 누르고, 커서 모양이 변경될 때까지 기다린다.

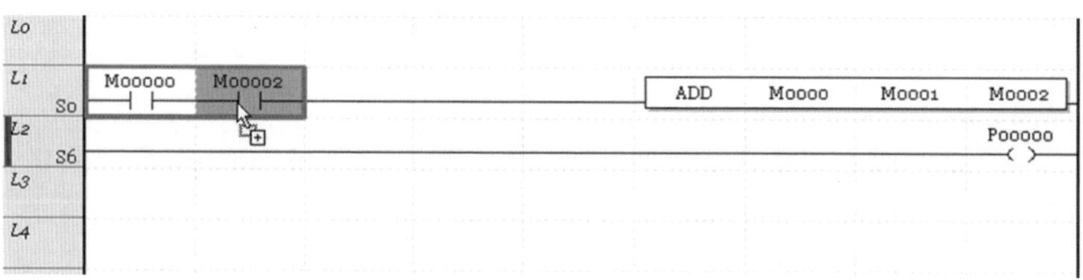

③ 붙여 넣고자 하는 위치로 마우스 커서를 이동한 후, 누르고 있던 마우스 왼쪽 버튼을 해제한다.

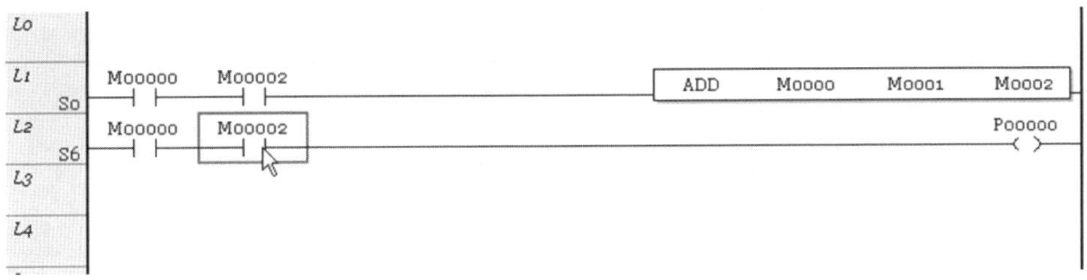

㉣ 변수/설명 데이터 붙여넣기

1변수/설명 창으로부터 디바이스(변수/설명 포함)데이터를 붙여넣기 한다. 변수/설명을 붙여넣기 하는 경우에는 반드시 접점, 코일, 명령어 등이 있어야 하며, 오퍼랜드 타입이 다른 경우에는 붙여넣기 할 수 없다. 드래그 & 드롭을 이용한 변수/설명의 붙여넣기는 아래와 같은 순서를 따른다.

① 변수/설명 창에서 복사할 항목을 선택한 후, 셀의 경계로 마우스 커서 위치를 이동 시킨 후 왼쪽 마우스 버튼을 눌러 드래그 & 드롭을 시작한다.

	변수	타입	디바이스	설명문
1	SW1	BIT	M00000	
2	SW2	BIT	M00001	

② 마우스를 드래그하여 붙여 넣고자 하는 항목위로 마우스 커서를 위치 시킨다. 이 때 붙여 넣기가 가능한 경우에 커서 모양이 아래 그림과 같이 변경된다.

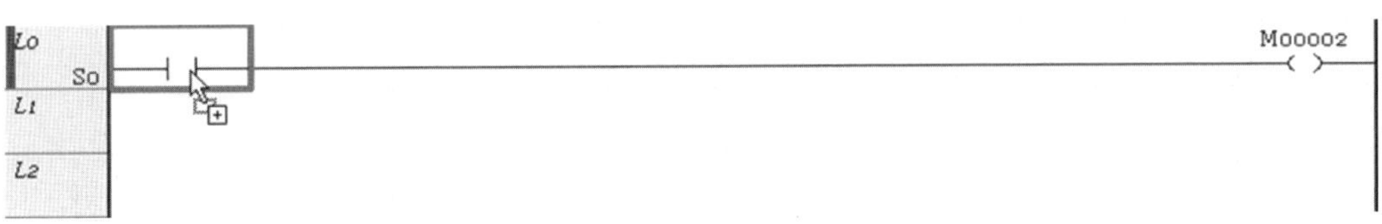

③ 마우스 왼쪽 버튼을 해제 한다.

알 아 두 기

- 변수 모니터 창으로 디바이스에 대한 정보를 복사할 수 있다.
- 트렌드 모니터 창으로 디바이스에 대한 정보를 복사할 수 있다.

(17) 편집 취소 및 재 실행

프로그램 편집 시 편집한 내용을 이전 상태로 취소 시키거나, 취소한 내용을 재 실행할 수 있다.

㉠ 편집 취소(삭제 예)

① 삭제하고자 하는 위치로 커서의 위치를 이동시킨다.

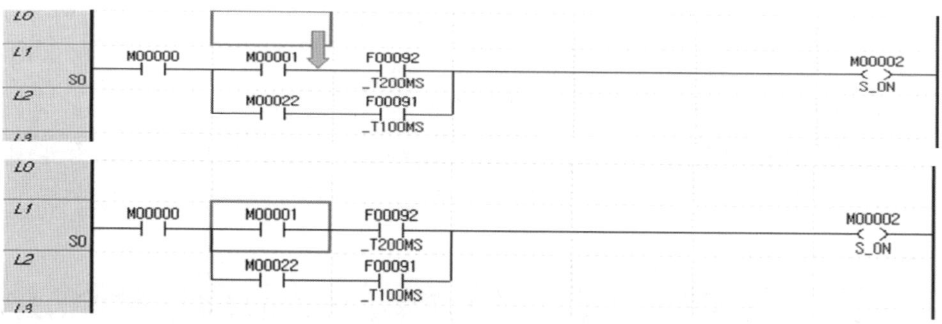

② 메뉴 [편집] - [삭제]를 선택한다.

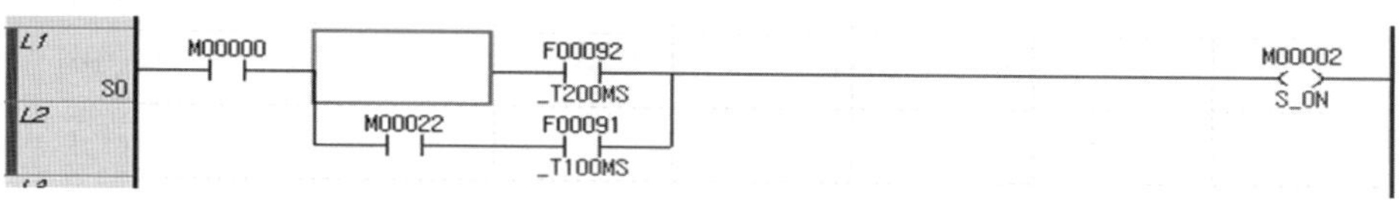

③ 메뉴 [편집] - [편집 취소]를 선택한다.

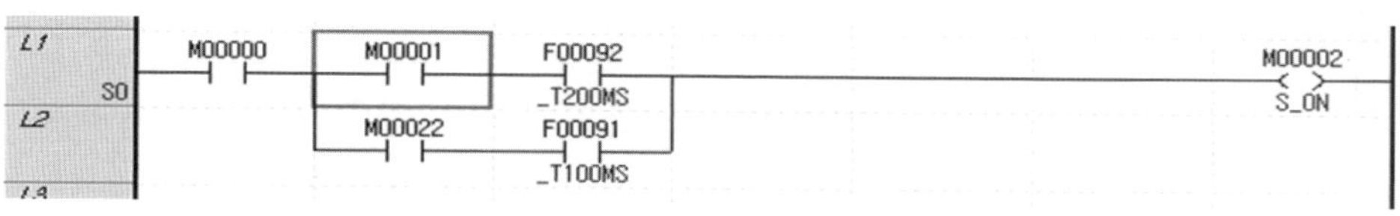

㉡ 재 실행(삭제 예)

① 메뉴 [편집] - [재 실행]을 선택한다.

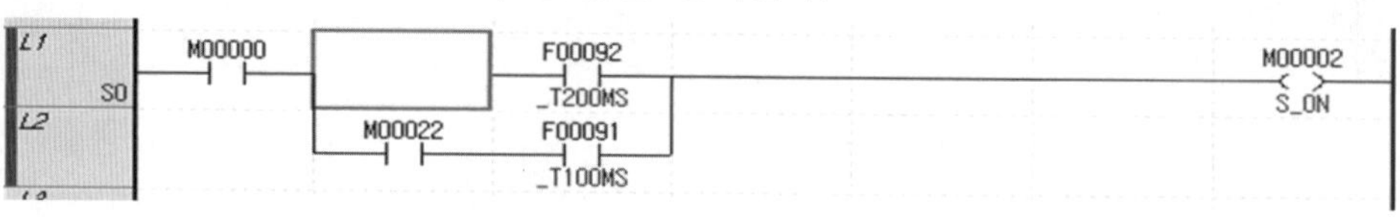

알 아 두 기

- 편집한 모든 내용에 대해 실행 취소 및 재 실행이 가능하다.
- 실행 취소의 횟수에는 제한이 없다.
- [편집 취소]의 단축키는 "Ctrl + Z", [재 실행]의 단축키는 "Ctrl + Y" 이다.

(18) 접점 수 조절

화면에 표시되는 접점 수를 조절 한다.

㉠ 접점 수 선택

① 메뉴 [보기] - [접점 수 변경]을 선택한다.

② 표시하고자 하는 접점 수를 선택한다. 9, 12, 16, 20, 24, 28, 32 개의 접점을 선택할 수 있다.

㉡ 접점 수 증가

① 보기 툴 바에서 접점 수 증가 툴을 선택한다.

㉢ 접점 수 감소

① 보기 툴 바에서 접점 수 감소 툴을 선택한다.

알 아 두 기

- 접점 수 조절의 최대 범위는 9~32이다.
- 현재 접점 수가 실제 선택한 접점 수 보다 큰 경우 아래 그림과 같이 화살표가 표시된다. 다음 라인으로의 연결은 '▶ 연결 번호'로 표시되며, 연결된 선은 '연결 번호 ▶'로 표시된다.

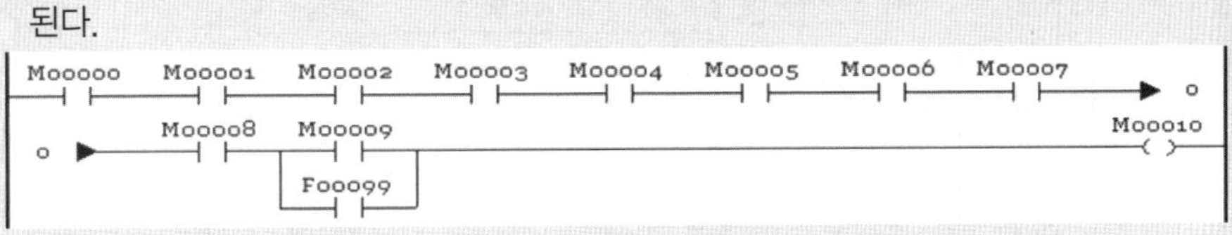

- 접점 수 조절로 인하여 라인 번호 순서가 역전되거나, 중복되어 표시될 수 있다.

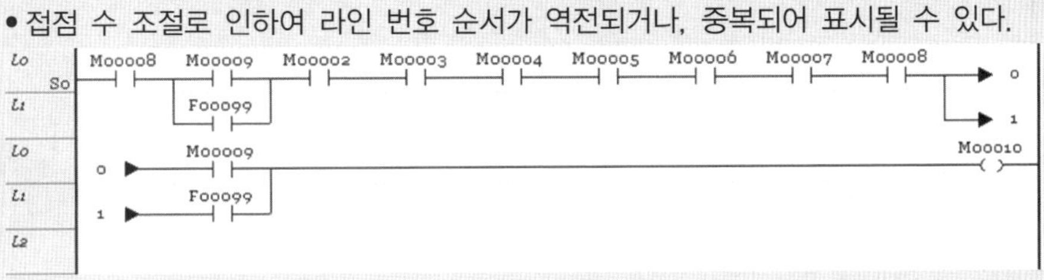

(19) LD화면 속성

LD 화면의 보기 속성을 지정한다. 화면 속성에서는 디바이스, 변수, 설명문 보기 옵션에 대한 설정 및 배율, 접점 수를 한번에 설정할 수 있다. 또한 LD 화면 전체에 대해서 동일한 속성을 지정할 수 있다.

① 메뉴 [보기] - [LD 화면 속성]을 선택한다.

② LD 화면 속성을 변경한 후 확인을 누른다.

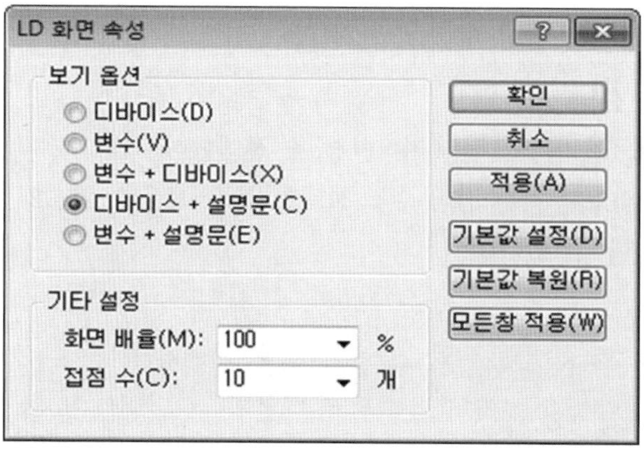

(20) 편집 시 이중 코일 검사

코일이 편집될 때마다 해당 디바이스의 중복 사용 여부를 표시한다. 디바이스가 PLC 내의 다른 위치 에서 코일로 사용되면 프로그램 명, 위치, 스텝에 대한 목록이 표시된다.

① 코일을 추가한다.

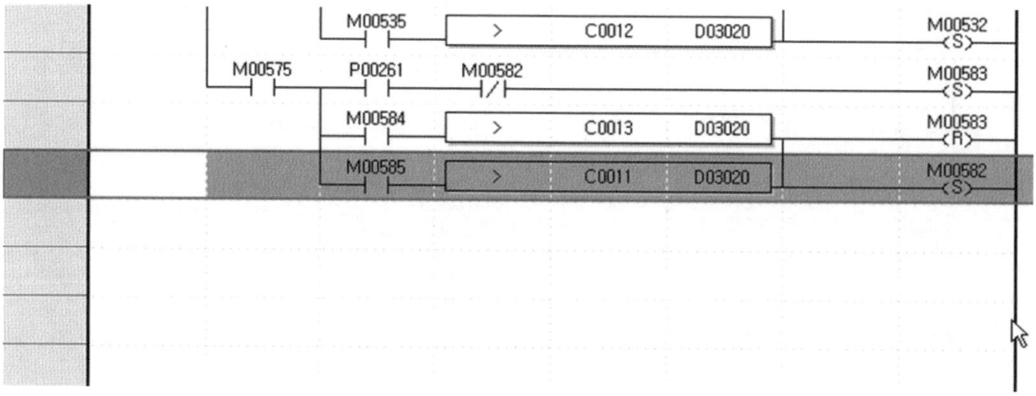

② 해당 코일을 포함한 라인을 선택하여 복사하고 다음 라인으로 이동하여 붙여넣기 한다.

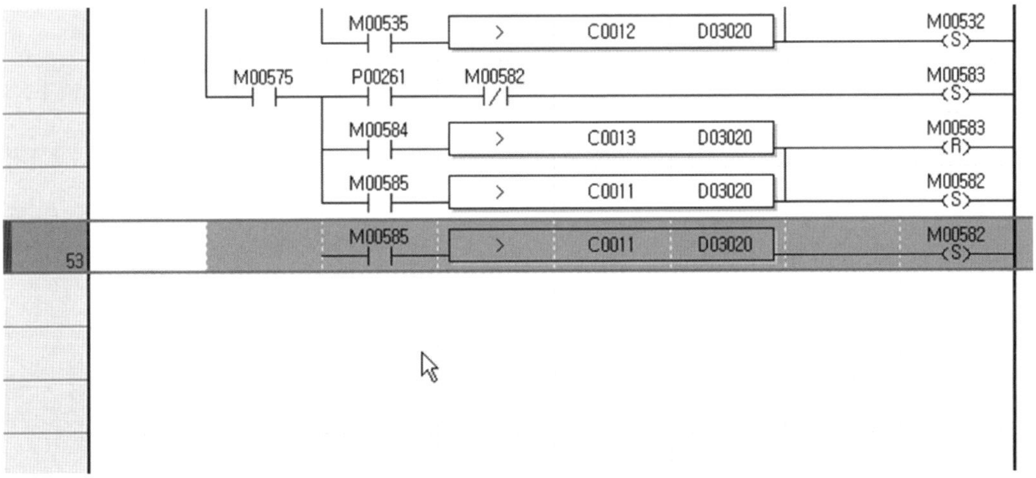

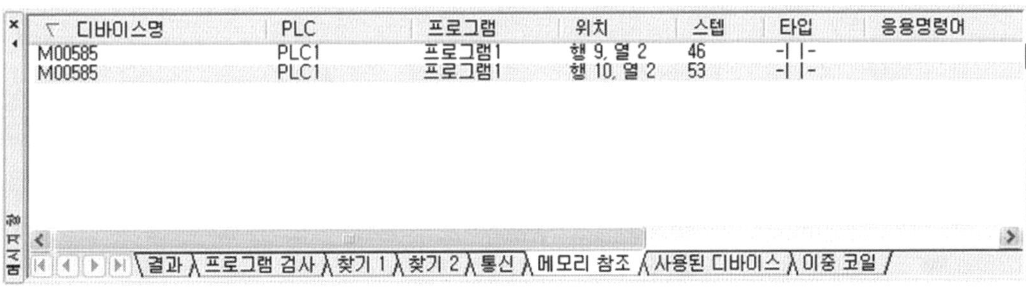

알 아 두 기

- '편집 시 이중 코일 검사'를 사용하는 경우, 편집 속도가 느려질 수 있다.
- '편집 시 이중 코일 검사' 여부는 메뉴 [도구] – [옵션] – [옵션 대화 상자]의 LD/IL 편집 페이지에서 '편집 시 이중 코일 체크 기능'에서 설정할 수 있다.

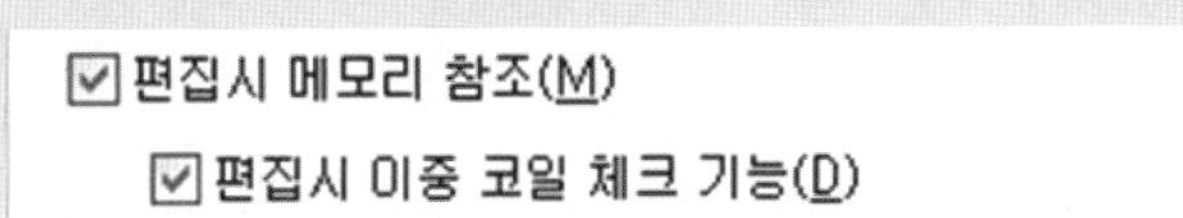

- 편집 시 이중 코일 검사'는 코일, 역 코일만 검사한다.

2) LD 프로그램 보기

프로그램 보기 옵션을 지정한다.

(1) IL 프로그램으로 보기

LD 프로그램으로 작성한 프로그램을 IL 형태로 변환하여 IL 프로그램으로 표시하거나, IL 프로그램으로 편집할 수 있다.

① 프로그램을 선택한다.

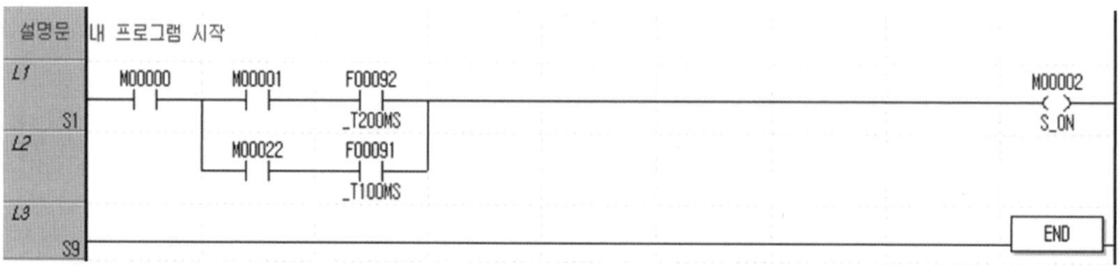

② 메뉴 [보기] - [IL]을 선택한다.

렁	스텝	명령어	OP 1	OP 1 변수	OP 2	OP 2 변수	OP 3	OP 3 변
0	0	설명문	내 프로그램 시작					
1	1	LOAD	M00000					
	2	LOAD	M00001					
	3	AND	F00092	_T200MS				
	4	LOAD	M00022					
	5	AND	F00091	_T100MS				
	6	OR LOAD						
	7	AND LOAD						
	8	OUT	M00002	S_ON				
2	9	END						

알아두기

- 미완성된 렁이 있는 경우에는 LD 프로그램을 IL으로 변환할 수 없다.

(2) 프로그램 배율 변경

LD 프로그램이 화면에 표시되는 배율을 변경한다.

㉠ 확대

① 메뉴 [보기] - [화면 확대]를 선택한다.

㉡ 축소

① 메뉴 [보기] – [화면 축소]를 선택한다.

알아두기

- 휠이 있는 마우스에서 Ctrl+위쪽 휠은 한 단계씩 축소한다.
- 휠이 있는 마우스에서 Ctrl+아래쪽 휠은 한 단계씩 확대한다.
- 보기 도구 모음의 선택 상자에서 배율을 선택하거나, 직접 입력할 수 있다.

(3) 디바이스 보기

접점, 코일 및 응용 명령어의 오퍼랜드로 사용된 디바이스에 대하여 해당 디바이스의 이름으로만 표시한다.

① 메뉴 [보기] – [디바이스 보기] 항목을 선택한다.

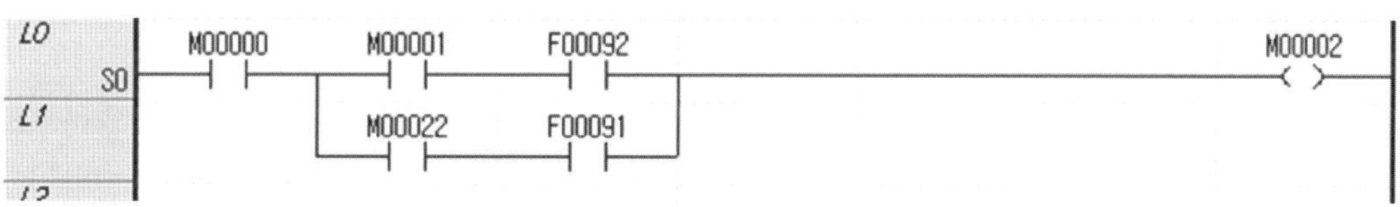

(4) 변수 보기

접점, 코일 및 응용 명령어의 오퍼랜드로 사용된 디바이스에 대하여 변수 명으로 표시한다. 해당 디바이스에 변수가 선언되어 있지 않은 경우는 디바이스 명으로 표시된다.

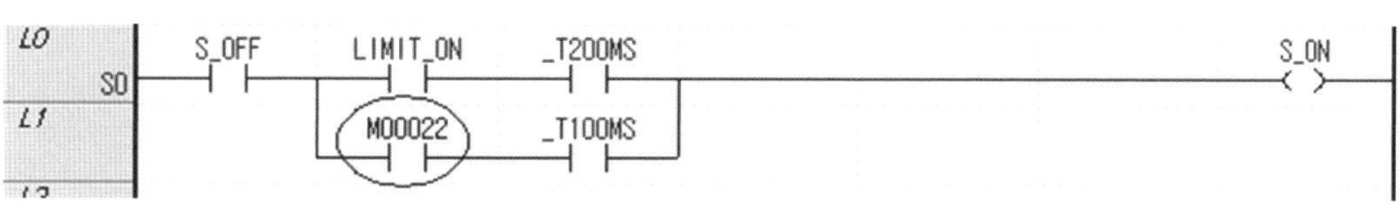

(5) 디바이스/변수 보기

접점, 코일 및 응용 명령어의 오퍼랜드로 사용된 디바이스에 대하여 디바이스/변수 명으로 표시한다. 해당 디바이스에 변수가 선언되어 있지 않은 경우 디바이스 명만 표시된다.

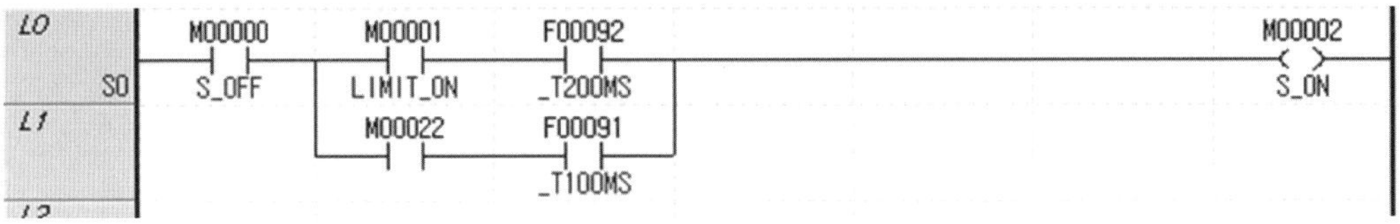

(6) 디바이스/설명문 보기

접점, 코일 및 응용 명령어의 오퍼랜드로 사용된 디바이스에 대하여 디바이스/설명문으로 표시한다. 해당 디바이스에 설명문이 없는 경우 디바이스 명만 표시된다.

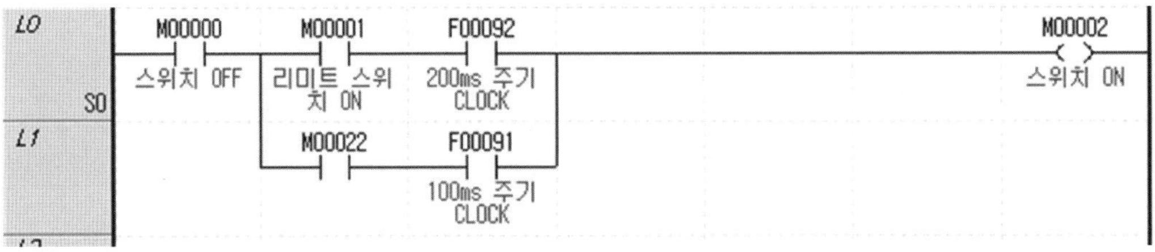

(7) 변수/설명문 보기

접점, 코응일 및 용 명령어의 오퍼랜드로 사용된 디바이스에 대하여 변수/설명문으로 표시한다. 해당 디바이스에 변수명과 설명문이 없는 경우 디바이스 명만 표시된다.

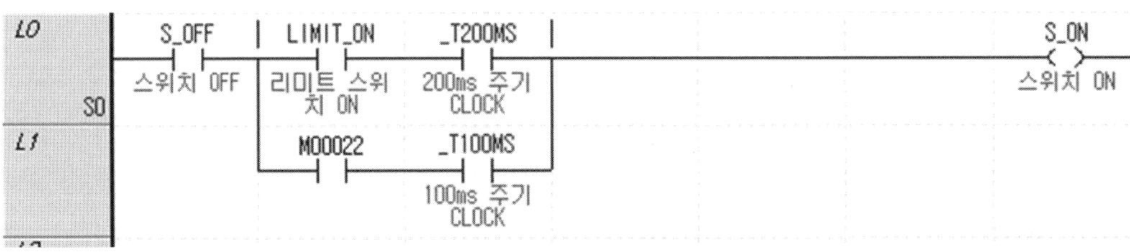

알아두기

- 보기 옵션 변경 시, 편집된 프로그램 스텝 수에 따라, 다소 시간이 걸릴 수 있다.
- 인쇄 시에는 디바이스/변수/설명문 인쇄 기능을 지원한다.

2 PLC 프로그램 주요기능

PLC Control Technology

1) 프로그램 최적화

접점과 접점 사이의 가로선 및 비어있는 라인을 삭제하여, LD 다이어그램이 그려지는 위치를 최적화한다.

① 메뉴 [편집] - [프로그램 최적화]를 선택한다.

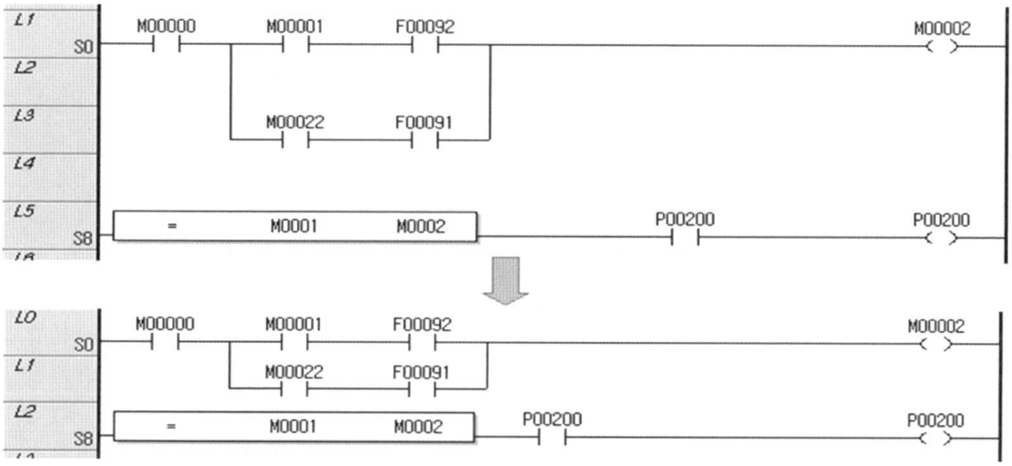

알아두기

- 프로그램 최적화 기능은 실행 취소를 통하여 이전 상태로 되돌릴 수 없다.
- 프로그램의 크기에 따라 다소 시간이 소요될 수 있다.
- LD 로직이 미완성인 경우에는 프로그램 최적화 기능이 동작하지 않는다.

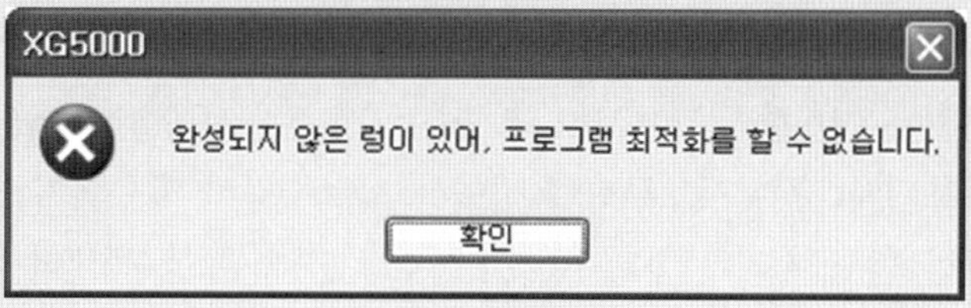

2) 프로그램 검사

작성한 LD 프로그램에 오류가 있는지 검사한다.

- 논리에러 : LD의 연결 오류를 검사한다.
- 문법에러 : SBRT/CALL, FOR/NEXT와 같은 문법 상의 오류를 검사한다.
- 이중 코일 에러 : 출력 요소를 중복 사용한 경우에 대하여 오류를 검사한다.

(1) 프로그램 검사 설정

메뉴 [보기] – [프로그램 검사]를 선택한다.

㉠ 프로그램 검사

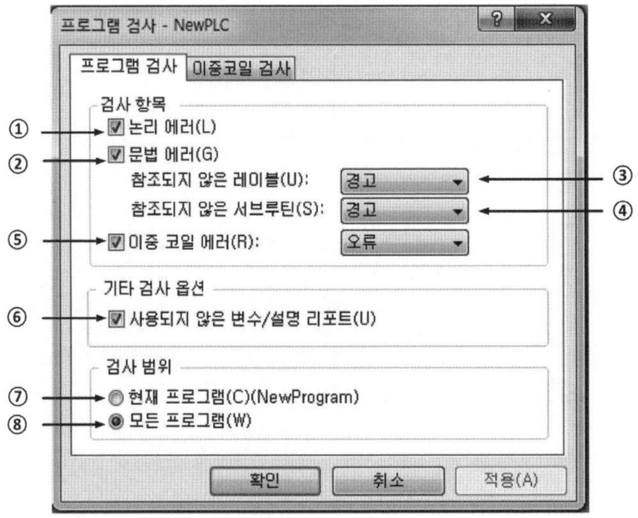

① 논리 에러 : LD의 결선 여부 및 쇼트 회로 등 프로그램의 논리적인 오류에 대한 검사 여부를 선택한다.

② 문법 에러 : CALL/SBRT, MCS/MCSCLR 등의 응용 명령어 오류 검사 여부를 선택한다.

③ 참조되지 않은 레이블 : 선언한 레이블이 사용되지 않았을 경우 처리에 대한 범위를 지정한다. [무시], [경고], [오류]를 선택할 수 있다.

④ 참조되지 않은 서브루틴 : 선언한 서브루틴이 사용되지 않았을 경우 처리에 대한 범위를 지정한다. [무시], [경고], [오류]를 선택할 수 있다.

⑤ 이중 코일 에러 : 이중 코일 검사 여부를 선택한다. 이중 코일에 대하여 [오류] 또는 [경고]를 선택할 수 있다.

⑥ 사용되지 않은 변수/설명 리포트 : 프로그램에서 변수/설명 목록에 선언된 디바이스를 사용하지 않은 경우 경고 처리 할 수 있다.

⑦ 현재 프로그램 : 현재 프로그램만 검사한다.

⑧ 모든 프로그램 : 현재 PLC 항목에 있는 모든 프로그램을 검사한다.

알 아 두 기

- 무시 : 오류 유/무를 검사하지 않는다.
- 경고 : 오류가 발생한 경우 결과 창에 [경고]로 표시되며 PLC에 프로그램 쓰기를 할 수 있다.
- 오류 : 오류가 발생한 경우 결과 창에 [오류]로 표시되며 PLC에 프로그램 쓰기를 할 수 없다.
- 현재 PLC 항목에 한 개 이상의 프로그램이 있는 경우, 현재 프로그램만 선택하면 CALL/SBRT에 대한 검사는 수행하지 않는다.
- PLC에 프로그램 쓰기를 하는 경우, 이중 코일을 제외한 모든 항목이 사용자의 선택 여부와 관계없이 항상 검사된다.
- XGT 시리즈 PLC에서는 PLC 항목에 여러 개의 프로그램을 추가할 수 있으며, 프로그램 간에 SBRT 호출이 가능하다.

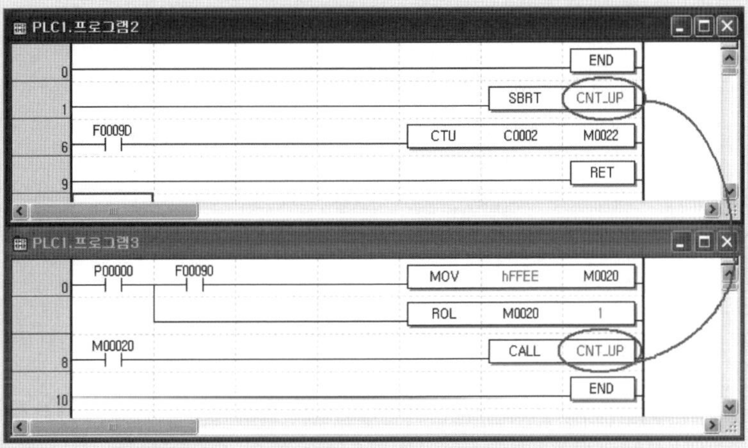

㉡ 이중코일 검사

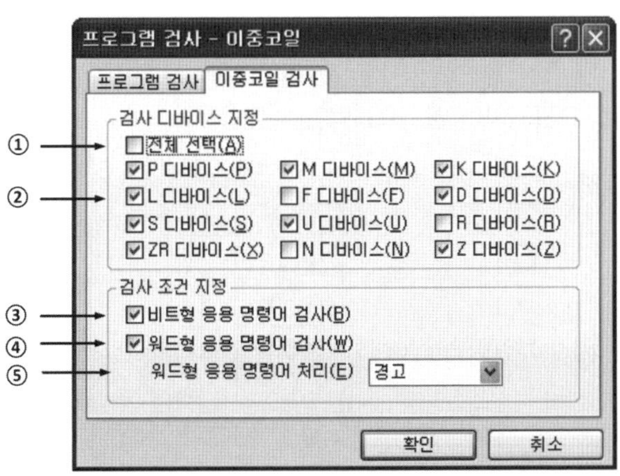

① 전체 선택 : 모든 디바이스 영역을 검사한다.

② 디바이스 선택 : 이중 코일을 검사할 디바이스 영역을 지정한다.

③ 비트형 응용 명령어 검사 : 비트형 응용 명령어의 오퍼랜드를 검사할지 선택한다.

④ 워드형 응용 명령어 검사 : 워드형 응용 명령어의 오퍼랜드를 검사할지 선택한다.

⑤ 워드형 응용 명령어 처리 : 항목 ④ 에서 이중 코일로 검사된 경우 [경고] 또는 [오류]를 선택할 수 있다.

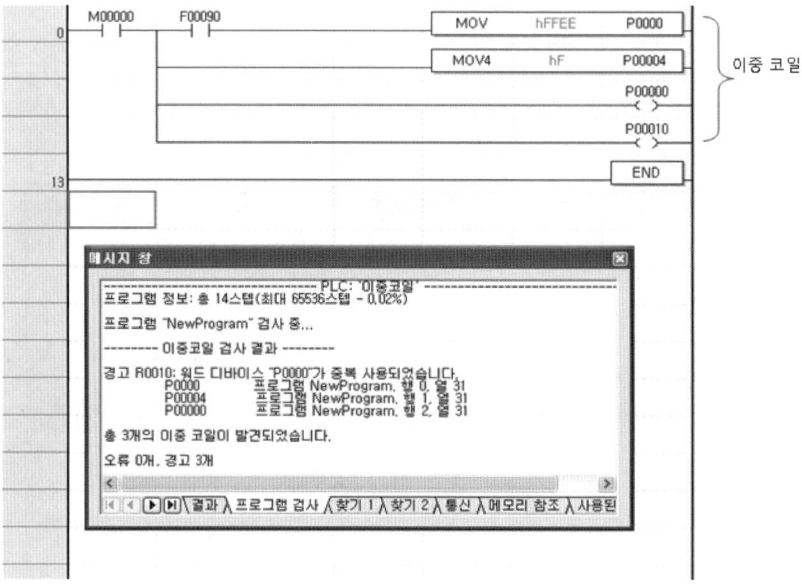

알아두기

- 셋 코일(–(S)–), 리셋 코일(–(R)–)은 이중 코일 검사 대상이 아니다.
- 워드형 응용 명령어 검사는 응용 명령어 출력 오퍼랜드의 데이터 타입에 따라 그 범위가 결정된다. 예를 들어, LMOV M0100 P0000인 경우 그림과 같이 워드 M0100~M0103의 4 워드를 워드 P0000~P0003으로 이동하는 명령어 이므로 P0000~P0003 워드가 이중 코일 검사 범위가 된다.

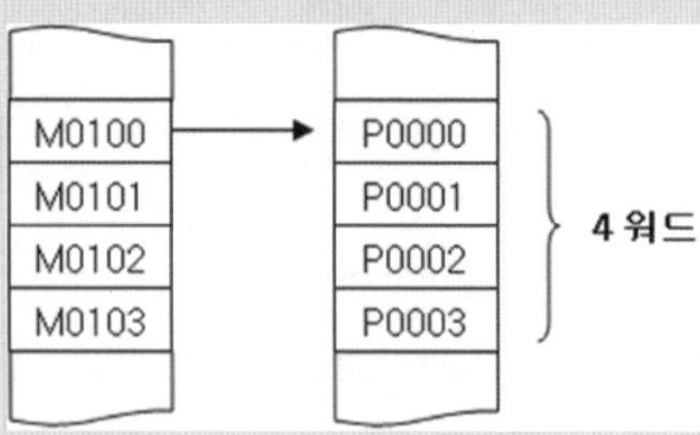

(2) 검사 결과 추적

프로그램에 오류가 있는 경우, 메시지 창의 프로그램 검사 탭에 내용이 표시된다. 오류 내용을 더블 클릭하면 발생 위치로 이동한다.

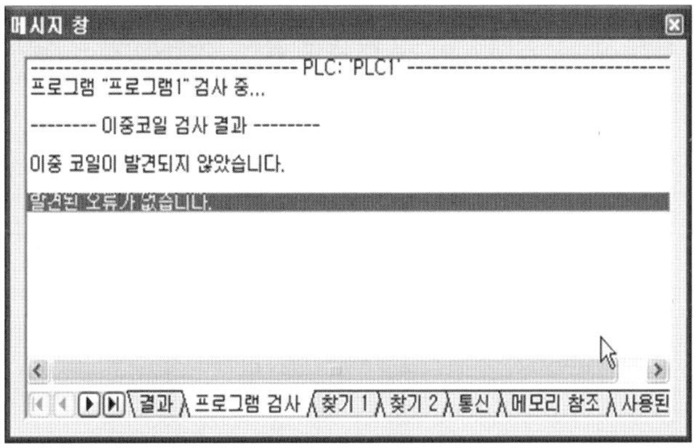

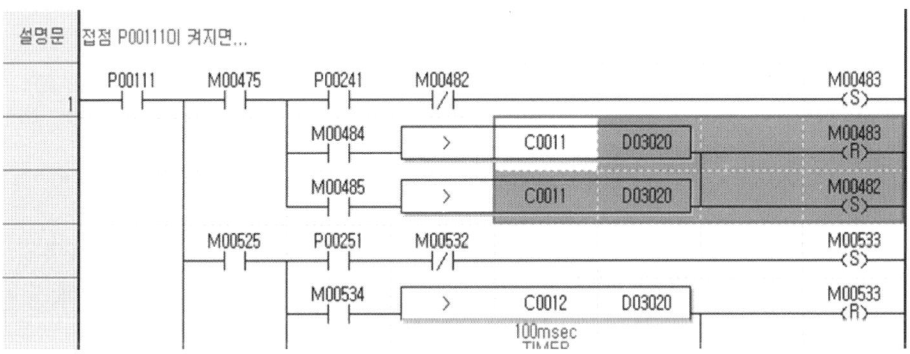

(3) 논리 에러

논리 에러의 유무를 검사하고 논리 에러가 발생하였을 경우 발생 내용과 위치를 표시한다.

㉠ L0000 : 입력 또는 출력이 연결되지 않았습니다. – 접점이 파워 라인과 연결되지 않았을 경우, 에러가 발생한다.

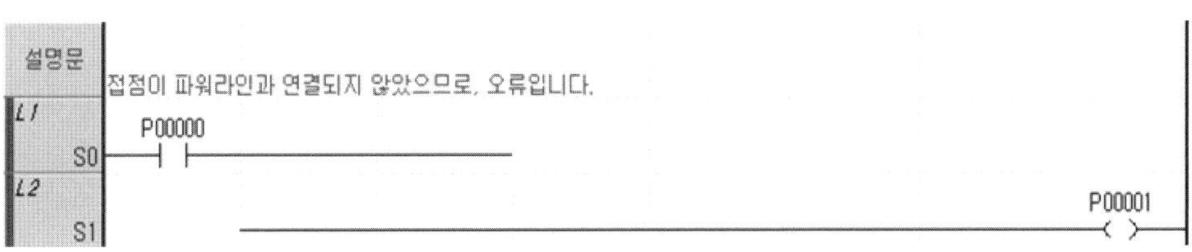

조치 : 입력과 출력에 단선이 없도록 LD 프로그램을 수정한다.

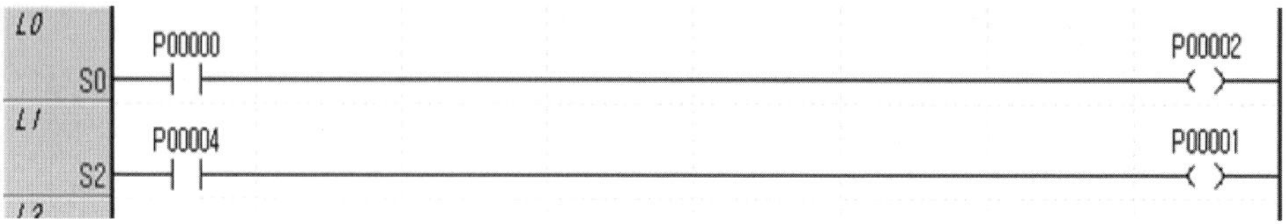

㉡ L0100 : 쇼트 회로 입니다. - OR로 연결된 부분에 접점 없이 가로선으로 연결된 경우, 에러가 발생한다.

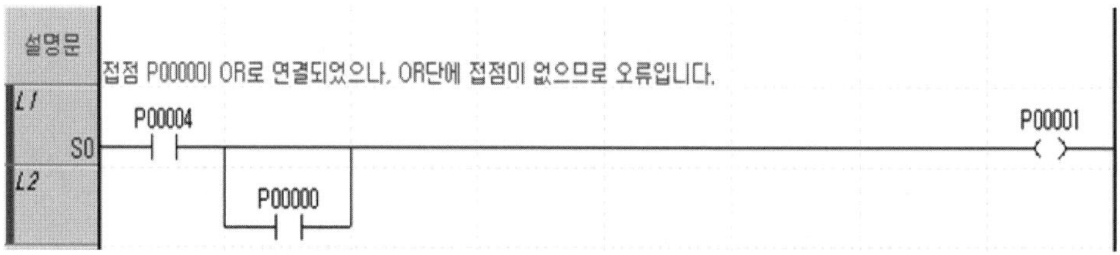

조치 : 더 이상 OR 연결이 필요 없는 경우 OR을 제거하거나, 해당 위치에 접점을 입력한다.

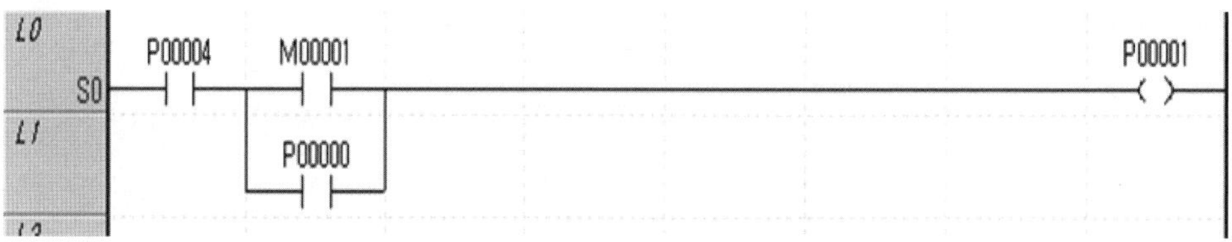

㉢ L0200 : 디바이스 혹은 변수가 입력되지 않았습니다. - 접점, 코일에 디바이스 혹은 변수를 입력하지 않았을 경우 발생한다.

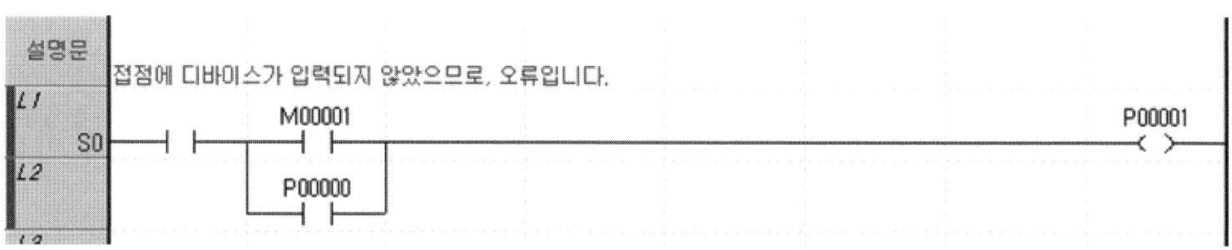

조치 : 오류가 발생한 접점, 코일에 적절한 디바이스 값을 입력한다.

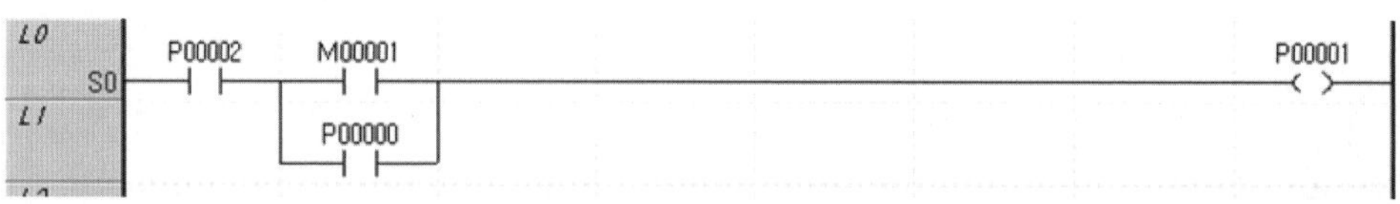

㉣ L0300 : OR-LOAD가 잘못 연결되었습니다. - OR-LOAD 연결에 오류가 있는 경우 발생한다.

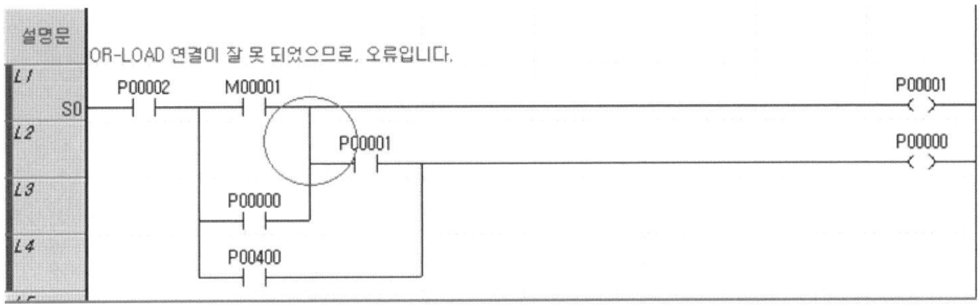

조치 : 잘못된 OR-LOAD 연결을 찾아 LD 프로그램을 수정한다.

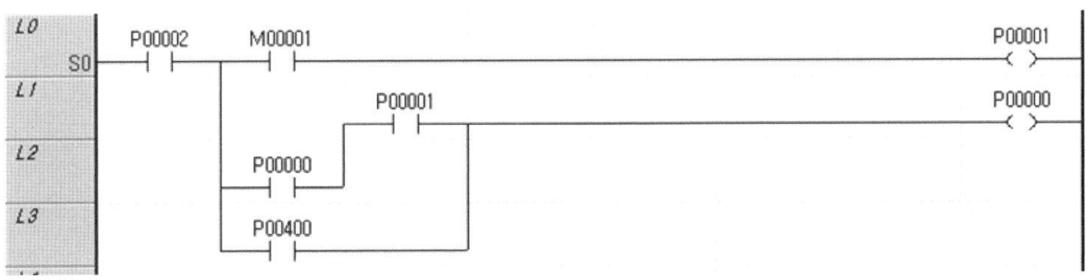

ⓜ L0400 : 지정 접점 수 초과입니다. - 연속적인 LOAD 명령어가 32개 이상 초과하였을 경우 발생한다.

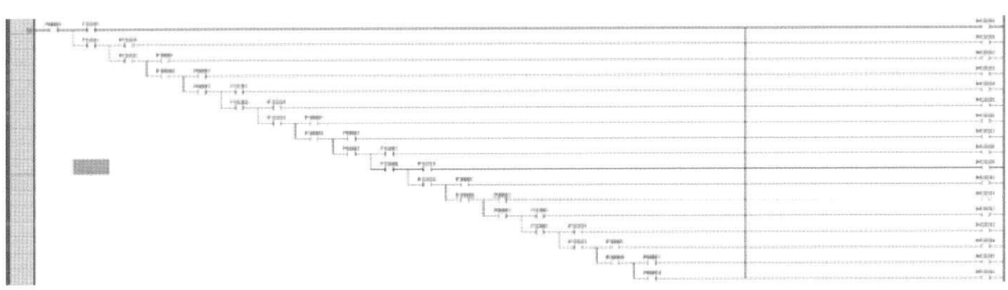

조치 : LOAD 명령어가 32개를 초과하지 않도록 LD 프로그램을 수정한다.

ⓑ L0401 : 잘못된 입력입니다. - 입력이 필요하나, 해당 입력이 존재하지 않는 경우 발생한다.

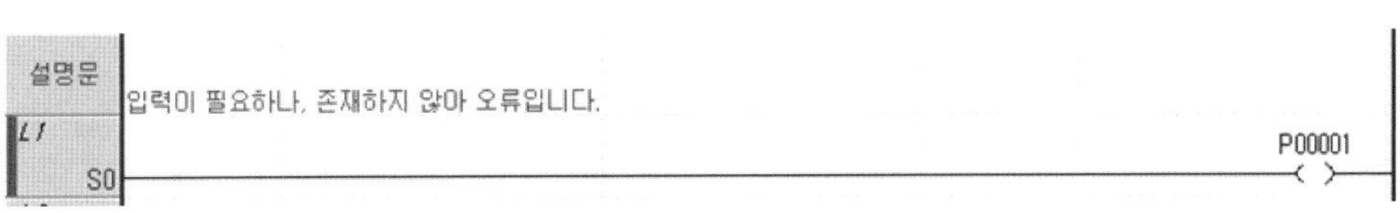

조치 : 입력 단에 적절한 입력을 추가한다.

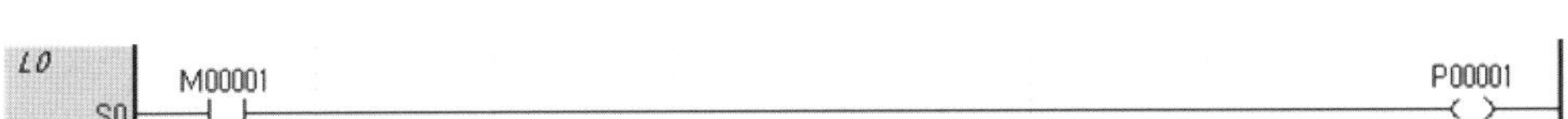

ⓢ L0402 : 잘못된 입력입니다. - 입력이 필요 없으나, 입력이 존재하는 경우 발생한다.

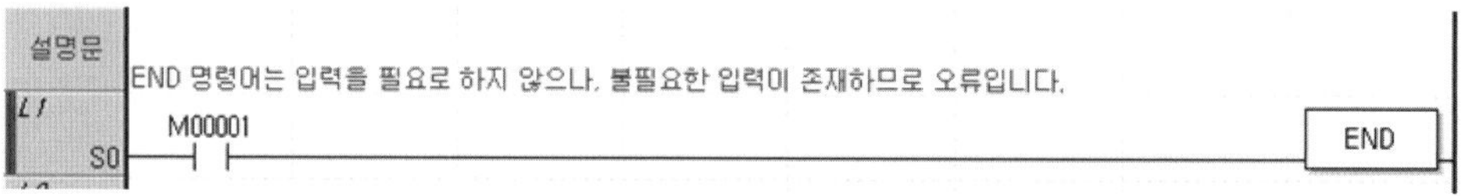

조치 : 입력 단의 불필요한 입력을 제거한다.

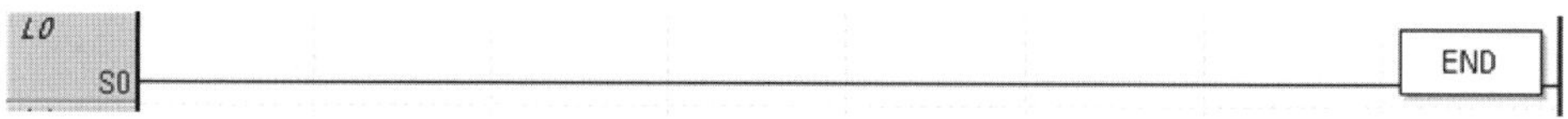

ⓞ L0404 : 최대 MPUSH 수를 초과하였습니다. - 연속적인 MPUSH/MPOP이 16개 이상인 경우 발생 한다.

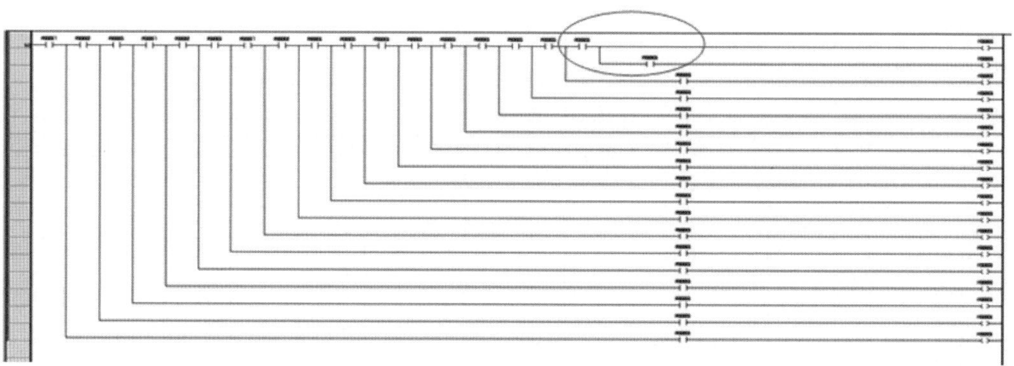

조치 : 연속적인 MPUSH-MPOP이 16개를 넘지 않도록 LD 프로그램을 수정한다.

ⓩ L0406 : 응용 명령어 오류입니다. - XGT 시리즈 PLC에 없는 응용 명령어를 사용하였을 경우 발생한다. (MK 시리즈 PLC 프로젝트 파일을 XGT 프로젝트로 변환하는 경우 발생)

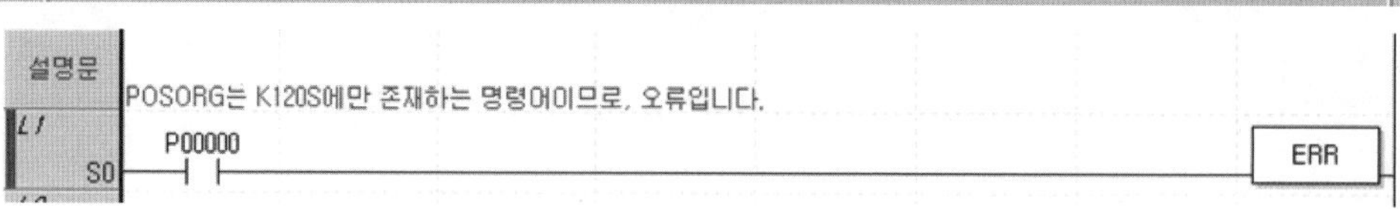

조치 : XGT 시리즈 PLC에서 제공하는 명령어로 대체한다.

(4) 문법 에러

응용 명령어 사용시 발생하는 문법 에러에 대해 검사한다.

① E4000 : END 명령어가 존재하지 않습니다. - 프로그램에 스캔을 완료하는 END가 없으면 오류 처리한다.

조치 : 프로그램 끝에 END 명령어를 삽입한다.

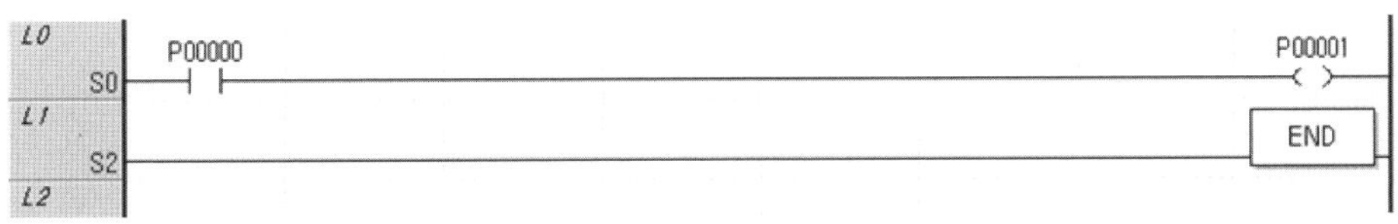

② E0001 : MCS 명령어가 중복되어 사용되었습니다. - MCS 번호가 중첩되면 오류 처리 한다.

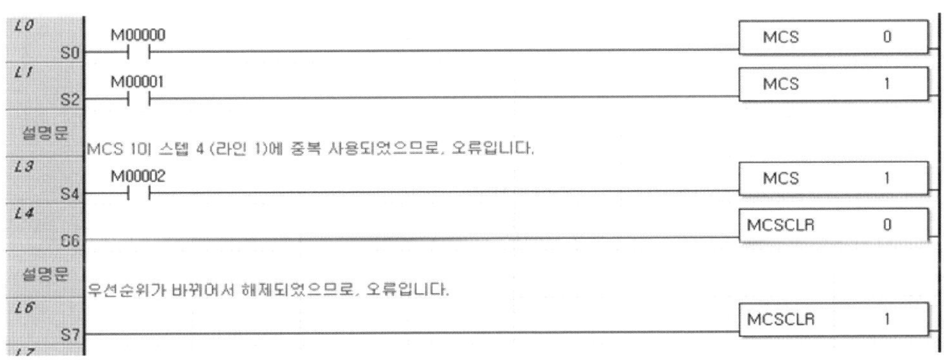

조치 : 중복 사용된 MCS 명령어를 수정하거나, 상응하는 MCSCLR 명령어를 추가한다.

③ E0002 : MCSCLR이 없거나, 이미 해제되었습니다. - MCS 명령어가 단독으로 사용되면 오류 처리한다.

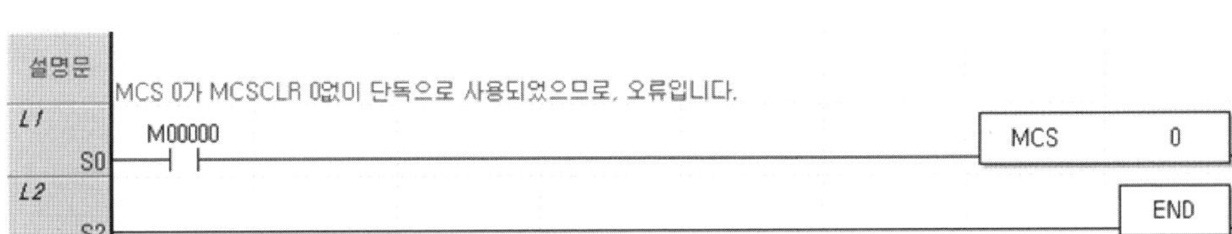

조치 : 상응하는 MCSCLR 명령어를 입력한다.

④ E0003 : MCS 명령어가 없습니다. - MCSCLR 명령어가 단독으로 사용되면 오류 처리한다.

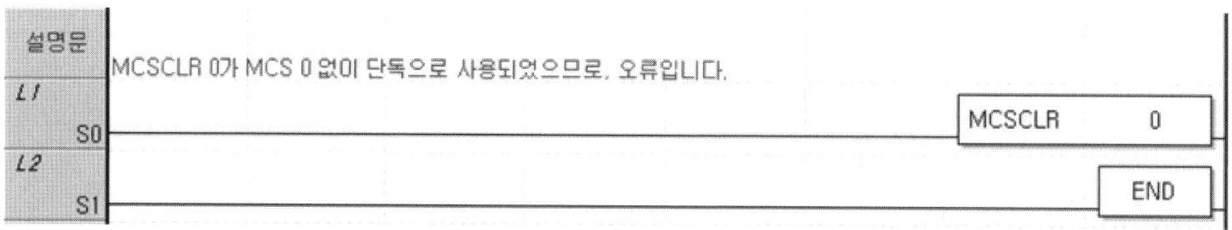

조치 : 상응하는 MCS 명령어를 입력하거나, MCSCLR 명령어를 삭제한다.

⑤ E1001 : 레이블이 중복 선언되었습니다. - LABEL이 중복사용 되면 오류 처리한다.

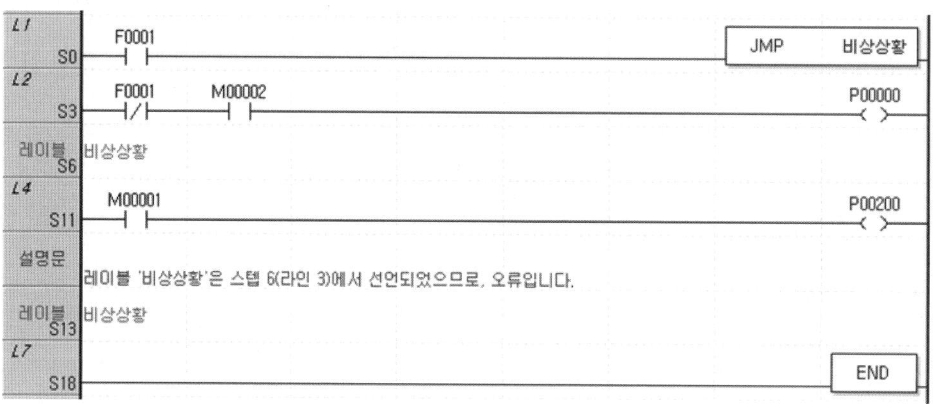

조치 : 중복된 레이블을 삭제하거나, 레이블의 이름을 변경한다.

⑥ E1002 : 레이블 '레이블 명'이 존재하지 않습니다. - 존재하지 않는 LABEL을 참조하는JMP는 오류 처리한다.

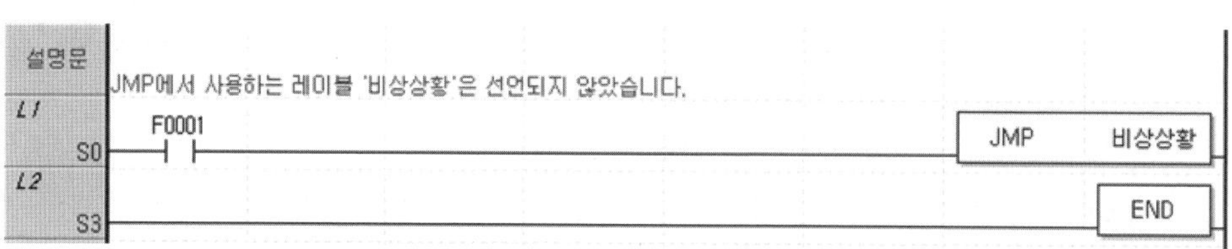

조치 : 오류가 발생한 레이블을 추가하거나, 레이블을 사용하는 JMP 명령어를 수정한다.

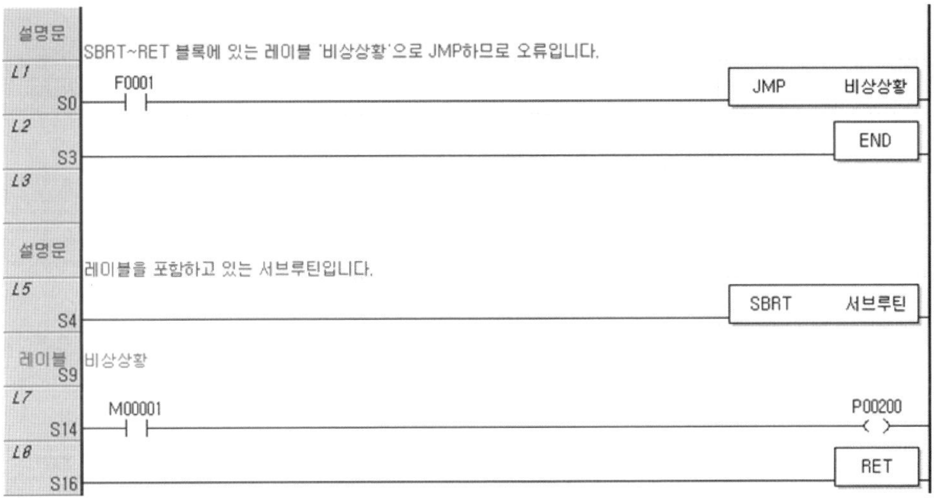

⑦ E1003 : 레이블 '레이블 명'이 사용되지 않았습니다. – 레이블은 존재하나 사용하는 JMP 명령어가 없는 경우 발생한다.

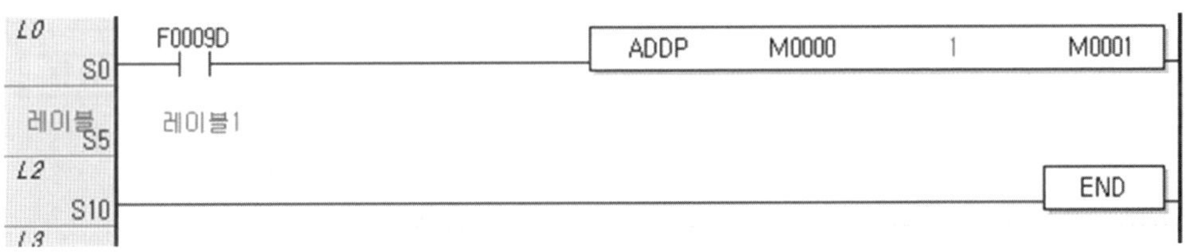

조치 : 레이블을 삭제하거나, JMP 응용 명령어를 추가한다.

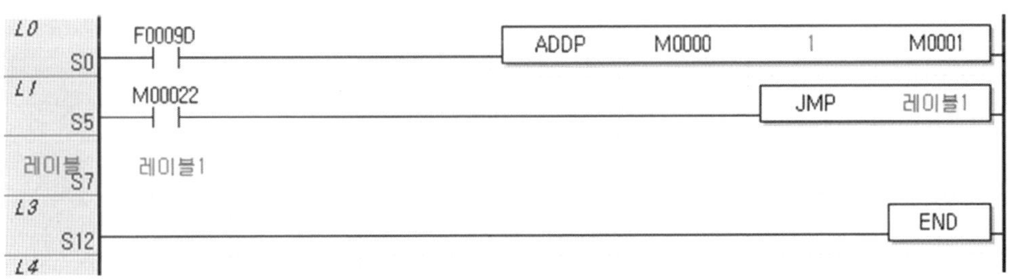

⑧ E1004 : 서브루틴에 있는 레이블 '레이블 명'이 사용되지 않았습니다. – 서브루틴 내의 레이블은 존재하나 사용하는 JMP 명령어가 없는 경우 발생한다.

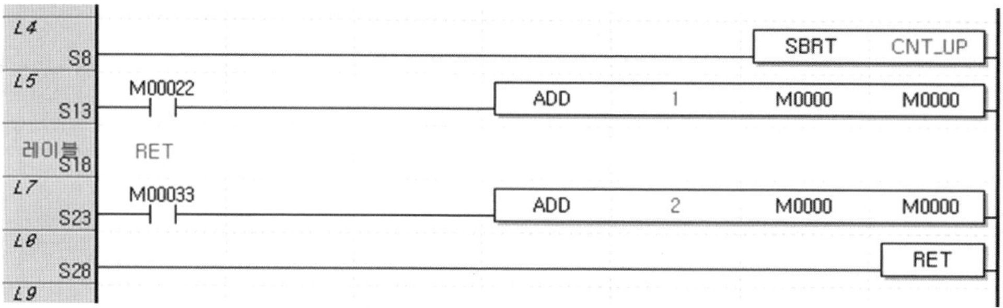

조치 : 서브루틴 내에 레이블을 삭제하거나, JMP 응용 명령어를 추가한다.

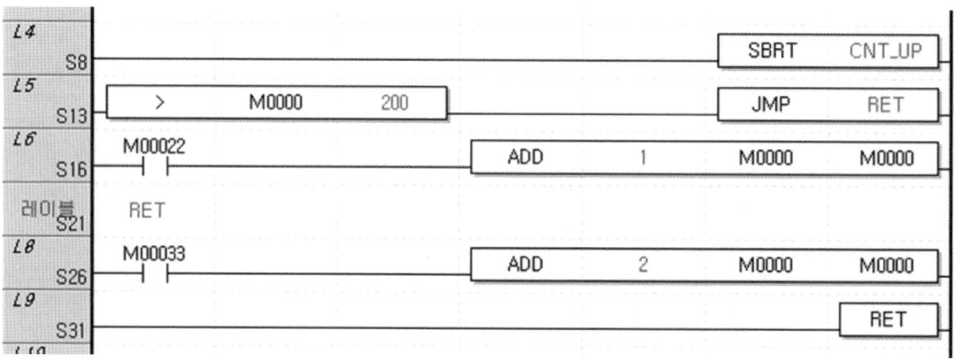

알 아 두 기

- 오류 번호 E1003/E1004는 문법 에러 검사 항목의 참조되지 않은 레이블에 대하여 [경고] 또는 [오류]로 선택하였을 경우에만 발생한다.

⑨ E1005 : 서브루틴에 레이블 '레이블 명'이 존재하지 않습니다. - 서브루틴 내에 존재하지 않는 레이블을 사용하는 JMP는 오류 처리한다.

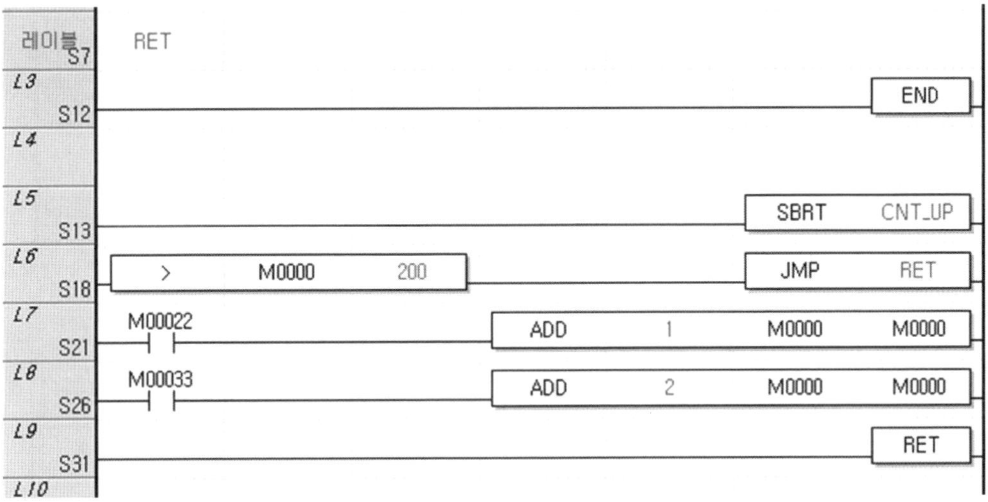

조치 : 레이블을 서브루틴 내에 추가하거나, JMP 명령어를 수정한다.

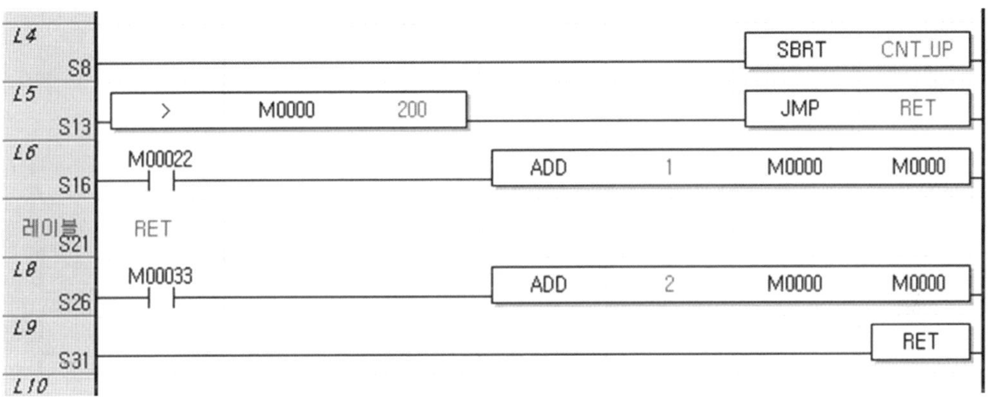

⑩ E2015 : 최대 레이블 개수를 초과하였습니다. – PLC 타입에 따른 최대 레이블의 개수를 초과하면 오류 처리한다.

조치 : PLC 타입에 따라 사용할 수 있는 최대 레이블의 개수가 다르다. 사용하고 있는 레이블의 개수를 확인하여 수정한다.

⑪ E2001 : 서브루틴 '서브루틴 명'에 리턴 명령어가 없습니다. – 서브루틴은 RET 명령으로 마감되어야 한다.

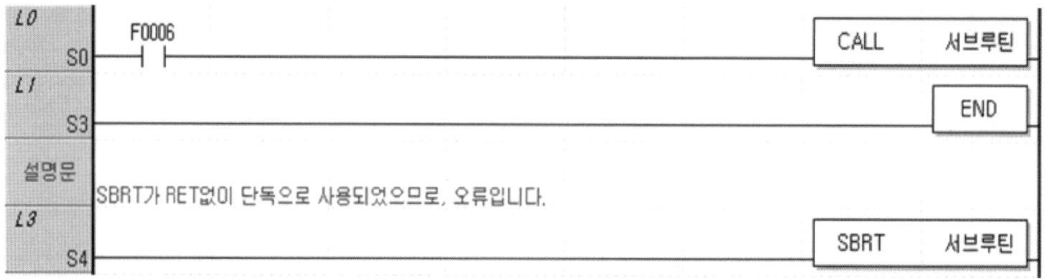

조치 : 서브루틴 블록에 RET 명령어를 추가한다.

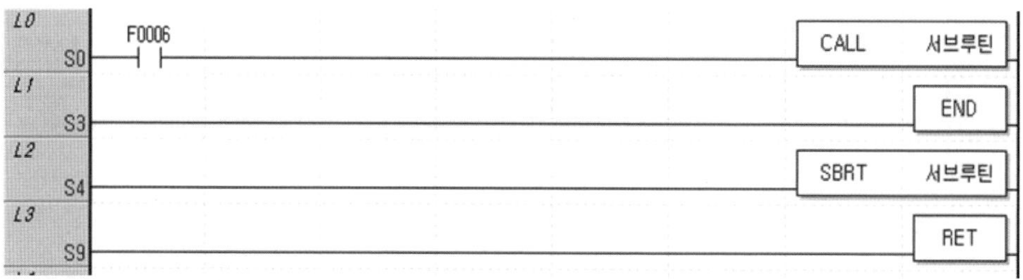

⑫ E2010 : 존재하지 않는 서브루틴 호출입니다. - 존재하지 않는 SBRT에 대한 호출 오류다.

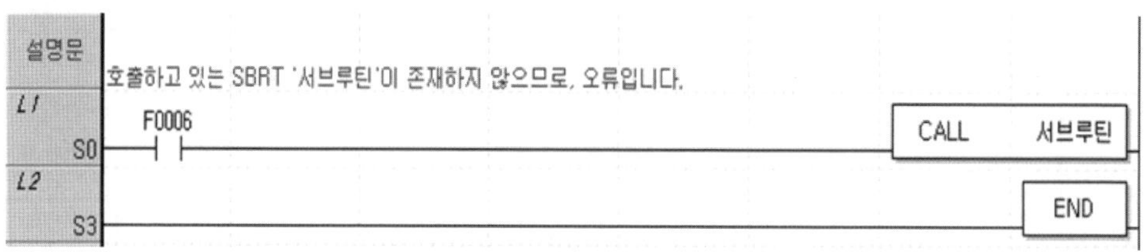

조치 : 호출하고자 하는 서브루틴 명의 SBRT~RET 블록을 추가한다.

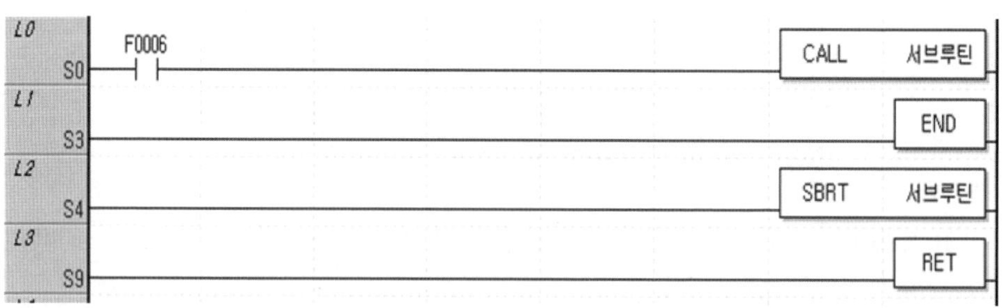

⑬ E2003 : 서브루틴 '서브루틴 명'이 END 명령어 이전에 위치하고 있습니다. - END 명령어 앞에 존재하는 SBRT, RET은 오류 처리한다.

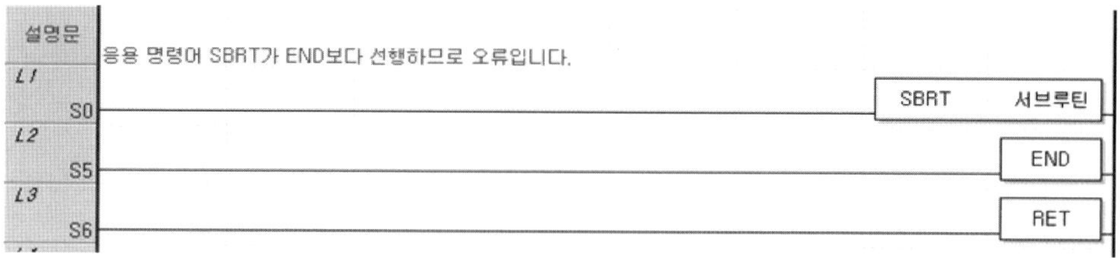

조치 : END 명령어보다 선행하는 응용 명령어 SBRT, RET을 END 이후로 이동시킨다.

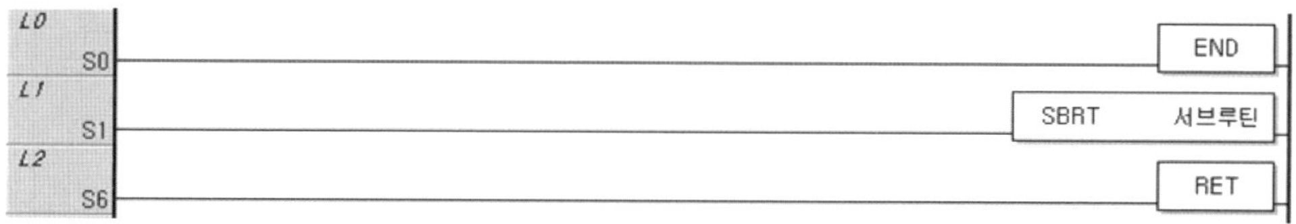

⑭ E2011 : 사용되지 않는 서브루틴 입니다. - SBRT~RET 블록은 존재하나 해당 서브루틴을 사용하는 CALL 명령어가 없어 오류다. (오류 번호 E2011은 문법 에러 검사 항목의 참조되지 않은 서브루틴에 대하여 [경고] 또는 [오류]로 선택하였을 경우에만 발생한다.)

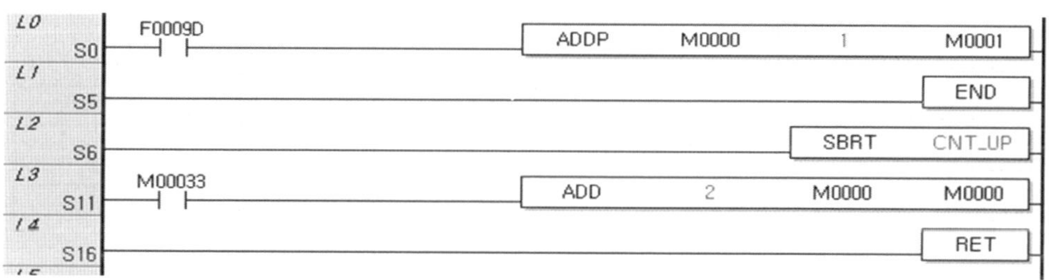

조치 : 사용하지 않을 서브루틴인 경우 삭제하거나, CALL 명령어를 추가한다.

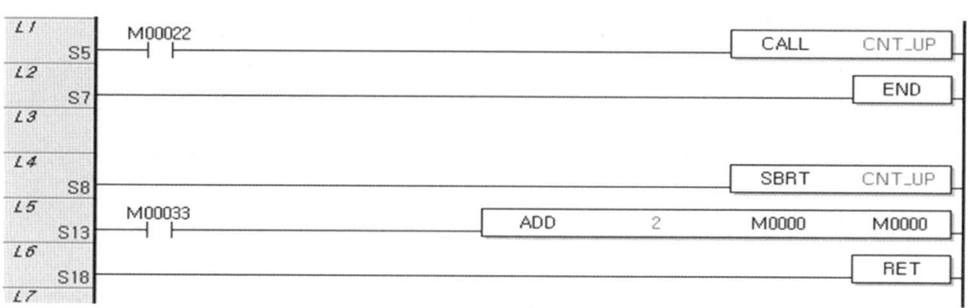

⑮ E2012 : 서브루틴이 중복 선언되었습니다. '서브루틴 명'- 동일한 이름의 서브루틴을 사용할 수 없다.

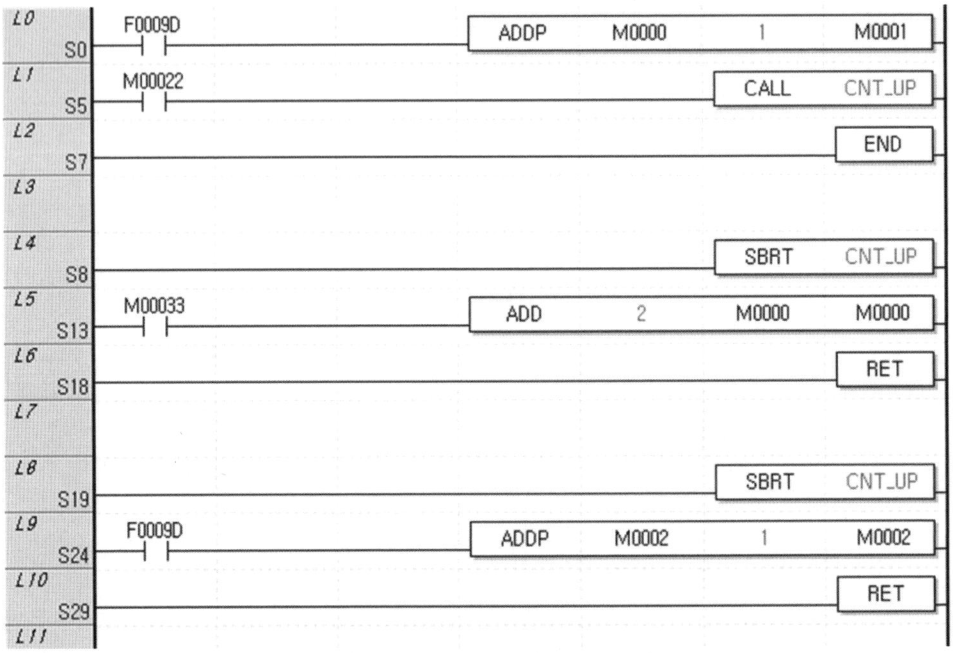

조치 : 중복된 이름의 서브루틴을 변경한다.

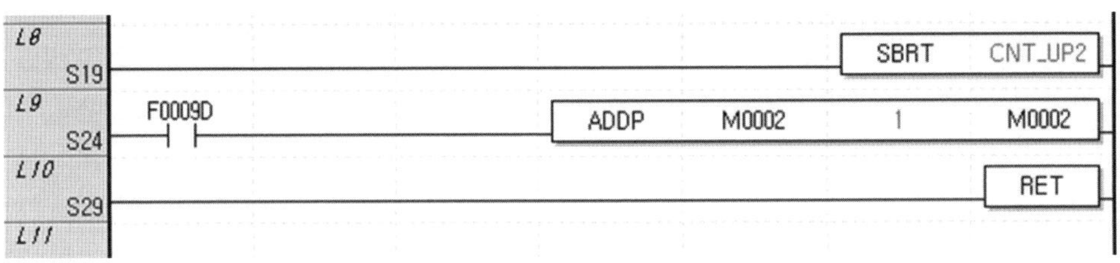

⑯ E2014 : 최대 서브루틴 개수를 초과하였습니다. - PLC 타입에 따른 최대 서브루틴의 개수를 초과하였다.

조치 : 사용하고 있는 서브루틴의 개수를 확인하여 수정한다.

⑰ E3001 : 일치하는 NEXT문을 찾을 수 없습니다. - FOR/NEXT 명령어의 사용 회수가 일치하지 않으면 오류다.

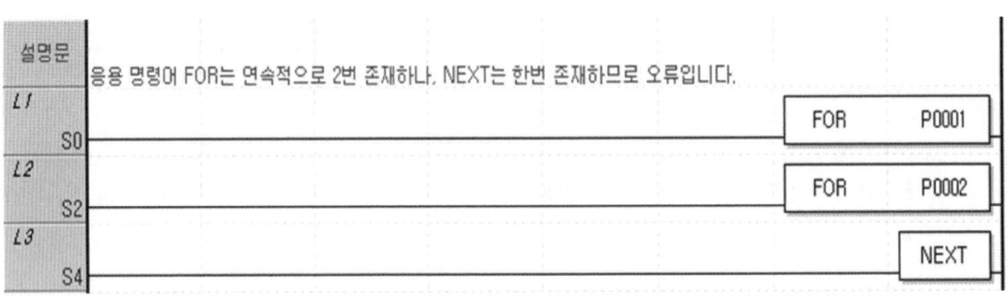

조치 : FOR 명령어의 개수와 NEXT 명령어의 개수를 일치시킨다.

⑱ E3002 : 일치하는 FOR를 찾을 수 없습니다. - FOR/NEXT 명령어의 사용 회수가 일치하지 않으면 오류다.

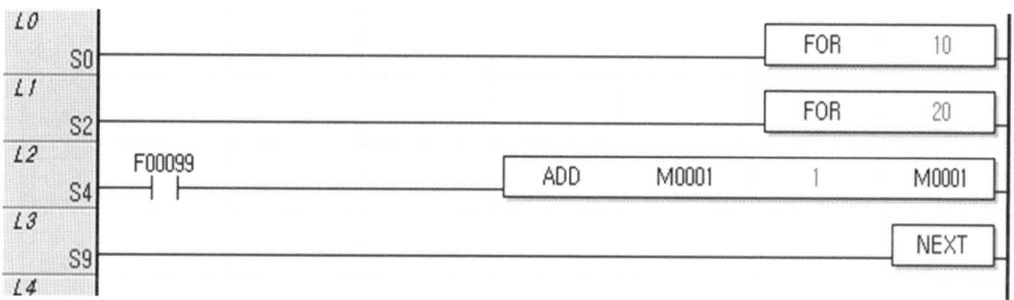

조치 : FOR 명령어의 개수와 NEXT 명령어의 개수를 일치시킨다.

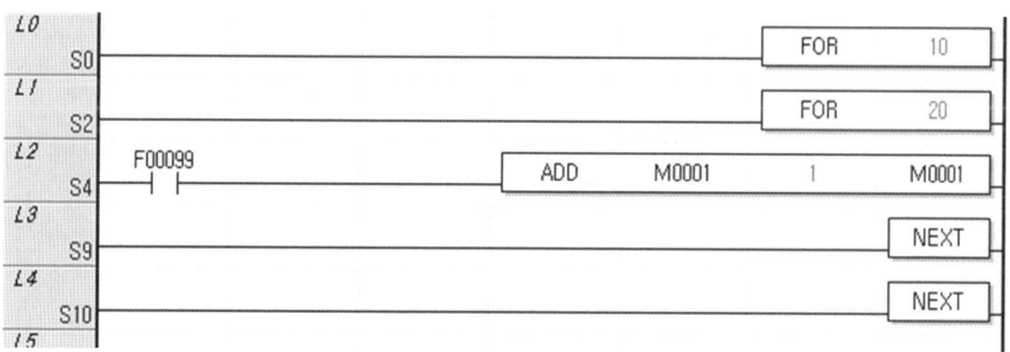

⑲ E3003 : FOR-NEXT문은 16회 이상 중첩될 수 없습니다. - FOR/NEXT 블록은 16개까지 중첩 가능하다. 만일 중첩된 FOR/NEXT 블록의 개수가 16개를 넘으면 오류다.

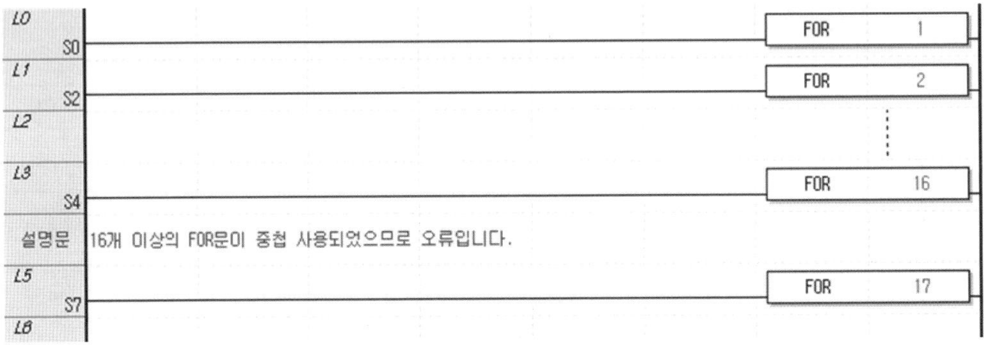

조치 : 중첩된 FOR문이 16개가 넘지 않도록 해당 FOR / NEXT 블록을 수정한다.

⑳ E3004 : FOR-NEXT문 사이에 RET 혹은 END가 올 수 없습니다. - FOR, NEXT 사이에 RET, END를 포함하면 오류다.

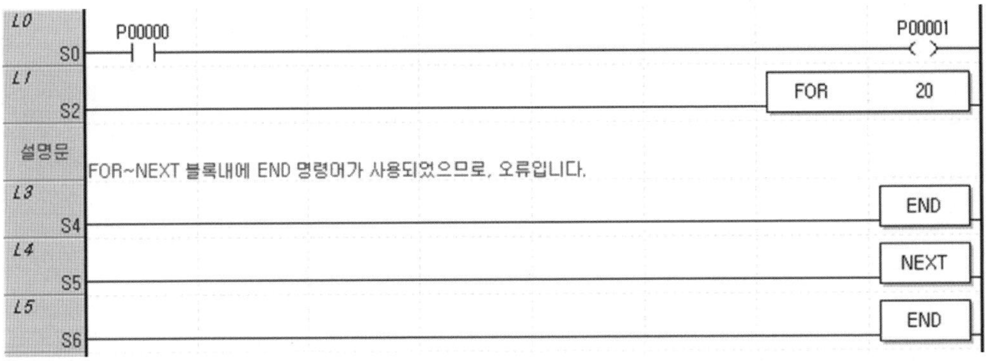

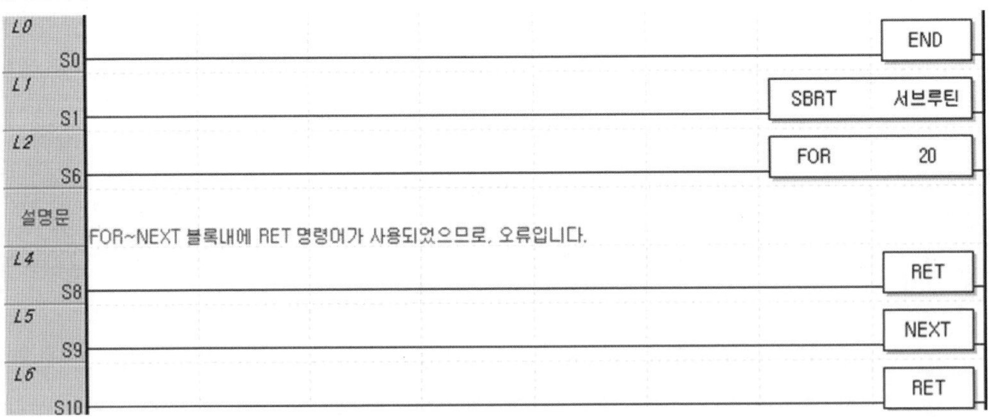

조치 : FOR/NEXT 블록 내에 END, RET 명령어의 위치를 변경시킨다.

㉑ E3005 : BREAK 문이 단독 사용되었습니다. - BREAK 명령어는 FOR/NEXT 블록 내에서만 사용할 수 있다.

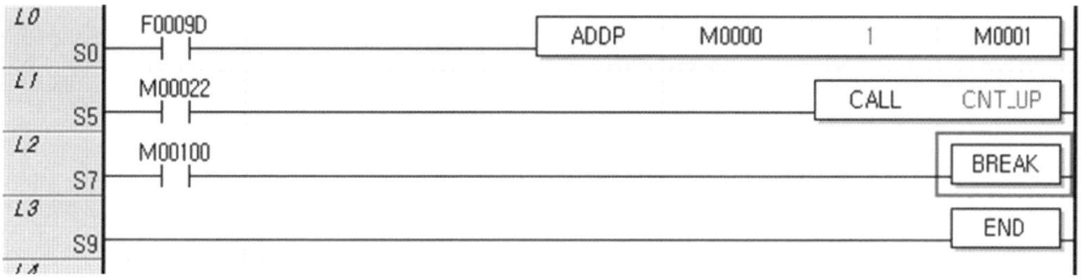

조치 : BREAK 문의 위치를 변경한다.

㉒ E4000 : END 명령어가 존재하지 않습니다. - 프로그램 당 적어도 한 개 이상의 END 명령어가 필요하다.

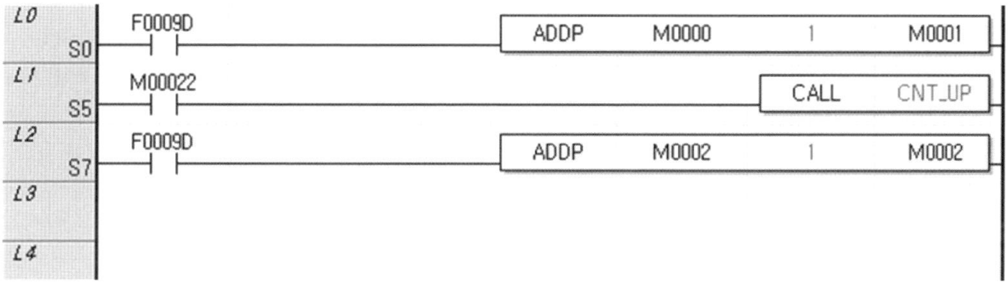

조치 : 프로그램 끝에 END 명령어를 삽입한다.

㉓ 00001 : 최대 프로그램 용량을 초과하였습니다. - 프로그램 가능한 최대 스텝을 초과하였다.

조치 : PLC 타입에 따라 프로그램 용량이 다르다. 프로그램 용량을 초과하였으므로, 프로그램을 수정한다.

㉔ 00002 : 한 개 이상의 스캔 프로그램이 필요합니다. - 현재 PLC 항목에 스캔 프로그램이 없으므로 오류다.

조치 : 프로젝트 [스캔 프로그램] 항목에 프로그램 항목을 추가한다.

3) 모드 전환

- PLC의 운전 모드를 전환할 수 있다.
  ① 메뉴 [온라인] - [접속]을 선택하여 PLC와 연결한다.
  ② 메뉴 [온라인] - [모드 전환] - [런/스톱/디버그]를 선택한다.
  ③ PLC의 운전 모드가 사용자가 선택한 운전 모드로 전환된다.

알아두기

- PLC의 리모트 딥 스위치가 ON 이어야 하고, 운전 모드 딥 스위치가 스톱이어야 한다.
- PLC내의 프로그램과 프로젝트의 프로그램이 같아야지만 디버그 모드로 전환할 수 있다.
- 스톱 모드에서 런 모드로 전환하면 PLC 내부에서 프로그램을 실행 코드로 변환 중임을 표시하는 대화상자가 나온다. 이 대화상자는 프로그램의 크기에 따라 최대 30초 가량 닫히지 않을 수 있다.

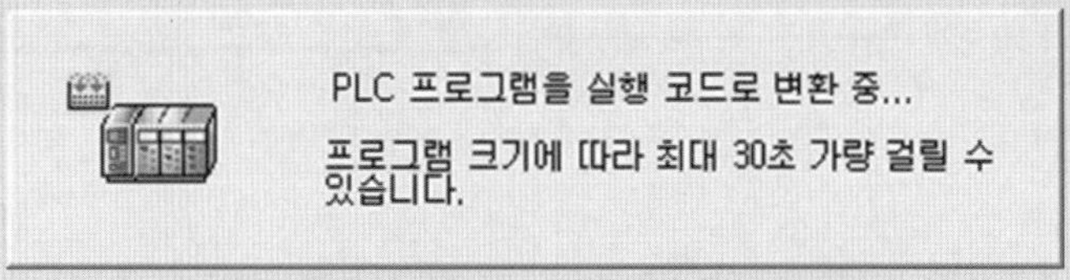

- 런 모드로 전환 시 초기화 태스크가 수행 중이면 아래의 대화상자가 나타난다. 초기화 태스크 수행이 끝나거나 접속을 끊을 시 대화 상자는 사라진다.

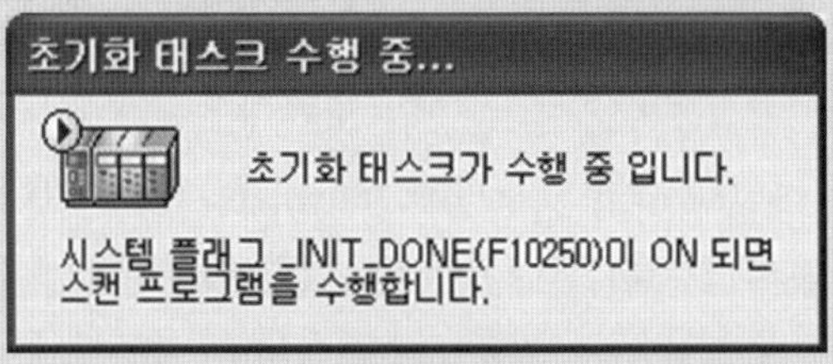

- 런 또는 디버그로 모드 전환 시 PLC에 에러가 발생한 경우는 런 또는 디버그 기능을 정상적으로 수행 할 수 없다. PLC의 에러를 해결한 후 운전 모드 전환 한다.
- 모드 전환 시 '확인 메시지'를 보지 안으려면 [옵션] - [온라인 탭]의
  ☑PLC 운전 모드 전환 시 메세지 보이기 에 체크 하지 않으면 된다.

4) PLC와 비교

- PLC내의 프로젝트와 XG5000에 열려있는 프로젝트를 비교할 수 있다.
- 비교하기의 결과는 메뉴 [프로젝트] - [프로젝트 비교]와 동일하다.

① 할 대상메뉴 [온라인] - [접속]을 선택하여 PLC와 연결한다.
② 메뉴 [온라인] - [PLC와 비교]를 선택한다.
③ 비교을 선택하고 비교하기를 누른다.

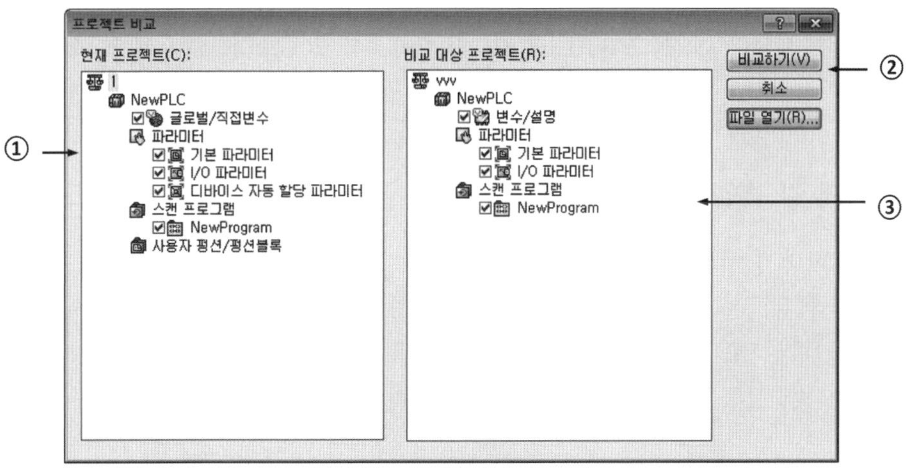

① 현재 프로젝트 선택 트리 : XG5000에 열려있는 프로젝트이다.
② 비교하기 버튼 : 선택된 항목끼리 비교를 수행한다.
③ 비교할 프로젝트 선택 트리 : PLC내의 프로젝트이다.

5) 프로그램 모니터링

XG5000의 모니터 기능 중 공통적인 기능(모니터 시작/끝, 현재 값 변경, 모니터 일시 정지, 모니터 다시 시작, 모니터 일시 정지 설정)을 설명한다.

(1) 모니터 시작/끝

㉠ 모니터 시작

① 메뉴 [온라인] - [접속] 항목을 선택하여 PLC와 온라인으로 연결한다.
② 메뉴 [모니터] - [모니터 시작/끝]을 선택하여 모니터를 시작한다.
③ LD 또는 IL 프로그램이 활성화 되어 있으면 모니터 모드로 변경된다.

알 아 두 기

- 모니터 시작 시 PLC의 프로그램과 XG5000의 프로그램이 불일치 하는 경우는 정확한 값이 모니터 되지 않을 수 있다.

㉡ 모니터 끝

① 메뉴 [모니터] - [모니터 시작/끝] 항목을 선택하여 모니터를 정지한다.

알 아 두 기

- 이전에 모니터 시작이 되어 있으면 모니터 끝이 수행된다. 모니터를 수행하지 않았으면 모니터 시작이 수행된다.

(2) 현재 값 변경

- 모니터 중에 선택된 디바이스의 현재 값 또는 강제 I/O 설정을 변경할 수 있다.

① 메뉴 [온라인] - [접속] 항목을 선택하여 PLC와 온라인으로 연결한다.

② 메뉴 [모니터] - [모니터 시작] 항목을 선택하여 모니터를 수행한다.

③ 프로그램 또는 변수 모니터 창에서 디바이스나 변수를 선택한다.

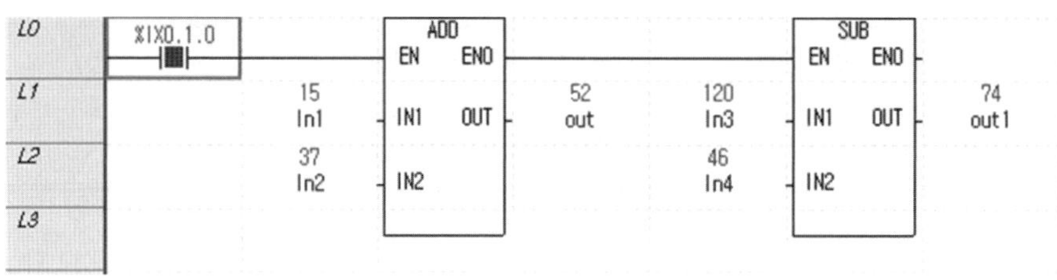

④ 메뉴 [모니터] - [현재 값 변경] 항목을 선택한다.

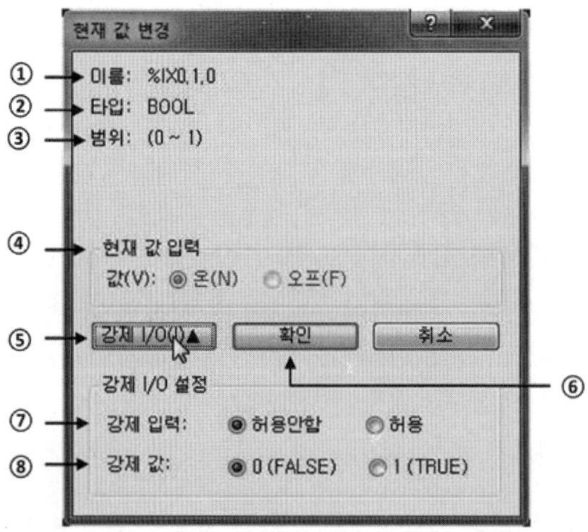

① 디바이스 : 현재 값 변경 대상 변수의 이름이다.

② 타입 : 현재 값 변경 대상 변수의 타입이다.

③ 범위 : 타입에 따른 현재 값의 입력 가능 범위다.

④ 현재 값 입력 : 타입이 BOOL인 경우 변수의 On/Off를 설정한다.

⑤ 강제 I/O : 변수가 "I/Q"영역이고 BOOL 타입인 경우 강제 I/O 설정을 가능하게 한다.

⑥ 확인 : 설정된 값을 PLC로 전송한다.

⑦ 강제 입력 : 강제 I/O 입력 허용안함/허용을 설정한다.

⑧ 강제 값 : 강제 I/O 데이터 값을 설정한다.

⑤ 대화 상자에 현재 값을 입력 후 확인을 선택 시 현재 값이 변경된다.

알 아 두 기

- 값의 초기 값은 변수의 디스플레이 타입에 따라 표시된다. 즉, 모니터 시 16진수로 표시되고 있으면 현재 값 변경은 16진수로 표시된다.
- 값 입력은 디스플레이 타입에 따라 입력하지 않아도 된다. 즉, 16진수로 표시되고 있을 때 부호 없는 10진수로 입력 가능하다.
- 확인 버튼을 누를 시 입력 값의 유효성 및 범위를 검사하여 에러 메시지가 발생할 수도 있다.
- 16진수로 입력 방법은 16#1234 같이 16# 으로 시작한다.
- STRING 타입인 경우 작은 따옴표('abcde') 사이에 현재 값(문자열)을 입력해야 한다.
- WSTRING 타입인 경우 큰 따옴표("abcde") 사이에 현재 값(문자열)을 입력한다.
- 변수가 "I/Q"이고, 타입이 BOOL인 경우에만 강제 I/O 버튼이 활성화 된다.
- 강제 I/O 버튼이 활성화 된 경우 현재 값 입력 편집 상자와 On/Off 설정 버튼은 비활성화 된다.
- 현재 값 변경과 강제 I/O 설정이 동시에 수행되지 않는다.

(3) 모니터 일시 정지

모니터 중 사용자의 설정에 의해서 또는 사용자가 직접 모니터 일시 정지, 모니터 다시 시작을 할 수 있다.

㉠ 모니터 일시 정지

① 메뉴 [온라인] - [접속]을 선택하여 PLC와 연결한다.

② 메뉴 [모니터] - [모니터 시작/끝]을 선택하여 모니터 한다.

③ 메뉴 [모니터] - [모니터 일시 정지]를 선택하여 모니터 일시 정지한다.

㉡ 모니터 다시 시작

① 사용자가 직접 모니터 일시 정지된 상태에서 다시 시작한다.

② 메뉴 [모니터] - [모니터 다시 시작]을 선택하여 모니터를 다시 시작한다.

알 아 두 기

- 모니터가 일시 정지되어도, PLC는 런 운전 모드 상태이다.
- 모니터 일시 정지되어 있어야 모니터 다시 시작이 가능하다.
- 모니터 일시 정지된 상태에서 프로그램 화면을 이동하면 모니터 값이 갱신되지 않는다.
- 모니터 일시 정지된 상태에서 현재 값 변경을 하면 PLC의 값은 변하지만 프로그램 화면의 모니터 값은 갱신되지 않는다.

㉢ 모니터 일시 정지 설정

설정된 디바이스가 모니터 일시 정지 조건이 만족되면 모니터를 일시 정지한다.

① 메뉴 [모니터] - [모니터 일시 정지 설정]을 선택한다.

② 모니터 일시 정지 설정 대화 상자에서 디바이스를 설정한다.

③ 확인을 눌러 내용을 저장한다.

알 아 두 기

- 모니터 일지 정지 조건은 최대 10까지 설정할 수 있다.
- 오류가 있는 항목은 확인 버튼을 눌러도 저장하지 않는다.
- 오류는 분홍색으로 표시된다.
- STRING 타입은 모니터 일시 정지를 지원하지 않는다.
- 모니터 일시 정지 할 조건은 [==, 〉, 〈, 〉=, 〈=] 다섯 가지 중 하나를 선택할 수 있다.

(4) LD 프로그램 모니터

XG5000이 모니터 상태에서 LD 다이어그램에 작성된 접점(평상시 열린 접점, 평상시 닫힌 접점, 양 변환 검출 접점, 음 변환 검출 접점), 코일(코일, 역 코일, 셋 코일, 리셋 코일, 양 변환 검출 코일, 음 변환 검출 코일) 및 펑션(블록)의 입출력 파라미터 등의 현재 값을 표시한다.

㉠ 모니터 시작 순서

① 메뉴 [모니터] - [모니터 시작/끝] 항목을 선택한다.

② LD 프로그램이 모니터 모드로 변경된다.

③ 현재 값 변경 : 메뉴 [모니터] - [현재 값 변경] 항목을 선택한다.

㉡ 접점의 모니터 표시

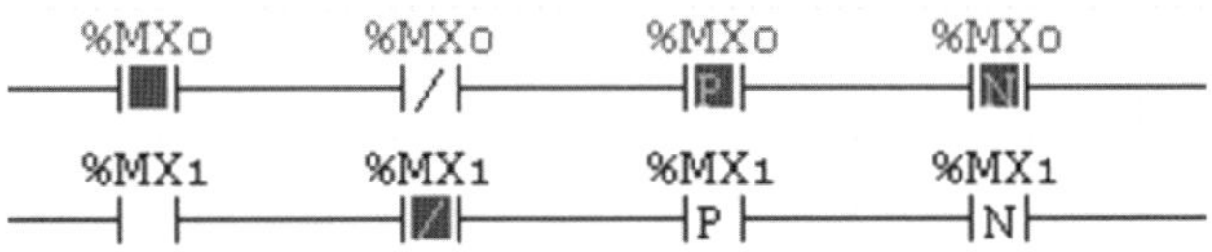

① 평상시 열린 접점 : 해당 접점의 값이 온 상태인 경우 디바이스(혹은 변수)의 값은 붉은 색으로 표시 되며, 접점 안에 파워 플로우가 파란색으로 표시된다.
② 평상시 닫힌 접점 : 해당 접점의 값이 온 상태인 경우 디바이스의 값은 붉은 색으로 표시되며, 점점 안에 파워 플로우는 표시되지 않는다.
③ 양 변환 검출 접점 : 평상시 열린 접점과 동일하게 표시된다.
④ 음 변환 검출 접점 : 평상시 닫힌 접점과 동일하게 표시된다.

알 아 두 기

- 본 사용설명에서 언급한 모니터 관련 색상은 XG5000에서 기본으로 제공하는 색상이다. 해당 색상 은 메뉴 [도구] - [옵션]에서 변경할 수 있다.

㉢ 코일의 모니터 표시

① 코일 : 해당 코일의 값이 온 상태인 경우 디바이스(혹은 변수)의 값은 붉은 색으로 표시되며, 코일 안의 파워 플로우는 파란색으로 표시된다.
② 역 코일 : 해당 코일의 값이 온 상태인 경우 디바이스(혹은 변수)의 값은 붉은 색으로 표시되며, 코 일 안의 파워 플로우는 표시되지 않는다.
③ 셋 코일 : 코일과 동일하게 표시된다.
④ 리셋 코일 : 역 코일과 동일하게 표시된다.
⑤ 양 변환 검출 코일 : 코일과 동일하게 표시된다.
⑥ 음 변환 검출 코일 : 코일과 동일하게 표시된다.

㉣ 펑션(블록)의 모니터 표시

펑션(블록)의 입출력 파라미터에 모니터 값이 표시된다. 펑션(블록) 입출력 파라미터의 데이터 표시는 모니터 표시 형식에 따라 표시된다.

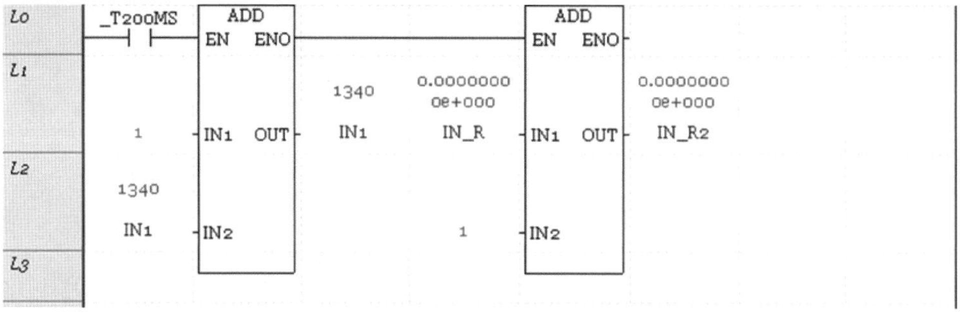

㉥ 모니터 정지

메뉴 [모니터] - [모니터 시작/끝] 항목을 선택한다.

알 아 두 기

- 모니터 시 런 중 수정 모드를 제외하고 모든 편집이 불가능하다.
- 모니터 시작 및 종료 시, 응용 명령어의 현재 값을 표시하기 위하여 LD 다이어그램 높이가 변경되며, 이는 작성된 프로그램 양에 따라 다소 시간이 걸릴 수 있다.

제 4 절 PLC 명령어

1 기본 명령어

구분	명령어 종류	내용
기본명령	접점 명령	LOAD, AND, OR 관련 명령
	결합 명령	AND LOAD, OR LOAD, MPUSH, MLOAD, MPOP
	반전 명령	NOT
	마스터 컨트롤 명령	MCS, MCSCLR
	출력 명령	OUT, SET, RST, 1 스캔출력 명령, 출력반전 명령(FF)
	순차/후입 우선 명령	스텝 컨트롤 명령 (SET Sxx.xx, OUT Sxx.xx)
	종료 명령	END
	무처리 명령	NOP
	타이머 명령	TON, TOFF, TMR, TMON, TRTG
	카운터 명령	CTD, CTU, CTUD, CTR

1) 접점 명령

- 접점이란 데이터 메모리의 비트 데이터 정보를 읽어 그 상태를 좌측에서 우측으로 전달하는 위치의 프로그래밍 기호이다. 종류는 평상 시 열린 접점(A 접점), 평상 시 닫힌 접점(B 접점), 양변환 검출 접점(P접점), 음변환 검출 접점(N 접점)이 있다.

분 류	명 칭	심 벌	기 능
접점	LOAD	├┤ ├─	A 접점 연산 개시
	LOAD NOT	├┤/├─	B 접점 연산 개시
	AND	─┤ ├─	A 접점 직렬 접속
	AND NOT	─┤/├─	B 접점 직렬 접속
	OR	└┤ ├┘	A 접점 병렬 접속
	OR NOT	└┤/├┘	B 접점 병렬 접속
	LOADP	├┤P├─	양(Positive) 변환 검출 접점
	LOADN	├┤N├─	음(Negative) 변환 검출 접점
	ANDP	─┤P├─	양변환 검출 접점 직렬 접속
	ANDN	─┤N├─	음변환 검출 접점 직렬 접속
	ORP	└┤P├┘	양변환 검출 접점 병렬 접속
	ORN	└┤N├┘	음변환 검출 접점 병렬 접속

2) 결합 명령

- AND LOAD(블록 직렬 접속) : A블록과 B블록을 AND 연산하는 명령으로, A블록과 B블록이 모두 ON일때 연산 가능하다.
- OR LOAD(블록 병렬 접속) : A블록과 B블록을 OR연산하여 결과를 출력하는 명령이다.
- MPUSH : 현재까지의 연산결과를 저장하는 기능이다.
- MLOAD : 다음 연산을 위해 분기점에서 저장된 이전 연산결과를 읽어온다. 저장 영역의 값은 변하지 않는다.
- MPOP : 분기점에서 저장된 이전 연산결과를 읽어온 후 저장된 이전 결과를 지운다.

분 류	명 칭	심 벌	기 능
결합	AND LOAD		A,B 블록 직렬 접속
	OR LOAD	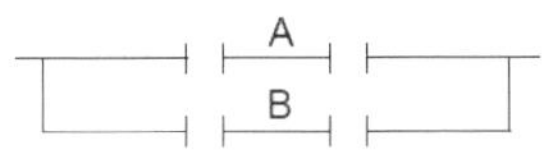	A,B 블록 병렬 접속
	MPUSH	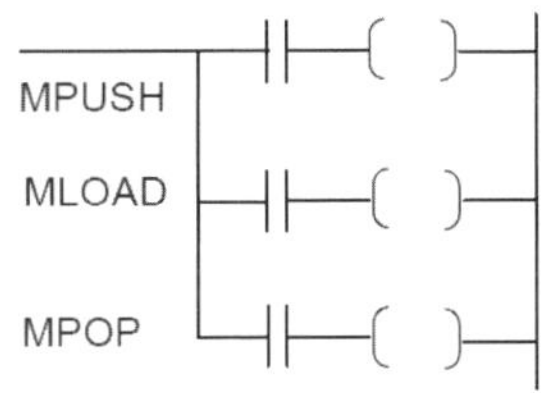	현재까지의 연산결과 Push
	MLOAD		분기점 이전 연산결과 Load
	MPOP		분기점 이전 연산결과 Pop

3) 반전 명령

- NOT(반전 명령)은 이전 결과를 반전시킨다. 반전명령은 반전명령 좌측회로에 대하여 A접점 회로는 B접점 회로로, B접점 회로는 A접점 회로로, 직렬연결 회로는 병렬연결 회로로, 병렬연결 회로는 직렬연결 회로로 반전시킨다.

분 류	명 칭	심 벌	기 능
반전	NOT	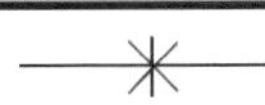	이전 연산결과 반전

4) 출력 명령

- OUT(코일) : 출력된 비트 결과를 지정된 메모리에 저장한다.
- OUT NOT(역 코일) : 출력된 비트 결과를 반전하여 지정된 메모리에 저장한다.
- OUTP(양변환 검출 코일) : 연산 결과가 OFF에서 ON으로 변경될 때 1스캔 동안 ON 상태를 지정된 비트에 저장한다. 1스캔이 지난 후 지정된 비트는 OFF 된다.
- OUTN(음변환 검출 코일) : 연산 결과가 ON 에서 OFF로 변경될 때 1스캔 동안 ON 상태를 지정된 비트에 저장한다. 1스캔이 지난 후 지정도니 비트는 OFF 된다.
- SET(셋 코일) : 조건이 만족될 때 지정된 비트 메모리를 ON시키고, 조건이 해제되더라도 지정된 비트를 다시 OFF 시키지 않는다.
- RST(리셋 코일) : 조건이 만족될 때 지정된 비트 메모리를 OFF시키고, 조건이 해제되

더라도 지정된 비트 메모리를 다시 ON시키지 않는다.

- FF(비트 출력 반전) : 비트 출력 반전 명령으로 입력접점이 OFF에서 ON으로 될 때, 지정된 디바이스의 상태를 반전시킨다.

분 류	명 칭	심 벌	기 능
출력	OUT	—( )—|	연산 결과 출력
	OUT NOT	—(/)—|	연산 결과 반전 출력
	OUTP	—(P)—|	입력조건 상승시 1스캔 출력
	OUTN	—(N)—|	입력조건 하강시 1스캔 출력
	SET	—(S)—|	접점 출력 ON 유지
	RST	—(R)—|	접점 출력 OFF 유지
	FF	—[FF D]—|	입력조건 상승시 출력 반전

5) 종료 명령

- END(종료 명령)는 프로그램의 종료명령으로 반드시 프로그램의 마지막에 입력해야 한다.

분 류	명 칭	심 벌	기 능
종료	END	—[END]—|	프로그램의 종료

6) 무처리 명령

분 류	명 칭	심 벌	기 능
무처리	NOP	래더 표현 없음	무처리 명령, 니모닉에서 사용

7) 마스터 컨트롤 명령

- MCS의 입력조건이 ON이면 MCS 번호와 동일한 MCSCLR까지 실행하고, 입력조건이

OFF되면 실행하지 않는다. 우선순위는 MCS번호 0이 가장 높고, 15가 가장 낮으므로 우선순위가 높은 순으로 사용하고 해제는 그 역순으로 한다.

- MCSCLR은 우선순위가 높은 것을 해제하면 낮은 순위의 MCS블록도 함께 해제된다.
- MCS(MCSCLR) 명령 사용 시MCS의 ON/OFF명령이 OFF인 경우 마스터 컨트롤 명령의 연산결과에 주의한다. MCS 명령이 OFF 이면 아래와 같다.
  ① 타이머 명령 : 접점의 OFF와 같으며 처리하지 않는다.
  ② 카운터 명령 : 현재값은 유지되며 처리하지 않는다.
  ③ OUT 명령 : 접점의 OFF와 같으며 처리하지 않는다.
  ④ SET, RST 명령 : 결과를 유지한다.

분 류	명 칭	심 벌	기 능
마스터 컨트롤	MCS	MCS n	마스터 컨트롤 설정 (n:0~7)
	MCSCLR	MCS n	마스터 컨트롤 해제 (n:0~7)

8) 타이머 명령

- 타이머 명령은 지정된 시간 지연이 필요한 경우에 사용한다.
- 기능별로 TON, TOFF, TMR, TMON, TRTG 5종, 시간설정 단위 별로 100ms, 10ms, 1ms, 0.1ms 4종의 타이머가 있다. 1개의 타이머는 최대 6,553.5초(65,535 x 100ms)까지 시간제어를 할 수 있다. 예로, 100ms 타이머에 설정값을 1로 설정하면 100ms 시간제어가 된다.
- 초기설정은 모든 타이머 영역이 휘발성 영역으로 설정되어 있으므로 래치 타이머가 필요한 경우 사용자가 지정해서 사용해야 한다. 정전 시 타이머 동작시간 데이터가 보존되어야 할 타이머의 경우는 래치영역 타이머를 사용한다.
  ① PLC에 따라서XGB는 256개, XGK는 2,048개의 타이머를 사용할 수 있고, 설정값의 범위는 0~65,535까지이며, 동일한 타이머 번호의 중복사용은 불가능하다.
  ② 타이머값 설정가능 디바이스는 정수, P,M, K, U, D, R 등이며, 인덱스 기능을 사용할 수 있다.
  ③ 타이머를 리셋 시키기 위해서는 입력접점을 OFF 시키는 방법과 리셋코일을 사용하는 방법이 있다. 리셋코일을 사용하는 경우 타이머 접점과 동일한 이름의 리셋코일로 작성한다. 리셋코일이 ON 상태에서는 타이머가 동작하지 않는다.
  ⑤ 타이머는 END명령 실행 후에 타이머의 현재값 갱신 및 접점을 ON/OFF 하므로 타

이며 명령어는 사용 시 오차가 발생할 수 있다.

⑥ TON(ON DELAY 타이머) : 입력이 ON 되면 타이머 접점출력은 OFF상태를 유지하다가 설정된 시간 이상이 되면 타이머의 접점출력(T)이 ON 되는 타이머다. 타이머 동작 중 기동조건이 해제되면 현재값은 0이 된다. 타이머 접점이 ON 상태에서 기동조건이 해제되면 타이머 출력접점이 OFF 된다.

⑦ TOFF(OFF DELAY타이머) : 입력이 ON되면 타이머 접점이 ON 되고, 입력조건이 OFF되면 설정시간 경과 후에 OFF되는 타이머다. 입력조건이 OFF되어 타이머의 현재값이 감소하고 있는 상태에서 다시 기동조건이 만족되면 현재값은 설정값이 되고, 타이머 출력접점은 ON된다.

⑧ TMR(적산 타이머) : 입력이 ON되는 시간을 누적하여 누적된 값이 타이머의 설정값에 도달하면 타이머 접점출력이 ON 된다. 이 후 입력조건이 OFF되어도 현재값을 유지한다.

⑨ TMON(Monostable 타이머) : 입력이 ON 되면 설정 시간 동안 타이머 접점출력이 ON 된다. 타이머의 접점출력이 ON일 때 입력이 OFF 되거나 다시 ON 되는 등 기동조건의 변화가 발생하여도 타이머는 관계없이 접점출력ON을 유지하며 설정시간 동안 현재값이 감소하여 0이 되면 그때 접점출력이 OFF된다.

⑩ TRTG(Retriggerable 타이머) : TMON(모노스테이블 타이머)와 같이 입력이 ON 되면 설정 시간 동안 타이머 접점출력이 ON 된다. 하지만, 타이머의 접점출력이 ON일 때 입력이 다시ON 되면 타이머의 현재값은 다시 설정값이 되어 동작한다.

분 류	명 칭	심 벌	기 능
타이머	TON	TON | T | t	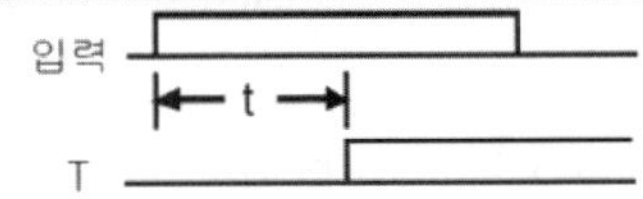
	TOFF	TOFF | T | t	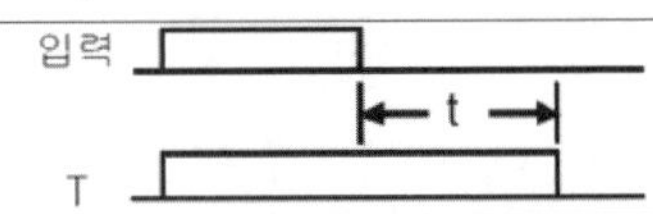
	TMR	TMR | T | t	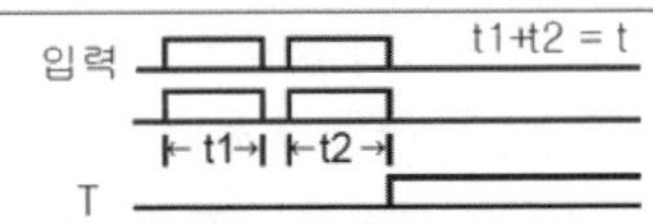
	TMON	TMON | T | t	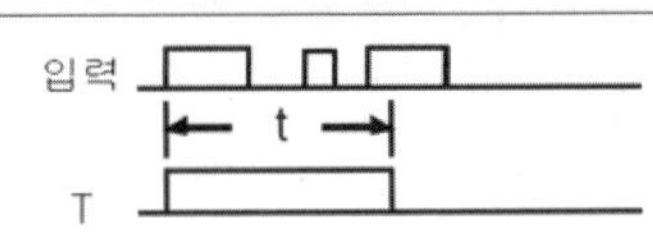
	TRTG	TRTG | T | t	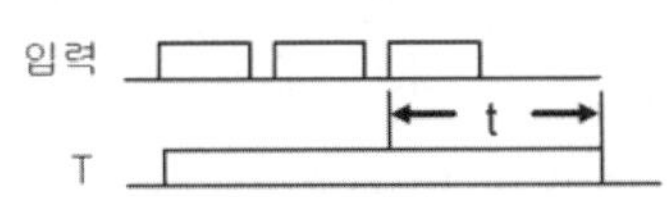

9) 카운터 명령

- 카운터 명령은 조건이 만족될 때 현재값을 1씩 증가 또는 감소시켜 조건이 만족되는 회수를 계수하여 설정값이 되면 출력을 ON 시킨다.
- PLC가 정전 시 카운터의 현재값이 유지되어야 하는 경우가 있으며, 장기적인 데이터의 누적이 필요한 경우 래치영역의 카운터를 사용할 수 있다.

① PLC에 따라서 XGB는 256개, XGK는 2,048개의 카운터를 사용할 수 있고 설정값의 범위는 0~65,535까지이며, 동일한 카운터 번호의 중복사용은 불가능하다.

② 카운터값 설정가능 디바이스는 정수, P,M, K, U, D, R 등이며, 인덱스 기능을 사용할 수 있다.

③ 카운터를 리셋시키기 위해 리셋명령을 사용할 경우, 반드시 사용된 카운터 접점과 같은 이름의 리셋코일을 사용해야 한다.

④ CTUD 명령의 경우 카운터 리셋을 하기 위해서 리셋코일 이외에 입력접점을 OFF 시키면 된다.

⑤ CTU, CTUD 명령은UP카운터 펄스가 계속 입력되면 설정한 값을 초과해도 카운터값이 65,535까지는 계속 증가한다. 따라서 CTU, CTUD 명령의 값을 0으로 초기화시키기 위해서는 리셋 명령을 사용해야 한다.

⑥ CTU(UP 카운터) : 펄스가 입력될 때마다 현재값을 1씩 증가하며, 그 값이 설정값 이상이면 출력이 ON 된다. 카운터를 리셋하면 현재값은 0이 되고, 출력은 OFF된다.

⑦ CTD(DOWN 카운터) : 펄스가 입력될 때마다 설정값에서 1씩 감산하며, 그 값이 0이 되면 출력이 ON 된다. 카운터의 출력접점이 ON 되어 있는 경우 카운터를 리셋하면 현재값은 설정값이 되며, 카운터 출력접점이 OFF 된다.

⑧ CTUD(UP DOWN 카운터) : UP단자에 펄스가 입력되면 1씩 가산, DOWN 단자에 펄스가 입력되면 1씩 감산하며, 현재값이 설정값 이상이면 ON 된다. 리셋하면 현재값은 0이 된다.

⑨ CTR(RING 카운터) : 펄스가 입력될 때마다 현재값이 1씩 증가되며, 현재값이 설정값에 도달하면 출력이 ON된다. 이후 다시 펄스가 입력되면 현재값은 0이 되고 출력은 OFF된다.

<table>
<tr><th>분 류</th><th>명 칭</th><th>심 벌</th><th>기 능</th></tr>
<tr><td rowspan="4">카운터</td><td>CTD</td><td></td><td>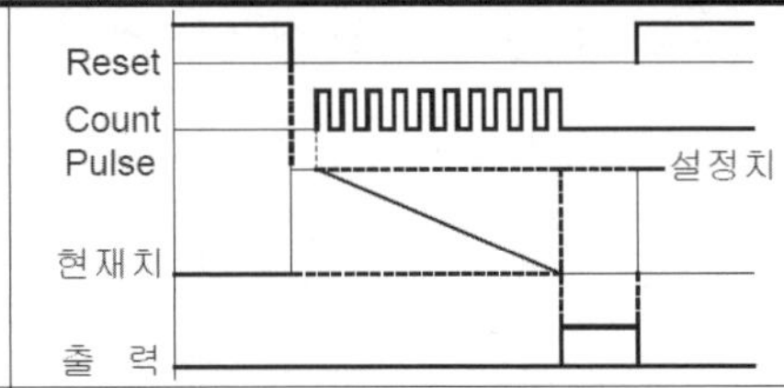</td></tr>
<tr><td>CTU</td><td>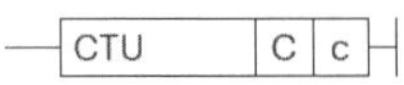</td><td>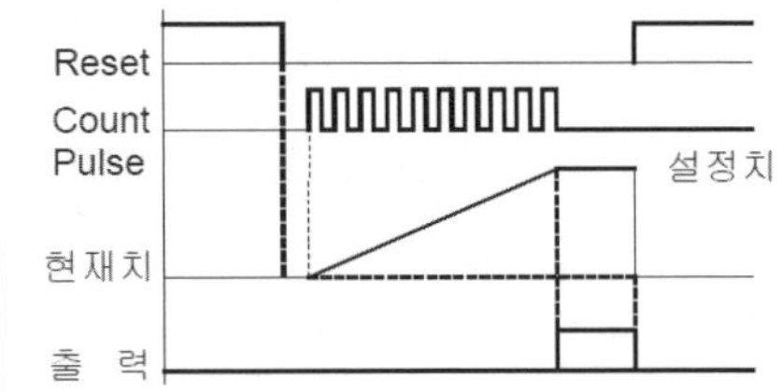</td></tr>
<tr><td>CTUD</td><td>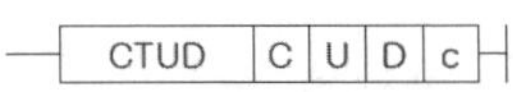</td><td>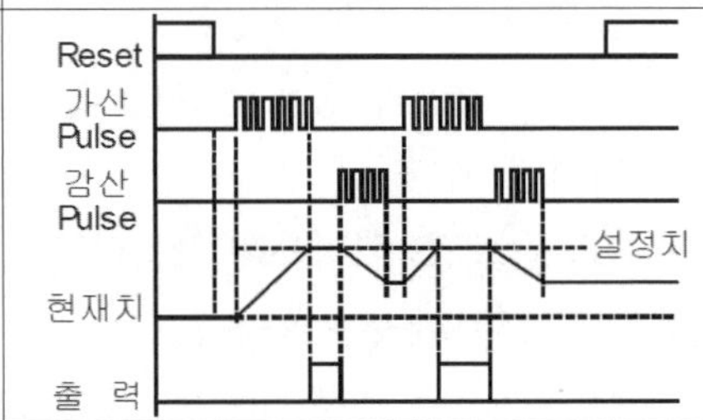</td></tr>
<tr><td>CTR</td><td>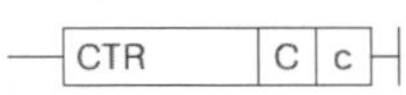</td><td>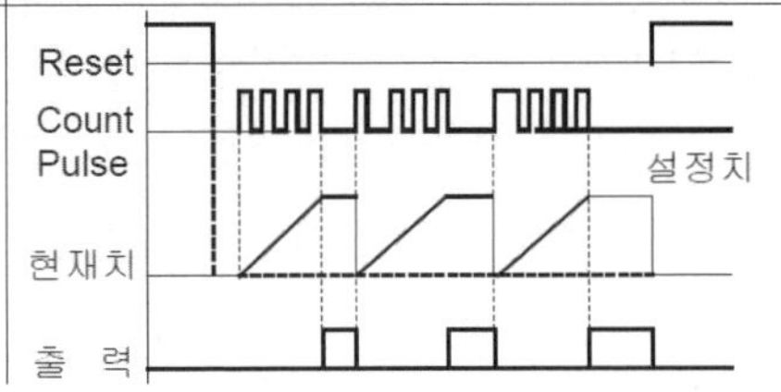</td></tr>
</table>

10) 순차/후입 우선 명령(스텝컨트롤)

- SET S(순차 제어) : 동일 조 내에서 바로 이전의 스텝번호가 ON되어 있는 상태에서 현재 스텝번호의 입력조건 접점상태가 ON되면 현재 스텝번호가 ON되고, 이전 스텝번호는 OFF된다. 현재 스텝번호가 ON되면 자기 유지되어 입력 접점이 OFF되어도 ON 상태를 유지한다.
  입력조건 접점이 동시 ON 되어도 한 조 내에서는 한 스텝번호만 ON 된다.
  초기 RUN 상태에서 Syyy.00의 입력접점은 ON 되어 있다. SET Syyy.xx 명령은 Syyy.00의 입력접점을 ON 시킴으로써 종료된다.
- OUT S(후입 우선) : SET Syyy.xx와는 달리 스텝 순서에 관계없이 입력조건 접점이

ON되면 해당 스텝이 기동한다. 동일 도 내에서 입력조건 접점이 다수가 ON 되어도 한 개의 스텝번호만 ON된다. 이때 뒤에 ON 된 것이 우선으로 출력된다.
현재 스텝번호가 ON되면 자기 유지되어 입력 조건이 OFF되어도 ON 상태를 유지한다.
OUT Syyy.xx 명령은 Syyy.00의 입력접점을 on시킴으로써 종료된다.

분 류	명 칭	심 벌	기 능
스텝 컨트롤	SET S	Sxx.xx ——(S)—┤	순차 제어
	OUT S	Sxx.xx ——( )—┤	후입 우선

2 응용명령어

PLC Control Technology

구분	명령어 종류	내용
응용명령	데이터전송 명령	지정된 데이터 전송, 그룹전송, 문자열전송 4/8/64 비트 가능
	변환 명령	지정된 데이터 BIN/BCD 변환, 그룹 BIN/BCD 변환 4/8 비트 가능
	데이터형 변환 명령	정수/실수 변환명령
	출력단 비교 명령	비교결과를 특수릴레이에 저장. 4/8 비트 가능
	입력단 비교 명령	비교결과를 BR 에 저장. 실수, 문자열 비교, 그룹비교, 오퍼랜드 3개 비교. Signed 비교
	증감 명령	지정된 데이터 1 증가 또는 1 감소 4/8 비트가능
	회전 명령	지정된 데이터 좌회전, 우회전, 캐리포함 회전 4/8 비트가능
	이동 명령	지정된 데이터 좌이동, 우이동, 워드단위 이동, 비트이동 4/8 비트가능
	교환 명령	디바이스간 교환, 상하위바이트 교환, 그룹데이터 교환
	BIN 사칙 명령	정수/실수 덧셈, 뺄셈, 곱셈, 나눗셈. 문자열 덧셈, 그룹 덧셈, 그룹뺄셈
	BCD 사칙 명령	덧셈, 뺄셈, 곱셈, 나눗셈.

구분	명령어 종류	내용
	논리연산 명령	논리곱, 논리합, Exclusive OR, Exclusive NOR, 그룹연산
	시스템 명령	고장표시, WDT 초기화, 출력제어, 운전정지 등
	데이터처리 명령	Encode, Decode, 데이터분리/연결, 검색, 정렬, 최대, 최소, 합계, 평균 등
	데이터테이블처리 명령	데이터 테이블의 데이터 입출력
	문자열처리 명령	문자열 관련변환, 코멘트읽기, 문자열 추출, 아스키변환, HEX 변환, 문자열 검색 등
	특수함수 명령	삼각함수, 지수/로그 함수, 각도/레디안 변환 등
	데이터 제어 명령	상하한 리미트 제어, 불감대 제어, 존 제어
	시간관련 명령	날짜시간 데이터 읽기/쓰기, 시간데이터 가감 및 변환
	분기 명령	JMP, CALL
	루프 명령	FOR/NEXT/BREAK
	플래그 관련 명령	캐리플래그 Sst/Reset, 에러플래그 클리어
	특수/통신 관련 명령	BUSCON Direct 액세스하여 데이터 읽기/쓰기
	인터럽트 관련 명령	인터럽트 Enable/Disable
	부호반전 명령	정수/실수값의 부호 반전, 절대값 연산
	파일 관련 명령	블록 읽기/쓰기/비교/전환, 플래쉬 데이터 전송

1) 데이터 전송 명령

- MOV(MOVE) : S의 워드 데이터 또는 지정된 상수를 D에 전송한다. S를 상수로 지정할 경우 16진수는 h0000 ~ hFFFF 까지 지정할 수 있으며 십진수는 −32,768 ~ 65,535까지 지정할 수 있다.

분 류	명 칭	심 벌	기 능
16 비트 전송	MOV	MOV S D	(S) → (D)
	MOVP	MOVP S D	
32 비트 전송	DMOV	DMOV S D	(S+1,S) → (D+1,D)
	DMOVP	DMOVP S D	
단장형 실수전송	RMOV	RMOV S D	(S+1,S) → (D+1,D)
	RMOVP	RMOVP S D	
배장형 실수전송	LMOV	LMOV S D	(S+3,S+2,S+1,S) → (D+3,D+2,D+1,D)
	LMOVP	LMOVP S D	
4 비트 전송	MOV4	MOV4 Sb Db	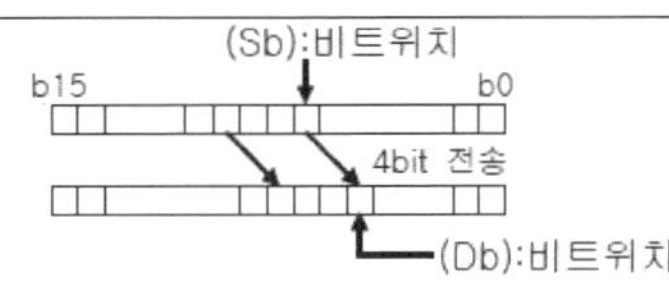
	MOV4P	MOV4P Sb Db	
8 비트 전송	MOV8	MOV8 Sb Db	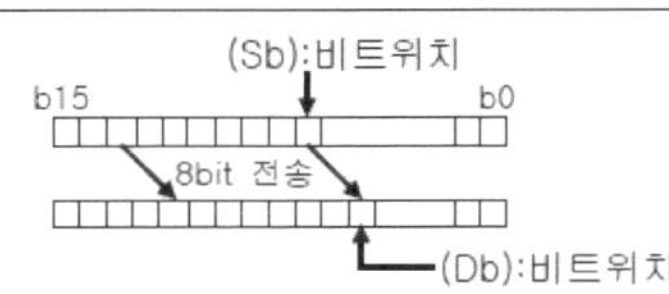
	MOV8P	MOV8P Sb Db	
1 의 보수 전송	CMOV	CMOV S D	(S) —1 의 보→ (D)
	CMOVP	CMOVP S D	
	DCMOV	DCMOV S D	(S+1,S) —1 의 보→ (D+1,D)
	DCMOVP	DCMOVP S D	
16bit 그룹전송	GMOV	GMOV S D N	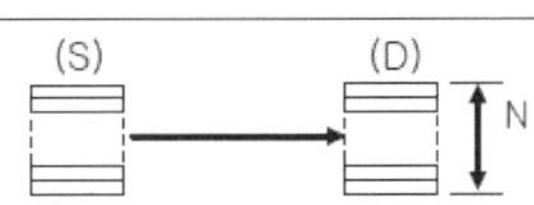
	GMOVP	GMOVP S D N	
다중전송	FMOV	FMOV S D N	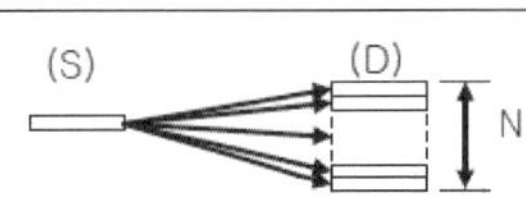
	FMOVP	FMOVP S D N	
지정비트 전송	BMOV	BMOV S D N	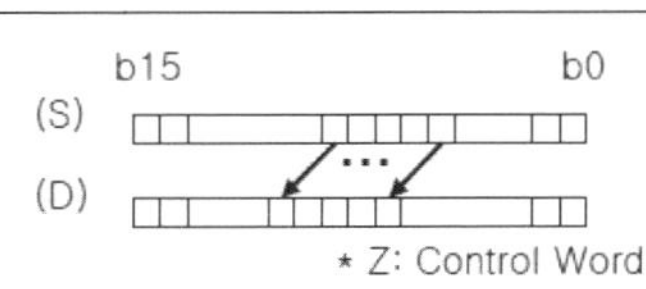
	BMOVP	BMOVP S D N	
지정비트 그룹전송	GBMOV	GBMOV S D Z N	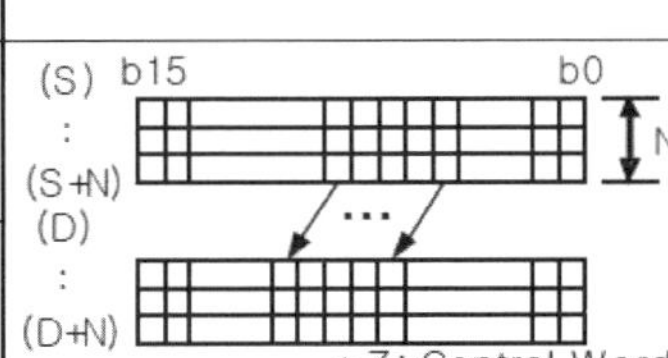
	GBMOVP	GBMOVP S D Z N	

분 류	명 칭	심 벌	기 능
문자열 전송	$MOV	$MOV | S | D	(S)부터 시작된 문자열 → (D)부터 시작된 문자열
	$MOVP	$MOVP | S | D	

2) BCD/BIN 변환 명령(코드변환 명령어)

분 류	명 칭	심 벌	기 능
BCD 변환	BCD	BCD | S | D	(S) —BCD 변→ (D) BIN(0~9999)
	BCDP	BCDP | S | D	
	DBCD	DBCD | S | D	(S+1,S) —BCD 변환→ (D+1,D) BIN(0~99999999)
	DBCDP	DBCDP | S | D	
4/8 비트 BCD 변환	BCD4	BCD4 | Sb | Db	(Sb):비트위치, BIN(0~9) b15 b0 4bit BCD 변환 (Db):비트위치
	BCD4P	BCD4P | Sb | Db	
	BCD8	BCD8 | Sb | Db	(Sb):비트위치, BIN(0~99) b15 b0 8bit BCD 변환 (Db):비트위치
	BCD8P	BCD8P | Sb | Db	
BIN 변환	BIN	BIN | S | D	(S) —BIN 변환→ (D) BCD(0~9999)
	BINP	BINP | S | D	
	DBIN	DBIN | S | D	(S+1,S) —BIN 변환→ (D+1,D) BCD(0~99999999)
	DBINP	DBINP | S | D	
4/8 비트 BIN 변환	BIN4	BIN4 | Sb | Db	(Sb):비트위치, BCD(0~9) b15 b0 4bit BIN 변환 (Db):비트위치
	BIN4P	BIN4P | Sb | Db	
	BIN8	BIN8 | Sb | Db	(Sb):비트위치, BCD(0~99) b15 b0 8bit BIN 변환 (Db):비트위치
	BIN8P	BIN8P | Sb | Db	
그룹변환	GBCD	GBCD | S | D | N	□(S)부터 N 개의 데이터를 BCD 로 변환하여 (D)부터 N까지 저장
	GBCDP	GBCDP | S | D | N	
	GBIN	GBIN | S | D | N	□(S)부터 N 개의 데이터를 BIN 으로 변환하여 (D)부터 N까지 저장
	GBINP	GBINP | S | D | N	

3) 데이터형 변환 명령

분 류	명 칭	심 벌	기 능
16bit 정수 실수 변환	I2R	I2R S D	(S) —Real 변환→ (D+1,D) Int(-32768~32767)
	I2RP	I2RP S D	
	I2L	I2L S D	(S) —Long 변환→ (D+3,D+2,D+1,D) Int(-32768~32767)
	I2LP	I2LP S D	
32bit 정수 실수 변환	D2R	D2R S D	(S+1,S) —Real 변환→ (D+1,D) Dint(-2147483648~2147483647)
	D2RP	D2RP S D	
	D2L	D2L S D	(S+1,S) —Long 변환→ (D+3,D+2,D+1,D) Dint(-2147483648~2147483647)
	D2LP	D2LP S D	
단장형 실수정수 변환	R2I	R2I S D	(S+1,S) —INT 변환→ (D) 단장형실수 전체범위
	R2IP	R2IP S D	
	R2D	R2D S D	(S+1,S) —DINT 변환→ (D+1,D) 단장형실수 전체범위
	R2DP	R2DP S D	
배장형 실수정수 변환	L2I	L2I S D	(S+3,S+2,S+1,S) —INT 변환→ (D) 배장형실수 전체범위
	L2IP	L2IP S D	
	L2D	L2D S D	(S+3,S+2,S+1,S) —DINT 변환→ (D+1,D) 배장형실수 전체범위
	L2DP	L2DP S D	

알 아 두 기

- 정수 값과 실수 값은 전혀 다른 형식으로 저장된다. 그러므로, 실수 데이터를 정수 연산에 사용하고자 할 경우 반드시 변환을 시켜 사용해야 한다.

4) 비교 명령

- CMP(COMPARE) : 출력단 비교명령으로 S1 과 S2를 비교하여 그 결과를 아래 표와 같이 해당 플래그에 SET 한다. 아래는 비교명령 플래그 SET 기준 예시 표이다.

플래그	F0110(_LT)	F0111(_LTE)	F0112(_EQU)	F0113(_GT)	F0114(_GTE)	F0115(_NEQ)
SET 기준						
S1S2	1	1	0	0	0	1
S1S2	0	0	0	1	1	1
S1S2	0	1	1	0	1	0

분 류	명 칭	심 벌	기 능
특수릴레이를 사용한 Unsigned 비교	CMP	CMP S1 S2	CMP(S1,S2) 하여 해당 플래그 SET (S1, S2는 워드)
	CMPP	CMPP S1 S2	
	DCMP	DCMP S1 S2	CMP(S1,S2) 하여 해당 플래그 SET (S1, S2는 더블워드)
	DCMPP	DCMPP S1 S2	
4/8 비트 비교	CMP4	CMP4 S1 S2	CMP(S1,S2) 하여 해당 플래그 SET (S1, S2는 니블)
	CMP4P	CMP4P S1 S2	
	CMP8	CMP8 S1 S2	CMP(S1,S2) 하여 해당 플래그 SET (S1, S2는 바이트)
	CMP8P	CMP8P S1 S2	
테이블 비교	TCMP	TCMP S1 S2 D	CMP(S1,S2)) : CMP(S1+15,S2+15) 결과:(D) ~ (D+15), 같은 값이면 1
	TCMPP	TCMPP S1 S2 D	
	DTCMP	DTCMP S1 S2 D	CMP((S1+1,S1),(S2+1,S2)) : CMP((S1+31,S1+30),(S2+31,S2+30)) 결과:(D) ~ (D+15)
	DTCMPP	DTCMPP S1 S2 D	
그룹비교 (16bit)	GEQ	GEQ S1 S2 D N	S1 데이터와 S2 데이터를 1 워드 단위로 비교하여, 비교 결과를 D로 지정된 디바이스의 하위비트부터 한 비트씩 저장한다. (N ≤ 16)
	GEQP	GEQP S1 S2 D N	
	GGT	GGT S1 S2 D N	
	GGTP	GGTP S1 S2 D N	
	GLT	GLT S1 S2 D N	
	GLTP	GLTP S1 S2 D N	
	GGE	GGE S1 S2 D N	
	GGEP	GGEP S1 S2 D N	
	GLE	GLE S1 S2 D N	
	GLEP	GLEP S1 S2 D N	
	GNE	GNE S1 S2 D N	
	GNEP	GNEP S1 S2 D N	

분 류	명 칭	심 벌	기 능
그룹비교 (32bit)	GDEQ	GDEQ S1 S2 D N	S1 데이터와 S2 데이터를 2 워드 단위로 비교하여, 비교 결과를 D 로 지정된 디바이스의 하위비트부터 한 비트씩 저장한다. (N ≤ 16)
	GDEQP	GDEQP S1 S2 D N	
	GDGT	GDGT S1 S2 D N	
	GDGTP	GDGTP S1 S2 D N	
	GDLT	GDLT S1 S2 D N	
	GDLTP	GDLTP S1 S2 D N	
	GDGE	GDGE S1 S2 D N	
	GDGEP	GDGEP S1 S2 D N	
	GDLE	GDLE S1 S2 D N	
	GDLEP	GDLEP S1 S2 D N	
	GDNE	GDNE S1 S2 D N	
	GDNEP	GDNEP S1 S2 D N	

알 아 두 기

- CMP(P), DCMP(P), CMP4(P), CMP8(P), TCMP(P), DTCMP(P) 명령은 모두 Unsigned 비교를 수행한 결과를 처리한다. 그 외 모든 비교명령은 Signed 비교한다.

- LOAD X : 입력단 비교명령으로 S1과 S2를 비교하여 조건X와 일치하면 연산결과를 ON 하고, 외에는 OFF 한다. 아래는 LOAD X 비교명령 조건 표이다.

X 조건						
비교	S1S2	S1S2	S1S2	S1S2	S1S2	S1S2
결과	ON	ON	ON	ON	ON	ON

알 아 두 기

- 입력단 비교 명령은 모두 Signed 비교명령을 수행한 결과를 처리한다. Unsigned 비교 수행을 원할 경우는 입력단 비교 명령을 사용한다.

분 류	명 칭	심 벌	기 능
16bit 데이터 비교 (LOAD)	LOAD=	= S1 S2	(S1)과(S2)의 내용 비교하여 결과를 Bit Result(BR)에저장 (Signed 연산)
	LOAD>	> S1 S2	
	LOAD<	< S1 S2	
	LOAD>=	>= S1 S2	
	LOAD<=	<= S1 S2	
	LOAD<>	<> S1 S2	
16bit 데이터 비교 (AND)	AND=	= S1 S2	(S1)과(S2)의 내용 비교결과와 Bit Result(BR)값을 AND 연산한 후 BR 에 저장(Signed 연산)
	AND>	> S1 S2	
	AND<	< S1 S2	
	AND>=	>= S1 S2	
	AND<=	<= S1 S2	
	AND<>	<> S1 S2	
16bt 데이터 비교 (OR)	OR=	= S1 S2	(S1)과(S2)의 내용 비교결과와 Bit Result(BR)값을 OR 연산한 후 BR 에 저장 (Signed 연산)
	OR<=	<= S1 S2	
	OR<>	<> S1 S2	
32bit 데이터 비교 (LOAD)	LOADD=	D= S1 S2	(S1)과(S2)의 내용 비교하여 결과를 Bit Result(BR)에저장 (Signed 연산)
	LOADD>	D> S1 S2	
	LOADD<	D< S1 S2	
	LOADD>=	D>= S1 S2	
	LOADD<=	D<= S1 S2	
	LOADD<>	D<> S1 S2	

분 류	명 칭	심 벌	기 능
32bit 데이터 비교 (AND)	ANDD=	D= S1 S2	(S1)과(S2)의 내용 비교결과와 Bit Result(BR)값을 AND 연산한 후 BR에 저장(Signed 연산)
	ANDD>	D> S1 S2	
	ANDD<	D< S1 S2	
	ANDD>=	D>= S1 S2	
	ANDD<=	D<= S1 S2	
	ANDD<>	D<> S1 S2	
32bt 데이터 비교 (OR)	ORD=	D= S1 S2	(S1)과(S2)의 내용 비교결과와 Bit Result(BR)값을 OR 연산한 후 BR에 저장 (Signed 연산)
	ORD>	D> S1 S2	
	ORD<	D< S1 S2	
	ORD>=	D>= S1 S2	
	ORD<=	D<= S1 S2	
	ORD<>	D<> S1 S2	
단장형 실수 비교 (LOAD)	LOADR=	R= S1 S2	(S1)과 (S2)의 내용 비교결과와 Bit Result(BR)값을 OR 연산한 후 BR에 저장 (Signed 연산)
	LOADR>	R> S1 S2	
	LOADR<	R< S1 S2	
	LOADR>=	R>= S1 S2	
	LOADR<=	R<= S1 S2	
	LOADR<>	R<> S1 S2	
단장형 실수 비교 (AND)	ANDR=	R= S1 S2	(S1+1,S)과 (S2+1,S2)의 내용을 비교하여 Bit Result(BR)에 저장 (Signed 연산)
	ANDR>	R> S1 S2	
	ANDR<	R< S1 S2	
	ANDR>=	R>= S1 S2	
	ANDR<=	R<= S1 S2	
	ANDR<>	R<> S1 S2	

분 류	명 칭	심 벌	기 능
단장형 실수 비교 (OR)	ORR=	R= S1 S2	(S1+1,S1)과 (S2+1,S2)의 내용 비교 결과와 Bit Result(BR)값을 OR 연산한 후 BR에 저장 (Signed 연산)
	ORR>	R> S1 S2	
	ORR<	R< S1 S2	
	ORR>=	R>= S1 S2	
	ORR<=	R<= S1 S2	
	ORR<>	R<> S1 S2	
배장형 실수 비교 (LOAD)	LOADL=	L= S1 S2	(S1+3,S1+2,S1+1,S)과 (S2+3,S2+2,S2+1,S2)의 내용을 비교하여 Bit Result (BR)에 저장 (Signed 연산)
	LOADL>	L> S1 S2	
	LOADL<	L< S1 S2	
	LOADL>=	L>= S1 S2	
	LOADL<=	L<= S1 S2	
	LOADL<>	L<> S1 S2	
배장형 실수 비교 (AND)	ANDL=	L= S1 S2	(S1+1,S1)과 (S2+1,S2)의 내용 비교 결과와 Bit Result(BR)값을 AND 연산한 후 BR에 저장 (Signed 연산)
	ANDL>	L> S1 S2	
	ANDL<	L< S1 S2	
	ANDL>=	L>= S1 S2	
	ANDL<=	L<= S1 S2	
	ANDL<>	L<> S1 S2	

분 류	명 칭	심 벌	기 능
배장형실수 비교 (OR)	ORL=	L= S1 S2	(S1+1,S1)과 (S2+1,S2)의 내용 비교 결과와 Bit Result(BR)값을 OR 연산한 후 BR에 저장 (Signed 연산)
	ORL>	L> S1 S2	
	ORL<	L< S1 S2	
	ORL>=	L>= S1 S2	
	ORL<=	L<= S1 S2	
	ORL<>	L<> S1 S2	
문자열 비교 (LOAD)	LOAD$=	$= S1 S2	(S1)과 (S2)로 시작되는 문자열을 비교하여 Bit Result(BR)에 저장
	LOAD$>	$> S1 S2	
	LOAD$<	$< S1 S2	
	LOAD$>=	$>= S1 S2	
	LOAD$<=	$<= S1 S2	
	LOAD$<>	$<> S1 S2	
문자열 비교(AND)	AND$=	$= S1 S2	(S1)과 (S2)로 시작되는 문자열 비교 결과와 Bit Result(BR)의 결과를 AND 연산한 후 BR에 저장
	AND$>	$> S1 S2	
	AND$<	$< S1 S2	
	AND$>=	$>= S1 S2	
	AND$<=	$<= S1 S2	
	AND$<>	$<> S1 S2	

분 류	명 칭	심 벌	기 능
문자열 비교 (OR)	OR$=	$= S1 S2	(S1)과 (S2)로 시작되는 문자열 비교결과와 Bit Result(BR)의 결과를 OR 연산한 후 BR에 저장
	OR$>	$> S1 S2	
	OR$<	$< S1 S2	
	OR$>=	$>= S1 S2	
	OR$<=	$<= S1 S2	
	OR$<>	$<> S1 S2	
16bit 데이터 그룹 비교 (LOAD)	LOADG=	G= S1 S2 N	(S1), (S1+1), …, (S1+N) 과 (S2), (S2+1), … , (S2+N) 의 값을 일대일로 비교하여 비교한 모든 값이 주어진 조건을 만족하면 Bit Result(BR)에 1을 저장
	LOADG>	G> S1 S2 N	
	LOADG<	G< S1 S2 N	
	LOADG>=	G>= S1 S2 N	
	LOADG<=	G<= S1 S2 N	
	LOADG<>	G<> S1 S2 N	
16bit 데이터 그룹 비교 (AND)	ANDG=	G= S1 S1 N	(S1), (S1+1), …, (S1+N) 과 (S2), (S2+1), … , (S2+N) 의 값을 일대일로 비교한 최종값과 Bit Result(BR)의 값을 AND 연산한 후 BR에 저장
	ANDG>	G> S1 S1 N	
	ANDG<	G< S1 S1 N	
	ANDG>=	G>= S1 S1 N	
	ANDG<=	G<= S1 S1 N	
	ANDG<>	G<> S1 S1 N	
16bit 데이터 그룹비교 (OR)	ORG=	G= S1 S2 N	(S1), (S1+1), …, (S1+N) 과 (S2), (S2+1), … , (S2+N) 의 값을 일대일로 비교한 최종값과 Bit Result(BR)의 값을 OR 연산한 후 BR에 저장
	ORG>	G> S1 S2 N	
	ORG<	G< S1 S2 N	
	ORG>=	G>= S1 S2 N	
	ORG<=	G<= S1 S2 N	
	ORG<>	G<> S1 S2 N	

분 류	명 칭	심 벌	기 능
32bit 데이터 그룹 비교 (LOAD)	LOADDG=	DG= S1 S2 N	(S1), (S1+1), …, (S1+N) 과 (S2), (S2+1), … , (S2+N) 의 값을 일대일로 비교하여 비교한 모든 값이 주어진 조건을 만족하면 Bit Result(BR)에 1을 저장
	LOADDG>	DG> S1 S2 N	
	LOADDG<	DG< S1 S2 N	
	LOADDG>=	DG>= S1 S2 N	
	LOADDG<=	DG<= S1 S2 N	
	LOADDG<>	DG<> S1 S2 N	
32bit 데이터 그룹 비교 (AND)	ANDDG=	DG= S1 S1 N	(S1), (S1+1), …, (S1+N) 과 (S2), (S2+1), … , (S2+N) 의 값을 일대일로 비교한 최종값과 Bit Result(BR)의 값을 AND 연산한 후 BR에 저장
	ANDDG>	DG> S1 S1 N	
	ANDDG<	DG< S1 S1 N	
	ANDDG>=	DG>= S1 S1 N	
	ANDDG<=	DG<= S1 S1 N	
	ANDDG<>	DG<> S1 S1 N	
32bit 데이터 그룹비교 (OR)	ORDG=	DG= S1 S2 N	(S1), (S1+1), …, (S1+N) 과 (S2), (S2+1), … , (S2+N) 의 값을 일대일로 비교한 최종값과 Bit Result(BR)의 값을 OR 연산한 후 BR에 저장
	ORDG>	DG> S1 S2 N	
	ORDG<	DG< S1 S2 N	
	ORDG>=	DG>= S1 S2 N	
	ORDG<=	DG<= S1 S2 N	
	ORDG<>	DG<> S1 S2 N	

분 류	명 칭	심 벌	기 능
3 개의 16bit 데이터 비교 (LOAD)	LOAD3=	3= S1 S2 S3	(S1),(S2),(S3)의 값이 주어진 조건식을 만족하면 Bit Result(BR)에 1을 저장
	LOAD3>	3> S1 S2 S3	
	LOAD3<	3< S1 S2 S3	
	LOAD3>=	3>= S1 S2 S3	
	LOAD3<=	3<= S1 S2 S3	
	LOAD3<>	3<> S1 S2 S3	
3 개의 16bit 데이터 비교(AND)	AND=	3= S1 S2 S3	주어진 조건식에 따른 (S1),(S2),(S3)값의 비교결과와 Bit Result(BR)의 값을 AND 연산한 후 BR에 저장
	AND>	3> S1 S2 S3	
	AND<	3< S1 S2 S3	
	AND>=	3>= S1 S2 S3	
	AND<=	3<= S1 S2 S3	
	AND<>	3<> S1 S2 S3	
3 개의 32bit 데이터 비교(OR)	OR3=	3= S1 S2 S3	주어진 조건식에 따른 (S1),(S2),(S3)값의 비교결과와 Bit Result(BR)의 값을 OR 연산한 후 BR에 저장
	OR3>	3> S1 S2 S3	
	OR3<	<3 S1 S2 S3	
	OR3>=	>=3 S1 S2 S3	
	OR3<=	3<= S1 S2 S3	
	OR3<>	3<> S1 S2 S3	
3 개의 16bit 데이터 비교 (LOAD)	LOADD3=	D3= S1 S2 S3	(S1+1,S1),(S2+1,S2),(S3+1,S3)의 값이 주어진 조건식을 만족하면 Bit Result (BR)에 1을 저장
	LOADD3>	D3> S1 S2 S3	
	LOADD3<	D3< S1 S2 S3	
	LOADD3>=	D3>= S1 S2 S3	
	LOADD3<=	D3<= S1 S2 S3	
	LOADD3<>	D3<> S1 S2 S3	

분 류	명 칭	심 벌	기 능
3개의 32bit 데이터 비교(AND)	ANDD3=	D3= S1 S2 S3	주어진 조건식에 따른 (S1+1,S1), (S2+1,S2), (S3+1,S3)값의 비교결과와 Bit Result(BR)의 값을 AND 연산한 후 BR에 저장
	ANDD3>	D3> S1 S2 S3	
	ANDD3<	D3< S1 S2 S3	
	ANDD3>=	D3>= S1 S2 S3	
	ANDD3<=	D3<= S1 S2 S3	
	ANDD<>	D3<> S1 S2 S3	
3개의 32bit 데이터 비교(OR)	ORD3=	D3= S1 S2 S3	주어진 조건식에 따른 (S1+1,S1), (S2+1,S2), (S3+1,S3)값의 비교결과와 Bit Result(BR)의 값을 OR 연산한 후 BR에 저장
	ORD3>	D3> S1 S2 S3	
	ORD3<	D3< S1 S2 S3	
	ORD3>=	D3>= S1 S2 S3	
	ORD3<=	D3<= S1 S2 S3	
	ORD3<>	D3<> S1 S2 S3	

5) 증감 명령

- INC(Increment) : 증가 명령어 INC는 D에 1을 더한 결과를 다시 D에 저장한다. D는 Signed 값이다.
- DINC(Double Increment) : 더블 증가 명령어 DINC는 D, D+1에 각각 1을 더한 결과를 다시 D, D+1에 저장한다.
- DEC(Decrement) : 감소 명령어 DEC는 D에 1을 뺀 결과를 다시 D에 저장한다. D는 Signed int 값이다.
- DDEC(Double Decrement) : 더블 감소 명령어 DDEC 는 D+1, D에 각각 1을 뺀 결과를 다시 D+1, D에 저장한다.

분 류	명 칭	심 벌	기 능
BIN 데이터 증감 (Signed)	INC	INC D	(D)+1 → (D)
	INCP	INCP D	
	DINC	DINC D	(D+1,D)+1 → (D+1,D)
	DINCP	DINCP D	
	DEC	DEC D	(D)−1 → (D)
	DECP	DECP D	
	DDEC	DDEC D	(D+1,D)−1 → (D+1,D)
	DDECP	DDECP D	
4/8 비트 데이터 증감 (Signed)	INC4	INC4 Db	(D:x bit ~ D:x bit+4) + 1
	INC4P	INC4P Db	→ (D:x bit ~ D:x bit+4)
	INC8	INC8 Db	(D:x bit ~ D:x bit+8) + 1
	INC8P	INC8P Db	→ (D:x bit ~ D:x bit+8)
	DEC4	DEC4 Db	(D:x bit ~ D:x bit+4) − 1
	DEC4P	DEC4P Db	→ (D:x bit ~ D:x bit+4)
	DEC8	DEC8 Db	(D:x bit ~ D:x bit+8) − 1
	DEC8P	DEC8P Db	→ (D:x bit ~ D:x bit+8)
BIN 데이터 증감 (Unsigned)	INCU	INCU D	(D)+1 → (D)
	INCUP	INCUP D	
	DINCU	DINCU D	(D+1,D)+1 → (D+1,D)
	DINCUP	DINCUP D	
	DECU	DECU D	(D)−1 → (D)
	DECUP	DECUP D	
	DDECU	DDECU D	(D+1,D)−1 → (D+1,D)
	DDECUP	DDECUP D	

6) 회전 명령

분 류	명 칭	심 벌	기 능
왼쪽 회전	ROL	ROL D n	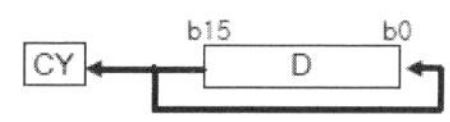
	ROLP	ROLP D n	
	DROL	DROL D n	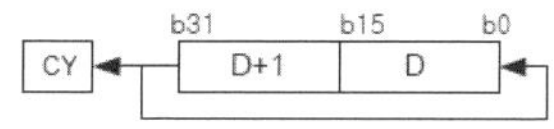
	DROLP	DROLP D n	
4/8 비트 왼쪽 회전	ROL4	ROL4 Db n	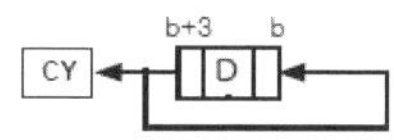
	ROL4P	ROL4P Db n	
	ROL8	ROL8 Db n	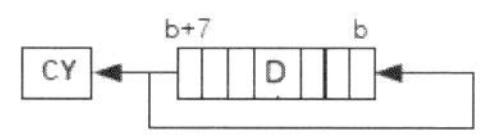
	ROL8P	ROL8P Db n	
오른쪽 회전	ROR	ROR D n	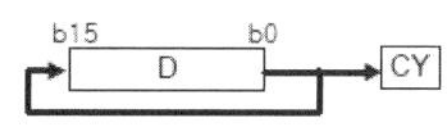
	RORP	RORP D n	
	DROR	DROR D n	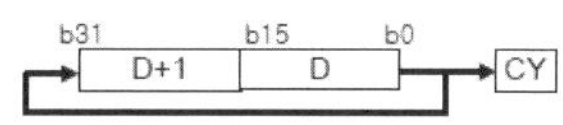
	DRORP	DRORP D n	
4/8 비트 오른쪽 회전	ROR4	ROR4 Db n	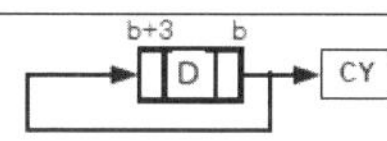
	ROR4P	ROR4P Db n	
	ROR8	ROR8 Db n	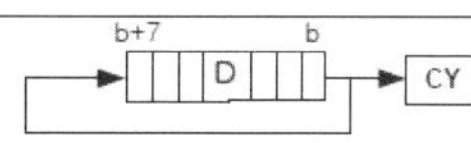
	ROR8P	ROR8P Db n	
왼쪽 회전 (캐리 포함)	RCL	RCL D n	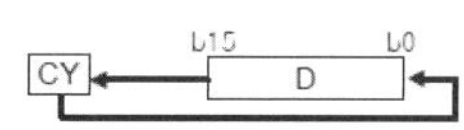
	RCLP	RCLP D n	
	DRCL	DRCL D n	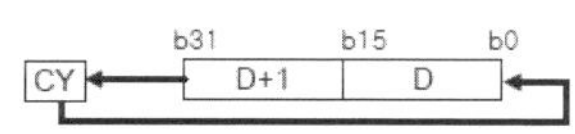
	DRCLP	DRCLP D n	
4/8 비트 왼쪽 회전 (캐리 포함)	RCL4	RCL4 Db n	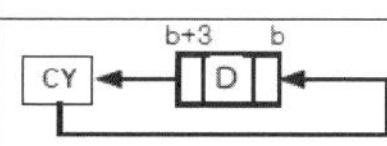
	RCL4P	RCL4P Db n	
	RCL8	RCL8 Db n	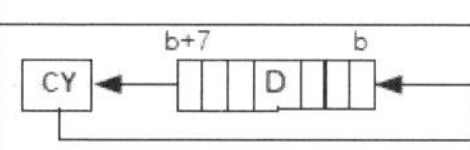
	RCL8P	RCL8P Db n	
오른쪽 회전 (캐리 포함)	RCR	RCR D n	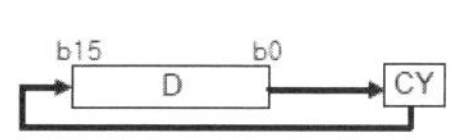
	RCRP	RCRP D n	
	DRCR	DRCR D n	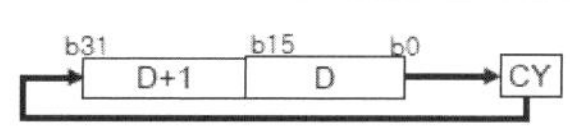
	DRCRP	DRCRP D n	
4/8 비트 오른쪽 회전 (캐리 포함)	RCR4	RCR4 Db n	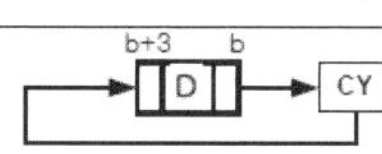
	RCR4P	RCR4P Db n	
	RCR8	RCR8 Db n	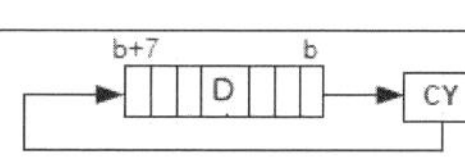
	RCR8P	RCR8P Db n	

7) 이동 명령

분 류	명 칭	심 벌	기 능
비트이동	BSFT	BSFT St Ed	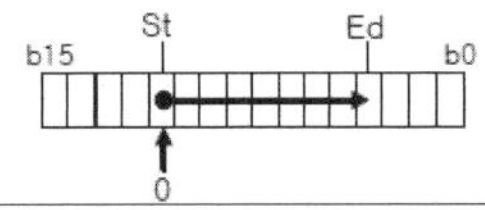
	BSFTP	BSFTP St Ed	
상위비트 방향으로 이동	BSFL	BSFL D n	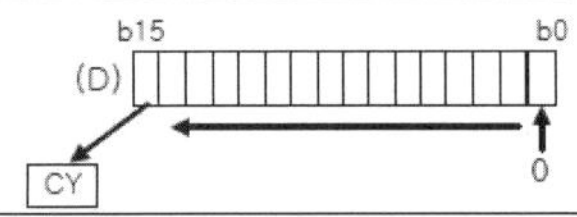
	BSFLP	BSFLP D n	
	DBSFL	DBSFL D n	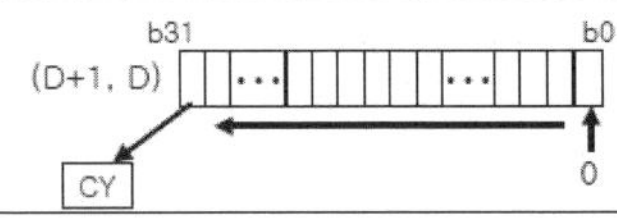
	DBSFLP	DBSFLP D n	
4/8 비트범위 내에서 상위비트 방향으로 이동	BSFL4	BSFL4 Db n	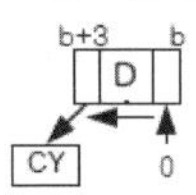
	BSFL4P	BSFL4P Db n	
	BSFL8	BSFL8 Db n	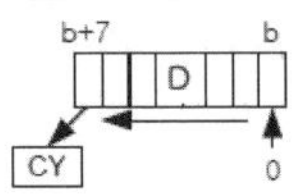
	BSFL8P	BSFL8P Db n	
하위비트 방향으로 이동	BSFR	BSFR D n	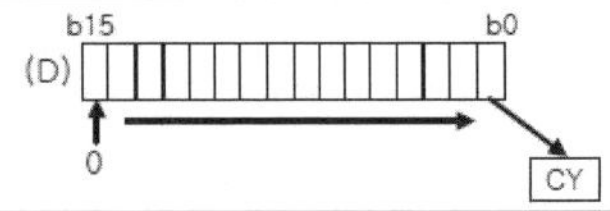
	BSFRP	BSFRP D n	
	DBSFR	DBSFR D n	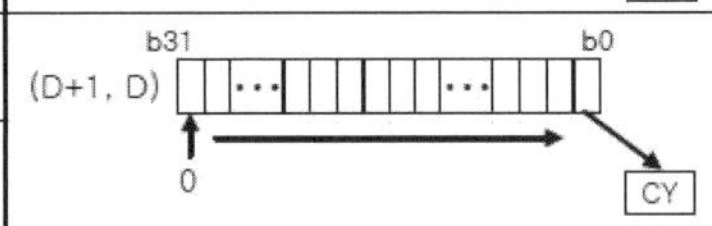
	DBSFRP	DBSFRP D n	
4/8 비트범위 내에서 하위비트 방향으로 이동	BSFR4	BSFR4 Db n	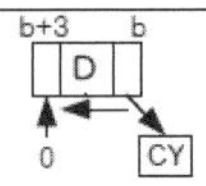
	BSFR4P	BSFR4P Db n	
	BSFR8	BSFR8 Db n	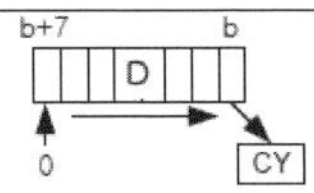
	BSFR8P	BSFR8P Db n	
워드이동	WSFT	WSFT Et Ed	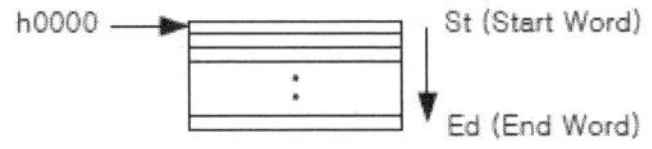
	WSFTP	WSFTP Et Ed	
워드 데이터 좌/우 방향이동	WSFL	WSFL D1 D2 N	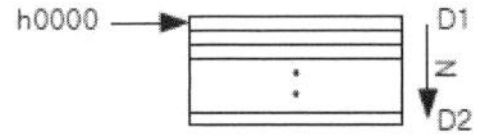
	WSFLP WSFL	WSFLP D1 D2 N	
	WSFR	WSFR D1 D2 N	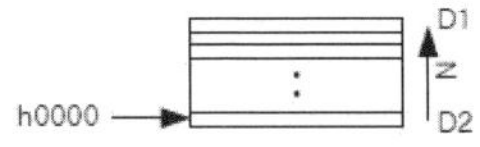
	WSFRP	WSFRP D1 D2 N	
비트이동	SR	SR Db I D N	Db 로 지정된 비트부터 N 개의 비트를 입력방향(I)과 이동방향(D)을 따라 비트 이동

8) 교환 명령

분 류	명 칭	심 벌	기 능
데이터 교환	XCHG	XCHG D1 D2	(D1) ↔ (D2)
	XCHGP	XCHGP D1 D2	
	DXCHG	DXCHG D1 D2	(D1+1, D1) ↔ (D2+1, D2)
	DXCHGP	DXCHGP D1 D2	
그룹 데이터 교환	GXCHG	GXCHG D1 D2 N	(D1) ↔ (D2), N
	GXCHGP	GXCHGP D1 D2 N	
상하위 바이트 교환	SWAP	SWAP D	b15 (D) Upper Byte / Lower Byte b0 → (D) Lower Byte / Upper Byte
	SWAPP	SWAPP D	
그룹 바이트 교환	GSWAP	GSWAP D N	D 부터 N 개의 워드를 상하위 바이트 교환
	GSWAPP	GSWAPP D N	

9) BIN 사칙 명령

- ADD(Signed Binary Addition) : 정수의 덧셈 명령으로 S1과 S2를 더한 결과를 D에 저장한다. 연산 결과의 범위는 −32,768(h8000)~32,767(h7FFF) 이다.
- SUB(Signed Binary Subtract) : 정수의 뺄셈 명령으로 S1에서 S2를 뺀 후 결과를 D에 저장한다. 연산 결과의 범위는 −32,768(h8000)~32,767(h7FFF) 이다.
- MUL(Signed Binary Multiply) : 정수의 곱셈 명령으로 S1과 S2를 곱한 후 결과를 (D+1, D)에 저장한다.
- DMUL(Signed Binary Double Multiply) : (S1+1, S1) 과 (S2+1, S2)를 곱한 후 결과를 (D+3, D+2, D+1, D)에 저장한다.
- DIV(Signed Binary Divide) : 정수의 나눗셈 명령으로 S1을 S2로 나눈 후 몫을 D, 나머지를 D+1에 저장한다.
- DDIV(Signed Binary Double Divide) : (S1+1, S1)을 (S2+1, S2)로 나눈 후 몫을 (D1+1, D), 나머지를 (D+3, D+2)에 저장한다.

분 류	명 칭	심 벌	기 능
정수덧셈 (Signed)	ADD	ADD S1 S2 D	(S1)+(S2) → (D)
	ADDP	ADDP S1 S2 D	
	DADD	DADD S1 S2 D	(S1+1,S1)+(S2+1,S2) → (D+1,D)
	DADDP	DADDP S1 S2 D	
정수뺄셈 (Signed)	SUB	SUB S1 S2 D	(S1)-(S2) → (D)
	SUBP	SUBP S1 S2 D	
	DSUB	DSUB S1 S2 D	(S1+1,S1)-(S2+1,S2) → (D+1,D)
	DSUBP	DSUBP S1 S2 D	
정수곱셈 (Signed)	MUL	MUL S1 S2 D	(S1)×(S2) → (D+1,D)
	MULP	MULP S1 S2 D	
	DMUL	DMUL S1 S2 D	(S1+1,S1)×(S2+1,S2) → (D+3,D+2,D+1,D)
	DMULP	DMULP S1 S2 D	
정수나눗셈 (Signed)	DIV	DIV S1 S2 D	(S1)÷(S2) → (D) 몫, (D+1) 나머지
	DIVP	DIVP S1 S2 D	
	DDIV	DDIV S1 S2 D	(S1+1,S1)÷(S2+1,S2) → (D+1,D) 몫, (D+3,D+2) 나머지
	DDIVP	DDIVP S1 S2 D	
정수덧셈 (Unsigned)	ADDU	ADDU S1 S2 D	(S1)+(S2) → (D)
	ADDUP	ADDUP S1 S2 D	
	DADDU	DADDU S1 S2 D	(S1+1,S1)+(S2+1,S2) → (D+1,D)
	DADDUP	DADDUP S1 S2 D	
정수뺄셈 (Unsigned)	SUBU	SUBU S1 S2 D	(S1)-(S2) → (D)
	SUBUP	SUBUP S1 S2 D	
	DSUBU	DSUBU S1 S2 D	(S1+1,S1)-(S2+1,S2) → (D+1,D)
	DSUBUP	DSUBUP S1 S2 D	
정수곱셈 (Unsigned)	MULU	MULU S1 S2 D	(S1)×(S2) → (D+1,D)
	MULUP	MULUP S1 S2 D	
	DMULU	DMULU S1 S2 D	(S1+1,S1)×(S2+1,S2) → (D+3,D+2,D+1,D)
	DMULUP	DMULUP S1 S2 D	

분 류	명 칭	심 벌	기 능
정수나눗셈 (Unsigned)	DIVU	DIVU S1 S2 D	(S1)÷(S2) → (D) 몫, (D+1) 나머지
	DIVUP	DIVUP S1 S2 D	
	DDIVU	DDIVU S1 S2 D	(S1+1,S1)÷(S2+1,S2) → (D+1,D) 몫, (D+3,D+2) 나머지
	DDIVUP	DDIVUP S1 S2 D	
실수덧셈	RADD	RADD S1 S2 D	(S1+1,S1)+(S2+1,S2) → (D+1,D)
	RADDP	RADDP S1 S2 D	
	LADD	LADD S1 S2 D	(S1+3,S1+2,S1+1,S1) +(S2+3,S2+2,S2+1,S2) → (D+3,D+2,D+1,D)
	LADDP	LADDP S1 S2 D	
실수뺄셈	RSUB	RSUB S1 S2 D	(S1+1,S1)-(S2+1,S2) → (D+1,D)
	RSUBP	RSUBP S1 S2 D	
	LSUB	LSUB S1 S2 D	(S1+3,S1+2,S1+1,S1) -(S2+3,S2+2,S2+1,S2) → (D+3,D+2,D+1,D)
	LSUBP	LSUBP S1 S2 D	
실수곱셈	RMUL	RMUL S1 S2 D	(S1+1,S1)×(S2+1,S2) → (D+1,D)
	RMULP	RMULP S1 S2 D	
	LMUL	LMUL S1 S2 D	(S1+3,S1+2,S1+1,S1) ×(S2+3,S2+2,S2+1,S2) → (D+3,D+2,D+1,D)
	LMULP	LMULP S1 S2 D	
실수나눗셈	RDIV	RDIV S1 S2 D	(S1+1,S1)÷(S2+1,S2) → (D+1,D)
	RDIVP	RDIVP S1 S2 D	
	LDIV	LDIV S1 S2 D	(S1+3,S1+2,S1+1,S1) ÷(S2+3,S2+2,S2+1,S2) → (D+3,D+2,D+1,D)
	LDIVP	LDIVP S1 S2 D	
문자열 덧셈	$ADD	$ADD S1 S2 D	S1 문자열과 S2 문자열을 연결하여 D에 저장
	$ADDP	$ADDP S1 S2 D	
그룹덧셈	GADD	GADD S1 S2 D N	(S1) + (S2) = (D), N
	GADDP	GADDP S1 S2 D N	
그룹뺄셈	GSUB	GSUB S1 S2 D N	(S1) - (S2) = (D), N
	GSUBP	GSUBP S1 S2 D N	

10) BCD 사칙 명령

분 류	명 칭	심 벌	기 능
BCD 덧셈	ADDB	ADDB S1 S2 D	(S1)+(S2) → (D)
	ADDBP	ADDBP S1 S2 D	
	DADDB	DADDB S1 S2 D	(S1+1,S1)+(S2+1,S2) → (D+1,D)
	DADDBP	DADDBP S1 S2 D	
BCD 뺄셈	SUBB	SUBB S1 S2 D	(S1)−(S2) → (D)
	SUBBP	SUBBP S1 S2 D	
	DSUBB	DSUBB S1 S2 D	(S1+1,S1)−(S2+1,S2) → (D+1,D)
	DSUBBP	DSUBBP S1 S2 D	
BCD 곱셈	MULB	MULB S1 S2 D	(S1)×(S2) → (D+1,D)
	MULBP	MULBP S1 S2 D	
	DMULB	DMULB S1 S2 D	(S1+1,S1)×(S2+1,S2) → (D+3,D+2,D+1,D)
	DMULBP	DMULBP S1 S2 D	
BCD 나눗셈	DIVB	DIVB S1 S2 D	(S1)÷(S2) → (D) 몫, (D+1) 나머지
	DIVBP	DIVBP S1 S2 D	
	DDIVB	DDIVB S1 S2 D	(S1+1,S1)÷(S2+1,S2) → (D+1,D) 몫, (D+3,D+2) 나머지
	DDIVBP	DDIVBP S1 S2 D	

11) 논리 연산 명령

- WAND(Word AND) : 워드데이터 S1과 S2를 논리곱(AND)하여 결과를 D에 저장한다. S1과 S2가 모두 1일 때만 1이고, 그 외에는 0이 된다.
- WOR(Word OR) : 워드데이터 S1과 S2를 논리합(OR)하여 결과를 D에 저장한다. S1과 S2가 모두 0일 때만 0이 되고, 그 외에는 1이 된다.
- WXOR(Word Exclusive OR) : 워드데이터 S1과 S2를 배타적 논리합(XOR)하여 결과를 D에 저장한다. S1과 S2가 같을 때 0이 되고, 다를 때는 1이 된다.
- WXNR(Word Exclusive NOR) : 워드데이터 S1과 S2를 부정 배타적 논리합(WXNR)하

여 결과를 D에 저장한다. S1과 S2가 같을 때 1이 되고, 다를 때는 0이 된다.

분 류	명 칭	심 벌	기 능
논리곱	WAND	WAND S1 S2 D	Word AND (S1) ∧ (S2) → (D)
	WANDP	WANDP S1 S2 D	
	DWAND	DWAND S1 S2 D	DWord AND (S1+1,S1) ∧ (S2+1,S2) → (D+1,D)
	DWANDP	DWANDP S1 S2 D	
논리합	WOR	WOR S1 S2 D	Word OR (S1) ∨ (S2) → (D)
	WORP	WORP S1 S2 D	
	DWOR	DWOR S1 S2 D	DWord OR (S1+1,S1) ∨ (S2+1,S2) → (D+1,D)
	DWORP	DWORP S1 S2 D	
Exclusive OR	WXOR	WXOR S1 S2 D	Word Exclusive OR (S1) ⊻ (S2) → (D)
	WXORP	WXORP S1 S2 D	
	DWXOR	DWXOR S1 S2 D	DWord Exclusive OR (S1+1,S1) ⊻ (S2+1,S2) → (D+1,D)
	DWXORP	DWXORP S1 S2 D	
Exclusive NOR	WXNR	WXNR S1 S2 D	Word Exclusive NOR $\overline{(S1) \veebar (S2)}$ → (D)
	WXNRP	WXNRP S1 S2 D	
	DWXNR	DWXNR S1 S2 D	DWord Exclusive NOR $\overline{(S1+1,S1) \veebar (S2+1,S2)}$ → (D+1,D)
	DWXNRP	DWXNRP S1 S2 D	
그룹 논리연산	GWAND	GWAND S1 S2 D N	(S1) ∧ (S2) = (D) ↕N
	GWANDP	GWANDP S1 S2 D N	
	GWOR	GWOR S1 S2 D N	(S1) ∨ (S2) = (D) ↕N
	GWORP	GWORP S1 S2 D N	
	GWXOR	GWXOR S1 S2 D N	(S1) ⊻ (S2) = (D) ↕N
	GWXORP	GWXORP S1 S2 D N	
	GWXNR	GWXNR S1 S2 D N	$\overline{(S1) \veebar (S2)}$ = (D) ↕N
	GWXNRP	GWXNRP S1 S2 D N	

12) 데이터 처리 명령

분 류	명 칭	심 벌	기 능
비트체크	BSUM	BSUM S D	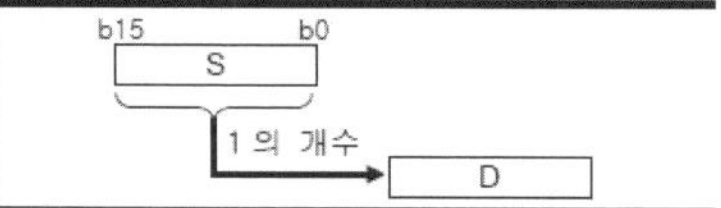
	BSUMP	BSUMP S D	
	DBSUM	DBSUM S D	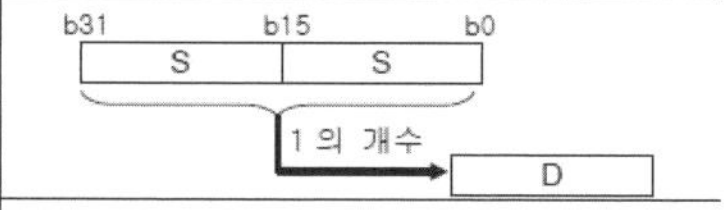
	DBSUMP	DBSUMP S D	
비트 리셋	BRST	BRST D N	D 로 지정한 비트부터 N 개의 비트를 0 으로 지움.
	BRSTP	BRSTP D N	
ENCODE	ENCO	ENCO S D n	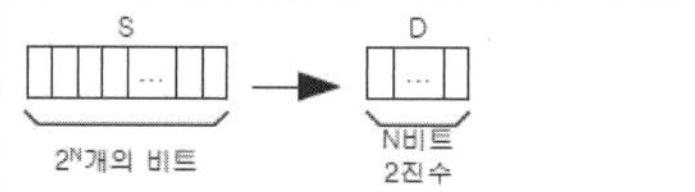
	ENCOP	ENCOP S D n	
DECODE	DECO	DECO S D n	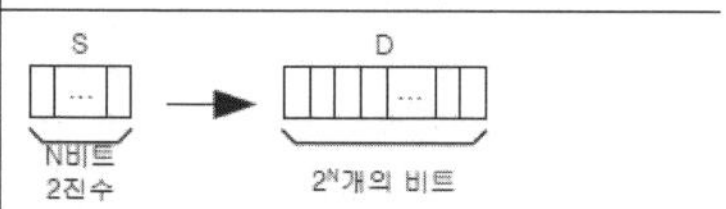
	DECOP	DECOP S D n	
데이터 분리와 연결	DIS	DIS S D n	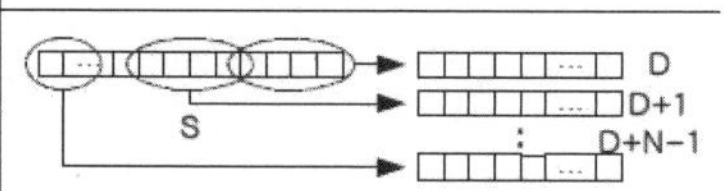
	DISP	DISP S D n	
	UNI	UNI S D n	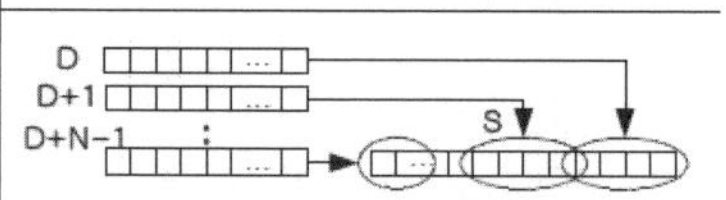
	UNIP	UNIP S D n	
워드/바이트 변환	WTOB	WTOB S D n	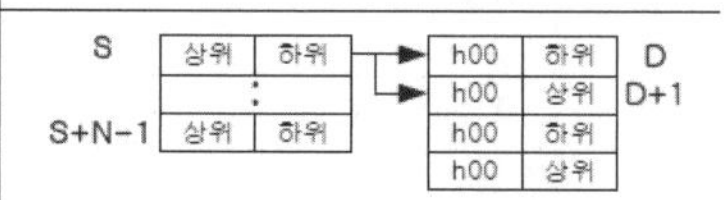
	WTOBP	WTOBP S D n	
	BTOW	BTOW S D n	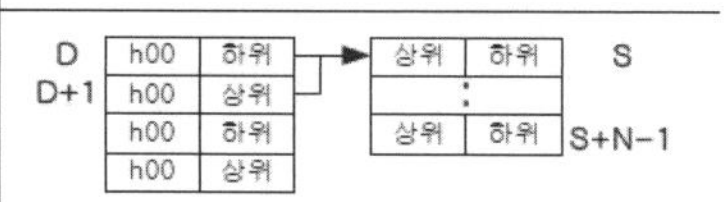
	BTOWP	BTOWP S D n	
I/O 리프레쉬	IORF	IORF S1 S2 S3	S1 으로 지정된 위치의 I/O 데이터를 S2, S3 데이터와 마스크한뒤 즉시 처리한다.
	IORFP	IORFP S1 S2 S3	
데이터 검색	SCH	SCH S1 S2 D N	S1 의 값을 S2 부터 N 개까지의 범위 내에서 찾아서 D 에는 첫번째 같은 값이 나온 위치를 , D+1 에는 S1 과 같은 값의 총 개수를 저장합니다.
	SCHP	SCHP S1 S2 D N	
	DSCH	DSCH S1 S2 D N	
	DSCHP	DSCHP S1 S2 D N	
최대값 검색	MAX	MAX S D n	S 부터 n 개의 워드 중 최대값을 D 에 저장한다.
	MAXP	MAXP S D n	
	DMAX	DMAX S D n	S 부터 n 개의 더블워드 중 최대값을 D 에 저장한다.
	DMAXP	DMAXP S D n	

분 류	명 칭	심 벌	기 능
최소값 검색	MIN	MIN | S | D | n	S 부터 n 개의 워드 중 최소값을 D 에 저장한다.
	MINP	MINP | S | D | n	
	DMIN	DMIN | S | D | n	S 부터 n 개의 더블워드 중 최소값을 D 에 저장한다.
	DMINP	DMINP | S | D | n	
합계 구하기	SUM	SUM | S | D | n	S 부터 n 개의 워드 총합을 구하여 D 에 저장한다.
	SUMP	SUMP | S | D | n	
	DSUM	DSUM | S | D | n	S 부터 n 개의 더블워드 총합을 구하여 D 에 저장한다.
	DSUMP	DSUMP | S | D | n	
평균 구하기	AVE	AVE | S | D | n	S 부터 n 개의 워드 평균값을 구하여 D 에 저장한다.
	AVEP	AVEP | S | D | n	
	DAVE	DAVE | S | D | n	S 부터 n 개의 더블워드 평균값을 구하여 D 에 저장한다.
	DAVEP	DAVEP | S | D | n	
MUX	MUX	MUX | S1 | S2 | D | N	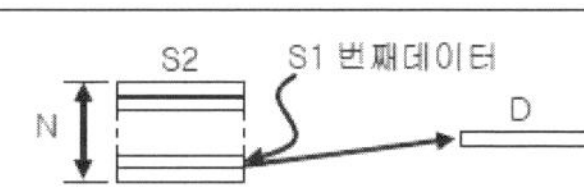
	MUXP	MUXP | S1 | S2 | D | N	
	DMUX	DMUX | S1 | S2 | D | N	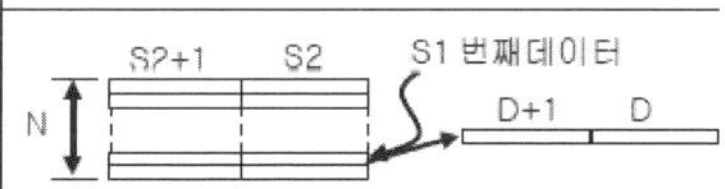
	DMUXP	DMUXP | S1 | S2 | D | N	
데이터 감시	DETECT	DETECT | S1 | S2 | D | N	S1 부터 N 개의 데이터를 감시하여 S2 보다 큰 최초 값을 D 에, 초과 횟수를 D+1 에 저장한다
	DETECTP	DETECTP | S1 | S2 | D | N	
경사신호 출력	RAMP	RAMP | n1 | n2 | D1 | n3 | D2	초기값 n1 부터 최종값 n2 까지 n3 스캔 동안 선형으로 변하는 값을 D1 에 저장하고 D1+1 에는 현재의 스캔 횟수를 표시, 완료 후에는 D2 의 값을 ON 으로 바꾼다.
데이터 정렬	SORT	SORT | S | n1 | n2 | D1 | D2	S : 소트데이터 선두 번지 n1 : 소트할 워드 개수 n1+1 : 소트방법 n2 : 스캔당 연산횟수 D1 : 수행완료 시 ON D2 : 보조영역
	SORTP	SORTP | S | n1 | n2 | D1 | D2	

13) 데이터 테이블 처리 명령

분 류	명 칭	심 벌	기 능
데이터 쓰기	FIWR	FIWR | S | D	S 를 데이터 테이블 D ~ D+N 의 마지막에 추가하고 D 에 저장된 데이터 테이블의 길이(N)를 1 증가시킨다.
	FIWRP	FIWRP | S | D	
선입 데이터 읽기	FIFRD	FIFRD | S | D	데이터 테이블 S ~ S+N 의 첫 번째 데이터인 S+1 을 D 로 옮기고 (원본 삭제 후 1 자리씩 당김) S 에 저장된 데이터 테이블의 길이(N)를 1 감소시킨다.
	FIFRDP	FIFRDP | S | D	
후입 데이터 읽기	FILRD	FILRD | S | D	데이터 테이블 S ~ S+N 의 마지막 데이터인 S+N 을 D 로 옮기고 (원본 삭제) S 에 저장된 데이터 테이블의 길이(N)를 1 감소시킨다.
	FILRDP	FILRDP | S | D	
데이터 삽입	FIINS	FINS | S | D | n	S 를 데이터 테이블 D ~ D+N 의 n 번째 자리에 추가(기존 데이터는 1 자리씩 밀림)하고 D 에 저장된 데이터 테이블의 길이(N)를 1 증가시킨다.
	FIINSP	FINSP | S | D | n	
데이터 가져오기	FIDEL	FDEL | S | D | n	데이터 테이블 S ~ S+N 의 n 번째 데이터를 삭제 후(1 자리씩 당김) S 에 저장된 데이터 테이블의 길이(N)를 1 감소시킨다.
	FIDELP	FDELP | S | D | n	

14) 분기 명령

분 류	명 칭	심 벌	기 능
분기명령	JMP	JMP | LABEL	LABEL 위치로 점프.
	LABEL	LABEL ─┤├── ( )	JMP 해서 이동할 위치 지정.
서브루틴 콜함수	CALL	CALL | LABEL	LABEL 에 해당하는 함수 호출.
	CALLP	CALLP | LABEL	
	SBRT	SBRT | LABEL	CALL 에 의해 호출될 함수 지정.
	RET	RET	RETURN

15) 표시 명령

분 류	명 칭	심 벌	기 능
7 Segment 표시	SEG	SEG | S | D | Z	S 로 지정된 데이터를 Z 의 포멧에 맞추어 7-Segment 로 변환하여 D 에 저장한다.
	SEGP	SEGP | S | D | Z	

16) 문자열 처리 명령

분 류	명 칭	심 벌	기 능
10 진 아스키 코드값으로 변환	BINDA	BINDA S D	S 로 지정된 1 워드 BIN 값을 10 진 아스키코드로 변환하여 D 부터 저장
	BINDAP	BINDAP S D	
	DBINDA	DBINDA S D	S 로 지정된 2 워드 BIN 값을 10 진 아스키코드로 변환하여 D 부터 저장
	DBINDAP	DBINDAP S D	
16 진 아스키 코드값으로 변환	BINHA	BINHA S D	S 로 지정된 1 워드 BIN 값을 16 진 아스키코드로 변환하여 D 부터 저장
	BINHAP	BINHAP S D	
	DBINHA	DBINHA S D	S 로 지정된 2 워드 BIN 값을 16 진 아스키코드로 변환하여 D 부터 저장
	DBINHAP	DBINHAP S D	
BCD 값을 10 진 아스키 코드값으로 변환	BCDDA	BCDDA S D	S 로 지정된 1 워드 BCD 값을 아스키코드로 변환하여 D 부터 저장
	BCDDAP	BCDDAP S D	
	DBCDDA	DBCDDA S D	S 로 지정된 2 워드 BCD 값을 아스키코드로 변환하여 D 부터 저장
	DBCDDAP	DBCDDAP S D	
10 진아스키값을 BIN 값으로 변환	DABIN	DABIN S D	S+2,S+1,S 의 10 진 아스키코드값을 BIN 값으로 변환하여 D 에 저장
	DABINP	DABINP S D	
	DDABIN	DDABIN S D	S+5~S 까지의 10 진 아스키 코드값을 BIN 값으로 변환하여 D+1, D 에 저장
	DDABINP	DDABINP S D	
16 진아스키값을 BIN 값으로 변환	HABIN	HABIN S D	S+1,S 의 16 진 아스키 코드값을 BIN 값으로 변환하여 D 에 저장
	HABINP	HABINP S D	
	DHABIN	DHABIN S D	S+3~S 까지의 16 진 아스키 코드값을 BIN 값으로 변환하여 D 에 저장
	DHABINP	DHABINP S D	
10 진아스키값을 BCD 값으로 변환	DABCD	DABCD S D	S+1,S 의 10 진 아스키 코드값을 BCD 값으로 변환하여 D 에 저장
	DABCDP	DABCDP S D	
	DDABCD	DDABCD S D	S+3~S 까지의 10 진 아스키 코드값을 BCD 값으로 변환하여 D 에 저장
	DDABCDP	DDABCDP S D	
문자열 길이 검출	LEN	LEN S D	S 로 시작하는 문자열의 길이를 D 에 저장
	LENP	LENP S D	

분 류	명 칭	심 벌	기 능
BIN16/32 을 문자열로 변환	STR	STR S1 S2 D	S2 에 저장된 워드 데이터를 S1 에 들어있는 자릿수에 맞추어 문자열로 변환하여 D 에 저장한다.
	STRP	STRP S1 S2 D	
	DSTR	DSTR S1 S2 D	S2 에 저장된 더블워드 데이터를 S1 에 들어있는 자릿수에 맞추어 문자열로 변환하여 D 에 저장한다.
	DSTRP	DSTRP S1 S2 D	
문자열을 BIN16/32 로 변환	VAL	VAL S D1 D2	S 에 들어있는 문자를 숫자로 변환하여 워드 D1 에 저장하고 자릿수는 D2 에 저장한다.
	VALP	VALP S D1 D2	
	DVAL	DVAL S D1 D2	S 에 들어있는 문자를 숫자로 변환하여 더블워드 D1 에 저장하고 자릿수는 D2 에 저장한다.
	DVALP	DVALP S D1 D2	
실수를 문자열로 변환	RSTR	RSTR S1 S2 D	부동소수점형 실수 데이터(S1:숫자, S2:자릿수)를 문자열 저장 형식에 맞추어 D 에 저장한다.
	RSTRP	RSTRP S1 S2 D	
	LSTR	LSTR S1 S2 D	부동소수점형 Long 실수 데이터(S1:숫자, S2:자릿수)를 문자열 저장 형식에 맞추어 D 에 저장한다.
	LSTRP	LSTRP S1 S2 D	
문자열을 실수로 변환	STRR	STRR S D	문자열 S 를 부동소숫점형 실수 데이터로 변환하여 D 에 저장한다.
	STRRP	STRRP S D	
	STRL	STRL S D	문자열 S 를 부동소숫점형 Long 실수 데이터로 변환하여 D 에 저장한다.
	STRLP	STRLP S D	
아스키변환	ASC	ASC S D cw	S 부터 cw 의 포멧에 따라 BIN 데이터를니블 단위로 ASCII 변환하여 바이트 단위로 D 에 저장한다.
	ASCP	ASCP S D cw	
HEX 변환	HEX	HEX S D N	S 부터 N 개의 워드에 저장된 바이트 단위의 2N 개의 ASCII 값을 니블 단위의 16 진 BIN 으로 변환하여 D 에 저장한다.
	HEXP	HEXP S D N	
오른쪽부터 문자열추출	RIGHT	RIGHT S D N	S 로 지정된 문자열의 최종 문자에서 n 개의 문자를 추출하여 D 부터 저장
	RIGHTP	RIGHTP S D N	
왼쪽부터 문자열추출	LEFT	LEFT S D N	S 로 지정된 문자열의 선두 문자에서 n 개의 문자를 추출하여 D 부터 저장
	LEFTP	LEFTP S D N	
문자열임의 추출	MID	MID S1 S2 D	S1 으로 지정된 문자열 중 S2 조건에 맞는 문자를 추출하여 D 부터 저장
	MIDP	MIDP S1 S2 D	

분 류	명 칭	심 벌	기 능
문자열임의 치환	REPLACE	REPLACE S1 D S2	D 로 지정된 문자열에 S1 문자열을 S2 조건에 맞게 처리하여 저장
	REPLACEP	REPLACEP S1 D S2	
문자열검색	FIND	FIND S1 S2 D N	S1 부터 N 개의 데이터에서 S2 와 같은 문자열을 찾아 그 절대위치를 D 에 저장
	FINDP	FIND S1 S2 D N	
실수를 BCD 로 분해	RBCD	RBCD S1 S2 D	부동소수점 실수 데이터 S1 을 자리수 S2 에 맞추어 BCD 로 변환 후 D 에 저장한다.
	RBCDP	RBCDP S1 S2 D	
	LBCD	LBCD S1 S2 D	부동소수점 Long 실수 데이터 S1 을 자리수 S2 에 맞추어 BCD 로 변환 후 D 에 저장한다.
	LBCDP	LBCDP S1 S2 D	
BCD 데이터를 실수로 변환	BCDR	BCDR S1 S2 D	BCD 데이터 S1 을 자리수 S2 에 맞게 부동소수점형 실수로 변환하여 D 에 저장한다.
	BCDRP	BCDRP S1 S2 D	
	BCDL	BCDR S1 S2 D	BCD 데이터 S1 을 자리수 S2 에 맞게 부동소수점형 Long 실수로 변환하여 D 에 저장한다.
	BCDLP	BCDRP S1 S2 D	

17) 시간관련 명령

분 류	명 칭	심 벌	기 능
날짜시간 데이터 읽기	DATERD	DATERD D	PLC 의 시간을 읽어 D ~ D+6 에 저장 (년/월/일/시/분/초/요일)
	DATERDP	DATERDP D	
날짜시간 데이터 쓰기	DATEWR	DATEWR S	S ~ S+6 의 시간 데이터를 PLC 에 입력 (년/월/일/시/분/초/요일)
	DATEWRP	DATEWRP S	
시간 데이터 가산	ADDCLK	ADDCLK S1 S2 D	S1 ~ S1+2 와 S2 ~ S2+2 의 시간 데이터를 합하여 D ~ D+2 에 시간 데이터 형식으로 저장한다. (시/분/초)
	ADDCLKP	ADDCLKP S1 S2 D	
시간 데이터 감산	SUBCLK	SUBCLK S1 S2 D	S1 ~ S1+2 에서 S2 ~ S2+2 의 시간 데이터를 빼서 D ~ D+2 에 시간 데이터 형식으로 저장한다. (시/분/초)
	SUBCLKP	SUBCLKP S1 S2 D	
시간 데이터 포멧변환	SECOND	SECOND S D	시간 데이터 S ~ S+2 를 초로 환산하여 더블워드 D 에 저장
	SECONDP	SECONDP S D	
	HOUR	HOUR S D	더블워드 S 에 저장된 초를 시/분/초로 환산하여 D ~ D+2 에 저장
	HOURP	HOURP S D	

18) 특수함수 명령

분 류	명 칭	심 벌	기 능
SIN 연산	SIN	SIN S D	SIN(S+1,S) → (D+1,D)
	SINP	SINP S D	
COS 연산	COS	COS S D	COS(S+1,S) → (D+1,D)
	COSP	COSP S D	
TAN 연산	TAN	TAN S D	TAN(S+1,S) → (D+1,D)
	TANP	TANP S D	
SIN^{-1} 연산	ASIN	ASIN S D	SIN^{-1}(S+1,S) → (D+1,D)
	ASINP	ASINP S D	
COS^{-1} 연산	ACOS	ACOS S D	COS^{-1}(S+1,S) → (D+1,D)
	ACOSP	ACOSP S D	
TAN^{-1} 연산	ATAN	ATAN S D	TAN^{-1}(S+1,S) → (D+1,D)
	ATANP	ATANP S D	
RAD 변환	RAD	RAD S D	(S+1,S) → (D+1,D) 각도를 레디안값으로 변환
	RADP	RADP S D	
각도변환	DEG	DEG S D	(S+1,S) → (D+1,D) 레디안값을 각도로 변환
	DEGP	DEGP S D	
제곱근 연산	SQRT	SQR S D	$\sqrt{(S+1,S)}$ → (D+1,D)
	SQRTP	SQRP S D	

19) 시스템 명령

분 류	명 칭	심 벌	기 능
고장표시	FALS	FALS n	자기진단 (고장표시)
스캔클럭	DUTY	DUTY D n1 n2	n1 스캔동안 On, n2 스캔동안 Off
시간클럭	TFLK	TFLK D1 S1 S2 D2	S1 으로 설정된 시간동안 On, S2 로 설정된 시간동안 Off
WDT 초기화	WDT	WDT	Watch Dog Timer Clear
	WDTP	WDTP	
출력제어	OUTOFF	OUTOFF	전출력 Off
운전정지	STOP	STOP	해당 스캔을 끝내고 PLC 운전을 종료
비상운전 정지	ESTOP	ESTOP	명령어 수행 즉시 PLC 운전을 종료

20) 데이터 제어 명령

분 류	명 칭	심 벌	기 능
Limit 제어	LIMIT	[LIMIT | S1 | S2 | S3 | D]	If S1 < S2, then D = S2 If S2 < S1 < S3, then D = S1 If S3 < S1, then D = S3
	LIMITP	[LIMITP | S1 | S2 | S3 | D]	
	DLIMIT	[DLIMIT | S1 | S2 | S3 | D]	
	DLIMITP	[DLIMITP | S1 | S2 | S3 | D]	
Dead-zone 제어	DZONE	[DZONE | S1 | S2 | S3 | D]	If S1 < -S2, then D = S1+S2-S2(S3/100) If - S2 < S1 < S2, then D = (S3/100)S1 If S1 < S2, then D = S1-S2+S2(S3/100)
	DZONEP	[DZONEP | S1 | S2 | S3 | D]	
	DDZONE	[DDZONE | S1 | S2 | S3 | D]	
	DDZONEP	[DDZONEP | S1 | S2 | S3 | D]	
Vertical-zone 제어	VZONE	[VZONE | S1 | S2 | S3 | D]	If S1 < -S2(S3/100), then D = S1-S2+S2(S3/100) If - S2(S3/100) <S1< S2(S3/100), then D = (100/S3)S1 If S1 < S2(S3/100), then D = S1+S2-S2(S3/100)
	VZONEP	[VZONEP | S1 | S2 | S3 | D]	
	DVZONE	[DVZONE | S1 | S2 | S3 | D]	
	DVZONEP	[DVZONEP | S1 | S2 | S3 | D]	
PID 관련	PIDRUN	[PIDRUN | N]	PID 루프 N을 동작시킨다.
	PIDPAUSE	[PIDPAUSE | N]	PID 루프 N의 동작을 일시정지 한다.
	PIDPRMT	[PIDPRMT | S | N]	PID 루프 N의 파라미터를 변경한다. (SV(word) / Ts(word) / Kp(real) / Ti(real) / Td(real))
	PIDAT	[PIDRUN | N]	PID 루프 자동동조 시작.
	PIDCAS	[PIDPRMT | S | N]	PID 루프 캐스케이드 운전 시작
	PIDHBD	[PIDPRMT | S | N]	PID 루프 혼합운전 시작.

21) 루프 명령

분 류	명 칭	심 벌	기 능
루프명령	FOR	[FOR | N]	FOR~NEXT 구간을 n 번 실행
	NEXT	[NEXT]	
	BREAK	[BREAK]	FOR~NEXT 구간을 빠져 나옴

22) 플래그 제어 명령

분 류	명 칭	심 벌	기 능
캐리 플래그 Set,Reset	STC	[STC]	캐리 플래그(F0112) SET
	CLC	[CLC]	캐리 플래그(F0112) RESET
에러플래그 클리어	CLE	[CLE]	에러 래치 플래그(F0115) RESET

23) 인터럽트 관련 명령

분 류	명 칭	심 벌	기 능
전채널 인터럽트 설정	EI	[EI]	전채널 인터럽트 허가
	DI	[DI]	전채널 인터럽트 금지
채널별 인터럽트 설정	EIN	[EIN | N]	채널별 인터럽트 허가
	DIN	[DIN | N]	채널별 인터럽트 금지

24) 부호반전 명령

분 류	명 칭	심 벌	기 능
2의 보수	NEG	NEG | D	D 의 값을 2 의 보수를 취해 다시 D 에 저장
	NEGP	NEGP | D	
	DNEG	DNEG | D	(D+1,D)의 값을 2 의 보수를 취해 다시 (D+1,D)에 저장
	DNEGP	DNEGP | D	
실수 데이터 부호 반전	RNEG	RNEG | D	D 로 지정된 단장형 실수의 부호를 반전하여 다시 저장
	RNEGP	RNEGP | D	
	LNEGR	LNEG | D	D 로 지정된 배장형 실수의 부호를 반전하여 다시 저장
	LNEGP	LNEGP | D	
절대값 연산	ABS	ABS | D	D 로 지정된 최상위 비트를 0 으로 변환
	ABSP	ABSP | D	
	DABS	DABS | D	(D+1,D)로 지정된 최상위 비트를 0 으로 변환
	DABSP	DABSP | D	

25) 파일 관련 명령

분 류	명 칭	심 벌	기 능
블록 전환	RSET	RSET | S	파일 레지스터의 블록 번호를 S 로 지정된 번호로 변경한다.
	RSETP	RSETP | S	
플래쉬 워드 데이터 전송	EMOV	EMOV | S1 | S2 | D	S1 으로 지정한 블록내의 S2 의 워드 데이터를 D 로 전송
	EMOVP	EMOVP | S1 | S2 | D	
플래쉬 더블 워드 데이터 전송	EDMOV	EDMOV | S1 | S2 | D	1 으로 지정한 블록내의 S2+1, S2 의 데블 워드 데이터를 D+1, D 로 전송
	EDMOVP	EDMOVP | S1 | S2 | D	
블록 읽기	EBREAD	EBREAD | S1 | S2	플래쉬 메모리 블록 읽기
블록 쓰기	EBWRITE	EBWRITE | S1 | S2	플래쉬 메모리 블록 쓰기
블록 비교	EBCMP	EBCMP | S1 | S2 | D1 | D2	R 영역의 뱅크와 플래시 영역의 블록 비교

참고문헌

XG5000 소프트웨어 사용설명서 _ LS산전

XBC 표준형/경제형 기본 유닛 편 사용설명서 _ LS산전

Programmable Logic Controller 설치 가이드 XGB CPU(SU타입) _ LS산전

Programmable Logic Controller XGB Series 소개서 _ LS산전

XGB 내장위치결정 편 사용설명서 _ LS산전

PLC 제어와 응용 _ 원규식, 전준옥 외 3명 저 _ 동일출판사

PLC 기초와 응용 _ 원규식, 전준옥 외 2명 저 _ 동일출판사

2

MELSEC의 기본이론

PLC Control Technology
Power Line Communication

제 1 절 GX Developer의 이해하기

1 Q CPU 개요

- Q 시리즈에는 Q 시리즈 본래의 기능 · 성능을 이용하는 Q 모드와 기존 AnS 시리즈의 프로그램 하드웨어를 이용하여 CPU 처리 능력만을 더욱 향상시킨 A 모드를 적용하는 방법이 있다.
  여기 에서는 그 중 하이퍼포먼스 모델 Q 모드 CPU를 설명하고자 한다.
  ※ Q 시리즈에 대한 상세한 설명은 Q 시리즈 관련 매뉴얼을 참조하시오.

1) 다점수 입출력 제어 기능

- 하이퍼포먼스 모델 CPU는 베이스 모듈에 장착된 입출력 모듈에 접속할 수 있는 실제 입출력 점수로 4096점(X/Y0~FFF)을 지원하고 있다.
  또한, CC-Link 데이터 링크, MELSECNET/MINI-S3 데이터 링크등의 리모드 I/O국에 사용할 수 있는 입출력 디바이스 점수로서는 8192점(X/Y0~FFF) 까지 지원하고 있다.
  ※ 베이식 모델 QCPU의 경우 모델에 따라 256점 혹은 1024점 지원 하고 있다.

2) 프로그램 용량에 따른 라인업

- 사용할 프로그램 용량에 가장 적합한 CPU 모듈을 선택할 수 있다.
  Q00JCPU, Q00CPU : 8k 스텝
  Q01CPU : 14k 스텝
  Q02CPU, Q02HCPU : 28k 스텝
  Q06HCPU : 60k 스텝
  Q12HCPU : 124k 스텝
  Q25HCPU : 252K 스텝

3) 고속 처리의 실현

- 연산의 고속처리를 실현하였다. (예: LD 명령의 경우)

Q00JCPU	: 0.2㎲
Q00CPU	: 0.16㎲
Q01CPU	: 0.1㎲
Q02CPU	: 0.079㎲
Q02HCPU, Q06HCPU, Q12HCPU, Q25HCPU	: 0.034㎲

4) GX Developer와의 고속 통신에 의한 디버그의 효율 향상

- Q CPU에서는 RS-232C로 최대 111.5kbps의 고속 통신에 대응하여 프로그램 write/read나 모니터 등의 시간이 단축되며, 디버그 시의 교신 시간 효율이 향상 되었다. 또한 Q02HCPU, Q06HCPU, Q12HCPU, Q25HCPU에서는 USB를에 대응하므로 12MbpsDML 고속 통신과 GX Deverloper측의 통신 종류나 수의 제한을 받지 않는 범용성이 있다.

5) MELSEC-AnS 시리즈의 입출력 모듈, 특수기능 모듈 사용 가능

- Q CPU는 QA1S54B/QA1S68B 증설 베이스 모듈로 MELSEC-AnS 시리즈(이하 AnS 시리즈라고 생각한다.)용 전원 모듈과 입출력 모듈, 특수기능 모듈의 일부를 사용할 수 있다.

6) 소형화에 의한 공간 절약

- Q CPU 및 Q 시리즈 입출력 모듈/인텔리젠트 기능 모듈은 AnS 시리즈 모듈 이상의 소형화를 실현함으로써 설치 공간을 작게 하였다. 취부면 작은 AnS 시리즈의 약 60%이다.

취부면적 비교

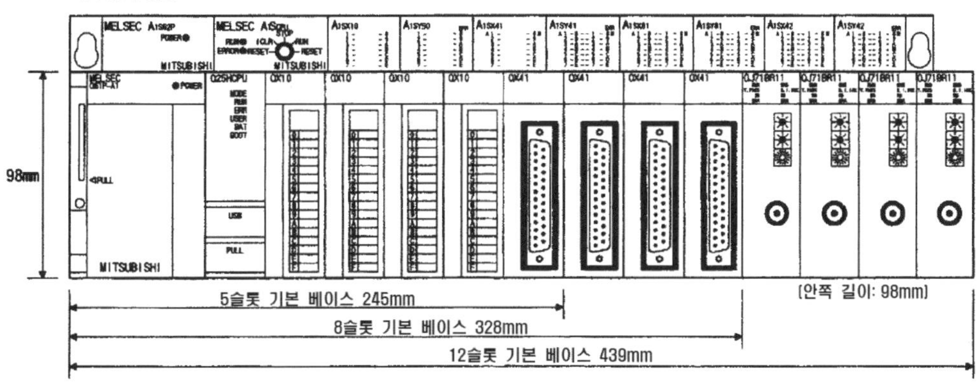

7) 모듈의 추가만으로 대규모 시스템으로 확장 가능

- Q CPU는 최대 증설 7단, 최대 모듈 장착 장수 64모듈의 대규모 시스템을 구축할 수 있다.

8) RAM 또는 ROM형 메모리 카드의 대응으로 용도에 따라 확장 가능

- 파라미터나 프로그램을 표준 ROM에 저장할 수 있다.
  또한, 메모리 카드(SRAM 카드/Flash 카드/ATA 카드)의 장착으로 용도나 목적에 가장 적합한 용량과 타입을 선정할 수 있다.

2 기본 시스템 구성

PLC Control Technology

1) 기기 시스템구성

- Q CPU(Q 모드) 및 Q 시리즈용 모듈 (전원. I/O, 인텔리전트 기능)은 Q3□B 기본 베이스 모듈에 장착할 수 있다. (증설할 경우에는 Q6□B 증설 베이스 모듈을 사용한다.)
  또한, QA16□B 증설 베이스 모듈로 AnS용 모듈(전원, I/O, 특수기능)을 사용할 수 있다.

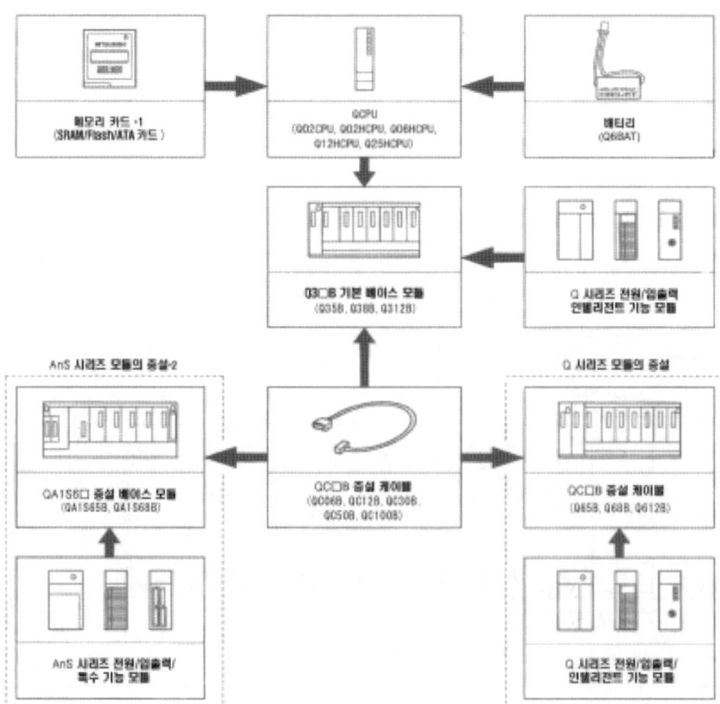

2) 주변기기와의 접속

- 접속 인터페이스와 접속 경로

- Q 시리즈에서는 CPU와 주변 소프트웨어 GX Developer와 보다 유연하고 광범위하게 접속할 수 있다.
  자세한 설명은 GX Developer 오퍼레이션 매뉴얼을 참조하시오.
- GX Developer에서는 [연결 대상 지정]의 설정에는 다음과 같은 항목이 있다.

(1) 인터페이스의 지령

퍼스널 컴퓨터의 I/F, PLC의 I/F

(2) 타국 지정과 네트워크 경로

- 타국 지정, 네트워크 통신 경로, 타 네트워크의 통신 경로
- 다음은 연결 대상 지정 화면의 각 항목에 대해 설명하였다.

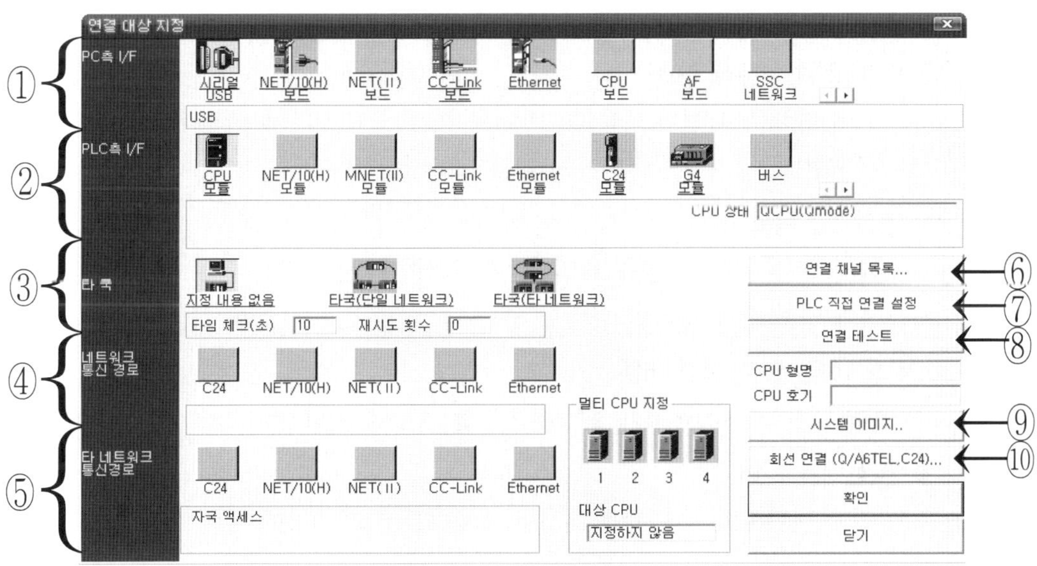

① PC측 I/F

- PC의 인터페이스 종류를 선택한다.
- 각 인터페이스를 더블클릭하여 구체적으로 설정한다.

② PLC측 I/F

- 주변기기와 접속할 PLC의 모듈을 선택한다.
- 각 모듈을 더블 클릭하여 구체적으로 설정한다.

③ 타국 지정

- 자국 또는 타국을 지정할수 있다.
- 각 아이콘을 더블 클릭하여 상세 내용을 설정한다.
  - 자국에 접속할 경우
    →타국 지정 없음을 선택한다.
  - 타국에 접속할 경우(자국과 동일 네트워크 상의 타국)
    →자국과 같은 네트워크 상의 타국 PLC CPU에 액세스할 경우는 타국(타 네트워크)을 선택한다.
  - 타국에 접속할 경우(자국과 다른 네트워크 상의 타국)
    →2종류의 네트워크를 경유하여 타국 PLC CPU에 액세스할 경우는 타국 (타 네트워크)을 선택한다. (단 MELSECNET/10(H)와 Ethernet이 혼재된 시스템에서는 단일 네트워크로 지정하시오.)

④ 네트워크의 통신 경로

- 타국 지정의 경우는 액세TM 할 PLC CPU의 네트워크 종류를 선택한다.
- 각 아이콘을 더블 클릭하여 구체적으로 설정한다.

⑤ 타 네트워의 통신 경로

- 타국 지정(타 네트워크)의 경우는 액세스할 PLC CPU의 네트워크 종류를 선탁한다.
- 각 아이콘을 더블클릭하여 구체적으로 설정한다.

⑥ 연결채널 목록 버튼

- 접속 대상 지정의 종류를 일람으로 표시한다.
- 일람에서 접속 경로를 선택할 수 있다.

⑦ PLC 직접 연결 설정 버튼

- 타국 지정에서 자국 지정으로 변경할 경우에 편리하다.

⑧ 연결 테스트 버튼

- 접속 대상 지정 화면에서 설정한 액세스할 PLC CPU에 대해 정상적으로 액세스할 수 있는지를 테스트한다.
- 테스트가성공했을 경우는 액세스된 PLC CPU의 형명을 CPU 형명 표시란에 표시한다.

⑨ 시스템 이미지 버튼

- 설정한 접속 대상 경로와 상세한 설정을 표시한다.

⑩ 회선 연결(Q/A6TEL, C24) 버튼

- 전화 회선을 사용하여 통신할 경우에 설정한다.

3 디바이스

1) 디바이스(DEVICE)

- 아래 표는 Q CPU에서 사용할 수 있는 디바이스명과 사용 범위를 나타낸 표이다.

표 3.1 디바이스 일람표

제어방식	종류	디바이스명	디폴트값 점수	디폴트값 사용 범위	파라미터 설정에 의한 설정 범위
내부 USER 디바이스	비트 디바이스	입력	8192 점	X0~X1FFF	
		출력	8192 점	Y0~Y1FFF	
		스텝 릴레이	8192 점	S0~S8191	
		특수 릴레이	2048 점	SB0~SB07FF	
		내부 릴레이	8192 점	M0~M8191	합계 29K 워드 이내에서 변경 가능
		래치 릴레이	8192 점	L0~L8191	
		애넌시에이터	2048 점	F0~F2047	
		에지 릴레이	2048 점	V0~V2047	
		링크 릴레이	8192 점	B0~B1FFF	
	워드 디바이스	타이머	2048 점	T0~T2047	
		적산 타이머	0 점	(ST0~ST2047)	
		카운터	1024 점	C0~C1023	
		데이터 레지스터	12288 점	D0~D12287	
		링크 레지스터	8192 점	W0~W1FFF	
		특수 링크 레지스터	2048 점	SW0~SW07FF	
내부 시스템 디바이스	비트 디바이스	펑션 입력	16 점	FX0~FXF	고 정
		펑션 출력	16 점	FY0~FYF	
		특수 릴레이	2048 점	SM0~SM2047	
	워드 디바이스	펑션 레지스터	5 점	FD0~FD4	
		특수 레지스터	2048 점	SD0~SD2047	
인덱스 레지스터	워드 디바이스	인덱스 레지스터	16 점	Z0~Z15	
파일 레지스터	워드 디바이스	파일 레지스터	0 점	-	0~1018K점 (1K점 단위)
네스팅	-	네스팅	15 점	N0~N14	고 정
포인터	-	포인터	4096 점	P0~P4095	
		인터럽트 포인터	256 점	I0~I255	
기타	비트 디바이스	SFC 블록	320 점	BL0~BL319	
		SFC 이행 디바이스	512 점	TR0~TR511	
	-	네트워크 No.	256 점	J1~K255	
		I/O No.	-	U0~UFF	
정수	-	10진 정수	K-2147483648~K2147483647		
		16진 정수	H0~HFFFFFFFF		
	-	실수 정수	$E\pm1.17549^{-38}$~$E\pm3.40282^{+38}$		
		문자열 정수	'ABC', '123' 등		

• 참고사항

*1: 타이머, 적산 타이머, 카운터는 접점 및 코일이 비트 디바이스, 현재 값은 워드 디바이스가 된다.

*2: 입력 및 출력 스텝 릴레이, 링크용 특수 릴레이, 링크용 특수 레지스터는 디폴트 값을 변경할 수 없다.

(1) 인수용 평선 디바이스(FX, FY, FD)

- 인수가 있는 서브루틴 호출(CALL)로 데이터를 주고 받는데 사용하는 다바이스이다.
  - 각 디바이스는 아래와 같이 사용한다.
    FX → 서브루틴에서 입력할 비트 조건
    FY → 출력 비트 조건
    FD → 입출력 겸용 데이터 조건
  - 인수의 개수는 5개까지이다.

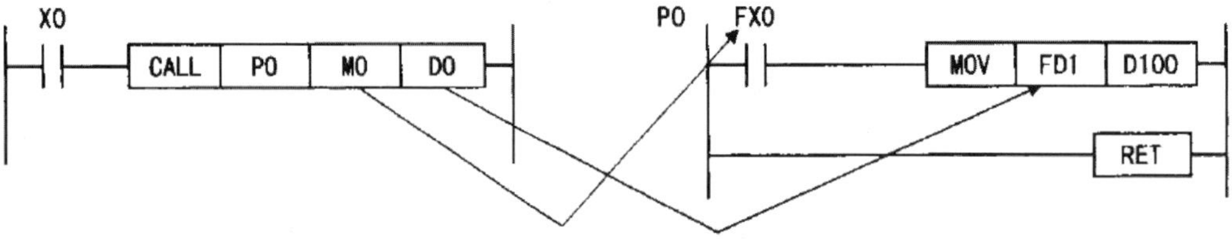

- M0의 내용을 FX0에 D0의 내용을 FD1에 전달하고 실행한다.

(2) 특수 릴레이/특수 레지스터(SM/SD)

- Q CPU와 사용자가 프로그램 사이에서 데이터를 교환하기 위해 사용되는 특수 릴레이/특수 레지스터이다.
- 특수 릴레이/특수 레지스터(SM/SD)에는 다음과 같다.
  - SM1 자기 진단 에러
  - SM52 베터리 저하 등

(3) 스텝 릴레이(S)

- SFC의 각 스텝의 활성 상태를 나타내는 SFC 전용 릴레이이다.
- 시퀀스 프로그램에서는 스텝 릴레이를 지정하거나 블록을 첨부하여 지정할 수 있다.
  (예) BL2₩S1 …… 블록 No.2의 스텝 릴레이 1을 지정

(4) 에지 릴레이 (V)

- 서브 루틴이나 인터럽트 프로그램 등 반복하여 실행하는 프로그램중에서 펄스화할 경우에 사용하는 디바이스이다.
- 이 디바이스를 사용해서 서브루틴이나 인터럽트 프로그램 등 펄스화 명령이 사용하기 쉽게 되었다.

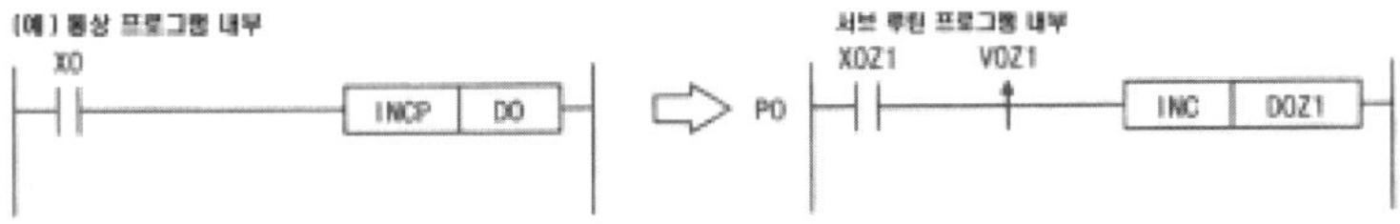

(5) 적산 타이머(ST)

- 통상 타이머와 식별할 수 있도록 디바이스명을 ST로 하였다.

(6) 저속 타이머/ 고속 타이머(T)

- 계측 단위를 변경할 수 있도록 하였다. 변경은 파라미터에서 실시한다. (파라미터 → PLC 파라미터 → PLC시스템 → 타이머 시한 설정)
- 저속 타이머와 고속 타이머를 프로그램에서 식별할 수 있도록 하였다.
  - 저속 타이머를 사용하였을 경우:

  - 고속 타이머를 사용하였을 경우:

(7) 링크 다이렉트 디바이스 (J□₩W(B)□)

- MELSECNET/H 네트워크 모듈의 링크 디바이스를 직접 액세스하는 디바이스이다.
- 이 다바이스를 사용하면 링크 디바이스의 전송 시간을 단축할 수 있다. 또 네트워크 리플래시 파라미터에 설정되지 않는 링크 범위에도 액세스할 수 있다.

(8) 인텔리젠트 기능 모듈 디바이스(U□₩G□)

- 인텔리전트 기능 모듈/특수 기능 모듈의 버퍼 메모리를 데이터 레지스터와 같이 Q CPU에서 직접 액세스할 수 있는 디바이이다.

(9) 파일 레지스터 (R/ZR)

- 데이터 레지스터의 확장용 레지스터이다. 파일 레지스터에는 표준 RAM 또는 메모리 카드(SRAM 카드, Flash 카드)를 이용한다.

- 파일 레지스터의 최대 용량은 표준 RAM: 131,072점(Q12H/Q25HCPU 사용시), SRAM 카드: 1,041,408점, Flash 카드: 1,042,432점이다. 이러한 대용량 데이터는 32k 워드의 블록 단위로 액세스하거나 파일 레지스터 전체를 번호순으로 액세스할 수 있다.

4 GX Developer 공통사항

1) GX Developer의 화면 구성

- 아래의 그림은 GX Developer의 화면 구성에 대하여 설명한 것이다.

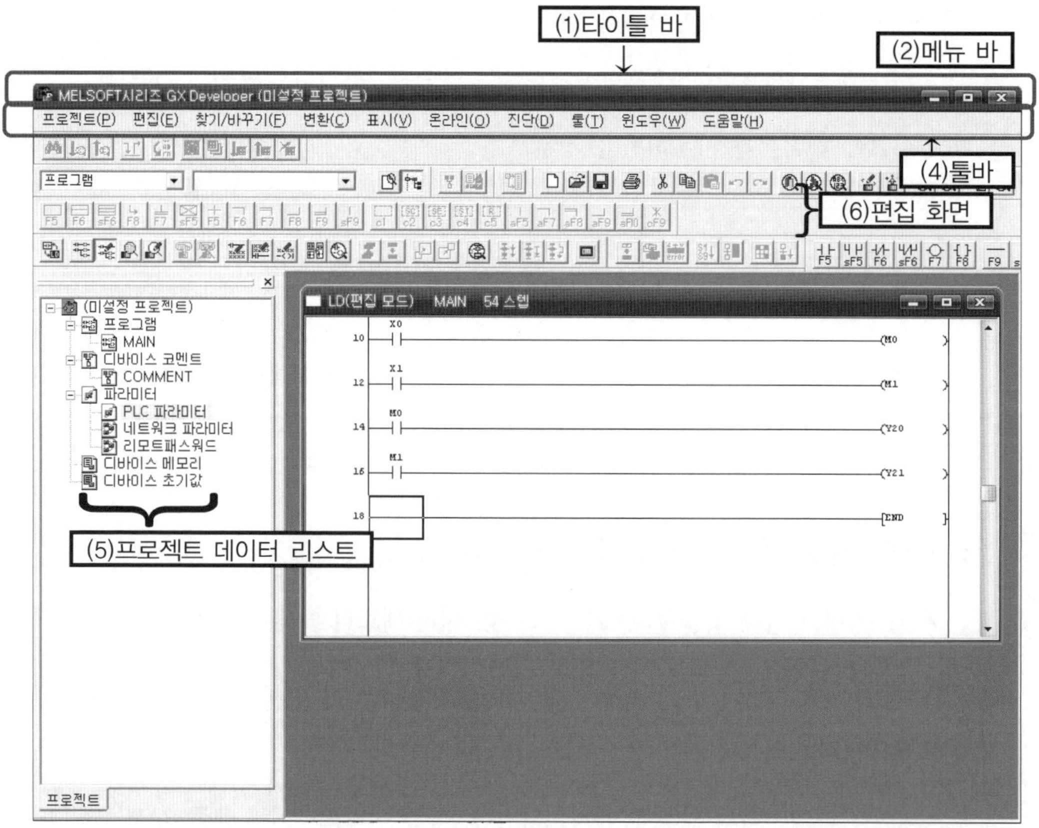

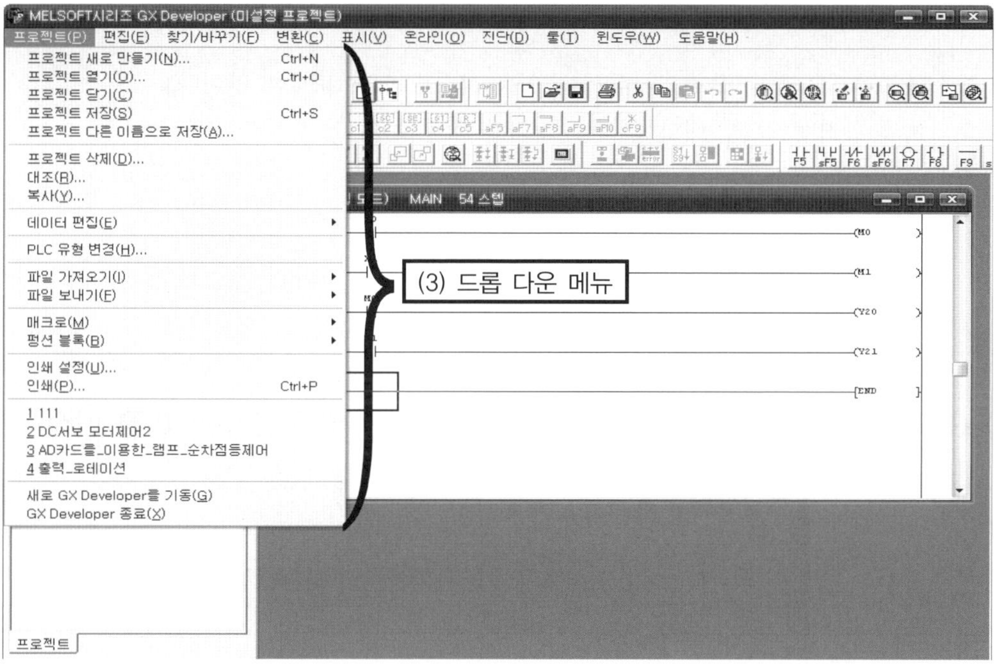

(1) 타이틀 바

- 열려 있는 프로젝트명을 표시한다.

(2) 메뉴 바

- GX Developer에서 사용할 수 있는 메뉴 명이 표시된다.
- 메뉴를 선택하면 드롭다운 메뉴가 표시되므로 다양한 기능을 사용할수 있다.

(3) 드롭다운 메뉴

- GX Developer에서 사용할 수 있는 기능 이름이 표시되어 있다.
- 드롭다운 메뉴의 오른쪽에 "▶"가 표시된 경우는 선택한 기능의 드롭다운 메뉴가 나타난다.
- 기능 명에 "..."가 표시된 경우 그 기능으로 커서를 이동시켜 클릭하면 설정 대화상자가 표시된다.

(4) 툴 바

- 메뉴바에서 지원하는 기능 중에서 자주 사용한다고 생각되는 기능을 버튼으로 표시한 것이다.

(5) 프로젝트 데이터 리스트

- 프로젝트의 데이터를 분류하여 일람(리스트)으로 표시한 것이다.
- 래더 작성 화면, 대화상자 등을 직접 호출할 수 있다.

(6) 편집 화면

- 래더 작성 화면이나 코멘트 작성 화면을 표시하며, 래더, 코멘트, 파라미터를 설정한다.

2) GX Developer의 기본 조작 1 (프로젝트 생성 및 프로젝트 이름 설정)

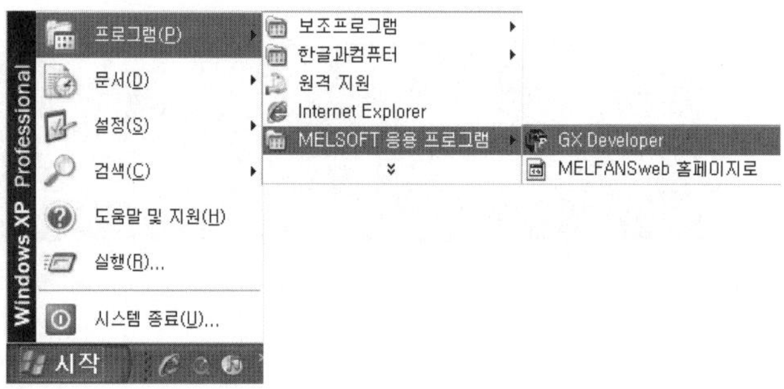

① [시작]-[모든 프로그램]-[MELSEC 응용 프로그램]-[GX Developer] 메뉴를 클릭한다.

② 툴 바에서 버튼을 클릭한다.

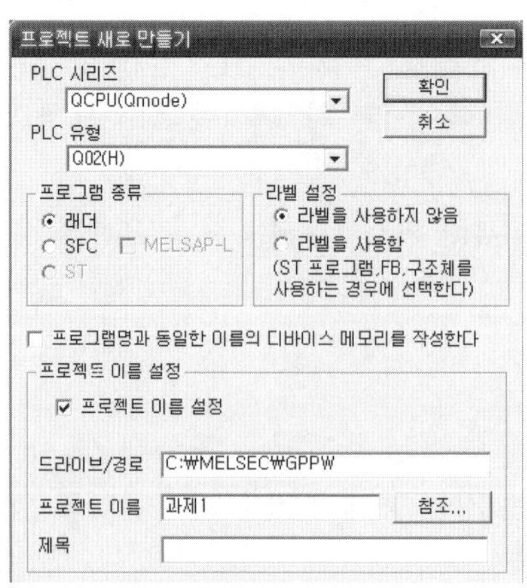

③ 프로젝트 새로 만들기 창 중 프로젝트 파일 이름은 사용자가 작성한 프로젝트 파일명이다. PLC의 종류는 사용하고자 하는 PLC의 종류를 선택하면 된다. 또한 사용언어는 래더, SFC, ST 중 사용하기 편리한 기능을 선택하는데 본 장에서는 래더(Ladder Diagram)를 설명하고자 한다.

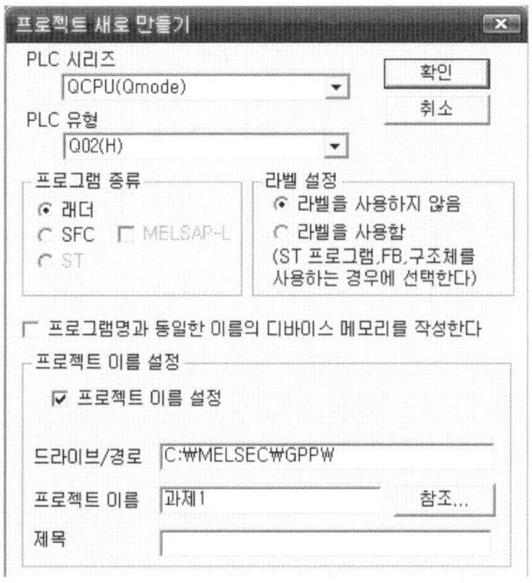

④ 프로젝트 명을 설정하기 위해서는 [프로 젝트 이름 설정]을 체크하여야 한다. [프로젝트 이름 설정]을 체크한 후에 드라이브/경로를 설정과 프로젝트명을 설정할 수 있다.

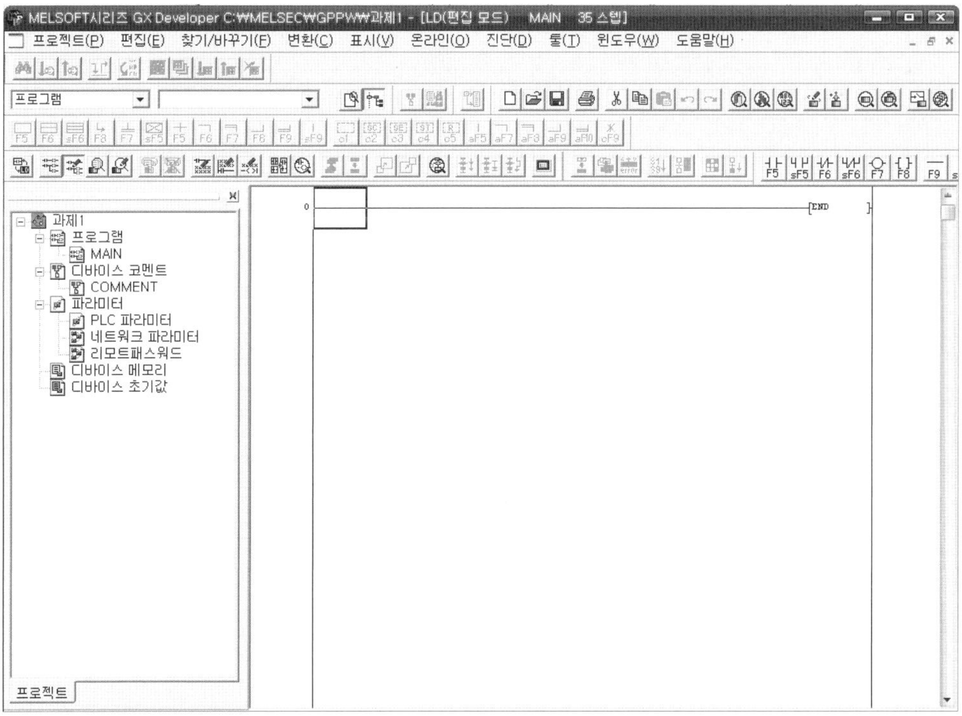

⑤ 위에 사항을 완료하면 다음과 같이 래더도를 작성할 수 있는 창이 생성된다.

3) GX Developer의 기본 조작 2 (프로그램 작성)

(1) 작성할 프로그램

- PLC의 내부 릴레이 및 타이머를 사용하여 자기 유지와 3초 시간 지연 프로그램을 작성한다.

(2) 사용할 디바이스

- X0(기동), X01(정지), Y20(램프)

(3) 작성된 프로그램

(4) 프로그램 작성 순서

- 래더 심볼에서 시퀀스 프로그램을 작성한다.
  여기에서는 툴 버튼을 사용하여 프로그램을 작성할 것이다.
  * 비고 : 래더 작성 화면에서 오른쪽 버튼을 클릭하여 메뉴를 표시하면 여러 가지 편집이나 검색 조작을 실행할 수 있다.
  * 알아 두면 편리한 단축키 :
  – 행 삽입: Shift + Ins · 행 삭제: Shift + Del
  – 열 삽입: Ctrl + Ins · 열 삭제: Ctrl + Del

① 둘 바의 F5 버튼을 클릭하면 래더 입력 창이 표시된다. 래더 입력창에 "X0"을 입력한다. 잘못 입력한 경우는 취소 버튼을 클릭하면 된다.

② 정확히 입력하였으면 확인 버튼을 클릭한다.

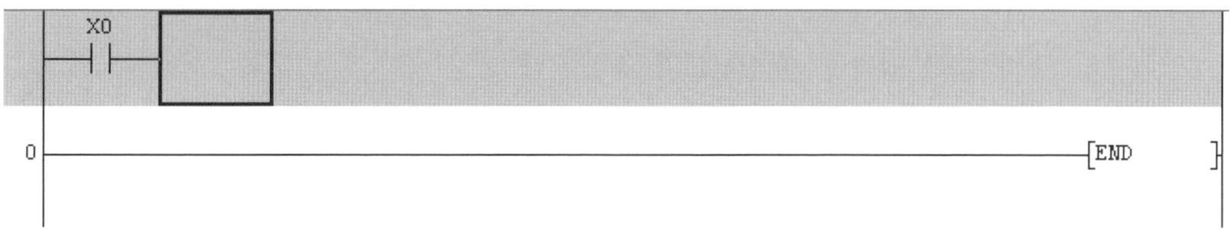

③ 위와 같이 입력한 래더(X0)가 표시된다.

④ 툴 바의 F6 버튼을 클릭한 다음 "X1"을 입력한다.

⑤ 확인 버튼을 클릭한다.

⑥ 위와 같이 입력한 래더(X1)가 표시된다.

⑦ 툴 바에서 F7 버튼을 클릭한 다음 "M0"을 입력한다.

⑧ 확인 버튼을 클릭한다.

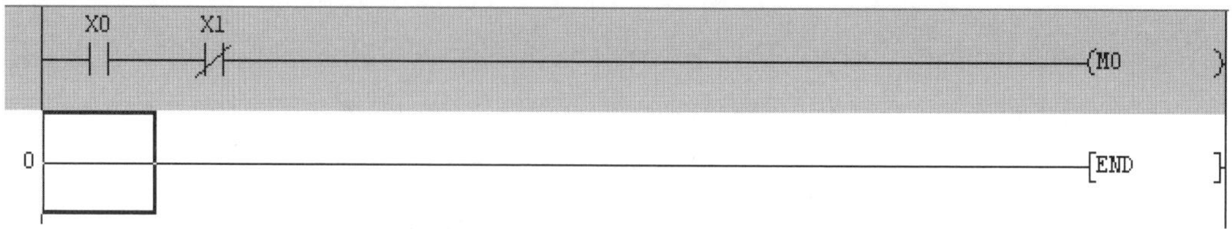

⑨ 위와 같이 입력한 래더(M0)가 표시된다.

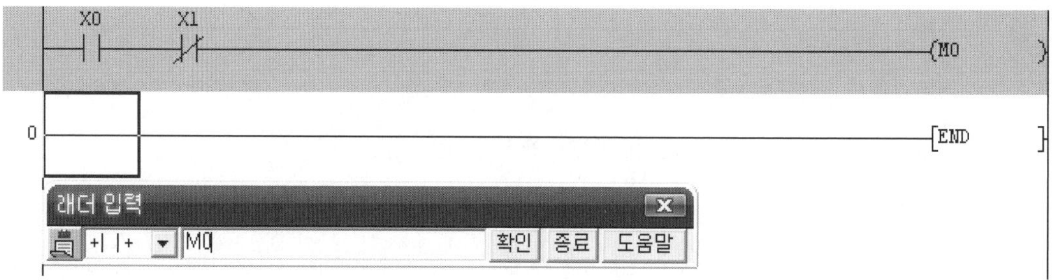

⑩ 툴 바에서  버튼을 클릭한 다음 "M0"을 입력한다.

⑪ 확인 버튼을 클릭한다.

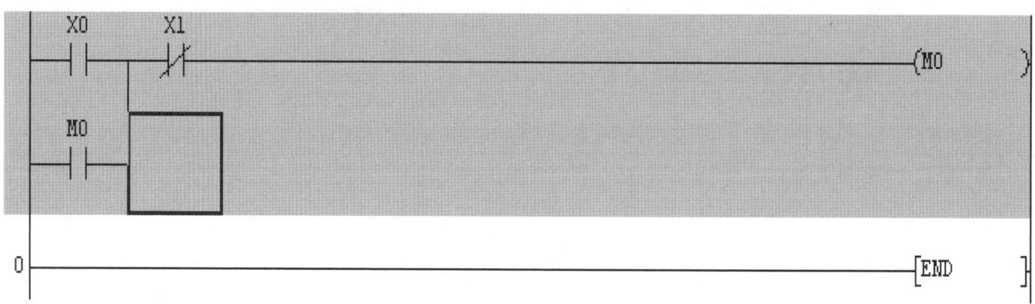

⑫ 위와 같이 입력한 래더(M0)이 X0과 OR회로로 표시된다.

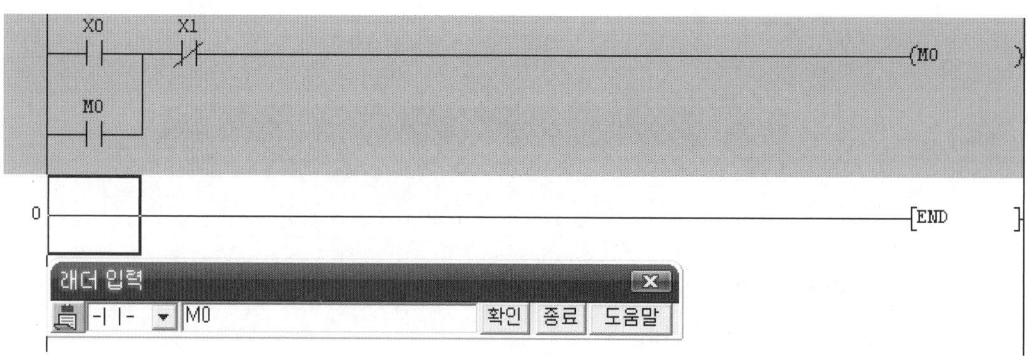

⑬ 입력 커서를 다음 행으로 이동 시킨 후 툴 바에서 F5 버튼을 클릭한 다음 “M0”을 입력한다.

⑭ 확인 버튼을 클릭한다.

⑮ 위과 같이 입력한 래더(M0)가 표시된다.

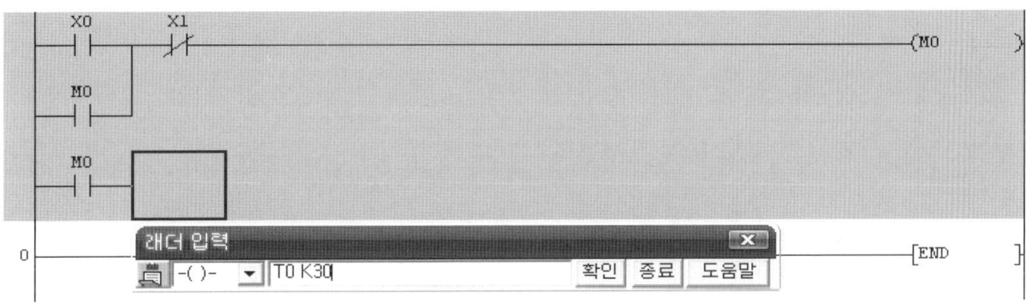

⑯ 툴 바에서 F7 버튼을 클릭한 다음 “T0 K30“을 입력한다.

⑰ 확인 버튼을 누른다.

* 참고사항 - T0 K30 이란?

- T: 타이머를 나타내는 문자 　　 0: 타이머의 번호
  K: 상수를 의미함 　　 30: 3초를 의미함 (설정 시간)

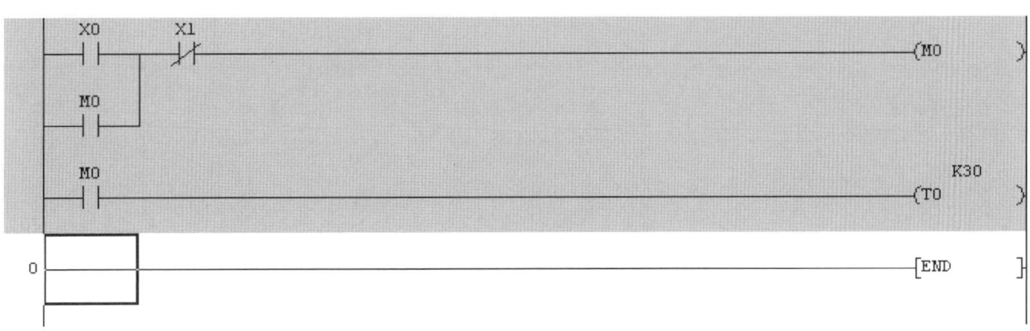

⑰ 위와 같이 입력한 래더(T0 K30)가 표시된다.

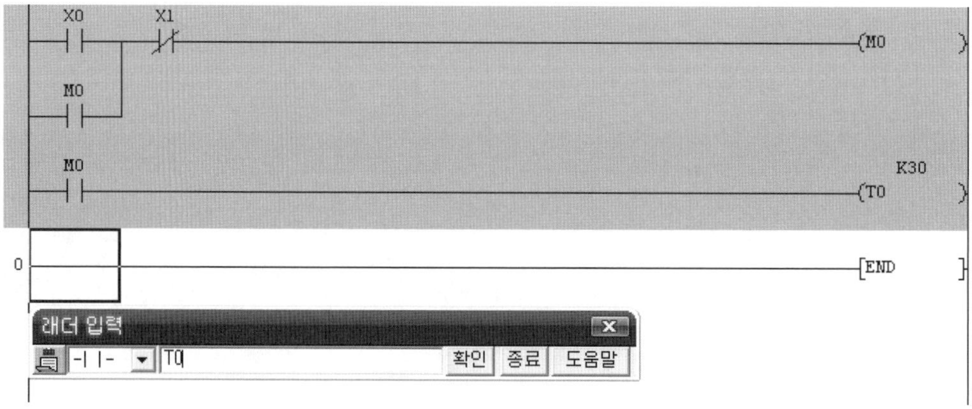

⑱ 툴 바에서 F5 버튼을 클릭한 다음 "T0"를 입력한다.

⑲ 확인 버튼을 누른다.

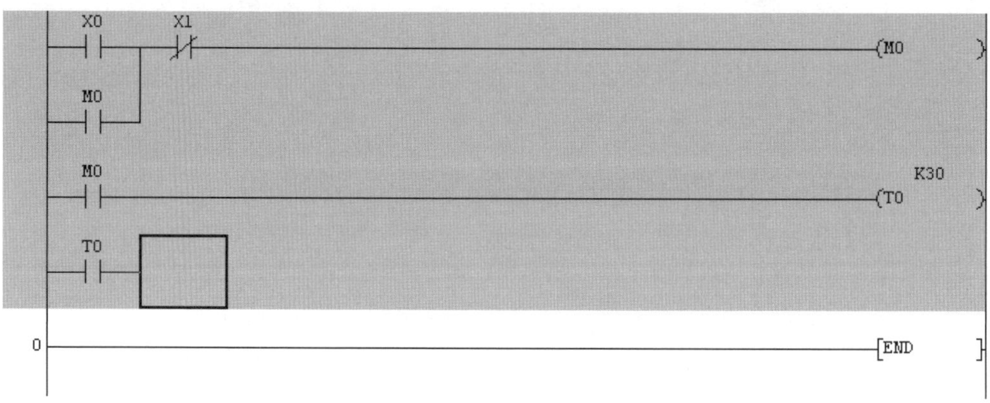

⑳ 위와 같이 입력한 래더(T0)가 표시된다.

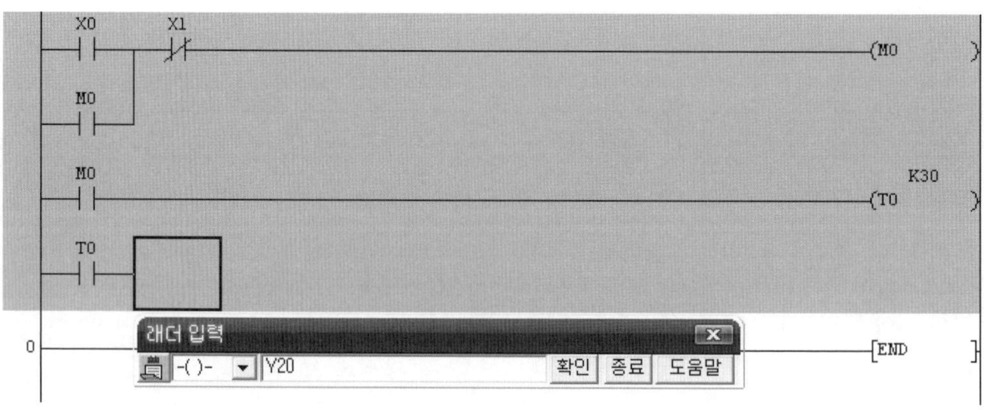

㉑ 툴 바에서 버튼을 클릭한 다음 “Y20”을 입력한다.

㉒ 확인 버튼을 누른다

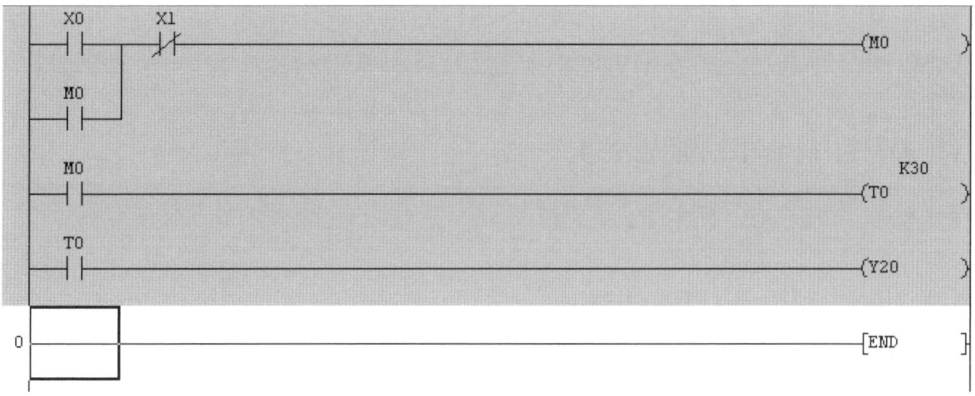

㉓ 위와 같이 입력한 래더(Y20)가 표시된다.

㉔ 이로서 래더 작성이 종료되었다.

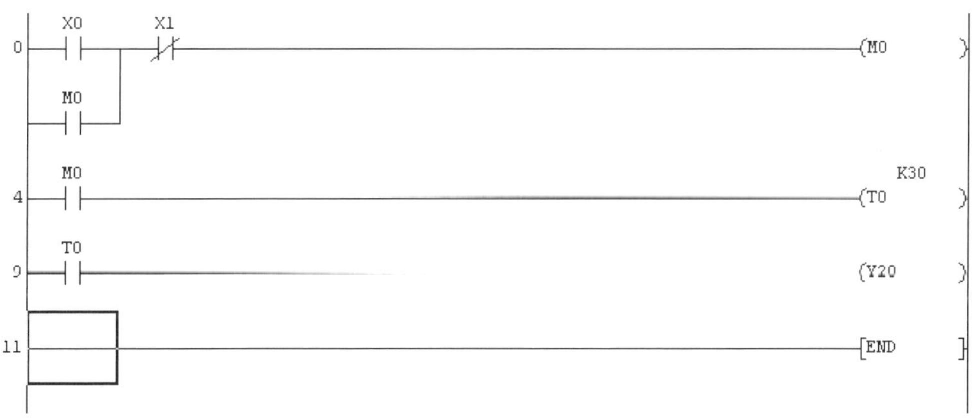

㉕ 래더 작성이 완료가 되면 반드시 툴 바에서 버튼을 클릭하여 변환을 해야 한다.

㉖ 만약 래더 작성 후 변화(F4)또는 버튼을 누르지 않고 다른 작업을 속행할 시에 변환되지 않는 래더를 삭제할지 여부를 묻는 창이 활성화 하게 된다.

4) GX Developer의 기본 조작 3 (기기명 설정)

*참고사항: 변수명을 작성할 때는 코멘트와 기기명을 사용하여 나타낼 수 있는데 코멘트는 보다 자세하게 변수명을 입력할 수 있는 반면에 행과 행 간격이 너무 커서 프로그램을 작성 또는 모니터링시 불편함이 있으므로 코멘트보다는 기기명을 권장한다.

(1) 사용된 디바이스 및 변수명

- X0: 기동, X1: 정지, Y20: 램프

(2) 기기명 설정 및 입력 방법

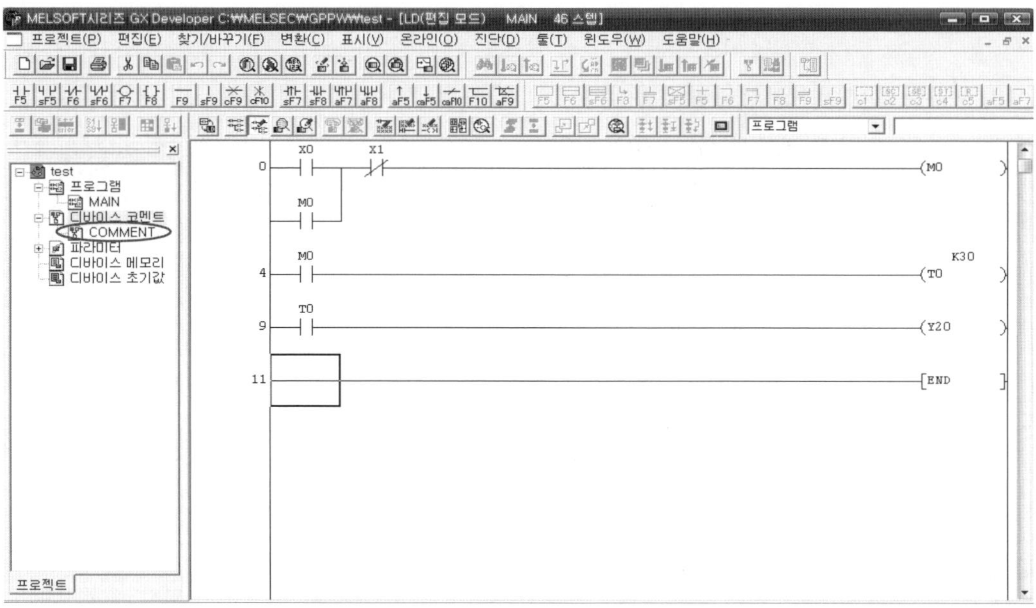

① 좌측의 [프로젝트 데이트 목록]창 - [디바이스 코멘트] - [COMMENT] 를 클릭한다.

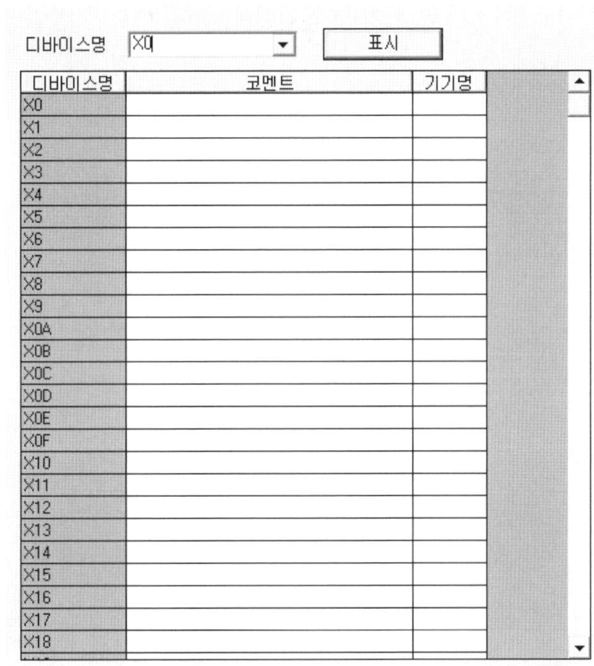

② 위와 같이 디바이스 코멘트 창이 화면에 나타나게 된다.

③ 디바이스명에 "X0"을 입력 후 표시버튼을 누르게 되면 "X0"이후의 디바이스명이 위와 같이 나열된다.

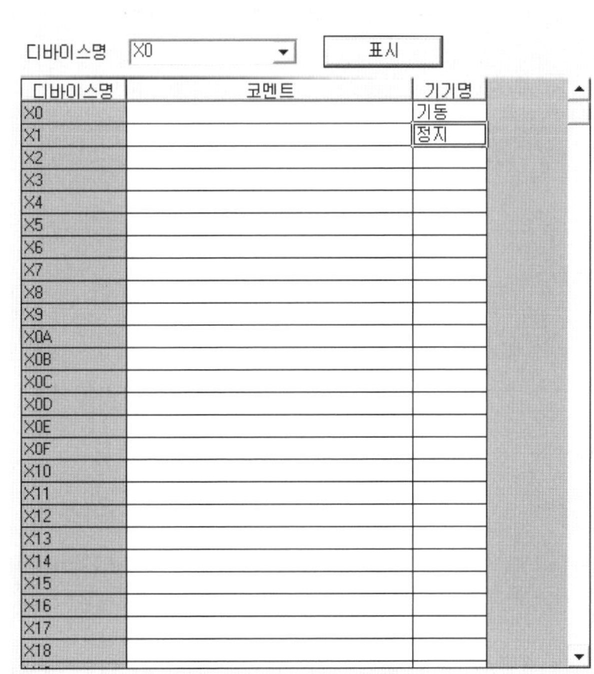

④ 해당하는 디바이스명의 기기명 입력란에 위에 제시된 변수명을 디바이스명에 맞게 입력한다.

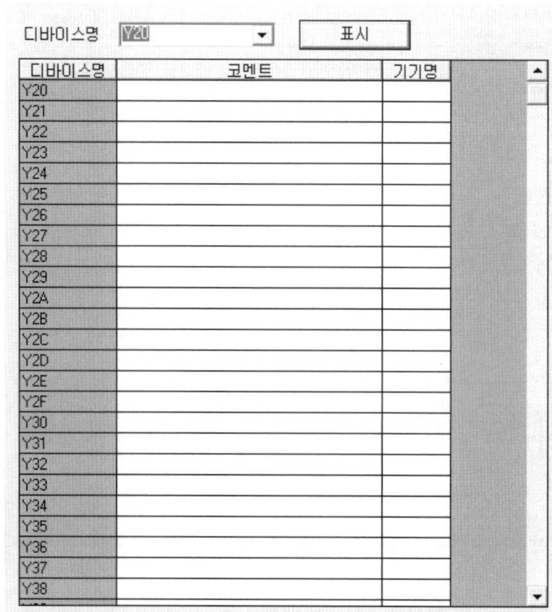

⑤ 입력설정Y20이 끝나면 다시 디바이스명 입력창에 “Y20”을 입력하고 표시 버튼을 누른다.

⑥ “Y20” 이후의 디바이스명이 위와 같이 나열된다.

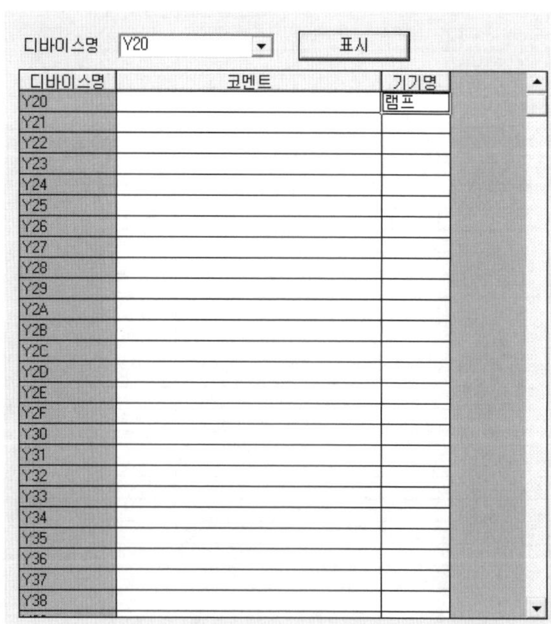

⑦ 입력측에서 입력한 방법과 동일하게 기기명 입력란에 해당하는 디바이스명에 변수명을 입력한다.

⑧ 이로서 코멘트의 입력은 완료되었다. 코멘트 창을 끄거나 또는 좌측의 [프로젝트 데이트 목록] - [프로그램] - [MAIN]을 클릭하게 되면 작성된 래더창이 나타나게 된다.

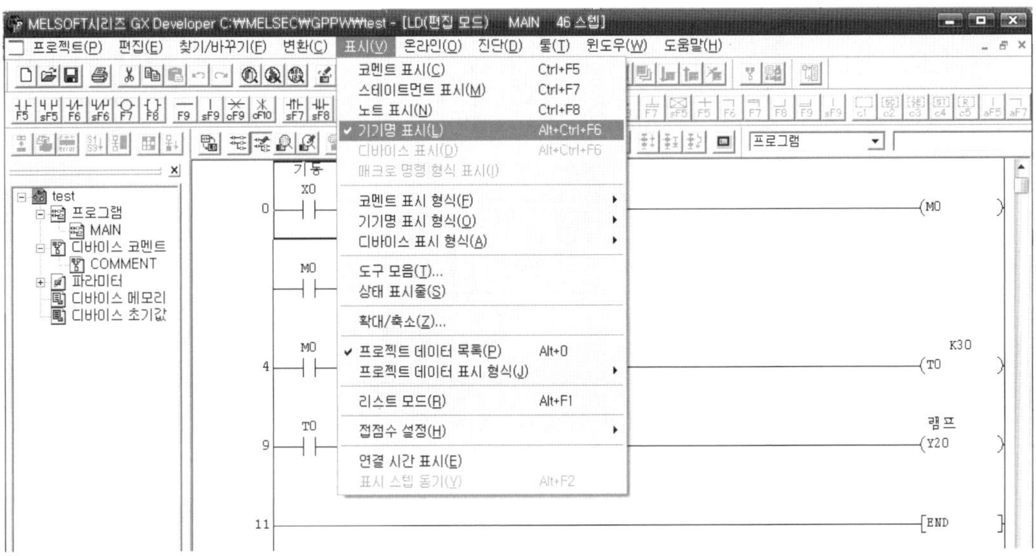

⑨ 작성된 기기명을 표시하기 위해서는 위와 같이 [메뉴바] - [표시] - [기기명 표시]를 체크하여야한다.

⑩ 또한 [메뉴바] - [표시] - [기기명 표시 형식]을 보게 되면 기기명 표시를 디바이스와 병행하여 표시와 디바이스명 표시 위치에 표시를 선택할수 있다.

5) GX Developer의 기본 조작 4(연결 대상 지정)

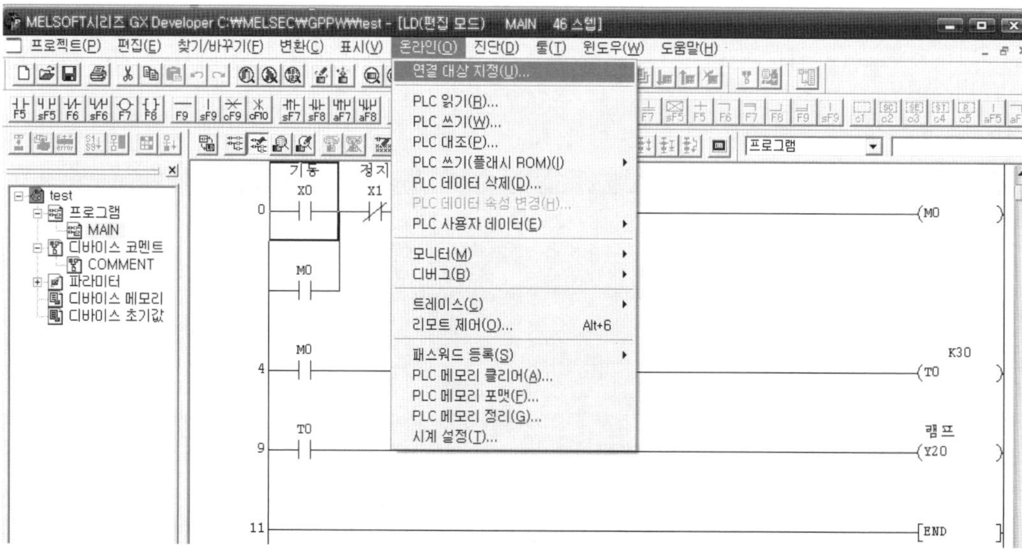

① 메뉴 바에서 [온라인] - [연결 대상 지정]을 클릭한다.

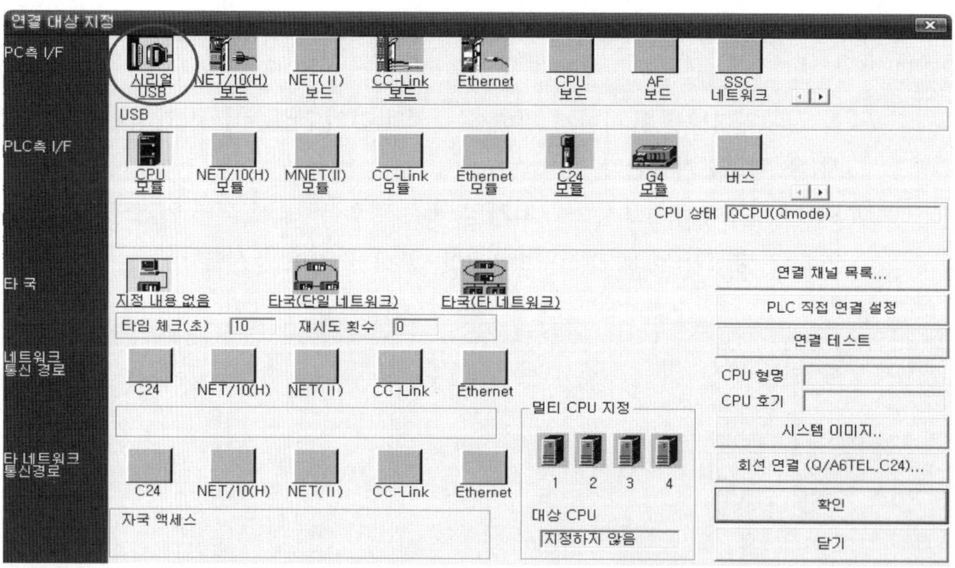

② 좌측 상단에 표시된 시리얼, USB라고 적혀 있는 아이콘을 클릭한다

③ PC측 I/F 직렬 설정 창이 나타나게 된다.

④ 사용자 PLC 연결상태에 맞게 RS-232C또는 USB로 체크한 후 확인 버튼을 누른다.

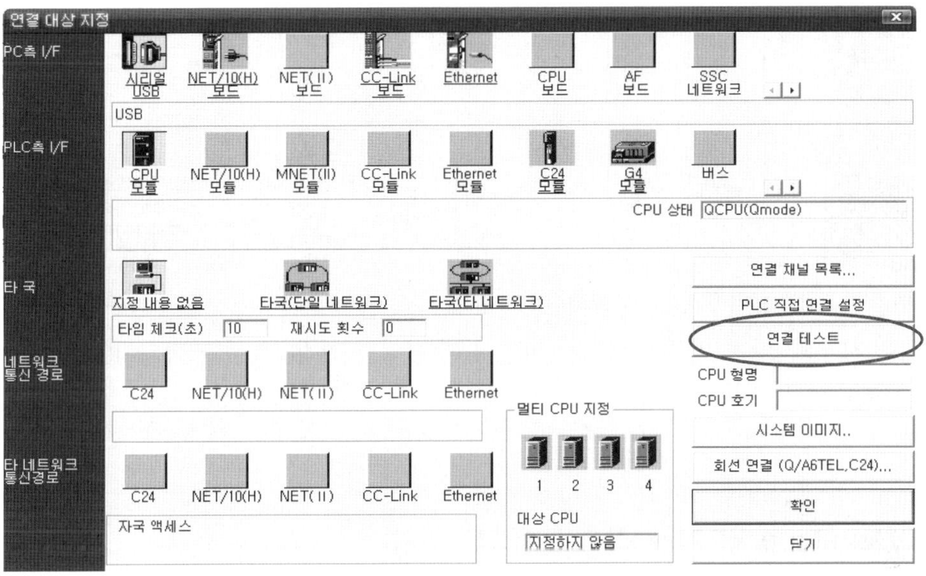

⑤ 우측 하단 부의 연결 테스트 버튼을 누르게 되면 연결상태가 올바르게 되어 있는지를 확인 할수 있다.

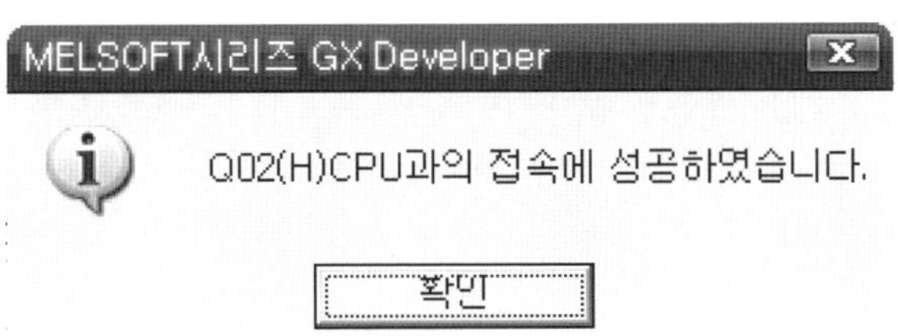

⑥ 연결이 올바르게 된 경우 위와 같이 접속에 성공하였다는 메시지 창이 뜨게 된다.

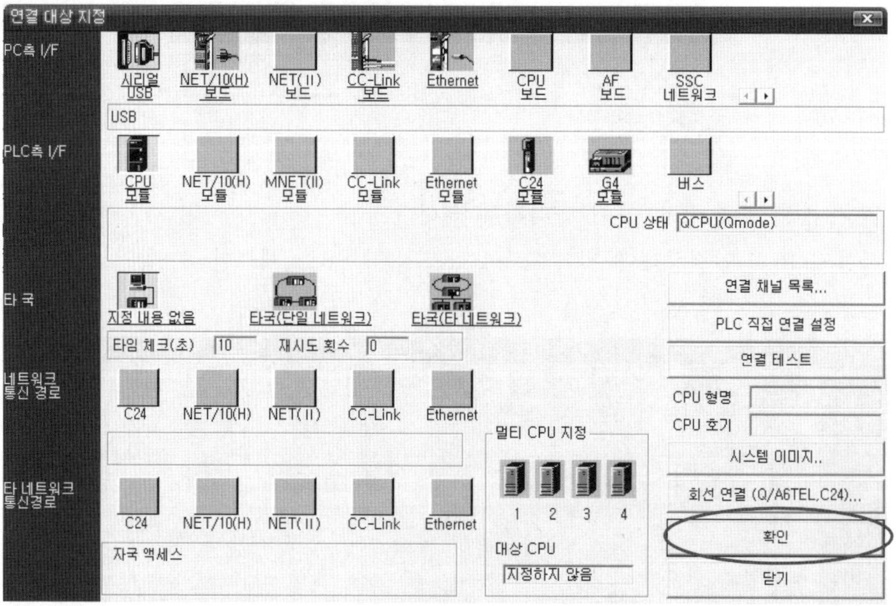

⑦ 연결설정을 마친 후 반드시 우측 하단에 있는 확인 버튼을 누르시오. 만일 확인 버튼을 누르지 않고 닫기 버튼을 누르게 되면 현재 설정한 연결상태가 저장되지 않고 창을 닫게 된다.

6) GX Developer의 기본 조작 5 (PLC 쓰기)

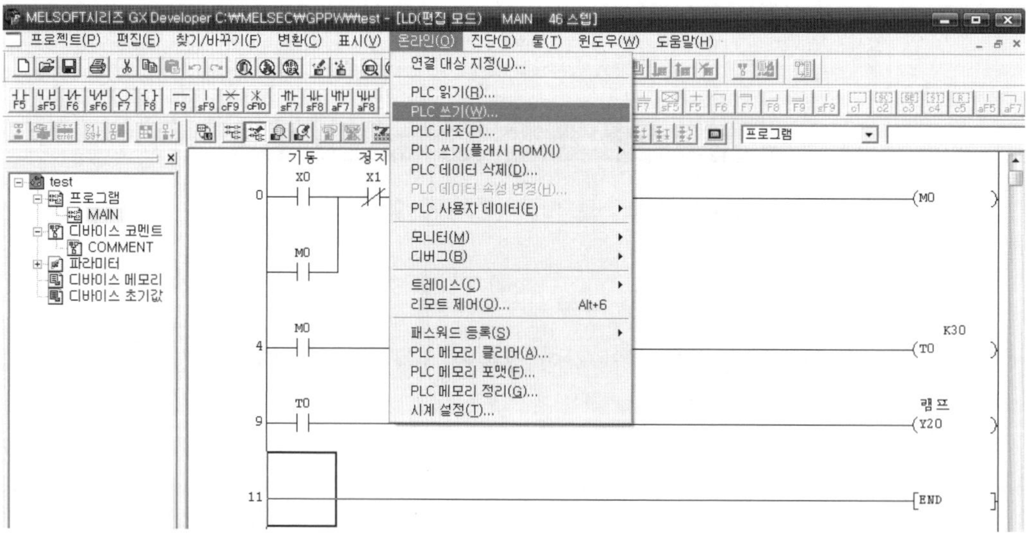

① 메뉴 바에서 [온라인] - [PLC 쓰기]를 클릭한다.

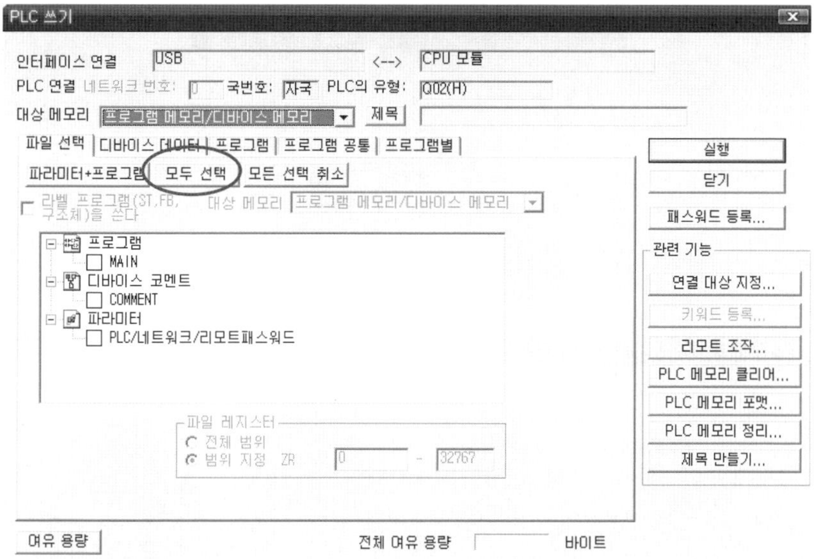

② 모두선택 버튼을 클릭한다.(코멘트 미 입력시 "파라미터+프로그램" 버튼 클릭)

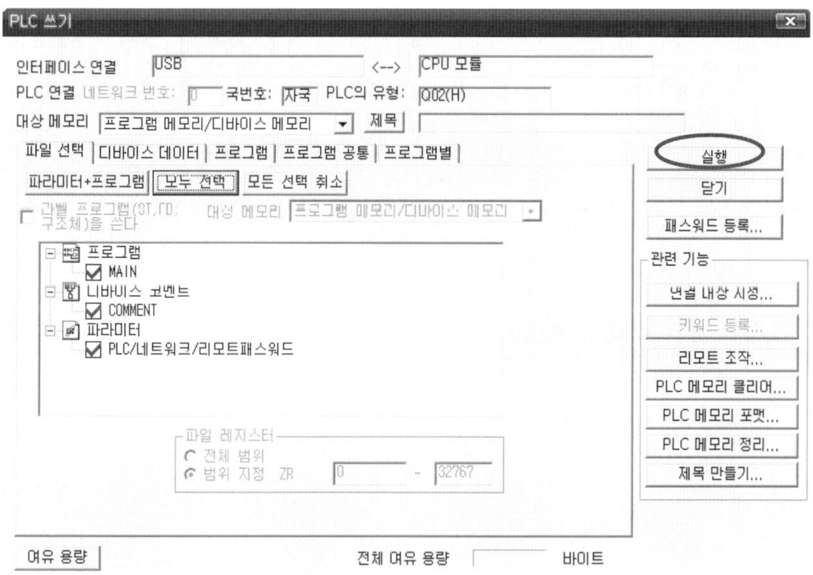

③ 모두 선택 버튼을 클릭한 후 실행버튼을 눌러 PLC쓰기를 시작한다. (실행 도중에 메시지 창이 뜨면 "예" 또는 "모두 예"를 클릭한다.)

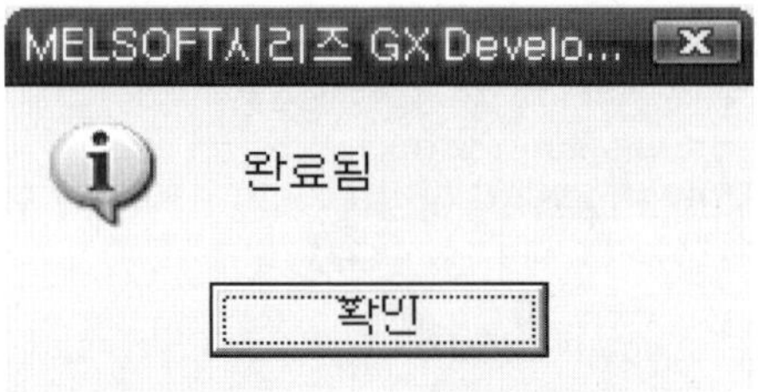

④ PLC쓰기가 완료가 되면 위와 같이 완료 창이 나타난다.

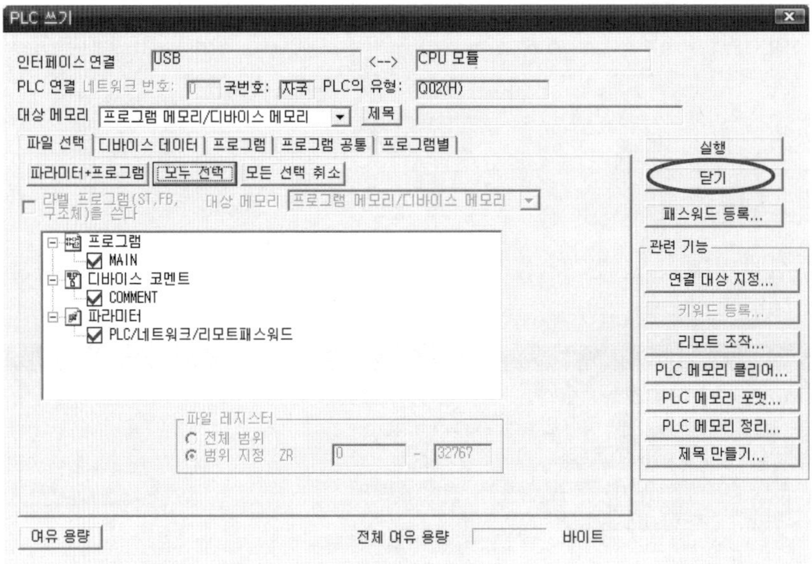

⑤ PLC쓰기 완료 후 닫기 버튼을 클릭한다.

7) GX Developer의 기본 조작 6 (모니터 모드)

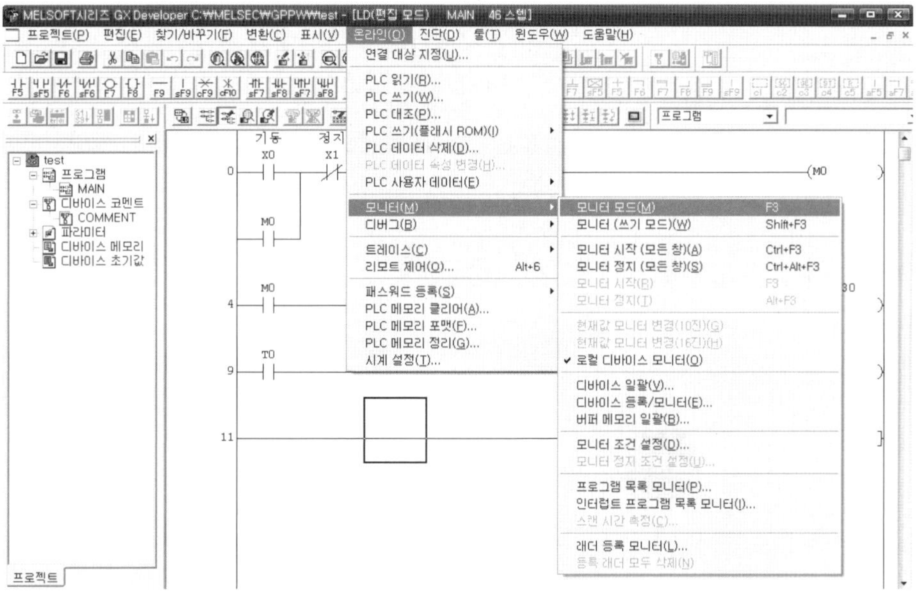

① 메뉴 바에서 [온라인] – [모니터] – [모니터 모드] 또는 F3을 누른다.

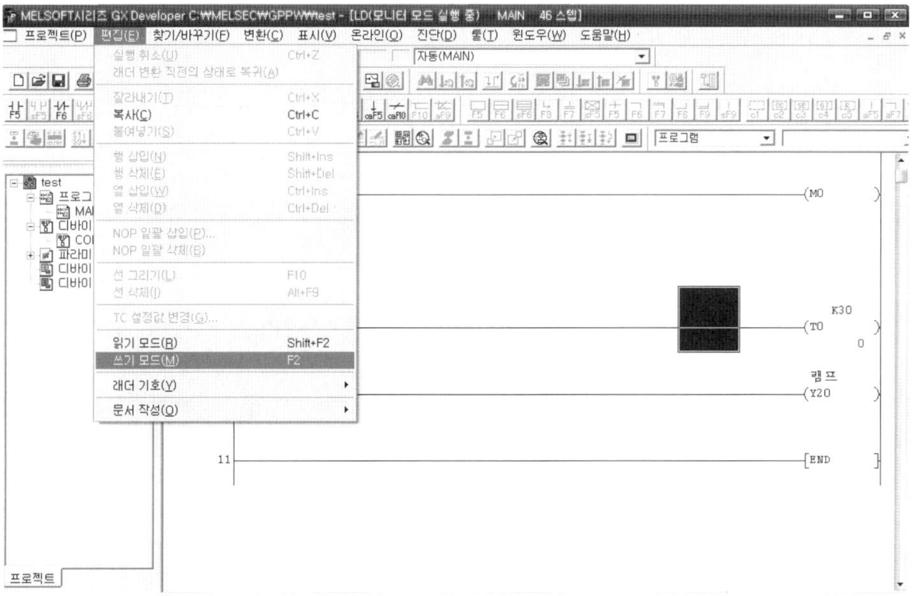

② 모니터 모드에서 다시 쓰기 모드로 전환 할 경우 메뉴 바에서 [편집] – [쓰기 모드] 또는 F2를 누르면 된다.

8 GX Developer의 기본 조작7 (런 중 수정)

- 모니터 모드 중 래더 편집이 필요할 경우 모니터링 상태에서 프로그램을 수정 또는 편집 할 수 있는 모드이다.

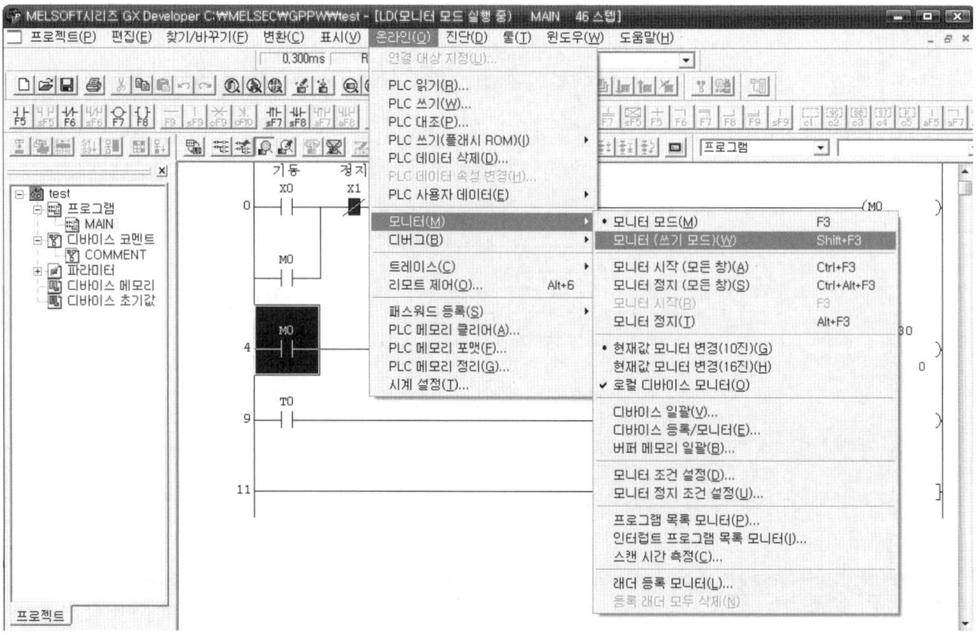

① 메뉴 바에서 [온라인] - [모니터] - [모니터(쓰기모드)]또는 Shift + F3을 누르면된다.

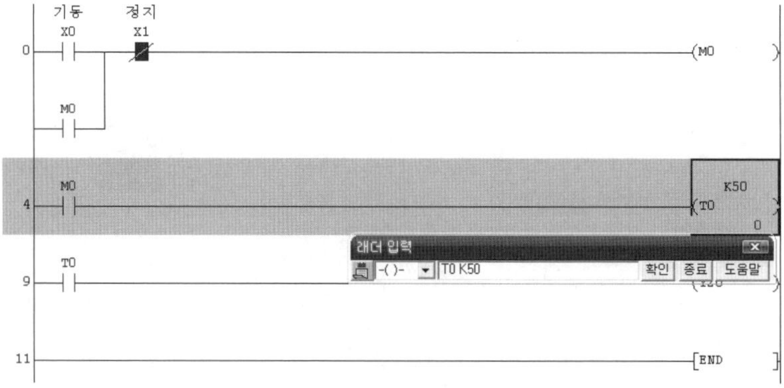

② 모니터(쓰기모드) 중에 커서를 타이머 출력을 현재 3초에 설정된 값을 5초로 수정 해 보도록 한다.

③ 커서를 타이머 출력 코일에 이동 후 Enter↵ 또는 더블클릭을 하여 위와 같이 래더 입력 창이 뜨면 "T0 K30"으로 되어 있는 값을 "T0 K50"으로 수정한다.

④ 입력이 완료 되었으면 확인버튼을 누른다.

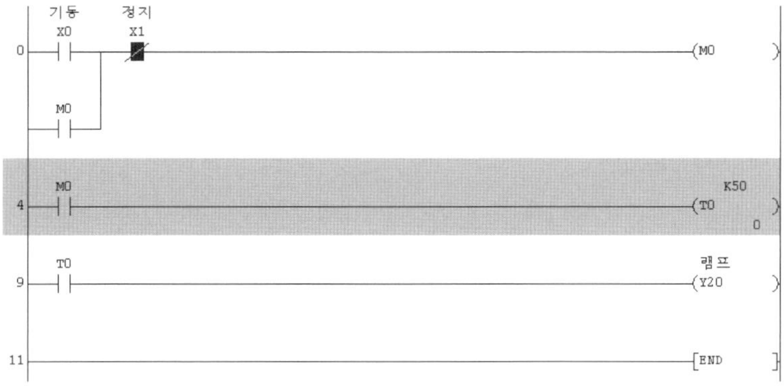

⑤ 위와 같이 수정한 부분이 변환되지 않은 래더로 표시 되어 있을 것이다.

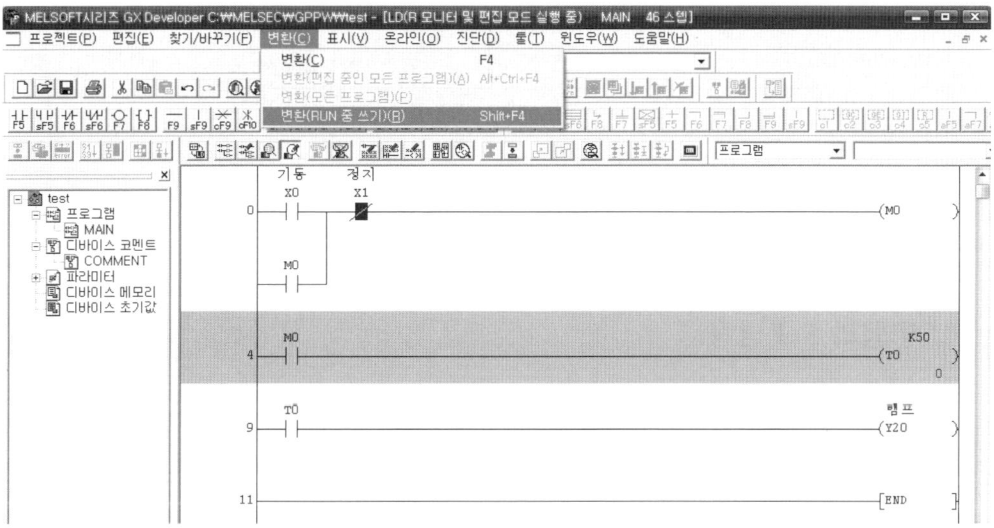

⑥ 런중 쓰기에서 변환되지 않은 래더를 변환하기 위해서는 메뉴 바에서 [변환] - [변환(RUN 중 쓰기)] 또는 Shift + F4를 누르면 된다.

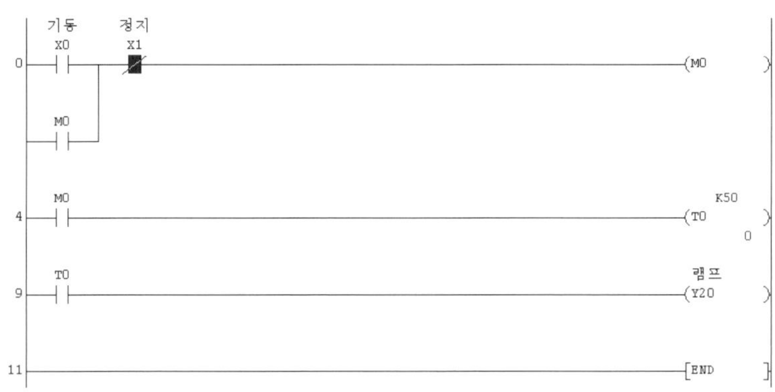

⑦ 위와 같이 타이머의 설정 시간이 바뀐 상태로 변환이 완료 되었다.

5 GX Developer 응용명령

PLC Control Technology

1) SET명령과 RST명령

(1) SET 명령은 동작신호가 ON이 되었을 때 입력된 디바이스가 ON되고, RST명령에 의해 OFF되기 전까지 ON되어 있는 상태를 유지한다.

(2) 사용법 및 기능 설명

- 실행 조건: "X0"을 ON하였을 때 SET 명령을 사용한 내부릴레이 "M0"가 ON상태를 유지하고 "X1"을 ON하면 "M0"가 RST명령에 의해 OFF된다.
- 프로그램:

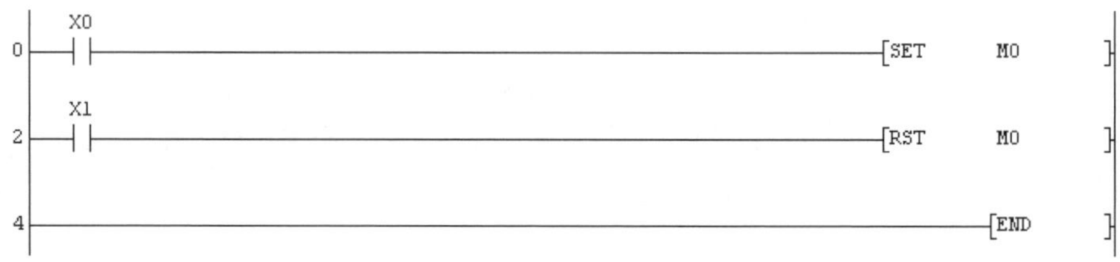

2) PLS명령과 PLF명령

(1) PLS명령은 입력 신호가 ON되는 순간 1펄스 동안만 출력을 ON시킨다.
PLF명령은 입력 신호가 ON상태였다가 OFF되는 순간 1펄스 동안만 출력을 ON시킨다.

(2) 사용법 및 기능 설명

- 실행 조건: "X0"을 ON하는 순간 "MO"이 1펄스동안 ON되어 "M2"을 SET명령을 사용하여 ON시키고, "X0"이 OFF되는 순간 "M1"가 1펄스동안 ON되어 "M2"을 RST명령을 사용하여 OFF시킨다.
- 프로그램:

3) MC명령과 MCS명령

(1) 마스터 컨트롤 명령은 회로의 공통 모선을 개폐함으로써, 효율성 높은 회로 전환용 시퀀스 프로그램을 작성할 수 있는 명령이다.

(2) 사용법 및 기능 설명

- 실행 조건 : "X0"이 ON되면, "Y20"이 ON되고 MC명령어를 안에 작성한 프로그램은 "X1"이 ON되어야만 작동하도록 프로그램 되어 있다.
- 프로그램 :

*비고 : MC N1 M0 란?

- MC: 마스터 컨트롤 작동
- N1: 네스팅 번호 (0번부터 14번까지 사용할 수 있음)
- M0: MC동작시 ON됨 (내부릴레이 또는 Y 디바이스 사용)

4) 비교 연산 명령

(1) 비교 연산 명령에는 = (같다), 〉(크다), 〈 (작다), 〉= (크거나 같다), 〈= (작거나 같다), 〈 〉(같지 않다)가 있다. 사용 방법은 모두 동일하고, 상황에 맞게 알맞은 명령을 사용하면 된다.

(2) 사용법 및 기능 설명

- 실행 조건: = (같다) 명령을 사용하여 "D0" 값과 "D1" 값이 같을 경우에만 "Y20" ON 된다.
- 프로그램:

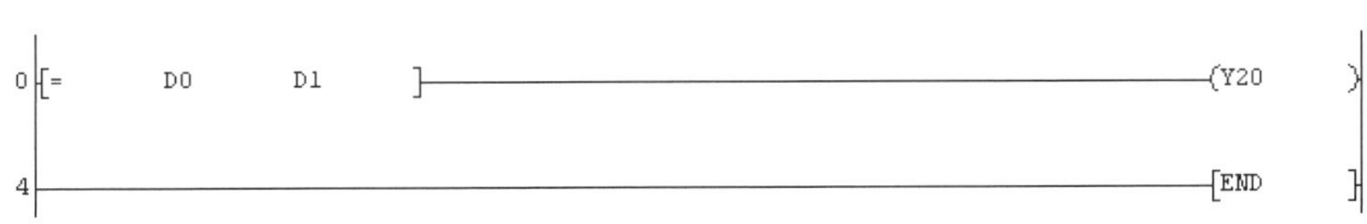

5) 사칙 연산 명령

(1) 사칙 연산 명령에는 + (더하기), − (빼기), * (곱하기), / (나눗기)가 있다. 사용 방법은 모두 동일하고, 상황에 맞게 알맞은 명령을 사용하면 된다.

(2) 사용법 및 기능 설명

- 실행 조건: + (더하기) 명령을 사용하여 "X0"을 ON 할 때 마다 "D0" 값에 1씩 더한다.
- 프로그램:

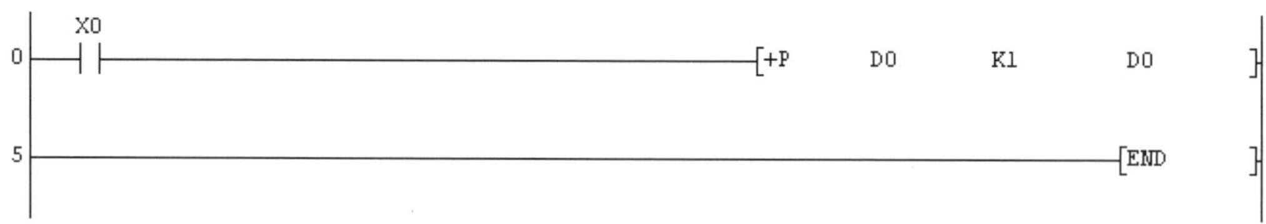

*참고사항 : +P란?

− +(더하기)명령에 P를 붙여 사용했을 경우에는 입력이 ON되면, 1펄스동안만 +(더하기)명령이 동작 하도록 한다.

6) 데이터 변환 명령

(1) BCD 변환과 BIN변환을 주로 사용하는데, BCD변환은 BIN을 BCD로 변화하는 것이고 BIN변환은 BCD를 BIN으로 변환하는 것이다.

(2) 사용법 및 기능 설명

− 실행 조건: "X0"을 ON하면 "D0"에 있는 값이 BCD로 변환 되어 "D1"에 저장된다.

− 프로그램:

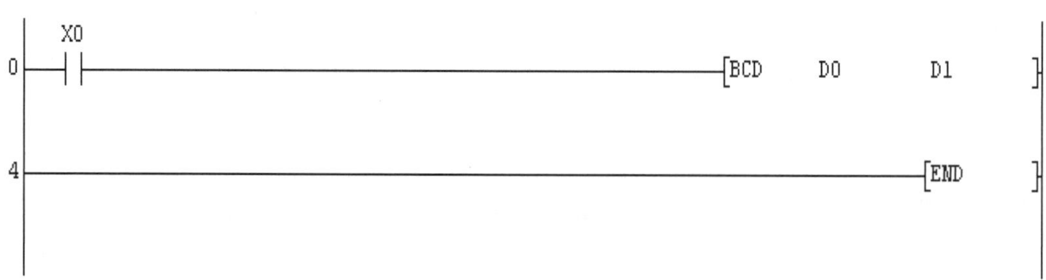

*참고사항: BIN변화시도 위와 동일하며 "D0"값 대신에 직접적으로 값을 지정하여 사용할 수도 있다.(예: BCD K2903 D1)

7) 데이터 전송 명령

(1) MOV(데이터 전송)명령은 데이터의 값을 임의적으로 바꾸거나 다른 데이터의 값을 복사하여 저장할 수 있도록 되어 있다.

(2) 사용법 및 기능 설명

- 실행 조건: “X0”이 ON되면 “K200”의 값이 “D0”에 저장 된다.
- 프로그램:

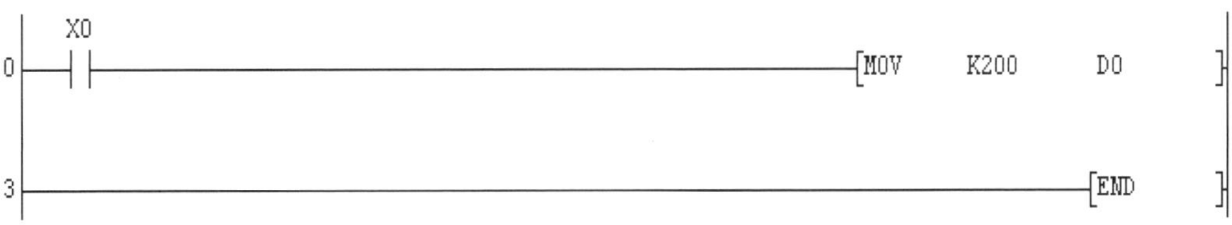

* 기타 다른 명령의 활용 및 자세한 사항은 같이 첨부된 실습예제를 통하여 참고 하시오.

제2절 GX Works2의 기본이론

1 프로그램 설치

1) 프로그램 설치

① 동봉된 CD에 GX-Works2 폴더에서 setup.exe를 실행한다.

설치 파일

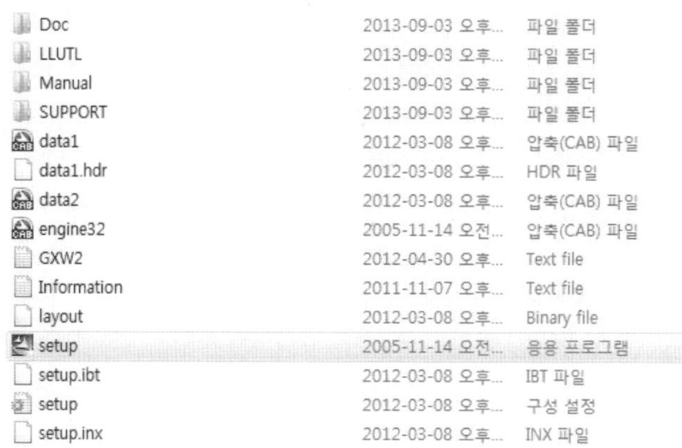

② 설치마법사가 실행되고 아래와 같은 화면이 나타나면 다음 버튼을 클릭한다.

설치 파일

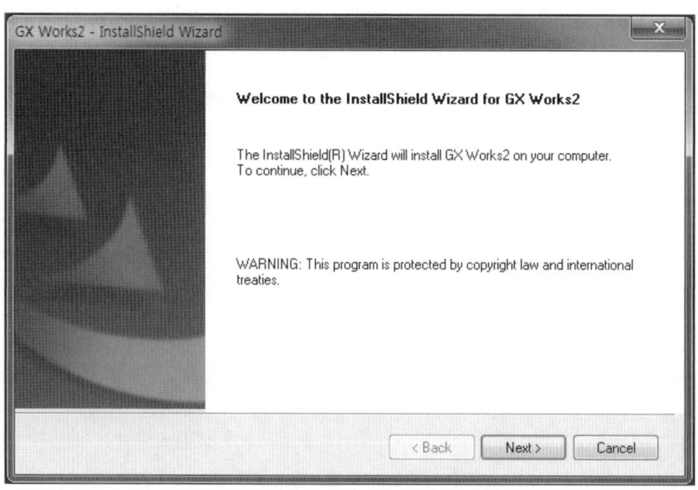

③ 설치할 S/W의 사용자명, 회사명, 시리얼 넘버를 입력한 뒤 다음 버튼을 클릭한다.
(시리얼 넘버는 설치 폴더의 GXW2.TXT 파일을 참조)

이름 및 회사명,
시리얼 넘버 입력

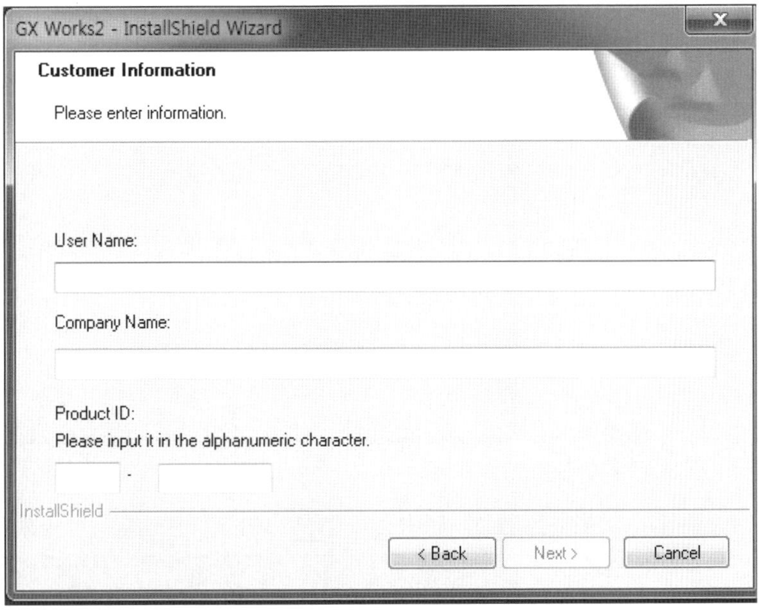

④ S/W 설치경로를 설정한 뒤 다음 버튼을 클릭한다.

설치 경로 설정

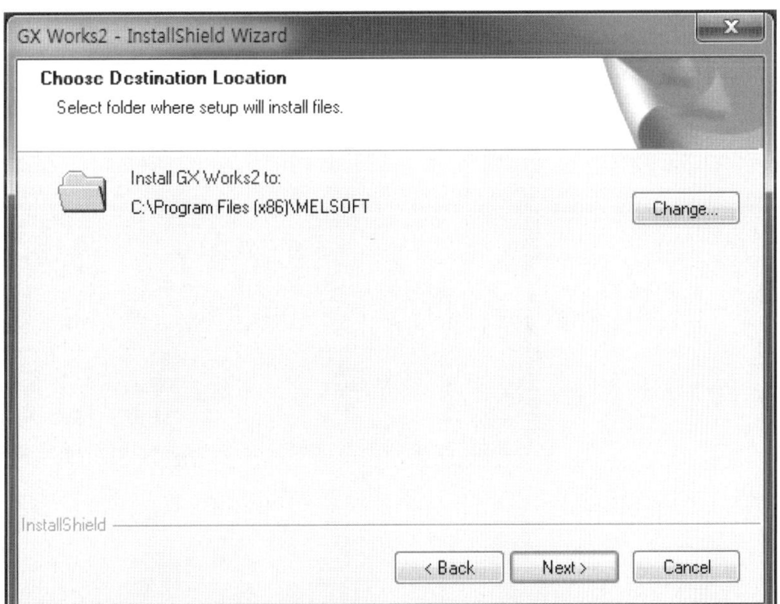

⑤ GX-Works2 설치프로그램이 정상적으로 진행되면 아래와 같이 설치화면이 뜬다.

설치 중

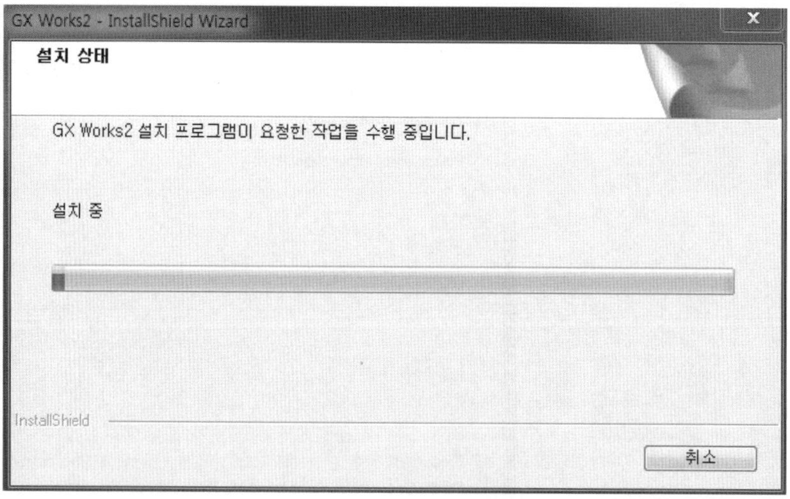

⑥ 설치가 완료되면 완료 버튼을 클릭하여 설치마법사를 종료한다.

설치 완료

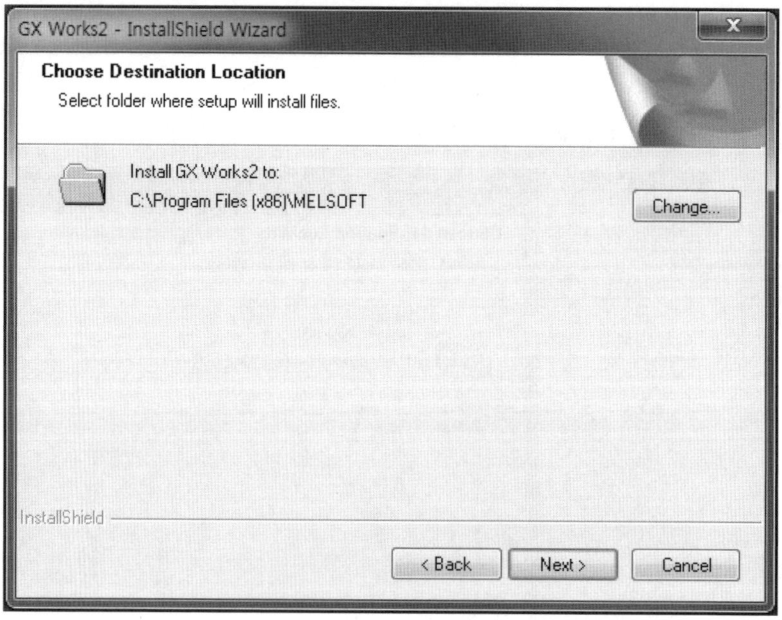

⑦ GX-Works2가 정상적으로 설치되면 바탕화면에 아래와 같은 아이콘이 생성된다.

GX-Works2 실행 아이콘

⑧ GX-Works2 아이콘을 더블 클릭하여 실행하면 아래와 같이 프로그램이 실행된다.

초기 실행 화면

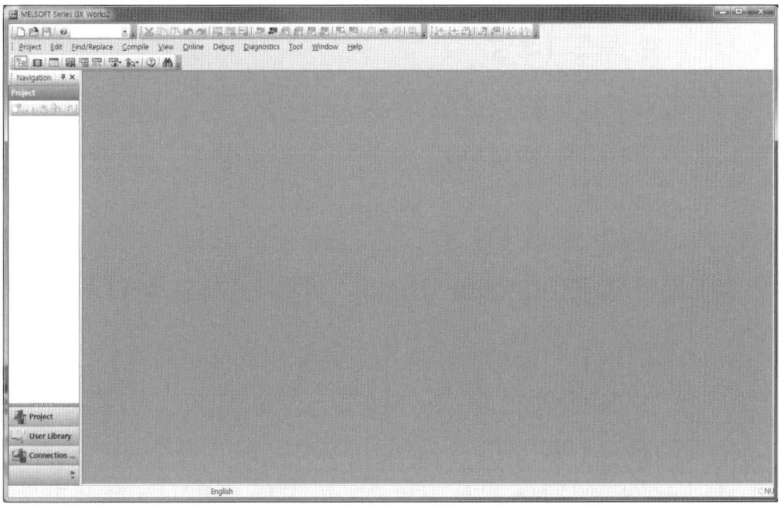

2 프로그램 특징

PLC Control Technology

GX-Works2 소프트웨어의 특징에 대해서 살펴보도록 하자. 그러나 PLC를 사용하는데는 이와 같은 특징을 모두 이해해야만 가능한 것은 아니므로 간단하게 특징을 알아보자.

1) 소프트웨어의 공통화

GX-Works2는 Q 시리즈, QnA 시리즈, A 시리즈[모션 컨트롤러(SCPU)]를 포함, FX 시리즈의 데이터를 작성할 수 있고, 설정 조작은 공통으로 가능하며 GPPA라고 한다.
또한 SW□-GPPQ형 GPP 기능 소프트웨어 패키지(GPPQ라고 한다.) 형식의 파일로 변환하여 GPPA 또는 GPPQ상에서 편집할 수 있다. 또 FX 시리즈를 선택했을 경우는 DOS판 프로그래밍 소프트웨어 [이하 FXGP(DOS)라고 한다.], SW0PLC-FXGP/WIN형 프로그래밍 소프트웨어[이하 FXGP(WIN)라고 한다.] 형식 파일로 변환하여 FXGP(DOS) 또는 FXGP (WIN)상에서 편집할 수 있다.

2) Windows의 장점을 살려 조작성이 비약적으로 향상

Excel, Word 등에서 작성한 코멘트 데이터 등을 복사, 붙여넣기 하여 유용하게 사용된다.

3) 프로그램의 표준화가 가능

(1) 라벨 프로그래밍

라벨 프로그래밍으로 시퀀스 프로그램을 작성하면, 디바이스 번호를 의식하지 않고 라벨에 의해 표준 프로그램을 작성할 수 있다. 라벨 프로그래밍으로 작성한 프로그램은 컴파일 함으로써 실행 프로그램으로 사용할 수 있다.

(2) 펑션 블록(Function Block, 이하 FB라고 한다.)

FB는 시퀀스 프로그램의 개발 효율의 향상을 목적으로 한 기능이다. 시퀀스 프로그램을 개발할 때에 반복해 사용하는 시퀀스 프로그램의 래더 블록을 부품 화하여 시퀀스 프로그램의 개발을 용이하게 한다. 또한 부품 화에 의해 다른 시퀀스 프로그램에 쓰이게 될 때 시퀀스 프로그램을 잘못 입력하는 것을 막을 수 있다.

(3) 매크로

임의의 래더 유형에 이름(매크로 명)을 붙여 파일에 등록(매크로 등록)해두면 간단한 명령을 입력하는 것만으로 등록되어 있는 래더 유형을 읽어내 디바이스를 변경하여 유용하게 사용할 수 있다.

4) 풍부한 프로그램 언어를 제공

릴레이 심볼어, 논리 심볼어, MELSAP3(SFC), MELSAP-L, 펑션블럭을 작성할 수 있으며 스트럭처 텍스트(Structure Text, 이하 ST언어라고 한다)가 추가되었다.
ST 언어에 대한 특징은 다음과 같다.

(1) C 언어 등의 고급 언어와 동등한 프로그래밍이 가능

ST 언어는 C 언어 등의 고급 언어와 똑같이 조건문에 의한 선택 분기나 반복문에 의한 반복 등의 구문에 의한 제어를 기술할 수 있다. 이 때문에 보기 쉬운 프로그램으로 간결하게 쓸 수 있다.

(2) 연산처리를 용이하게 기술

ST 언어는 리스트나 래더에서 기술하기 어려운 연산 처리를 간결하고 보기 쉽게 기술할 수 있으므로 프로그램의 가시성이 좋고, 복잡한 산술 연산・비교 연산 등을 실시하는 분야에 적절하다.

5) 타국 액세스를 간단하게 설정

접속 상대의 지정을 그래픽화한 도형에서 설정할 수 있으므로 복잡한 시스템을 구축하고 있는 경우라도 간단하게 설정할 수 있다.

6) PLC CPU와 다양한 방법으로 접속 가능

① 시리얼 포트 경유
② USB 경유
③ MELSECNET(II) 보드 경유
④ MELSECNET/10(H) 보드 경유
⑤ CC-Link 보드 경유
⑥ Ethernet 보드 경유
⑦ CPU 보드 경유
⑧ AF 보드 경유

7) 충실한 디버그 기능이 제공

① GX Simulator를 이용하여 한층 더 간단하게 디버그 할 수 있다. 즉, PLC CPU와 접속할 필요가 없으며, 유사 시퀀스 프로그램을 작성할 필요가 없다.
② 도움말에 CPU 에러, 특수 릴레이・특수 레지스터의 내용을 알고 싶은 경우에 편리하다.
③ 데이터 작성 중에 에러가 발생했을 경우, 무엇이 원인인지 메시지를 표시하므로 데이터 작성 시간을 대폭 절감할 수 있다.

8) GX-Works2의 단축 키 및 프로그램 편집 키 목록

• 표준 툴바 : 표준 툴바와 대응하는 단축키를 나타난다.

툴바 아이콘	단축키	대응하는 메뉴
	Ctrl+N	프로젝트 새로 만들기
	Ctrl+O	프로젝트 열기
	Ctrl+S	프로젝트 저장

• 프로그램 공통 툴바 : 프로그램 공통툴바와 대응하는 단축키를 나타난다.

툴바 아이콘	단축키	대응하는 메뉴
	Ctrl+X	잘라내기
	Ctrl+C	복사
	Ctrl+V	붙여넣기
	Ctrl+Z	실행 취소
	Ctrl+Y	다시실행
	Ctrl+F	디바이스 검색
	–	명령 검색
	Ctrl+Alt+F7	접점 코일 검색
	–	PLC 쓰기
	–	PLC 읽기
	–	모니터시작(모든 윈도우)
	–	모니터 정지(모든 윈도우)
	F3	모니터 시작
	Alt+F3	모니터 정지
	F4	변환/변환+ 컴파일
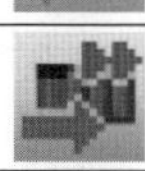	Shift+F4	변환 + RUN 중 쓰기/변환 + 컴파일+ RUN 중 쓰기
	Shift+Alt+F4	변환(모든 프로그램)/변환 + 모두 컴파일
	–	시뮬레이션 시작/정지

• 연결 윈도우 툴바 : 연결 윈도우에서 사용할 수 있는 툴바를 나타난다.

툴바 아이콘	단축키	대응하는 메뉴
	–	내비게이션 윈도우
	–	부품선택 윈도우
	–	아웃풋윈도우
	–	크로스 레퍼런스 윈도우
	–	디바이스 사용 리스트 윈도우
	–	감시윈도우
	–	인텔리전트기능 모듈 모니터
	–	인텔리전트기능 모듈 안내서
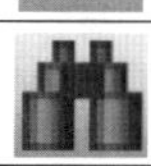	–	검색/바꾸기　윈도우

• 기타 단축키 : 조작대상에 관계없이 사용할 수 있는 기타단축 키를 나타난다.

툴바 아이콘	단축키	대응하는 메뉴
–	F2	데이터명 변경/ 라이브러리명 변경
–	Delete	데이터 삭제
–	Ctrl+Shift+C	데이터 복사
–	Ctrl+Shift+V	데이터 붙여넣기
–	Ctrl+Shift+E	신규 모듈 추가
–	Alt+F4	GX Works2 종료
–	Ctrl+E	크로스 레퍼런스
–	Ctrl+D	디바이스 사용 리스트
–	F11/Ctrl+ .	–
–	Shift+F11/ Ctrl+Shift+ .	–
–	F12/Ctrl+ ,	–
–	Ctrl+F	디바이스 검색
–	Ctrl+Shift+F	문자열 검색

툴바 아이콘	단축키	대응하는 메뉴
–	Ctrl+H	디바이스 대체
–	Ctrl+Shift+H	문자열 대체
–	Ctrl+Alt+↓	–
–	Ctrl+Alt+↑	–
	Shift+F3	감시시작
	Shift+Alt+F3	감시 정지
	Shift+Enter	현재값 변경
	Ctrl+Enter	실행 조건부 디바이스 테스트 등록
	Ctrl+F4	
	Ctrl+F6	

3 Works 2 프로그램 기초

PLC Control Technology

1) 프로젝트 작성

GX Developer에서는 드라이브/경로와 프로젝트명을 설정합니다만, GPPA, GPPQ로 설정되어 있는 시스템명은 설정하지 않습니다.

GX Developer와 GPPA/GPPQ의 차이를 비교해 설명합니다.

- GPPA의 경우

  \, , GPPU SR 시스템명기기명

  경로명

- GPPQ의 경우

  \, , GPPQS YS 시스템명기기명파일명

  경로명

- GX Developer의 경우

  프로젝트명

  경로명

  GPPA, GPPQ의 기기명에 해당합니다.

• GX Developer의 프로젝트 경로명, 프로젝트명은 아래와 같이 설정하여도 가능합니다.

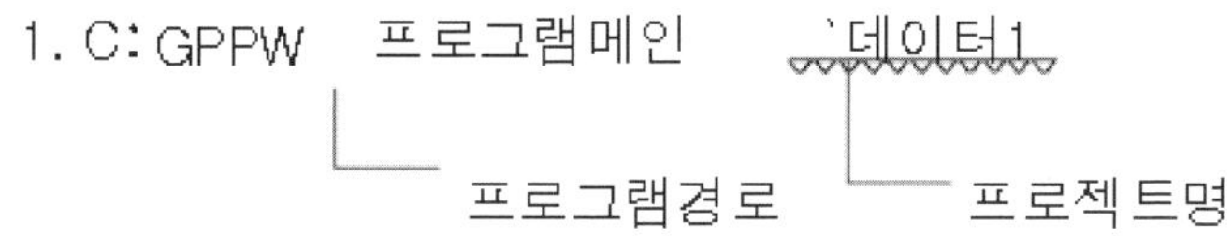

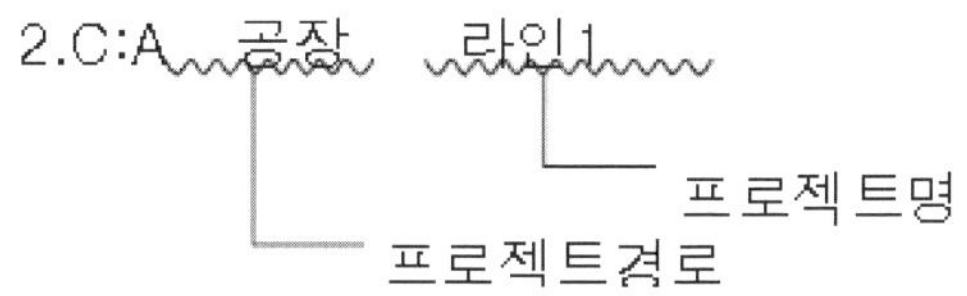

상기와 같이 임의의 디렉터리에 프로젝트를 저장할 수 있습니다.

2) 프로젝트를 저장

• 설정 목적 : 프로젝트의 읽기, 저장, 삭제 및 신규 작성을 실시하기 위해서 프로젝트명을 지정합니다.

• 설정 화면 :

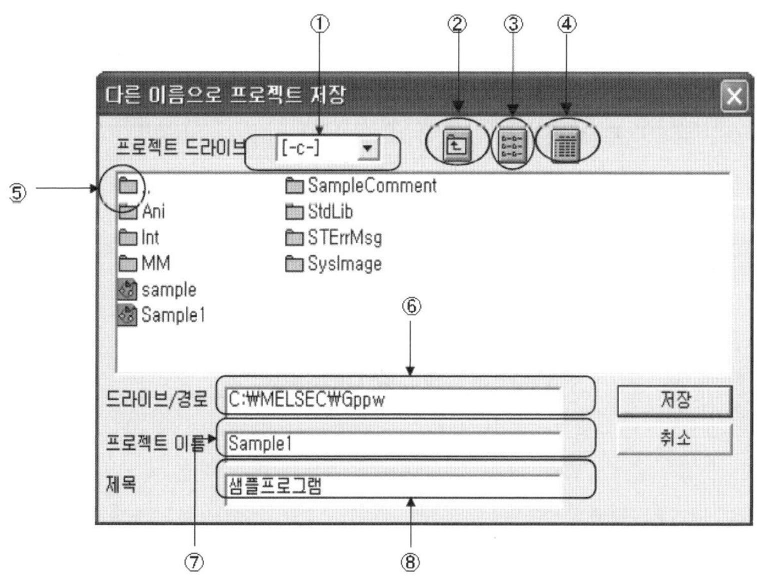

• 항목 설명

① 프로젝트 드라이브 : 프로젝트를 저장할(프로젝트가 저장되어 있는) 드라이브를 지정합니다.

② [button] 버튼 : 클릭하면 현재의 디렉터리의 한 개 위의 디렉터리로 이동합니다.

③ 버튼 : 클릭하면 현재의 디렉터리에 존재하는 디렉터리명, 프로젝트명을 일람으로 표시합니다.

④ 버튼 : 클릭하면 현재의 디렉터리에 존재하는 디렉터리명, 프로젝트명의 CPU타입, 작성 일시, 제목을 표시합니다.

⑤ .. : 더블 클릭하면 현재의 디렉터리의 한 개 위의 디렉터리로 이동합니다.

⑥ 드라이브 / 경로 : 프로젝트를 저장할(프로젝트가 저장되어 있는)경로를 설정합니다. 드라이브/경로를 지정하지 않는다(공백)로 프로젝트명만 지정하면 디폴트의 드라이브/경로가 자동적으로 작성되어 프로젝트가 저장됩니다.

⑦ 프로젝트 이름 : 프로젝트 이름을 설정합니다.
드라이브/경로, 프로젝트명, 각 데이터명을 설정할 때의 사용 가능 문자와 문자수는 다음과 같습니다.

- 문자수 : 드라이브/경로+프로젝트명(8문자 이상 설정 가능)의 문자수는 반각 154 (전각 77) 문자 이내입니다.
  〈예〉 C:₩SW3D5GPPW₩ABCDEFGHIJKLMNOPQRSTUVWXYZ
- 사용 불가 문자
  /, , 〉, 〈, *, ?, " ", |, :, ;(:, 는 드라이브 지정만 설정가능) 프로젝트명의 마지막에 .(피리어드), 공백(스페이스)을 사용하지 마십시오.(프로젝트명의 직후에 스페이스가 있는 경우는, 자동으로 스페이스를 삭제합니다.)

⑧ 제목 : 프로젝트로 설정하는 제목을 반각 32문자(전각 16문자) 이내에서 설정 합니다.

- 설정 예
  ① 저장할 프로젝트 이름 : TEST1
  ② 제목 : 테스트 프로그램 1
  ③ 프로젝트 저장 장소 : A: 5CGPPW 5C
  ④ GX Developer 인스톨 장소 : C: 5CMELSEC 5CGPPW

4 기본조작순서 (works2)

PLC Control Technology

1) 프로젝트 저장

① [프로젝트]→[다른 이름으로 프로젝트 저장]

② 프로젝트의 드라이브를 [-c-]에서 [-a-]로 변경합니다.

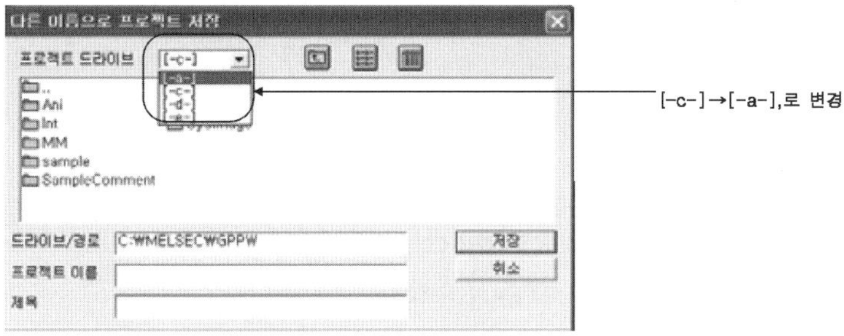

③ 프로젝트 경로 “GPPW”를 입력합니다.

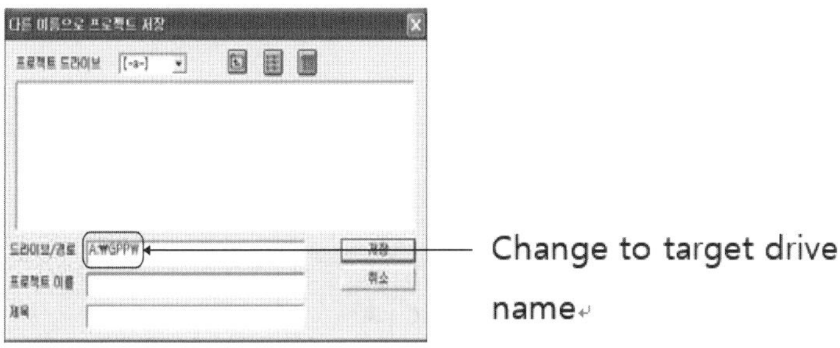

④ 프로젝트명에 “TEST1”을 입력합니다. 또한, 제목에 “테스트 프로그램 1” 이라고 입력합니다.

저장 버튼을 클릭하면 설정한 디렉토리에 프로젝트가 저장됩니다.

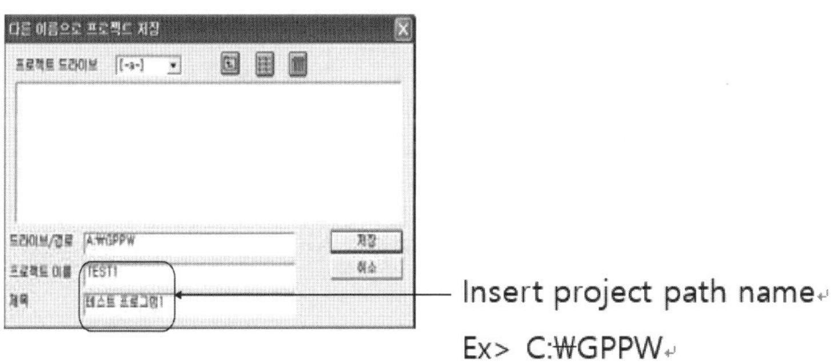

2) 프로젝트 읽기

- 설정 예

① 읽을 프로젝트 이름 : TEST1

② 프로젝트 저장 장소 : A: 5CGPPW 5C

③ GX Developer 인스톨 장소 : C: 5CMELSEC 5CGPPW

• 조작 순서

① [프로젝트]→[프로젝트 열기]

② 프로젝트의 드라이브를 [-c-]에서 [-a-]로 변경합니다.

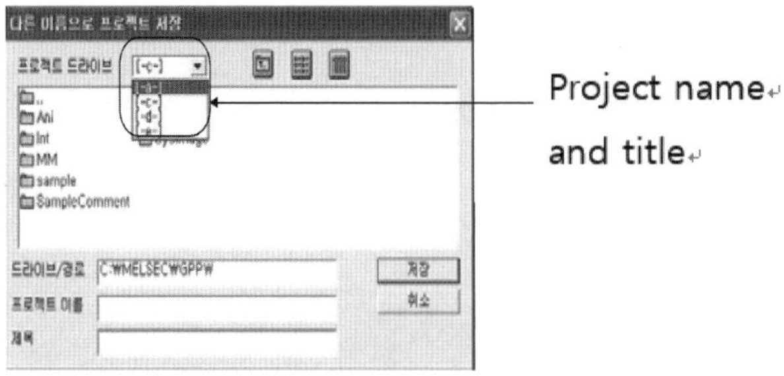

③ 화면에 표시되고 있는 "GPPW"를 더블 클릭하여 프로젝트 경로를 지정합니다.

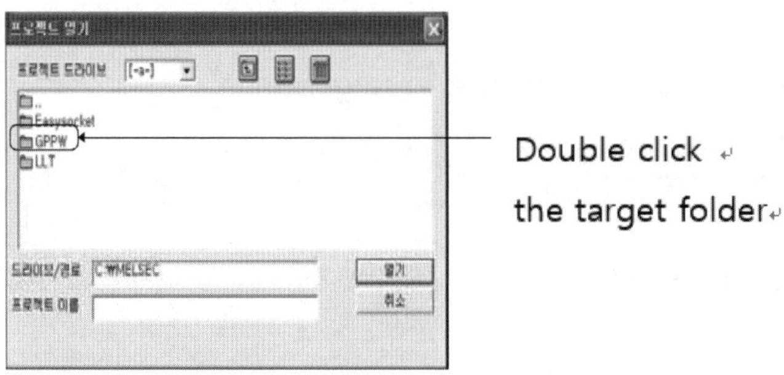

④ 화면에 표시되고 있는 "TEST1"을 클릭하여 읽을 프로젝트명을 지정
열기 버튼을 클릭하면 지정한 프로젝트가 열립니다.

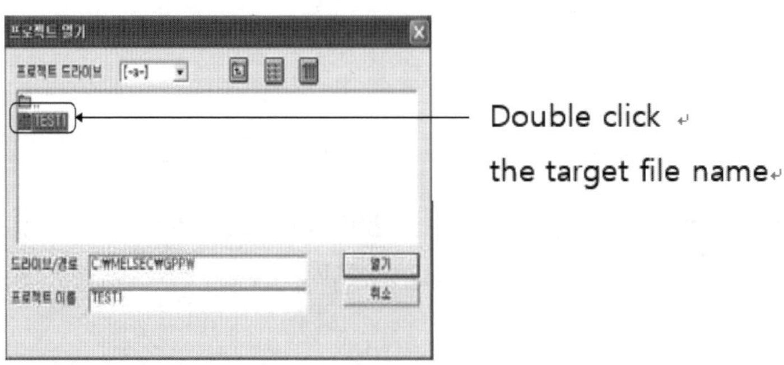

3) 도구 모음

도구모음이란 메뉴바에서 할당 되어 있는 항목 또는 데이터 종류등의 속성이 표시되어 있는 곳입니다.
메뉴의 기동은 커서를 각 아이콘상에 이동시켜 클릭하는 것에 의해서 실행됩니다.
도구모음의 표시/숨기기의 전환은 [표시]→[도구모음]을 선택하는 것에 의해서 실행됩니다.

• 설정 화면

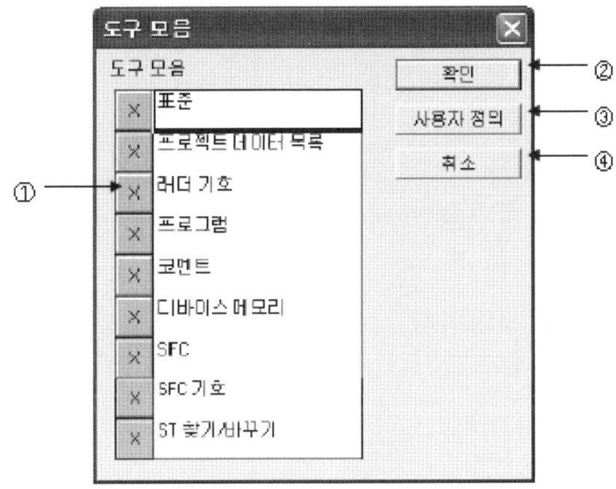

① 도구모음

- 각 도구모음의 표시/숨기기를 선택합니다.
- 도구모음을 표시시킬 때는 선택 버튼을 클릭하여 "X"를 표시시킵니다.

② 확인 버튼

- 설정을 종료하면 클릭합니다.

③ 사용자 정의 버튼

- 툴 버튼의 도구모음에서 표시/숨기기를 설정합니다.
- ①에서 설정을 변경하고 싶은 도구모음을 선택하고 나서 본 버튼을 클릭합니다.
- 툴 버튼을 표시시킬 때는 선택 버튼을 클릭하여 "X"를 표시시킵니다.
- 디폴트는 모두 표시하는 설정입니다.

④ 초기화 버튼

- 클릭하면 도구모음, 프로젝트 데이터 일람의 표시 위치를 초기 상태로 되돌립니다.

4) 상태 표시줄

상태 표시줄이란 어플리케이션 윈도우의 최하부에 위치하여 GX Developer의 스테이터스(상태) 정보를 표시하는 곳입니다.
상태 표시줄의 표시/숨기기의 전환은 [표시]→[상태 표시줄]를 선택하는 것에 의해서 실시합니다.

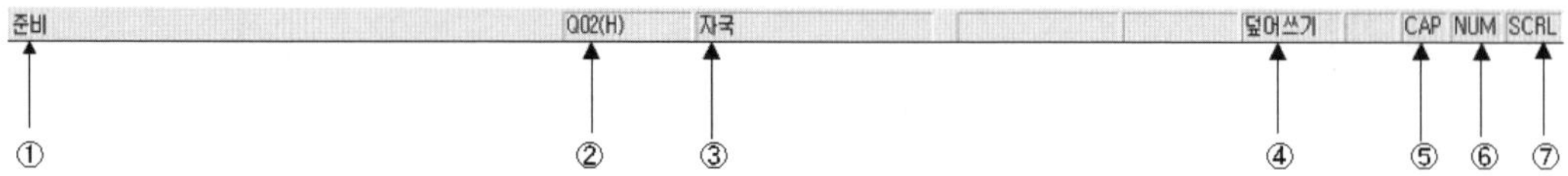

- 설명
  ① 마우스 커서 위치의 설명을 표시합니다.
  ② CPU 타입을 표시합니다.
  ③ 접속 상대 CPU를 표시합니다.
  ④ 현재의 모드를 표시합니다.
  ⑤ Caps Lock 상태를 표시합니다.
  ⑥ Num Lock 상태를 표시합니다.
  ⑦ Scroll Lock 상태를 표시합니다.

5) 편집 화면 확대/축소

- 편집 화면을 확대/축소하는 방법에 대해 설명합니다.
- 필요에 따라서, 편집 화면의 표시 사이즈를 확대/축소할 수 있습니다.
- 조작 순서
  ① [표시] → [확대/축소] → 표시 배율의 선택
  ② 도구모음의  를 선택시 편집 화면이 확대됩니다. 또한,  를 선택시 편집 화면이 축소됩니다.
- 조작 순서
  ① 래더 모드

② 리스트 모드

③ SFC 모드

- 항목 설명
  ① 지정 : 지정 범위는 50~150으로 설정해 주십시오.
  ② 자동 배율
    - 래더 전체가 표시되도록 래더의 가로폭이 자동적으로 조정됩니다.
    - 래더 모드시, 열의 설정은 마스크 됩니다.
    - 리스트 모드시, 자동 배율은 마스크 됩니다.
    - SFC시 열의 지정은 1~최대 열수를 설정할 수 있습니다.

6) 프로젝트 데이터 목록에 대해

- 프로젝트 데이터 목록이란 프로젝트내의 데이터를 분류별로 목록으로 표시하는 것입니다.
- 프로젝트 신규 작성의 라벨 설정에서 「라벨을 사용한다.」, 「라벨을 사용하지 않는다.」를 선택함에 따라 프로젝트 데이터 목록이 다릅니다.
- 프로젝트 데이터 목록을 클릭함으로써 편집 화면을 전환할 수 있습니다.
- 프로젝트 데이터 일람의 표시/숨기기의 전환은 [표시]→[프로젝트 데이터 일람] 또는, (Alt+O)을 선택하는 것에 의해 실시합니다.

또한, 프로젝트 데이터의 신규 추가/복사/삭제/데이터명 변경은 프로젝트 데이터를 오른쪽 클릭하여 실행할 수 있습니다.

- 파라미터 이외의 데이터명은 DEL 키로도 삭제할 수 있습니다.
- 라벨을 사용하지 않는 경우

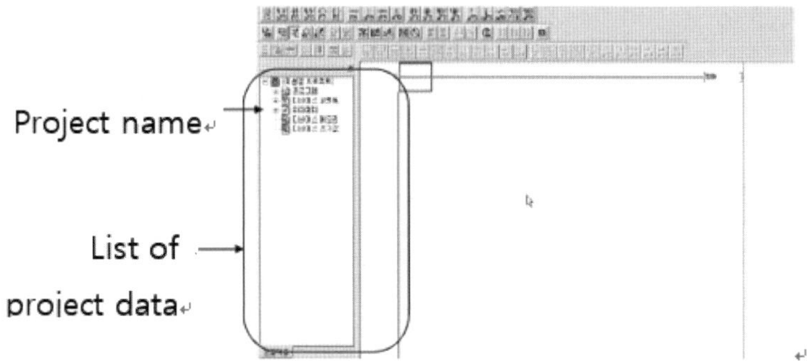

- 라벨을 사용하는 경우

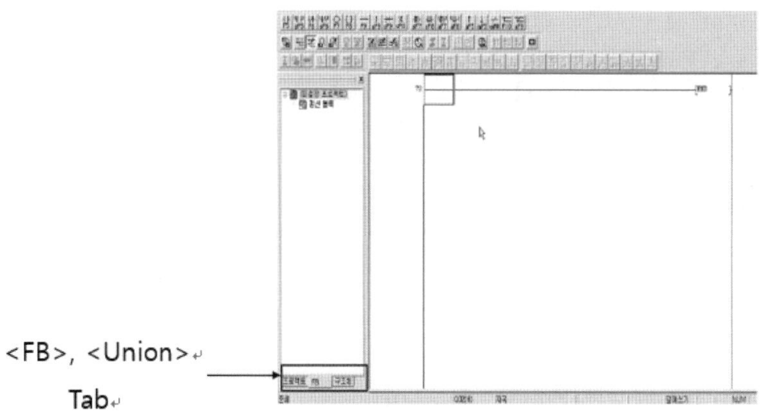

- 프로젝트 데이터 목록은 사이즈의 변경(좌우 방향)이 가능합니다. 또한, X 를 클릭함으로써 숨기기로 할 수 있습니다.

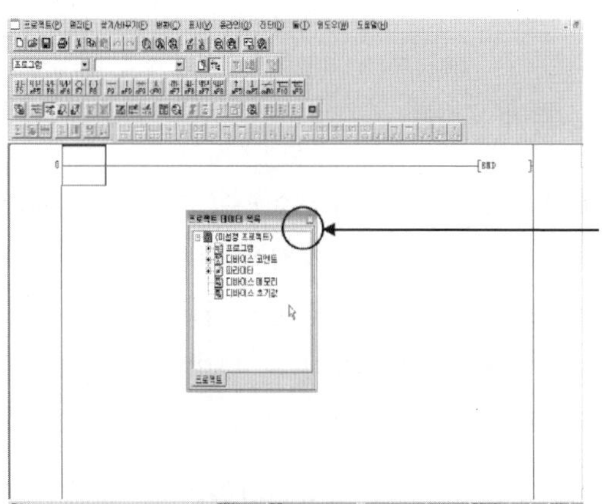

• 도구모음에서 편집 화면을 변경할 수 있습니다.

① 데이터형을 선택합니다.

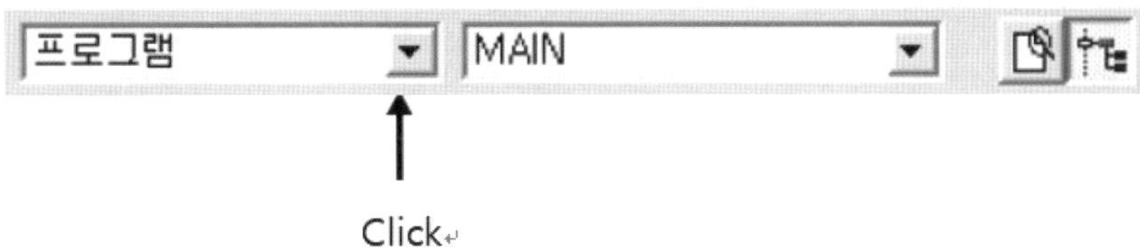

② 변경하고 싶은 데이터형을 선택합니다.

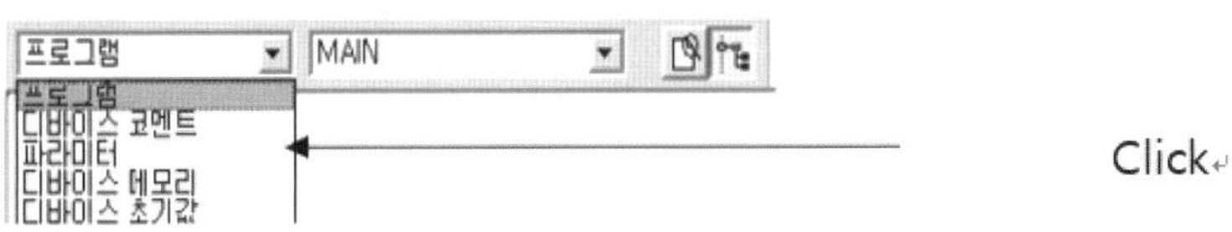

③ 데이터명을 선택합니다.

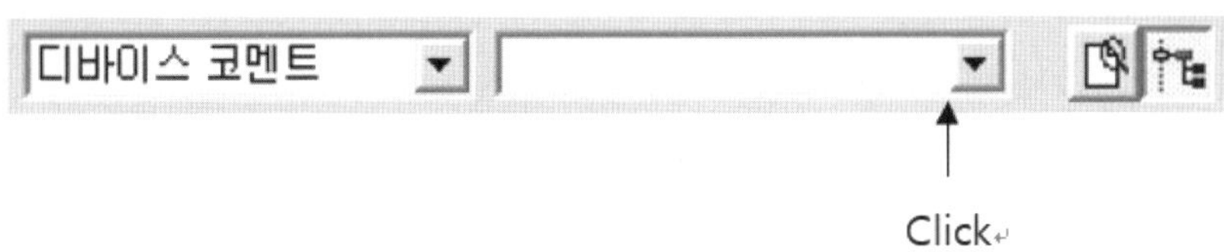

④ 표시시키고 싶은 데이터명을 선택합니다.

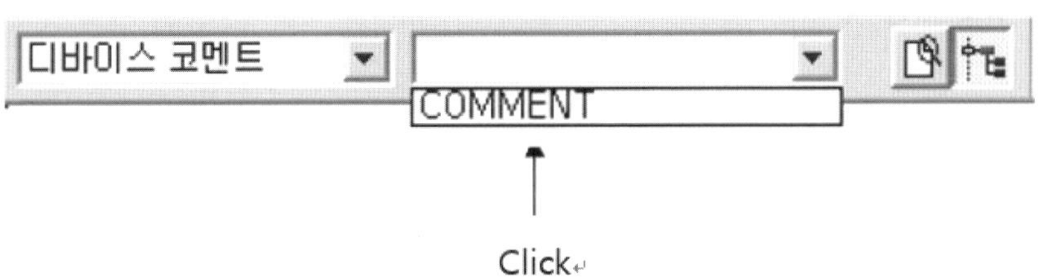

7) 코멘트 표시

• 설정 목적

작성한 디바이스 코멘트를 래더 작성 화면상에 표시합니다.

• 조작 순서

[표시]→[코멘트 표시]

8) 스테이트먼트 표시

• 설정 목적

작성한 스테이트먼트를 래더 작성 화면상에 표시합니다.

- 조작 순서

  [표시]→[스테이트먼트 표시]

9) 노트 표시

- 설정 목적

  작성한 노트를 래더 작성 화면상에 표시합니다.
- 조작 순서

  [표시]→[노트 표시]

10) 기기명 표시

- 설정 목적

  래더 모드로의 기기명 표시를 래더 작성 화면상에 표시합니다.
- 조작 순서

  [표시]→[기기명 표시]

11) 코멘트 표시 형식

- 설정 목적

  래더 모드로의 코멘트 표시를 4행×8문자 또는, 3행×5문자로 표시합니다.
- 조작 순서

  [표시]→[코멘트 표시 형식]

12) 기기명 표시 형식

- 설정 목적

  기기명을 디바이스 표시 위치에 표시합니다.
- 조작 순서

  [표시]→[기기명 표시 형식]→[디바이스명 표시 위치에 표시]

• 설정 화면

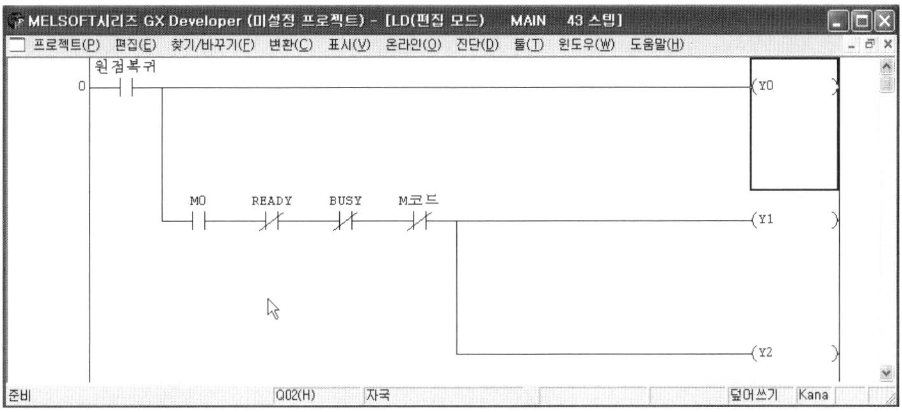

13) 디바이스와 병행하여 표시

• 설정 목적

디바이스 표시 위에 기기명을 표시합니다.(디바이스와 기기명을 동시에 표시)

• 조작 순서

[표시]→[기기명 표시 형식]→[디바이스와 병행하여 표시]

• 설정 화면

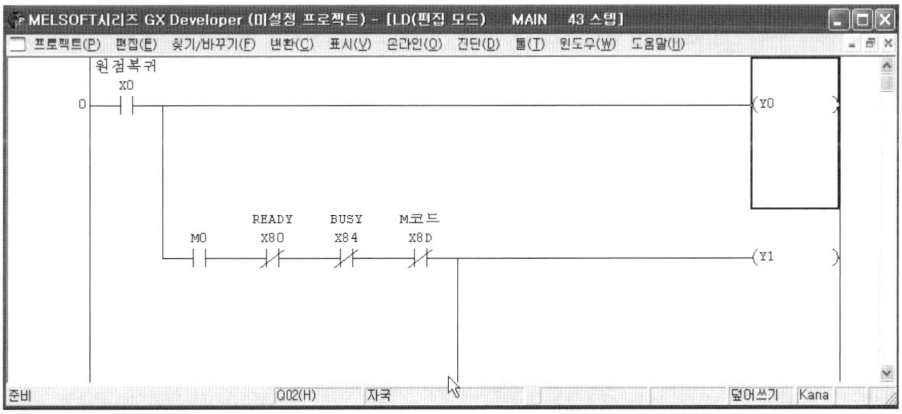

14) 접점 수를 설정한다.

① 9접점으로 한다.

• 설정 목적

래더를 9접점으로 표시합니다.

- 조작 순서
  [표시]→[접점수 설정] →[9접점]

② 11접점으로 한다.

- 설정 목적
  래더를 11접점으로 표시합니다.
- 조작 순서
  [표시]→[접점수 설정]→[11접점]

15) 프로젝트 데이터 표시 형식

- 설정 목적
  프로젝트 데이터 일람의 데이터명을 오름차순, 내림차순으로 정렬합니다.
- 조작 순서
  정렬하지 않는다
  - [표시]→[프로젝트 데이터 표시 형식]→[정렬하지 않는다]

  데이터명 오름차순 정렬
  - [표시]→[프로젝트 데이터 표시 형식]→[데이터명 오름차순 정렬]

  데이터명 내림차순 정렬
  - [표시]→[프로젝트 데이터 표시 형식]→[데이터명 내림차순 정렬]
- 항목 설명
  - 정렬을 할 수 있는 데이터는 프로젝트, 디바이스 코멘트(프로그램별 코멘트만), 디바이스 메모리 등입니다.
  - 정렬을 하면 프로젝트 일람의 《프로젝트》 탭, 《FB》 탭, 《구조체》 탭으로 작성되어 있는 모든 데이터명이 정렬됩니다.

5 모듈 / 입출력 할당

1) 베이스 모드

기본 베이스 모듈, 증설 베이스 모듈에 장착할 수 있는 슬롯수를 할당하는 모드이다. 베이스 모드에는 다음의 2종류가 있다.

- 자동 모드

• 상세 모드

2) 자동 모드

사용하는 베이스 모듈의 실제 슬롯수로 베이스 모듈을 할당하는 모드이다.

3) 상세 모드

베이스 모듈 마다 설정하는 모드이다.
슬롯 수는 사용하는 베이스 모듈의 실제 슬롯 수에 관계없이 설정할 수 있다.

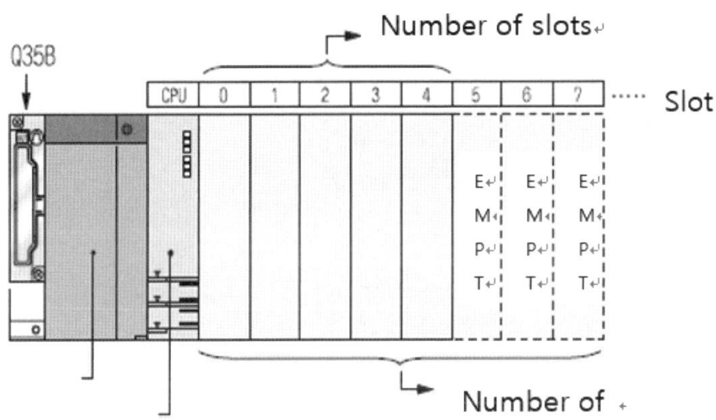

• 실제 슬롯수보다 많은 슬롯수를 설정하는 경우
  - 설정된 슬롯 수만큼을 점유한다.
  - 사용하고 있는 베이스 모듈의 슬롯 이후는 빈 슬롯이 된다.
    예를 들어, 5슬롯의 베이스 모듈을 사용하여 8슬롯으로 설정하면 3슬롯이 빈 슬롯이 된다.
  - 빈 슬롯의 점수는 PLC 파라미터의 PLC 시스템 설정에서 설정한 빈 슬롯 점수 또는 PLC 파라미터의 I/O 할당에서 설정한 점수가 된다.(디폴트는 16점이다.)

• 실제 슬롯수보다 적은 슬롯수를 설정하는 경우
  - 모듈을 장착하지 않은 슬롯 이후를 인식하지 않게 하는 경우에 사용한다.
    예를 들어, 12슬롯의 베이스 모듈을 사용하여 8슬롯으로 설정하면, 베이스 모듈의 오른쪽부터 4슬롯이 사용 금지가 된다.
    (사용이 금지된 슬롯에 모듈을 장착하면 "SP.UNIT LAY ERR."가 된다.)

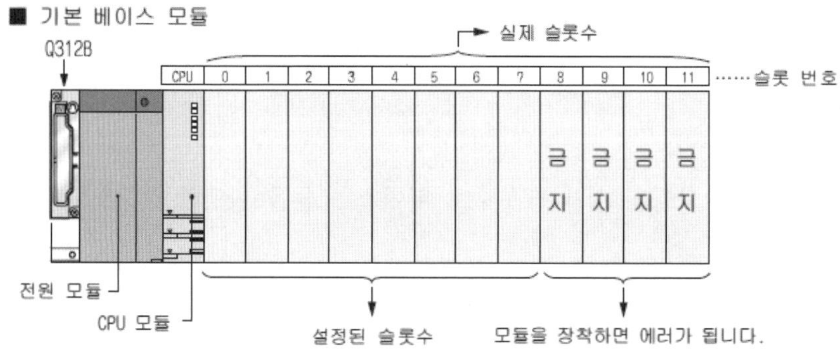

4) 베이스 모듈의 할당 설정

PLC 파라미터의 I/O 할당 설정에서 설정한다.

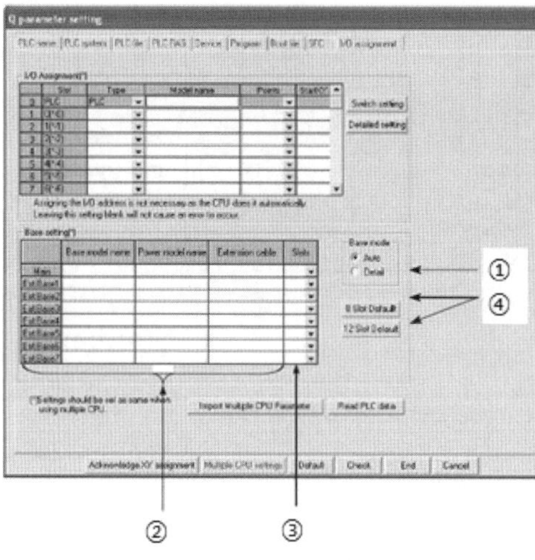

① 자동/상세

- 베이스 모듈의 할당을 자동 모드로 할 것인지, 상세 모드로 할 것인지를 선택한다.

② 베이스 형명, 전원 모듈 형명, 증설 케이블 형명

- 메모 또는 파라미터의 인쇄용으로 사용하는 베이스 모듈의 형명, 전원 모듈의 형명, 증설 케이블의 형명을 각각 반각 16문자 이내로 입력한다.
- CPU 모듈은 입력 내용을 사용하지 않다.

③ 슬롯 수

- 상세 모드의 경우, 사용하는 베이스 모듈의 슬롯수를 선택한다.
- 2(2슬롯), 3(3슬롯), 5(5슬롯), 8(8슬롯), 10(10슬롯), 12(12슬롯)

④ 8장 고정/ 12장 고정

– 상세 모드의 경우, 베이스 모듈을 일괄로 지정 슬롯수로 설정할 때 선택한다.

5) 입출력 번호의 할당

입출력 번호는 다음의 경우에 시퀀스 프로그램에서 사용하는 어드레스를 나타내기 위한 것이다.

- CPU 모듈에 대한 ON/OFF 데이터를 수신한다.
- CPU 모듈에서 외부에 대한 ON/OFF 데이터를 출력한다.

① ON/OFF 데이터의 수신과 출력

– CPU 모듈에 대한 ON/OFF 데이터의 수신은 입력(X)으로, CPU 모듈에서의 ON/OFF 데이터의 출력은 출력(Y)으로 실행한다.

② 입출력 번호의 표현

– 입출력 번호는 16진수로 표현한다.

– 16점의 입출력 모듈을 사용하는 경우 입출력 번호는 1슬롯이 □□ 0 ~□□ F의 16점으로 연번이 된다.

– 입력 모듈의 경우 입출력 번호의 선두에 "X"를, 출력 모듈의 경우 입출력 번호의 선두에 "Y"를 붙이다.

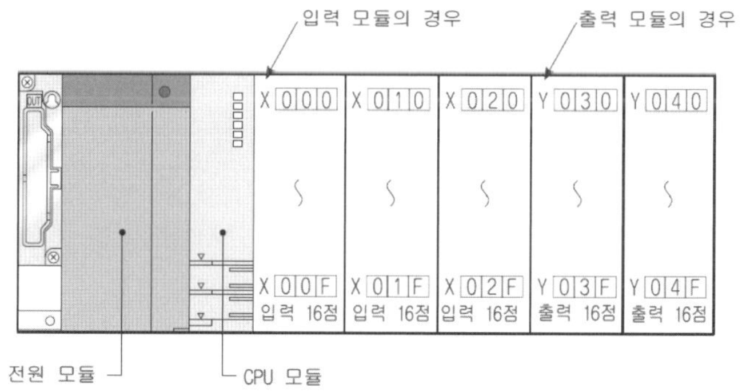

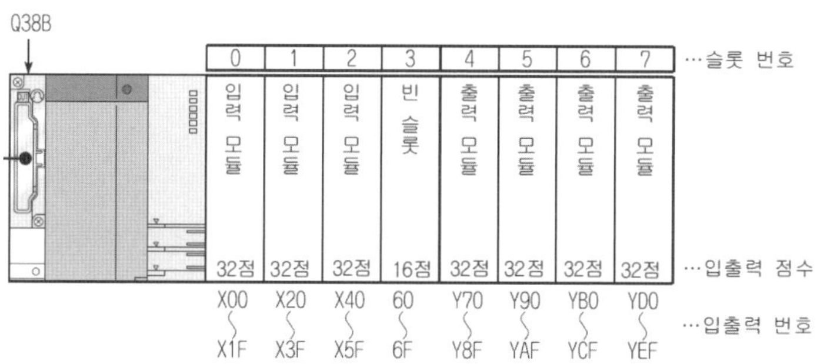

6) I/O 할당 설정

- PLC 파라미터의 I/O 할당 설정에서 설정한다.
- "I/O 할당"에서는 베이스 모듈의 슬롯 마다 다음 항목을 개별적으로 설정할 수 있다.
  - "종류"(모듈 종류)
  - "점수"(입출력 점수)
  - "선두 XY"(선두 입출력 번호)

  예를 들어, 지정 슬롯의 입출력 점수를 변경하는 경우, 점수만 설정할 수 있다.
  설정하지 않은 항목은 베이스 모듈의 장착 상태가 된다.

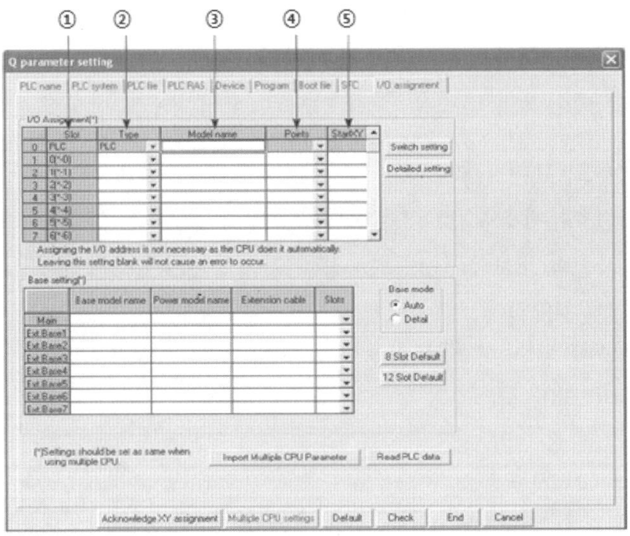

① 슬롯
- 슬롯 No.와 베이스 모듈의 단수 및 슬롯수를 표시한다.
- 베이스 모듈을 자동 모드로 설정한 경우, 베이스 모듈의 단수는 "*"가 되며 슬롯 수는 기본 베이스 모듈의 0 번째 슬롯부터의 슬롯수가 된다.

② 종류
- 장착되어 있는 모듈의 종류를 다음 항목 중에서 선택한다.
  - 빈 슬롯(빈 슬롯)
  - 입력(입력 모듈)
  - 고속 입력(고속 입력 모듈)
  - 출력(출력 모듈)
  - 입출력 혼합(입출력 혼합 모듈)

- 인텔리전트(인텔리전트 기능 모듈)
- 인터럽트(인터럽트 모듈)

● 종류를 설정하지 않은 슬롯은 실장 되어 있는 모듈의 종류가 된다.

③ 형명

● 장착되어 있는 모듈의 형명을 반각 16문자 이하로 설정한다.

● CPU 모듈에서는 설정되어 있는 형명을 사용하지 않습니다.(사용자 메모가 된다.)

④ 점수

● 각 슬롯의 입출력 점수를 변경하는 경우, 다음의 점수 중에서 선택한다.
0점, 16점, 32점, 48점, 64점, 128점, 256점, 512점, 1024점

● 점수를 설정하지 않은 슬롯은 실장 되어 있는 모듈의 점수가 된다.
다만 빈 슬롯에는 PLC 파라미터의 PLC 시스템 설정에서 설정한 점수가 할당된다.
(디폴트 : 16점)

⑤ 선두 XY

● 각 슬롯의 입출력 번호를 변경하는 경우, 변경 후의 선두 입출력 번호를 설정한다.

● 선두 XY를 설정하지 않은 슬롯은 설정되어 있는 슬롯부터 연번으로 입출력 번호가 할당된다.

7) 타이머

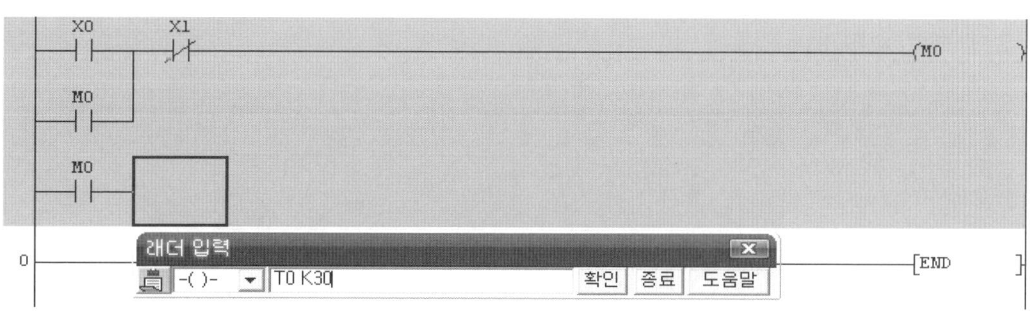

① 툴 바에서 F7 버튼을 클릭한 다음 "T0 K30"을 입력한다.

② 확인 버튼을 누른다.

* 비고 – T0 K30이란?

● T: 타이머를 나타내는 문자　　0: 타이머의 번호
K: 상수를 의미함　　30: 3초를 의미함 (설정 시간)

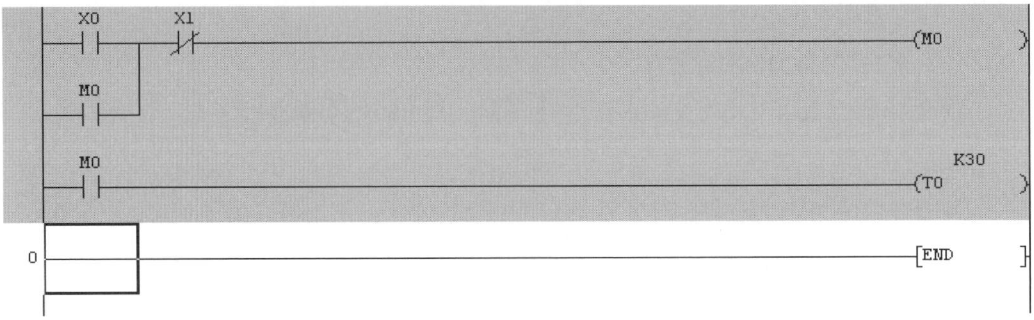

③ 위와 같이 입력한 래더(T0 K30)가 표시된다.

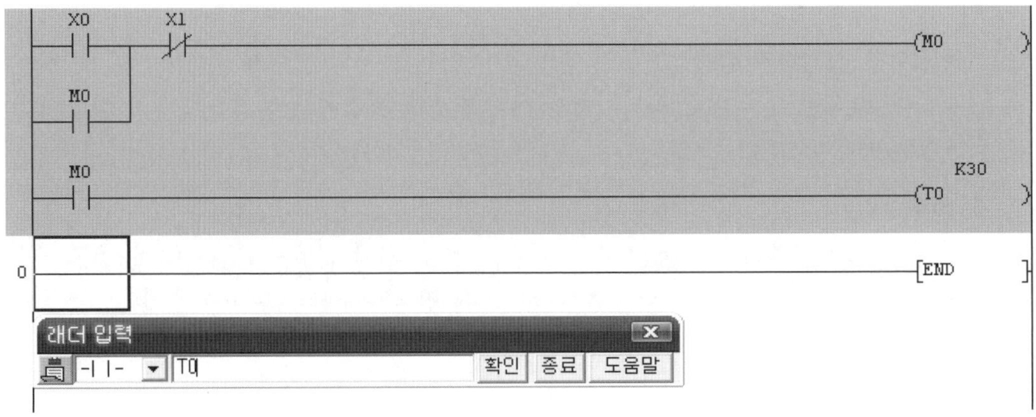

④ 툴 바에서 F5 버튼을 클릭한 다음 "T0"를 입력한다.

⑤ 확인 버튼을 누른다.

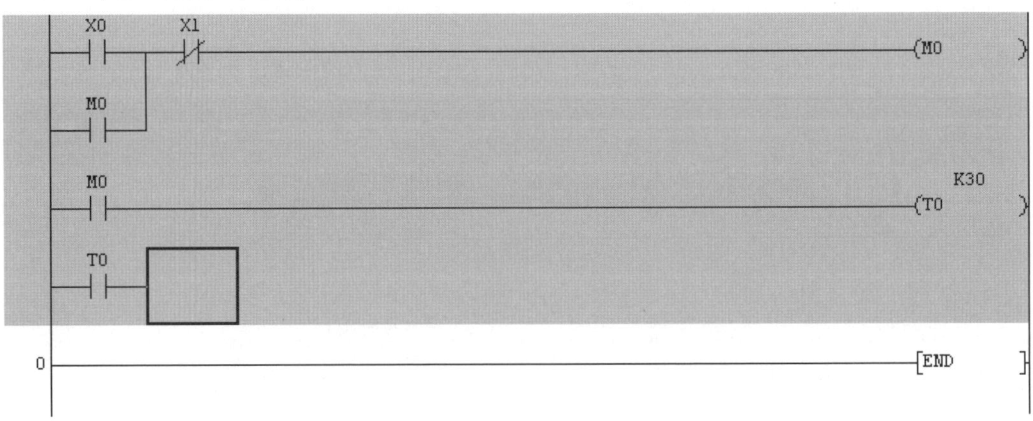

⑥ 위와 같이 입력한 래더(T0)가 표시된다.

8) 카운터

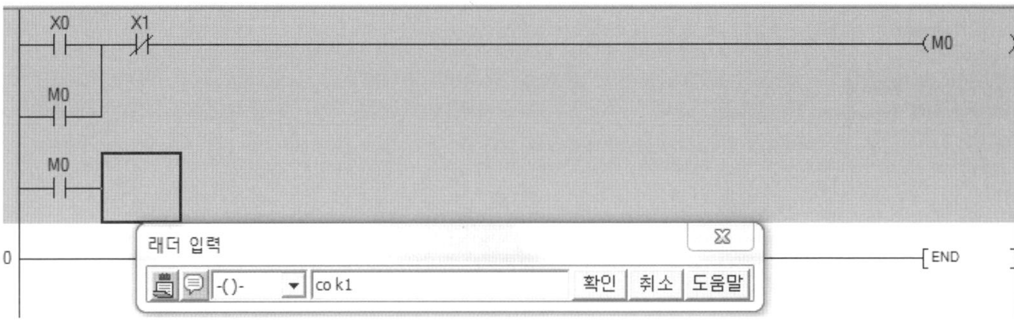

① 툴 바에서  버튼을 클릭한 다음 “c0 k1“을 입력한다

② 확인 버튼을 누른다.

* 비고 - c0 k1 이란?

- c: 카운터를 나타내는 문자　　0: 카운터의 번호
  K: 상수를 의미함　　30: 1번를 의미함 (설정 횟수)

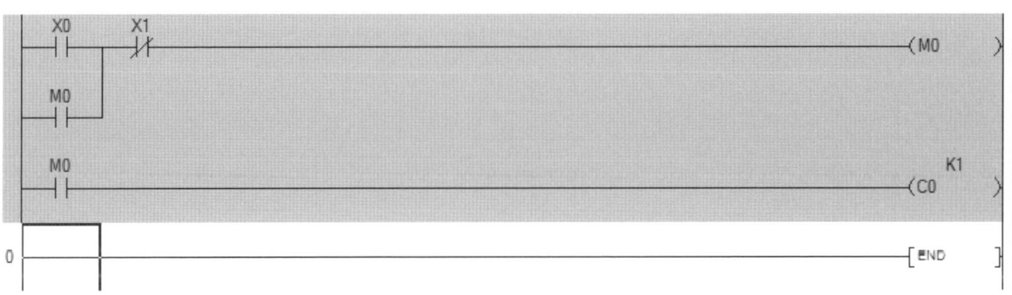

③ 위와 같이 입력한 래더(c0 k1)가 표시된다.

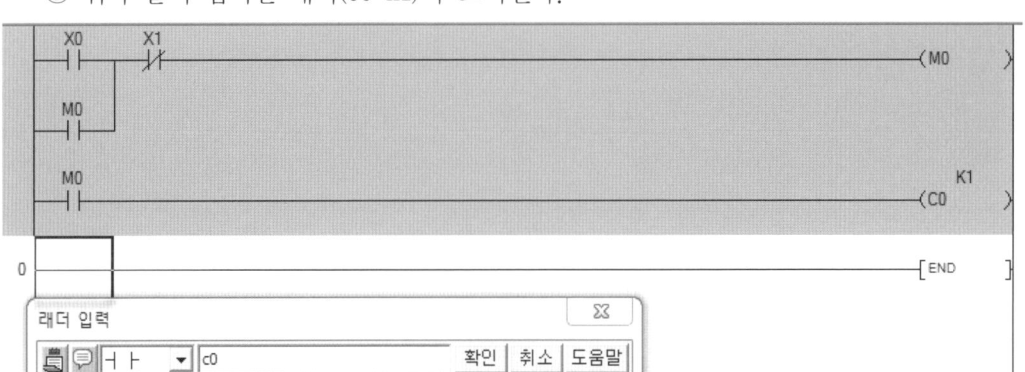

④ 툴 바에서  버튼을 클릭한 다음 “c0”를 입력한다.

⑤ 확인 버튼을 누른다.

⑥ 위와 같이 입력한 래더(T0)가 표시된다.

3

전기회로와 PLC 입출력도

PLC Control Technology

Power Line Communication

1 정지 우선 회로

회로도 1

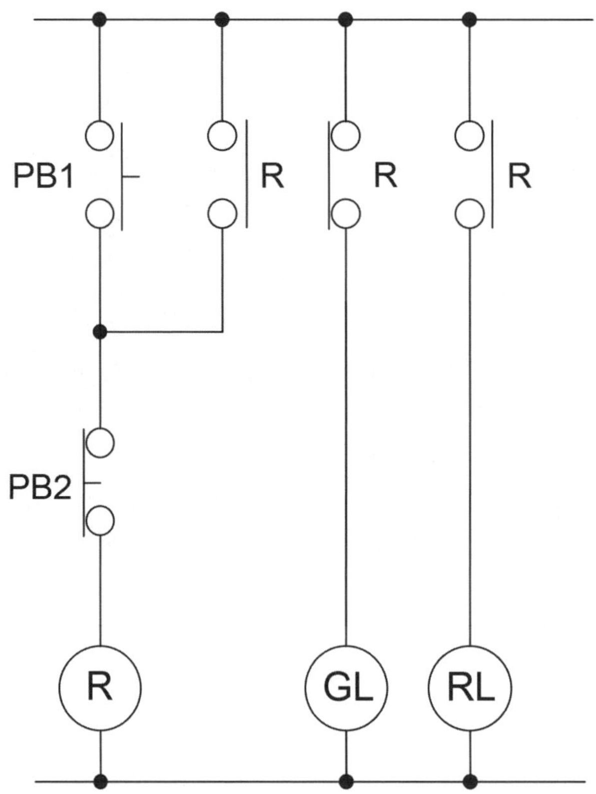

PLC 입출력도

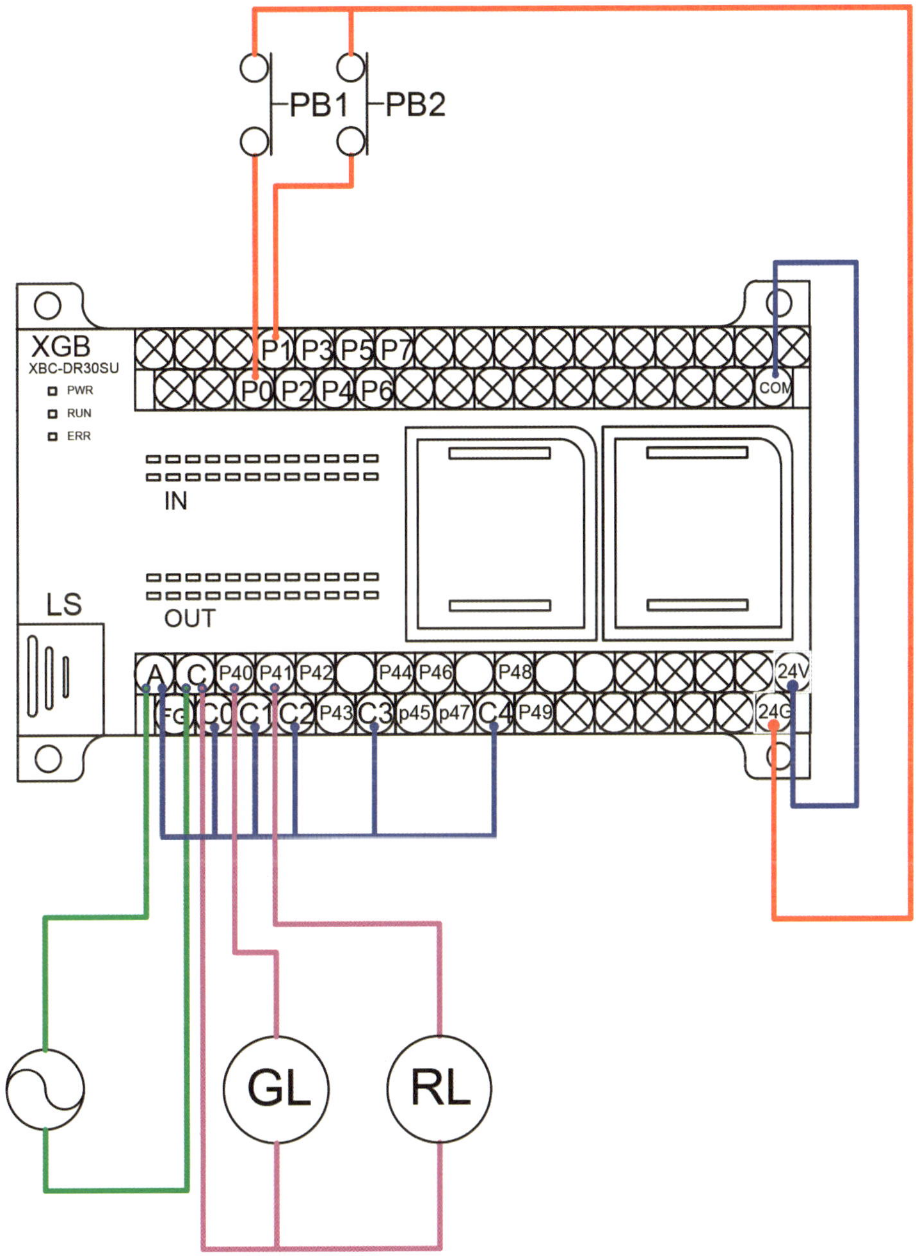
PB1
PB2
XGB
XBC-DR30SU
PWR
RUN
ERR
IN
OUT
LS
P0
P1
P2
P3
P4
P5
P6
P7
COM
A
C
FG
C0
C1
C2
C3
C4
P40
P41
P42
P43
P44
p45
P46
p47
P48
P49
24V
24G
GL
RL

2 기동 우선 회로

회로도 2

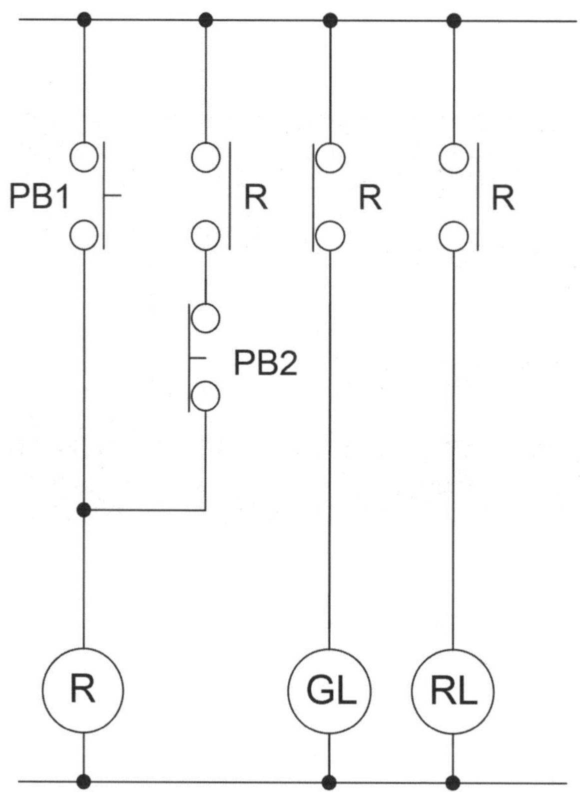

PLC 입출력도

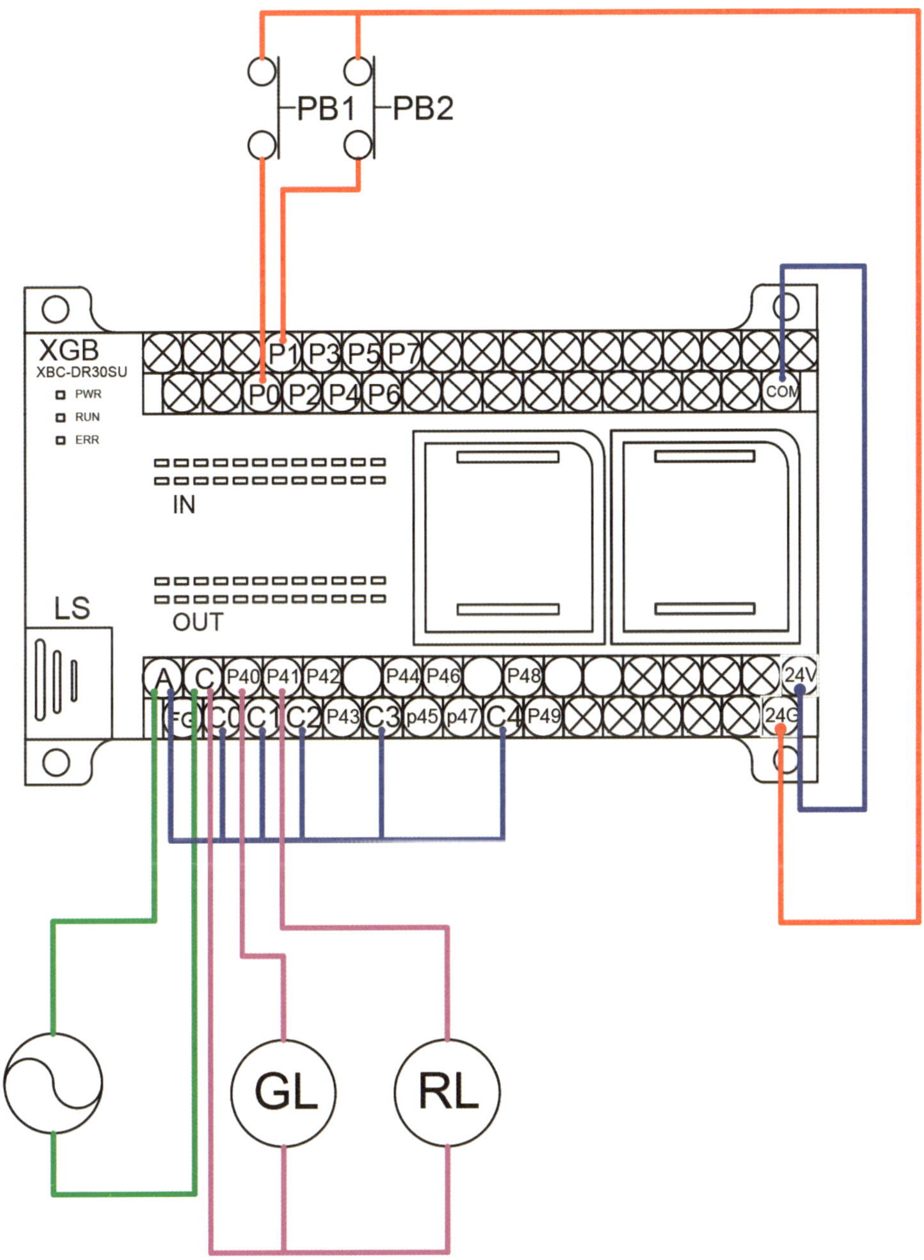
PB1
PB2
XGB
XBC-DR30SU
PWR
RUN
ERR
IN
OUT
LS
P1
P3
P5
P7
P0
P2
P4
P6
COM
A
C
P40
P41
P42
P44
P46
P48
24V
FG
C0
C1
C2
P43
C3
p45
p47
C4
P49
24G
GL
RL

3 타이머 회로

회로도 3

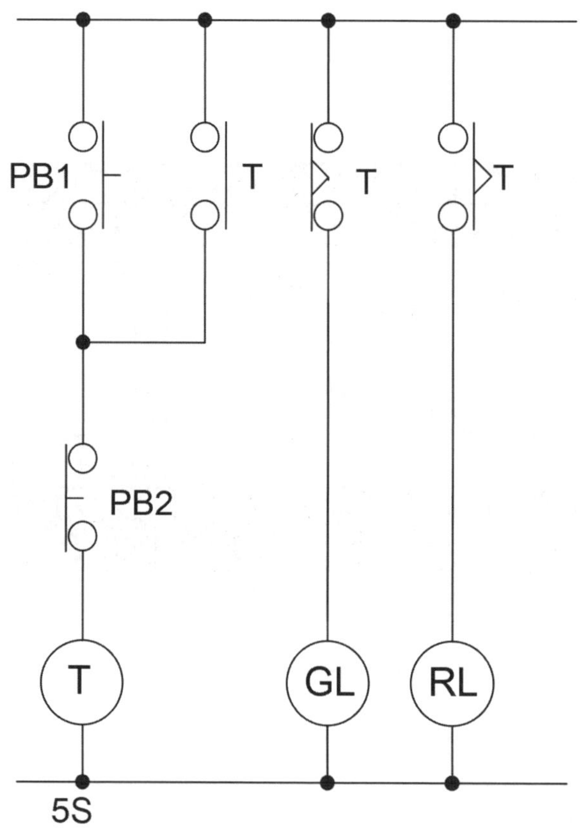

PLC 입출력도

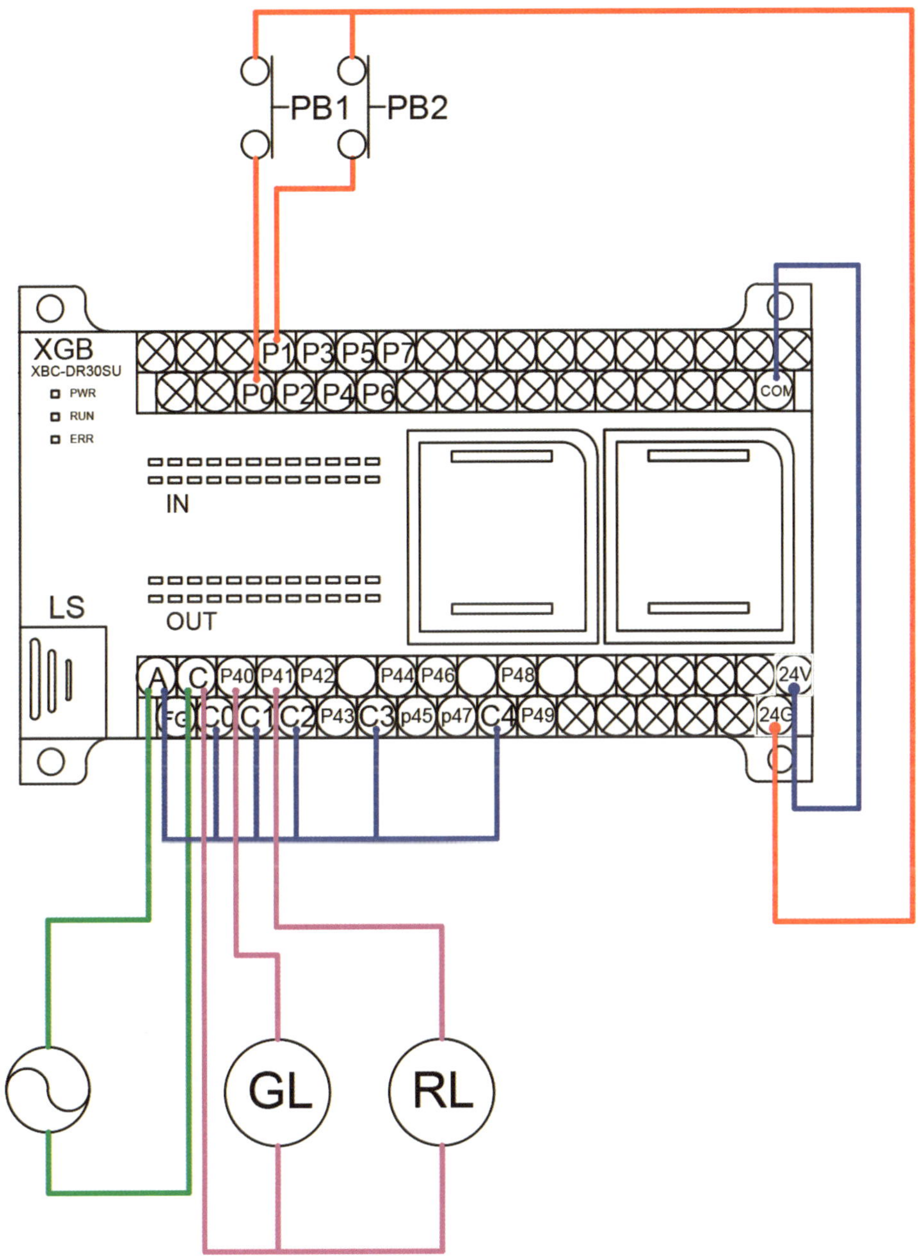
PB1
PB2
XGB
XBC-DR30SU
PWR
RUN
ERR
IN
OUT
LS
P1 P3 P5 P7
P0 P2 P4 P6 COM
A C P40 P41 P42 P44 P46 P48 24V
FG C0 C1 C2 P43 C3 p45 p47 C4 P49 24G
GL
RL

4 타이머 회로

회로도 4

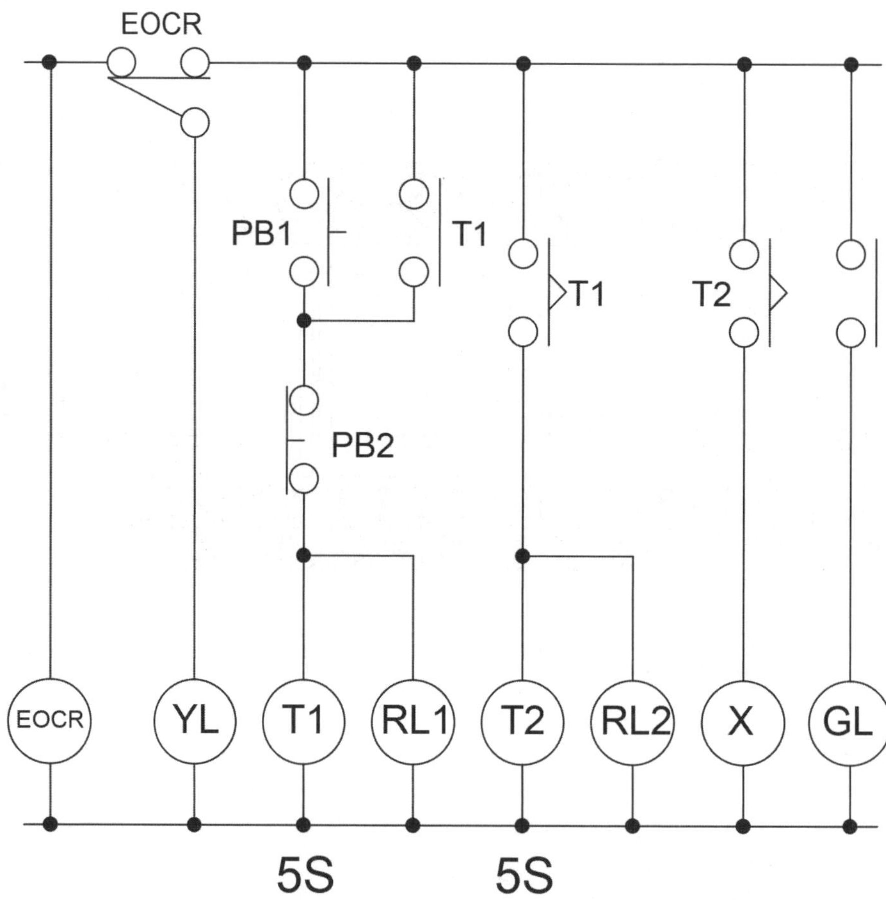

PLC 입출력도

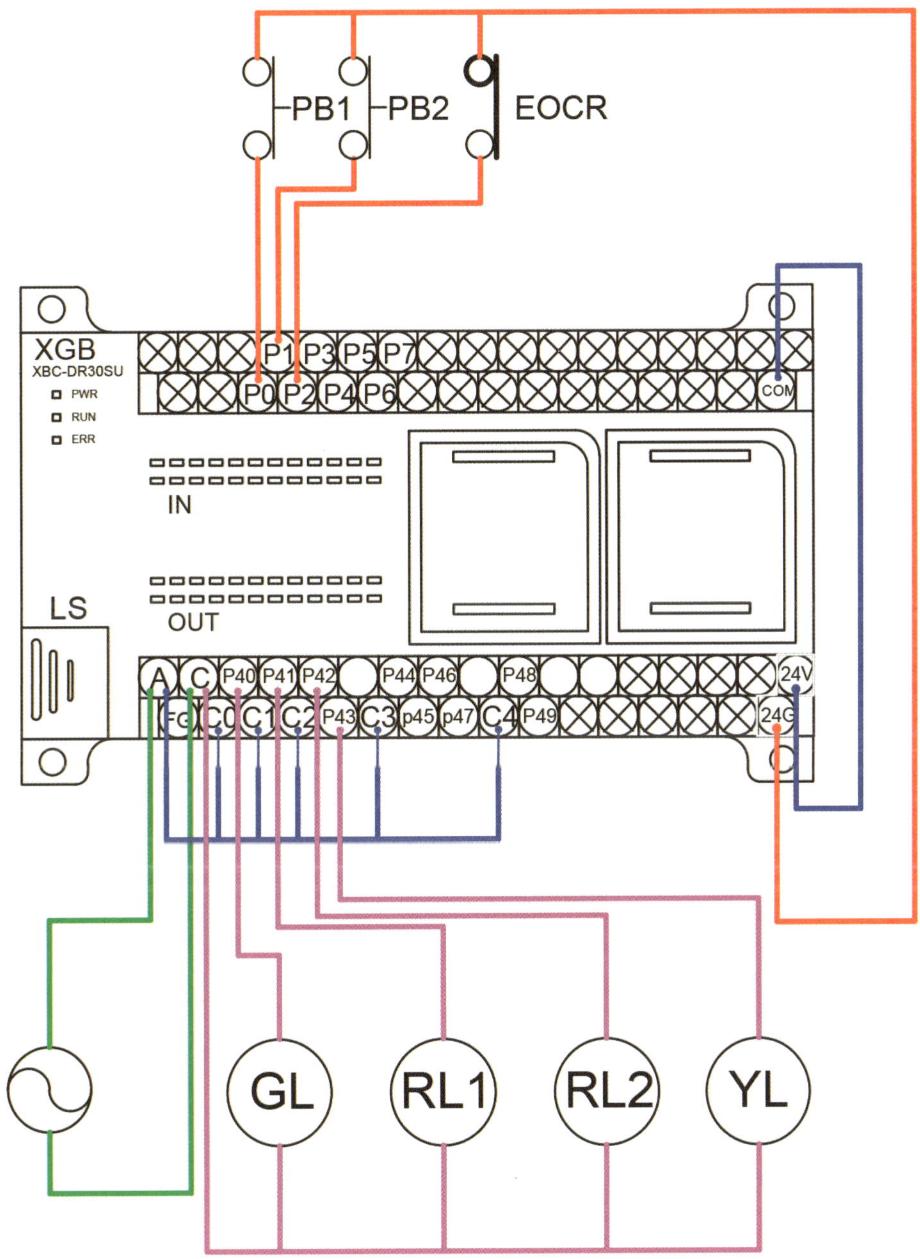
PB1
PB2
EOCR
XGB
XBC-DR30SU
PWR
RUN
ERR
IN
OUT
LS
P0
P1
P2
P3
P4
P5
P6
P7
COM
A
C
FG
C0
C1
C2
C3
C4
P40
P41
P42
P43
P44
p45
P46
p47
P48
P49
24V
24G
GL
RL1
RL2
YL

5 타이머 회로

회로도 5

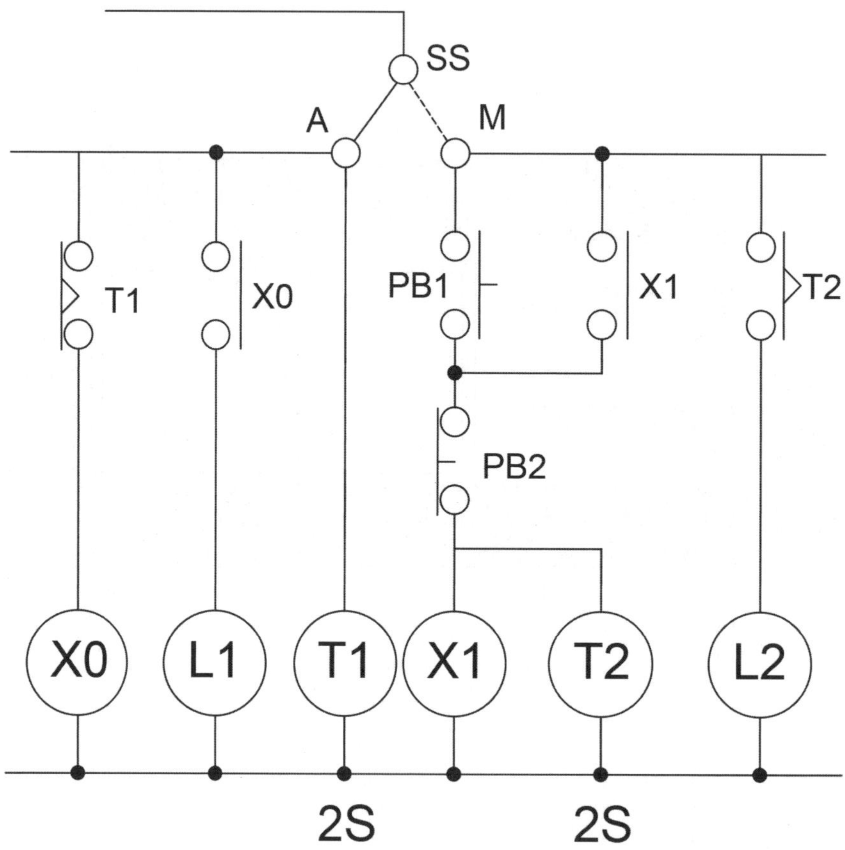

PLC 입출력도

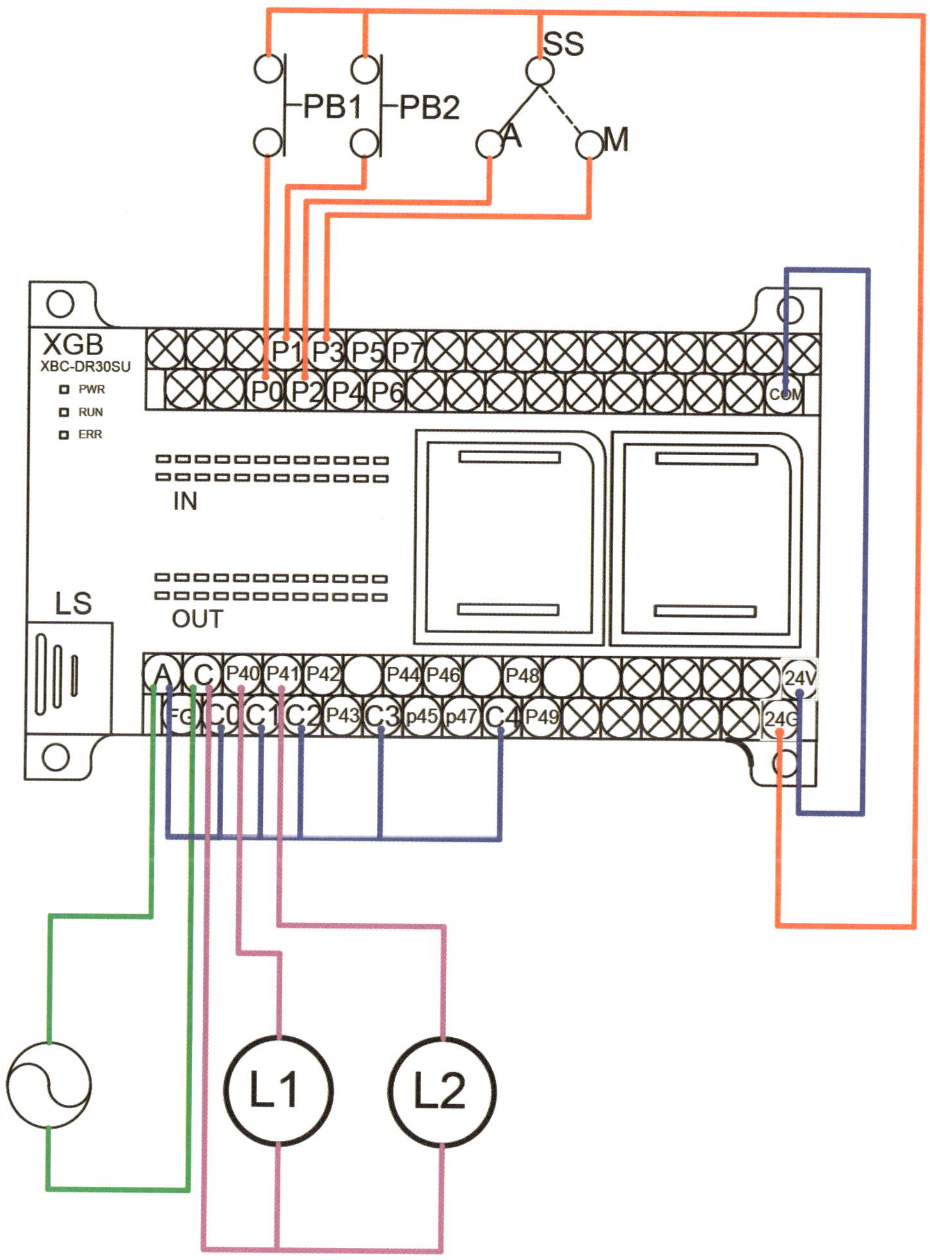
SS
PB1
PB2
A
M
XGB
XBC-DR30SU
PWR
RUN
ERR
P1 P3 P5 P7
P0 P2 P4 P6
COM
IN
OUT
LS
A C P40 P41 P42 P44 P46 P48 24V
FG C0 C1 C2 P43 C3 p45 p47 C4 P49 24G
L1
L2

6 일치회로

회로도 6

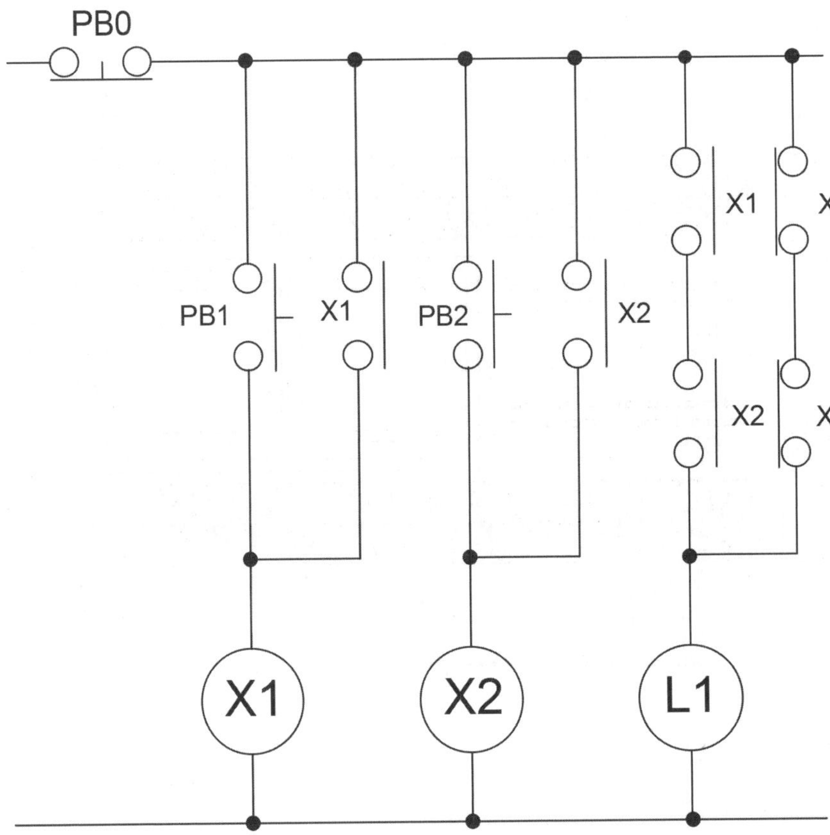

PLC 입출력도

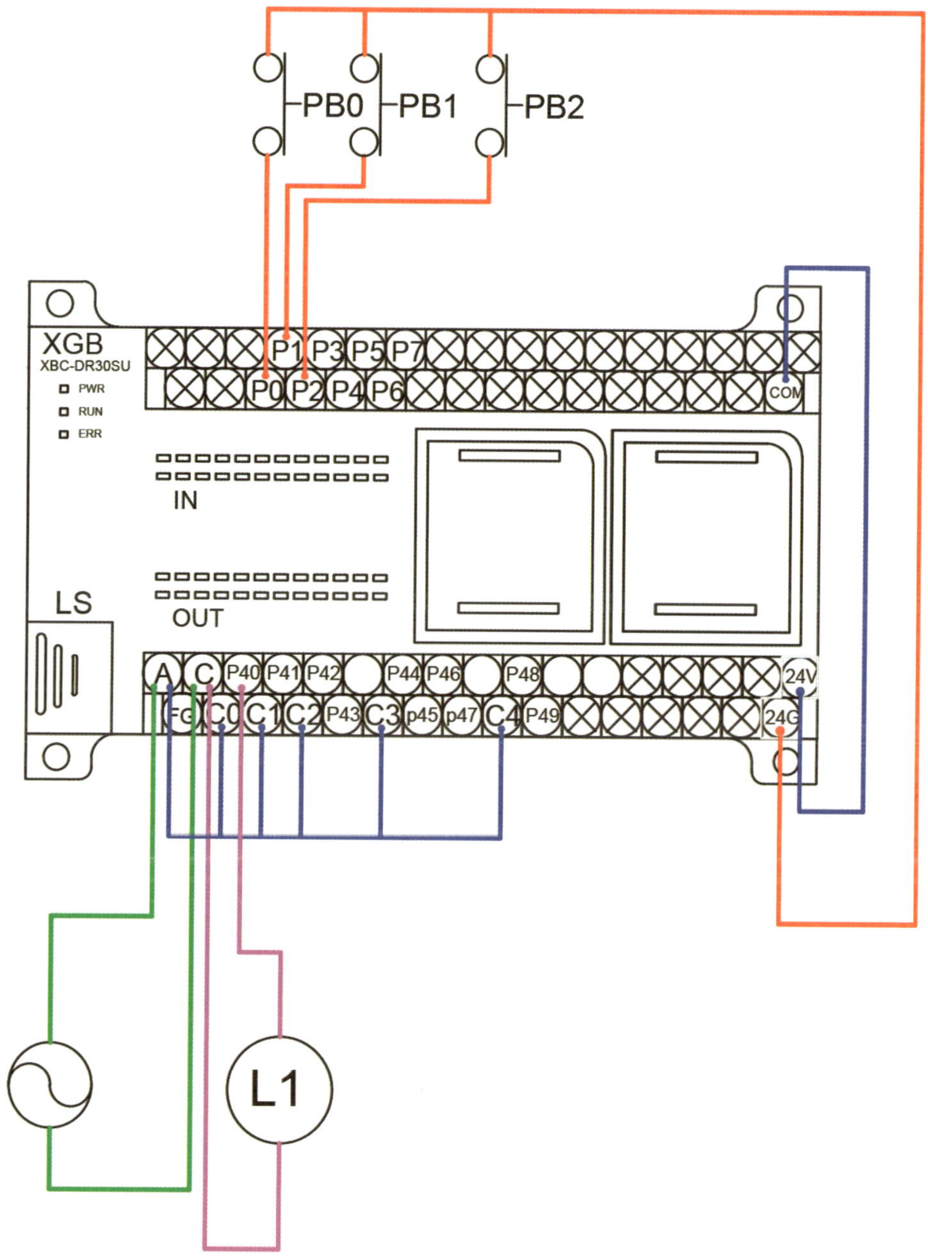
PB0
PB1
PB2
XGB
XBC-DR30SU
PWR
RUN
ERR
IN
OUT
LS
P0
P1
P2
P3
P4
P5
P6
P7
COM
A
C
FG
C0
C1
C2
C3
C4
P40
P41
P42
P43
P44
p45
P46
p47
P48
P49
24V
24G
L1

7 반일치회로

회로도 7

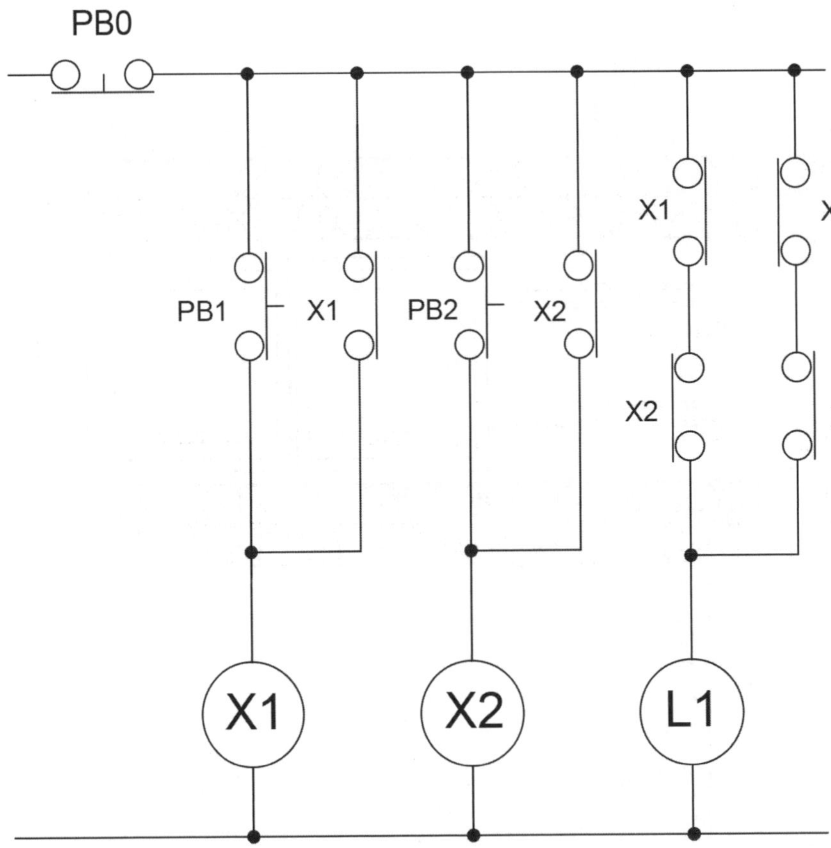

PLC 입출력도

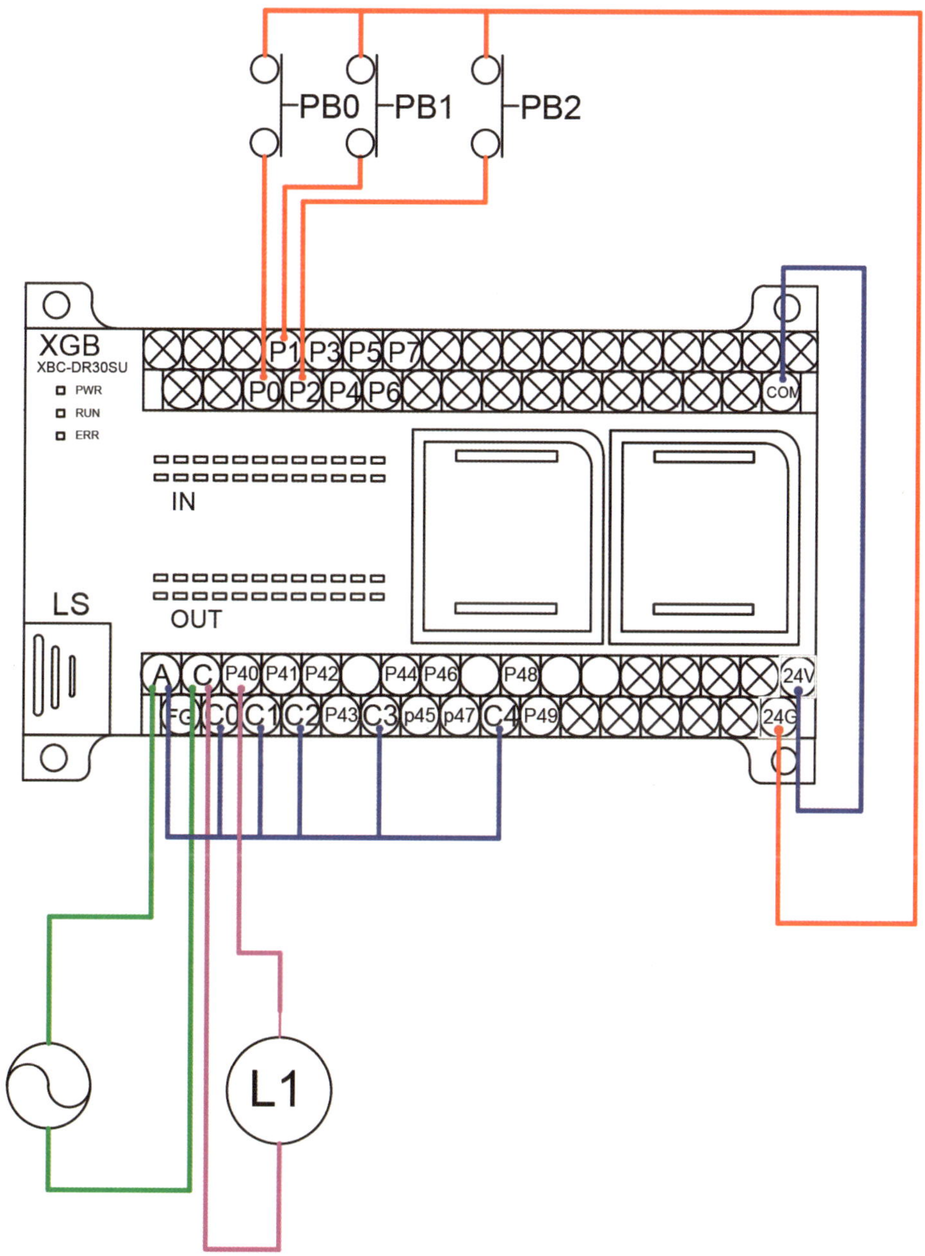
PB0
PB1
PB2
XGB
XBC-DR30SU
PWR
RUN
ERR
P1
P3
P5
P7
P0
P2
P4
P6
COM
IN
OUT
LS
A
C
P40
P41
P42
P44
P46
P48
24V
FG
C0
C1
C2
P43
C3
p45
p47
C4
P49
24G
L1

8 논리곱 부정회로

회로도 8

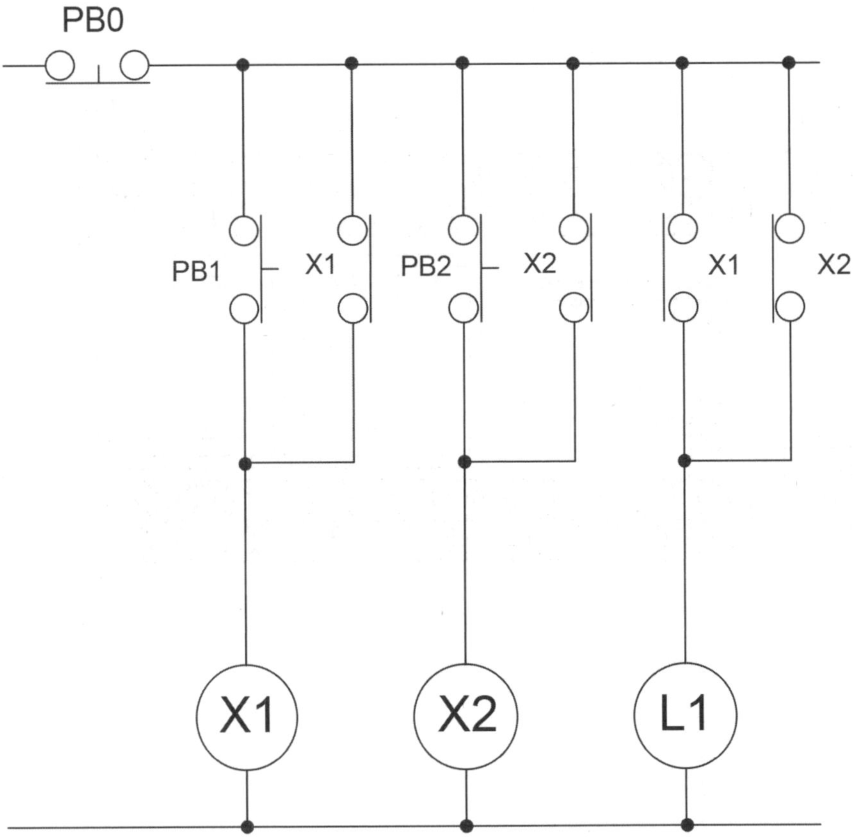

PLC 입출력도

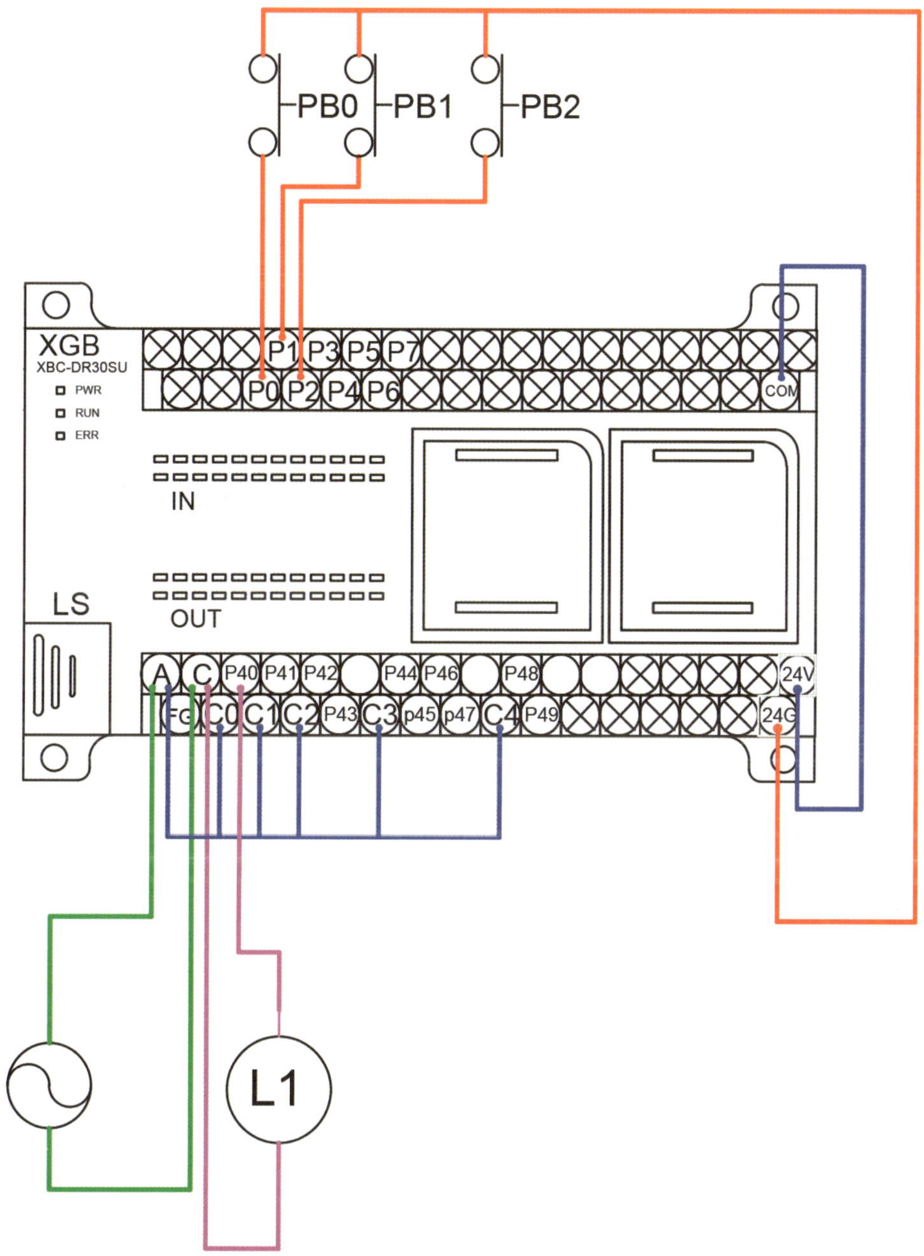
PB0
PB1
PB2
XGB
XBC-DR30SU
PWR
RUN
ERR
IN
OUT
LS
P0
P1
P2
P3
P4
P5
P6
P7
COM
A
C
FG
C0
C1
C2
C3
C4
P40
P41
P42
P43
P44
p45
P46
p47
P48
P49
24V
24G
L1

9 논리합 부정회로

회로도 9

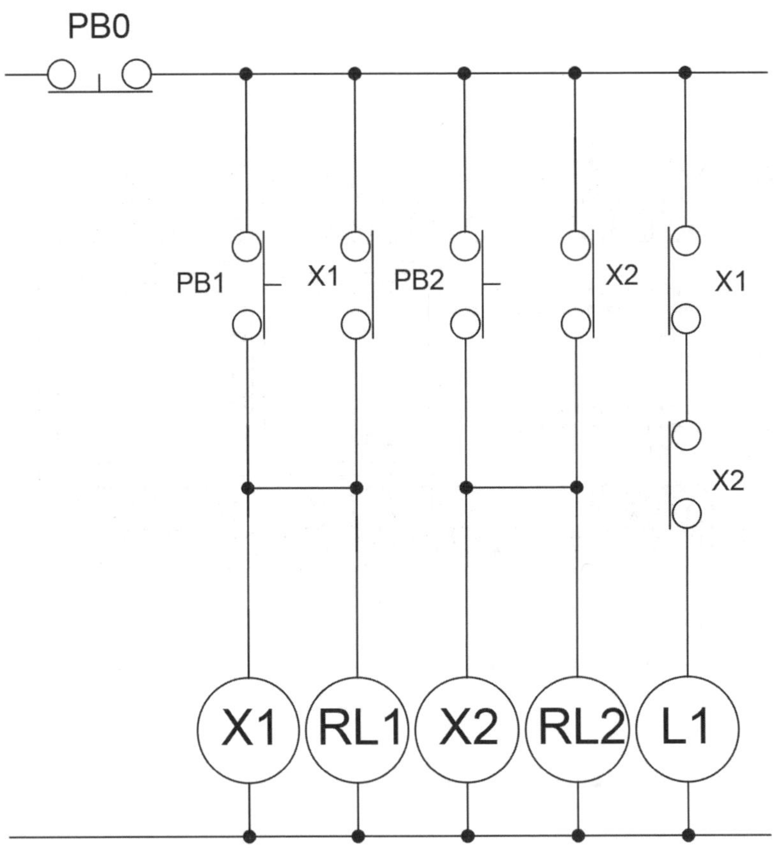

PLC 입출력도

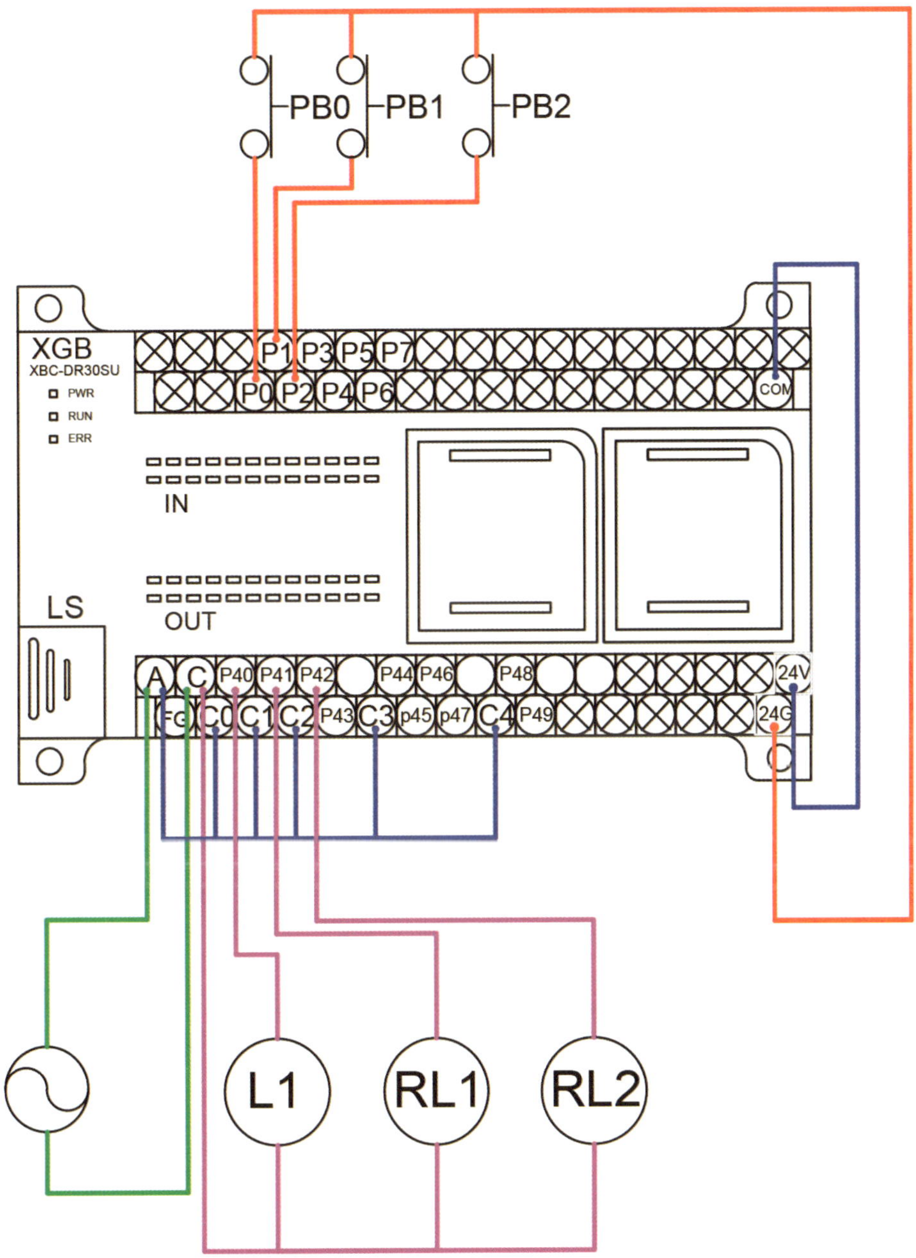
PB0
PB1
PB2
XGB
XBC-DR30SU
PWR
RUN
ERR
IN
OUT
LS
P1 P3 P5 P7
P0 P2 P4 P6
COM
A C P40 P41 P42 P44 P46 P48
FG C0 C1 C2 P43 C3 p45 p47 C4 P49
24V
24G
L1
RL1
RL2

10 쌍 안정회로

회로도 10

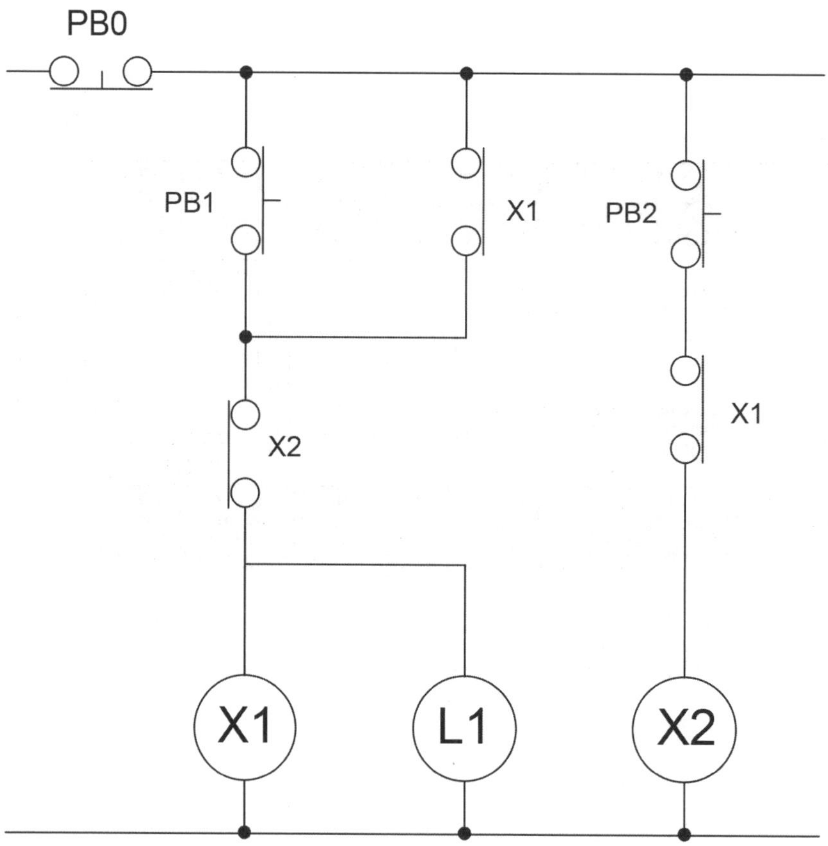

PLC 입출력도

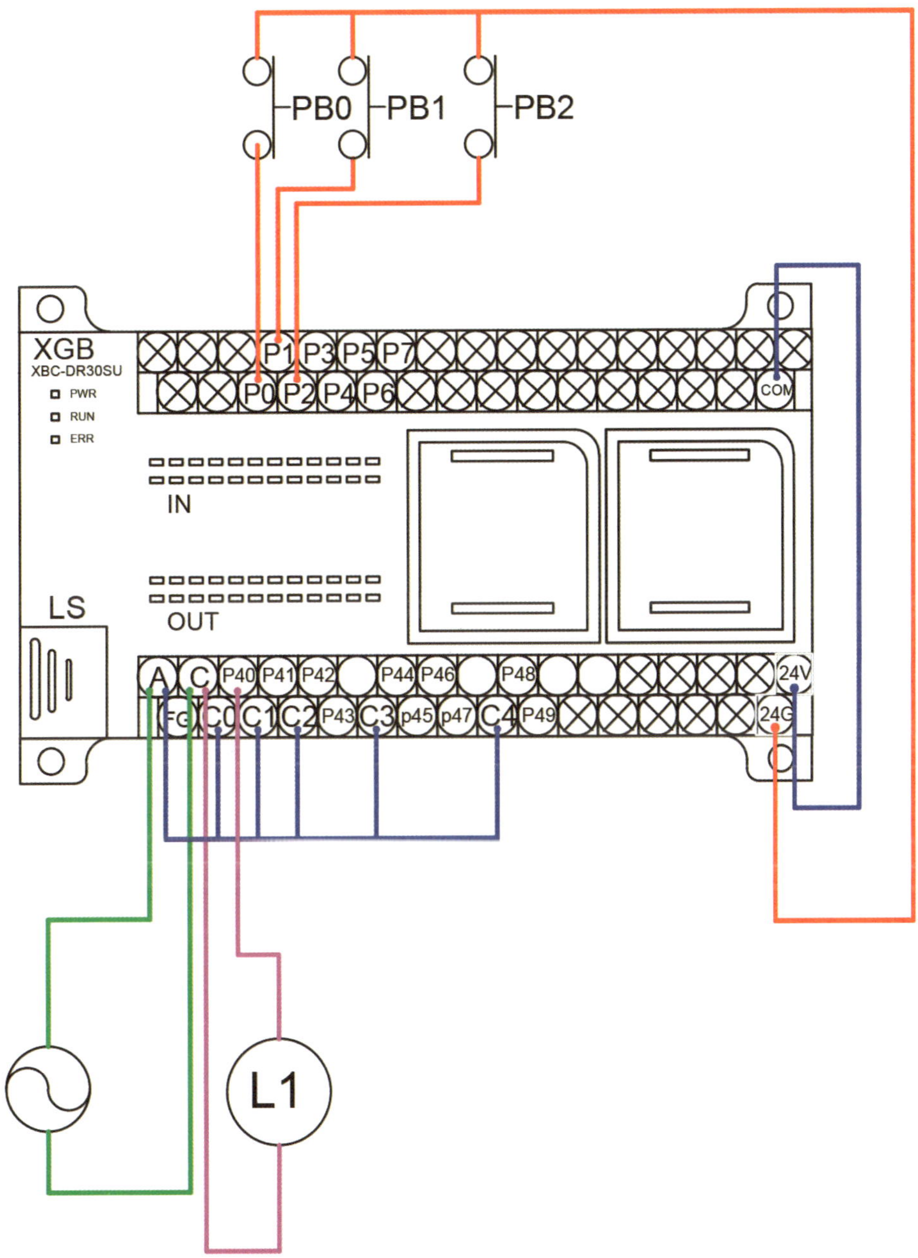
PB0
PB1
PB2
XGB
XBC-DR30SU
PWR
RUN
ERR
IN
OUT
LS
P1
P3
P5
P7
P0
P2
P4
P6
COM
A
C
P40
P41
P42
P44
P46
P48
24V
FG
C0
C1
C2
P43
C3
p45
p47
C4
P49
24G
L1

11 인터록회로 – 우선동작 회로

회로도 11

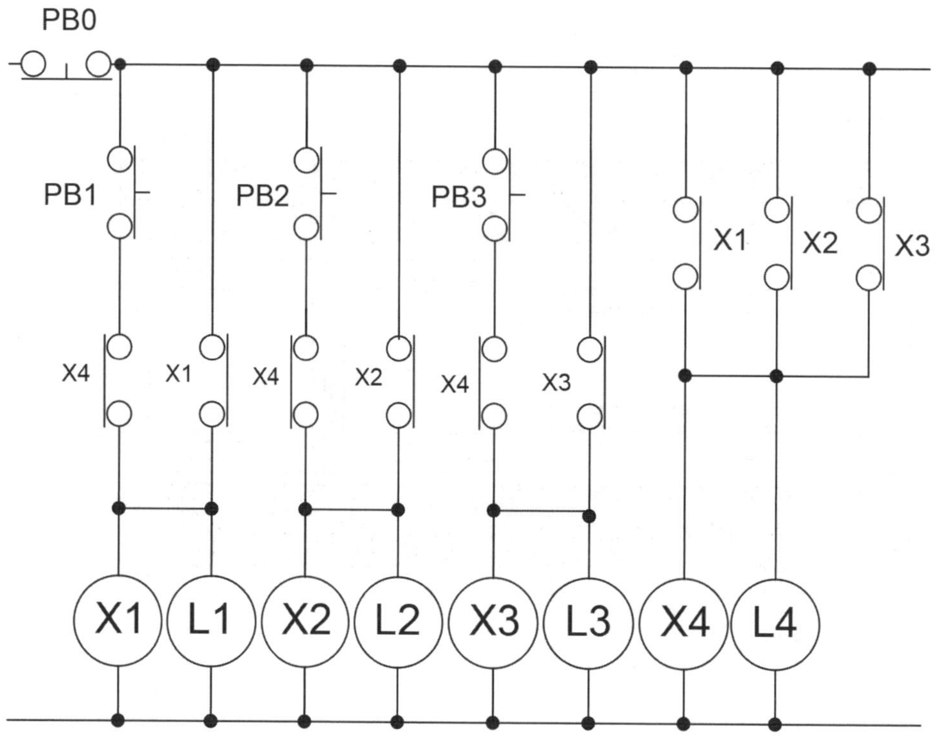

PLC 입출력도

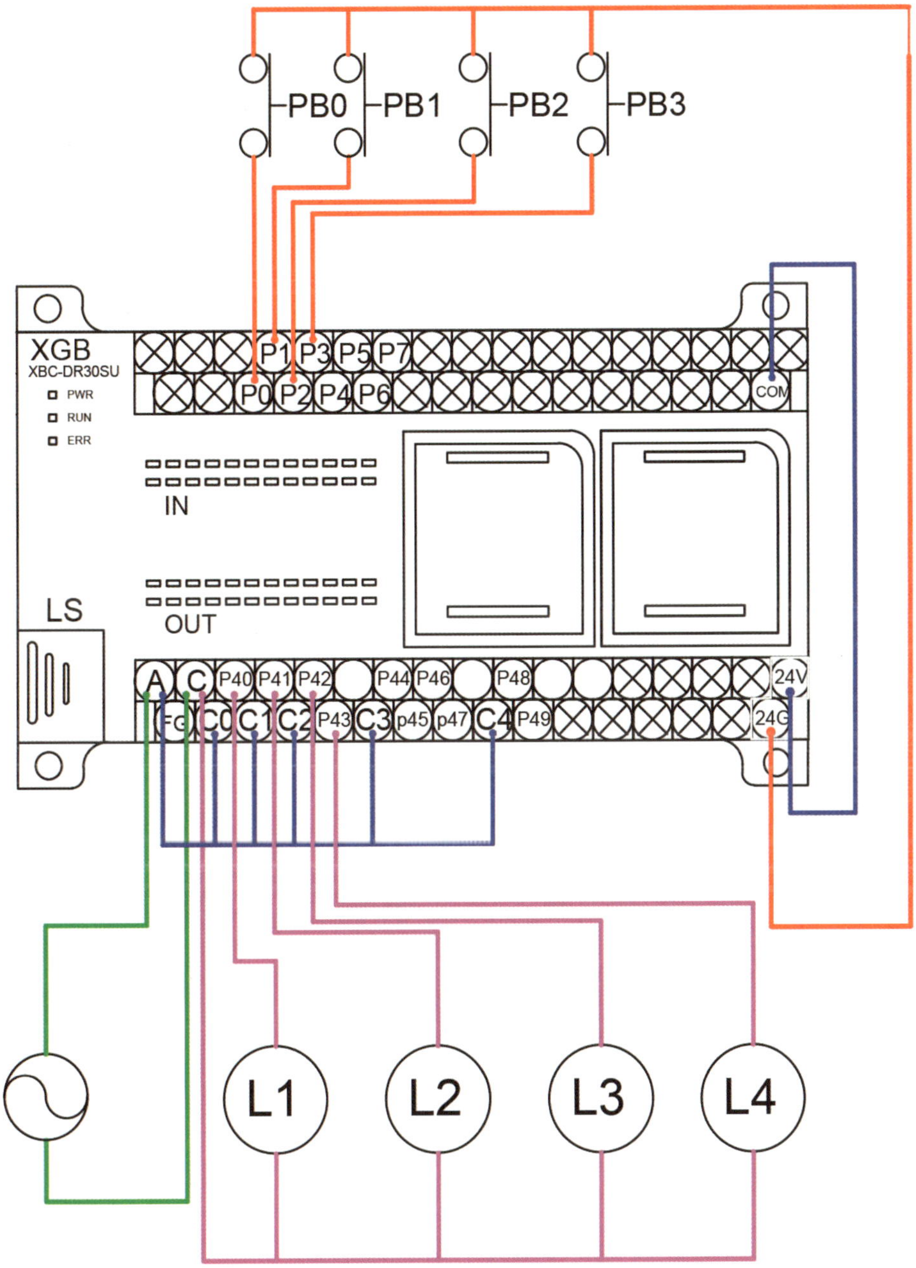
PB0
PB1
PB2
PB3
XGB
XBC-DR30SU
PWR
RUN
ERR
IN
OUT
LS
P0
P1
P2
P3
P4
P5
P6
P7
COM
A
C
FG
C0
C1
C2
C3
C4
P40
P41
P42
P43
P44
p45
P46
p47
P48
P49
24V
24G
L1
L2
L3
L4

12 직렬회로

회로도 12

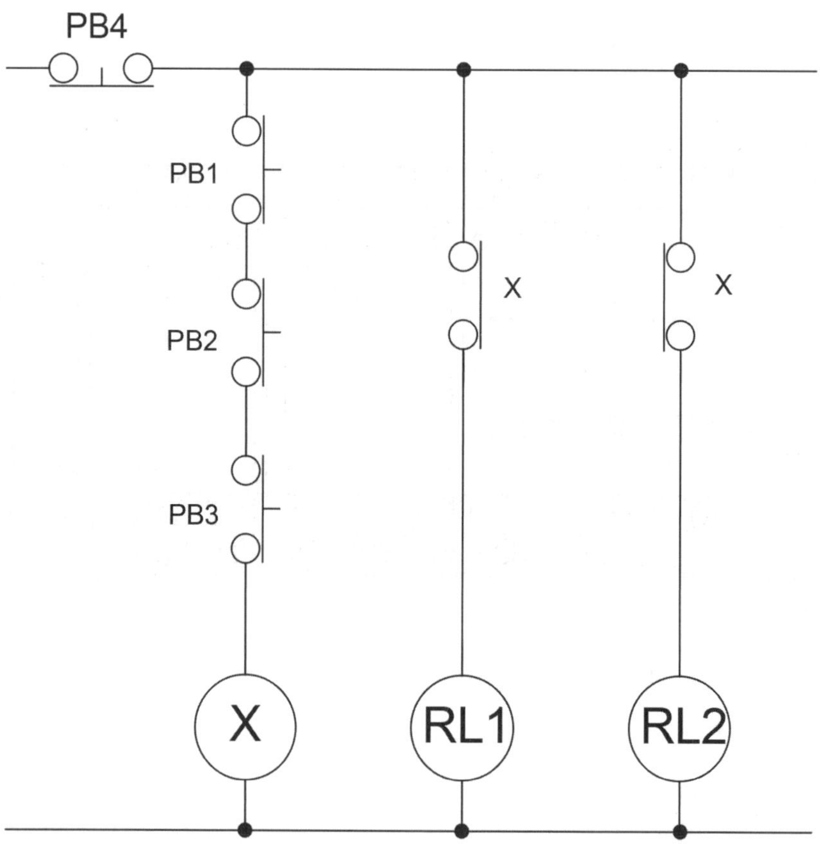

PLC 입출력도

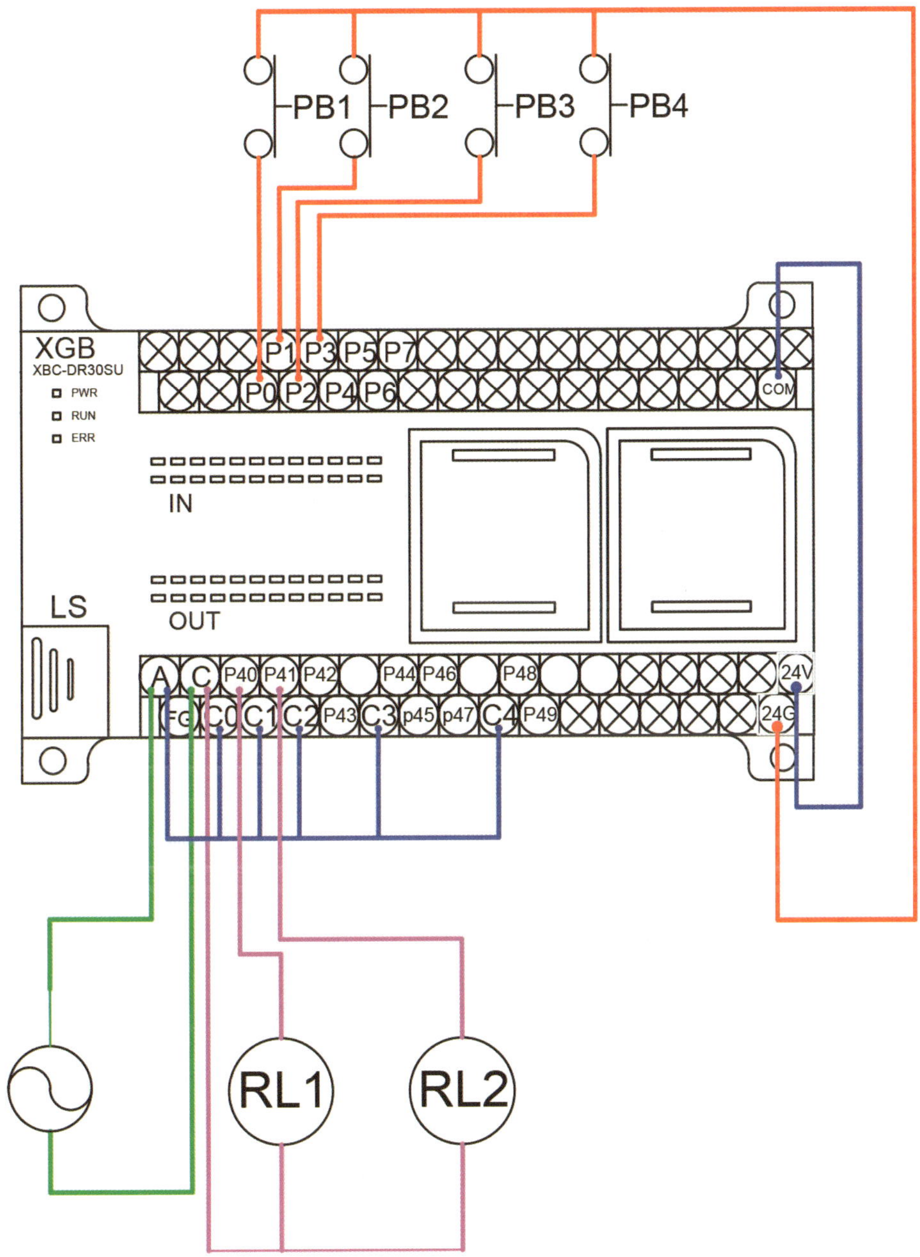
PB1
PB2
PB3
PB4
XGB
XBC-DR30SU
PWR
RUN
ERR
IN
OUT
LS
P1 P3 P5 P7
P0 P2 P4 P6
COM
A C P40 P41 P42 P44 P46 P48
24V
FG C0 C1 C2 P43 C3 p45 p47 C4 P49
24G
RL1
RL2

13 병렬 회로

회로도 13

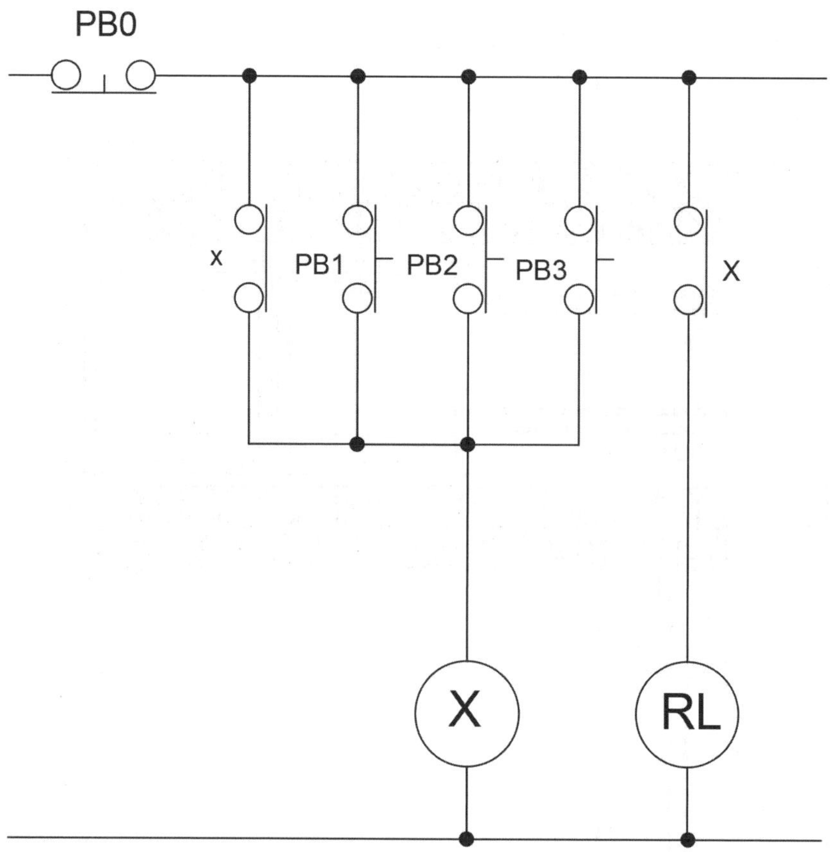

PLC 입출력도

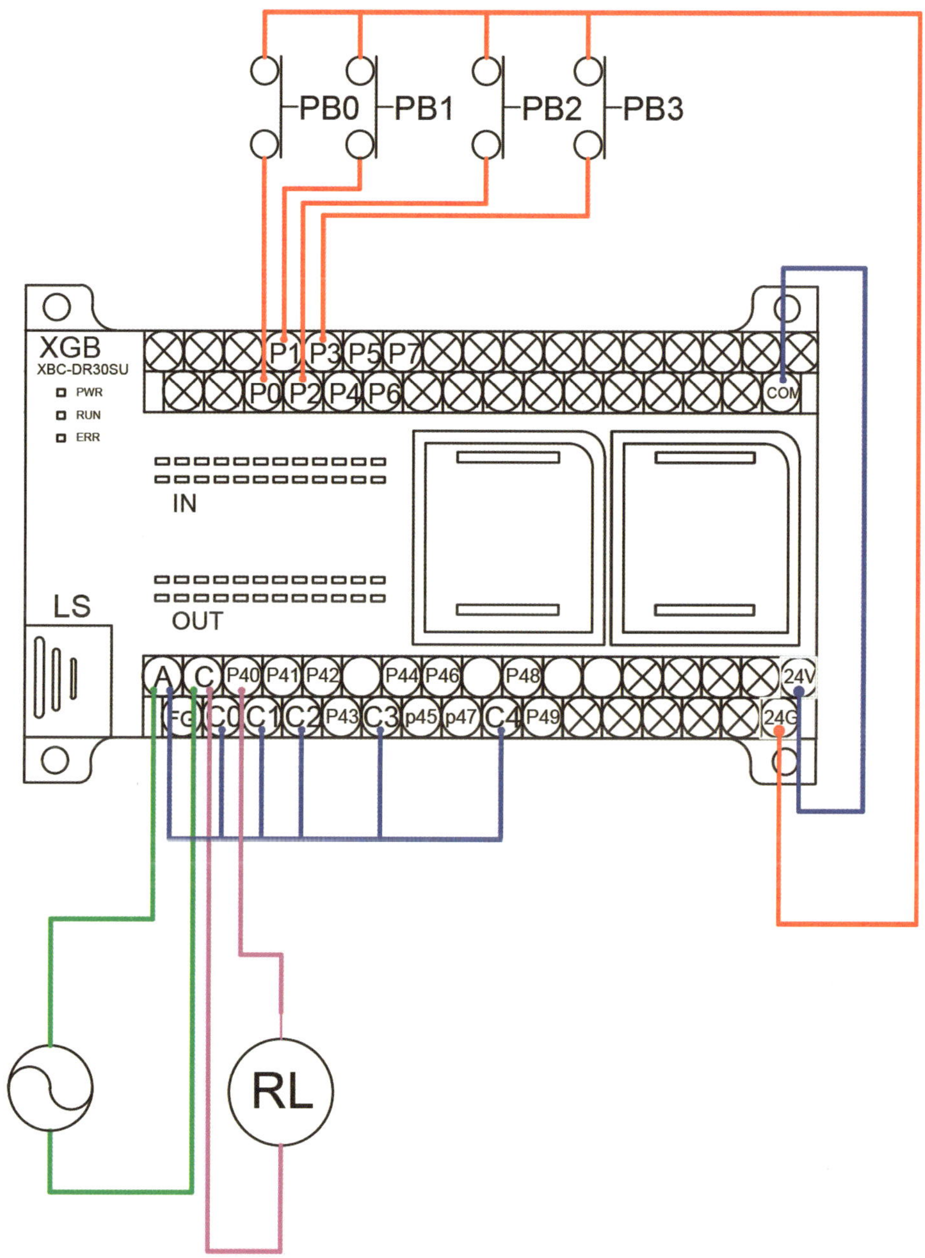
PB0
PB1
PB2
PB3
XGB
XBC-DR30SU
PWR
RUN
ERR
IN
OUT
LS
P1
P3
P5
P7
P0
P2
P4
P6
COM
A
C
P40
P41
P42
P44
P46
P48
24V
FG
C0
C1
C2
P43
C3
p45
p47
C4
P49
24G
RL

14 플리커 회로

회로도 14

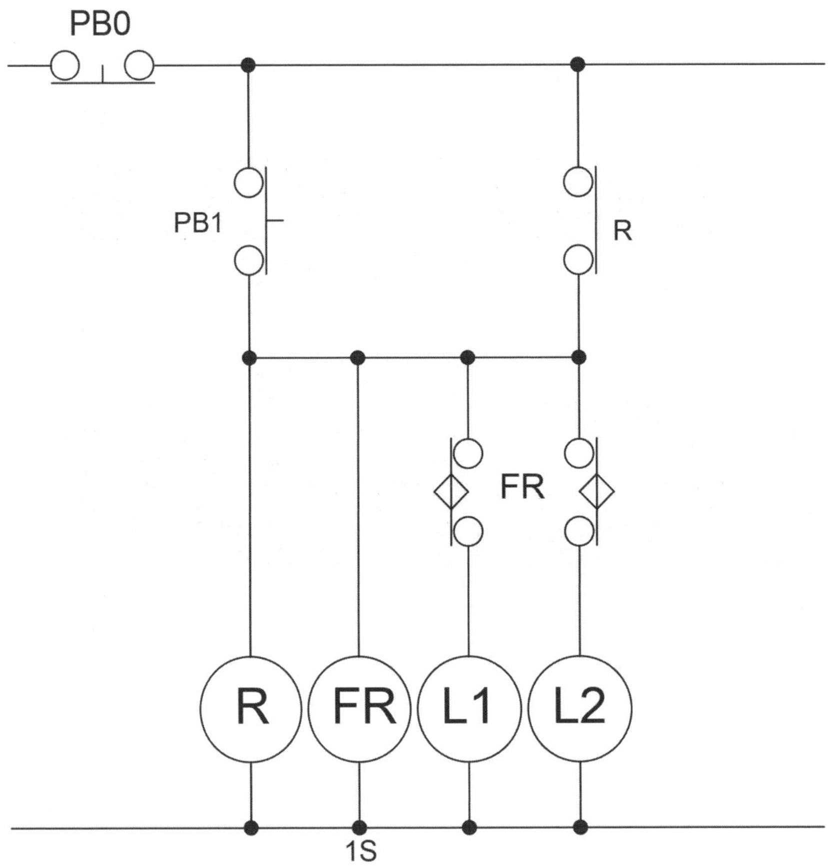

PLC 입출력도

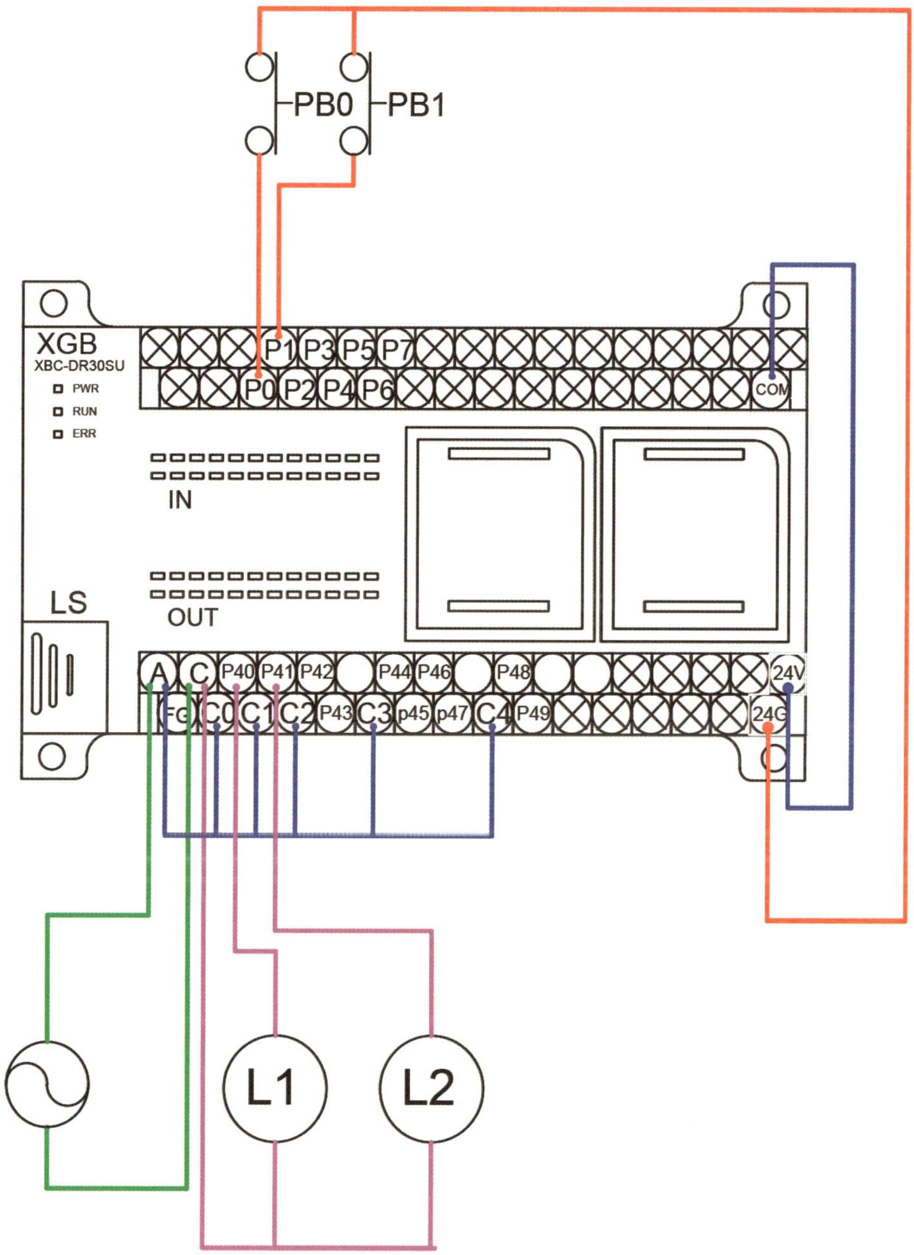
PB0
PB1
XGB
XBC-DR30SU
PWR
RUN
ERR
P1 P3 P5 P7
P0 P2 P4 P6
COM
IN
OUT
LS
A C P40 P41 P42 P44 P46 P48 24V
FG C0 C1 C2 P43 C3 p45 p47 C4 P49 24G
L1
L2

15 타이머 회로

회로도 15

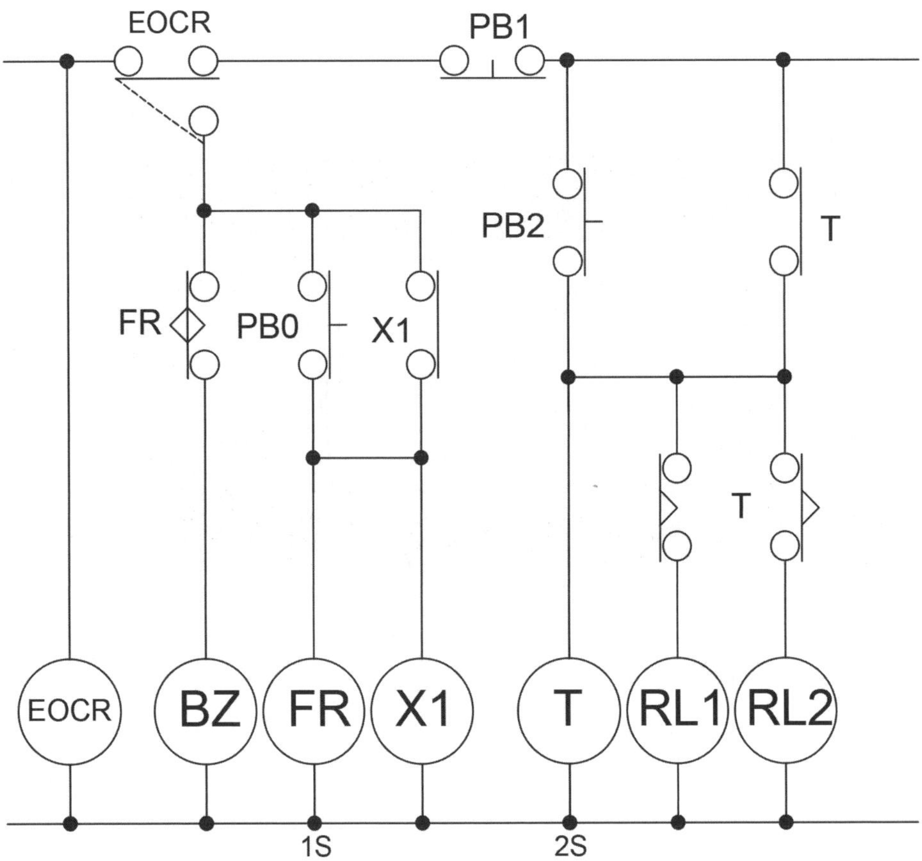

PLC 입출력도

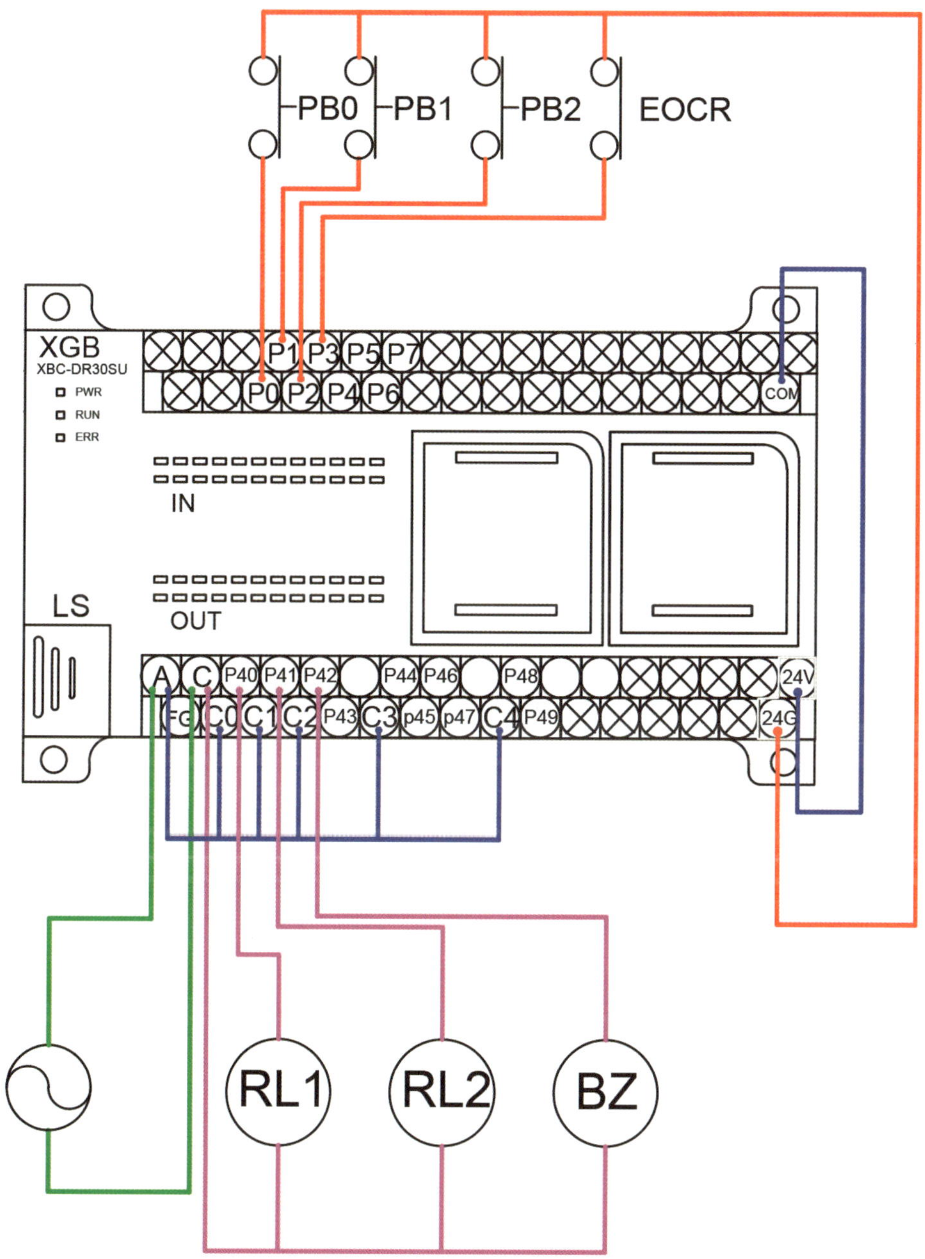
PB0
PB1
PB2
EOCR
XGB
XBC-DR30SU
PWR
RUN
ERR
P1 P3 P5 P7
P0 P2 P4 P6
COM
IN
LS
OUT
A C P40 P41 P42 P44 P46 P48 24V
FG C0 C1 C2 P43 C3 p45 p47 C4 P49 24G
RL1
RL2
BZ

16 인터록 회로 – 선입력 우선회로

회로도 16

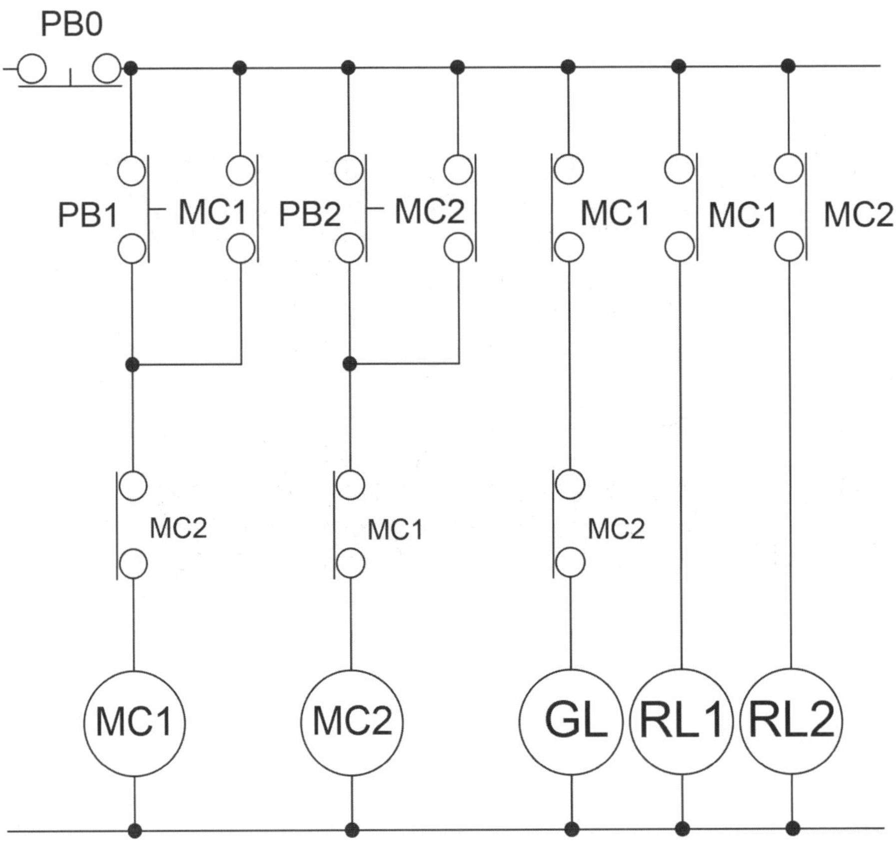

PLC 입출력도

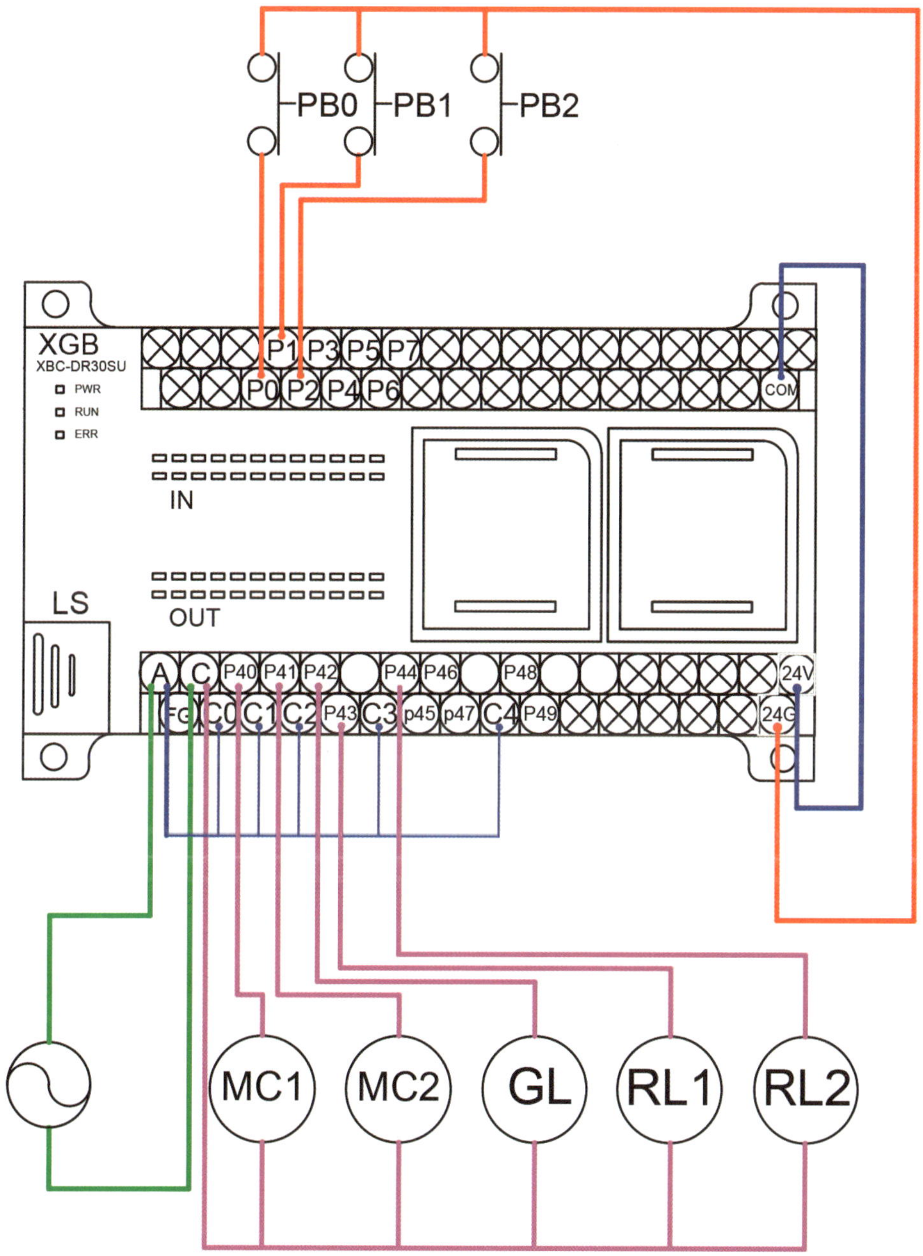
PB0
PB1
PB2
XGB
XBC-DR30SU
PWR
RUN
ERR
IN
OUT
LS
P1 P3 P5 P7
P0 P2 P4 P6
COM
A C P40 P41 P42 P44 P46 P48 24V
FG C0 C1 C2 P43 C3 p45 p47 C4 P49 24G
MC1
MC2
GL
RL1
RL2

17 인터록 회로 – 후입력 우선회로

회로도 17

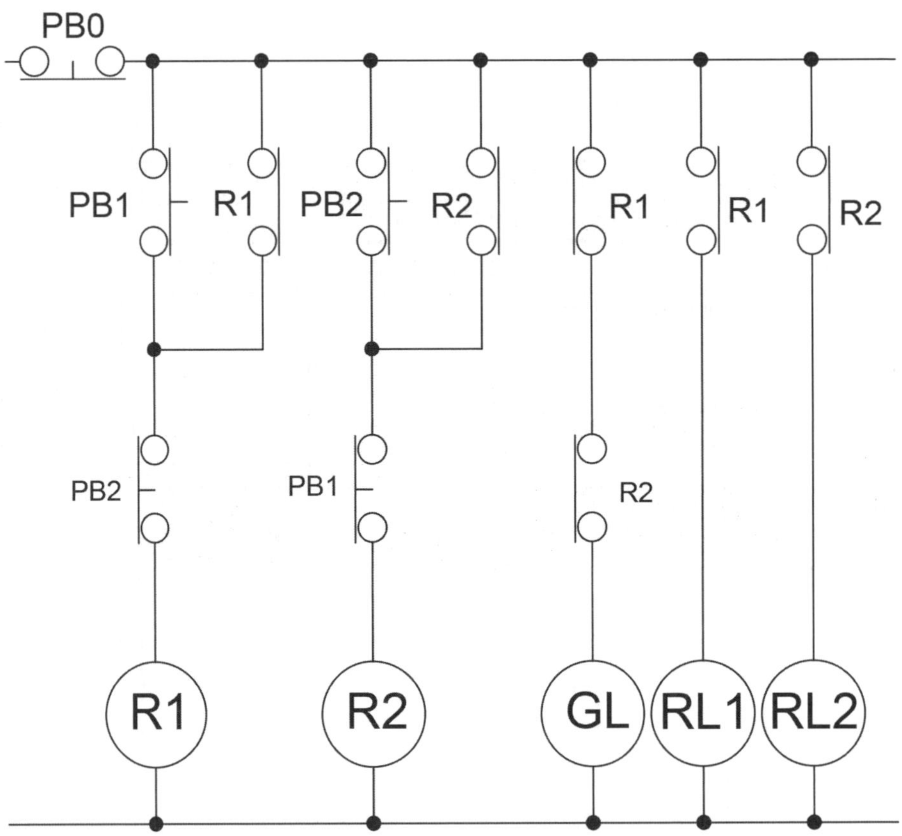

PLC 입출력도

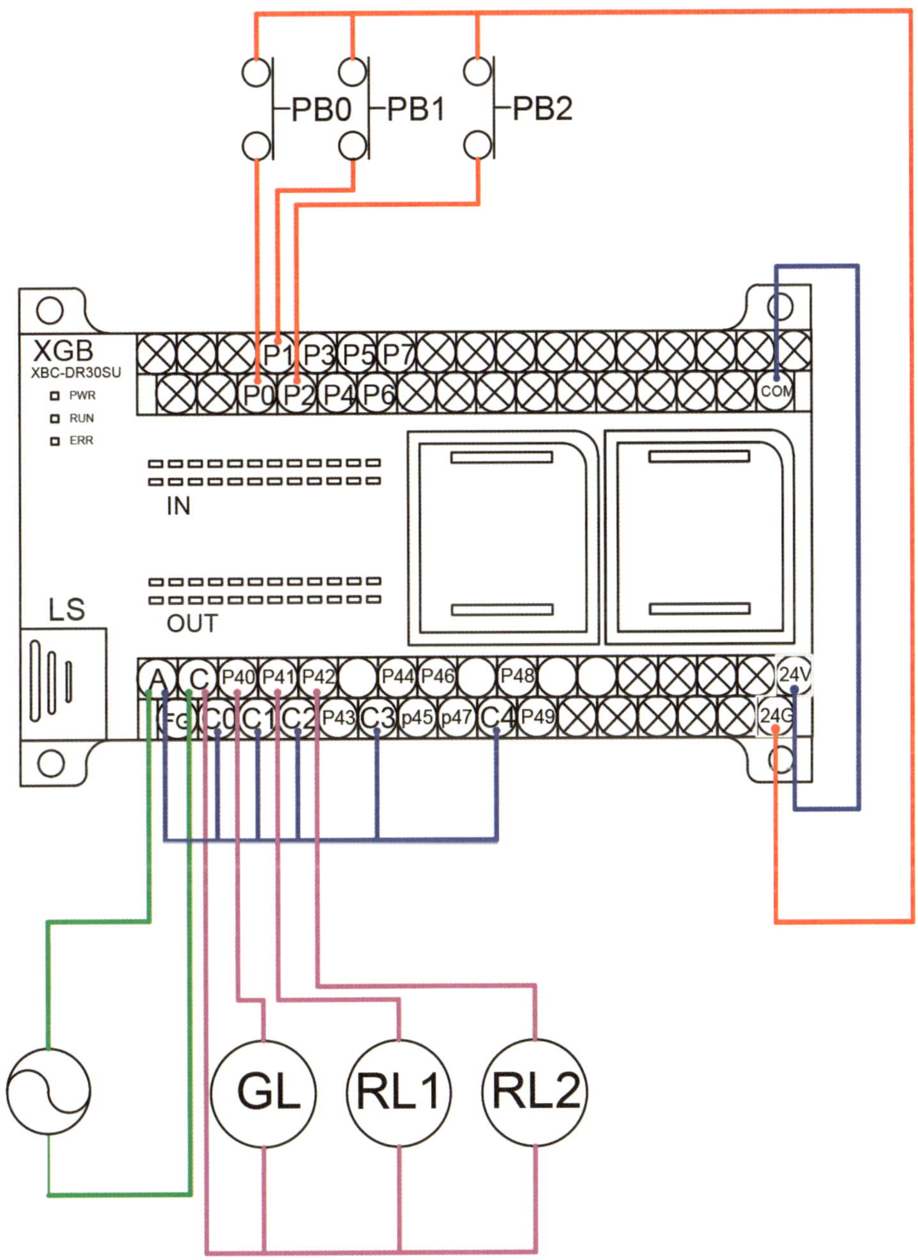
PB0
PB1
PB2
XGB
XBC-DR30SU
PWR
RUN
ERR
IN
OUT
LS
P1
P3
P5
P7
P0
P2
P4
P6
COM
A
C
P40
P41
P42
P44
P46
P48
24V
FG
C0
C1
C2
P43
C3
p45
p47
C4
P49
24G
GL
RL1
RL2

18 전동기 회로

회로도 18

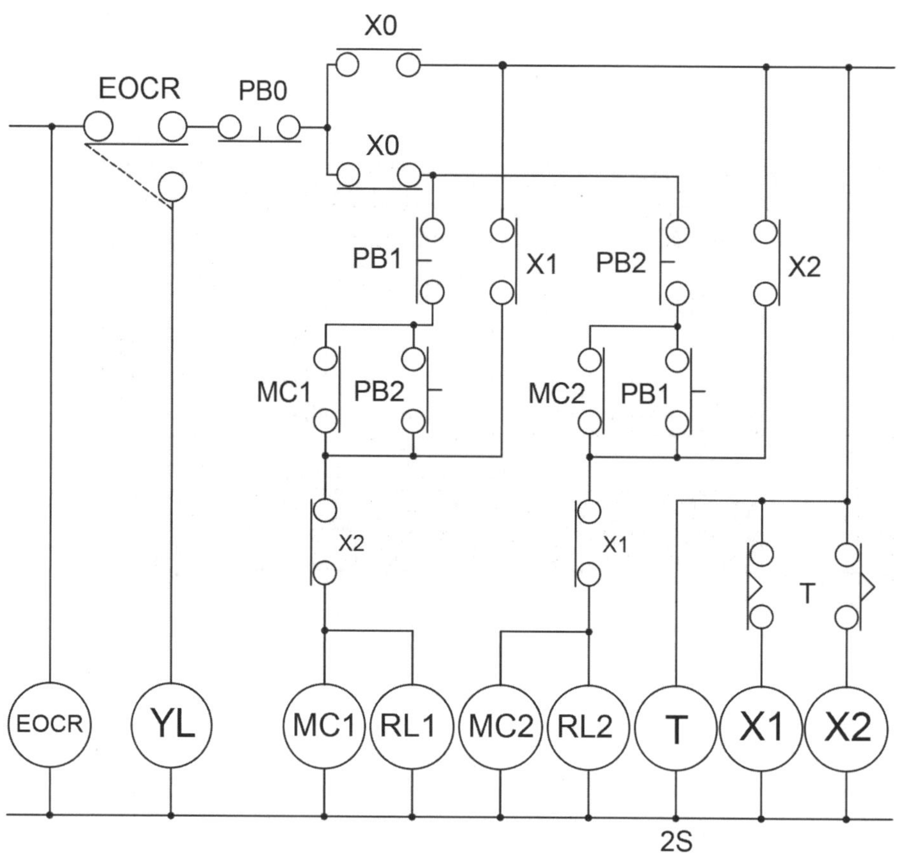

PLC 입출력도

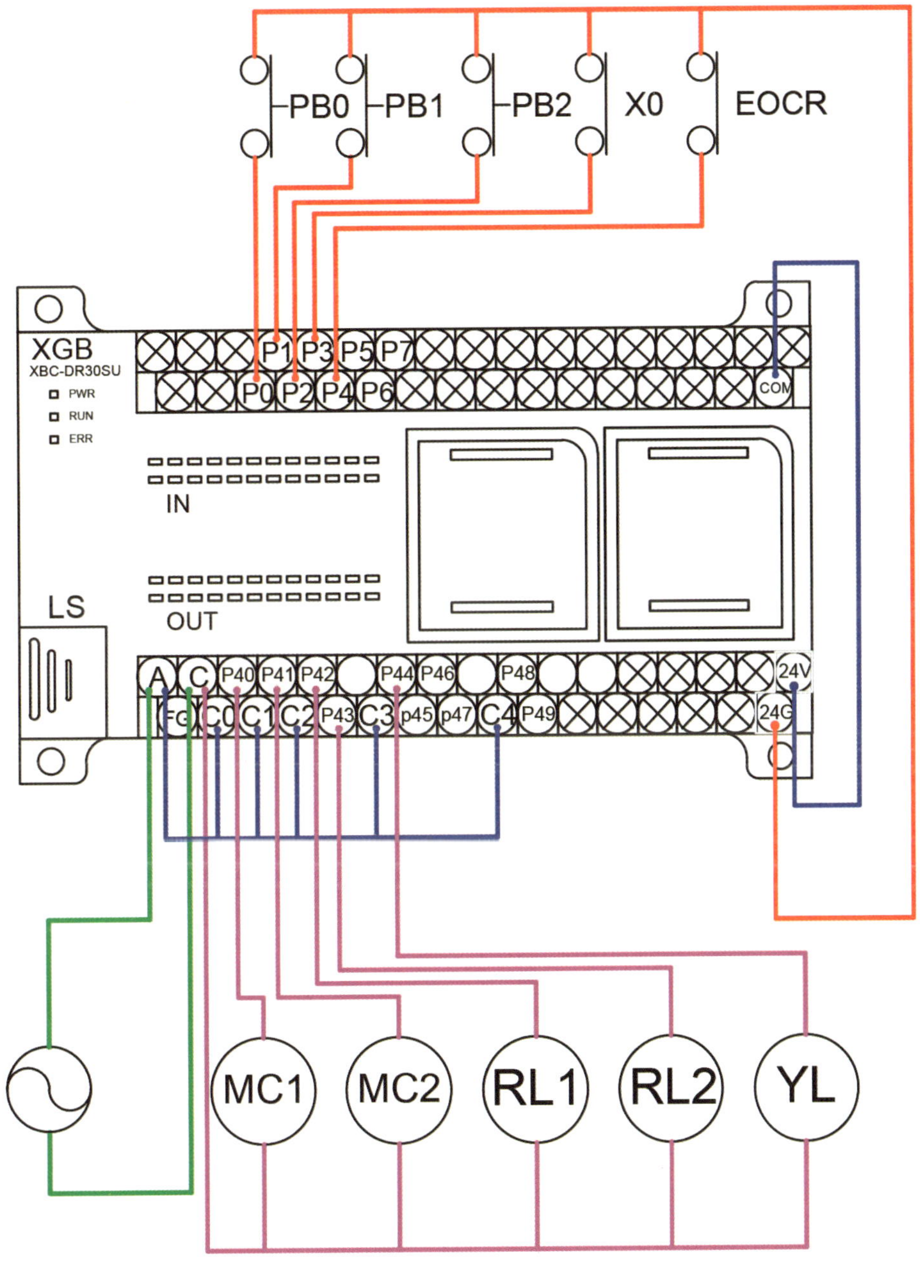
PB0
PB1
PB2
X0
EOCR
XGB
XBC-DR30SU
PWR
RUN
ERR
IN
OUT
LS
P0 P1 P2 P3 P4 P5 P6 P7
COM
A C FG C0 C1 C2 C3 C4
P40 P41 P42 P43 P44 p45 P46 p47 P48 P49
24V
24G
MC1
MC2
RL1
RL2
YL

19 타이머 2개를 이용한 플리커 회로

회로도 19

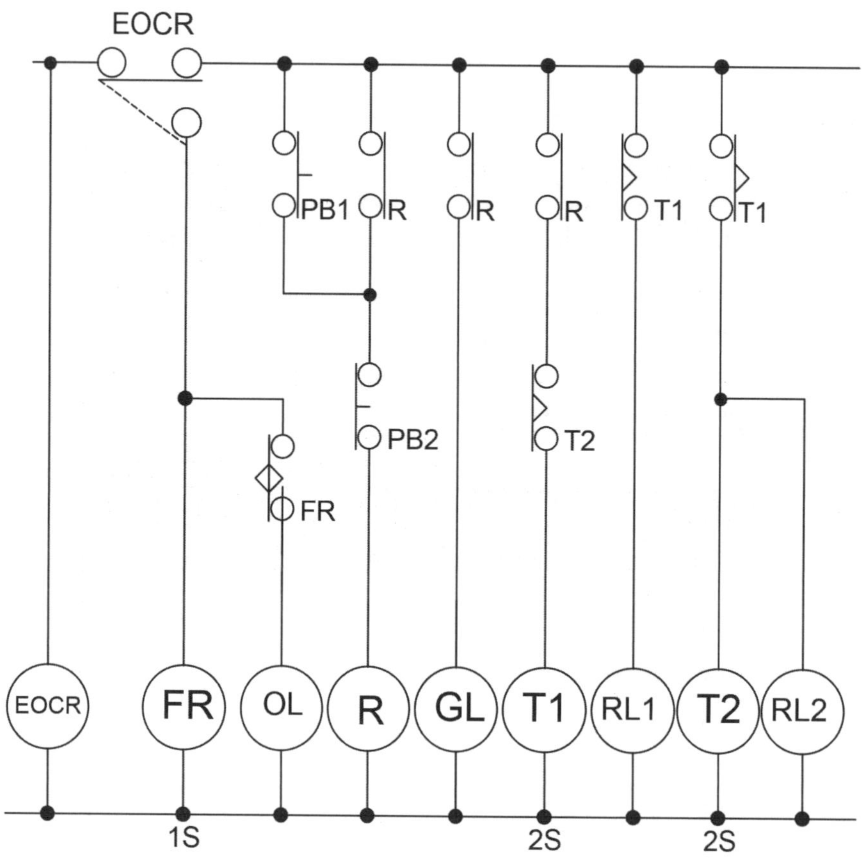

PLC 입출력도

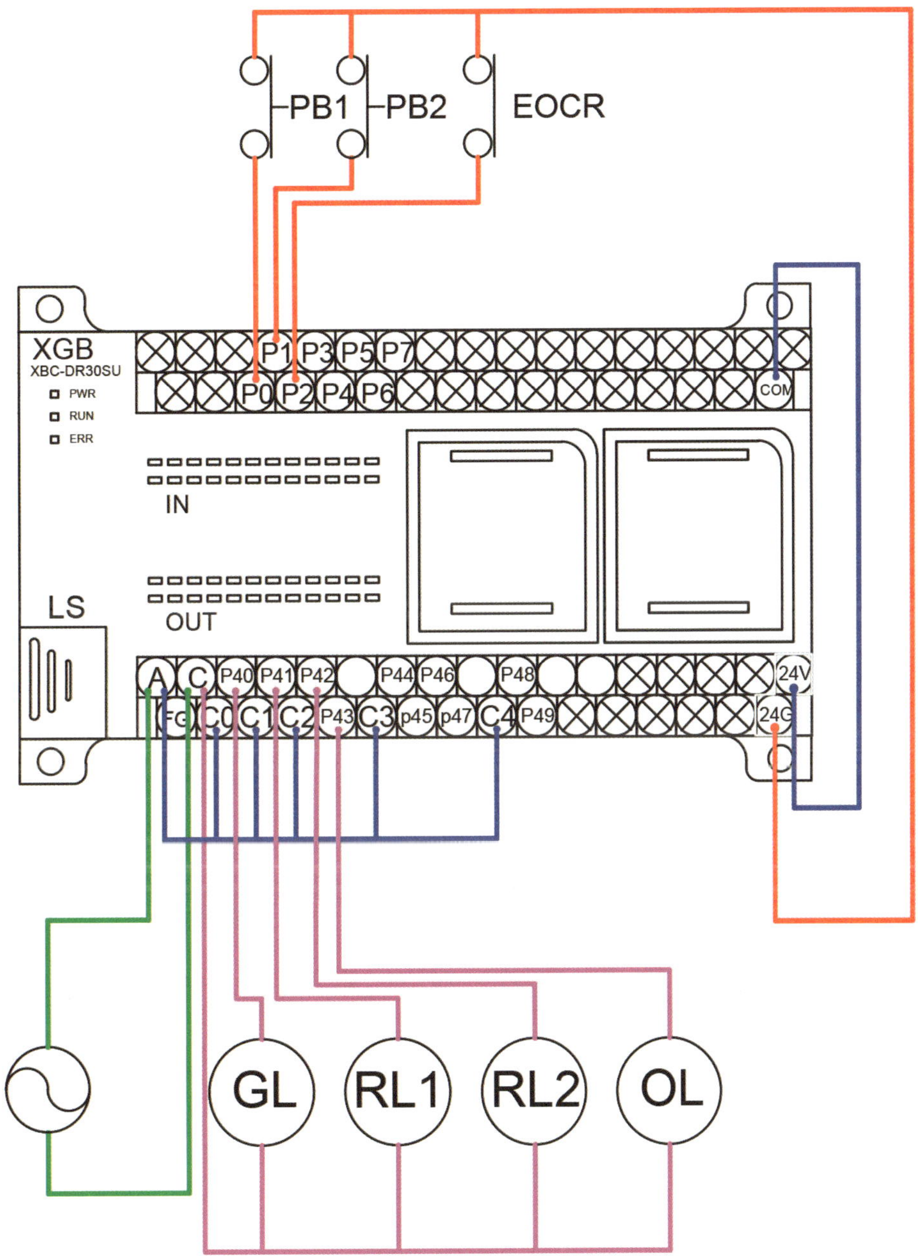
PB1
PB2
EOCR
XGB
XBC-DR30SU
PWR
RUN
ERR
IN
OUT
LS
P1
P3
P5
P7
P0
P2
P4
P6
COM
A
C
P40
P41
P42
P44
P46
P48
24V
FG
C0
C1
C2
P43
C3
p45
p47
C4
P49
24G
GL
RL1
RL2
OL

20 자동문 제어회로

회로도 20

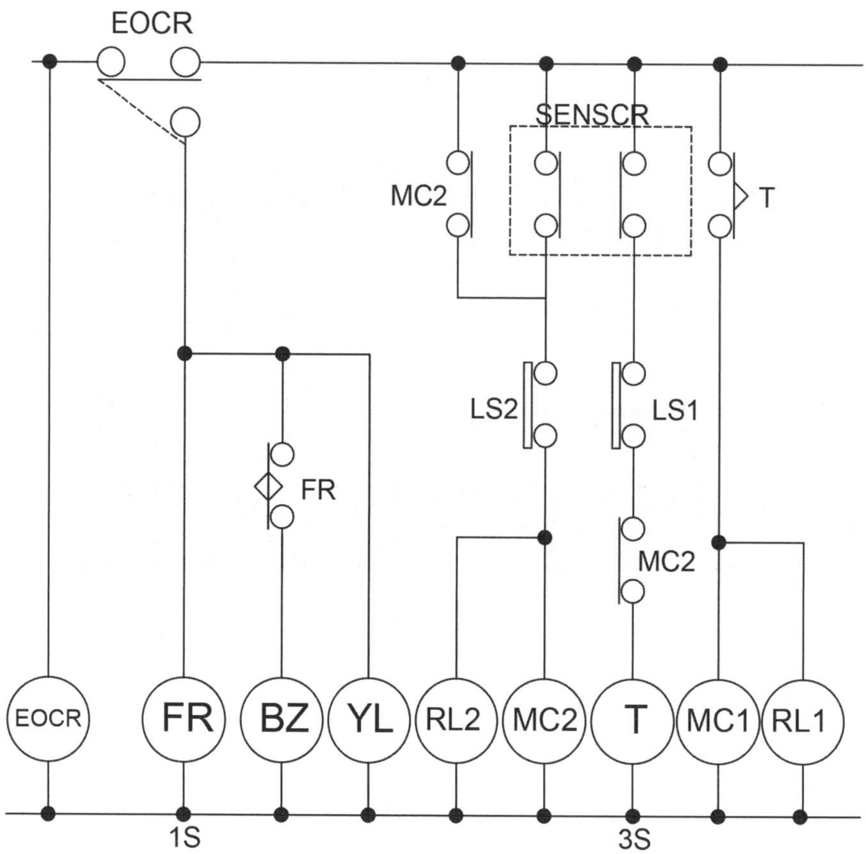

PLC 입출력도

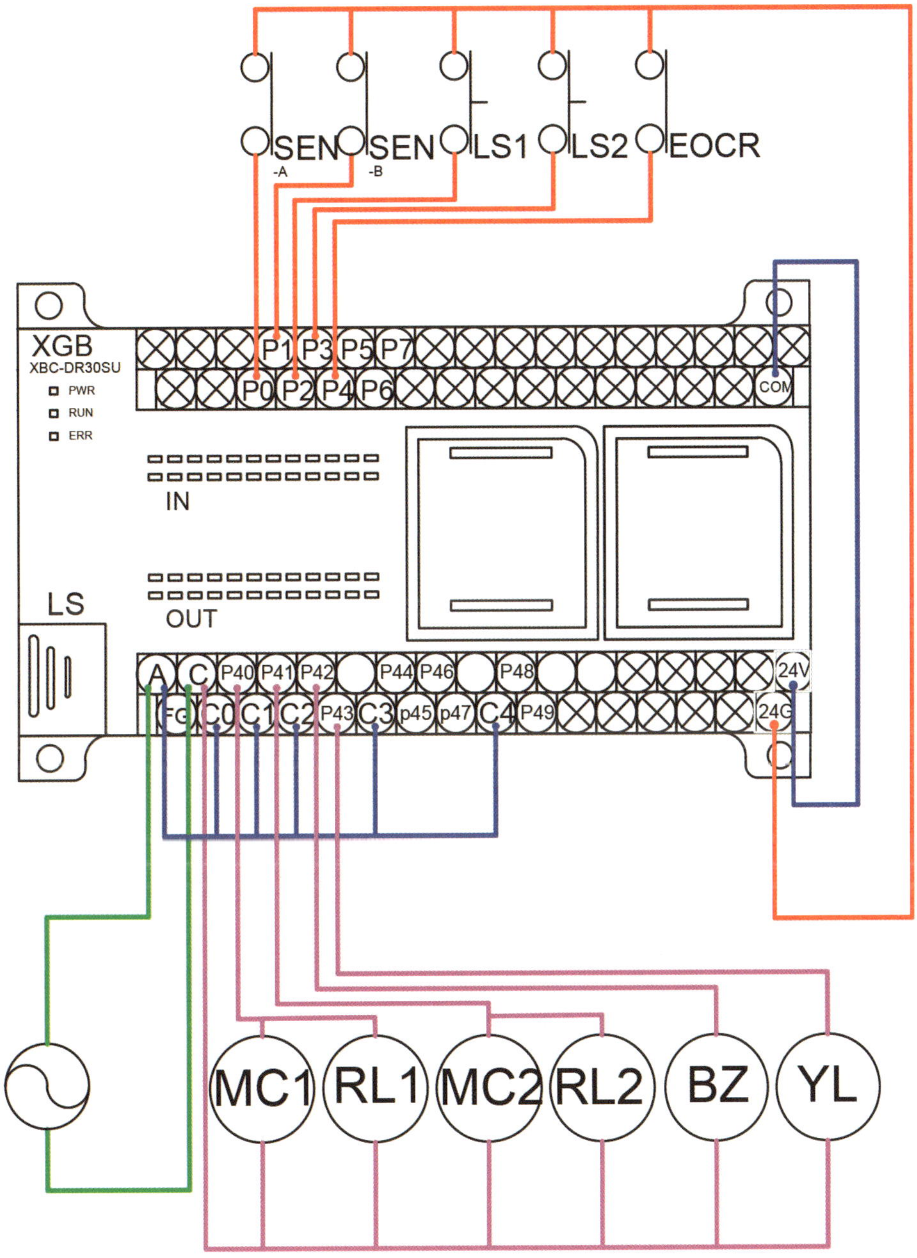
SEN
-A
SEN
-B
LS1
LS2
EOCR
XGB
XBC-DR30SU
PWR
RUN
ERR
IN
OUT
LS
P0 P1 P2 P3 P4 P5 P6 P7
COM
A C P40 P41 P42 P44 P46 P48 24V
FG C0 C1 C2 P43 C3 p45 p47 C4 P49 24G
MC1
RL1
MC2
RL2
BZ
YL

21 와이 델타 회로

회로도 21

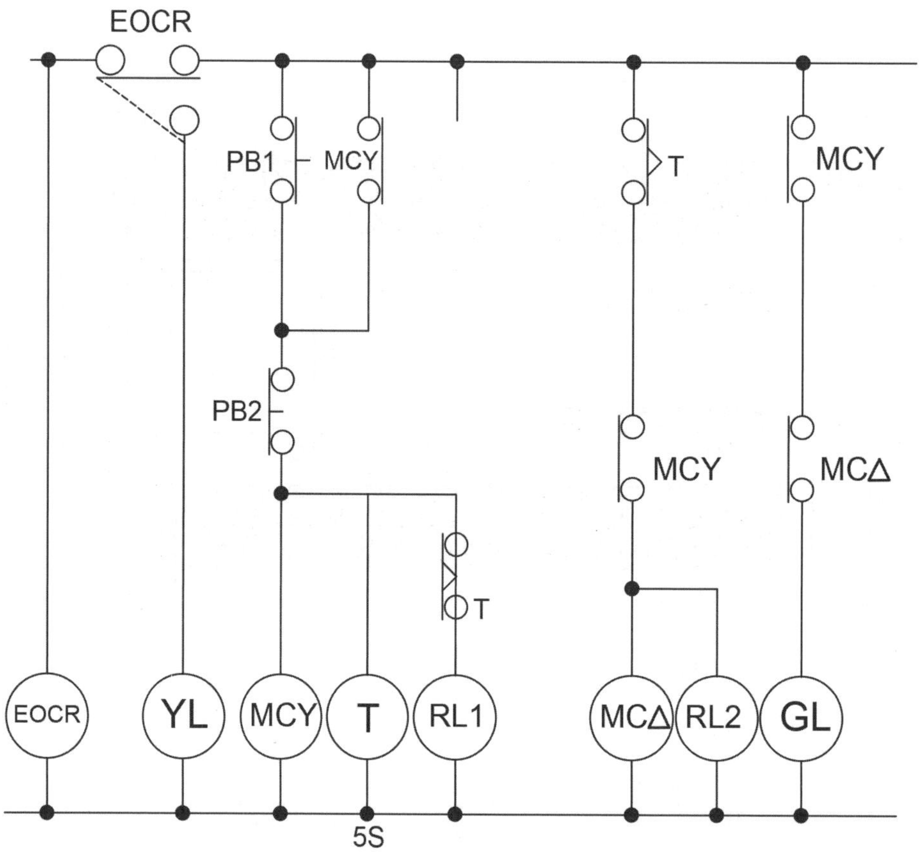

PLC 입출력도

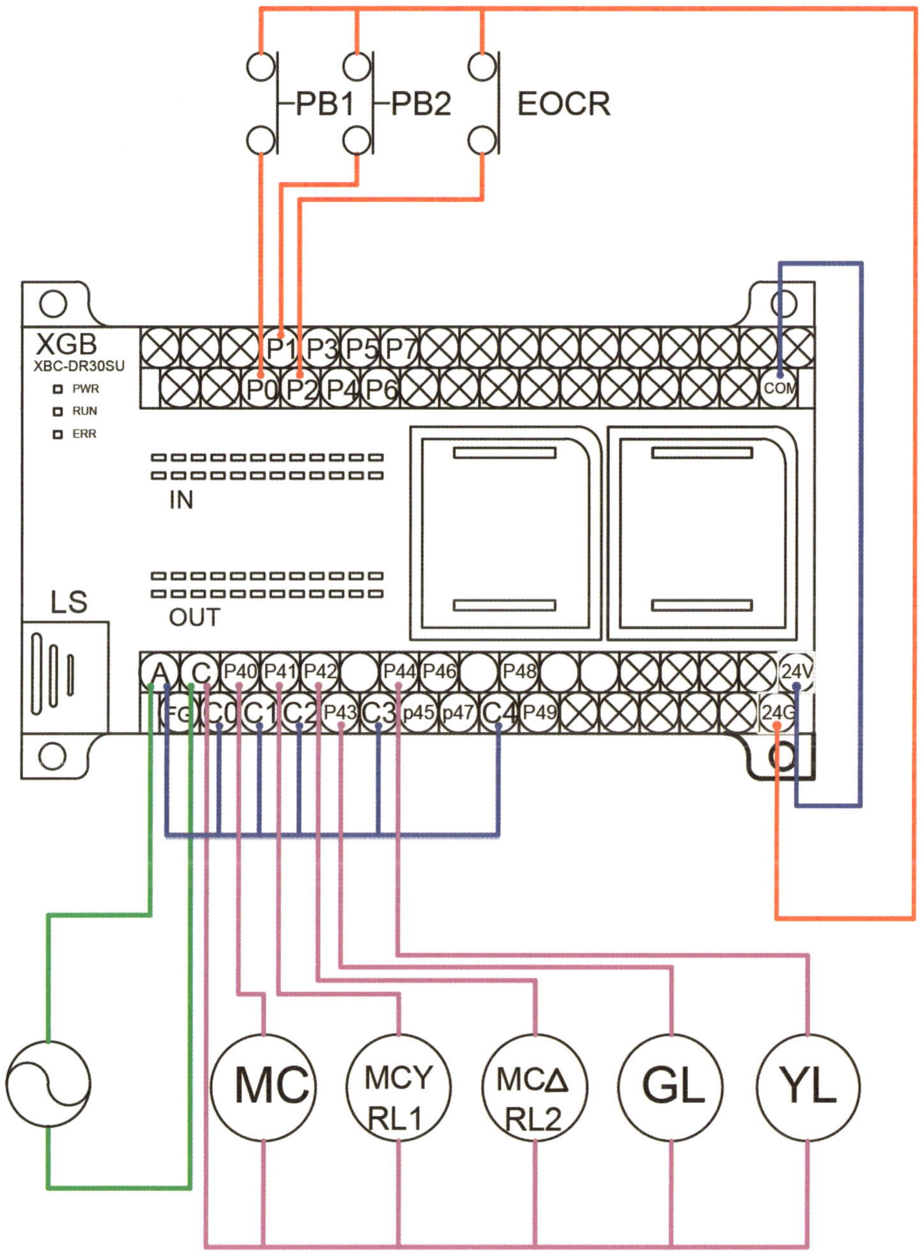
PB1
PB2
EOCR
XGB
XBC-DR30SU
PWR
RUN
ERR
IN
OUT
LS
P1 P3 P5 P7
P0 P2 P4 P6
COM
A C P40 P41 P42 P44 P46 P48
24V
FG C0 C1 C2 P43 C3 p45 p47 C4 P49
24G
MC
MCY
RL1
MCΔ
RL2
GL
YL

22 이상동작 검출회로

회로도 22

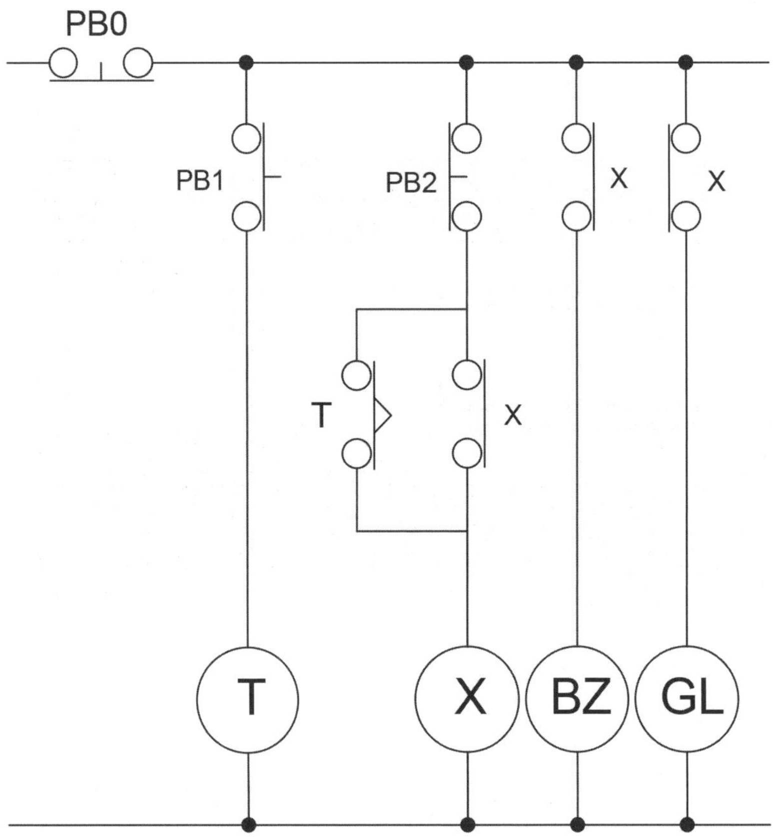

PLC 입출력도

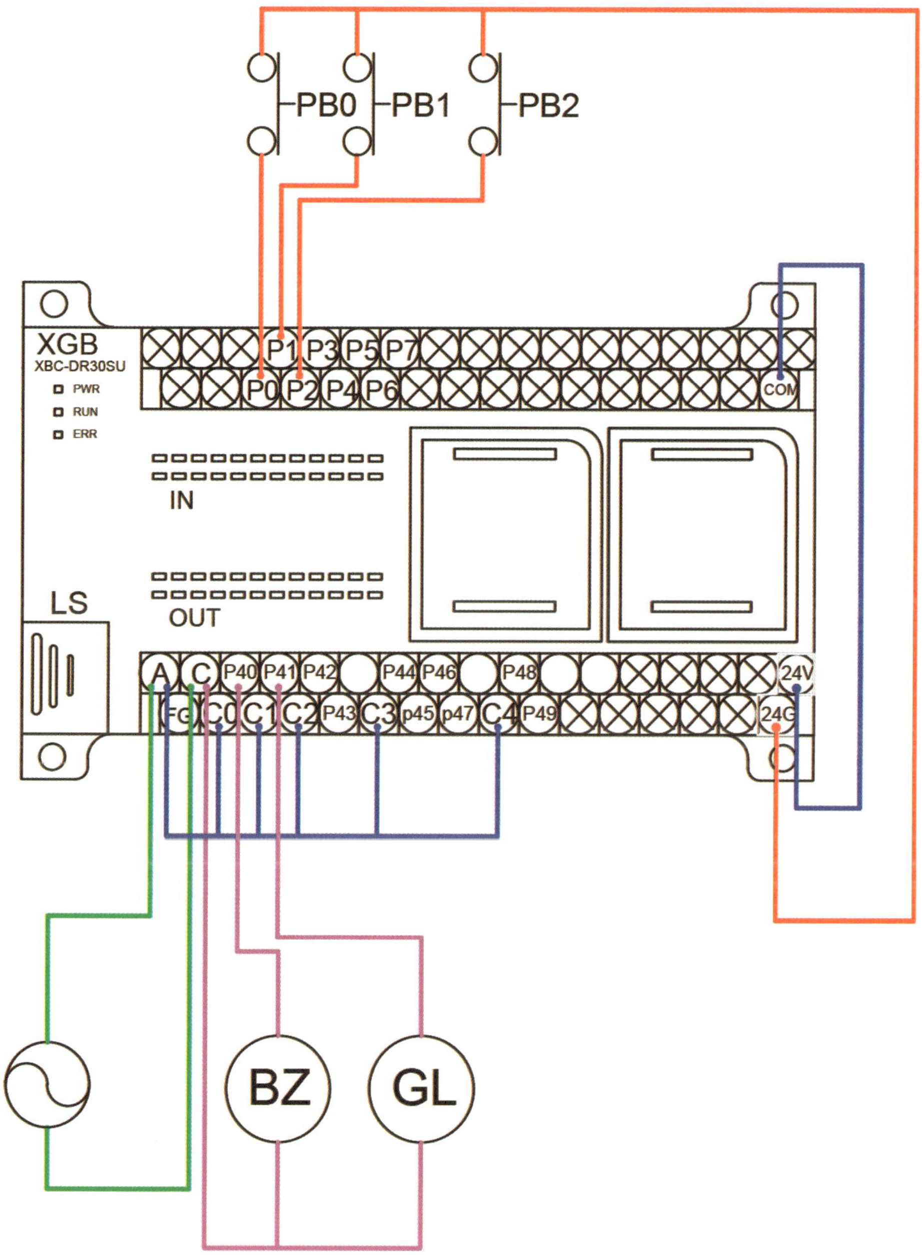
PB0
PB1
PB2
XGB
XBC-DR30SU
PWR
RUN
ERR
IN
OUT
LS
P1 P3 P5 P7
P0 P2 P4 P6
COM
A C P40 P41 P42 P44 P46 P48 24V
FG C0 C1 C2 P43 C3 p45 p47 C4 P49 24G
BZ
GL

23 전동기 제어 회로

회로도 23

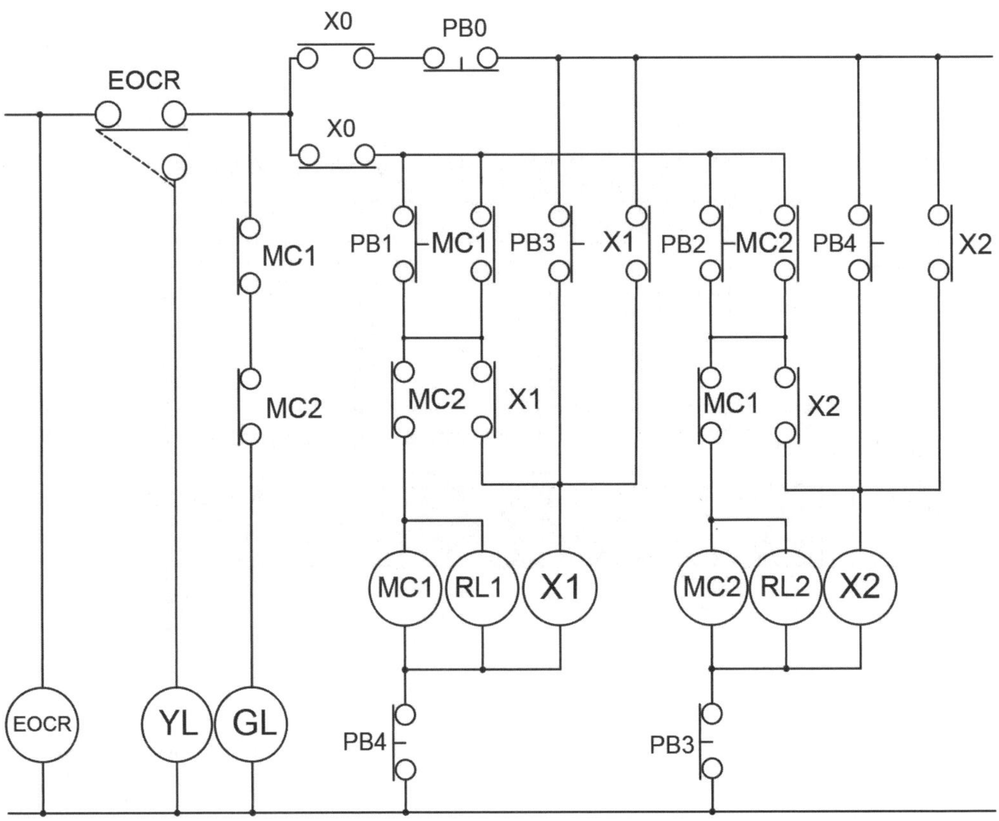

PLC 입출력도

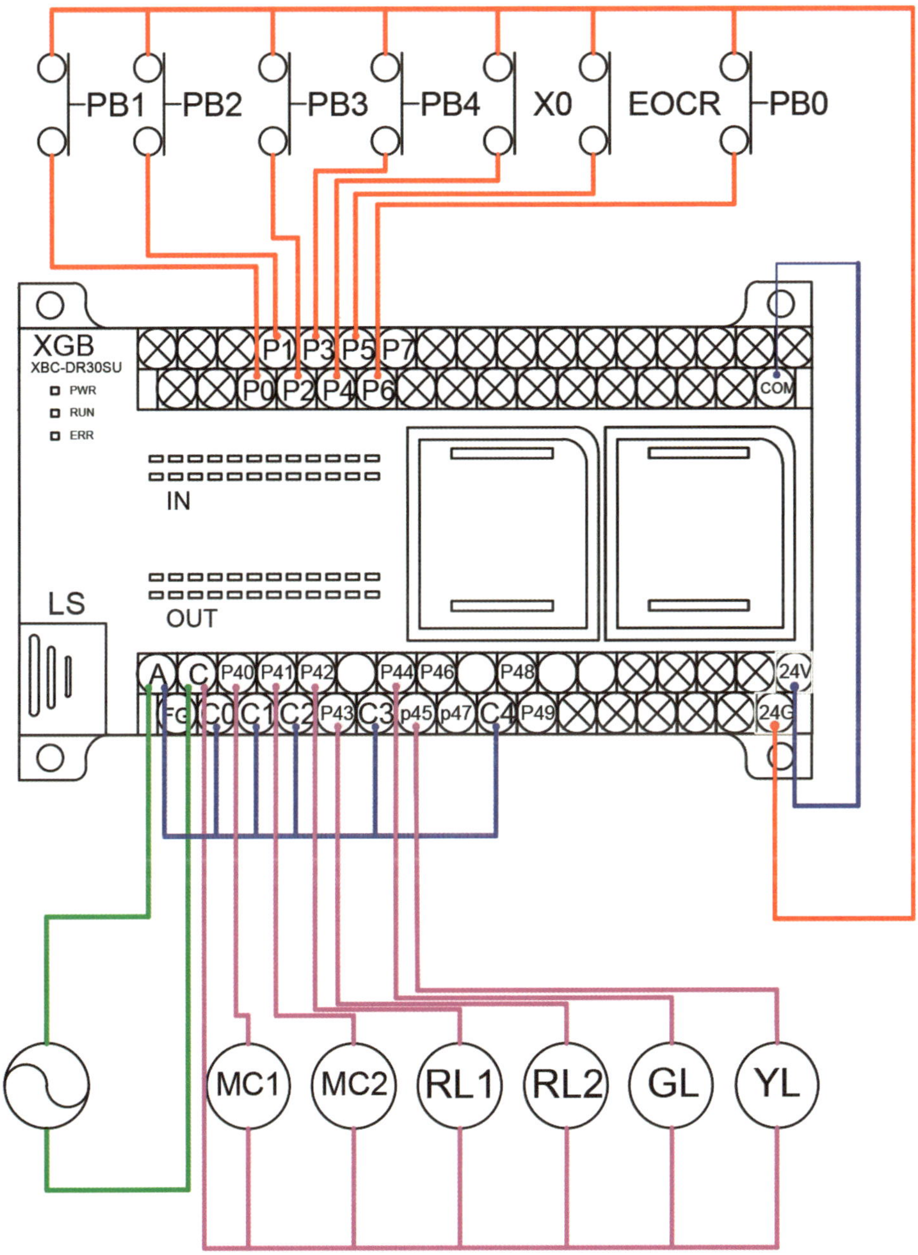
PB1
PB2
PB3
PB4
X0
EOCR
PB0
XGB
XBC-DR30SU
PWR
RUN
ERR
P1 P3 P5 P7
P0 P2 P4 P6
COM
IN
OUT
LS
A C P40 P41 P42 P44 P46 P48 24V
FG C0 C1 C2 P43 C3 p45 p47 C4 P49 24G
MC1
MC2
RL1
RL2
GL
YL

24 전동기 회로

회로도 24

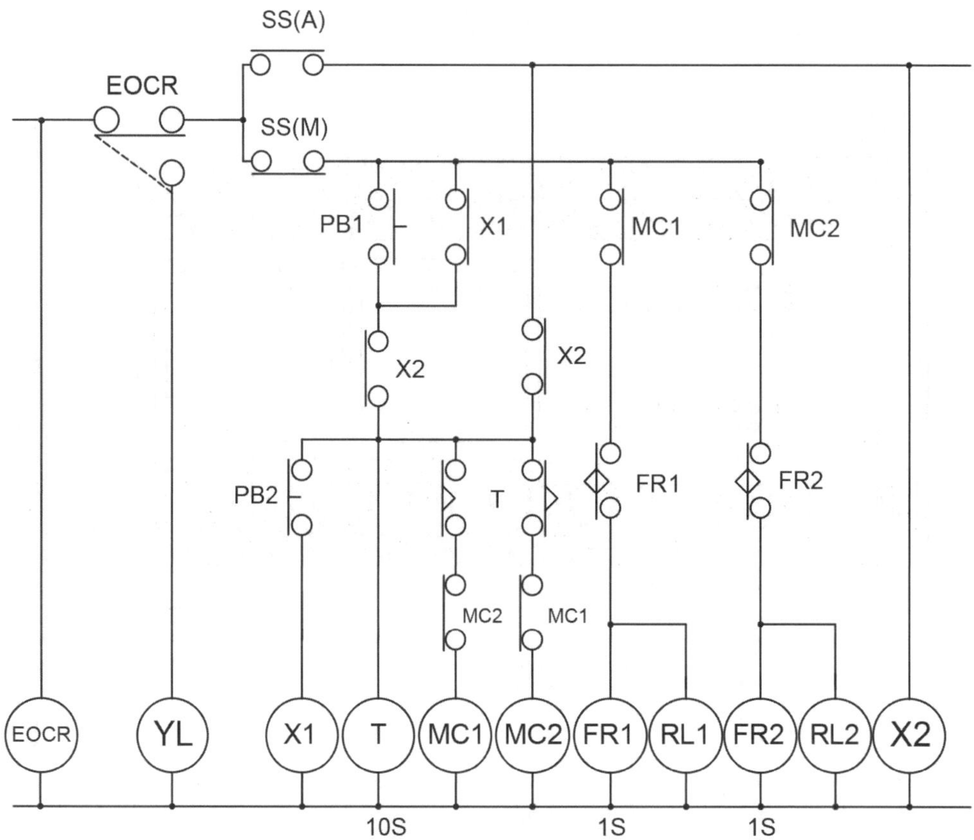

PLC 입출력도

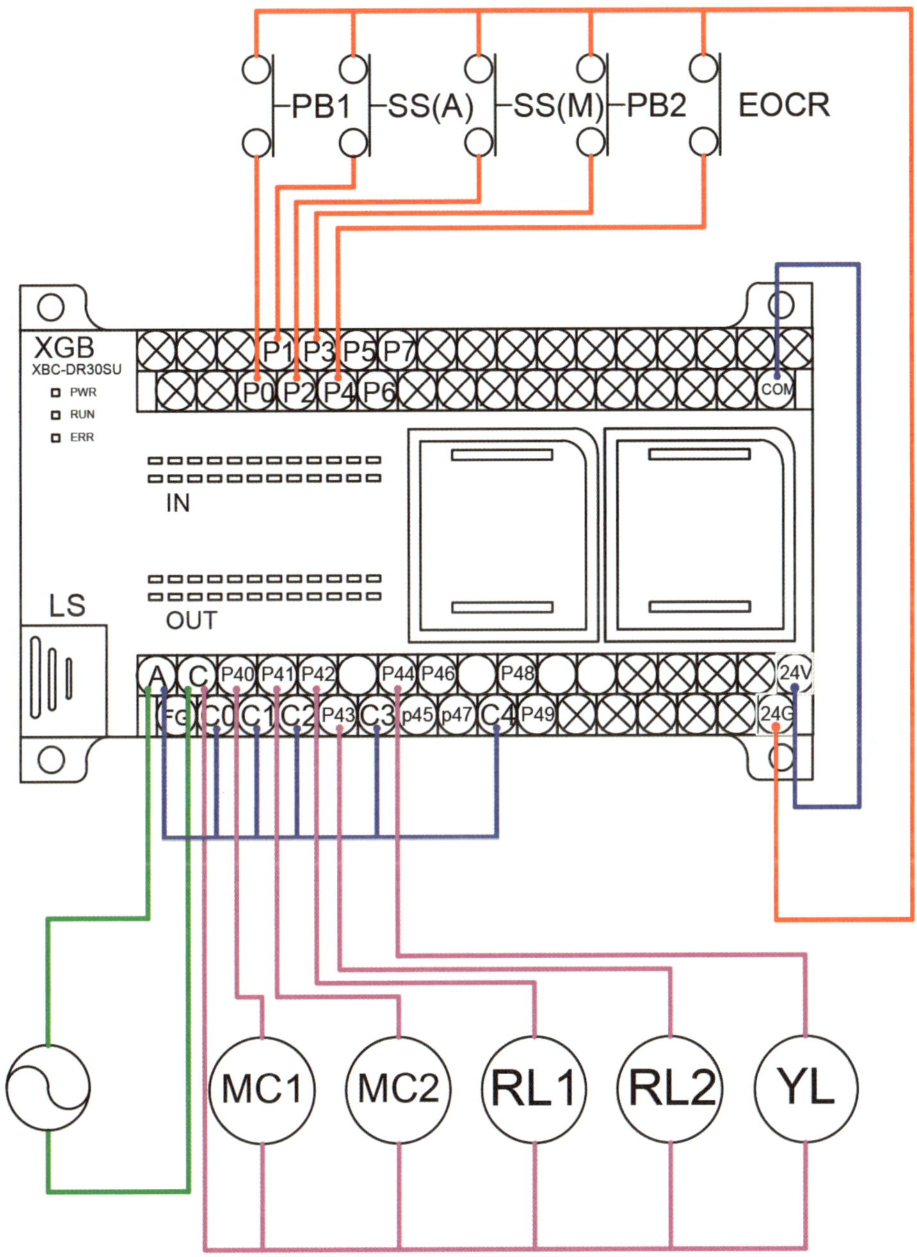
PB1
SS(A)
SS(M)
PB2
EOCR
XGB
XBC-DR30SU
PWR
RUN
ERR
IN
OUT
LS
P0 P1 P2 P3 P4 P5 P6 P7
COM
A C P40 P41 P42 P44 P46 P48 24V
FG C0 C1 C2 P43 C3 p45 p47 C4 P49 24G
MC1
MC2
RL1
RL2
YL

25 전동기 제어 회로

회로도 25

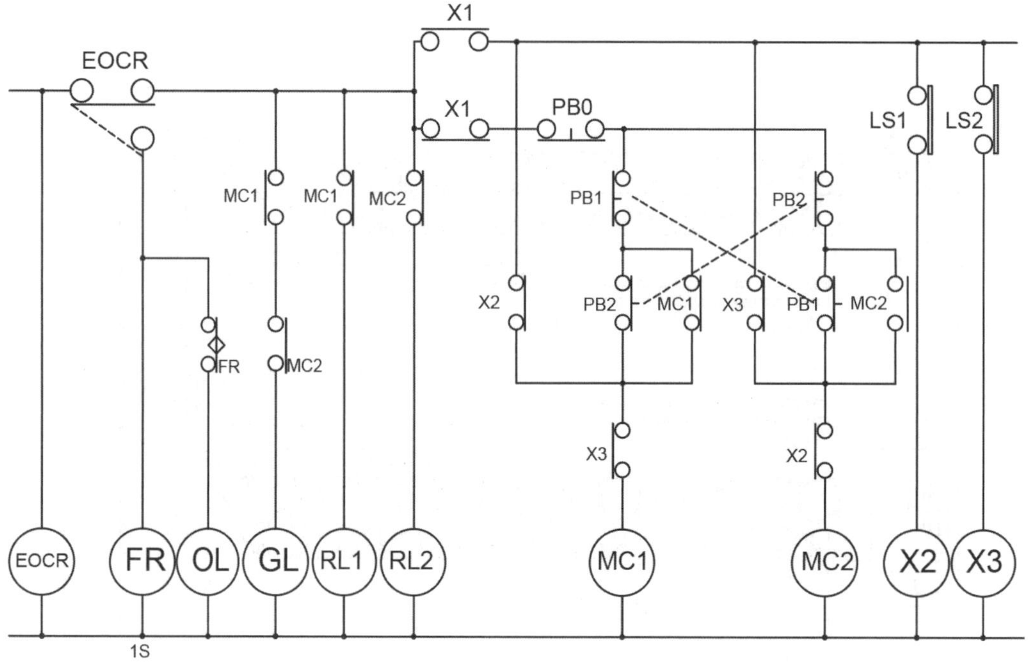

PLC 입출력도

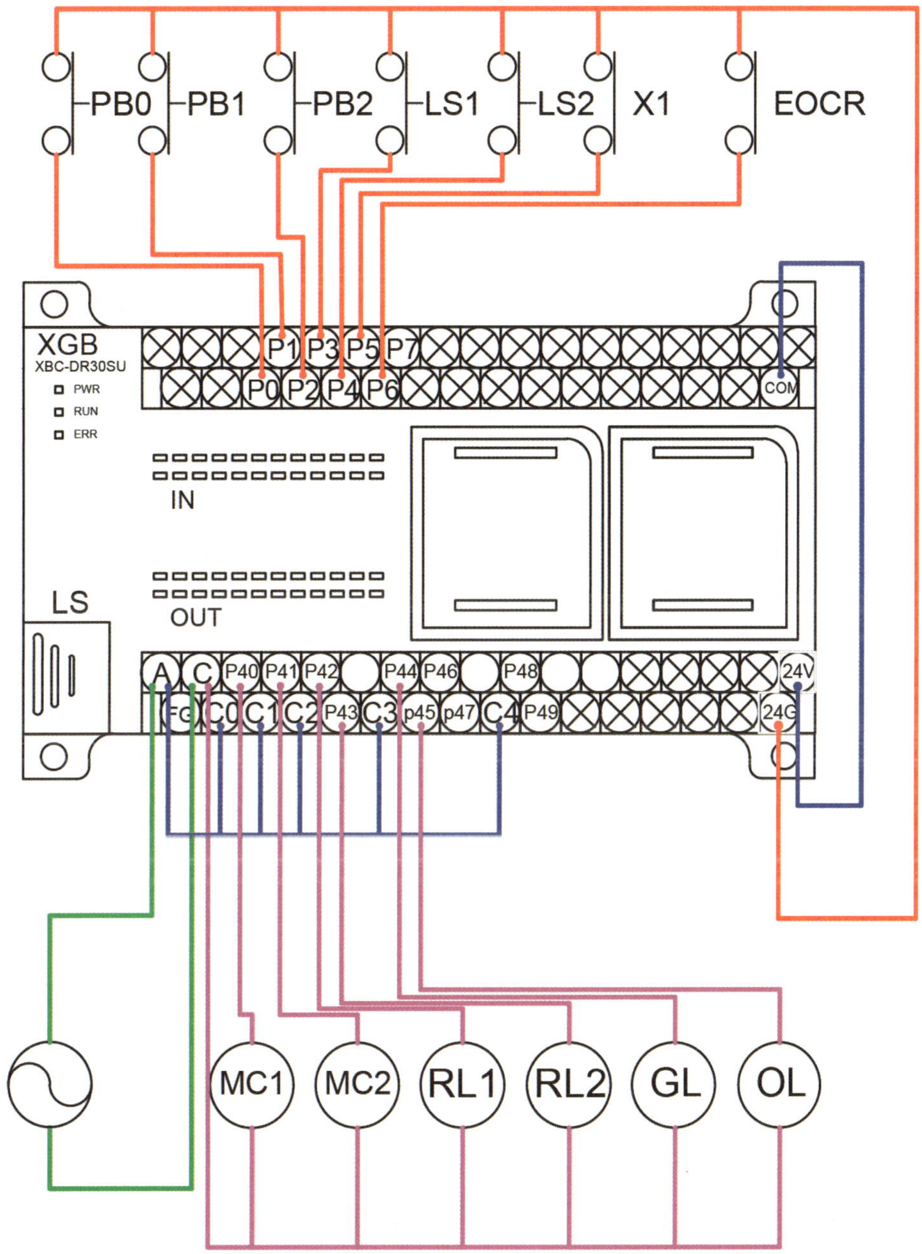
PB0
PB1
PB2
LS1
LS2
X1
EOCR
XGB
XBC-DR30SU
PWR
RUN
ERR
IN
OUT
LS
P0 P1 P2 P3 P4 P5 P6 P7
COM
A C P40 P41 P42 P44 P46 P48 24V
FG C0 C1 C2 P43 C3 p45 p47 C4 P49 24G
MC1
MC2
RL1
RL2
GL
OL

26 전동기 제어 회로

PLC Control Technology

회로도 26

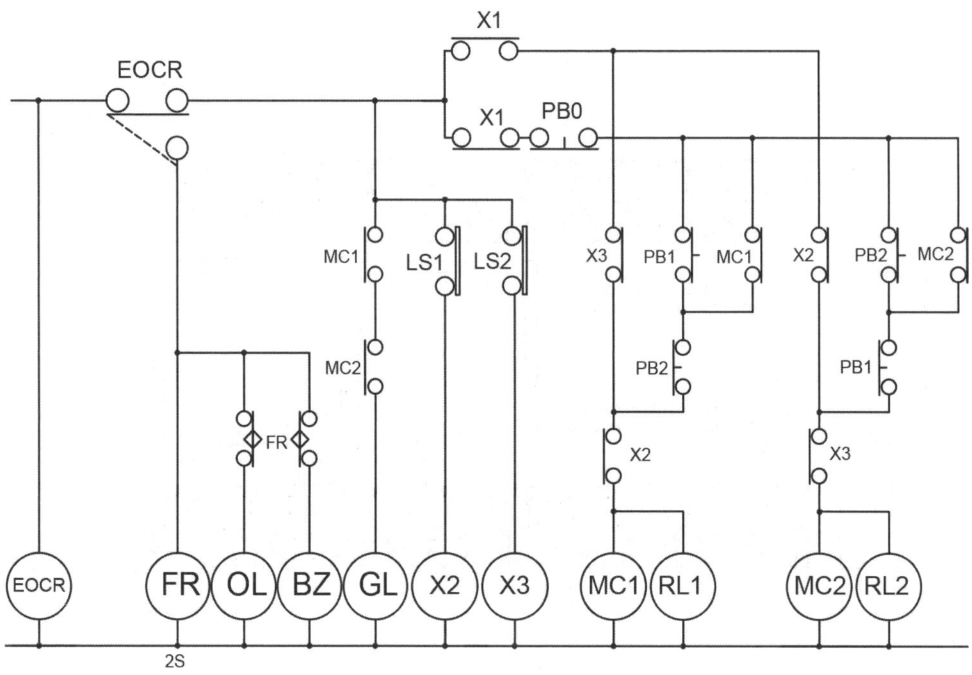

PLC 입출력도

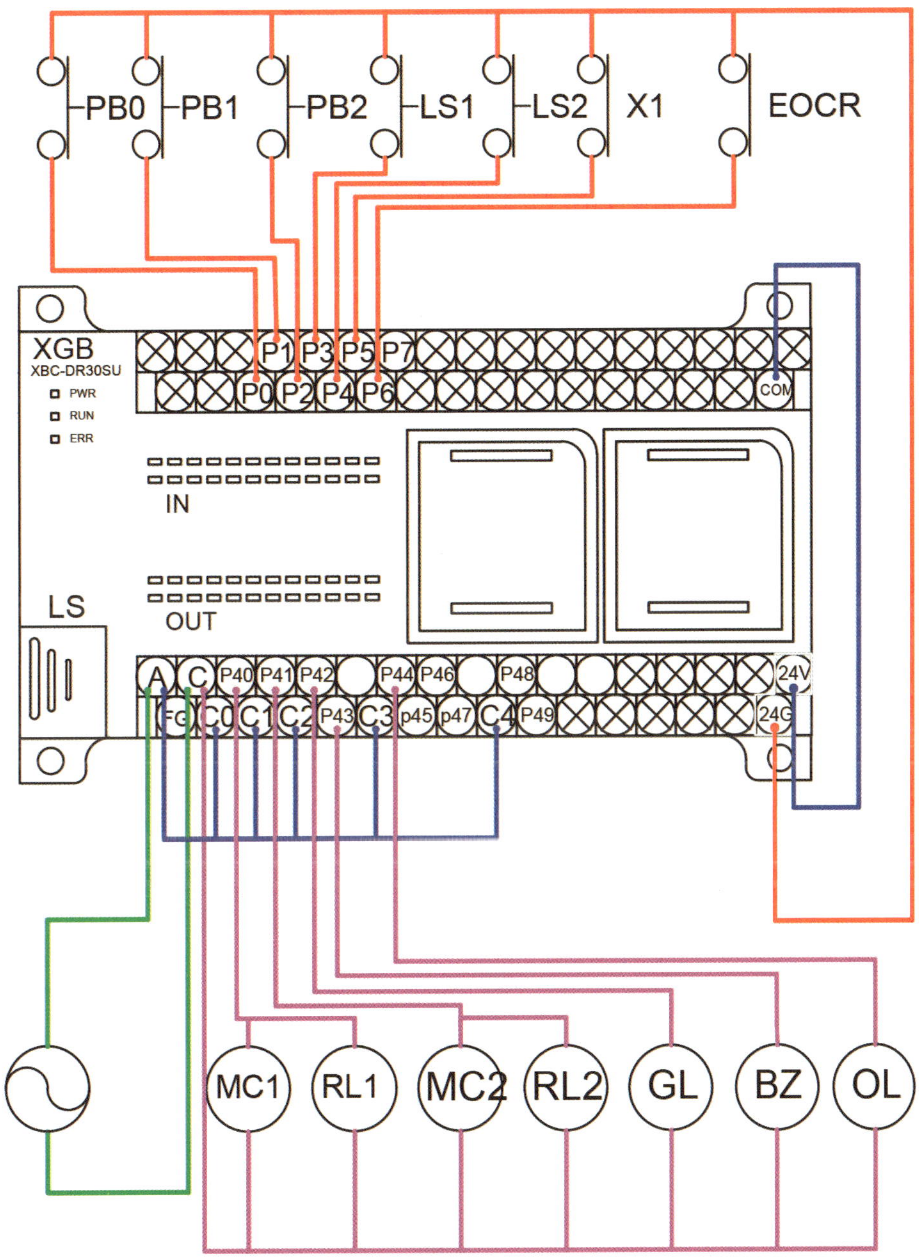
PB0
PB1
PB2
LS1
LS2
X1
EOCR
XGB
XBC-DR30SU
PWR
RUN
ERR
IN
OUT
LS
P1 P3 P5 P7
P0 P2 P4 P6
COM
A C P40 P41 P42 P44 P46 P48 24V
FG C0 C1 C2 P43 C3 p45 p47 C4 P49 24G
MC1
RL1
MC2
RL2
GL
BZ
OL

27 전동기 제어 회로

회로도 27

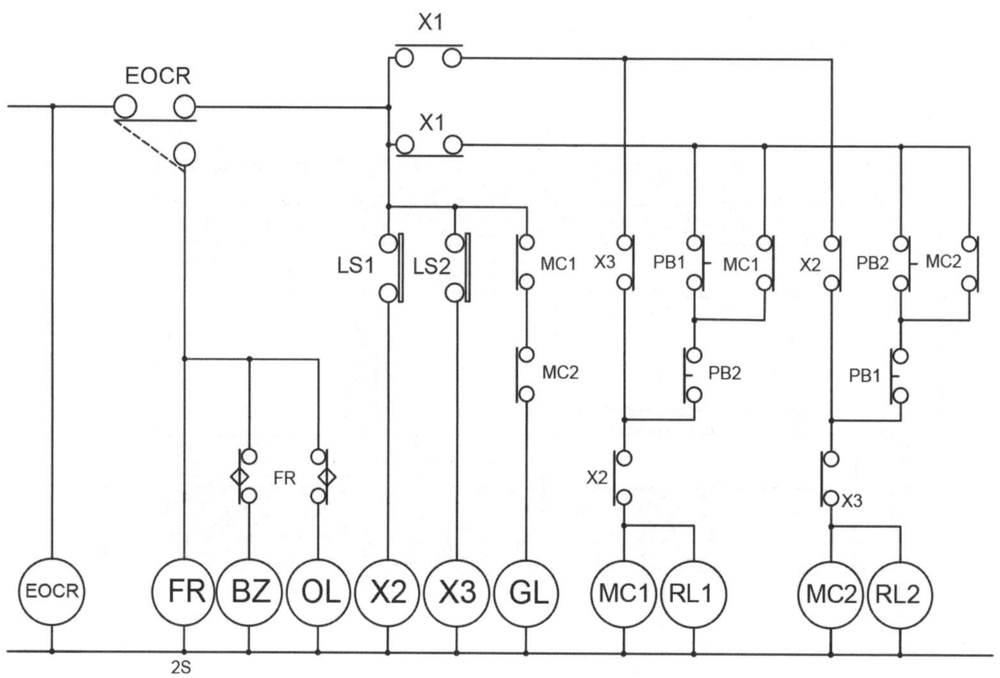

PLC 입출력도

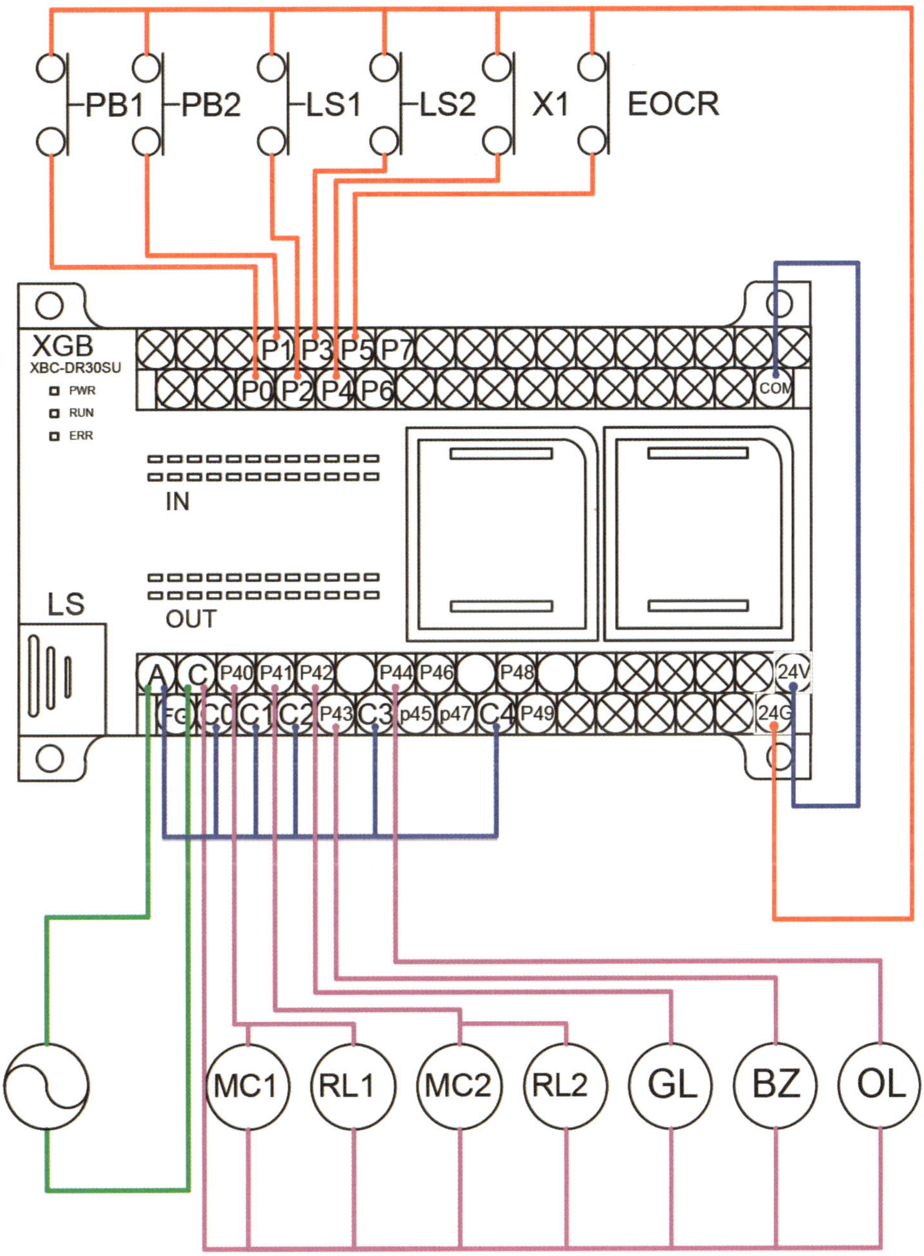
PB1
PB2
LS1
LS2
X1
EOCR
XGB
XBC-DR30SU
PWR
RUN
ERR
IN
OUT
LS
P0 P1 P2 P3 P4 P5 P6 P7
COM
A C P40 P41 P42 P44 P46 P48 24V
FG C0 C1 C2 P43 C3 p45 p47 C4 P49 24G
MC1
RL1
MC2
RL2
GL
BZ
OL

28 자동 수위 조절 제어회로

회로도 28

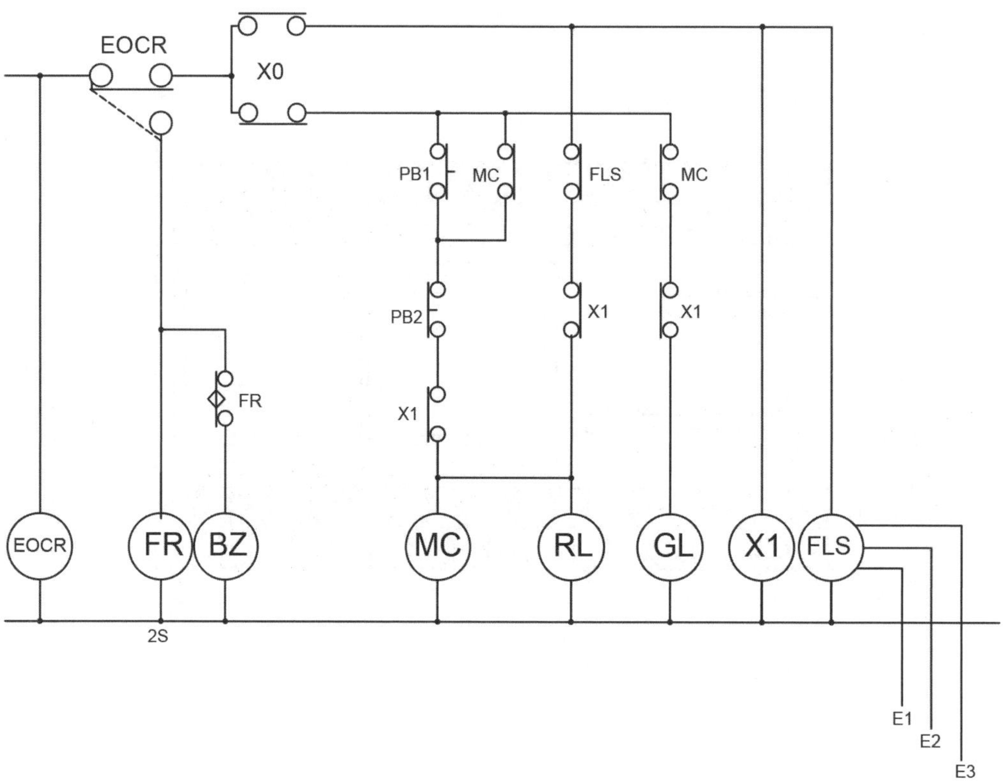

PLC 입출력도

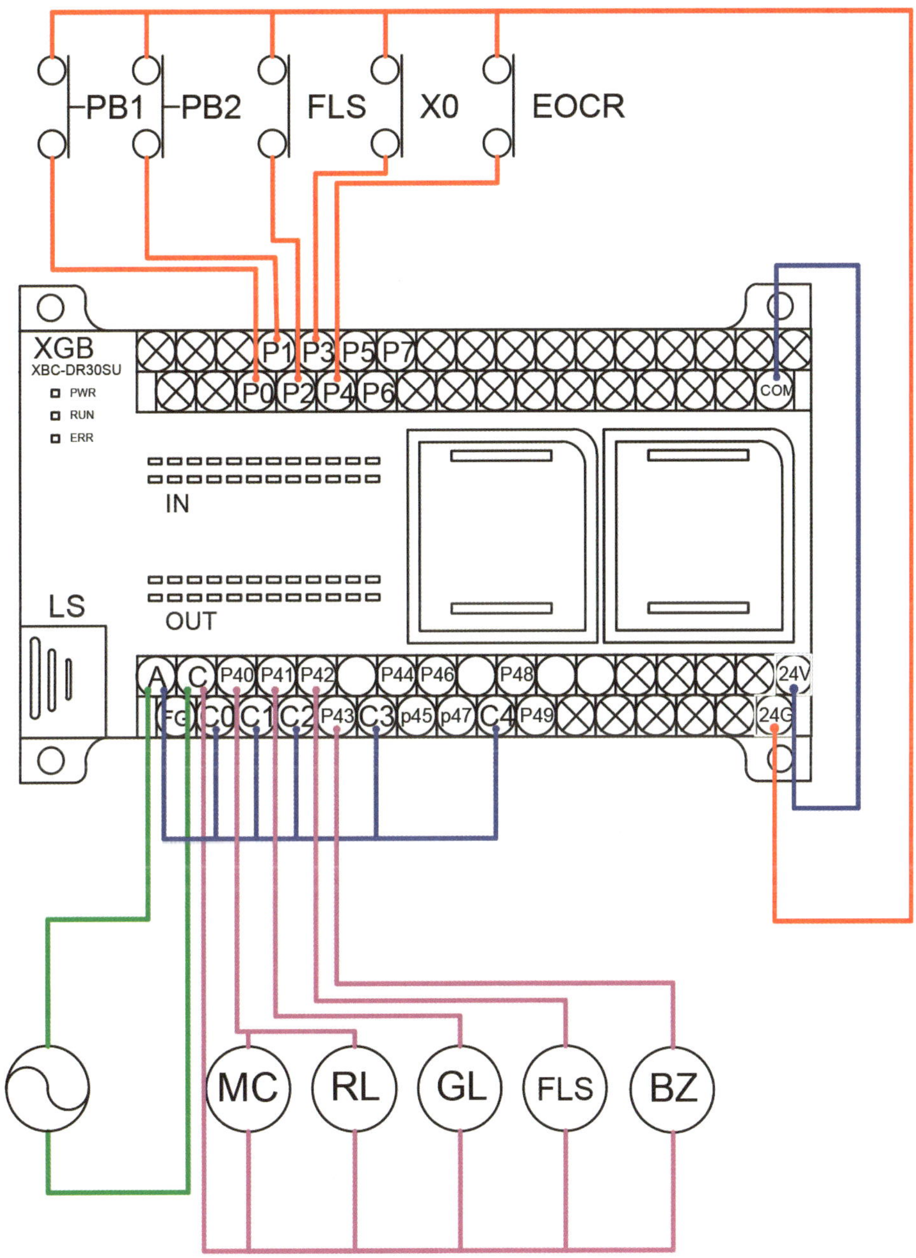
PB1
PB2
FLS
X0
EOCR
XGB
XBC-DR30SU
PWR
RUN
ERR
P1 P3 P5 P7
P0 P2 P4 P6
COM
IN
OUT
LS
A C P40 P41 P42 P44 P46 P48 24V
FG C0 C1 C2 P43 C3 p45 p47 C4 P49 24G
MC
RL
GL
FLS
BZ

29 수동 자동 제어회로

회로도 29

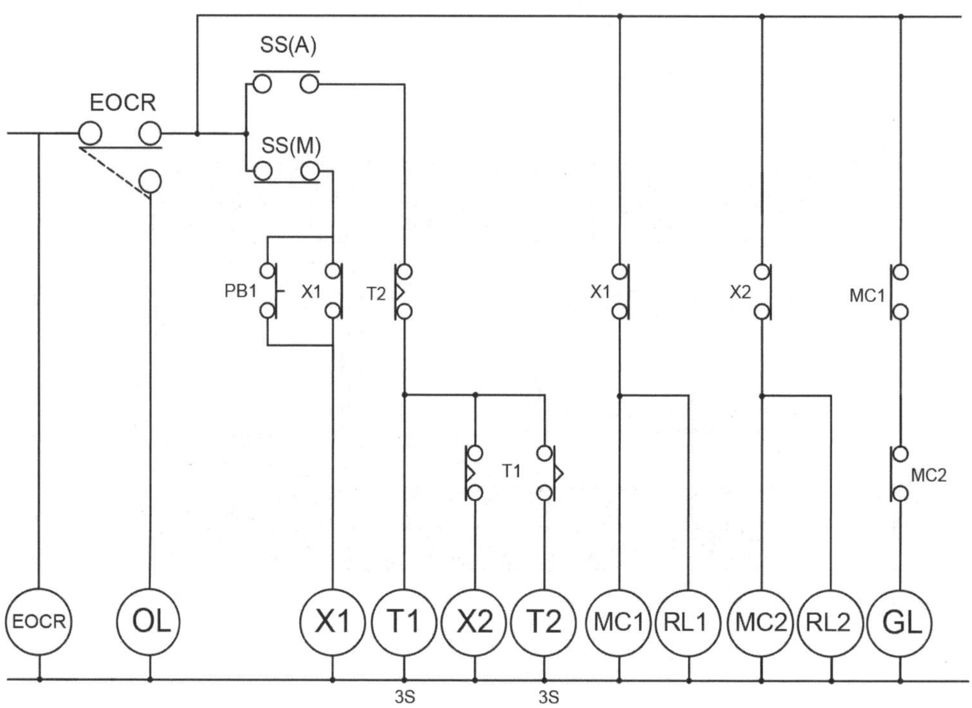

PLC 입출력도

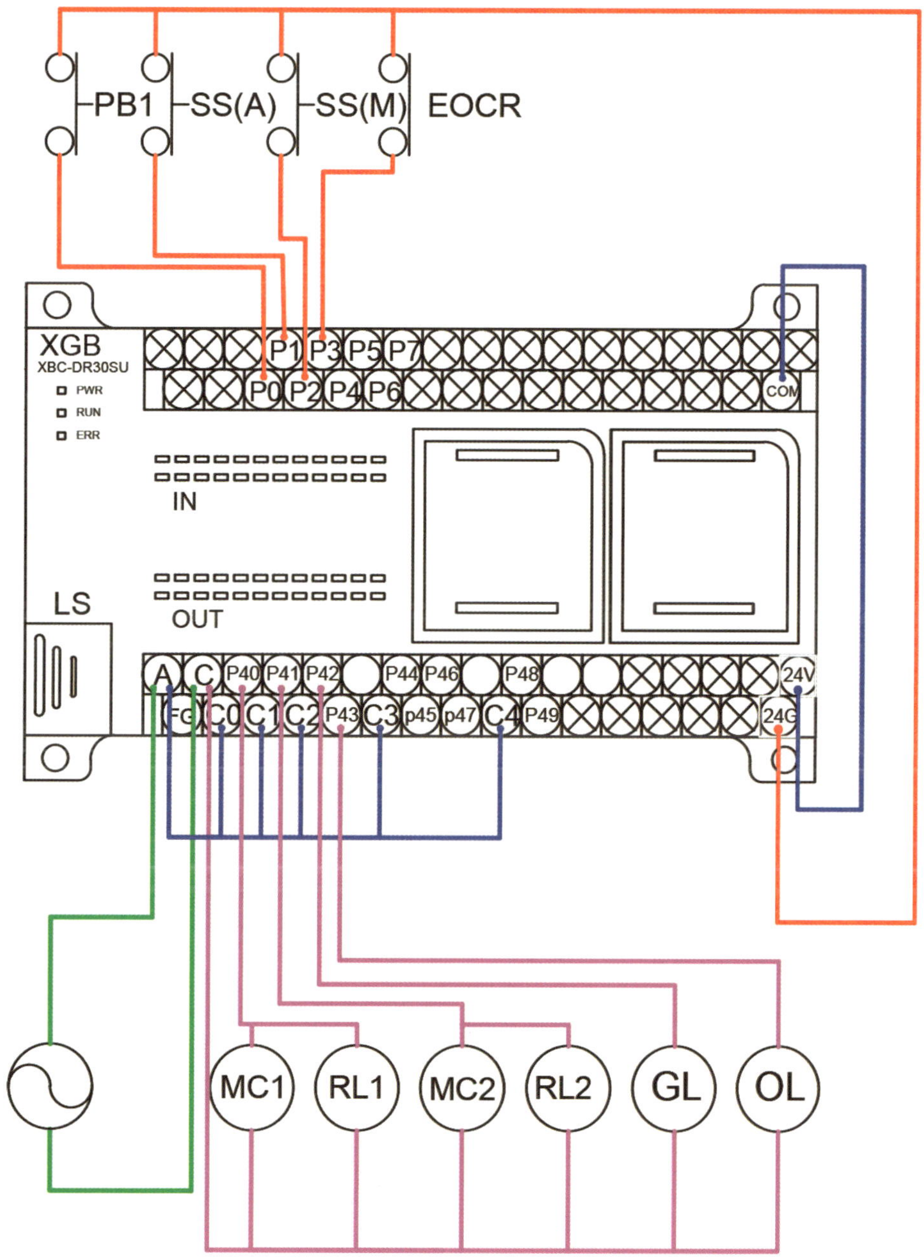
PB1
SS(A)
SS(M)
EOCR
XGB
XBC-DR30SU
PWR
RUN
ERR
P1 P3 P5 P7
P0 P2 P4 P6
COM
IN
OUT
LS
A C P40 P41 P42 P44 P46 P48 24V
FG C0 C1 C2 P43 C3 p45 p47 C4 P49 24G
MC1
RL1
MC2
RL2
GL
OL

30 자동문 제어회로

회로도 30

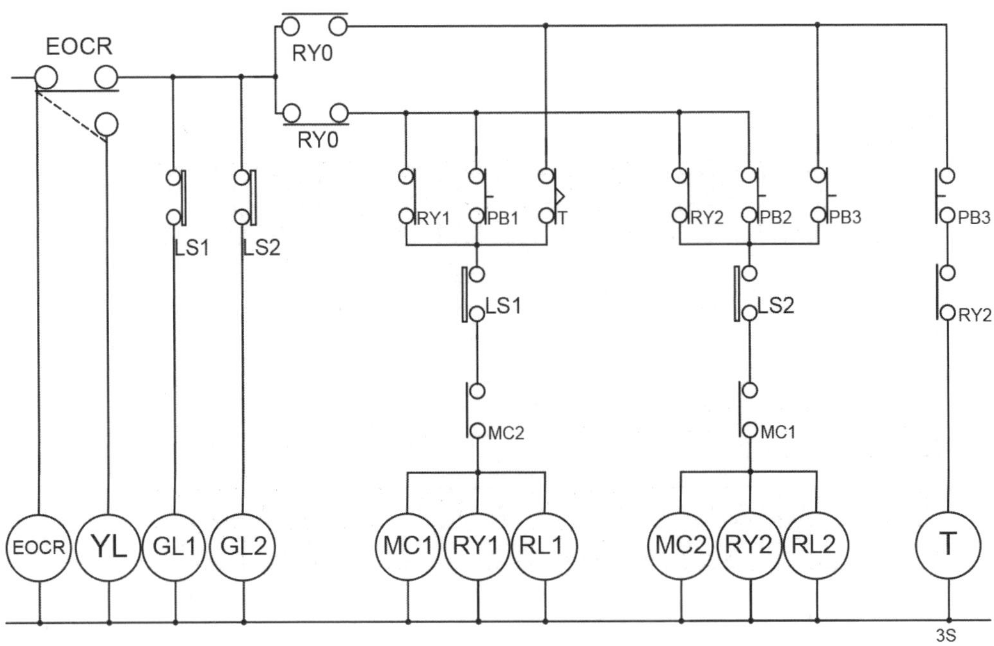

PLC 입출력도

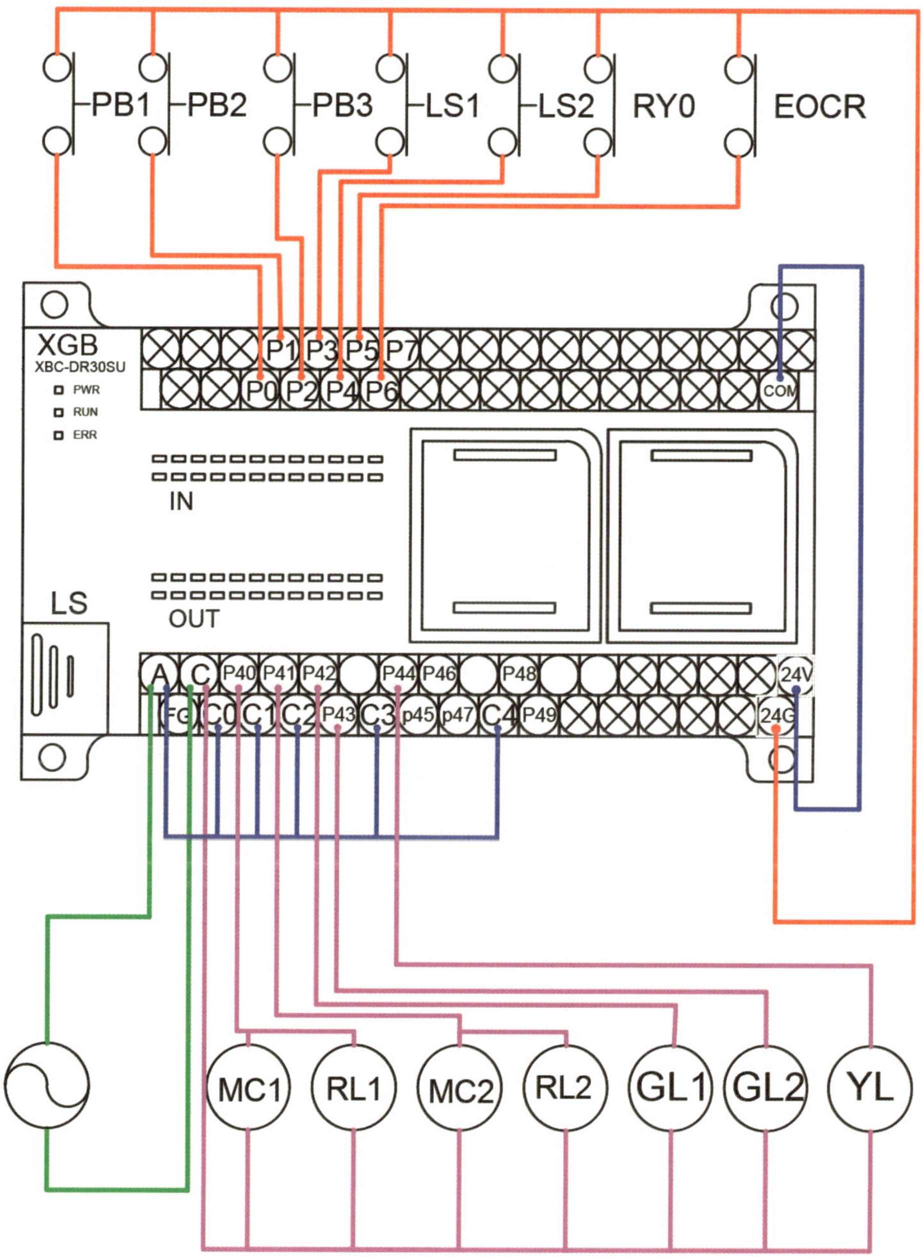
PB1
PB2
PB3
LS1
LS2
RY0
EOCR
XGB
XBC-DR30SU
PWR
RUN
ERR
IN
OUT
LS
P0
P1
P2
P3
P4
P5
P6
P7
COM
A
C
FG
C0
C1
C2
C3
C4
P40
P41
P42
P43
P44
p45
P46
p47
P48
P49
24V
24G
MC1
RL1
MC2
RL2
GL1
GL2
YL

31 순차 회로

회로도 31

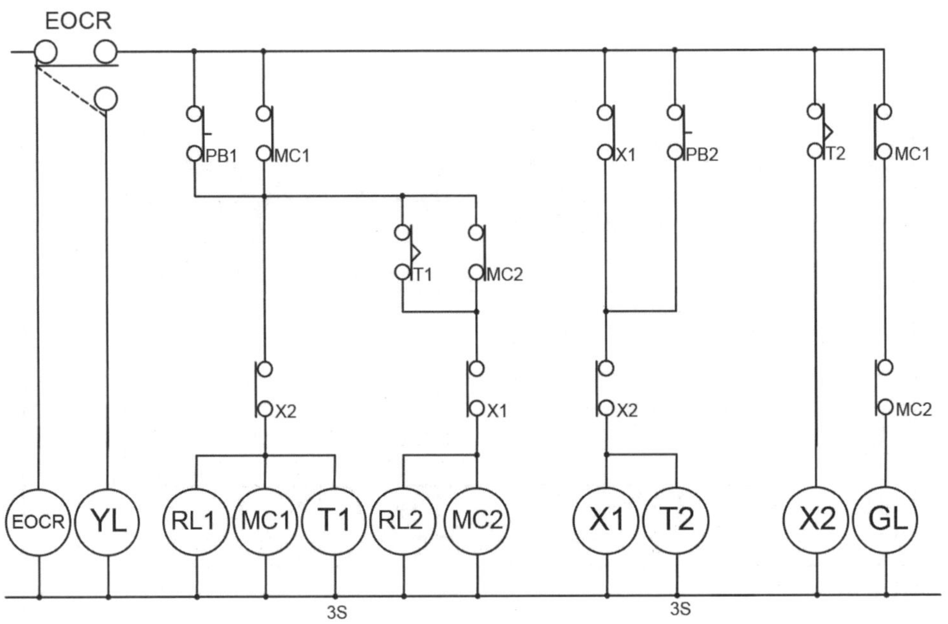

PLC 입출력도

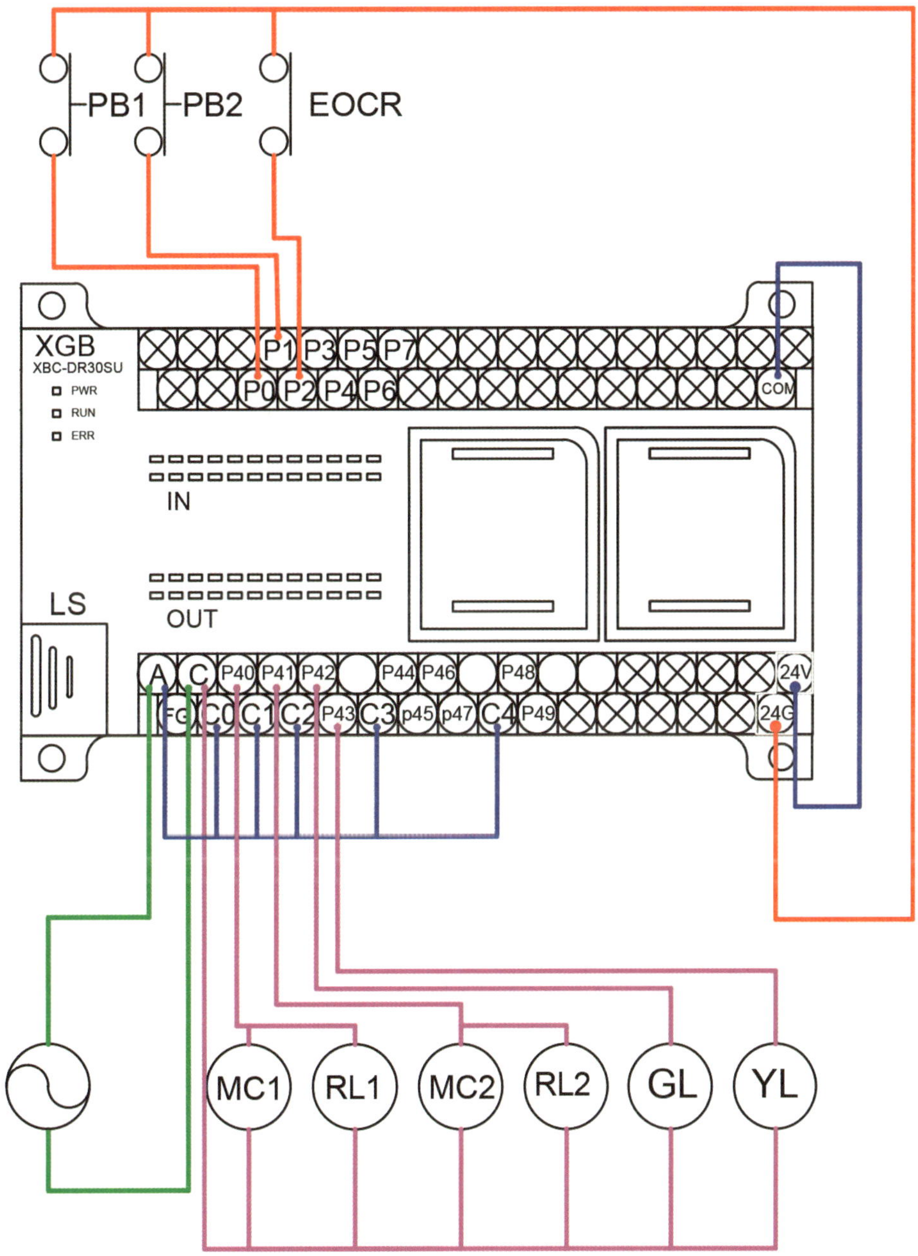
PB1
PB2
EOCR
XGB
XBC-DR30SU
PWR
RUN
ERR
IN
OUT
LS
P1 P3 P5 P7
P0 P2 P4 P6
COM
A C P40 P41 P42 P44 P46 P48
FG C0 C1 C2 P43 C3 p45 p47 C4 P49
24V
24G
MC1
RL1
MC2
RL2
GL
YL

32 급배수 전동기 회로

회로도 32

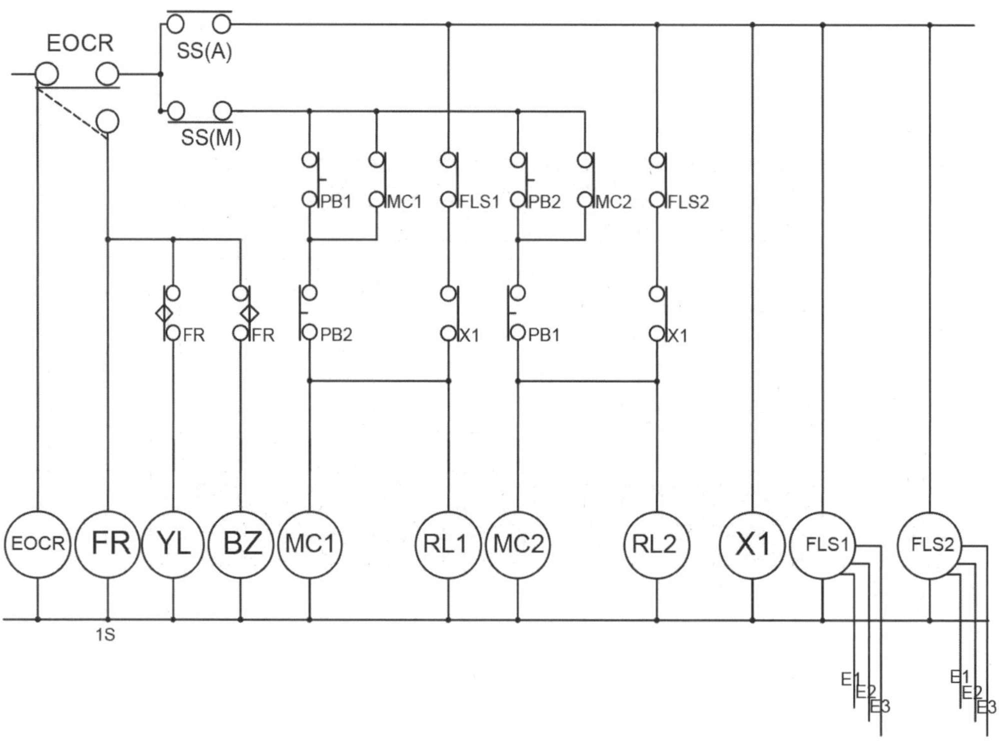

PLC 입출력도

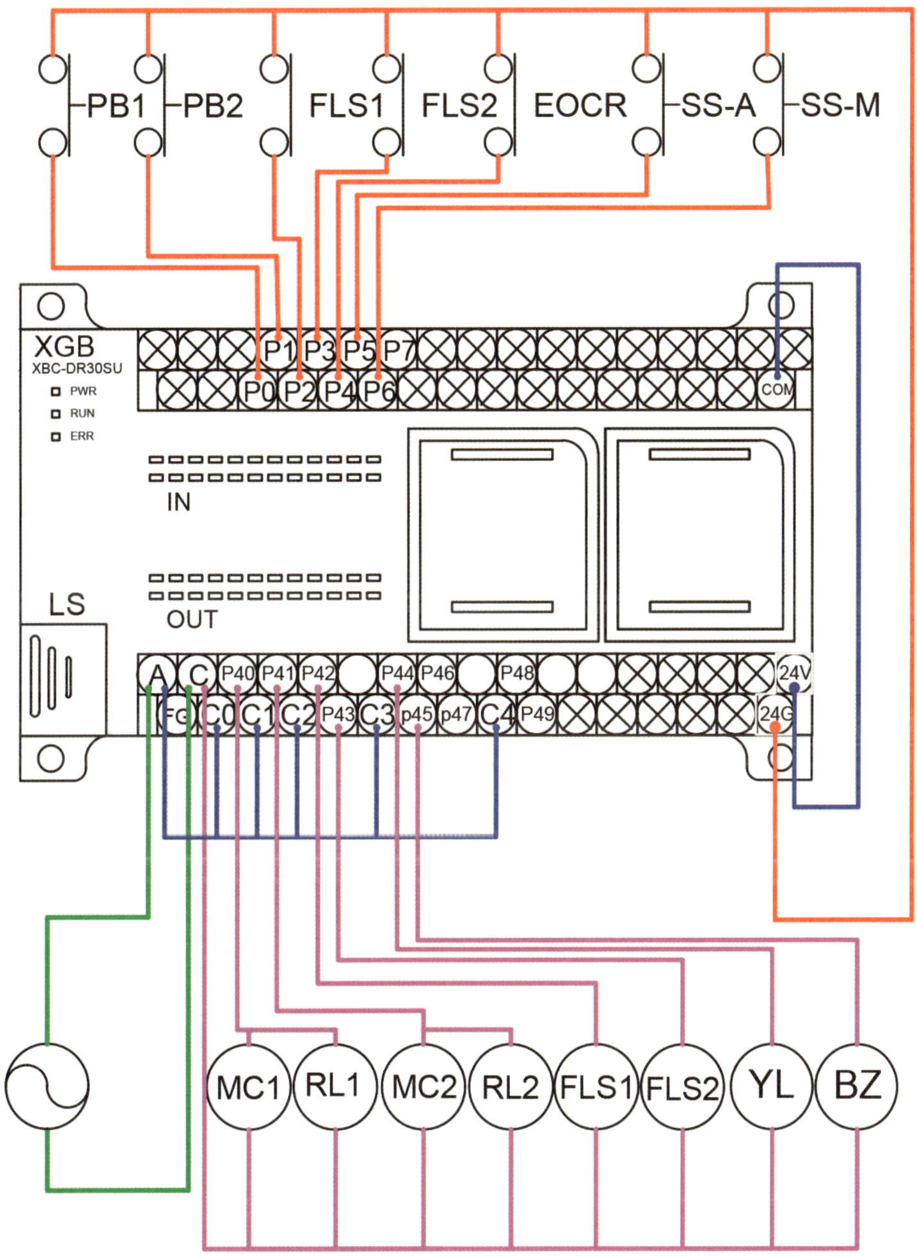
PB1
PB2
FLS1
FLS2
EOCR
SS-A
SS-M
XGB
XBC-DR30SU
PWR
RUN
ERR
IN
OUT
LS
P0 P1 P2 P3 P4 P5 P6 P7
COM
A C P40 P41 P42 P44 P46 P48 24V
FG C0 C1 C2 P43 C3 p45 p47 C4 P49 24G
MC1
RL1
MC2
RL2
FLS1
FLS2
YL
BZ

33 자동 온도 조절 회로

회로도 33

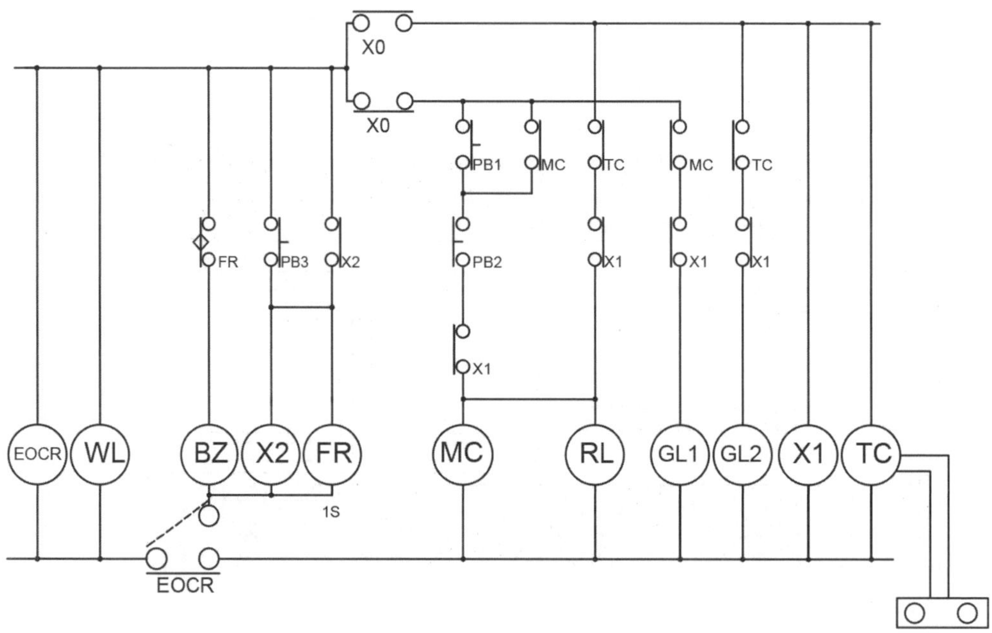

PLC 입출력도

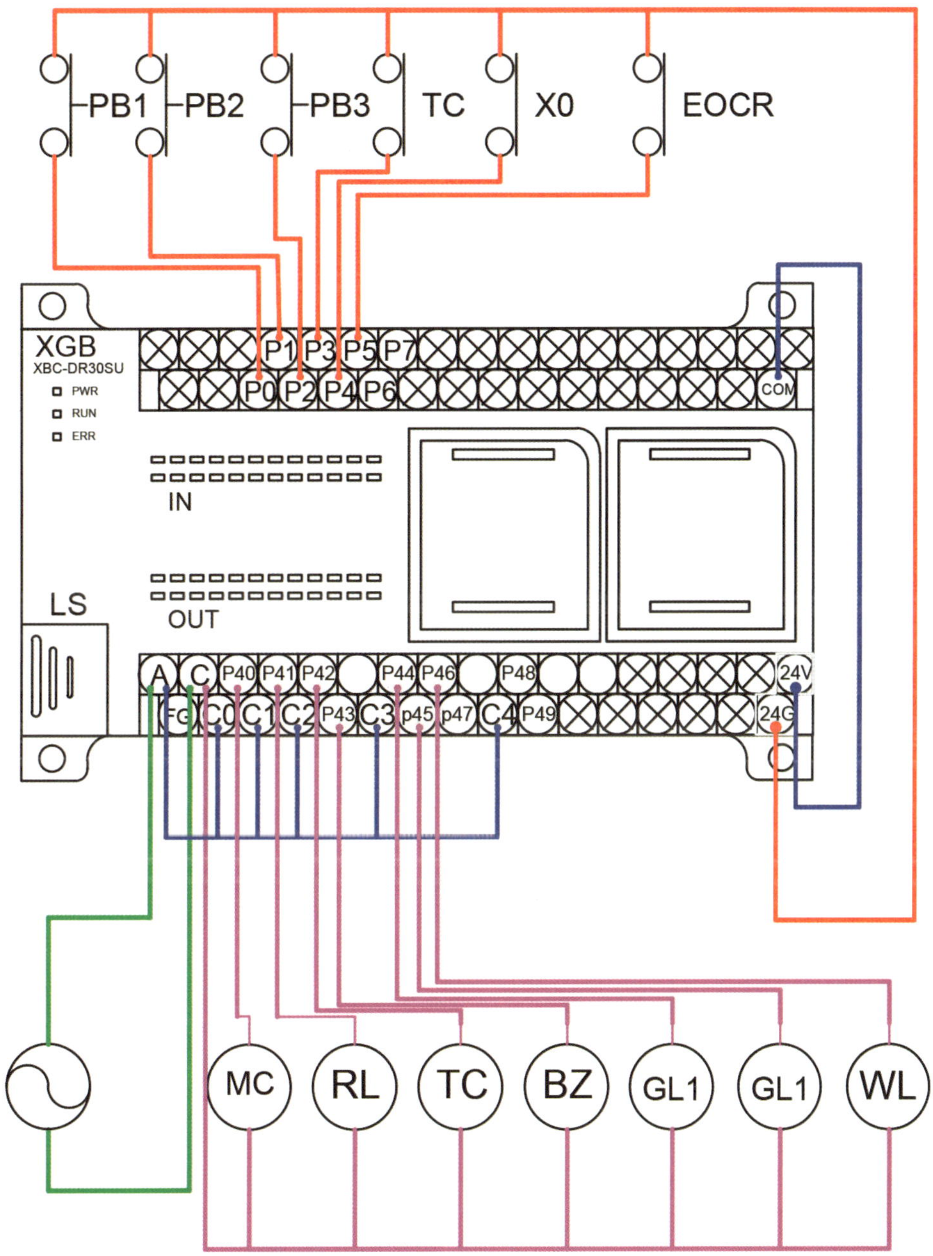
PB1
PB2
PB3
TC
X0
EOCR
XGB
XBC-DR30SU
PWR
RUN
ERR
P1 P3 P5 P7
P0 P2 P4 P6
COM
IN
OUT
LS
A C P40 P41 P42 P44 P46 P48 24V
FG C0 C1 C2 P43 C3 p45 p47 C4 P49 24G
MC
RL
TC
BZ
GL1
GL1
WL

34 자동 온도 조절 제어 회로

회로도 34

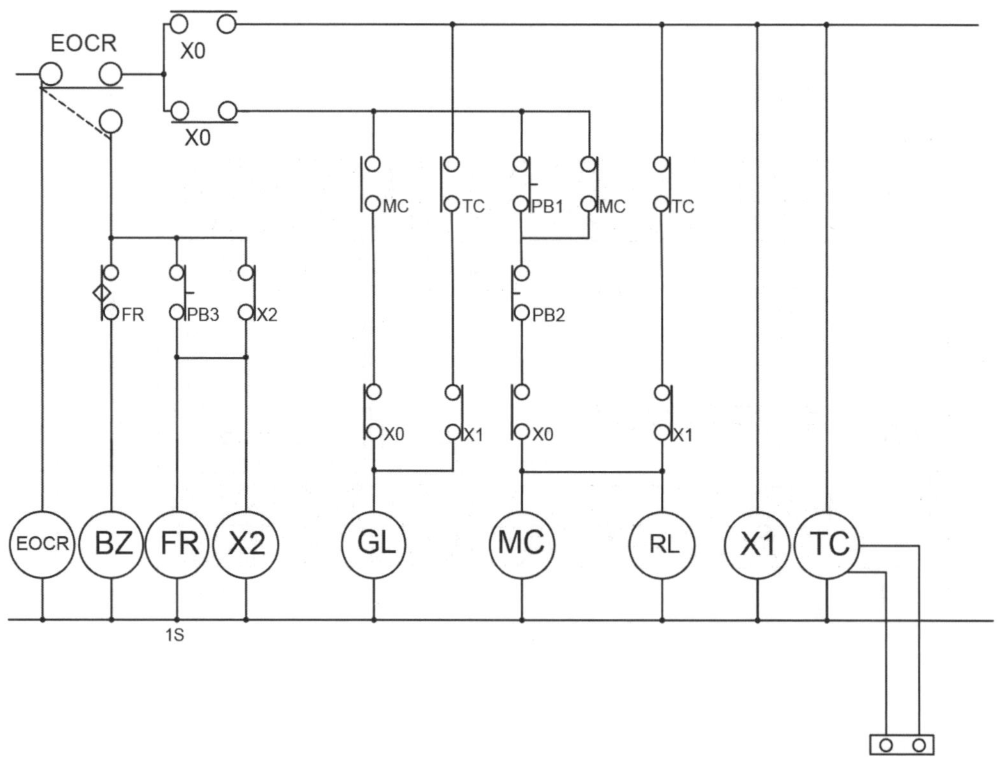

PLC 입출력도

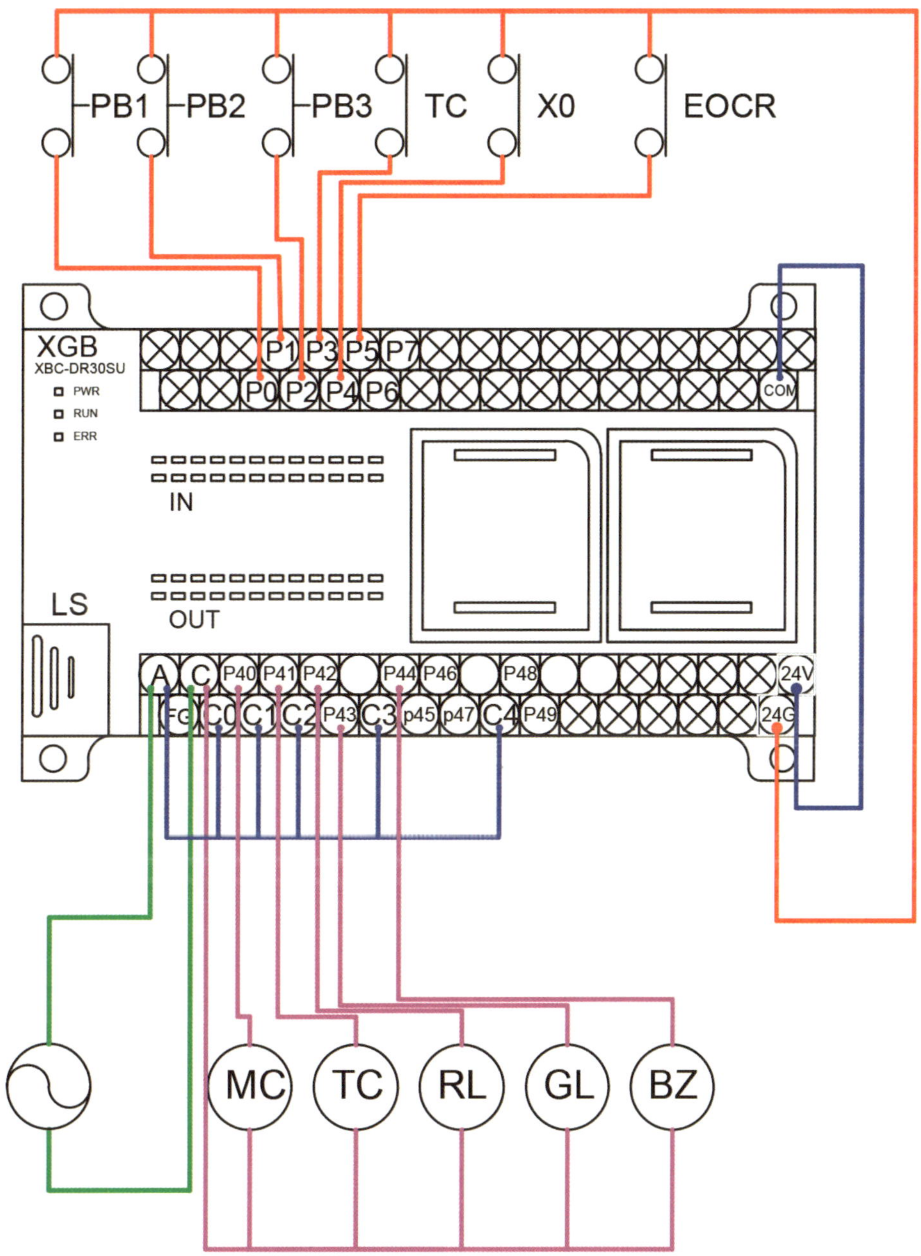
PB1
PB2
PB3
TC
X0
EOCR
XGB
XBC-DR30SU
PWR
RUN
ERR
P1
P3
P5
P7
P0
P2
P4
P6
COM
IN
OUT
LS
A
C
P40
P41
P42
P44
P46
P48
24V
FG
C0
C1
C2
P43
C3
p45
p47
C4
P49
24G
MC
TC
RL
GL
BZ

35 화재 감지 회로

회로도 35

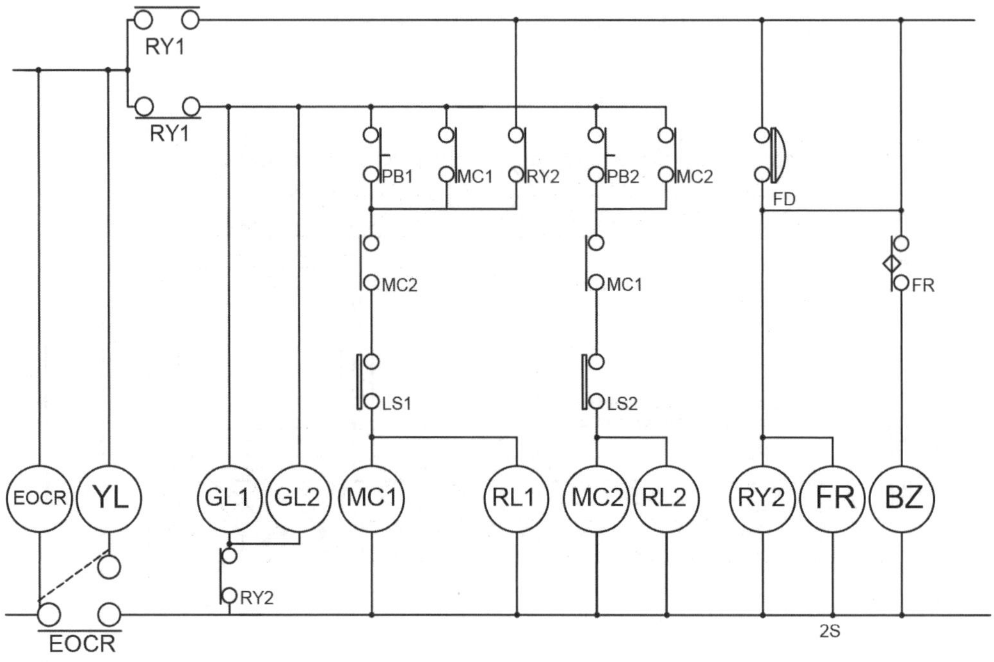

PLC 입출력도

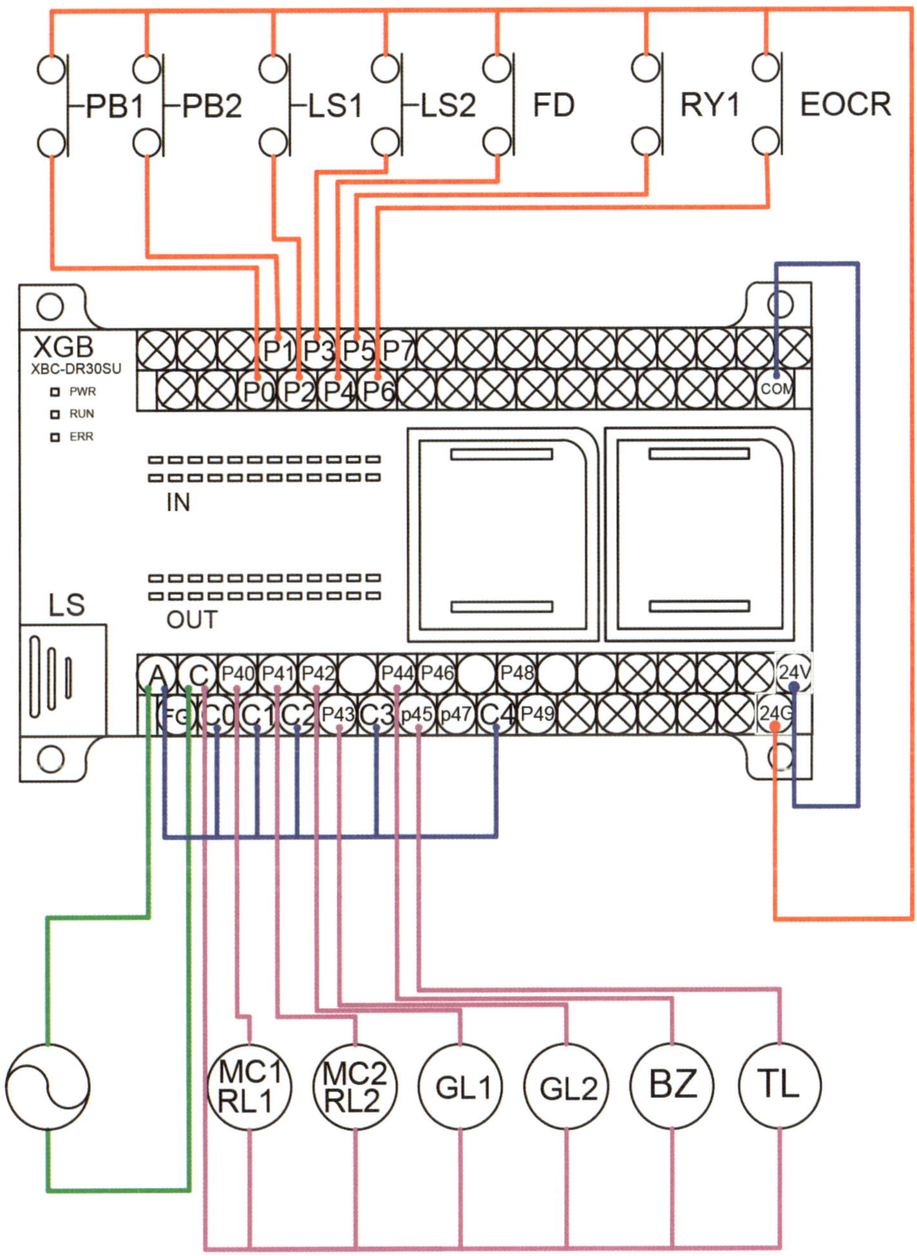
PB1
PB2
LS1
LS2
FD
RY1
EOCR
XGB
XBC-DR30SU
PWR
RUN
ERR
IN
OUT
LS
P0 P1 P2 P3 P4 P5 P6 P7
COM
A C P40 P41 P42 P44 P46 P48 24V
FG C0 C1 C2 P43 C3 p45 p47 C4 P49 24G
MC1 RL1
MC2 RL2
GL1
GL2
BZ
TL

36 리미트 스위치를 이용한 정·역회로

회로도 36

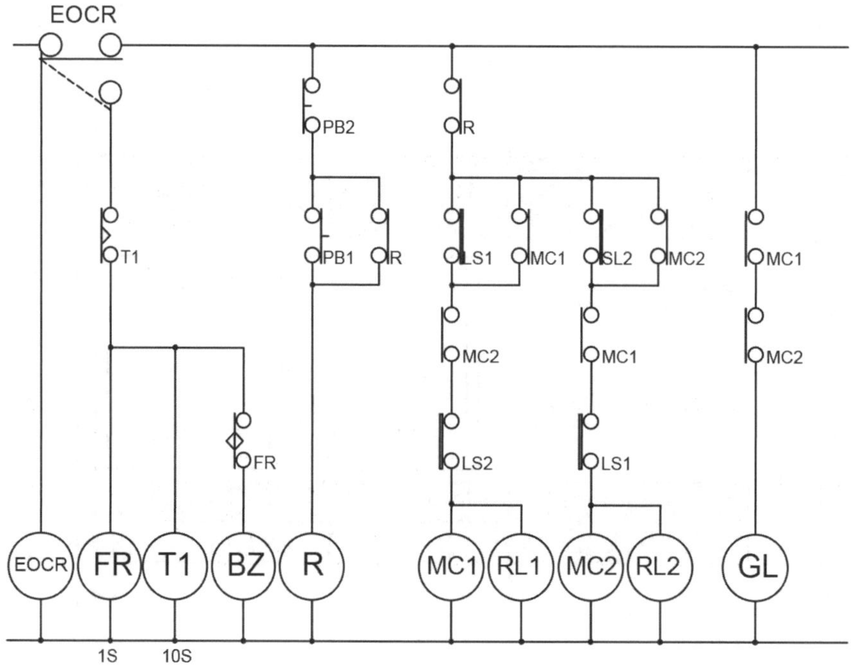

PLC 입출력도

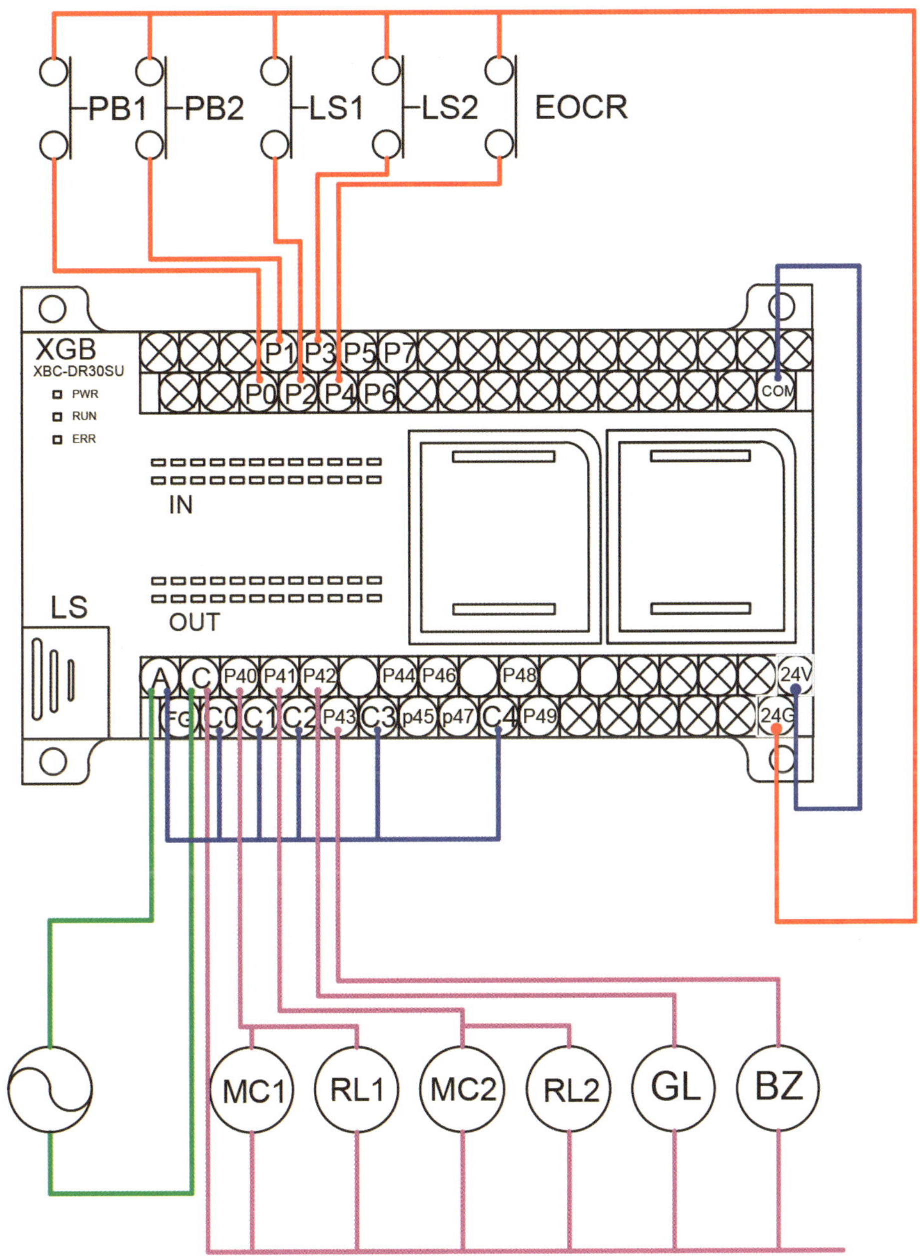
PB1
PB2
LS1
LS2
EOCR
XGB
XBC-DR30SU
PWR
RUN
ERR
IN
OUT
LS
P1 P3 P5 P7
P0 P2 P4 P6 COM
A C P40 P41 P42 P44 P46 P48 24V
FG C0 C1 C2 P43 C3 p45 p47 C4 P49 24G
MC1
RL1
MC2
RL2
GL
BZ

37 수동 자동 회로

회로도 37

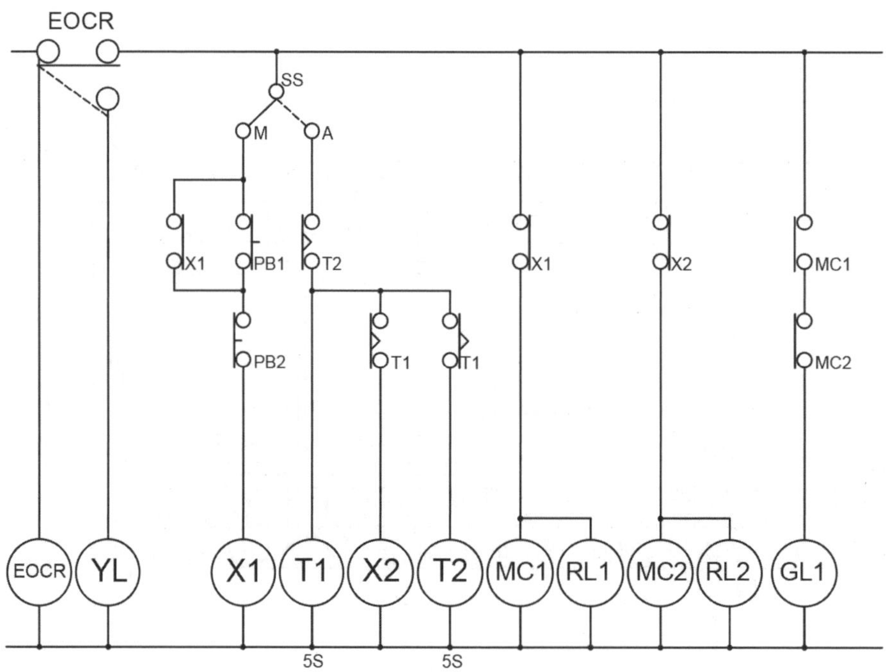

PLC 입출력도

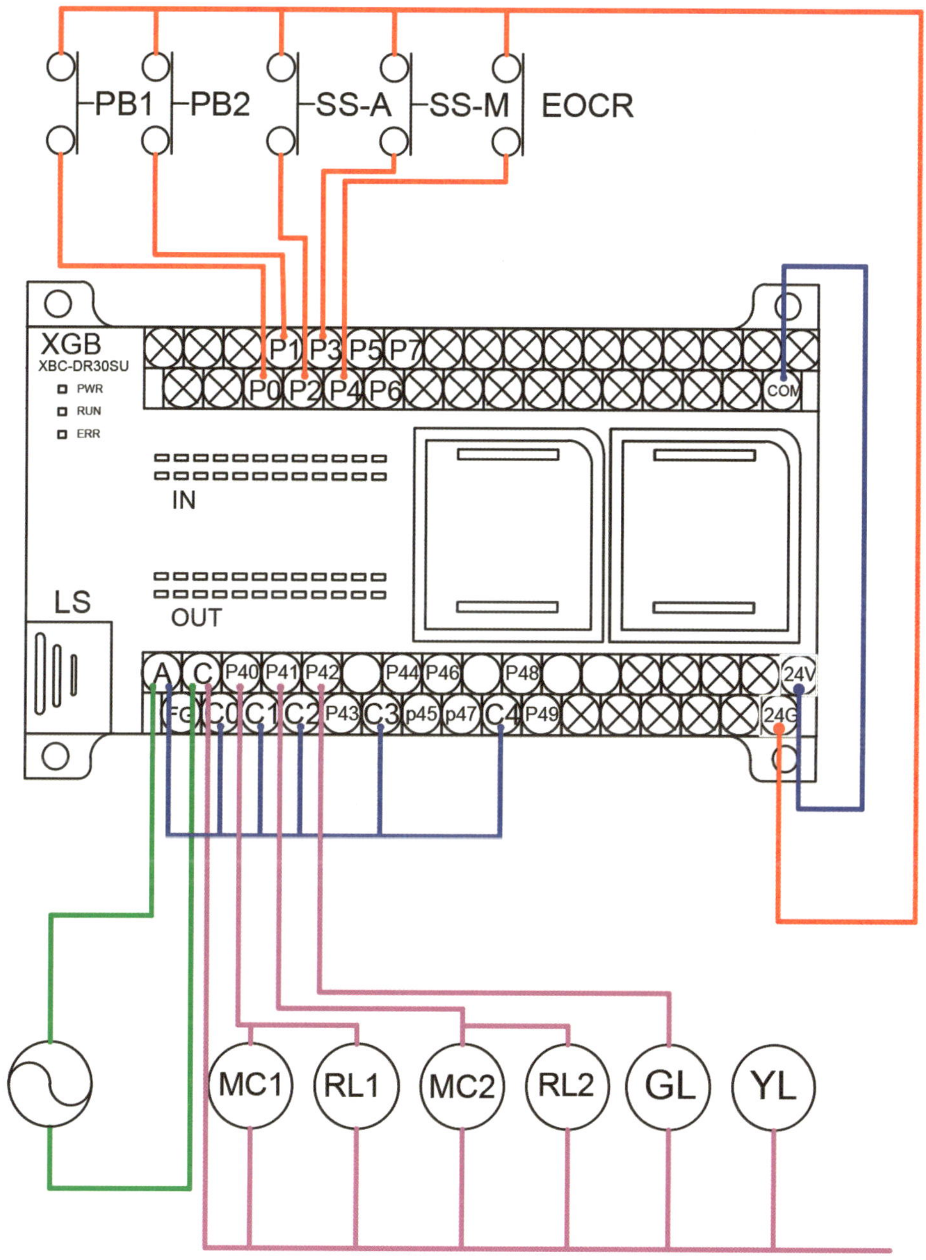
PB1
PB2
SS-A
SS-M
EOCR
XGB
XBC-DR30SU
PWR
RUN
ERR
IN
OUT
LS
P0 P1 P2 P3 P4 P5 P6 P7
COM
A C P40 P41 P42 P44 P46 P48 24V
FG C0 C1 C2 P43 C3 p45 p47 C4 P49 24G
MC1
RL1
MC2
RL2
GL
YL

38 타이머 회로

회로도 38

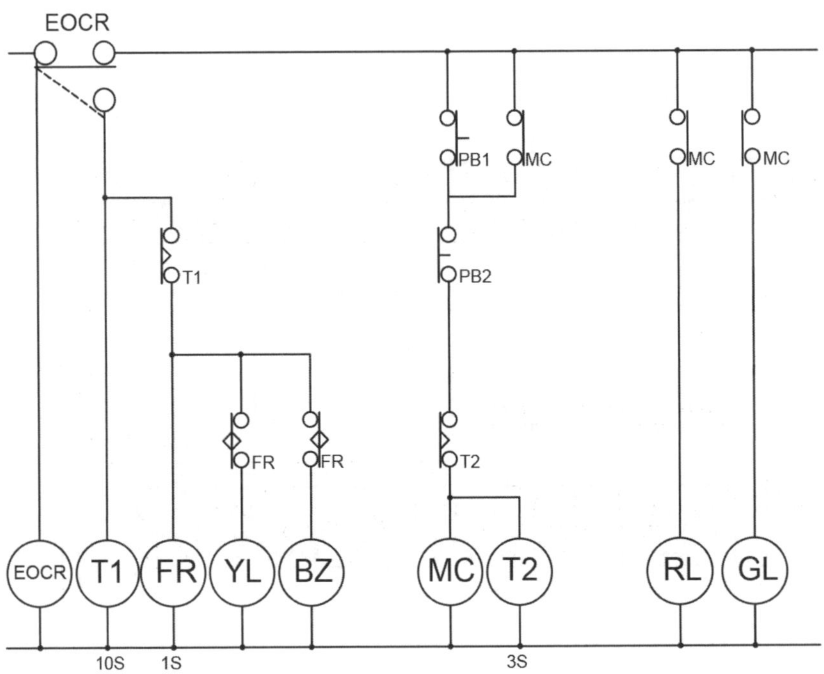

PLC 입출력도

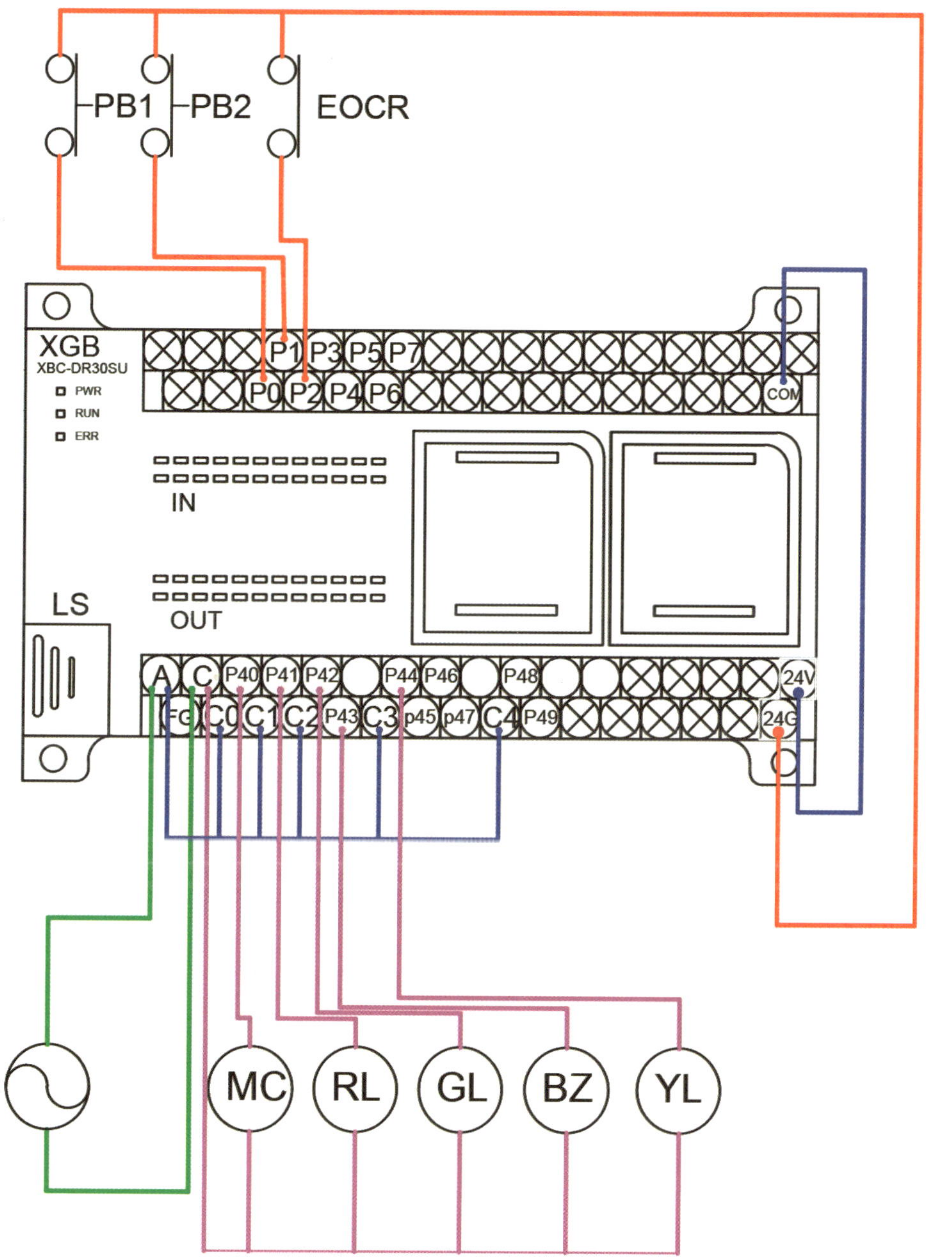
PB1
PB2
EOCR
XGB
XBC-DR30SU
PWR
RUN
ERR
P1 P3 P5 P7
P0 P2 P4 P6
COM
IN
OUT
LS
A C P40 P41 P42 P44 P46 P48 24V
FG C0 C1 C2 P43 C3 p45 p47 C4 P49 24G
MC
RL
GL
BZ
YL

memo

4

실무를 위한 프로그램 연습

PLC Control Technology

Power Line Communication

01 OUT-ON

◆ 동작설명

1. PB0의 입력이 ON(누르고 있는 동안) 되면 PL40이 ON(점등)
2. PB0가 OFF 되면 PL40도 OFF(소등)
3. PB0 ON/OFF 에 따라 PL40 도 ON(점등),OFF(소등)

◆ 타임차트

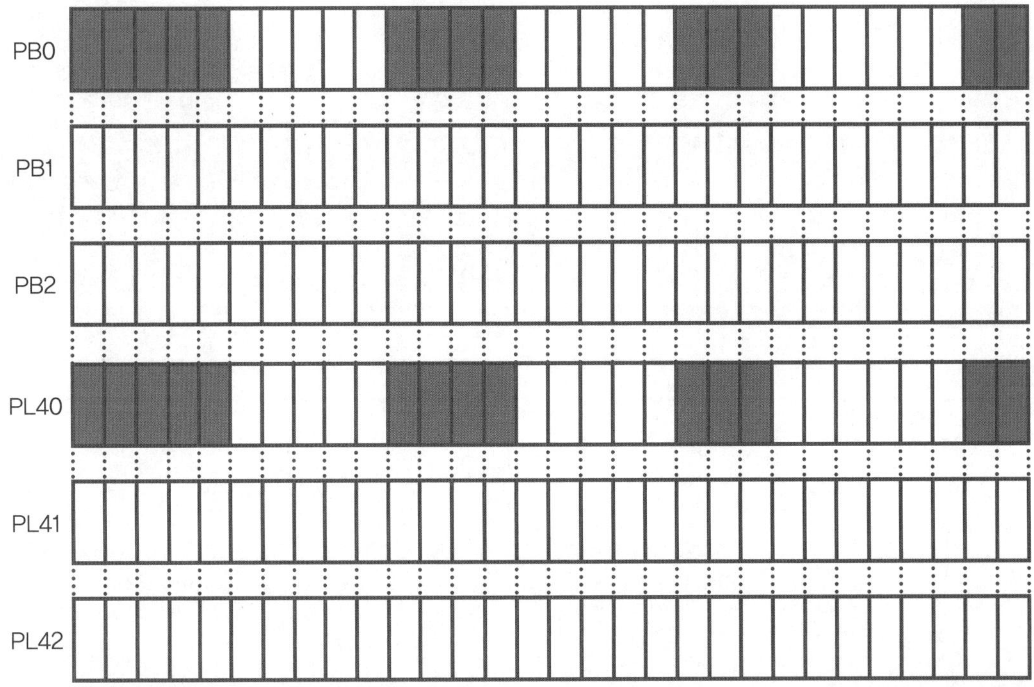

◆ 용도 및 주의사항

1. OUT 회로- 가장 기초적인 회로고 타임차트의 시작이다.
2. 이 회로는 인칭, 촌동, JOG회로라고 칭한다.

1.1 XGT 프로그램(OUT-ON)

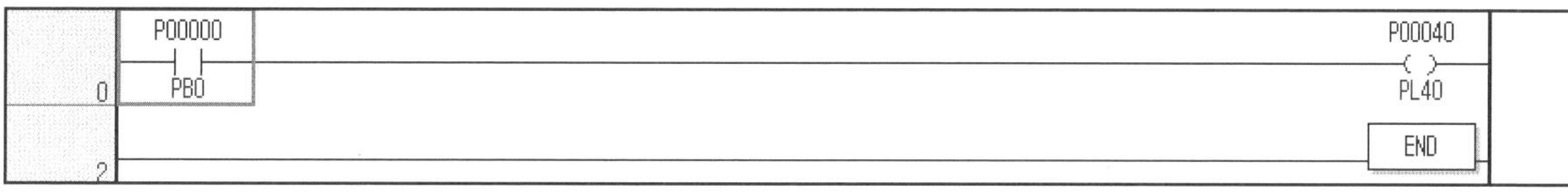

1.2 Melsec 프로그램(OUT-ON)

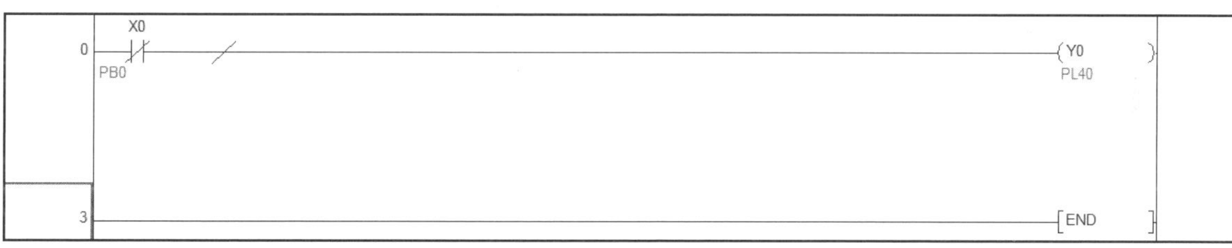

02 OUT-OFF 명령

◆ 동작설명

1. 전원을 투입하면(RUN모드) PL40이 ON(점등)
2. PL40이 ON(점등)하고 있을때 PB0를 ON(누르고 있는 동안) 하고 있으면 PL40이 OFF(소등)
3. PB0를 OFF 하면 즉시 PL40이 다시 ON(점등)

◆ 타임차트

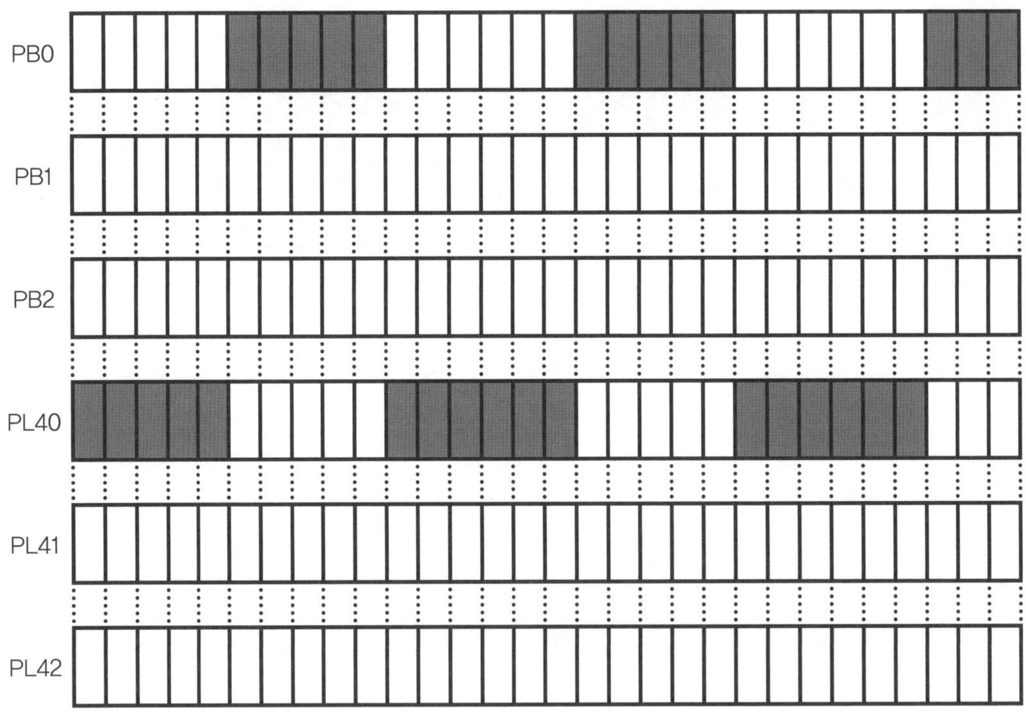

◆ 용도 및 주의사항

1. OFF 회로는 B접점을 이용하므로 B접점회로라고도 한다.
2. B접점회로의 사용빈도가 높지는 않으나 중요성 증대되고 있다.
3. 화장실 물내림 센서동작에, 그리고 냉장고 문 열고 닫을 때 램프가 점등되고 소등되는 회로에 사용할 수 있음.

2.1 XGT 프로그램(OUT-OFF)

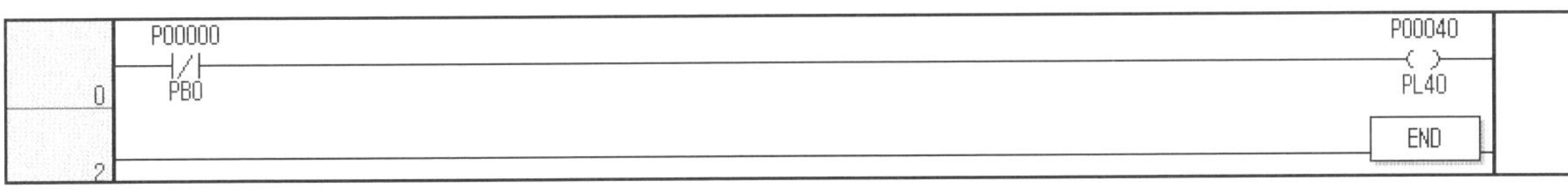

2.2 Melsec 프로그램(OUT-OFF)

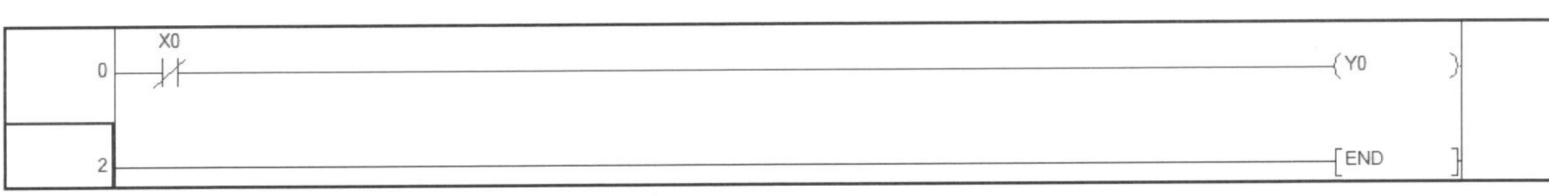

03 자기유지회로

◆ 동작설명

1. PB0을 누르면 PL40이 ON(점등)되고 그 상태에서 PB0에서 손을 떼어도(OFF) PL40이 ON(점등)상태를 유지한다.
2. PL40이 ON(점등) 되고 있는 상태에서 PB1을 누르면 PL40이 OFF(소등) 하고 회로는 초기화 된다.
3. 이회로는 즉 PB0와 PB1을 이용하여ON/OFF제어

◆ 타임차트

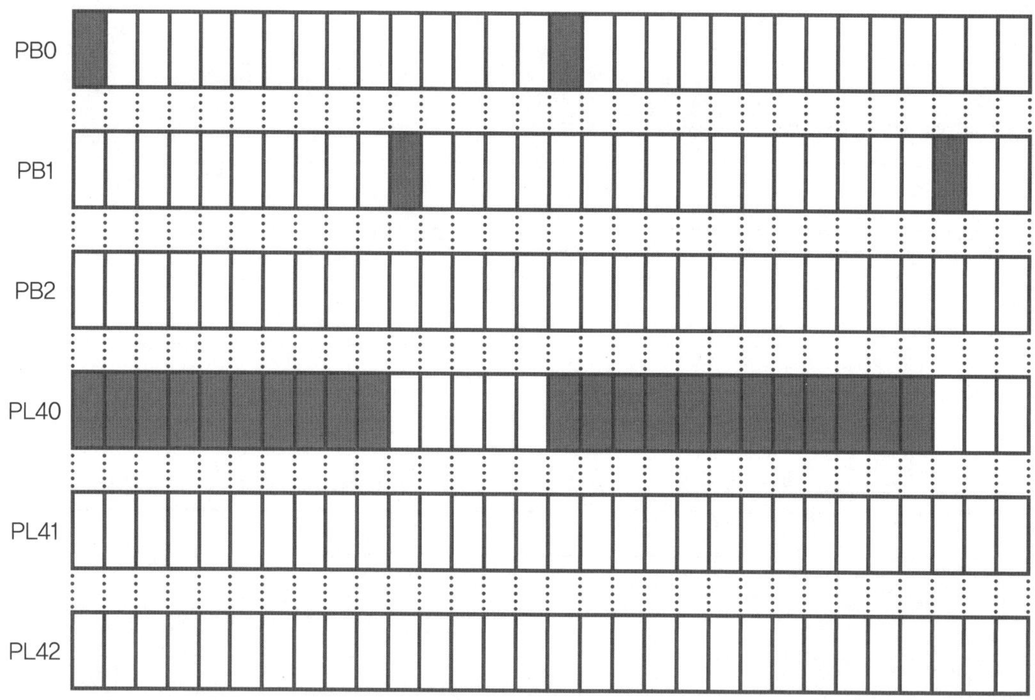

> **◆ 용도 및 주의사항**
> 1. 외부로부터 신호를 일시적으로 기억하는 회로를 자기유지회로라 한다.
> 2. 안전을 우선시: 정지우선회로를 채택하고 정지스위치는 돌출형 로그타임을 채택하여야 최소한 안전을 보장할수 있다.
> 3. 정지우선회로는 안전회로에 등에 많이 사용하고 기동우선회로는 센서신호 등에 사용빈도가 높다.

3.1 XGT 프로그램(자기유지회로)

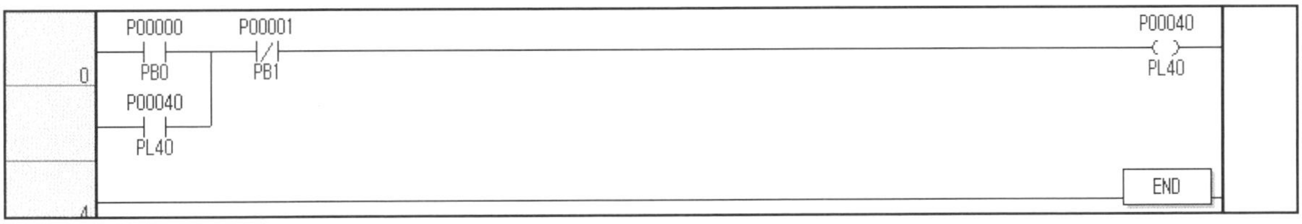

3.2 Melsec 프로그램(자기유지회로)

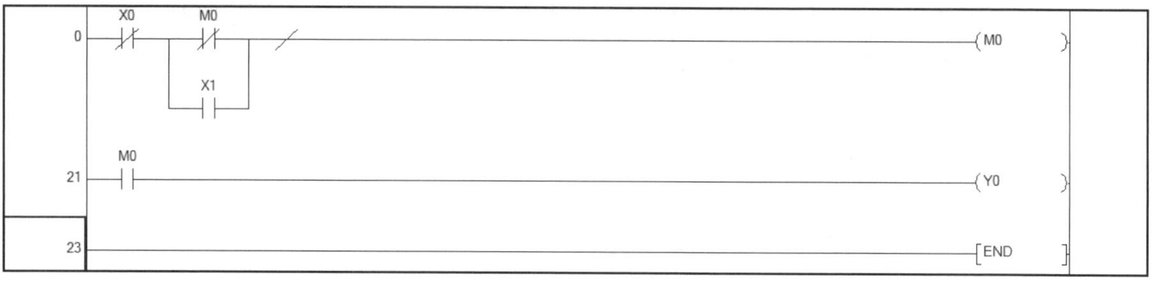
X0
M0
0
M0
X1
M0
21
Y0
23
END

04 직렬회로

◆ 동작설명

1. PB0와 PB1이 동시에 ON(입력)될 때만 PL40 ON(점등)된다.
2. PB0와 PB1 어느 하나라도 OFF면 PL40 OFF(소등)된다.
3. 직렬회로를 PLC로 어떻게 표현하는지를 알아보기 위한 것이다.

◆ 타임차트

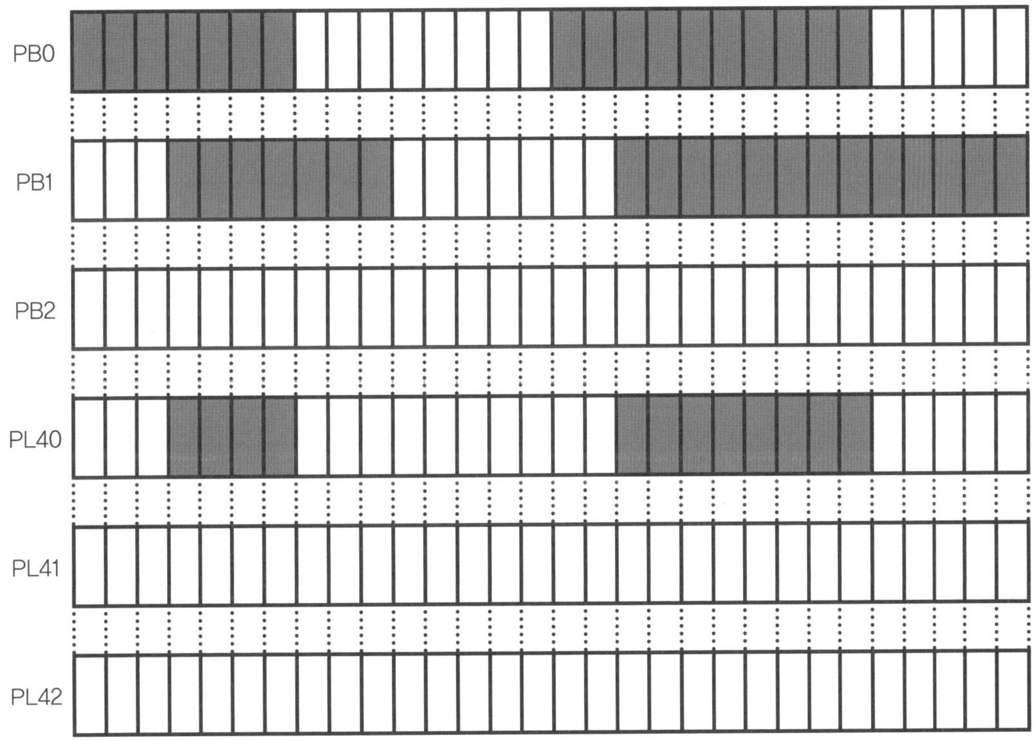

◆ 용도 및 주의사항

1. 직렬회로는 AND 회로 또는 논리곱 회로라고 한다.
2. 한 개 이상의 입력조건으로 회로를 만들때나 인터록을 이용할 경우 등에 이 회로가 필요하다.
3. 직렬회로에는 지령신호, 조건신호, 인터록회로 등에 사용한다.

4.1 XGT 프로그램(직렬회로)

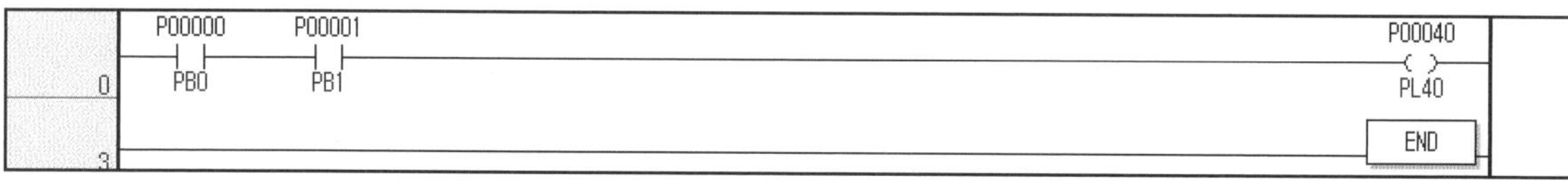

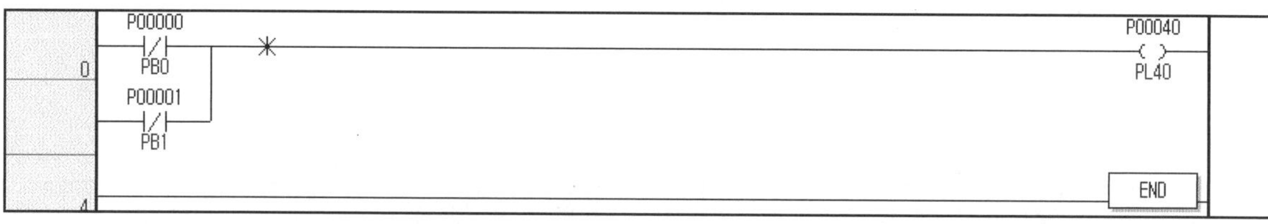

4.2 Melsec 프로그램(직렬회로)

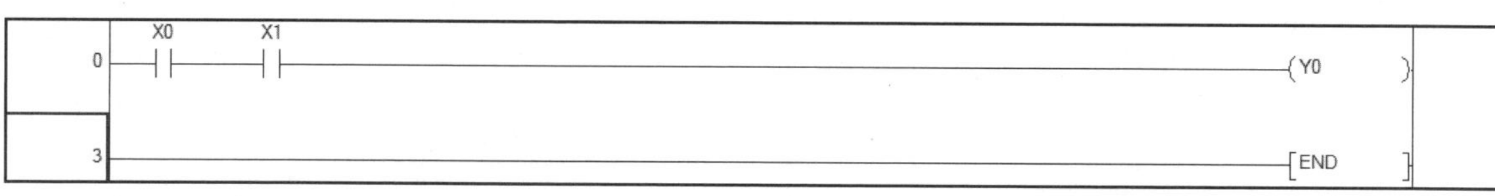

05 병렬회로

◆ 동작설명

1. PB0.PB1,PB2 중 어느 하나라도 ON(입력)되면 PL40 ON(점등)된다.
2. PB0,PB1,PB2 모두 OFF면 PL40 OFF(소등)된다.
3. OR 회로를 PLC로 어떻게 표현하는지를 알아보기 위한 회로임.

◆ 타임차트

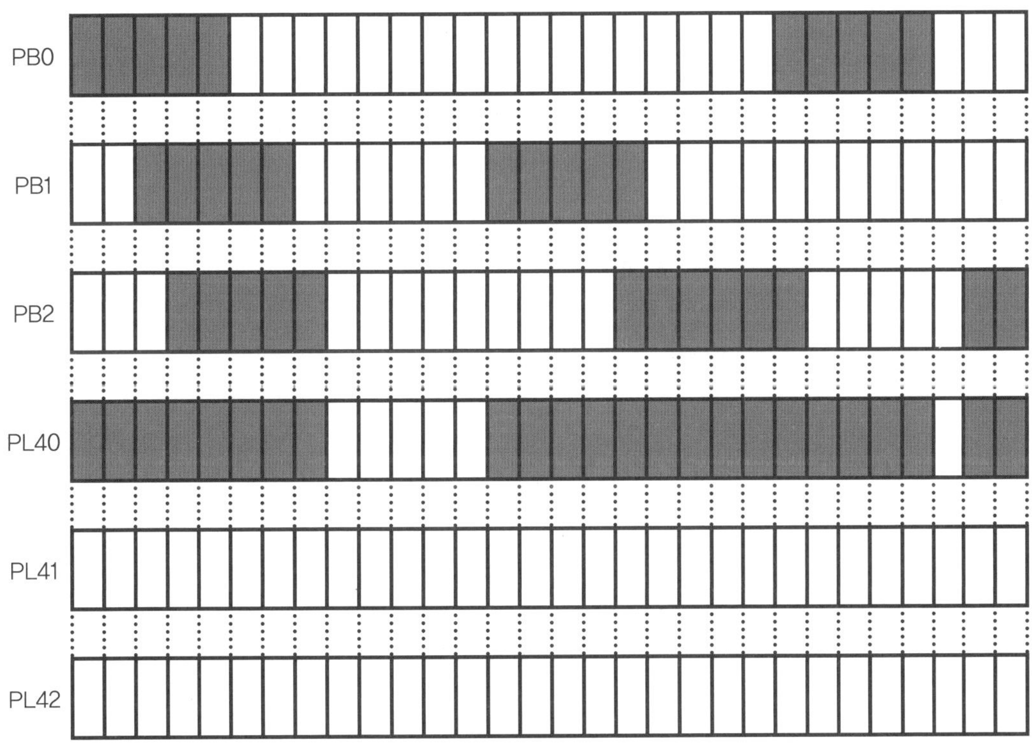

◆ 용도 및 주의사항

1. 다수의 입력신로를 독립적으로 제어 또는 자기유지회로에 의한 기억등을 위해 병렬접속이 필요함.
2. 병렬회로는 OR 회로 또는 논리합 회로라고 함.
3. 야구장에서 하루의 입장관람자 수를 카운팅할 때 동,서,남,북 모든 게이트에서 관람자수를 독립적으로 센서에 의해 카운팅이 가능하다.

5.1 XGT 프로그램(병렬회로)

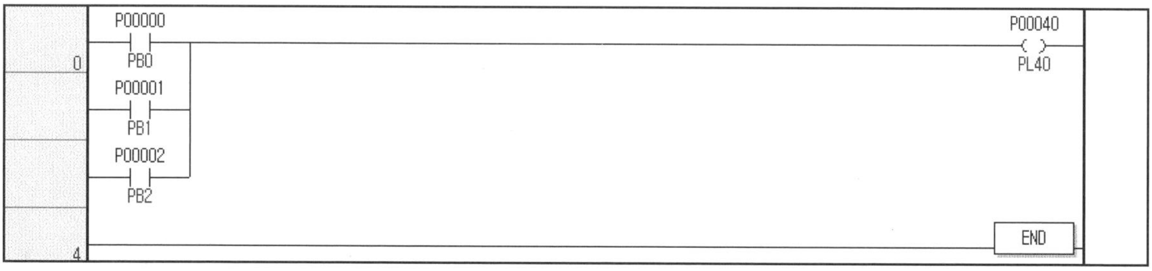

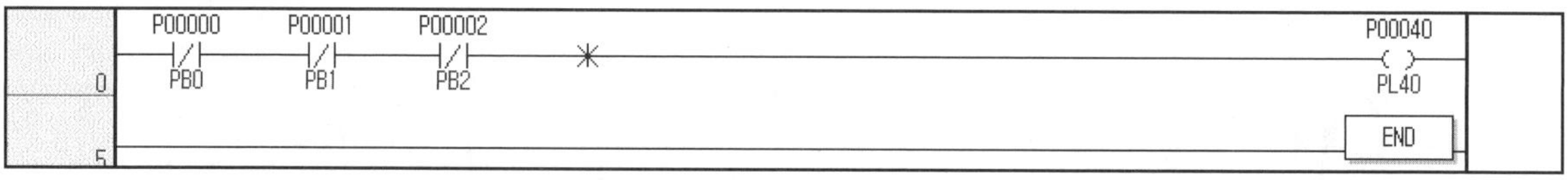

5.2 Melsec 프로그램(병렬회로)

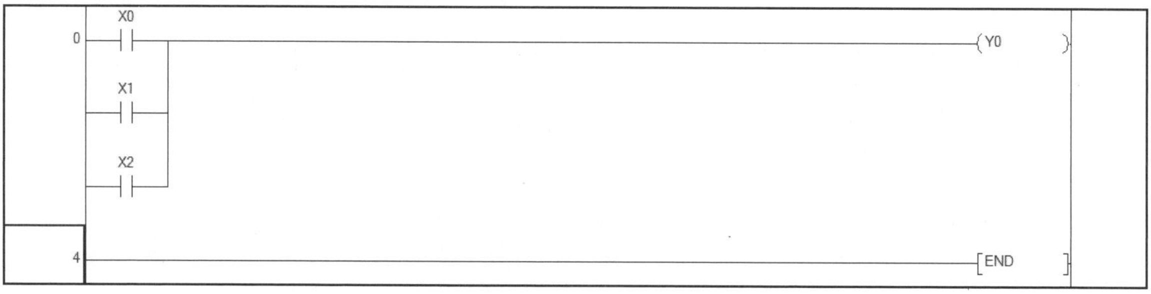

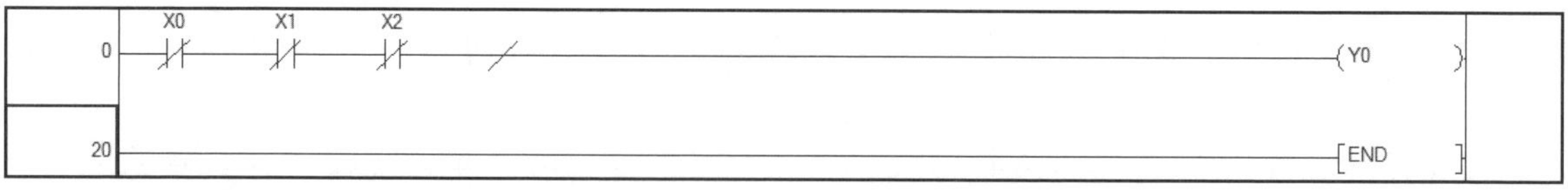

06 OUT-ON, OFF 명령

◆ 동작설명

1. PLC에 (RUN) 전원이 투입되면 PL41 ON(점등)되고
2. PB0를 ON(누르고 있는 동안)하면 PL41 OFF(소등)되고 PL40이 ON(점등)된다.
3. PB0를 누르고 있다 떼면(OFF) PL40이 OFF(소등)하고 PL41 ON(점등)된다.
4. PB0를 다시 ON(누르고 있는 동안)하면 PL41이 OFF(소등), P40 ON(점등)된다.

◆ 타임차트

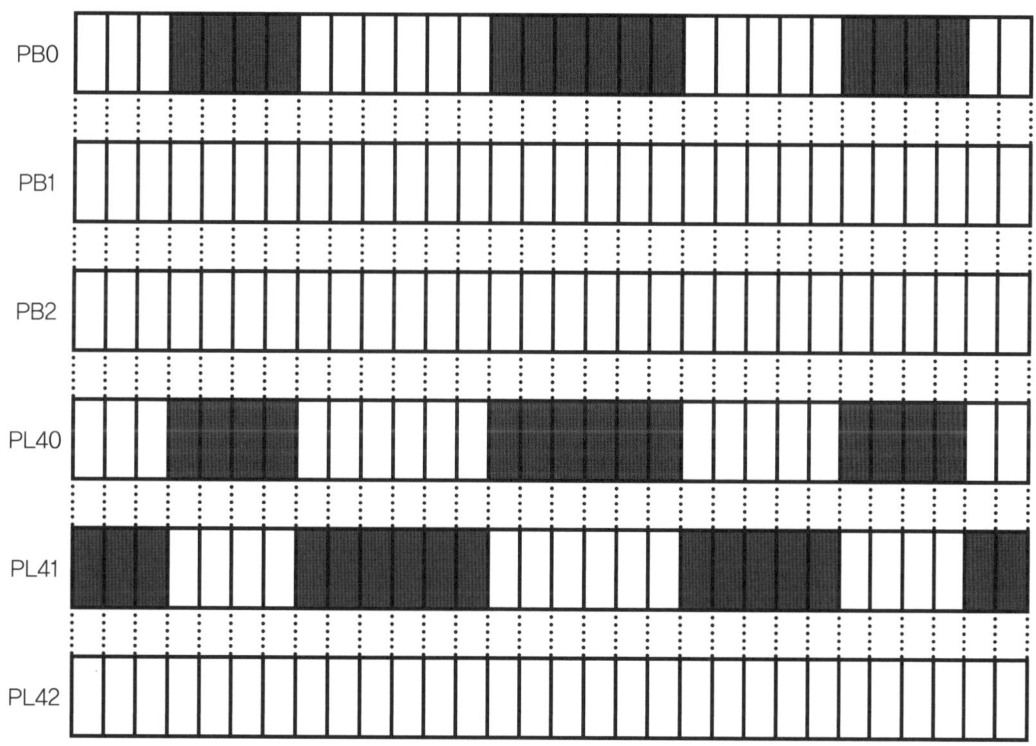

> ◆ 용도 및 주의사항
> 1. ON회로와 OFF 회로의 결합시 점등조건을 PLC로 표현하기.

6.1 XGT 프로그램(OUT-ON, OFF 명령)

6.2 Melsec 프로그램(OUT-ON, OFF 명령)

07 직 · 병렬회로

◆ 동작설명

1. PB0과 PB1를 동시에 누르면(ON) PL40이 ON(점등)
2. PB2만 누르고 있어도(입력) PL40 ON(점등)
3. PB0,PB1,PB2를 동시에 누른(입력) 다면 PL40 OFF(소등)되고
   그 상태에서 PB0,PB1 또는 PB2를 OFF시키면 PL40이 ON(점등)된다.
4. 위 3번에서 PL40이 점등되고 있는 상태에서 PB2를
   다시 누르면(ON) PL40이 OFF(소등)된다.

◆ 타임차트

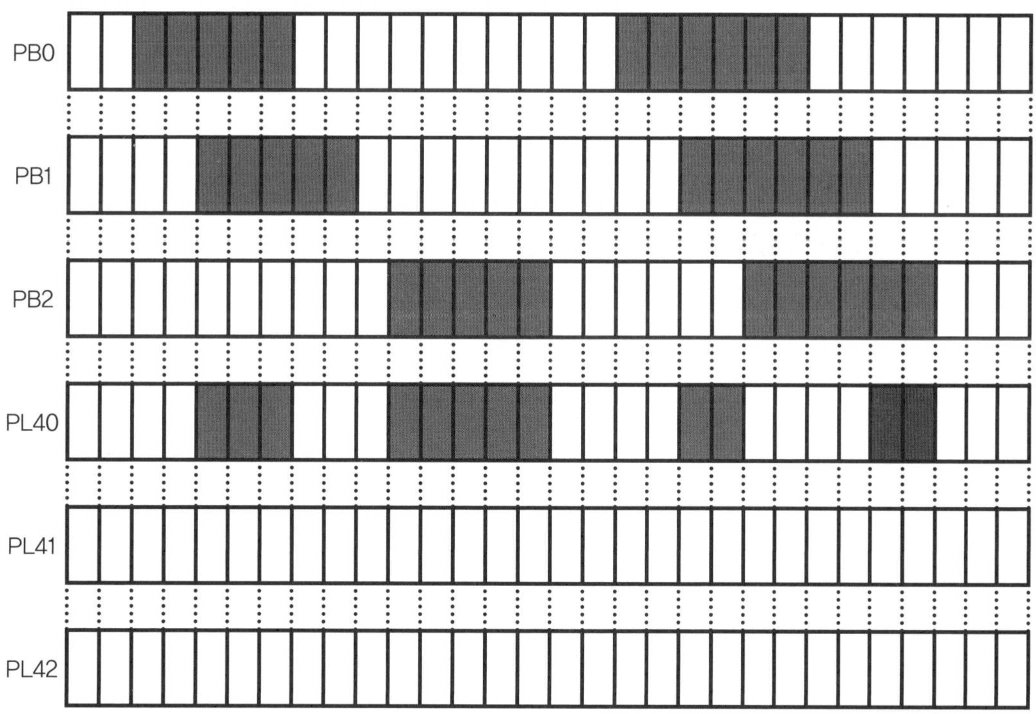

◆ 용도 및 주의사항

1. 직렬회로와 병렬회로의 정확한 기능을 습득한다.
2, AND 와 OR회로의 개념을 이해한다.

7.1 XGT 프로그램(직 · 병렬회로)

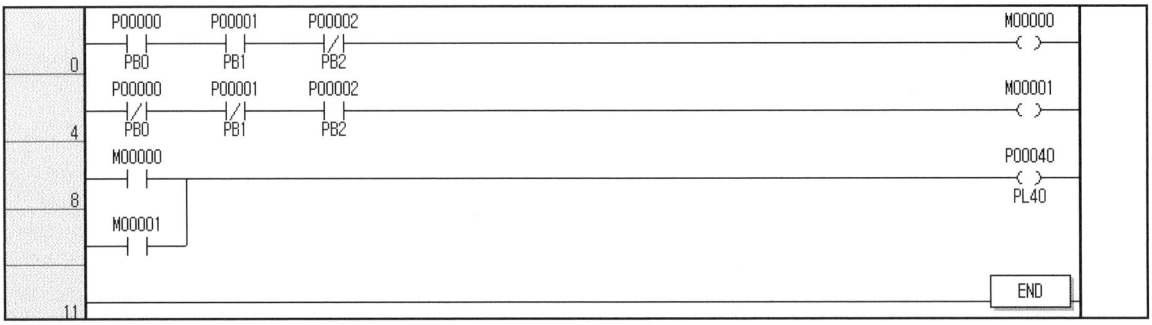

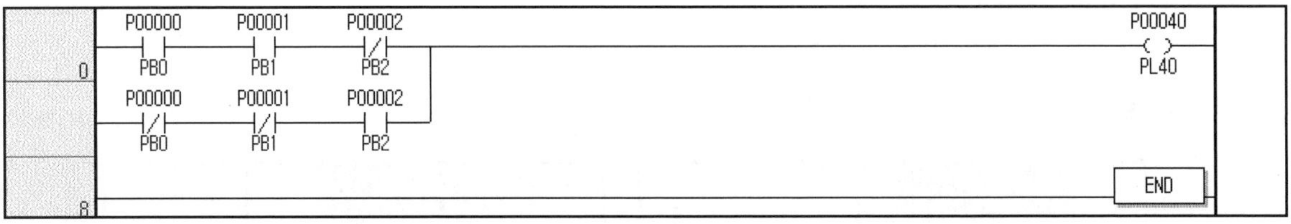

7.2 Melsec 프로그램(직 · 병렬회로)

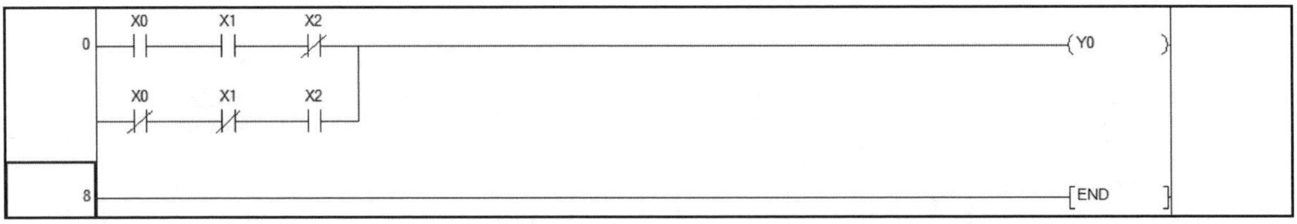

X0
X1
X2
0
M0
X0
X1
X2
4
M1
M0
8
Y0
M1
11
END

08 세트와 리셋

◆ 동작설명

1. PB0 ON(입력)하면 PL40 ON(점등)
   -Shift+F3 사용하여 출력(PL40,M0)에 셋이 설정됨.
2. PB1 누르면(OFF) PL40 OFF(소등)
   -Shift+F4 사용하여 출력(PL40,M0)에 리셋이 설정됨
3. PB0과 PB1를 동시에 ON하면 PL40 OFF
   ※ 리셋 위치에 따라 기동우선회로가 될 수도 있고 정지우선회로가 될 수 있다.

◆ 타임차트

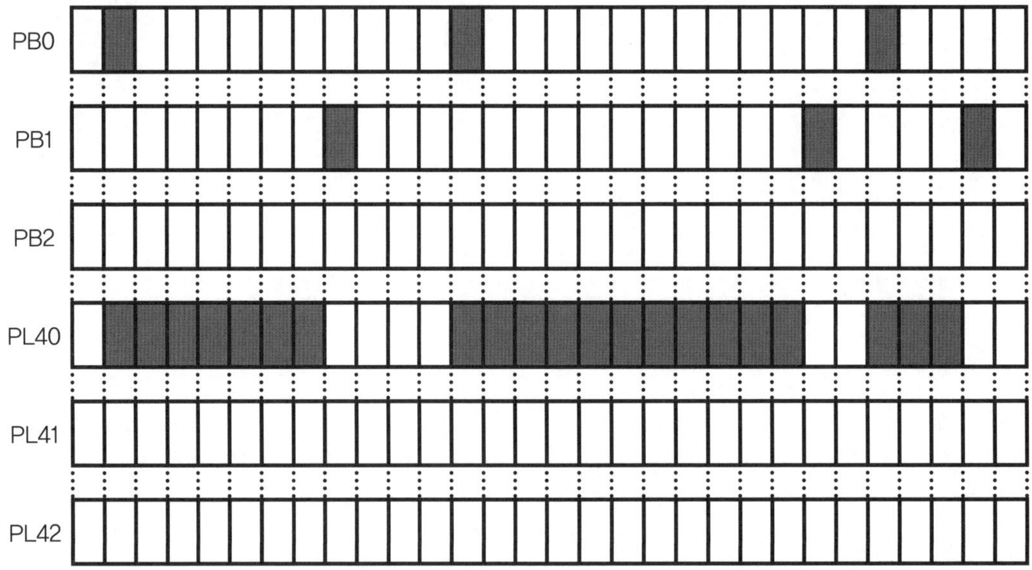

◆ 용도 및 주의사항
1. 세트와 리셋 명령은 자기유지접점을 이용하지 않아도 동작신호를 기억하는 자기유지회로의 기능과 같다.
2. 리셋명령은 타이머와 카운터 등의 초기화 명령으로 사용함.
3. XG5000-(S,R),멜섹-(SET,RST)을 사용함.-멜섹에서는 펑션(함수-F8)에서 직접 입력해야함.

8.1 XGT 프로그램(SET.RESET)

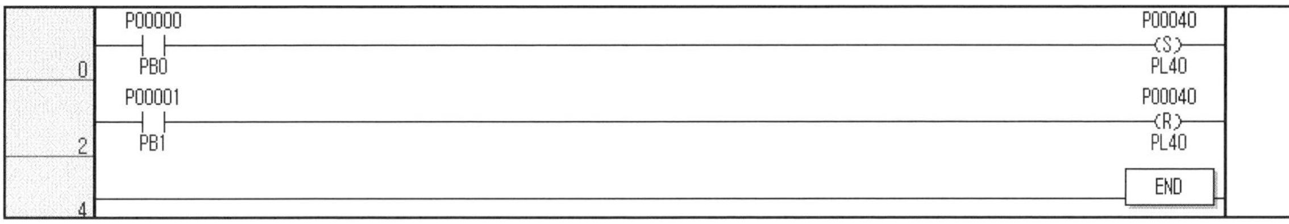

8.2 Melsec 프로그램(SET.RESET)

09 음변환

◆ 동작설명

1. PB0를 누르고 있다가 떼는 순간 PL40 ON(점등)
2. PL40이 ON(점등)되고 있는 동안 PB1를 누르고 있다가 떼는 순간 PL40 OFF(소등)된다.
3. 타임챠트에서 음변환을 구별하는 것이 중요하다.

◆ 타임차트

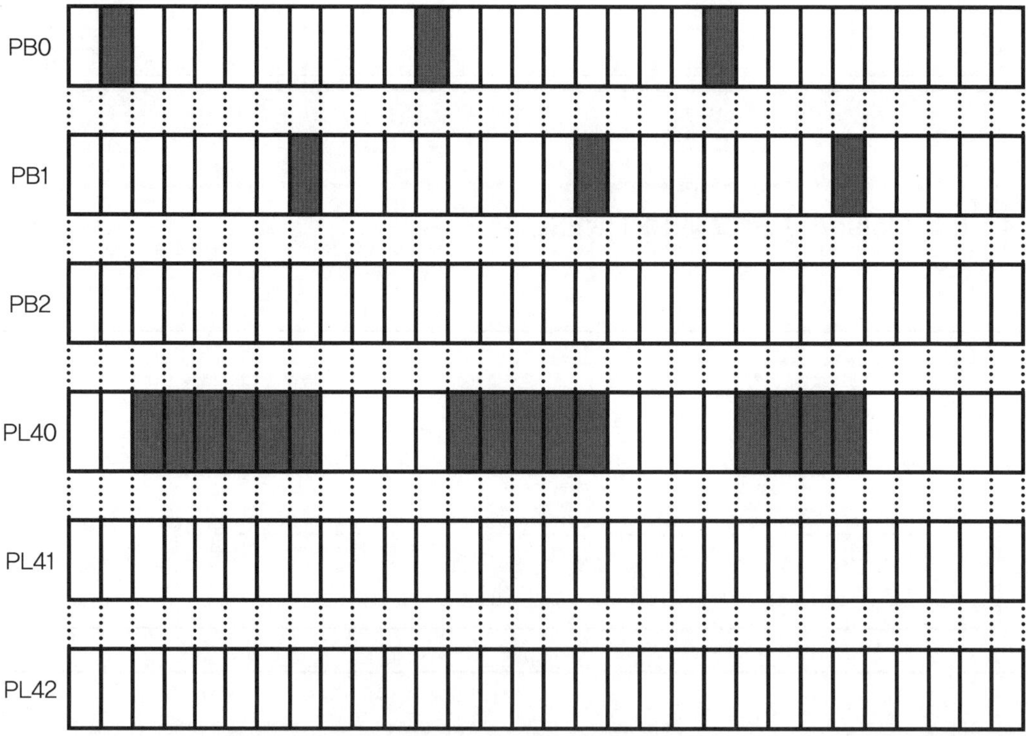

◆ 용도 및 주의사항

1. 양변환 검출 접점은 OFF에서 ON 변경될 때 1스캔 시간동안 ON 상태를 우측으로 전달.
2. 음변환 검출 접점은 ON에서 OFF로 변경될 때 1스캔 시간동안 ON 상태를 우측으로 전달.
3. 양변환과 음변환은 잘 구별하여 원리를 암기해주기 바란다, 자동화 라인에서 많이 응용되는 회로이다.

9.1 XGT 프로그램(음변환)

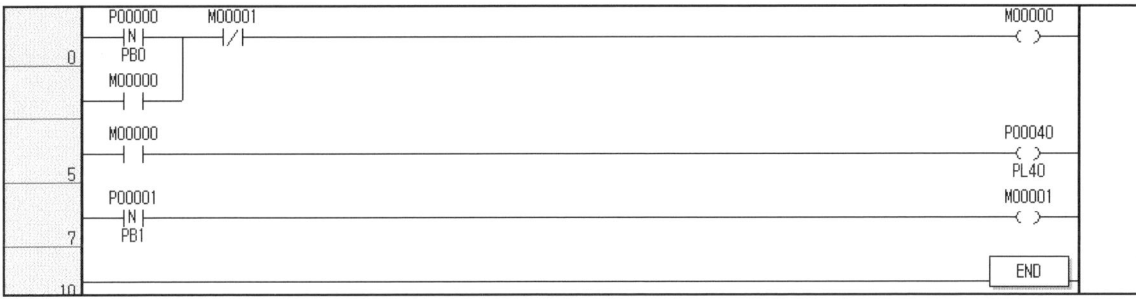

9.2 Melsec 프로그램(음변환)

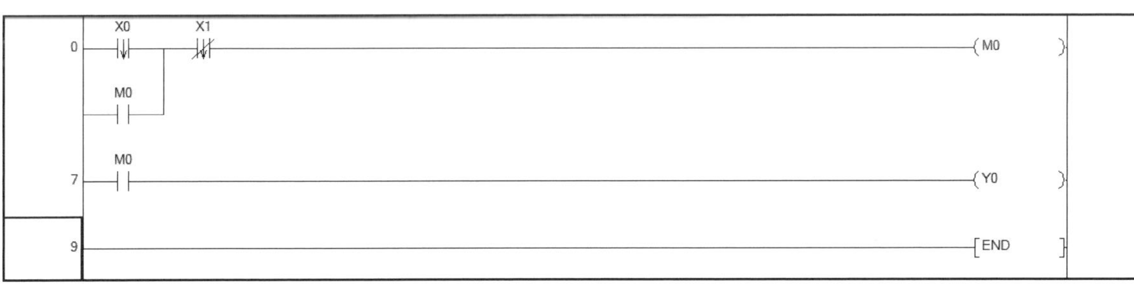

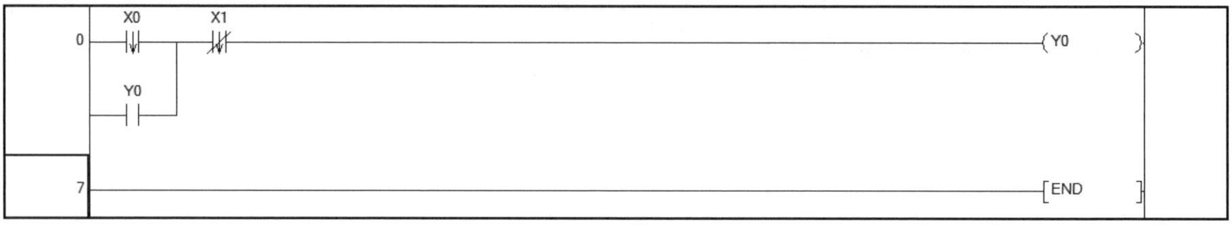
X0
X1
Y0
Y0
END

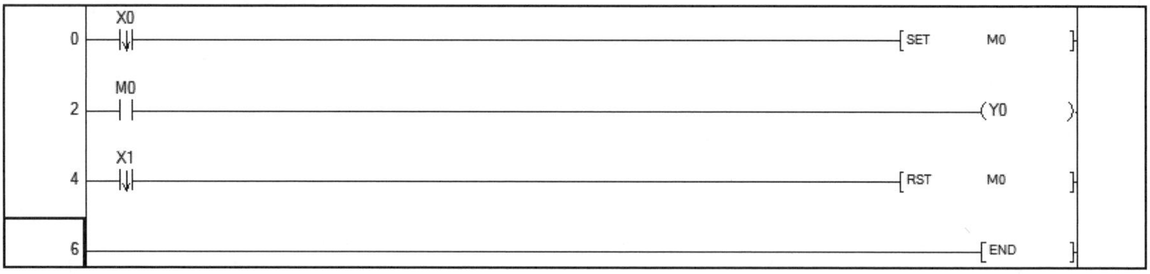
X0
SET M0
M0
Y0
X1
RST M0
END

10 양 · 음변환

◆ 동작설명

1. PB0를 누르는 순간 PL40 ON(점등)
2. PL40이 ON 된 상태에서 PB1를 누르고 있다가 떼는 순간 PL41 ON(점등)
3. PB2를 누르고 있다가 떼는 순간 PL40과 PL41 OFF(소등)
4. PB0 보다 PB1을 먼저 누르고 떼도 PL41은 점등되지 않는다.
5. PB2는 리셋 조건으로 어느 조건에서든 PB2를 누르고 떼면 회로는 초기화 된다.

◆ 타임차트

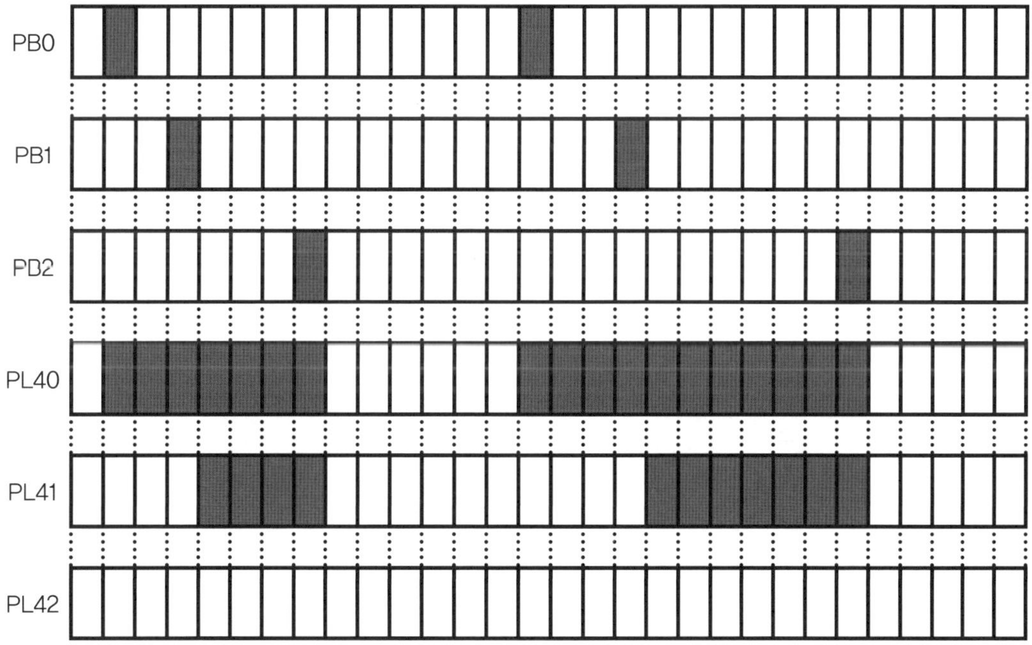

◆ 용도 및 주의사항

1. 양변환 검출 코일은 OFF-ON으로 변경될 때 1스캔 시간동안 ON 상태를 지정된 비트에 저장하며, 1스캔시간이 지난 후 OFF 됨
2. 음변환 검출 코일은 ON-OFF로 변경될 때 1스캔 시간동안 ON 상태를 지정된 비트에 저장하며, 1스캔시간이 지난 후 지정된 비트는 OFF
3. 산업현장의 자동화에 널리 이용되고 있다.

10.1 XGT 프로그램(음 · 양변환)

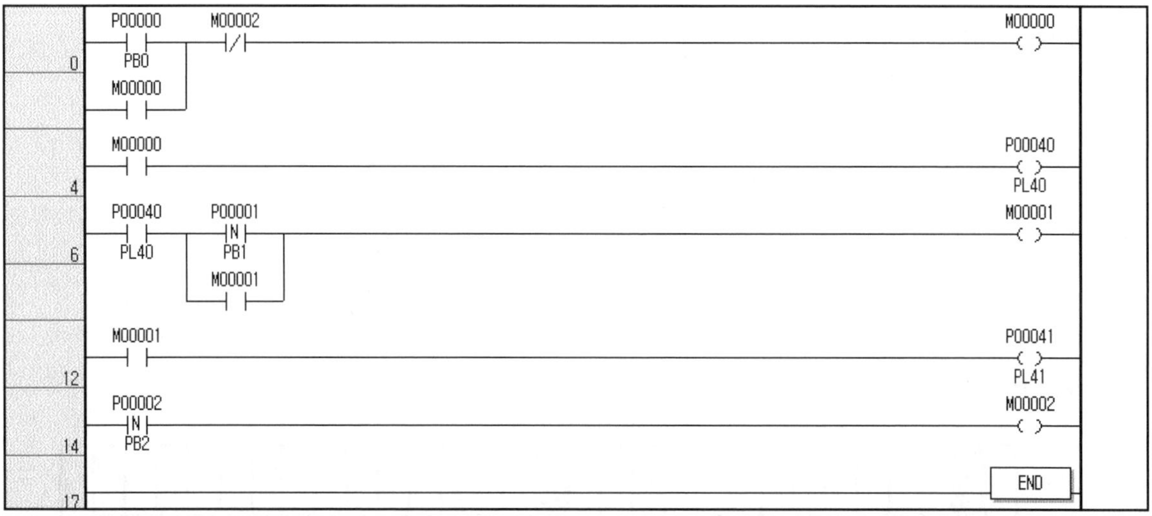

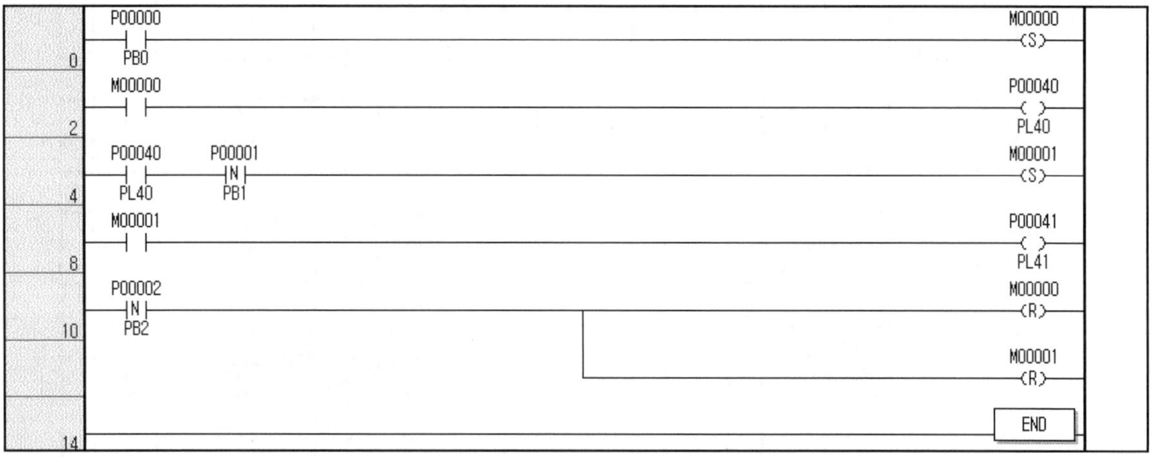

10.2 Melsec 프로그램(음 · 양변환)

양.음변환
X0
0
M0
M0
10
Y0
M0
X1
12
M1
M1
M1
17
Y1
X2
19
RST M0
21
END

양.음변환
X0
X2
0
M0
M0
M0
14
Y0
M0
X1
16
M1
M1
M1
21
Y1
23
END

11 한번입력 ON-두번입력 OFF 회로

◆ 동작설명

1. PB0를 첫 번째로 누르면 PL40이 ON(점등)
2. PB0를 두 번째 누르면 PL40이 OFF(소등)되면서 회로는 초기화 된다.
3. 동일한 스위치로 ON 과 OFF를 교대로 작동시켜 램프를 제어한다.

◆ 타임차트

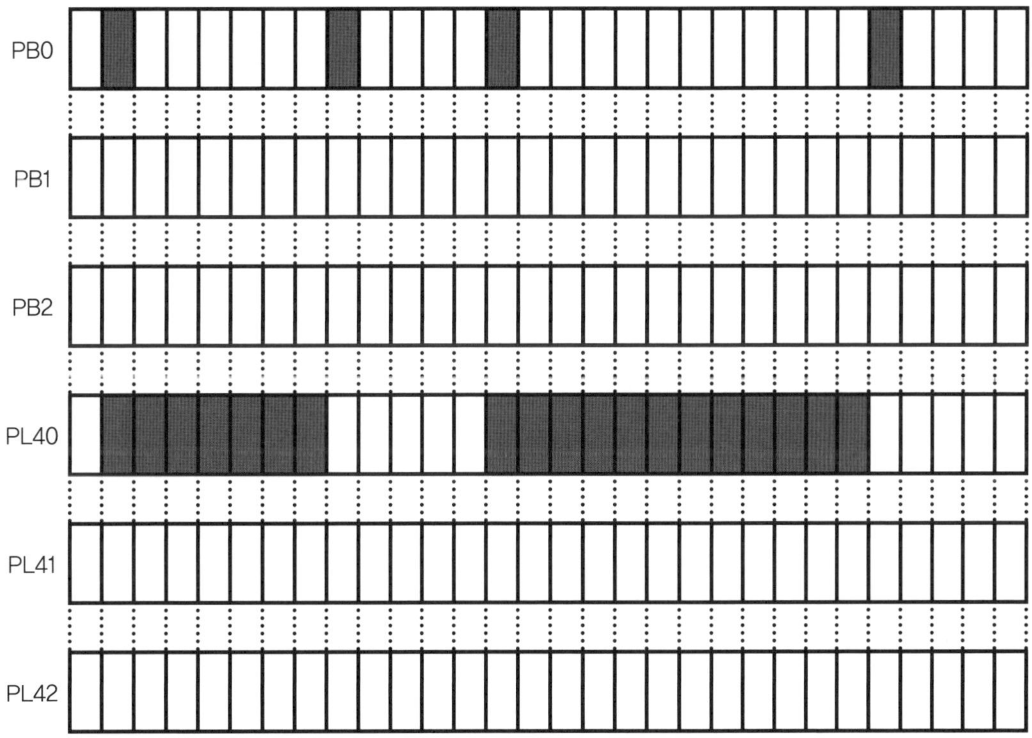

◆ 용도 및 주의사항

1. 교번작동회로이다.
2. 1개의 스위치로 동작을 ON-OFF시킬 때 사용한다.
3. CTU, FF명령어 등을 이용-명령어 없이 접점만으로도 제어 가능하다.

11.1 XGT 프로그램(한번입력ON-두번입력 OFF)

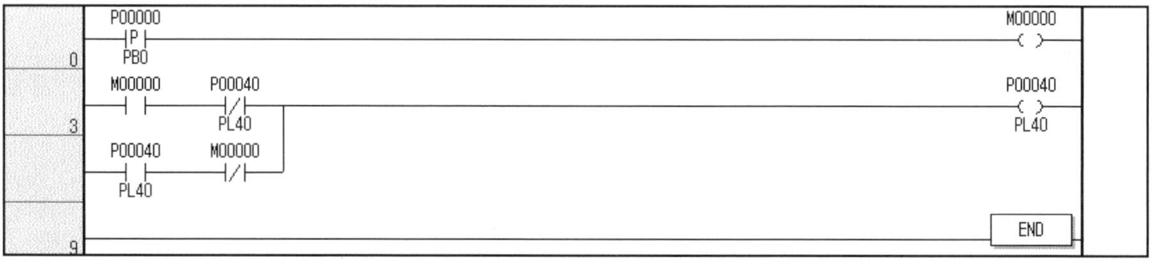

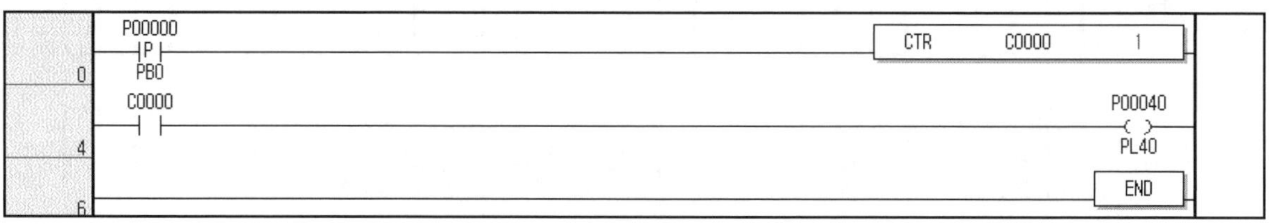

11.2 Melsec 프로그램(한번입력ON-두번입력 OFF)

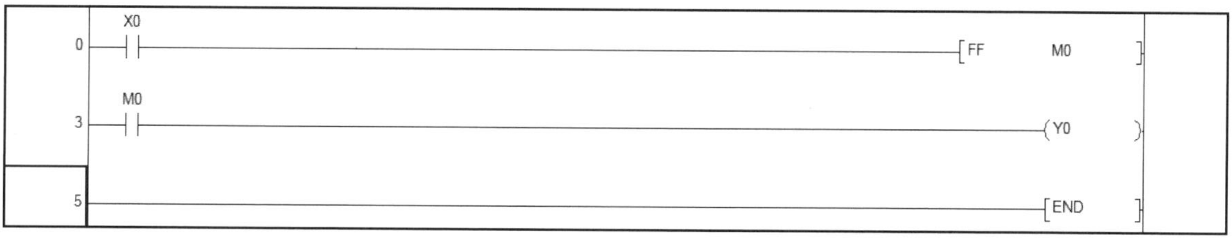

0
X0
M0
2
M0
Y0
Y0
Y0
M0
8
END

0
X0
M0
2
M0
Y0
M1
5
M0
Y0
M1
Y0
Y0
M0
12
END

12 CTR(링카운터) 명령어-1

◆ 동작설명

1. PB0를 한번 누르면 PL40이 ON(점등)하고
2. PB0를 두 번 누르면 PL40이 OFF(소등)되면서 PL42가 ON(점등)한다.
3. PB0를 세 번 누르면 PL40과 PL41은 OFF(소등)되고 회로는 초기화 된다.

◆ 타임차트

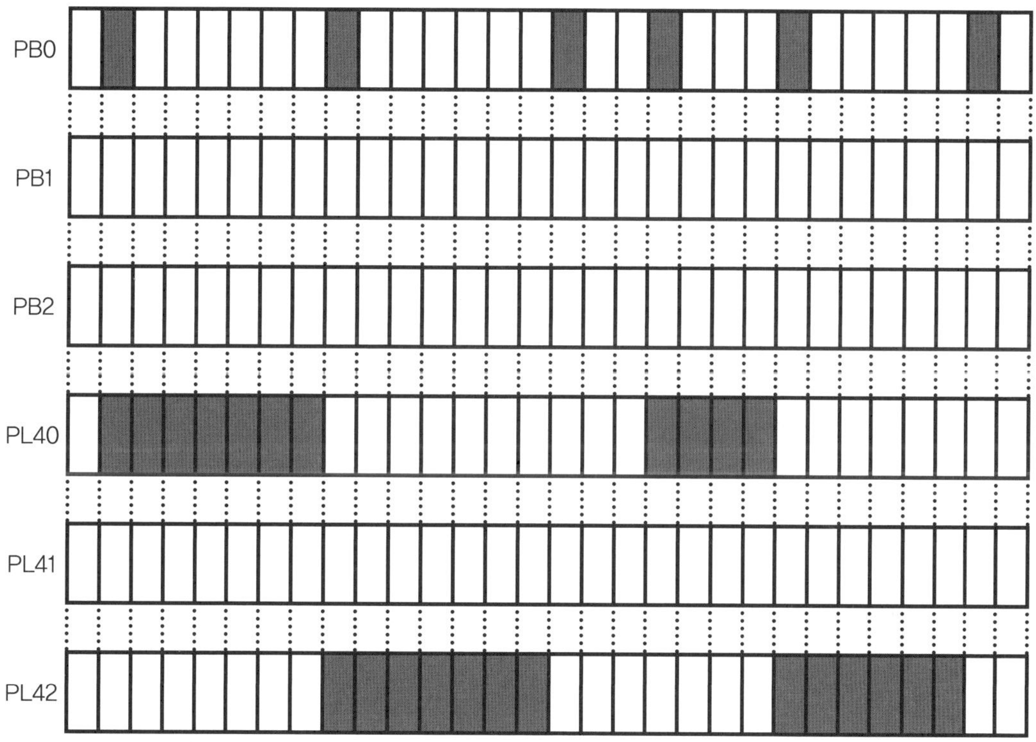

> ◆ 용도 및 주의사항
> 1. CTR 회로는 활용도가 높다.
> 2. 단순한 ON/OFF 가 아니라 1개의 여러입력을 활용한 출력을 얻을 수 있어서 응용능력을 증가시키는 회로다.
> 3. CTR은 자체 자기유지가 되고 양변환과 음변환을 꼭 표시해야 한다. EOCR, 및 셀렉트 스위치에 대한 프로그램에 응용할 수 있다.

12.1 XGT 프로그램(CTR(링카운터) 명령어-1)

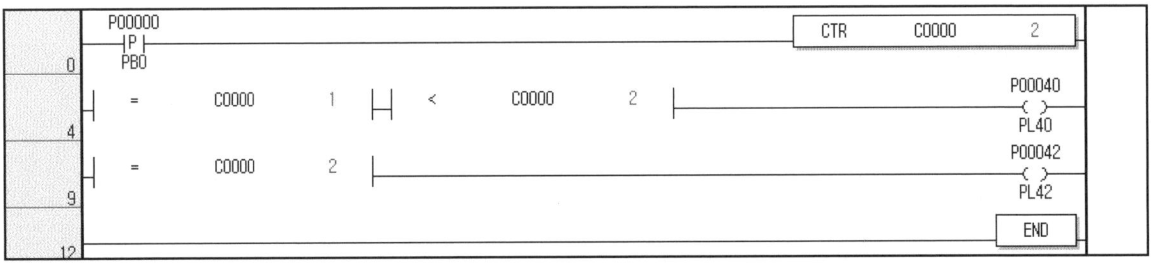

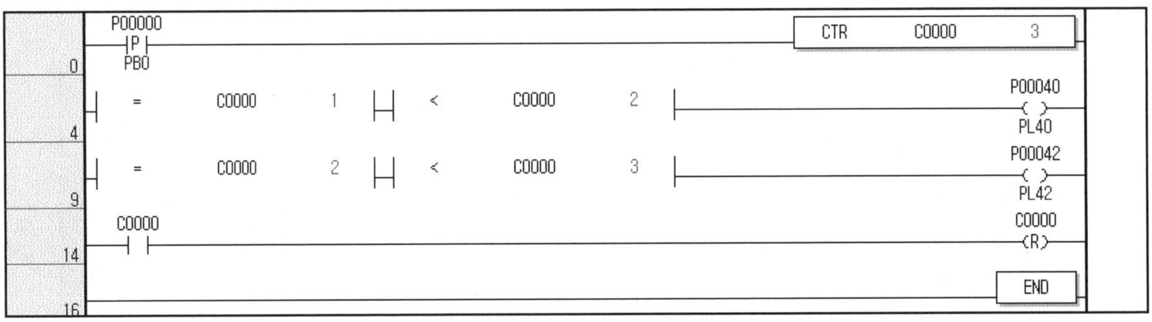

12.2 Melsec 프로그램(CTR(링카운터) 명령어-1)

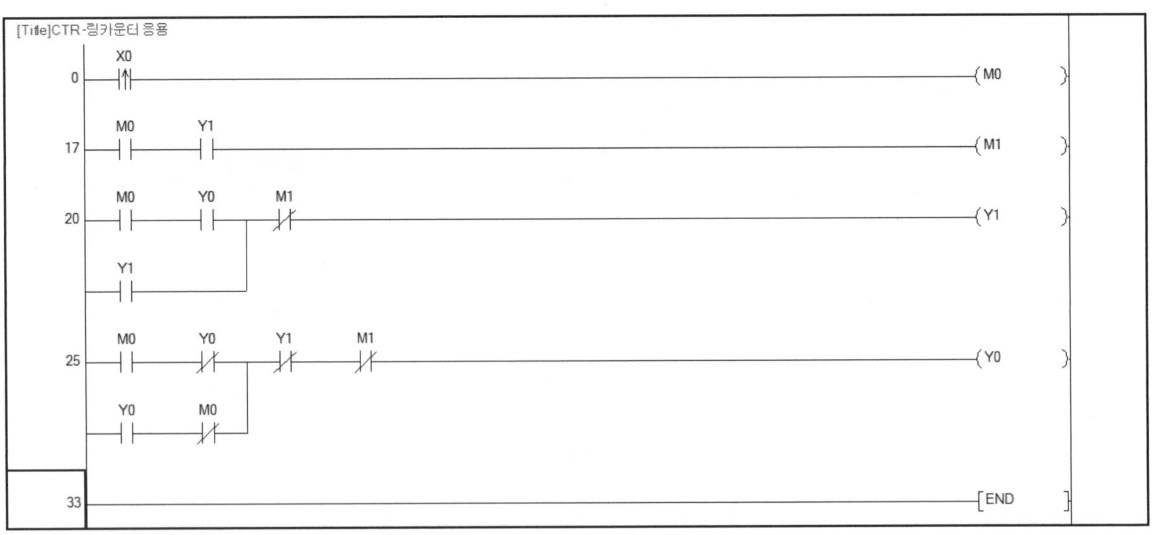

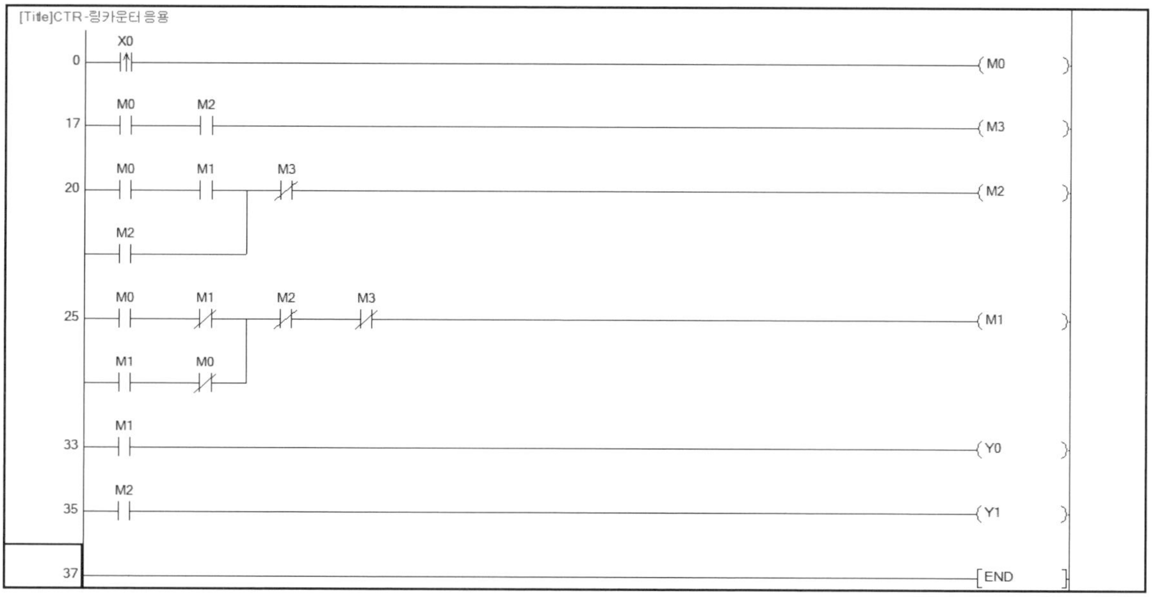
[Title]CTR-링카운터 응용
0 X0 M0
17 M0 M2 M3
20 M0 M1 M3 M2
M2
25 M0 M1 M2 M3 M1
M1 M0
33 M1 Y0
35 M2 Y1
37 END

0 X0 K3 C0
5 = C0 K1 Y0
9 = C0 K2 Y1
13 C0 RST C0
18 END

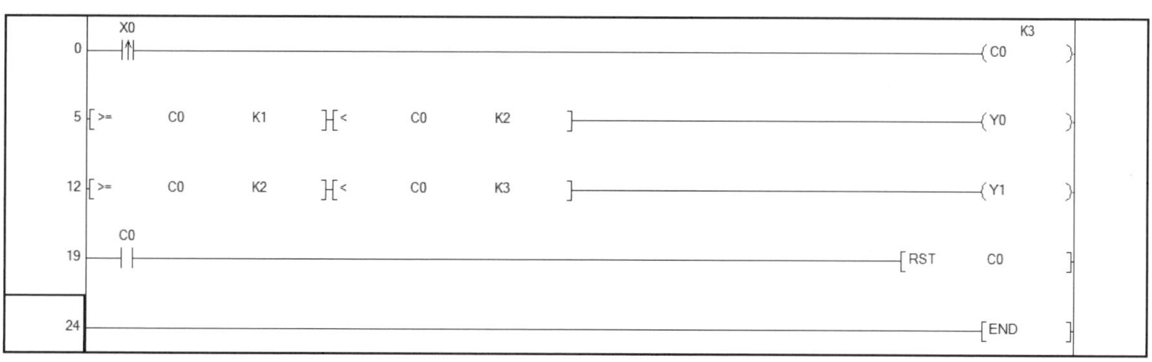
0 X0 K3 C0
5 >= C0 K1 < C0 K2 Y0
12 >= C0 K2 < C0 K3 Y1
19 C0 RST C0
24 END

13 CTR(링카운터) 명령어-2

◆ 동작설명

1. PB0를 한번 누르고 떼면 PL42이 ON(점등)하고
2. PB0를 두 번 누르고 떼면 PL42가 OFF(소등)하고 PL41이 ON(점등)한다.
3. PB0를 세 번 누르고 떼면 PL41이 OFF(소등)하고 PL40이 ON(점등)한다.
4. PB0를 네 번 누르고 떼면 PL40이 OFF(소등)하고 회로는 초기화 된다.

◆ 타임차트

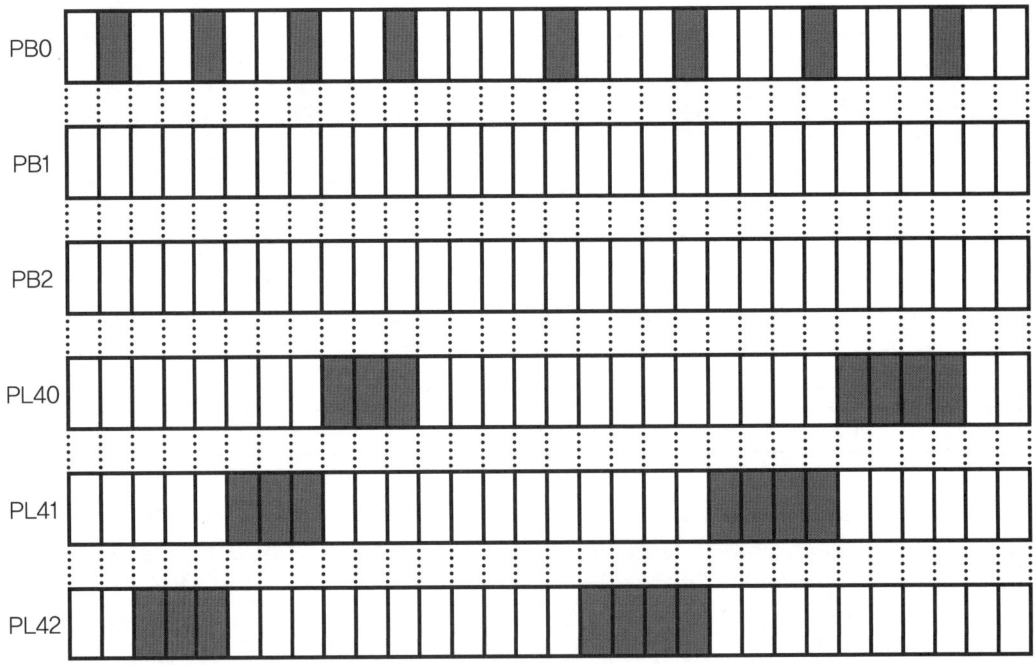

◆ 용도 및 주의사항

1. CTR 회로는 XG-5000프로그램에서 활용도가 높다.-글로파에서는 오류가 발생하여 사용하기가 불편하다.
2. 단순한 ON/OFF 가 아니라 1개의 여러입력을 활용한 출력을 얻을수 있어서 응용능력을 증가시키는 회로다.
3. CTR은 자체 자기유지가 되며 양변환과 음변환을 꼭 표시해야 한다.-CTU명령어 또는 접점으로만으로도 제어할수 있다.

13.1 XGT 프로그램(CTR(링카운터) 명령어-2)

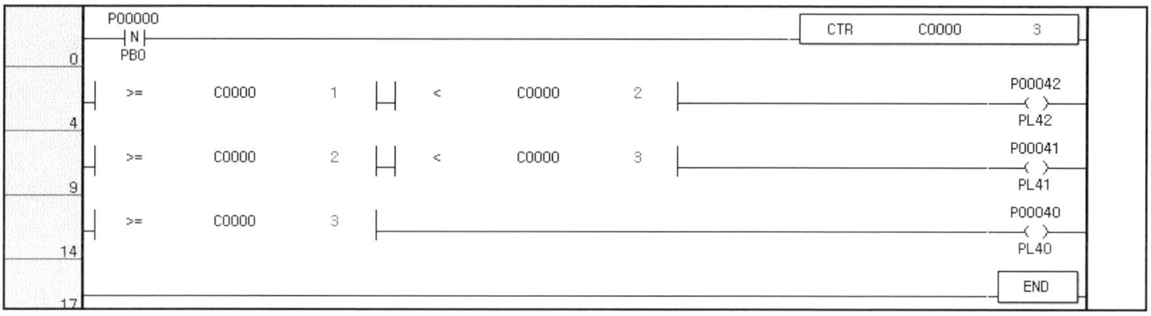

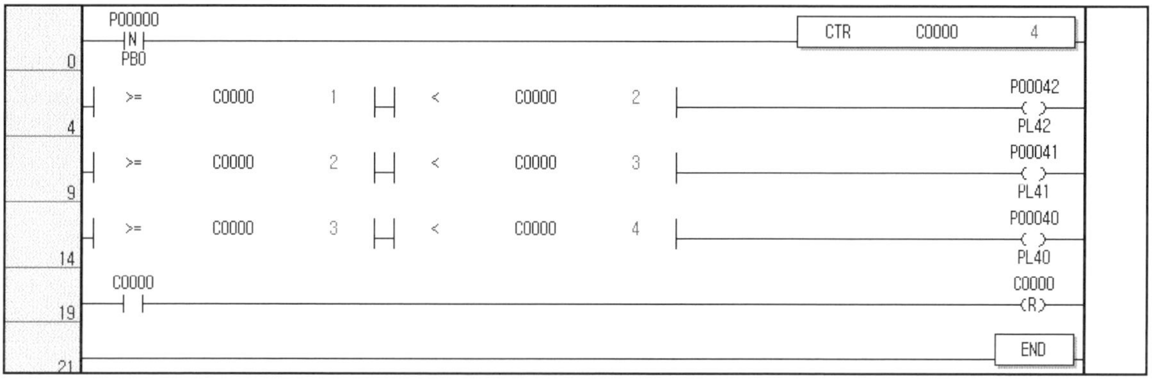

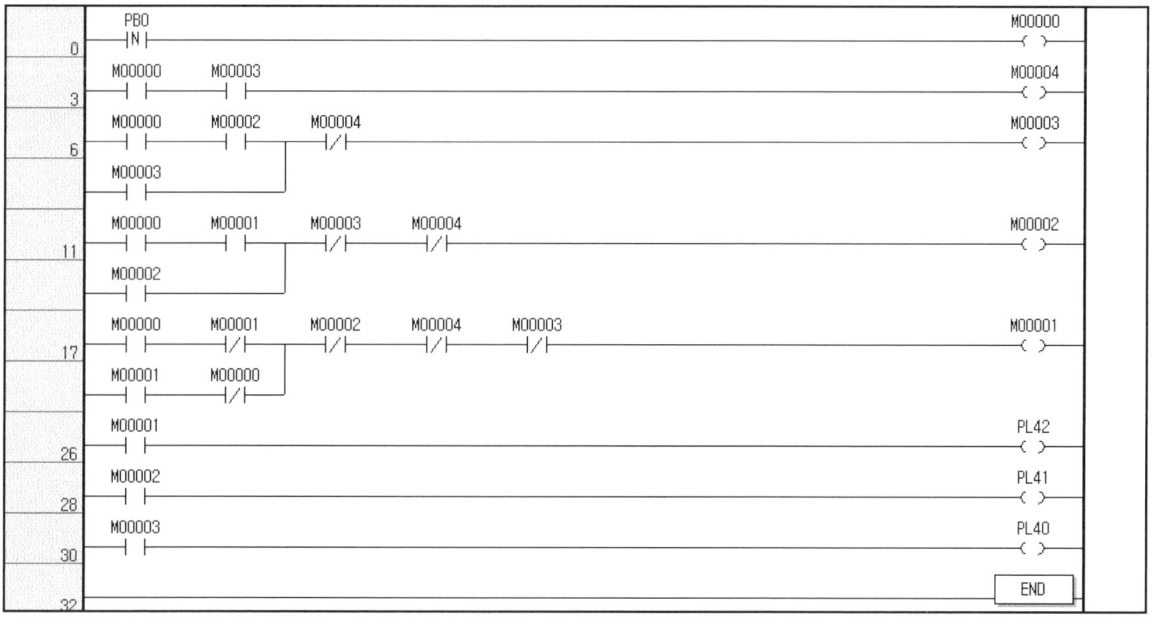

13.2 Melsec 프로그램(CTR(링카운터) 명령어-2)

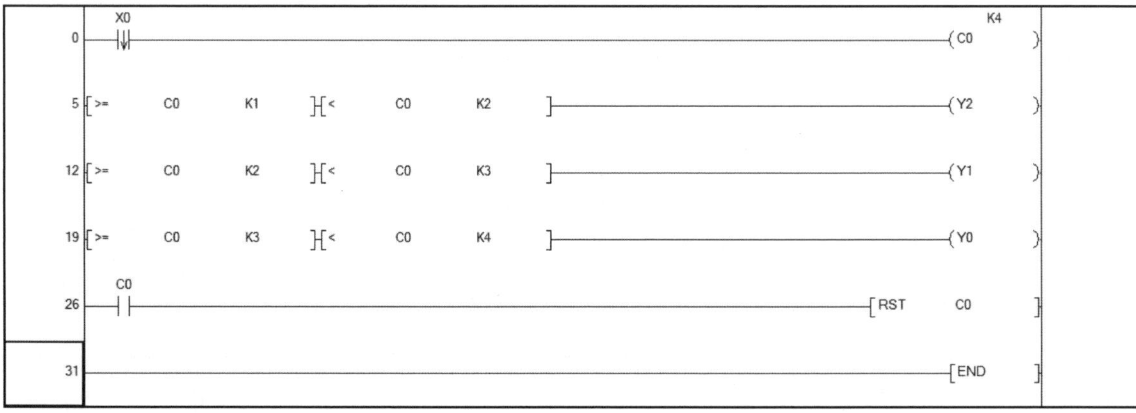

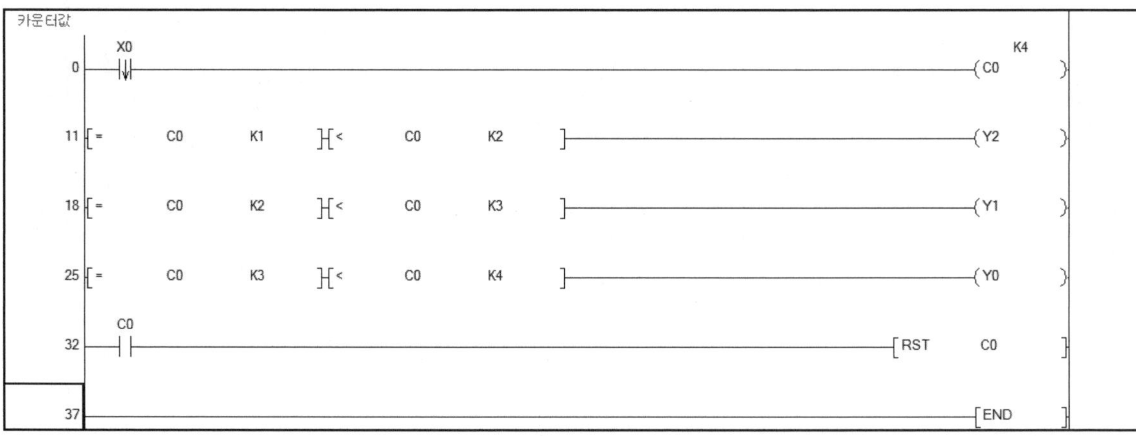

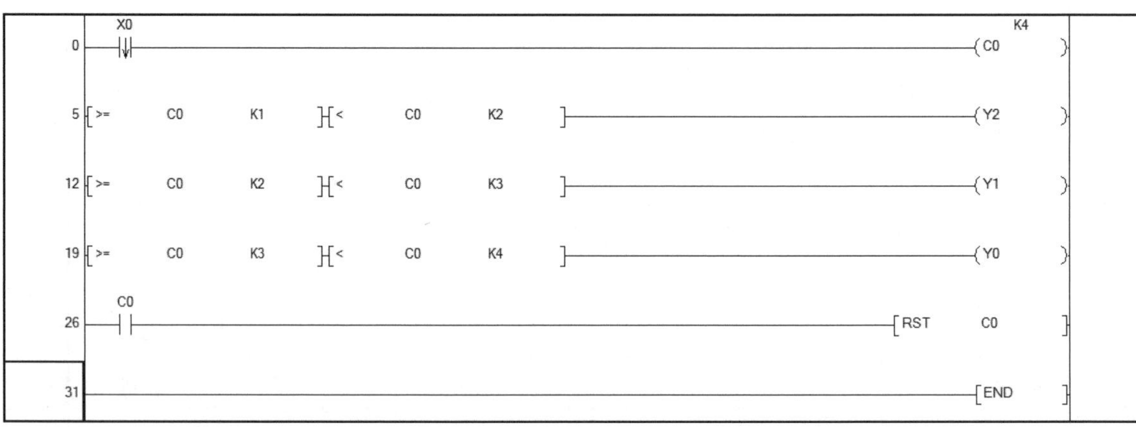

14 CTR(링카운터) 명령어-3

◆ 동작설명

1. PB0를 한 번 누르고 떼면 PL42가 ON(점등)하고
2. PB0를 두 번 누르고 떼면 PL42가 OFF(소등)하고 PL40이 ON(점등)한다.
3. PB0를 세 번 누르고 떼면 PL40이 OFF(소등)하고 PL41이 ON(점등)한다.
4. PB0를 네 번 누르고 떼면 PL41이 OFF(소등)하고 P42가 ON(점등)하는 반복적인 회로임.
5. 어느 램프가 ON되어 있어도 PB1를 누르고 떼는 순간 램프는 OFF(소등)되고 전체회로는 초기화 된다.

◆ 타임차트

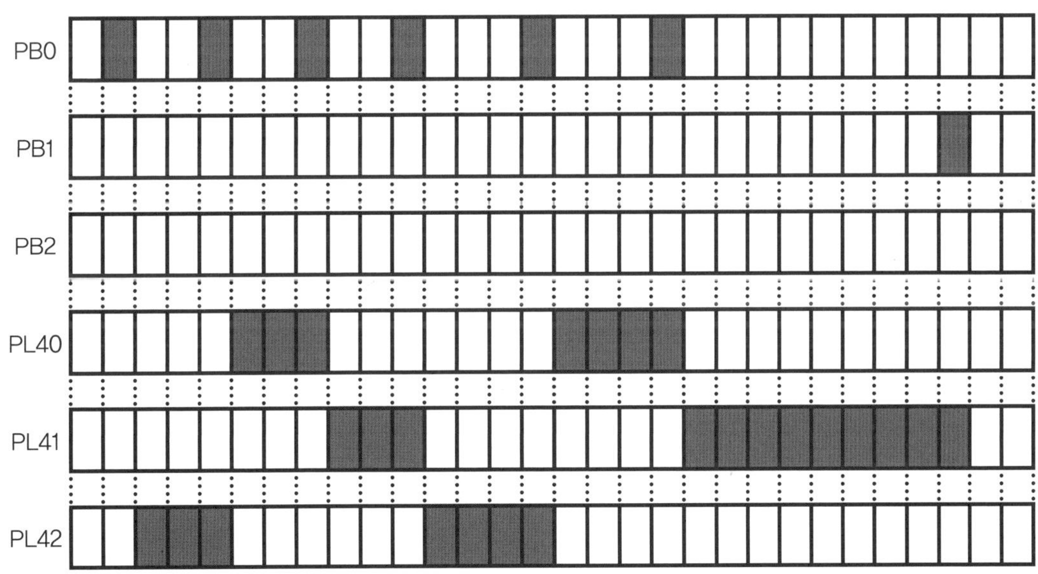

◆ 용도 및 주의사항

1. CTR -(N+1-리셋조건으로 설정할수 있다-여기서 N은 설정값이다.)
2. 단순한 ON/OFF 가 아니라 1개의 여러입력을 활용한 출력을 얻을수 있어서 응용능력을 증가시키는 회로다.
3. CTR은 CTU처럼 리셋조건으로 같은 설정값을 주었을 때 CTR은 리셋을 프로그램으로 강제화 시켜주어야 한다.

14.1 XGT 프로그램(CTR(링카운터) 명령어-3)

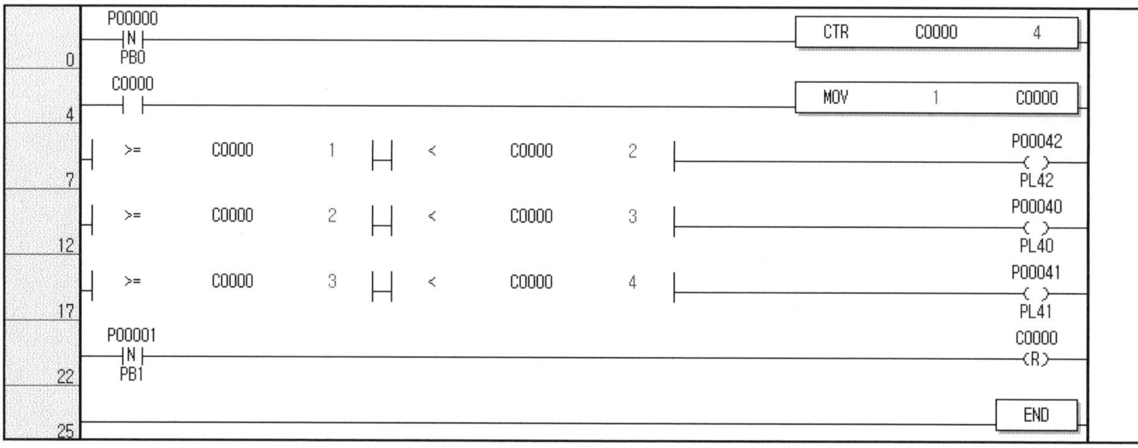

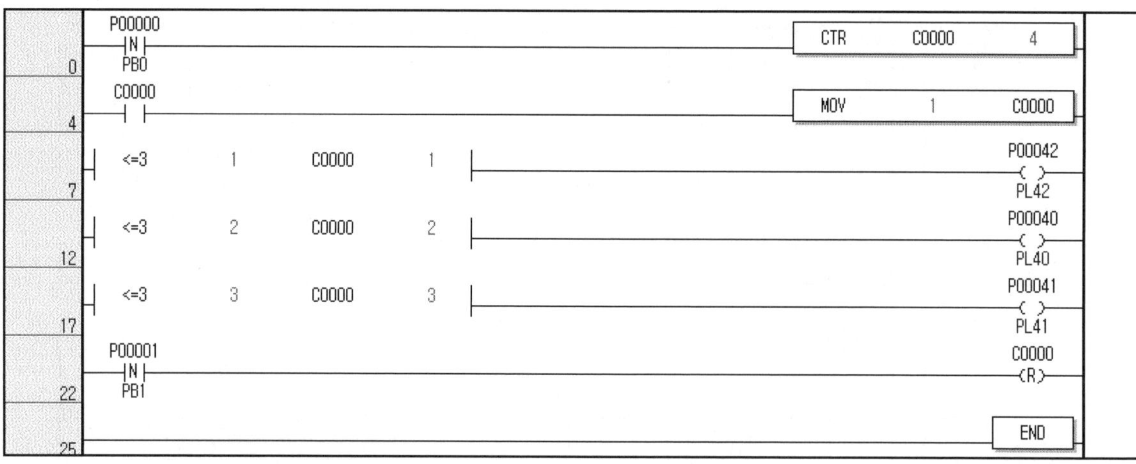

14.2 Melsec 프로그램(CTR(링카운터) 명령어-3)

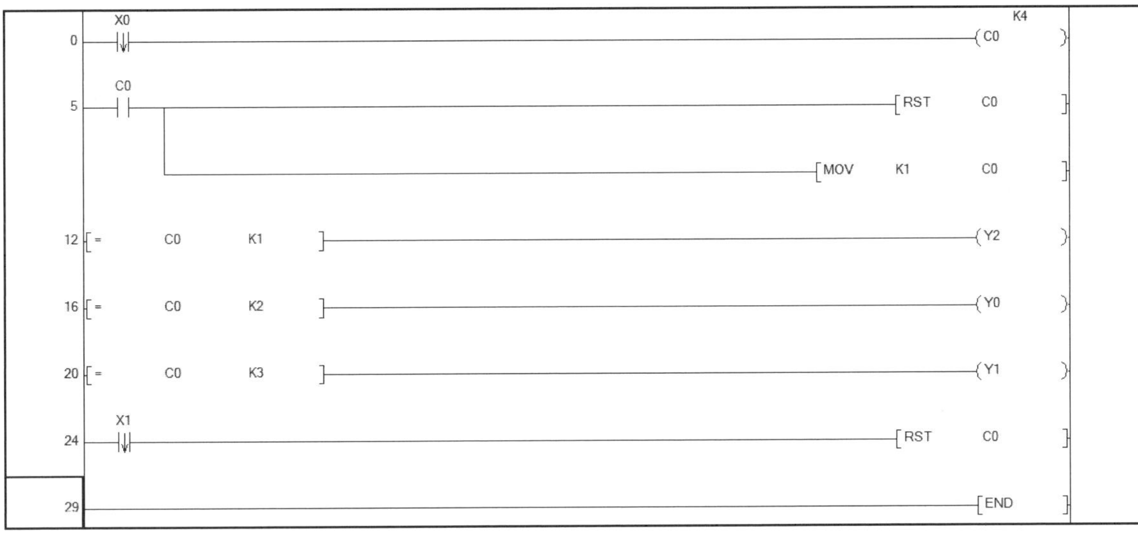

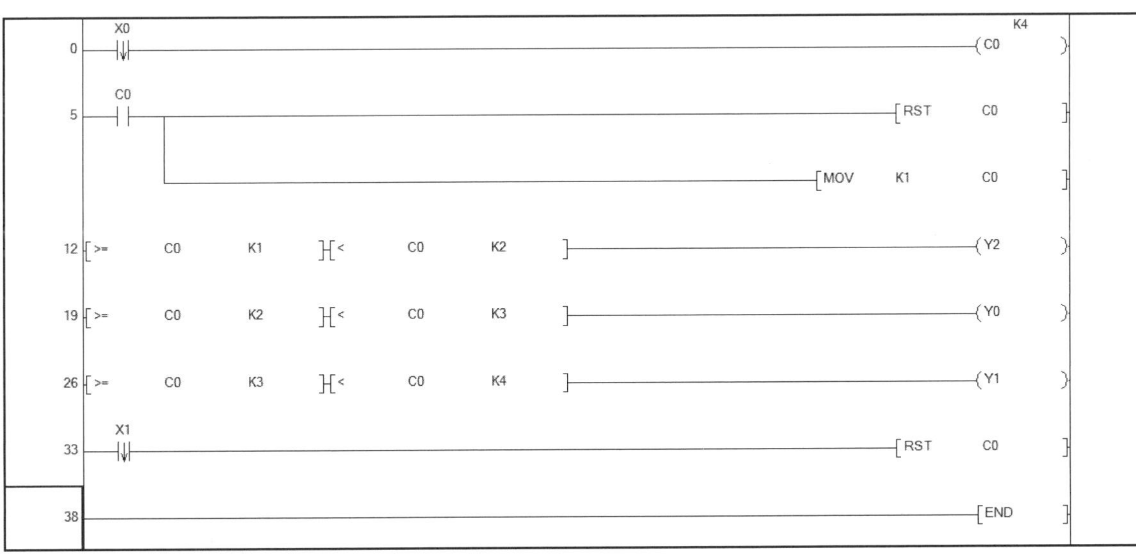

15 인터록회로(선입력우선회로)

◆ 동작설명

1. PB0를 한번 누르고 떼면 PL42이 자기유지되어 ON(점등)하고
2. PL42가 ON(점등) 상태에서 PB1를 아무리 눌러도 ON상태는 변화가 없지만 PB2를 누르고 떼면 PL42 OFF(소등)되면서 회로는 초기화 된다.
3. 또한 초기화된 상태에서 PB1를 누르면 PL41이 자기유지되어 ON(점등)되고 PL41이 ON(점등)된 상태에서 PB0를 눌러도 ON 상태는 변화가 없다.
4. PL41이 ON(점등) 상태에서 PB2를 누르고 떼면 PL41이 OFF(소등)되고 회로는 초기화 된다.
5. PB2의 입력으로 어느 조건에서든 회로는 초기화된다.

◆ 타임차트

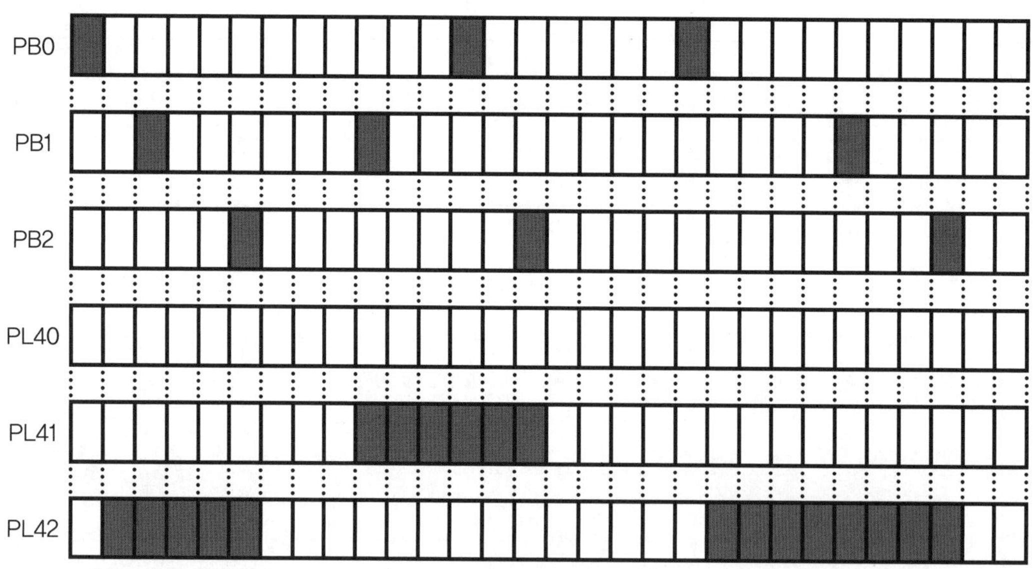

> **◆ 용도 및 주의사항**
> 1. 인터록(Inter-Lock)- 2개 이상의 입력이 들어올때 먼저 입력을 받은 쪽의 회로가 우선으로 동작시키는 것을 말함.
> 2. 인터록회로의 대표적인 것이 퀴즈프로그램과 버스하차벨이다.
> 3. 사용빈도가 아주 높아 뒤에서 배우는 후입력과 비교해서 알아야 할 중요한 회로다.

15.1 XGT 프로그램(인터록회로(선입력우선회로))

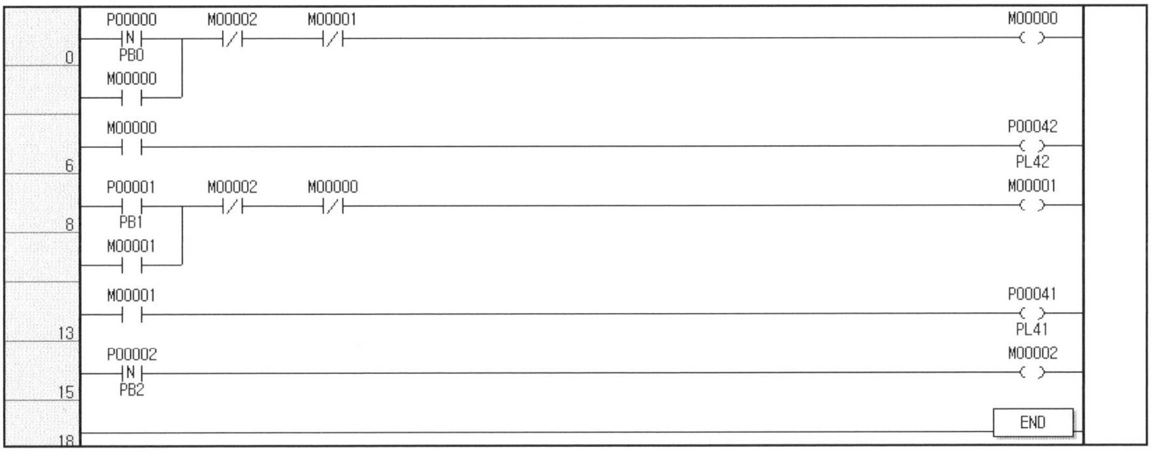

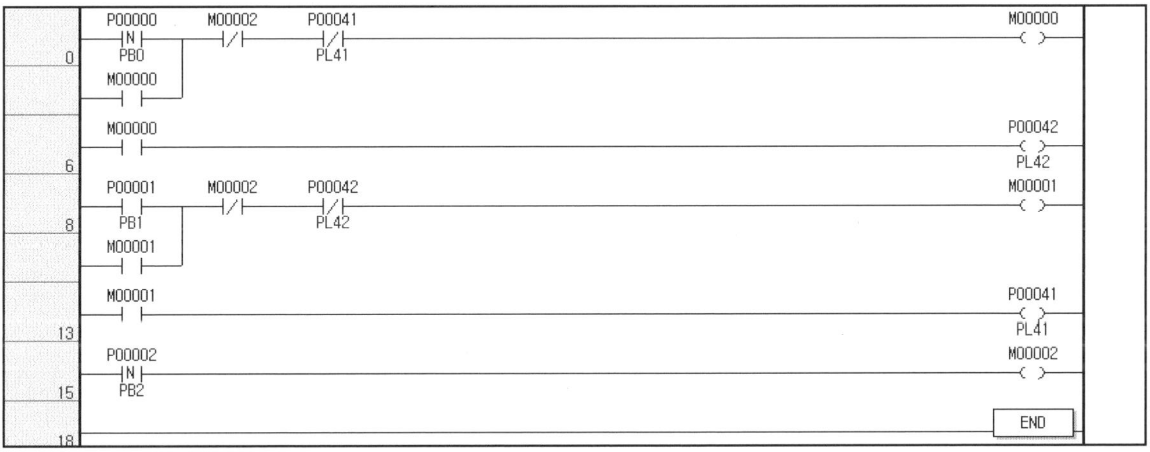

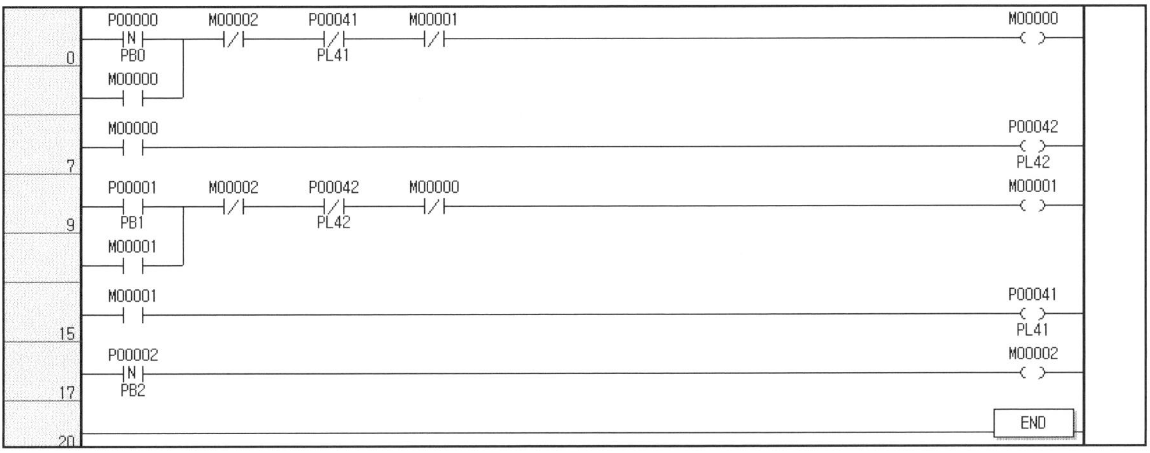

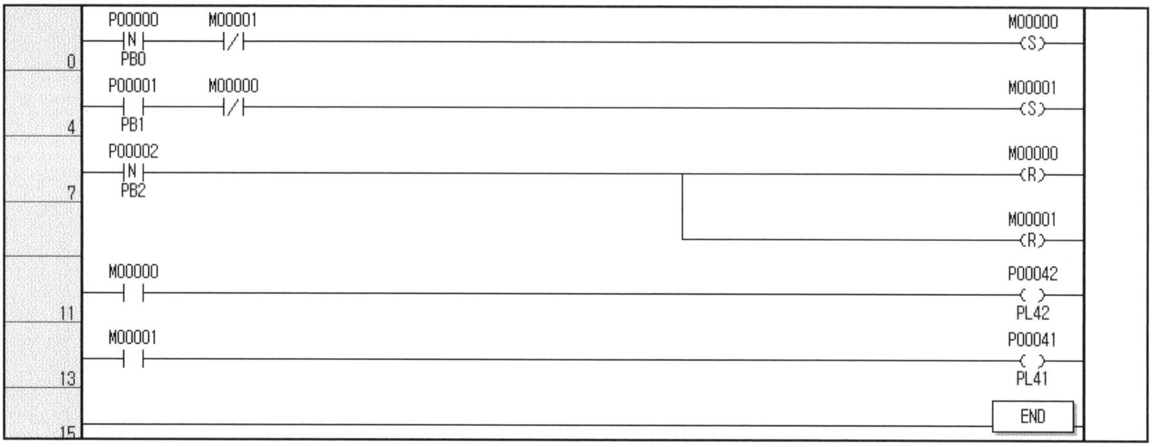

15.2 Melsec 프로그램(인터록회로(선입력우선회로))

0 X0 M1 SET M0
3 X1 M0 SET M1
6 X2 RST M0
RST M1
9 M0 Y2
11 M1 Y1
13 END

[Title]SET와 RST를 이용한 인터록회로
0 X0 SET M0
22 X1 SET M1
24 X2 RST M0
RST M1
27 M0 Y1 Y2
30 M1 Y2 Y1
33 END

16 후입력우선회로-1

◆ 동작설명

1. PB0를 누르면 PL40이 ON(점등)하고 ON 상태에서 PB1를 누르면 PL40이 OFF(소등) 하고 동시에 PL41이 ON(점등)한다.
2. PB1를 누르면 PL41이 ON(점등)하고 ON 상태에서 PB0를 누르면 PL41이 OFF(소등) 하고 동시에 PL40이 ON(점등)한다.
3. PL40이나 PL41이 ON(점등)상태에서 PB2를 누르고 떼면 램프가 OFF(소등)되고 회로는 초기화 된다.
4. 어느 경우에든 나중에 입력된 신호가 우선적으로 신호를 받는다.

◆ 타임차트

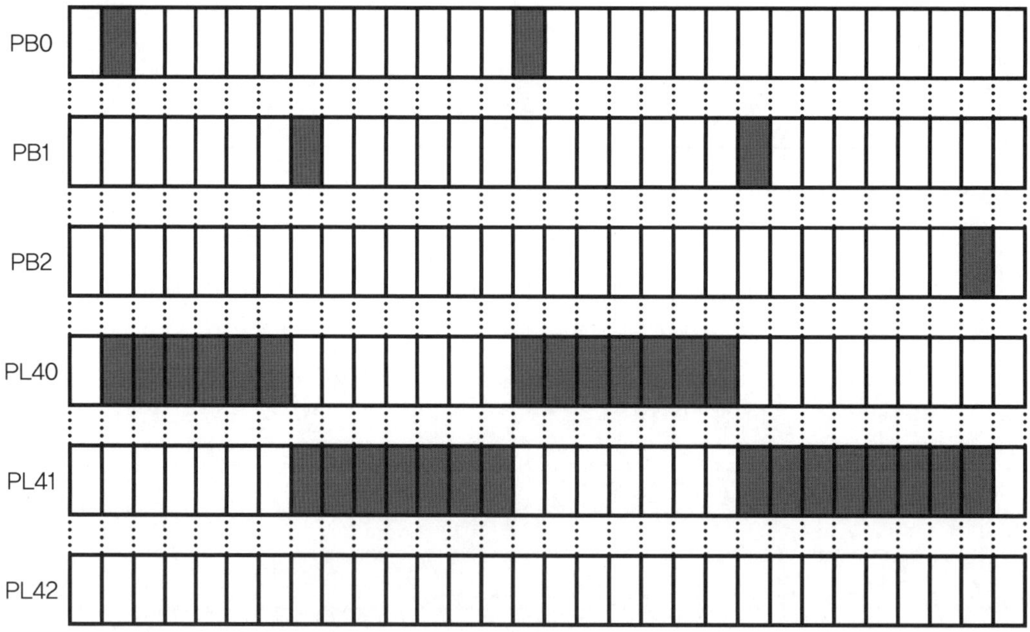

◆ 용도 및 주의사항

1. 후입력우선회로는 기능장시험에서 넓은 범위로 인터록회로로 볼 수도 있다.
2. 선풍기,리모컨 등이 대표적인 후입력우선회로다.
3. 회로에서 선입력우선회로와 후입력우선회로의 구분이 되어야 한다.

16.1 XGT 프로그램(후입력우선회로-1)

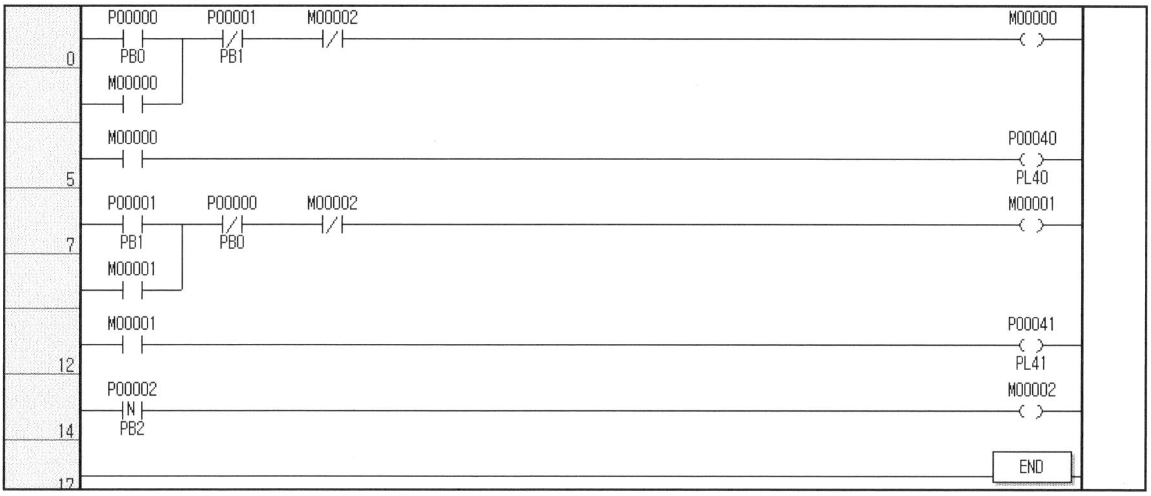

16.2 Melsec 프로그램(후입력우선회로-1)

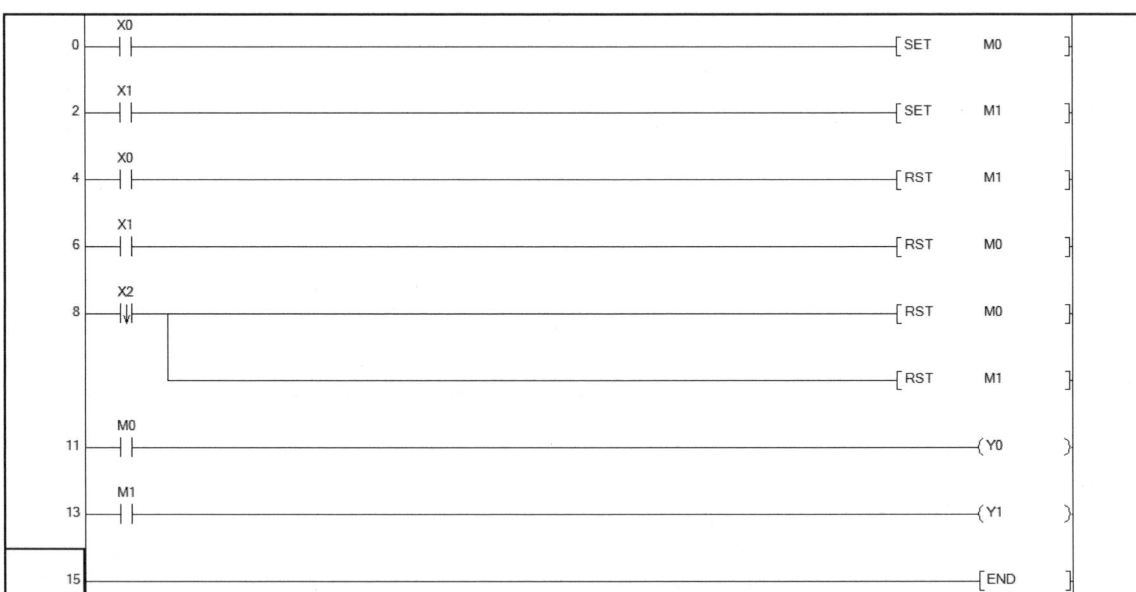

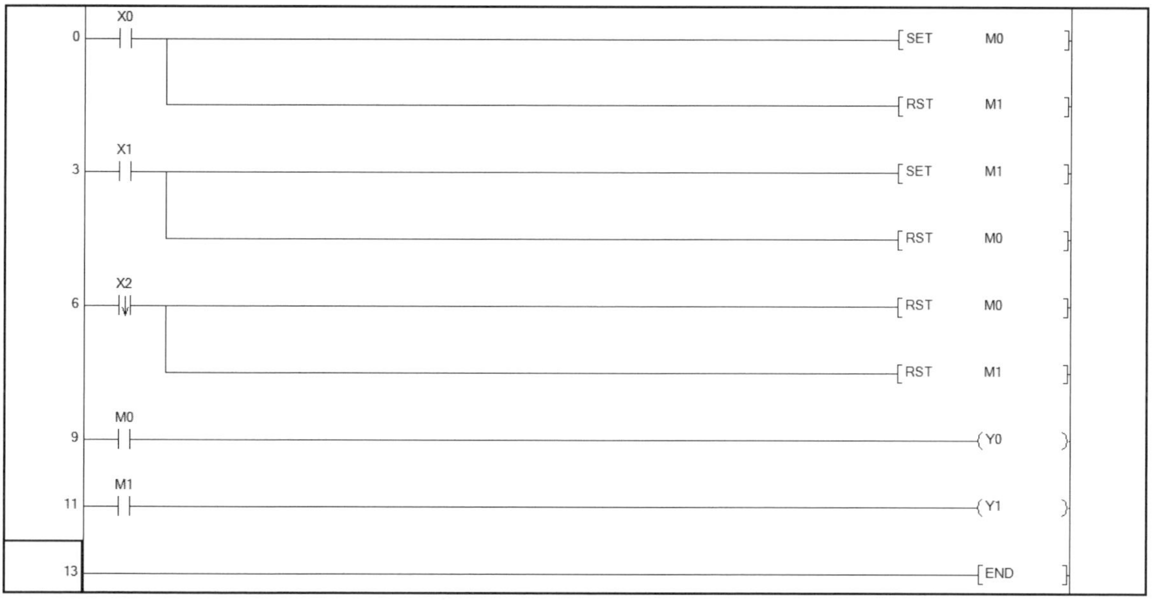
X0
0
SET M0
RST M1
X1
3
SET M1
RST M0
X2
6
RST M0
RST M1
M0
9
Y0
M1
11
Y1
13
END

17 후입력우선회로-2

◆ 동작설명

1. PB0를 누르고 떼면 PL40이 ON(점등)하고 PB1를 누르고 떼면 PL40이 OFF(소등)하고 PL41이 ON(점등)한다.
2. PL41이 ON(점등)하고 있을 때 PB2를 누르고 떼면 PL41이 OFF(소등)하고 PL42가 ON(점등)한다.
3. 이 회로는 PB0,PB1,PB2 중 나중에 누르고 떼는 것이 먼저 동작한다.
4. 순서를 정하지 않고 입력을 해도 나중에 누르고 떼는 것이 우선권을 갖는다.
5. 이 타임차트에서는 리셋조건이 없다.

◆ 타임차트

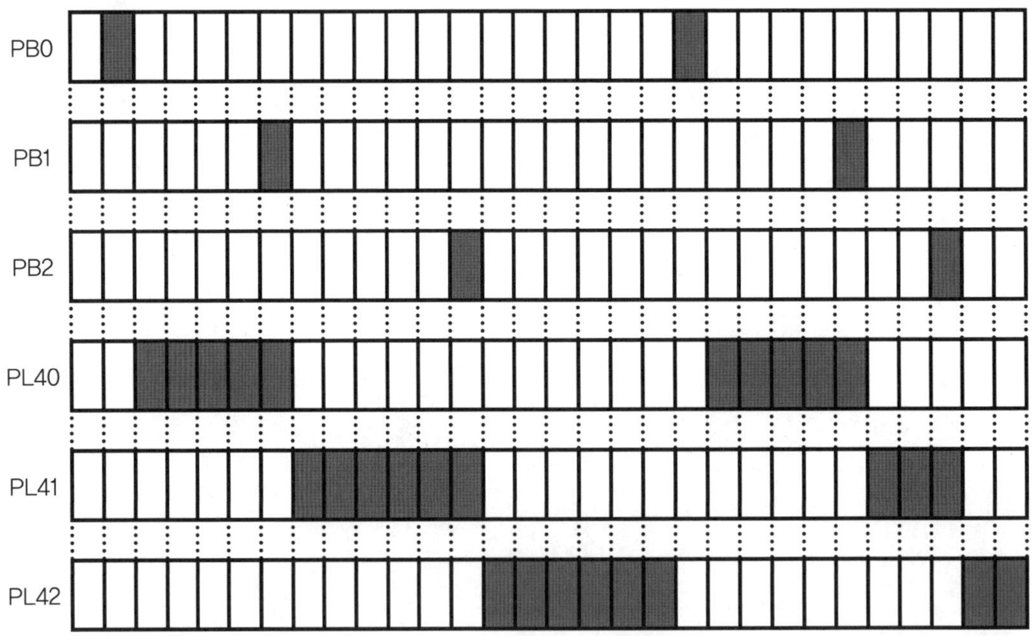

> **◆ 용도 및 주의사항**
> 1. 선입력과 후입력을 기능장에서는 통상적으로 인터록회로라고 말한다.
> 2. 선풍기,리모컨 등이 대표적인 후입력우선회로다.
> 3. 후입력 회로의 정확한 동작설명을 이해하고 PLC에 적용하도록 연습을 해야 한다.

17.1 XGT 프로그램(후입력우선회로-2)

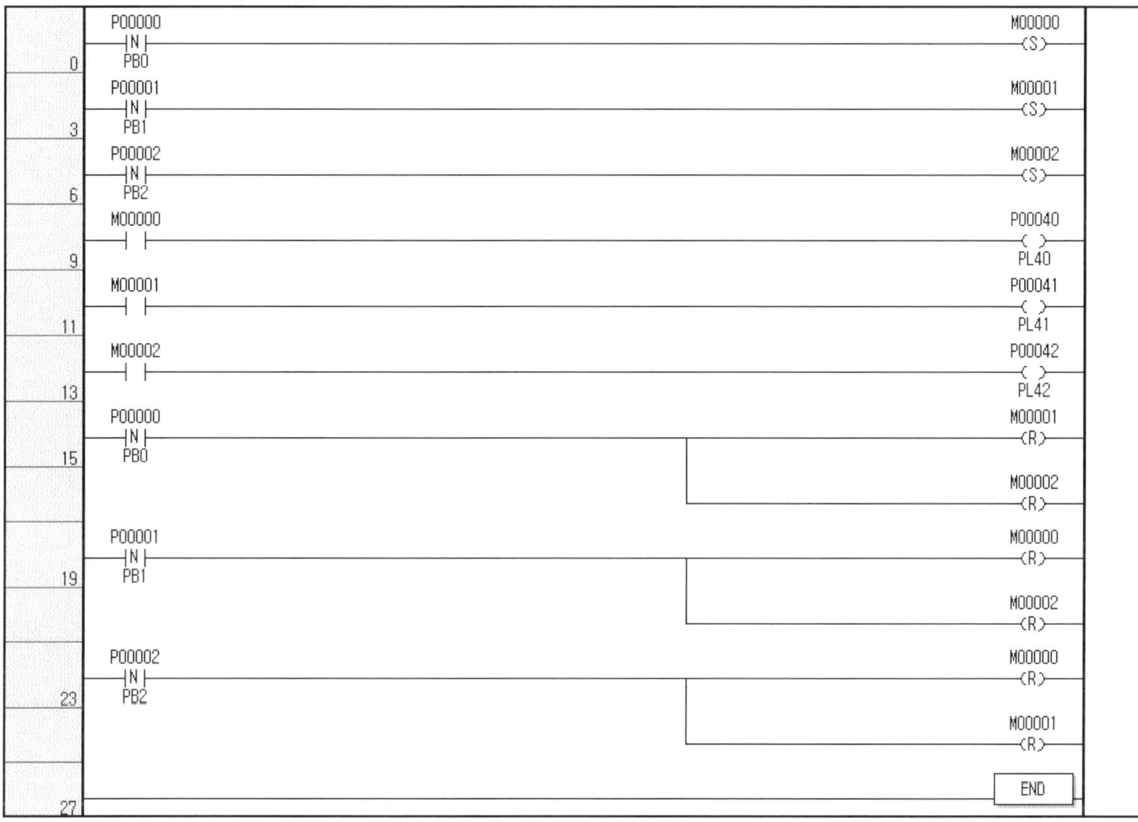

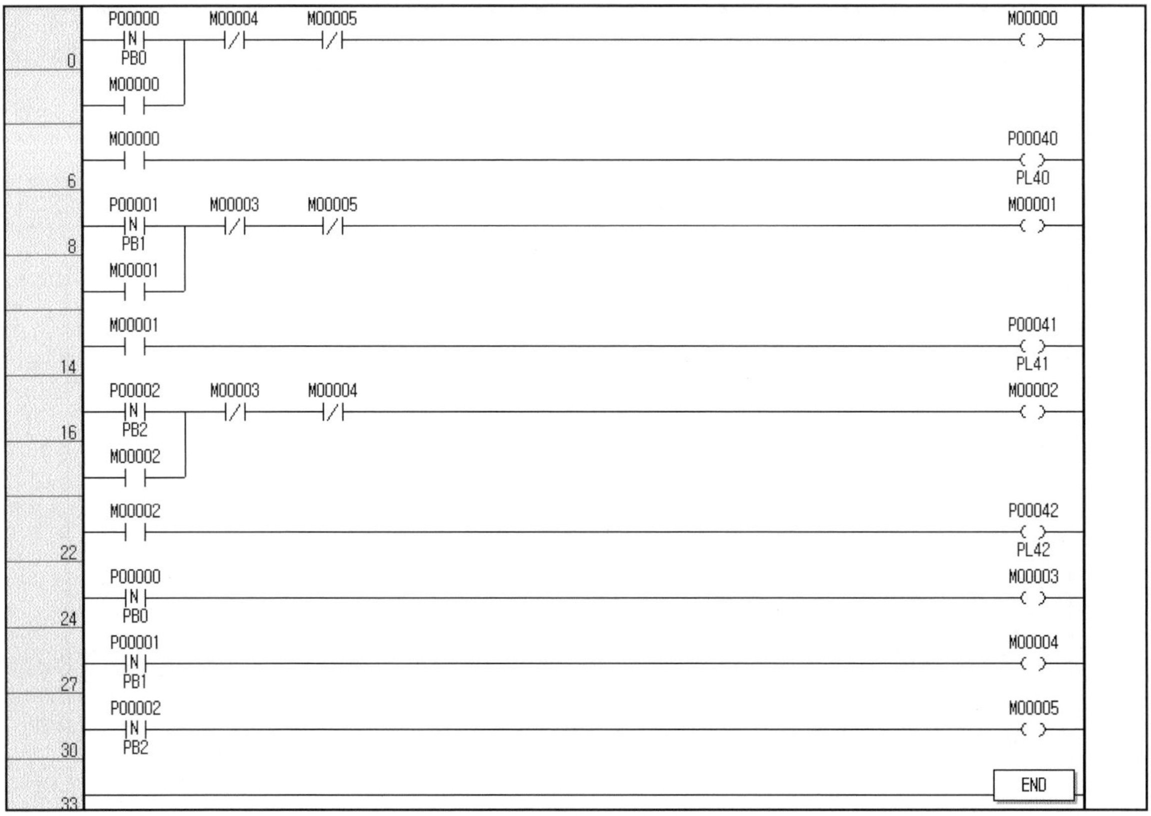
0
P00000
PB0
M00004
M00005
M00000
M00000
6
M00000
P00040
PL40
8
P00001
PB1
M00003
M00005
M00001
M00001
14
M00001
P00041
PL41
16
P00002
PB2
M00003
M00004
M00002
M00002
22
M00002
P00042
PL42
24
P00000
PB0
M00003
27
P00001
PB1
M00004
30
P00002
PB2
M00005
33
END

17.2 Melsec 프로그램(후입력우선회로-2)

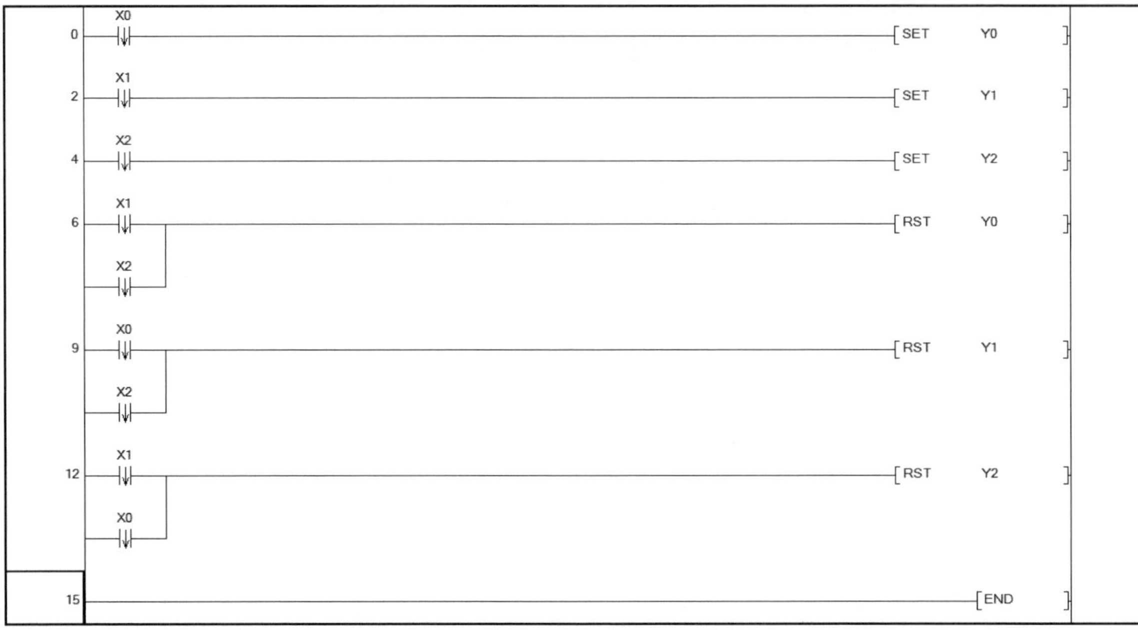
0 X0 SET Y0
2 X1 SET Y1
4 X2 SET Y2
6 X1 X2 RST Y0
9 X0 X2 RST Y1
12 X1 X0 RST Y2
15 END

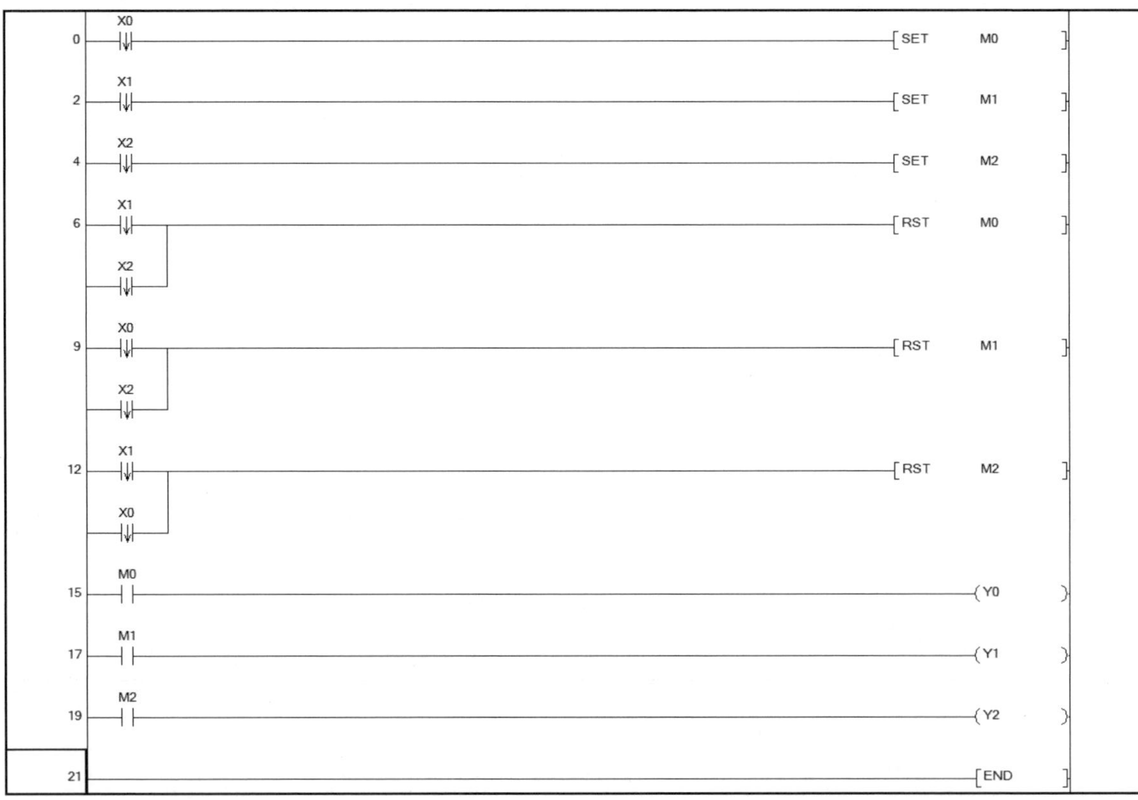
0 X0 SET M0
2 X1 SET M1
4 X2 SET M2
6 X1 X2 RST M0
9 X0 X2 RST M1
12 X1 X0 RST M2
15 M0 Y0
17 M1 Y1
19 M2 Y2
21 END

18 CTU 명령어-1

◆ 동작설명

1. PB0를 세 번 누르고 떼면 PL40이 ON(점등)되고 PB1를 한번 누르고 떼면 PL40이 OFF(소등)되고 회로 초기화 된다.
2. PB1이 어느 조건에서든 ON(입력)되면 회로는 초기화 되어야 한다.

◆ 타임차트

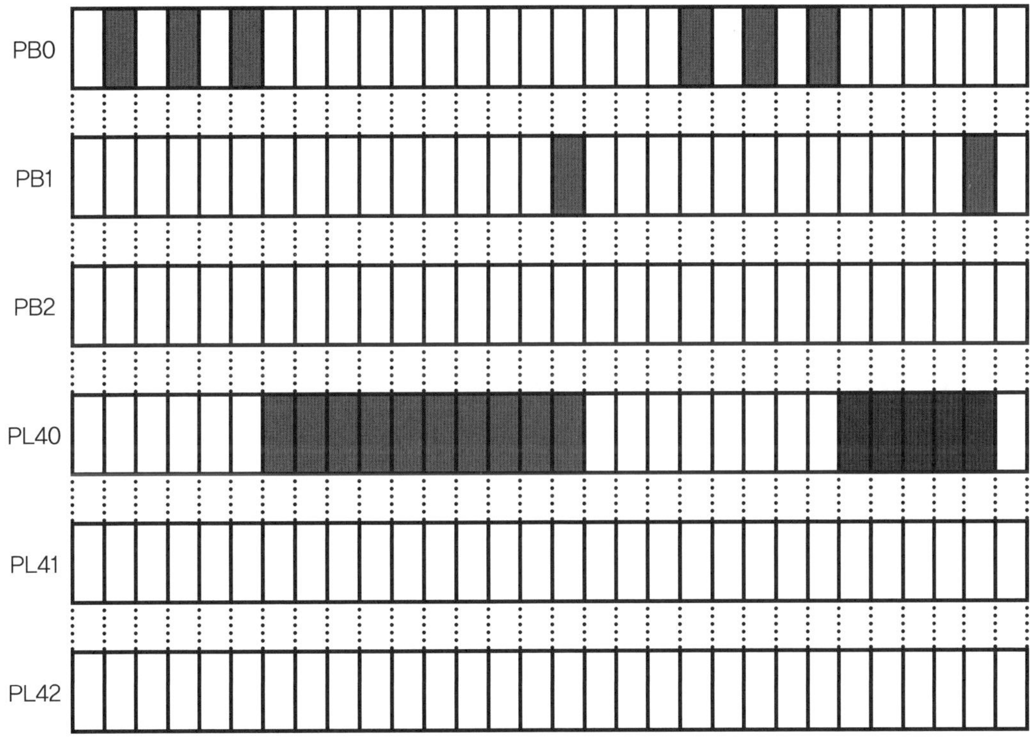

◆ 용도 및 주의사항

1. UP COUNTER는 활용범위가 넓다.- 플리커회로.선입력우선회로.후입력우선회로 등과 결합한 회로등에 광범위하게 적용된다.
2. 활용범위가 넓은 만큼 기초적인 것에서부터 응용력을 키울수 있는 회로까지 반복적인 연습이 필요하다.
3. 설정값이상 올라가지 않도록 비교명령을 사용하여 제어한다.

18.1 XGT 프로그램(CTU 명령어-1)

18.2 Melsec 프로그램(CTU 명령어-1)

0 X0 PLF M0
3 M0 K3 C0
8 C0 Y0
10 X1 PLF M1
13 M1 RST C0
18 END

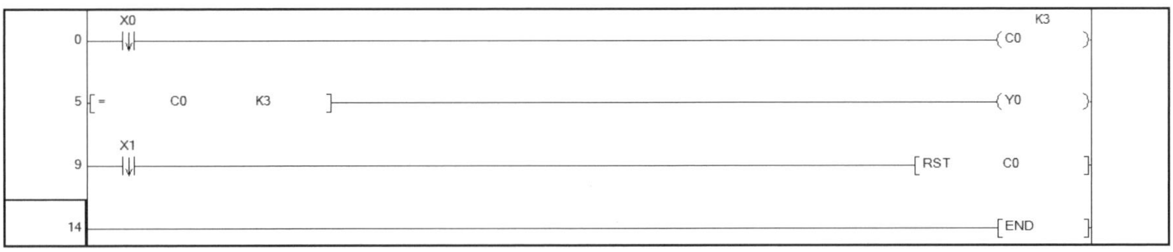
0 X0 K3 C0
5 = C0 K3 Y0
9 X1 RST C0
14 END

0 X0 K3 C0
5 = C0 K3 Y0
9 X1 K1 C1
14 = C1 K1 RST C0
RST C1
25 END

0 X0 K3 C0
6 C0 Y0
8 X1 RST C0
14 END

19 CTU 명령어-2

◆ 동작설명

1. PB0를 세 번 누르고 떼면 PL40이 ON(점등)되고 PL40이 ON(점등)된 상태에서 PB1를 두 번 누르면 PL41이 ON(점등)된다.
2. PL40과 PL41이 ON(점등)되고 있는 동안 PB2를 두 번 누르고 떼면 PL40과 PL41이 OFF(소등)되고 회로는 초기화 된다.
3. PB0 보다 PB1를 먼저 ON(입력)하면 PL40 이든 PL41 이든 동작을 하지 않아야 한다.
4. PB2의 리셋조건은 어느 조건에서든 ON(입력)이 되면 초기화 된다.

◆ 타임차트

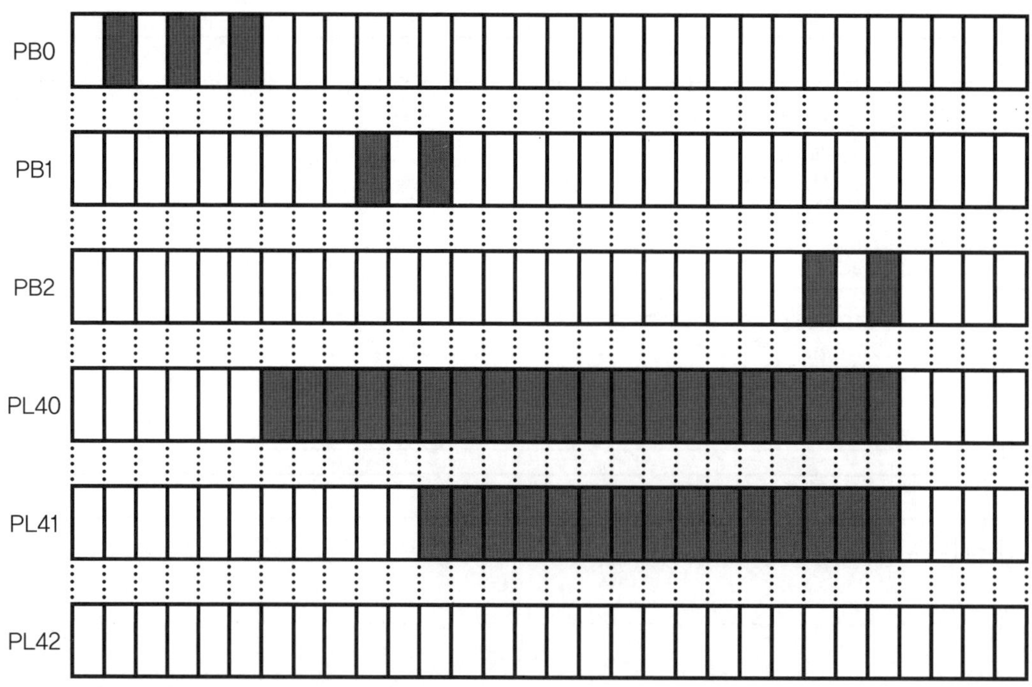

◆ 용도 및 주의사항

1. PL40이 ON(점등)된 상태에서 PL41를 ON(점등)하는 회로를 어떻게 PLC로 표현할 것인가를 고민해야 하는 회로다.
2. PB2가 음변환 일때 리셋 하는 방법을 습득하는 회로다.

19.1 XGT 프로그램(CTU 명령어-2)

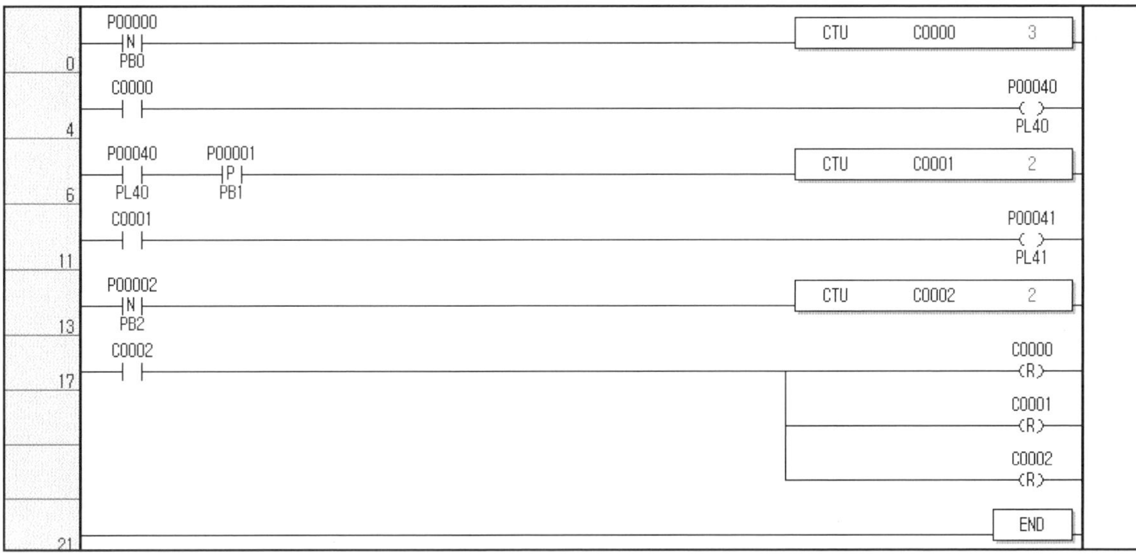

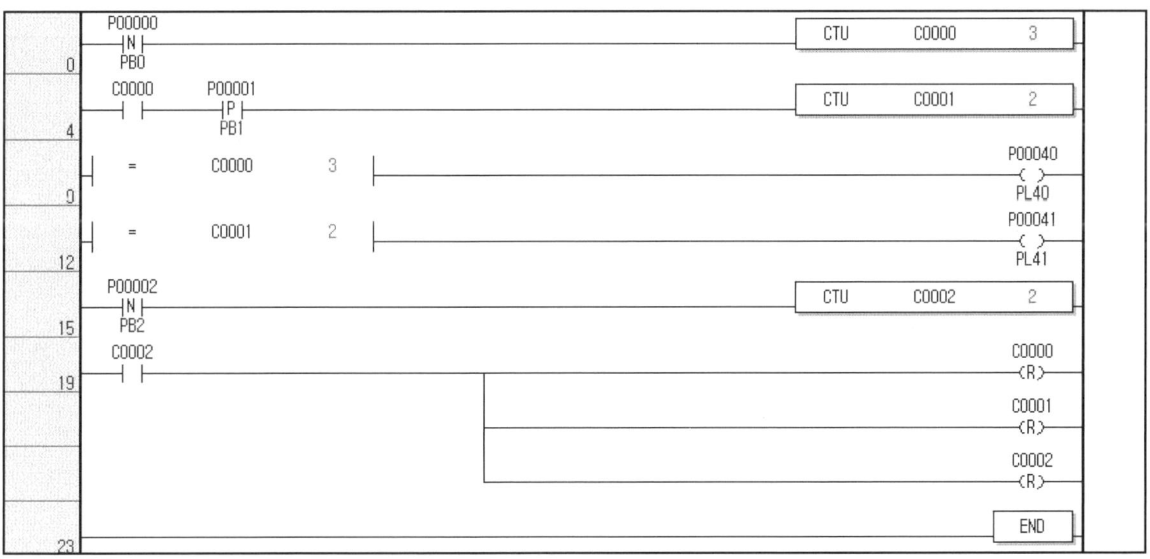

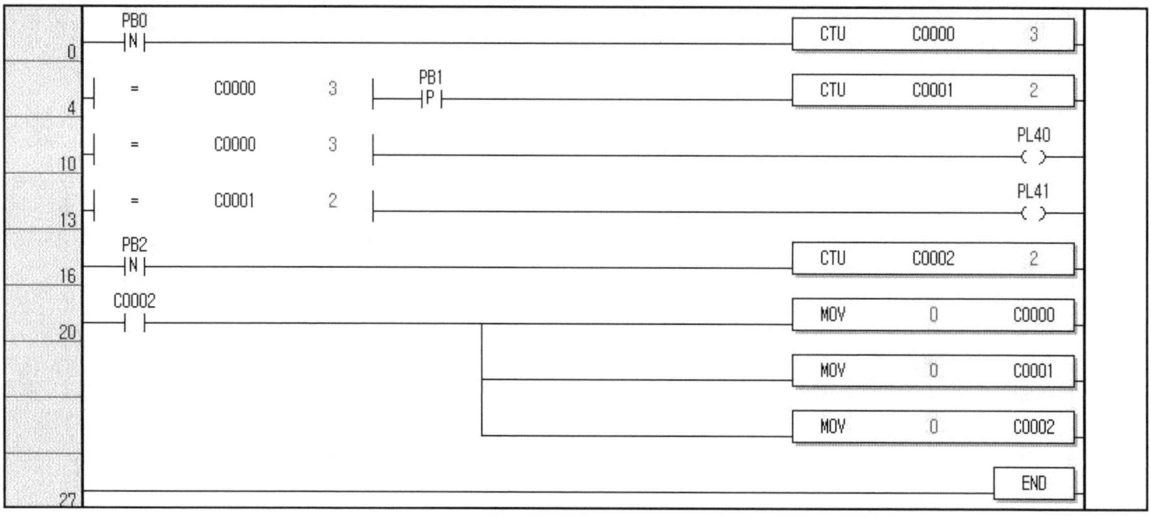

19.2 Melsec 프로그램(CTU 명령어-2)

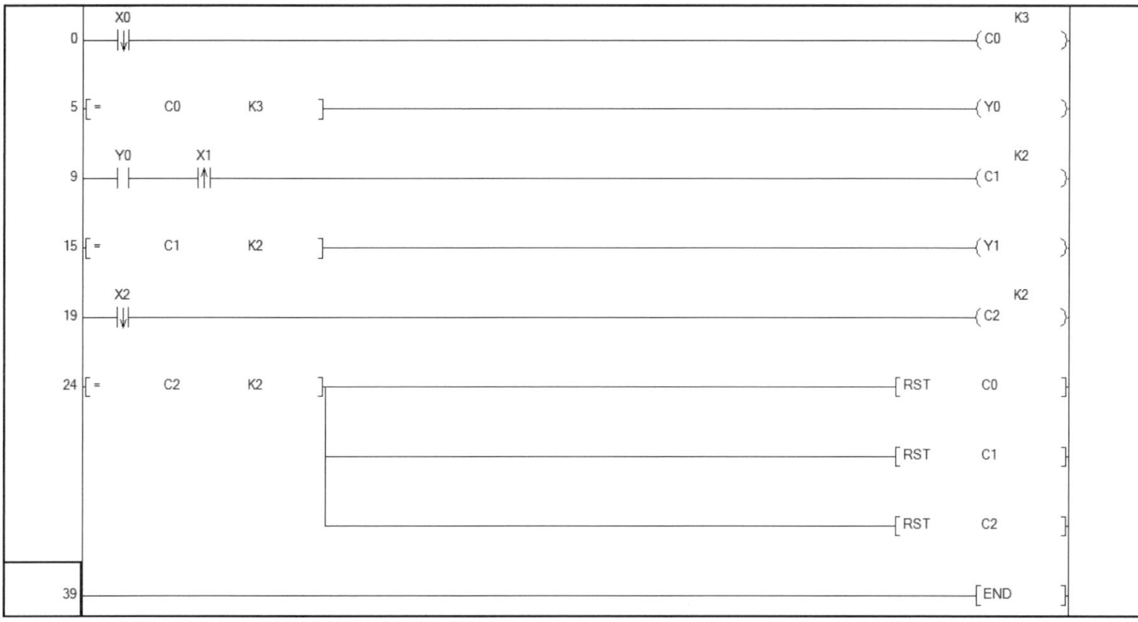
0 X0 K3 C0
5 = C0 K3 Y0
9 Y0 X1 K2 C1
15 = C1 K2 Y1
19 X2 K2 C2
24 = C2 K2 RST C0
RST C1
RST C2
39 END

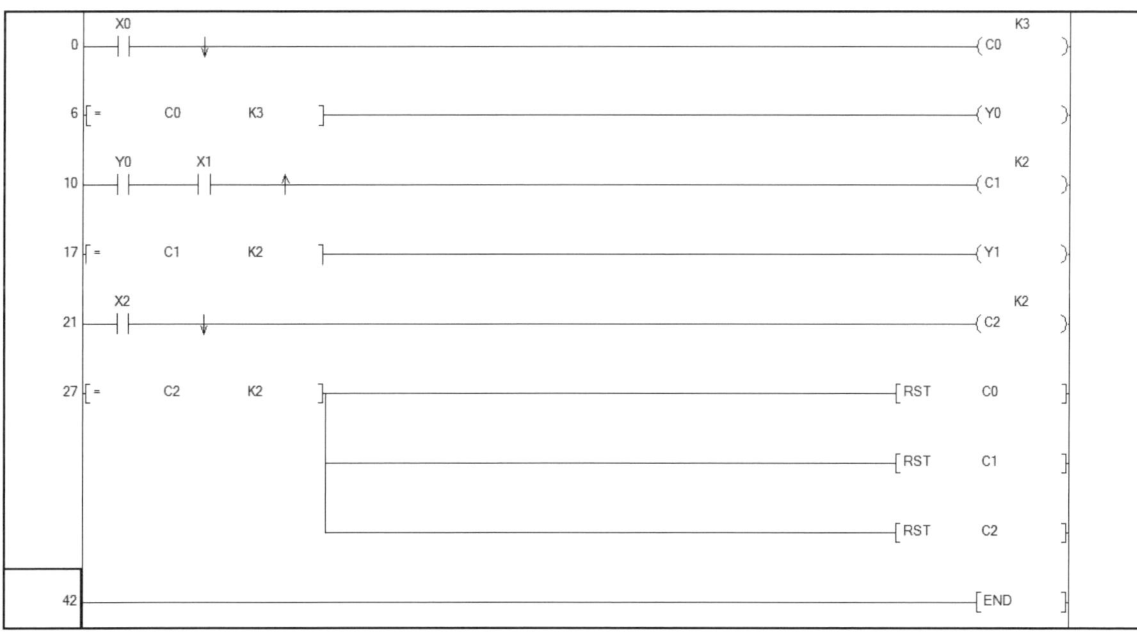
0 X0 K3 C0
6 = C0 K3 Y0
10 Y0 X1 K2 C1
17 = C1 K2 Y1
21 X2 K2 C2
27 = C2 K2 RST C0
RST C1
RST C2
42 END

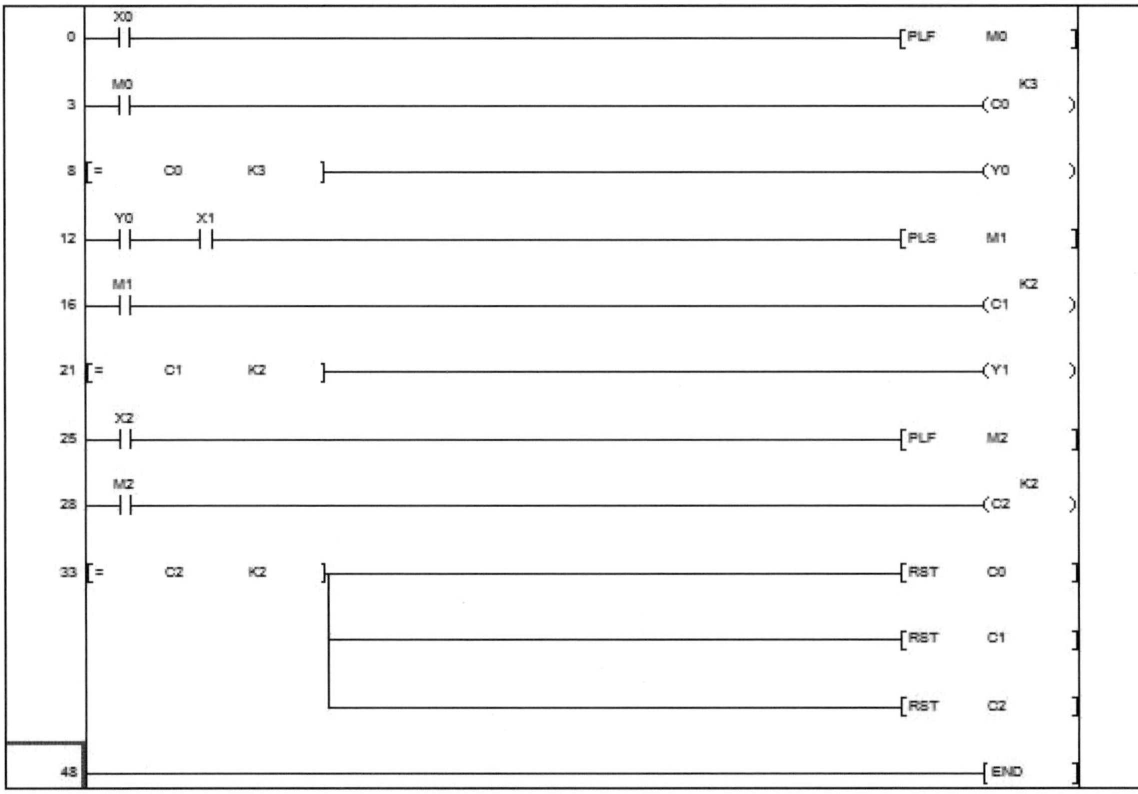
0 X0 PLF M0
3 M0 K3 C0
8 = C0 K3 Y0
12 Y0 X1 PLS M1
16 M1 K2 C1
21 = C1 K2 Y1
25 X2 PLF M2
28 M2 K2 C2
33 = C2 K2 RST C0
RST C1
RST C2
48 END

20 CTU 명령어-3

◆ 동작설명

1. PB0를 한번 누르고 떼면 PL42가 ON(점등)하고 PB0를 두 번 누르고 떼면 PL42가 OFF(소등)하면서 동시에 PL40이 ON(점등)하고 PB0를 세 번 누르고 떼면 PL40이 OFF(소등)하고 PL41이 ON(점등)한다.
2. 이회로는 PB1이 입력되기 전까지 반복할수 있고 PB1를 누르고 떼면 회로는 초기화 된다.

◆ 타임차트

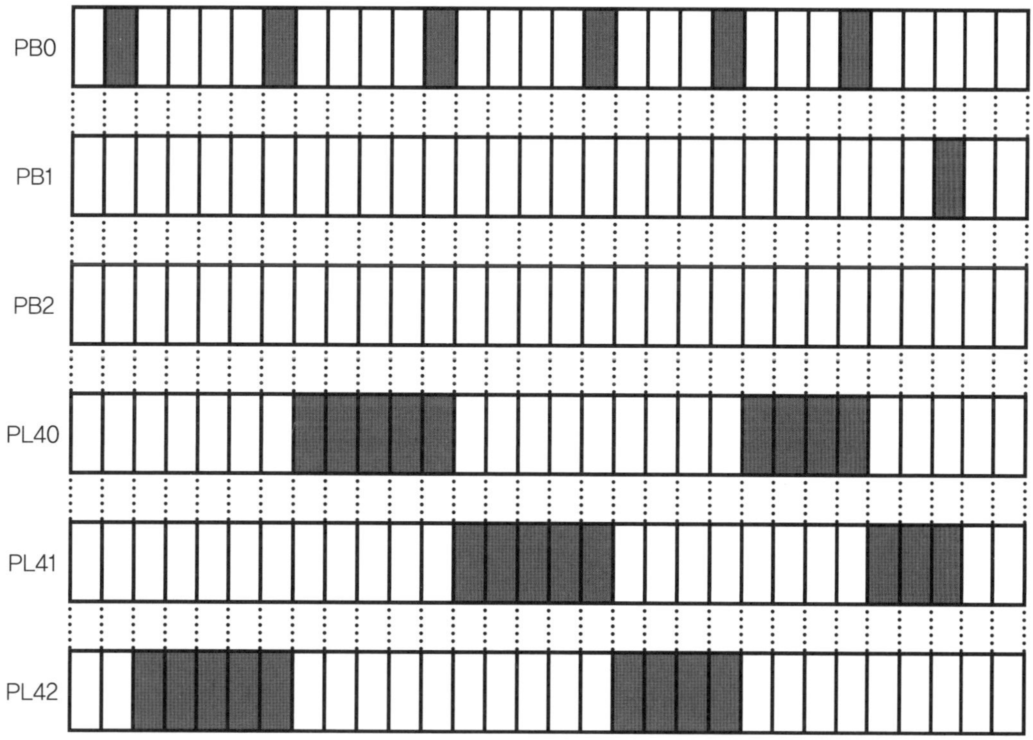

◆ 용도 및 주의사항
1. 입력조건이 1개의 신호로 반복 되었을 때의 회로다.
2. 이회로는 MOVE 명령어를 사용하여 한주기를 반복적으로 동작하게 한다.

20.1 XGT 프로그램(CTU 명령어-3)

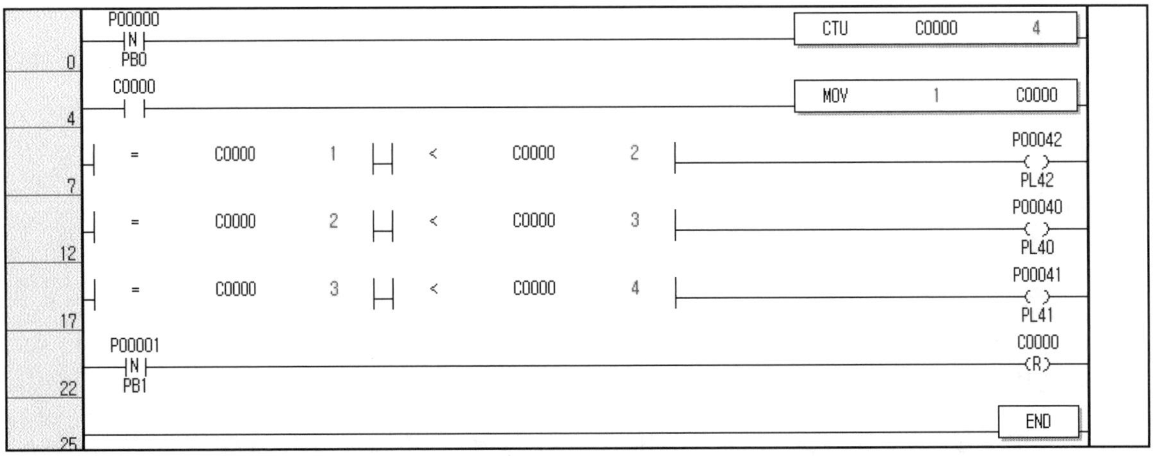

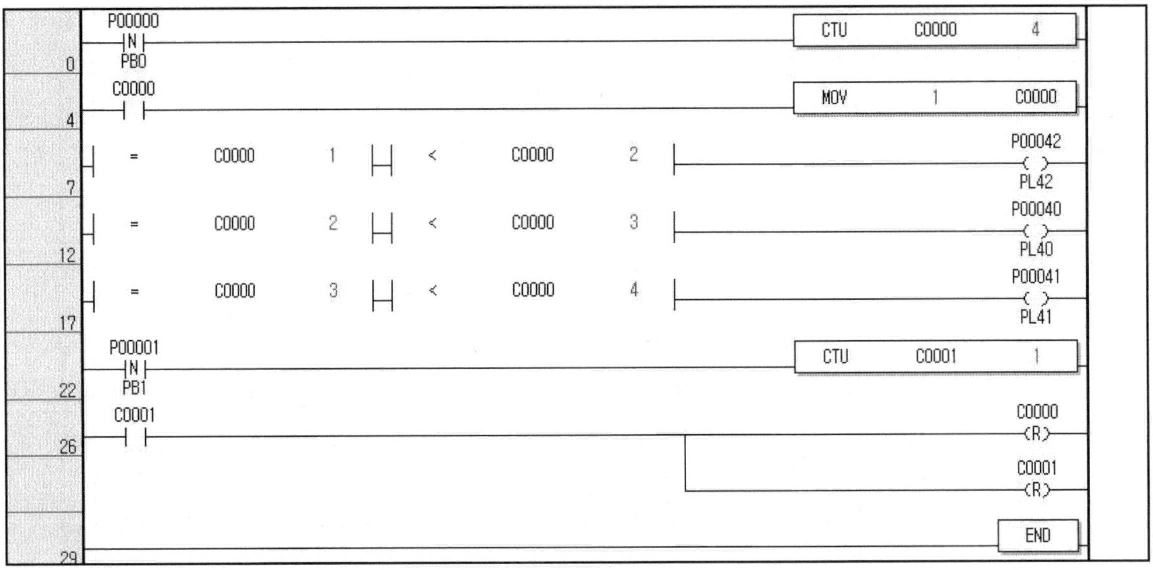

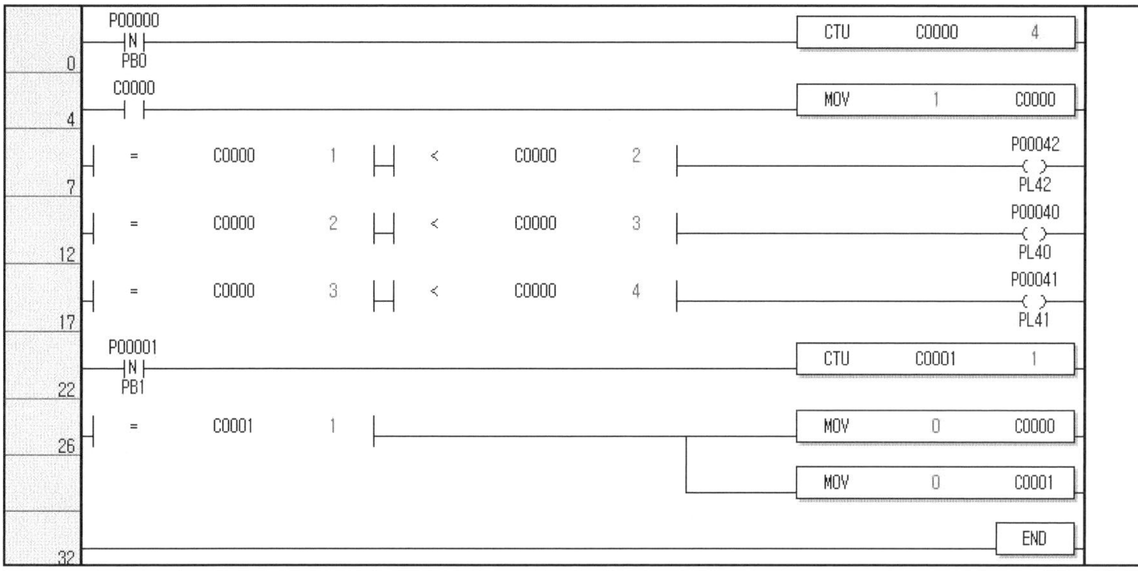

20.2 Melsec 프로그램(CTU 명령어-3)

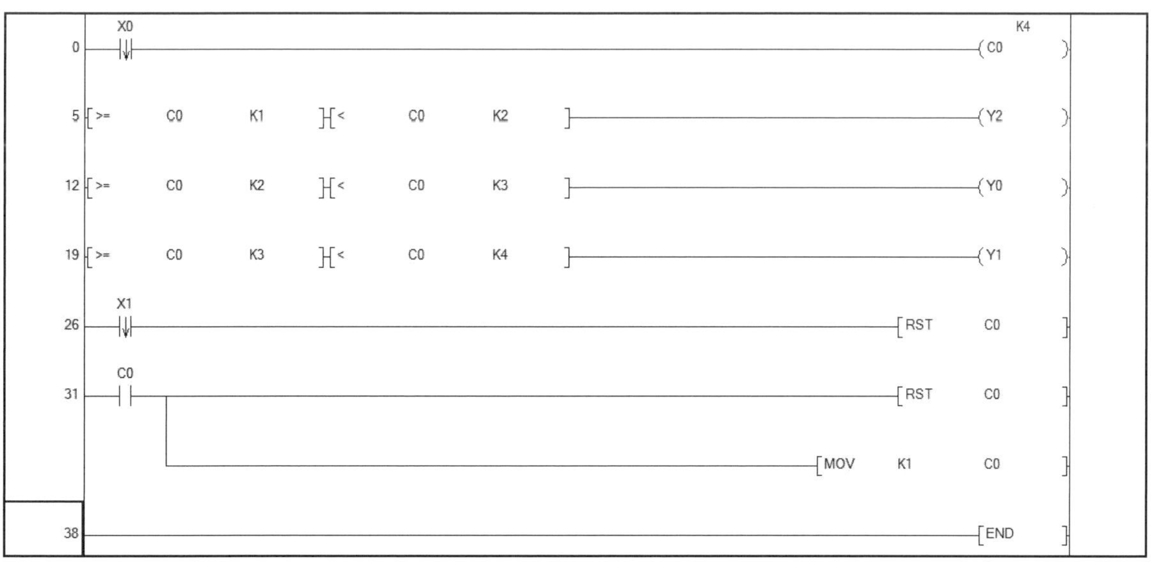

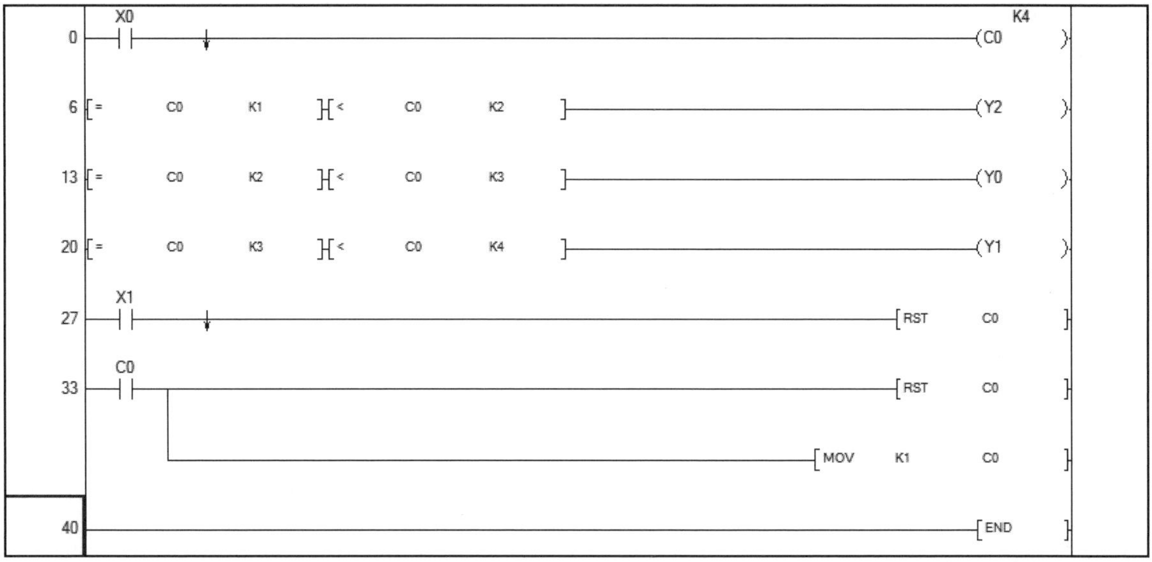
0 X0 K4 (C0)
6 [= C0 K1][< C0 K2] (Y2)
13 [= C0 K2][< C0 K3] (Y0)
20 [= C0 K3][< C0 K4] (Y1)
27 X1 [RST C0]
33 C0 [RST C0]
[MOV K1 C0]
40 [END]

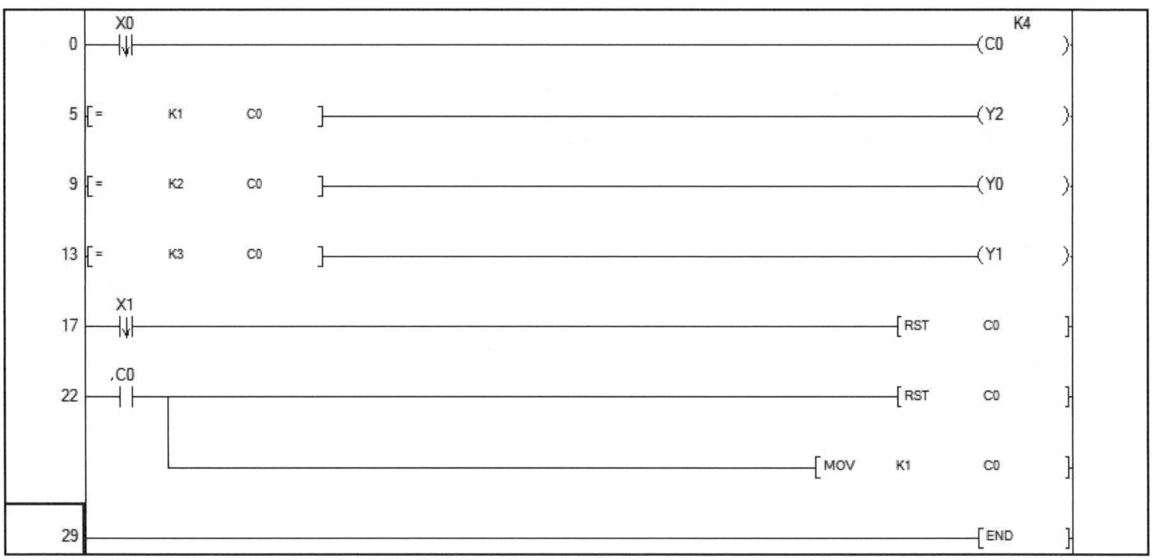
0 X0 K4 (C0)
5 [= K1 C0] (Y2)
9 [= K2 C0] (Y0)
13 [= K3 C0] (Y1)
17 X1 [RST C0]
22 C0 [RST C0]
[MOV K1 C0]
29 [END]

21 CTU 명령어-4

◆ 동작설명

1. PB0를 한번 누르고 떼면 PL42가 ON(점등)되고 PB0를 두 번 누르고 떼면 PL42가 OFF(소등)되고 PL40이계속 ON(점등) 상태유지 되고, PB0를 세 번 누르고 떼면 PL41이 ON(점등)상태유지 된다.
2. PB0를 네 번 누르고 떼면 P40과 PL41은 OFF(소등)되고 회로는 초기화 된다.

◆ 타임차트

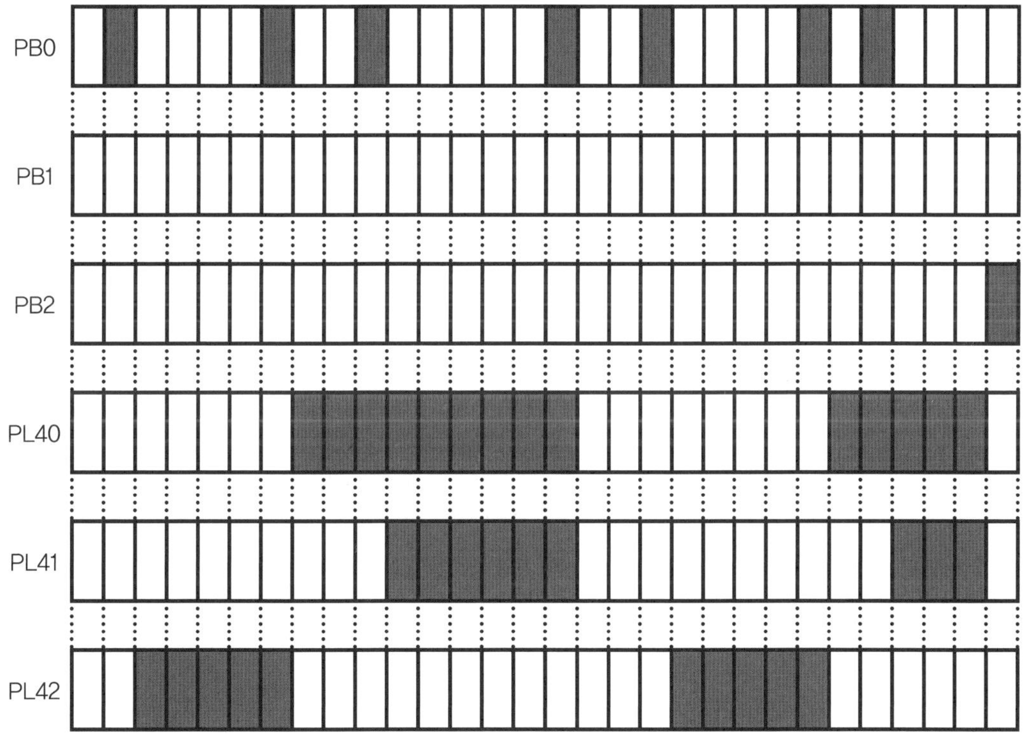

◆ **용도 및 주의사항**
1. 입력조건이 1개의 신호로 반복 되었을 때의 회로다.
2. 이회로는 CTR명령어로도 가능하다.

21.1 XGT 프로그램(CTU 명령어-4)

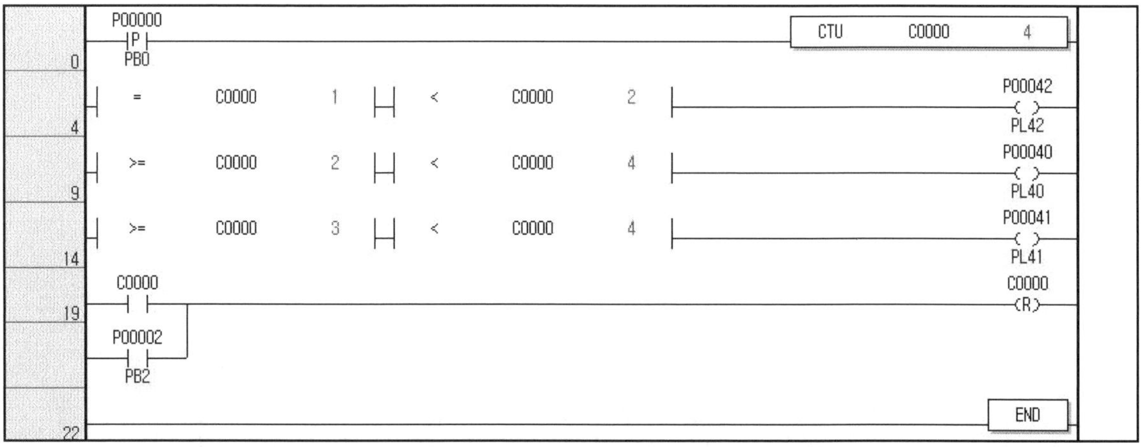

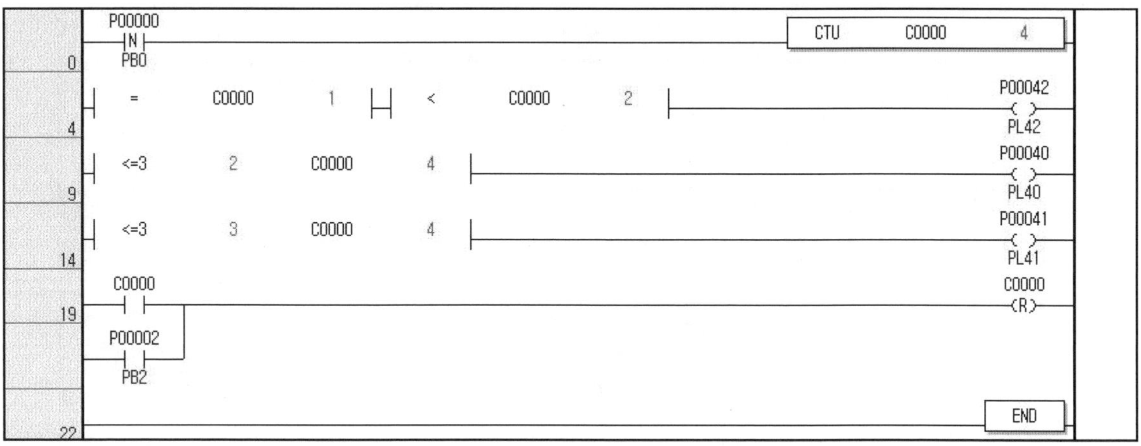

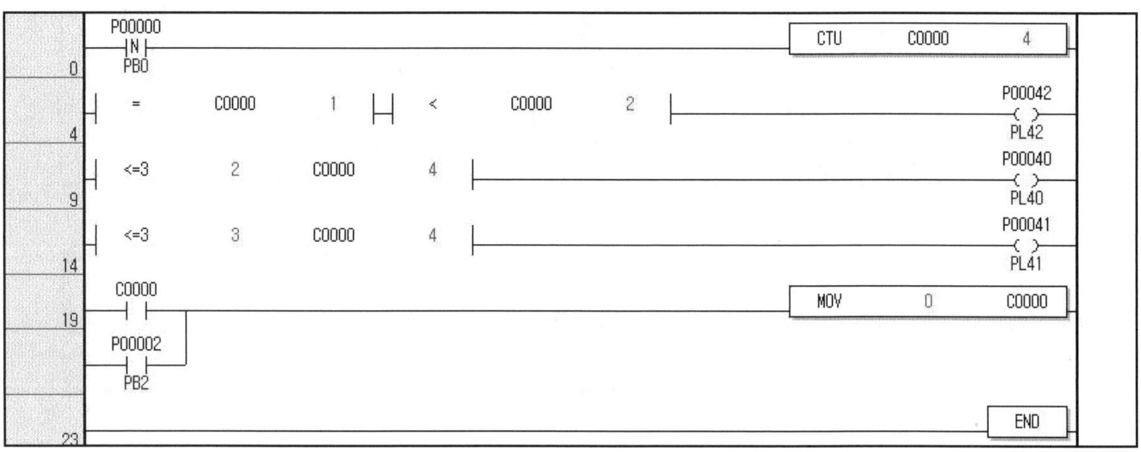

21.2 Melsec 프로그램(CTU 명령어-4)

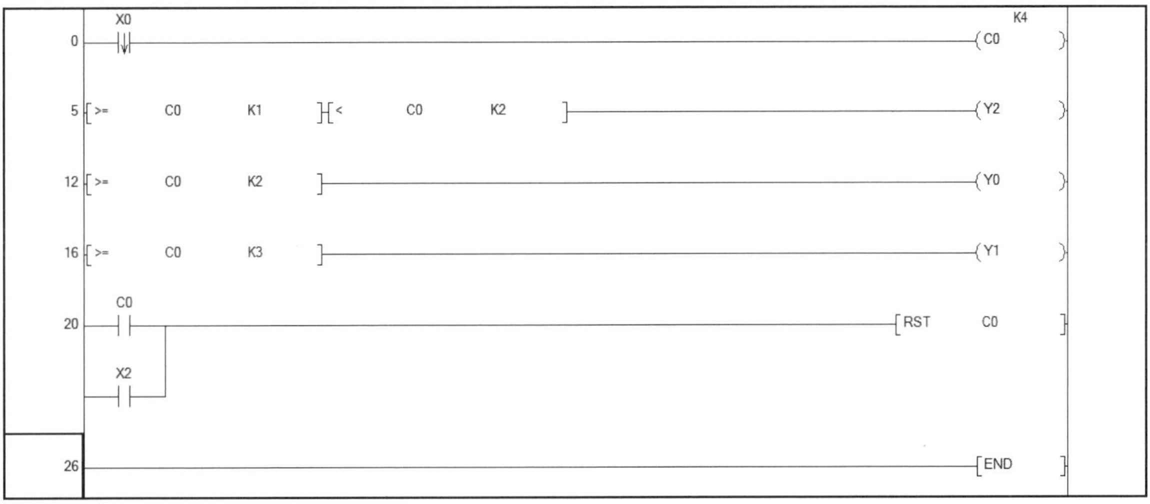

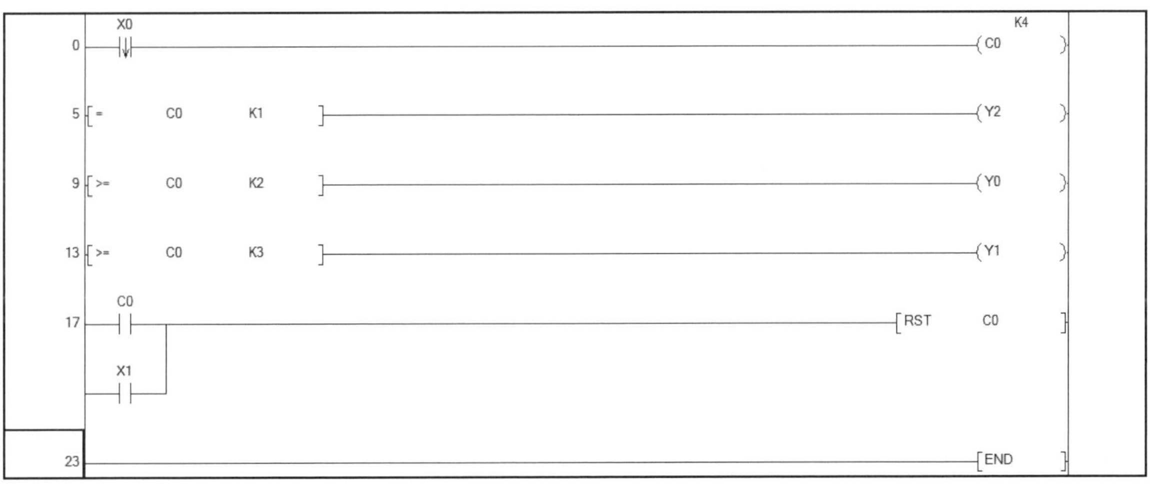

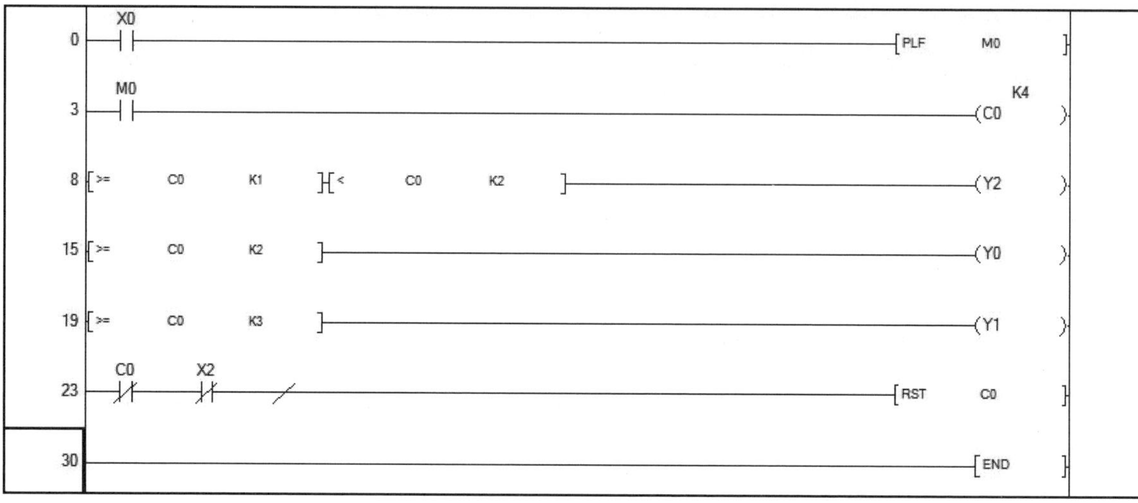
0
X0
PLF
M0
3
M0
K4
C0
8
>=
C0
K1
<
C0
K2
Y2
15
>=
C0
K2
Y0
19
>=
C0
K3
Y1
23
C0
X2
RST
C0
30
END

0
X0
K4
C0
5
=
C0
K1
Y2
9
>=
C0
K2
Y0
13
>=
C0
K3
Y1
17
C0
RST
C0
X1
23
END

22 CTU 명령어-5

◆ 동작설명

1. PB0를 한번 누르고 떼면 PL42가 ON(점등)유지하고 PB0를 두 번 누르고 떼면 PL41이 ON(점등)유지하고 PB0를 세 번 누르고 떼면 PL40이 ON(점등)유지한다.
2. PB0를 네 번 누르고 떼면 PL40,PL41,PL42가 OFF(소등)되면서 회로가 초기화 되고 또는 PB1를 누르고 떼면 어느 조건에서도 회로는 초기화 된다.

◆ 타임차트

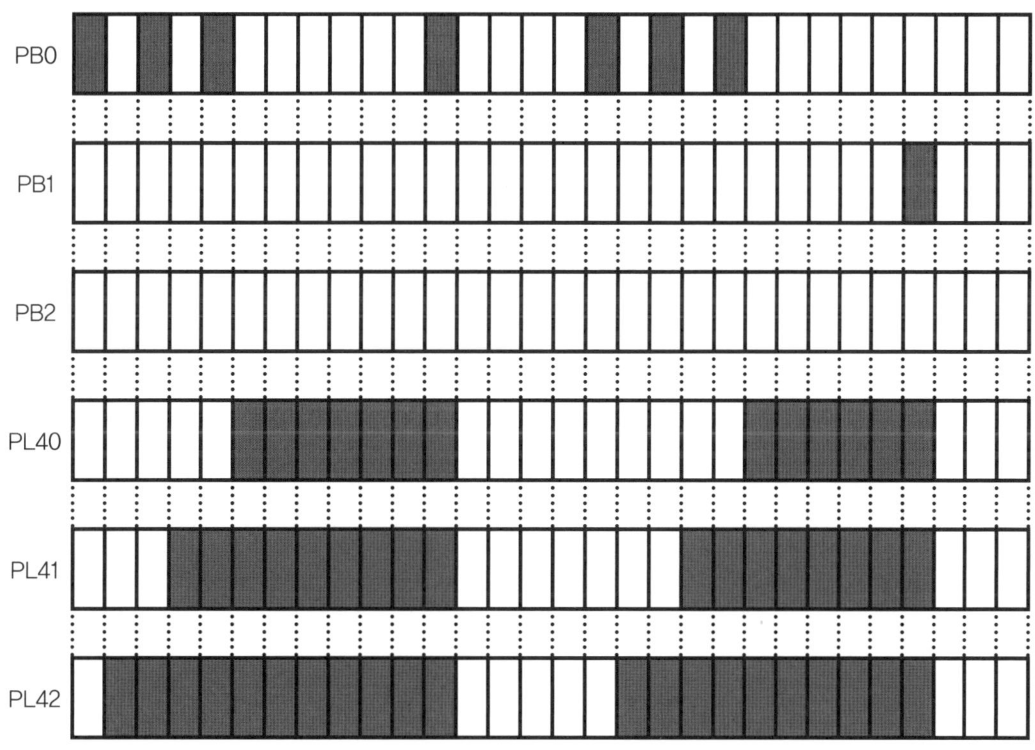

◆ 용도 및 주의사항

1. 입력조건이 1개의 신호로 반복되었을때의 회로다.
2. 이회로는 CTR명령어로도 가능하다.
3. 명령어 없이 접점만으로 회로를 구성할수 있다.

22.1 XGT 프로그램(CTU 명령어-5)

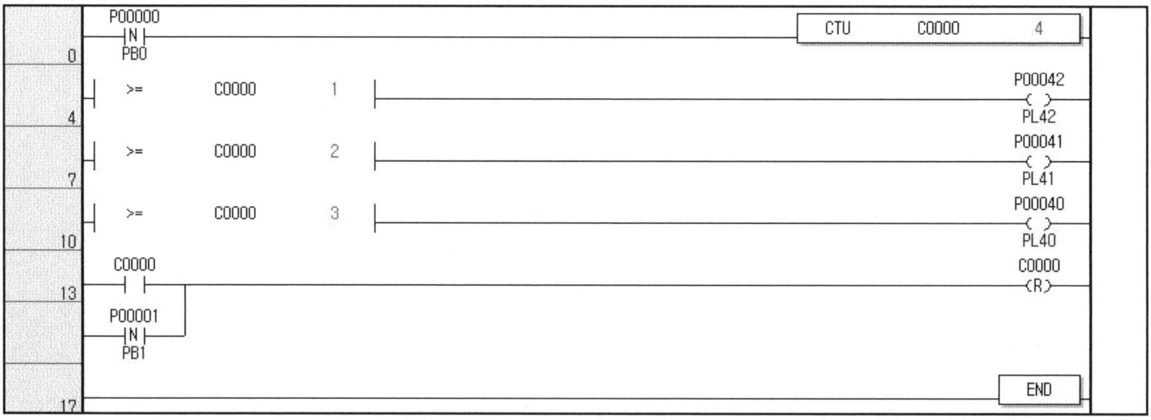

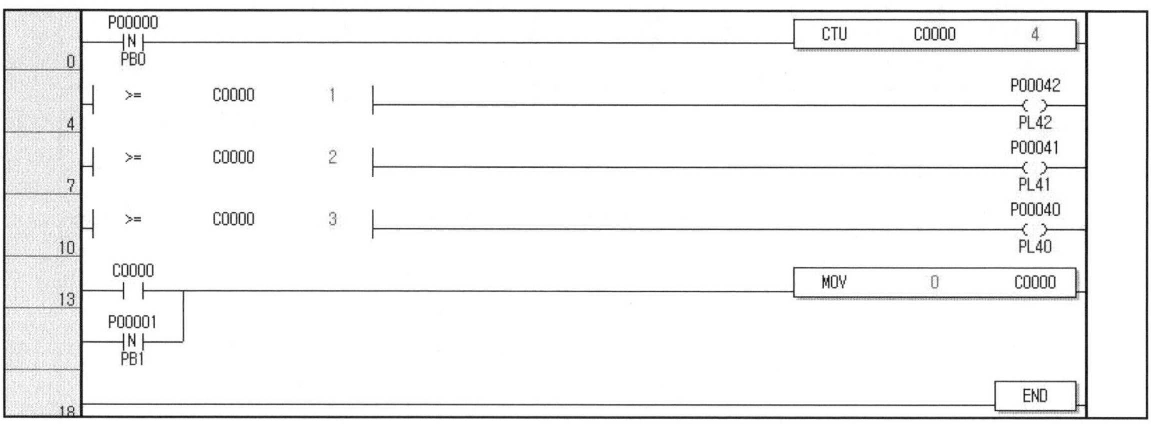

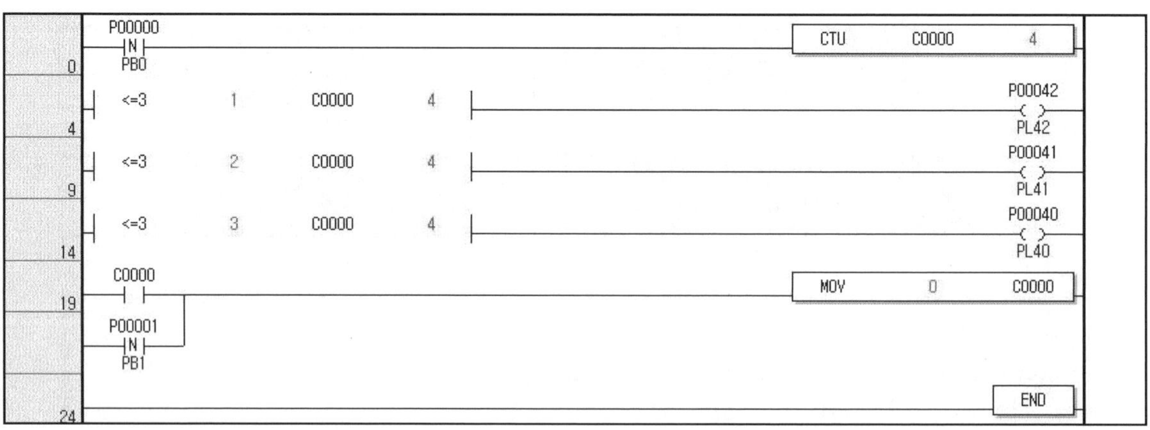

22.2 Melsec 프로그램(CTU 명령어-5)

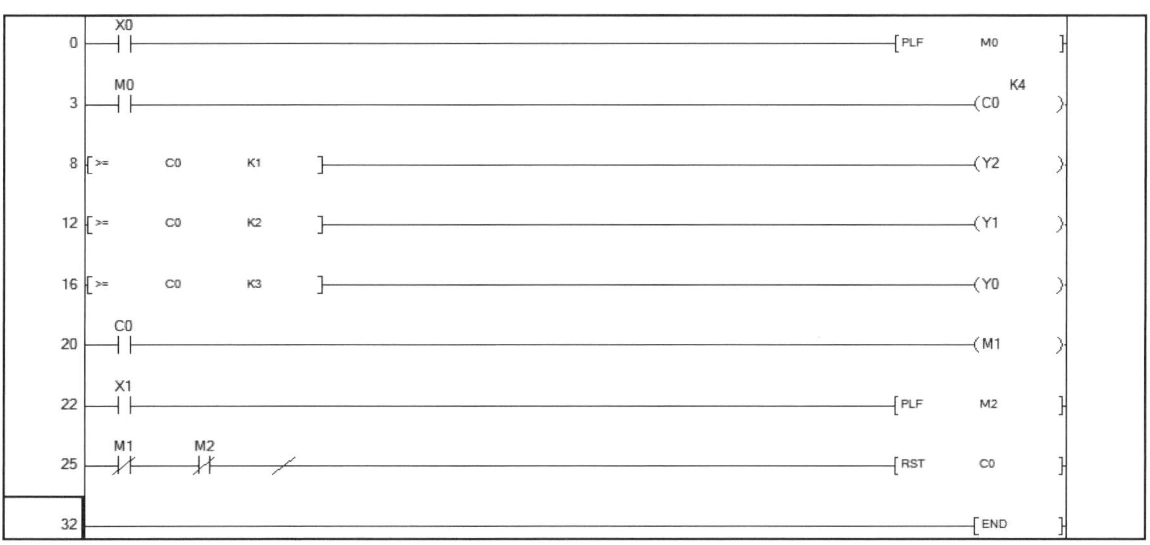

23 타이머-1

◆ 동작설명

1. PB0 입력되면 ON delay time에 의해 4초후에 PL40 ON(점등)
2. PL40 ON(점등) 상태에서 PB1를 누르면 PL40 OFF(소등)되고 회로는 초기화 된다.
3. 한시동작 순시복귀 타이머라고도 한다.

◆ 타임차트

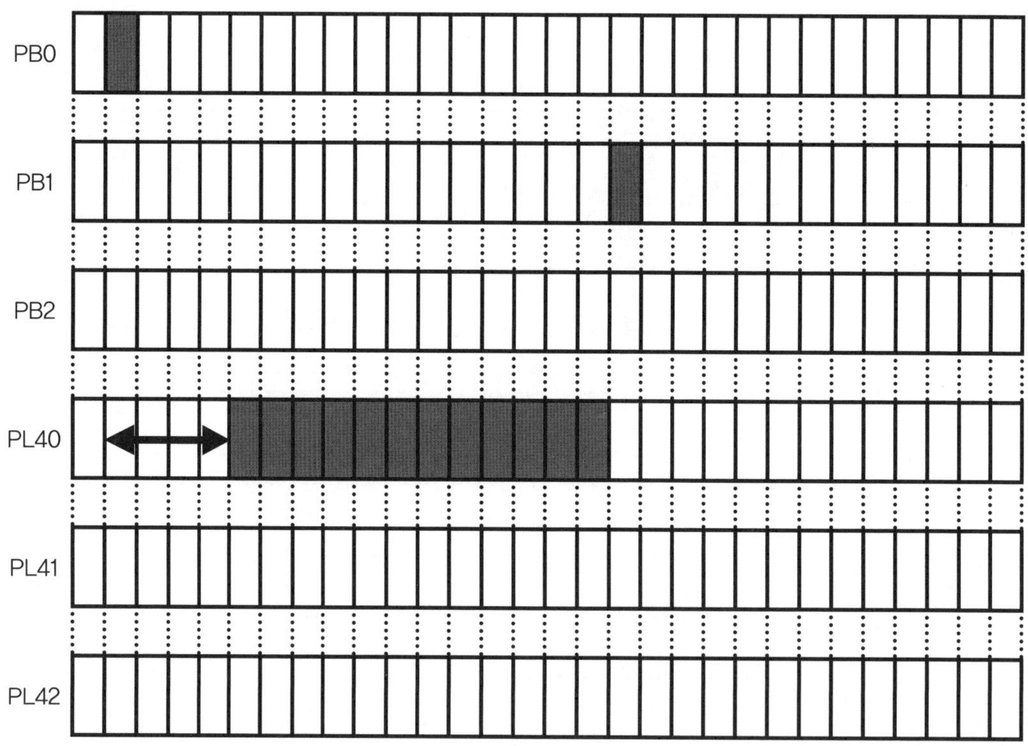

◆ 용도 및 주의사항

1. 타이머 회로는 여러 명령어와 함께 응용도가 매우 높다.
2. ON delay timer 는 유지전류가 필요하다.
3. ON delay timer 나 OFF delay timer 의 차이를 알아둘 필요가 있다.- 각각의 접점번호도 중요하다.

23.1 XGT 프로그램(타이머-1)

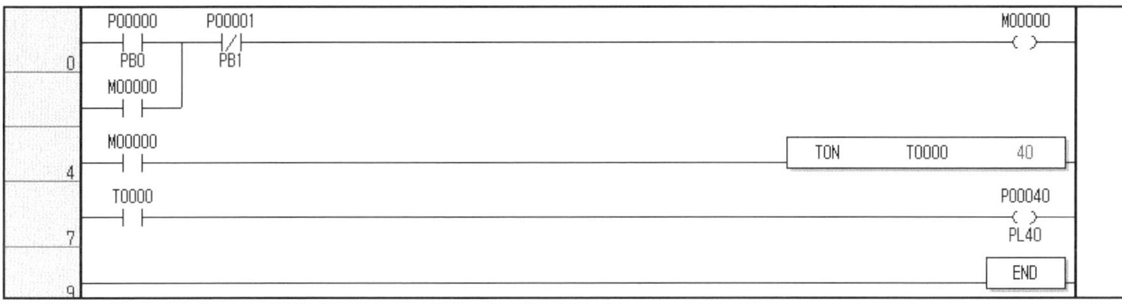

23.2 Melsec 프로그램(타이머-1)

24 타이머-2

◆ 동작설명

1. PB0 한번 누르고 떼면 4초후에 PL40 ON(점등)
2. PL40 ON(점등) 상태에서 PB1를 누르고 떼면 PL40 OFF(소등) 되고 회로는 초기화 된다.

◆ 타임차트

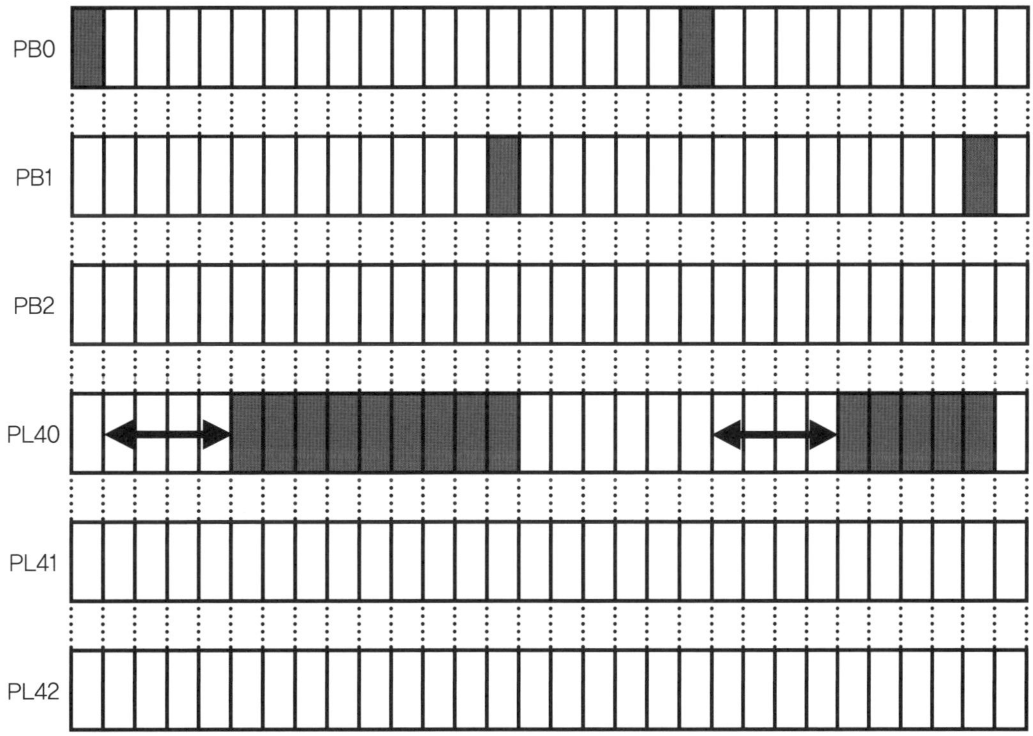

◆ 용도 및 주의사항

1. 타이머 회로는 여러 명령어와 함께 응용도가 매우 높다.
2. 한시동작 순시복귀 타이머- ON delay timer는 유지전류가 필요하다.
3. ON delay timer나 OFF delay timer의 차이와 동작원리를 이해해야 한다.

24.1 XGT 프로그램(타이머-2)

24.2 Melsec 프로그램(타이머-2)

0 X0 SET M0
3 M0 K40 T0
8 T0 Y0
10 X1 RST M0
13 END

0 X0 PLF M0
3 M0 SET M1
5 M1 K40 T0
10 T0 Y0
12 X1 RST M1
15 END

25 타이머-3

◆ 동작설명

1. PB0를 누르고 떼면 3초후 PL40 ON(점등) 7초후 OFF(소등)된다.
2. PL40 ON(점등)되고, 2초후 PL41 ON(점등) 7초후 OFF(소등)된다.
3. PL40 ON(점등) 4초후 PL42 ON(점등) 7초후 PL42 OFF(소등) 후 자동으로 회로는 초기화 된다.

◆ 타임차트

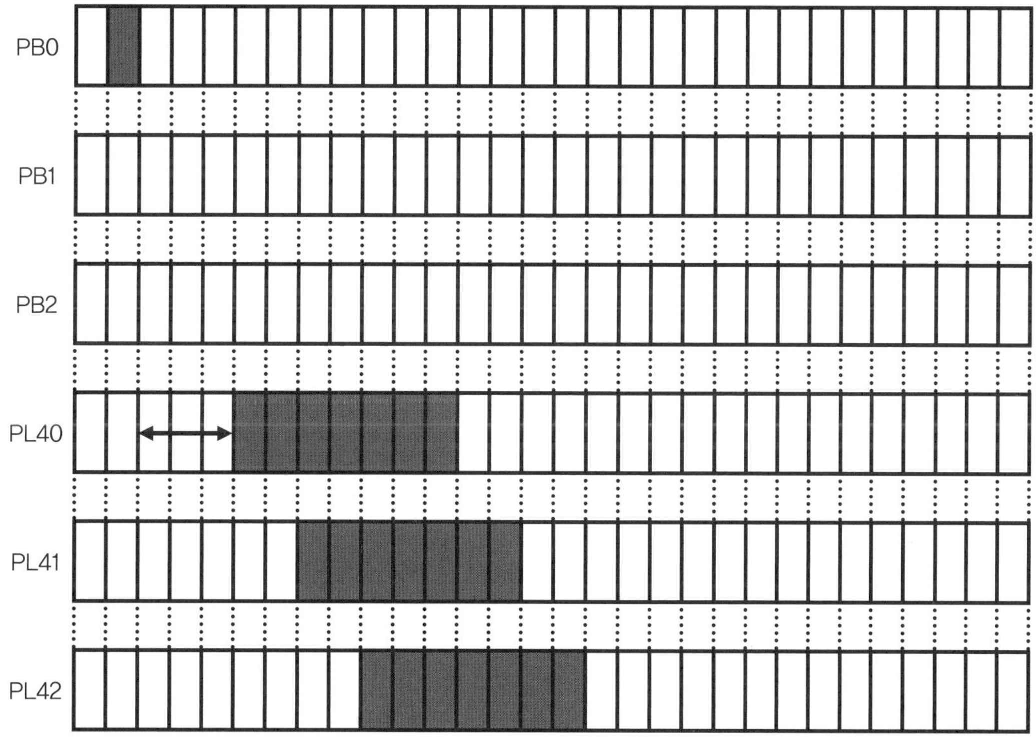

> ◆ 용도 및 주의사항
> 1. One shot timer 회로-누름버튼 스위치 등의 입력이 주어지면(ON/OFF 시)부하가 동작하기 시작하여 타이머에 설정된 시간이 경과하면 스스로 복귀하는 회로임.
> 2. 전자레인지, 센서등 - 우리생활전반에 많이 볼 수 있는 제어회로다.

25.1 XGT 프로그램(타이머-3)

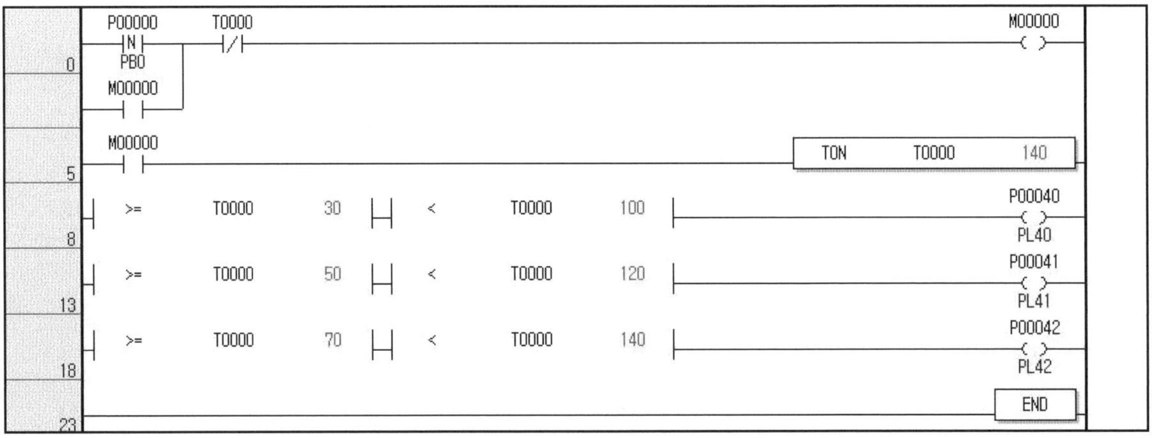

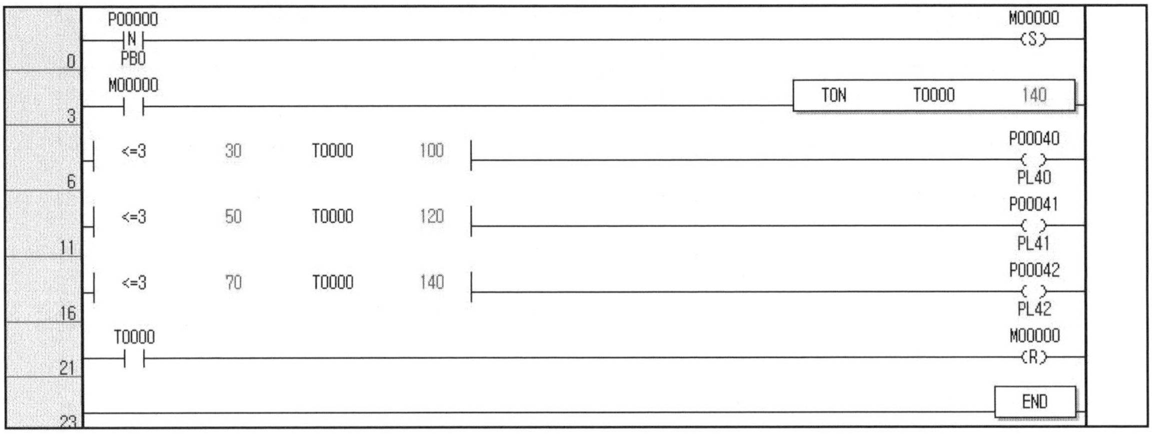

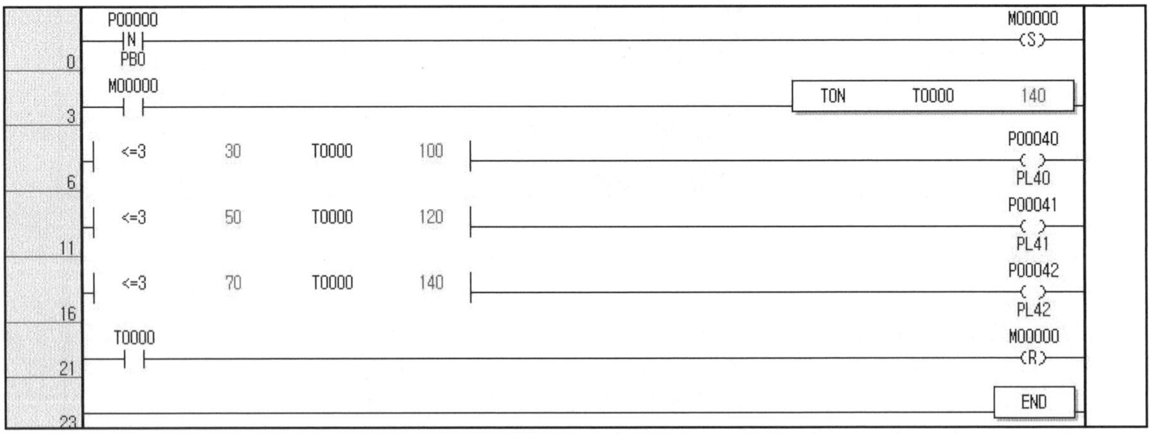

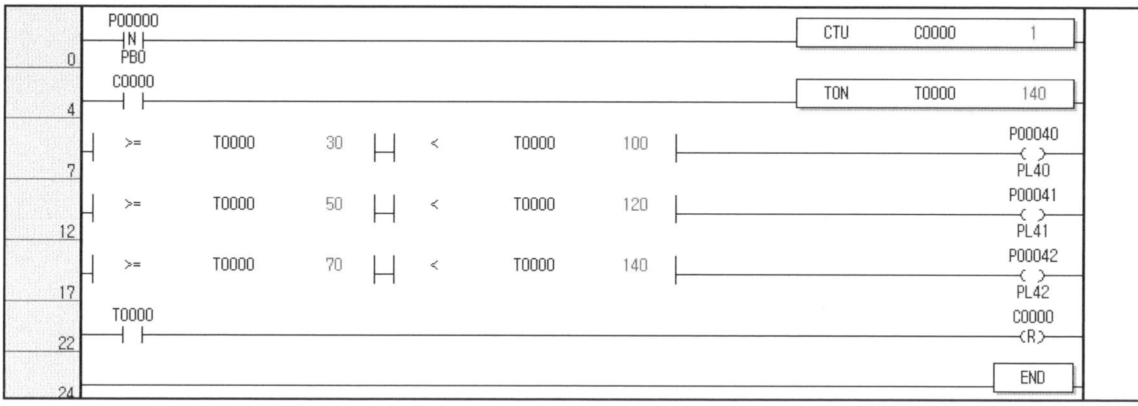

25.2 Melsec 프로그램

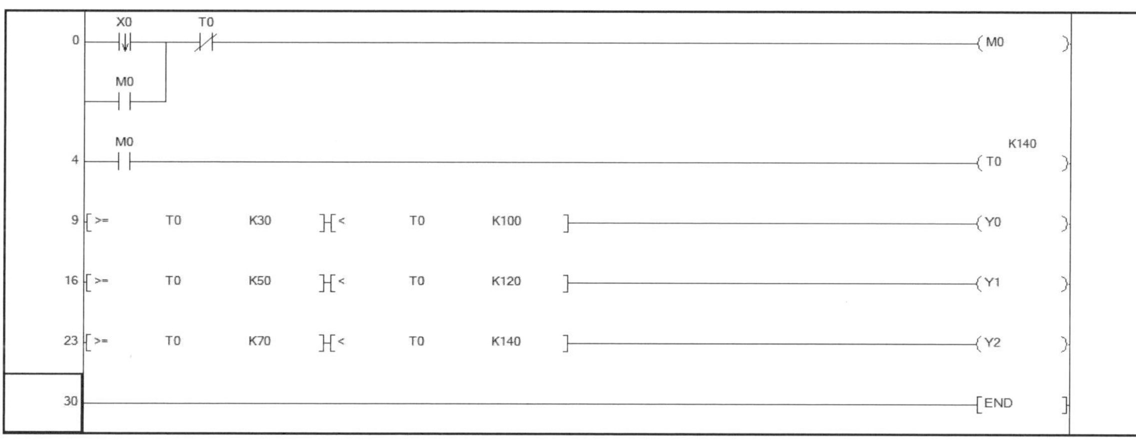

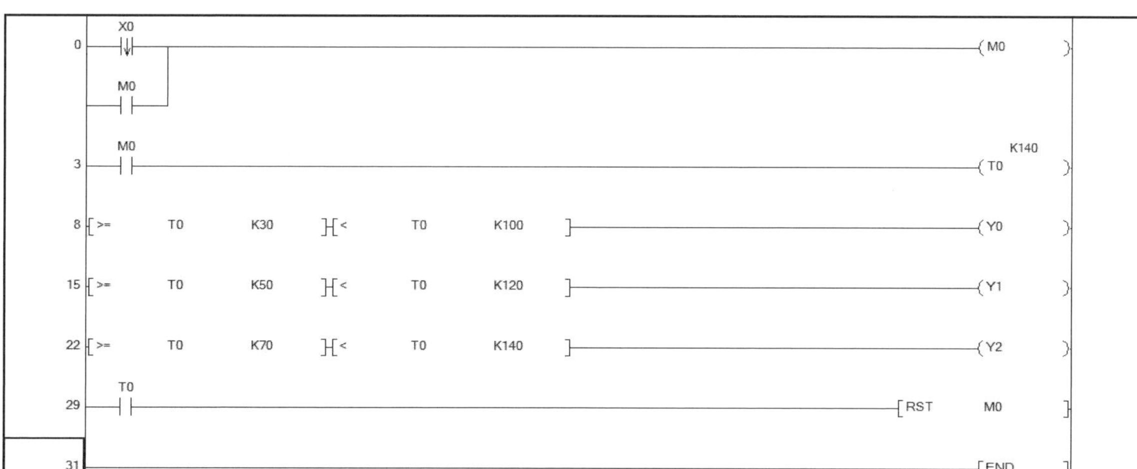

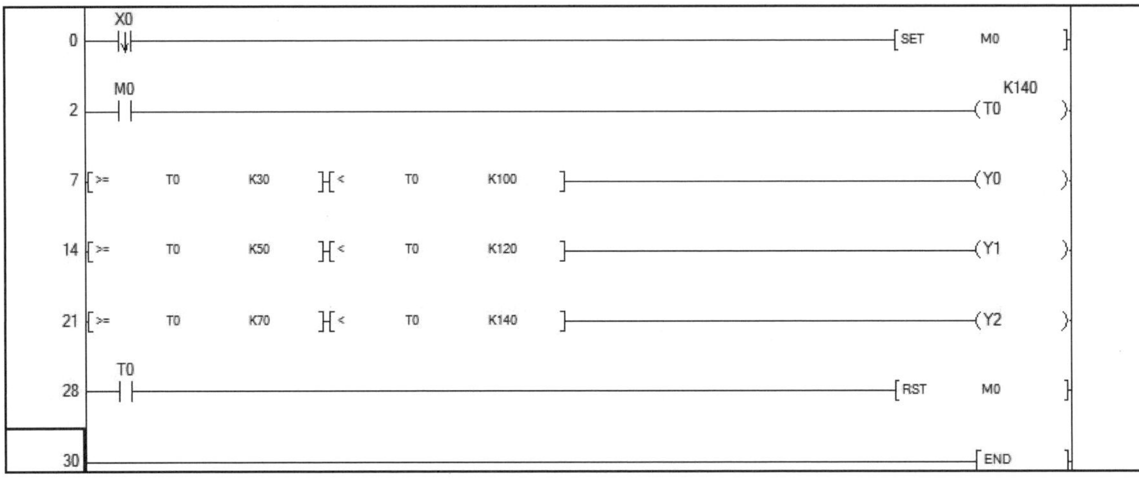
0 X0 SET M0
2 M0 K140 T0
7 >= T0 K30 < T0 K100 Y0
14 >= T0 K50 < T0 K120 Y1
21 >= T0 K70 < T0 K140 Y2
28 T0 RST M0
30 END

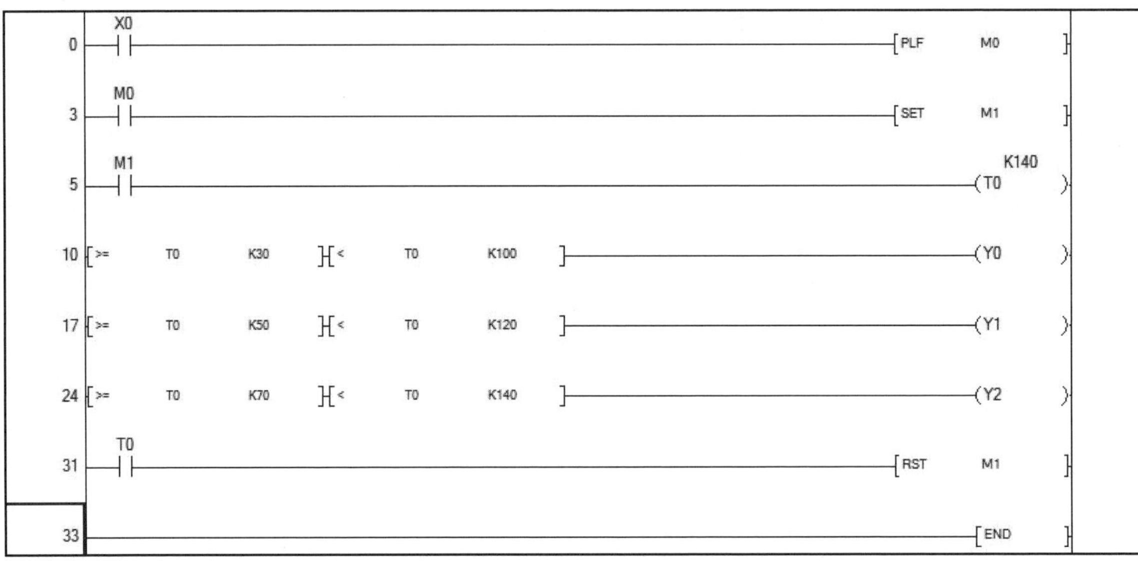
0 X0 PLF M0
3 M0 SET M1
5 M1 K140 T0
10 >= T0 K30 < T0 K100 Y0
17 >= T0 K50 < T0 K120 Y1
24 >= T0 K70 < T0 K140 Y2
31 T0 RST M1
33 END

26 타이머-4

◆ 동작설명

1. PB0를 누르면 PL40이(3초 ON 1초 OFF, 2초 ON 1초 OFF, 1초 ON 1초 OFF) 반복 동작한다.
2. PL40이 1번과 같이 동작을 하고 있을 때 어떤 동작조건에서도 PB1를 누르면 회로는 초기화 된다.

◆ 타임차트

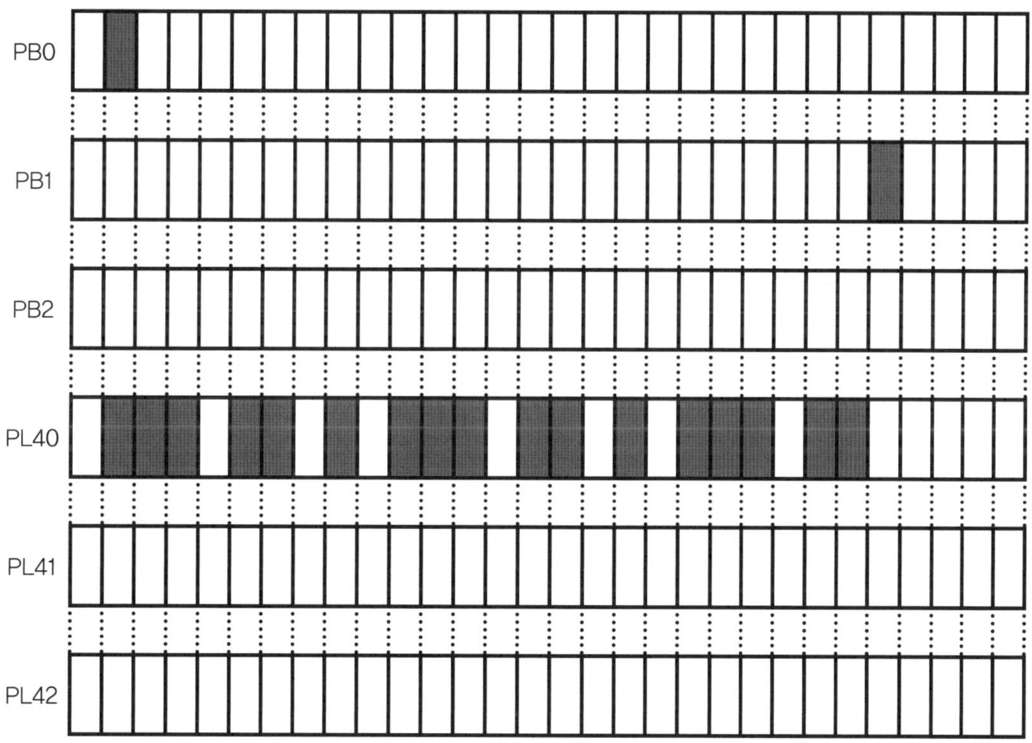

◆ 용도 및 주의사항

1. ON delay timer에도 순시접점이 있고 이 순시접점이 PLC에서는 자기유지 역할을 한다.
2. ON delay timer는 유지전류가 필요하다.
3. 타이머의 한주기를 파악하는 것이 중요하다.

26.1 XGT 프로그램(타이머-4)

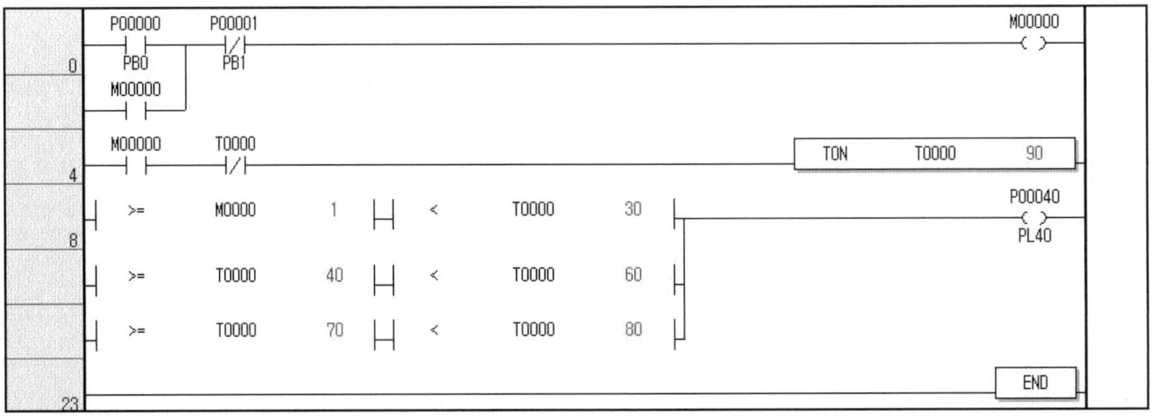

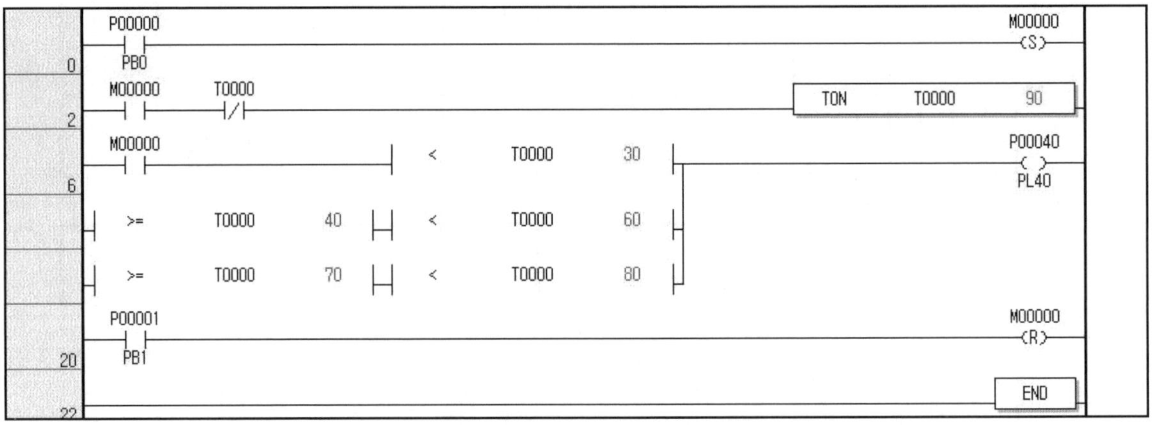

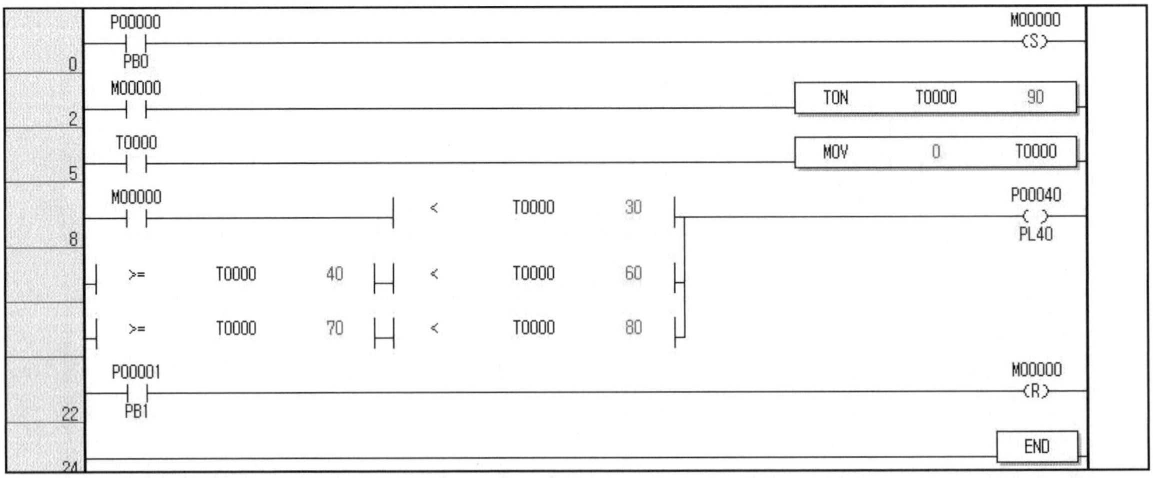

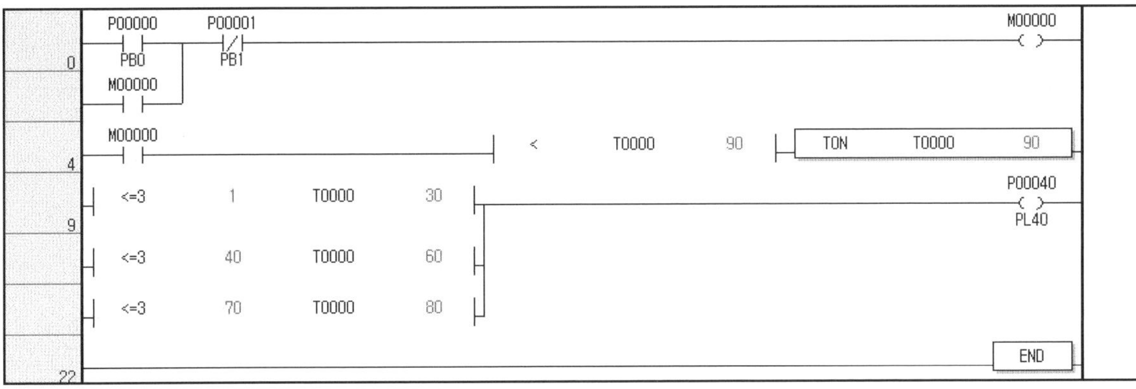

26.2 Melsec 프로그램(타이머-4)

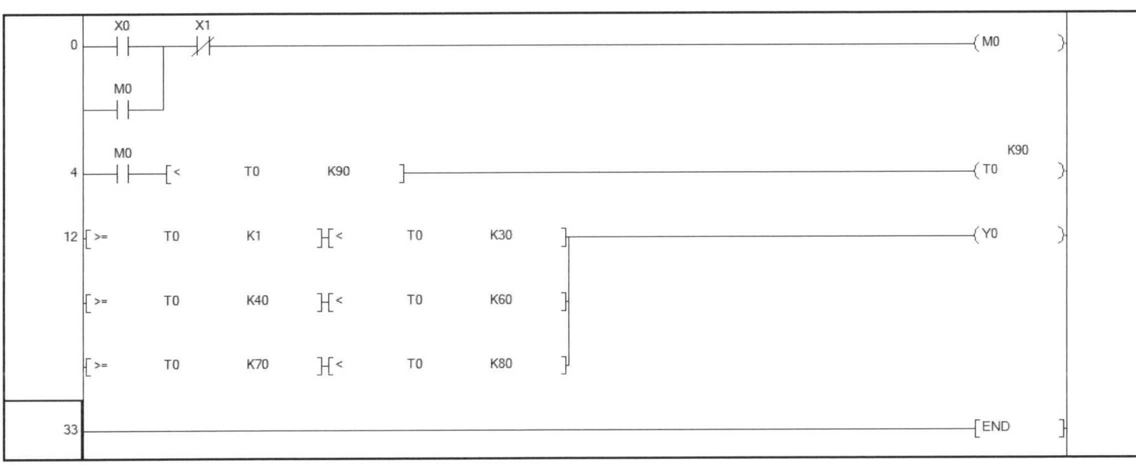

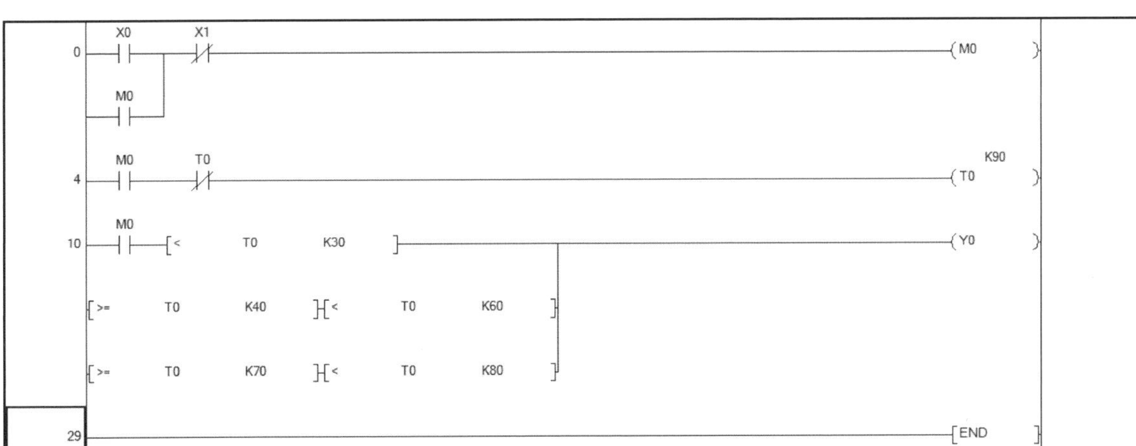

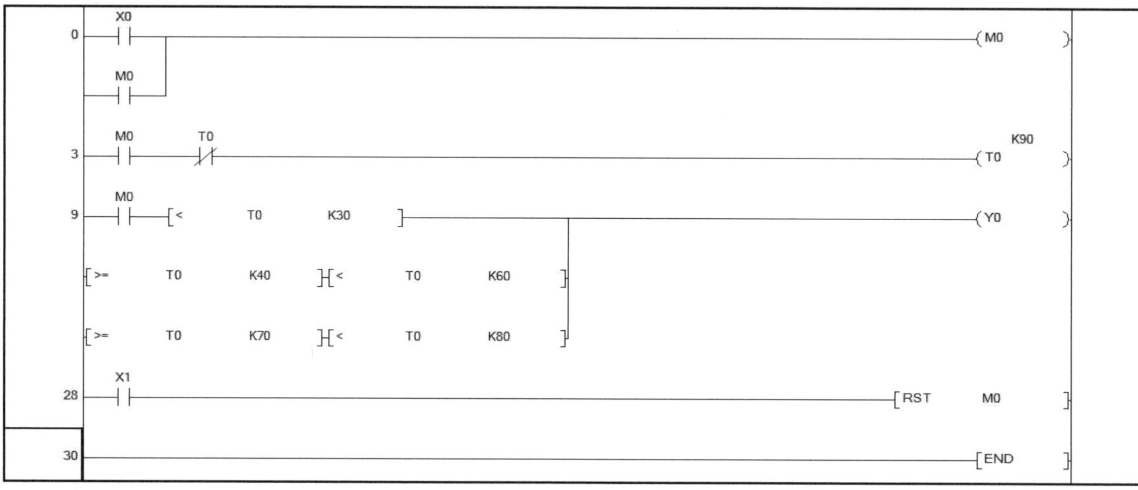
0 X0 M0 (M0)
3 M0 T0 K90 (T0)
9 M0 [< T0 K30] (Y0)
[>= T0 K40][< T0 K60]
[>= T0 K70][< T0 K80]
28 X1 [RST M0]
30 [END]

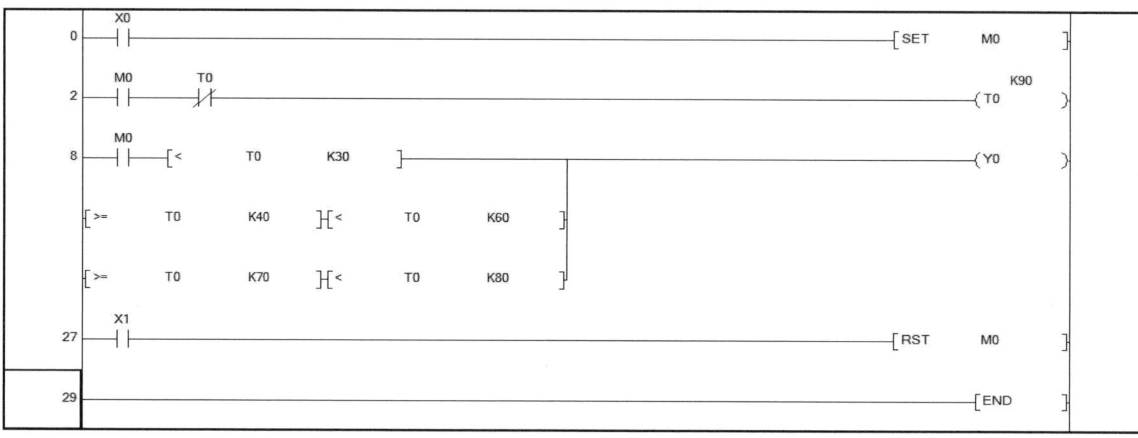
0 X0 [SET M0]
2 M0 T0 K90 (T0)
8 M0 [< T0 K30] (Y0)
[>= T0 K40][< T0 K60]
[>= T0 K70][< T0 K80]
27 X1 [RST M0]
29 [END]

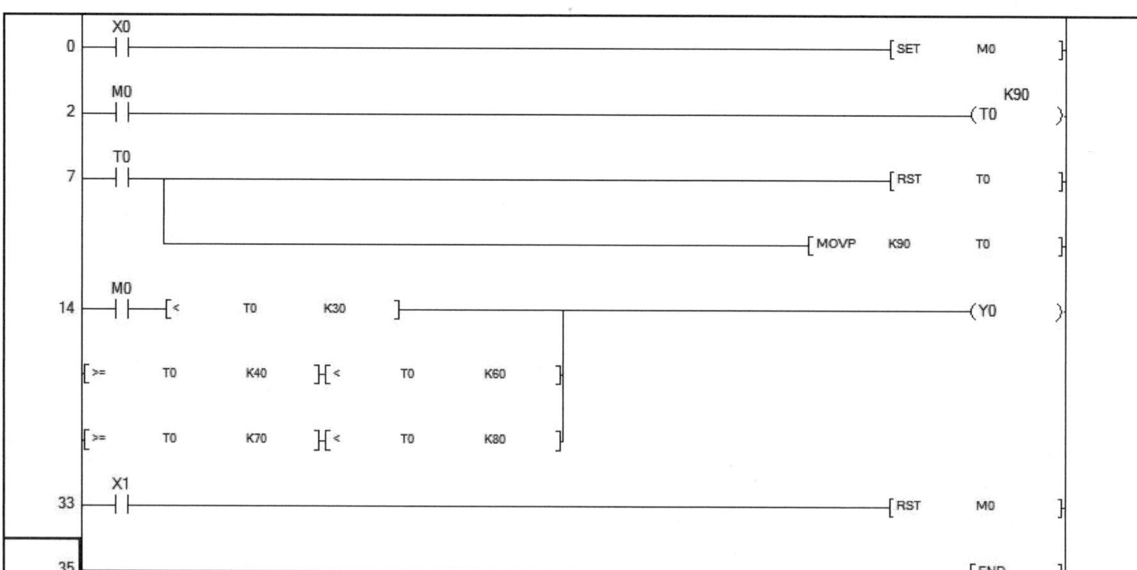
0 X0 [SET M0]
2 M0 K90 (T0)
7 T0 [RST T0]
[MOVP K90 T0]
14 M0 [< T0 K30] (Y0)
[>= T0 K40][< T0 K60]
[>= T0 K70][< T0 K80]
33 X1 [RST M0]
35 [END]

27 TOFF 명령어-1

◆ 동작설명

1. PB0를 누르고 있는 동안은 PL40이 ON(점등)되고 있지만 PB0를 떼면 타이머 카운터가 작동하여 7초후에 PL40이 OFF(소등)되면서 회로는 초기화된다.
2. PB0을 누르고 있다 떼면 타이머가 작동하여 설정값(PRESET VALUE)과 현재값(CURRENT VALUE)같으면 램프는 소등되고 회로는 초기화.
3. 순시동작 한시복귀 타이머라고 함.

◆ 타임차트

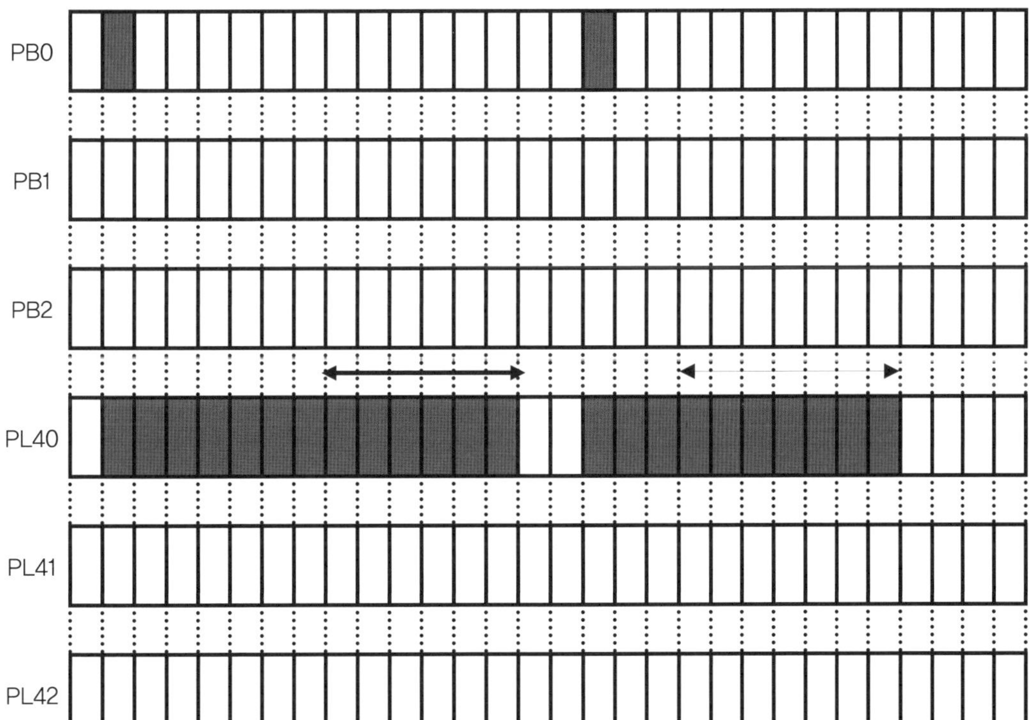

◆ 용도 및 주의사항
1. OFF delay timer는 OFF시 타이머가 감산하는 회로다.
2. OFF delay timer는 유지전류가 필요하지 않다.
3. ON delay timer에도 순시접점이 자기유지 역할을 한다.

27.1 XGT 프로그램(TOFF 명령어-1)

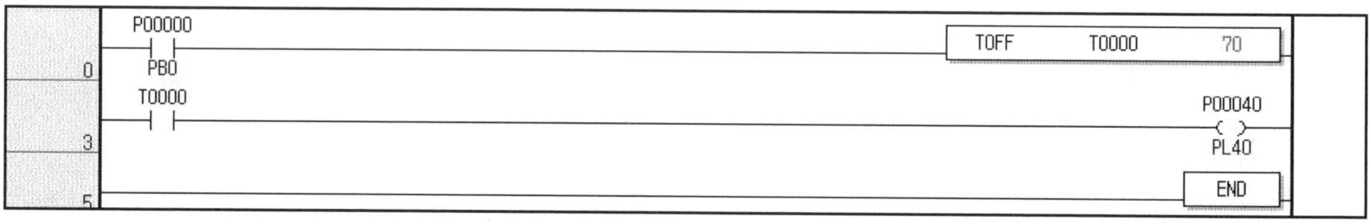

27.2 Melsec 프로그램(TOFF 명령어-1)

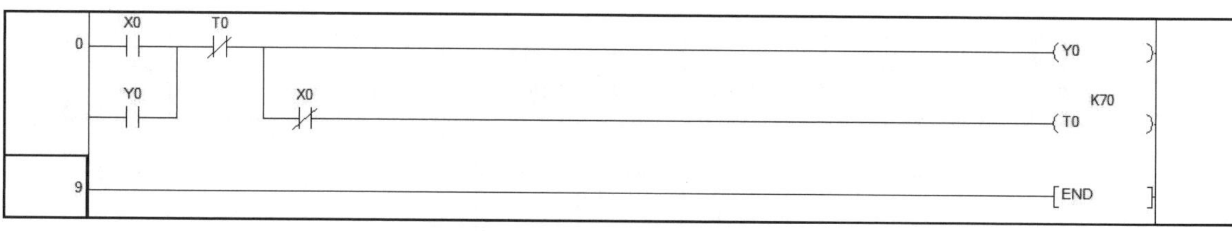

28 TOFF 명령어-2

◆ 동작설명

1. PB0를 누르면 PL41이 ON(점등)되고 일정시간후에 PB1를 누르고 떼면 6초후에 PL41 OFF(소등)되고 회로는 초기화 된다.
2. PL41 ON(점등)된 상태에서 PB1을 반복해서 누르고 떼도 설정된 시간(6초)은 처음부터 다시 시작하여 설정값과 현재값이 같으면 램프는 소등되고 회로는 초기화된다.
3. PB1를 누르고 뗄 때 PB0로 유지되었던 자기유지 회로를 끊어주고 동시에 OFF delay timer로 PL40의 ON(점등)상태를 유지하면서 일정시간후에 타이머의 설정값(PV)이 감산하면서 회로 초기화 된다.

◆ 타임차트

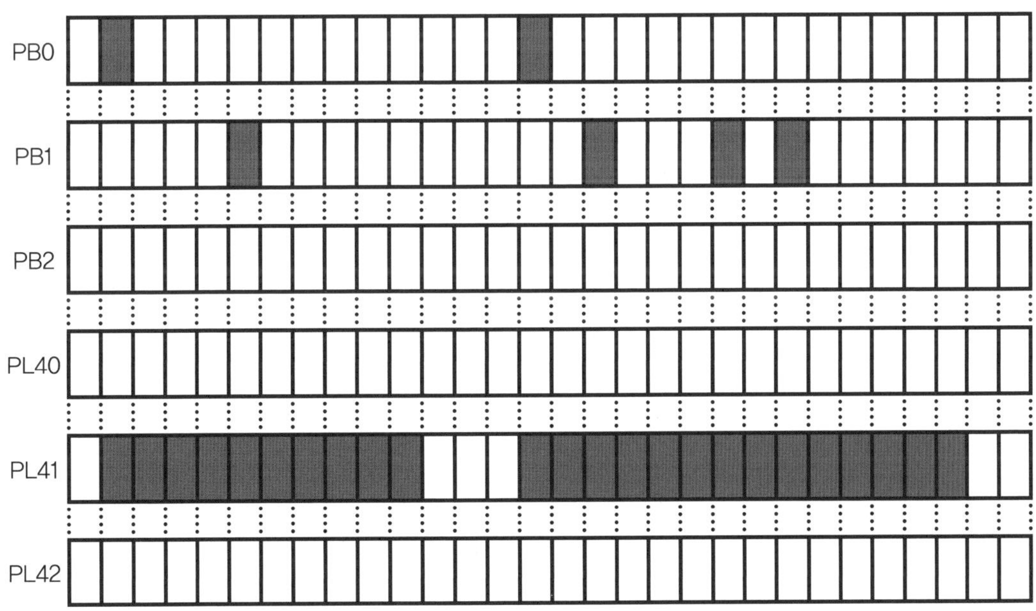

◆ 용도 및 주의사항

1. OFF delay timer 는 순시동작 한시복귀 타이머 라고도 한다.
2. OFF delay timer 사용예의 대표적인 것이 자동차 실내등이다(문열면 램프점등되고 문을 닫으면 일정시간후에 램프 소등된다).
   -문열면 램프점등되고 문을 닫으면 일정시간후에 램프 소등된다.

28.1 XGT 프로그램(TOFF 명령어-2)

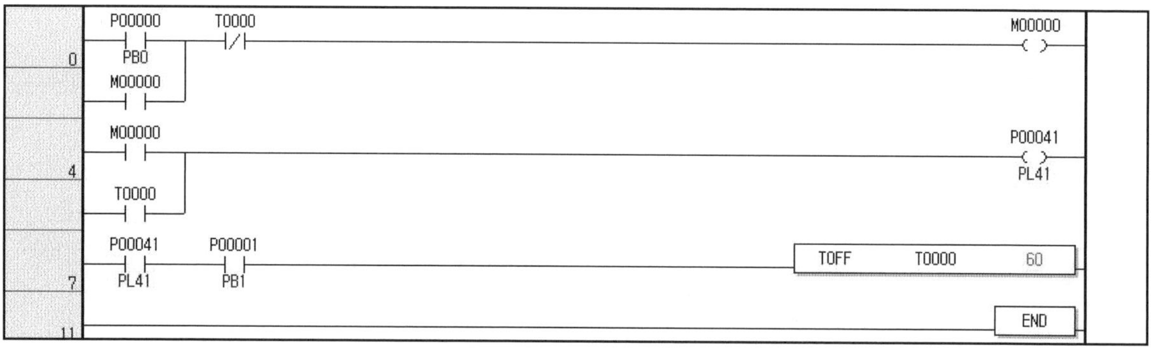

28.2 Melsec 프로그램(TOFF 명령어-2)

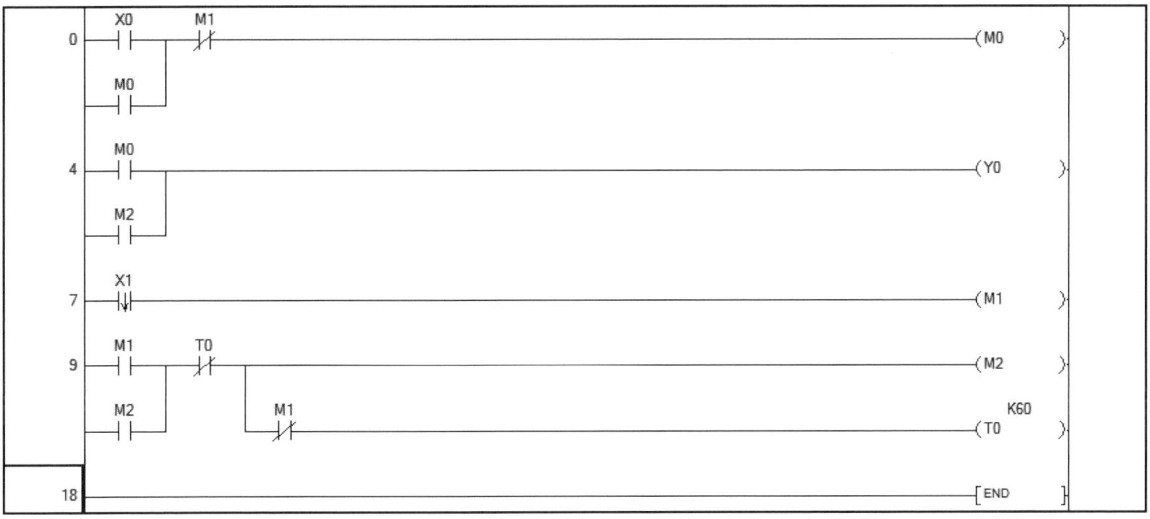
X0
M1
M0
M0
M2
X1
M1
T0
M2
M1
K60
(M0)
(Y0)
(M1)
(M2)
(T0)
[END]

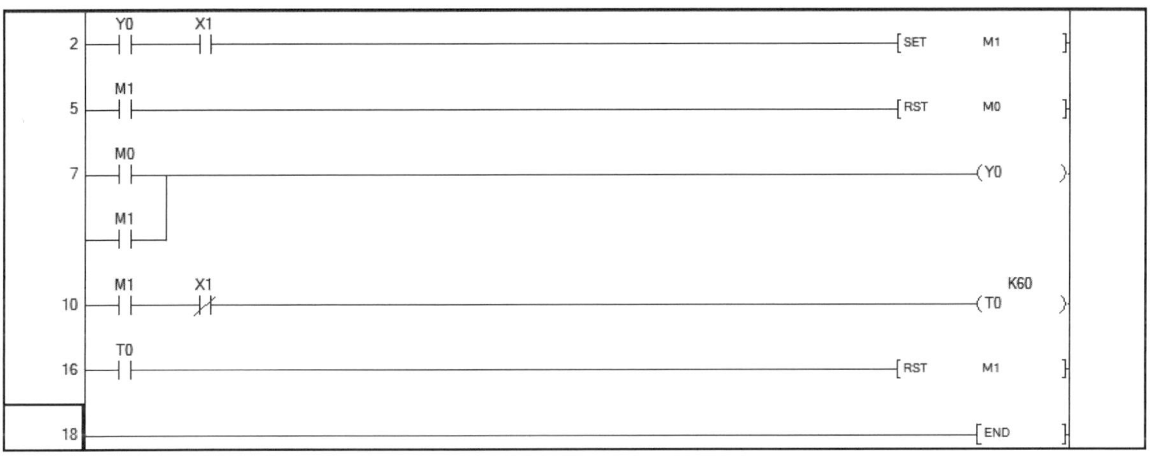
Y0
X1
M1
M0
M1
M1
X1
T0
[SET M1]
[RST M0]
(Y0)
K60
(T0)
[RST M1]
[END]

29 TOFF 명령어-3

◆ 동작설명

1. PB0를 누르면 PL41이 ON(점등)상태가 유지되고 PB1를 누르는 즉시 PB0의 입력으로 자기유지 되었던 회로가 해지되고 PB1를 누르고 있는 상태에서 떼면 PL41 5초후 OFF(소등)된다.
2. PL41 5초후 OFF(소등)되기전 PB2를 누르면 어떤 동작조건에서도 회로는 즉시 초기화 된다.

◆ 타임차트

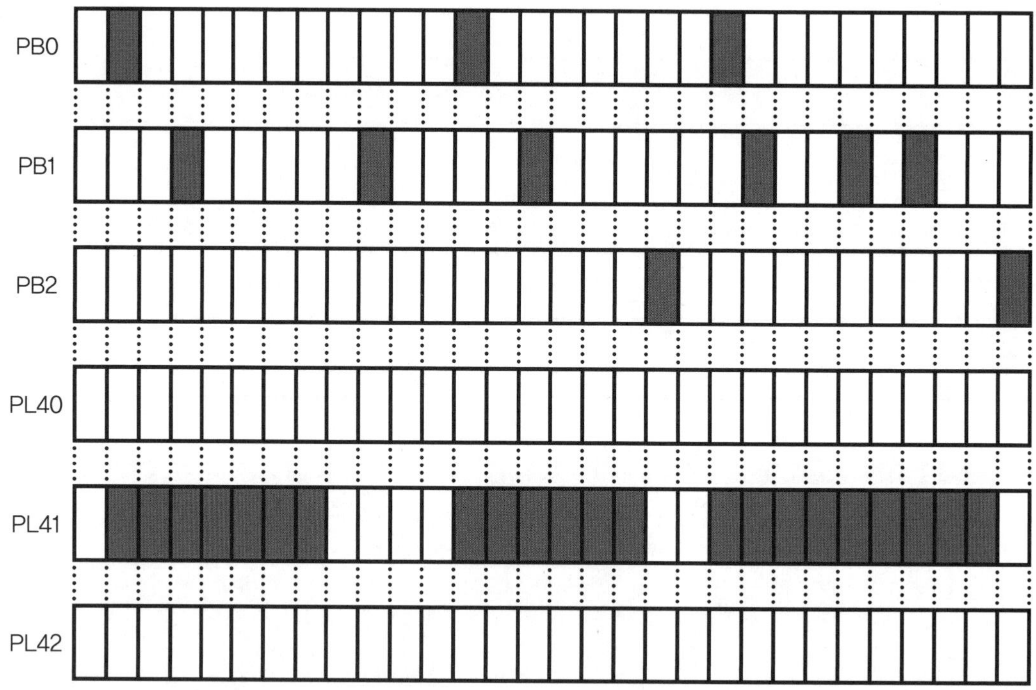

> ◆ 용도 및 주의사항
> 1. OFF delay timer 는 OFF시 타이머값이 감산하고 설정값고 현재값이 같으면 회로는 초기화 된다.
> 2. 순시동작 한시복귀 타이머.
> 3. 상용전원 정전시에도 일정시간동안 전원이 입력되어야 하는 곳에 사용할수 있다.

29.1 XGT 프로그램(TOFF 명령어-3)

29.2 Melsec 프로그램(TOFF 명령어-3)

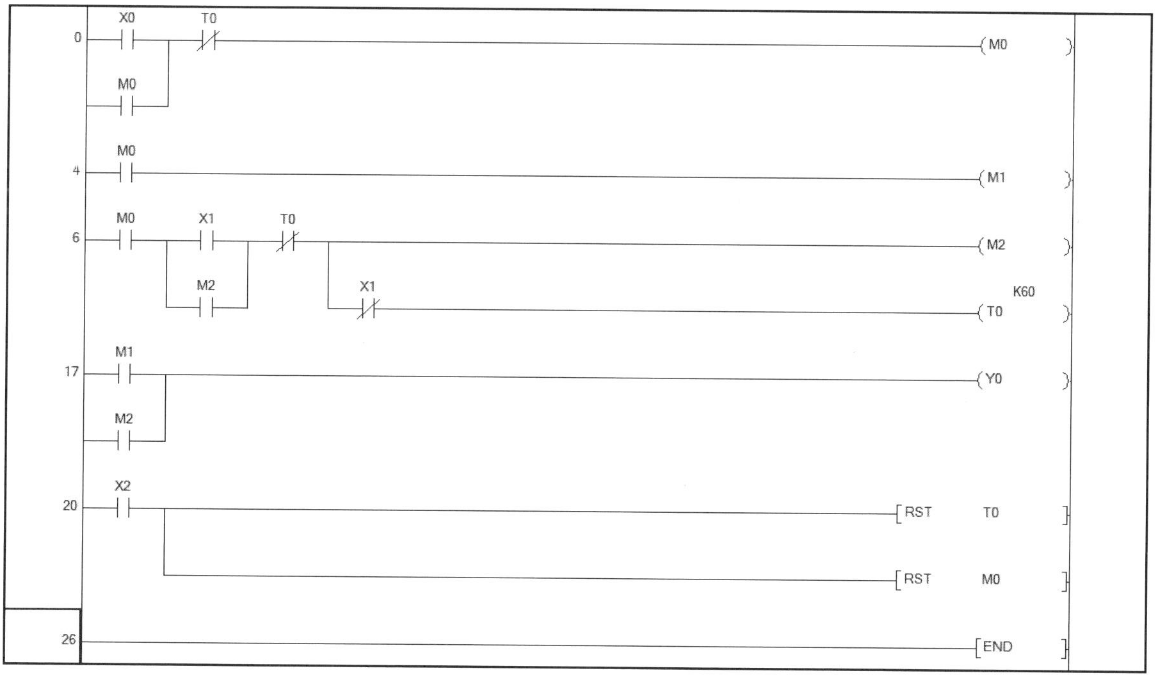

7
M1
X1
K50
T0
13
T0
RST M1
15
M0
Y0
M1
18
X2
RST M0
RST M1
21
END

30 CTUD 명령어-1

◆ 동작설명

1. PB0의 입력 카운터 값(설정값)이 4가 될 때 PL40이 ON(점등)되는 조건이다.
2. PB1과 연동하여 현재값이 4 미만일 때 PL40 OFF(소등)
3. PL40 ON(점등)시 또는 카운터의 현재값이 어떤 조건이라도 PB2를 누르면 회로는 초기화 된다.
4. PB0는 UP COUNTER 이고 PB1은 DOWN COUNTER 이다.

◆ 타임차트

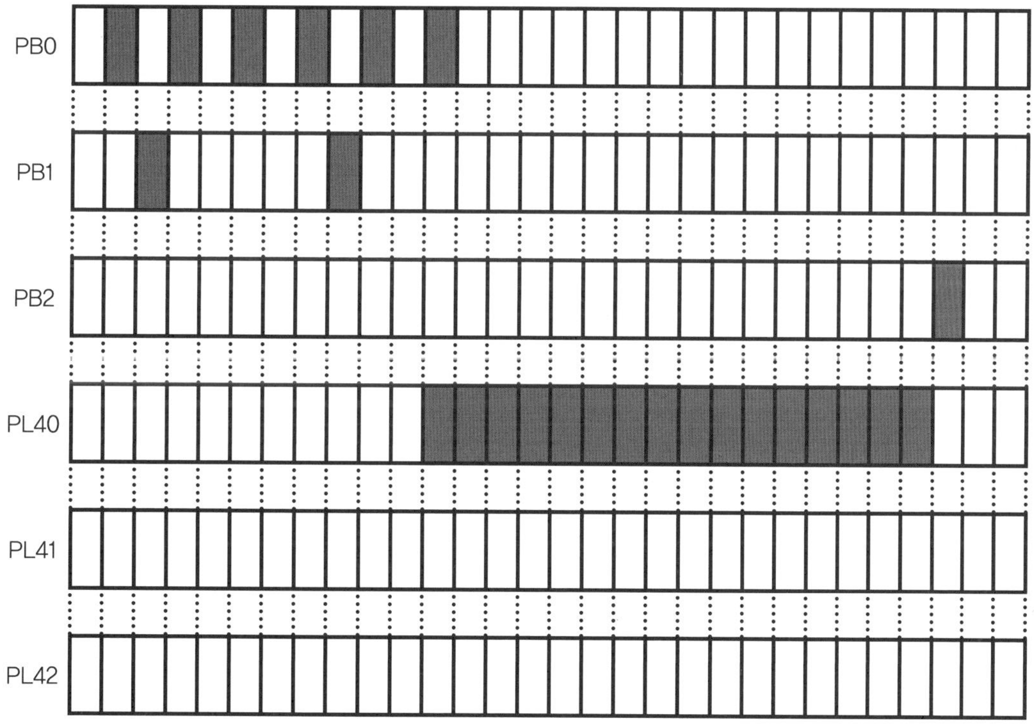

> ◆ 용도 및 주의사항
> 1. CTUD 활용도가 점차 증가되고 있다.
> 2. CTUD는 비교명령과 결합하여 자동제어 분야에서는 많이 사용한다.
> 3. 설정값(PRESET VALUE)보다 현재값(CURRENT VALUE)이 같거나 클 때 출력이 ON된다.

30.1 XGT 프로그램(CTUD 명령어-1)

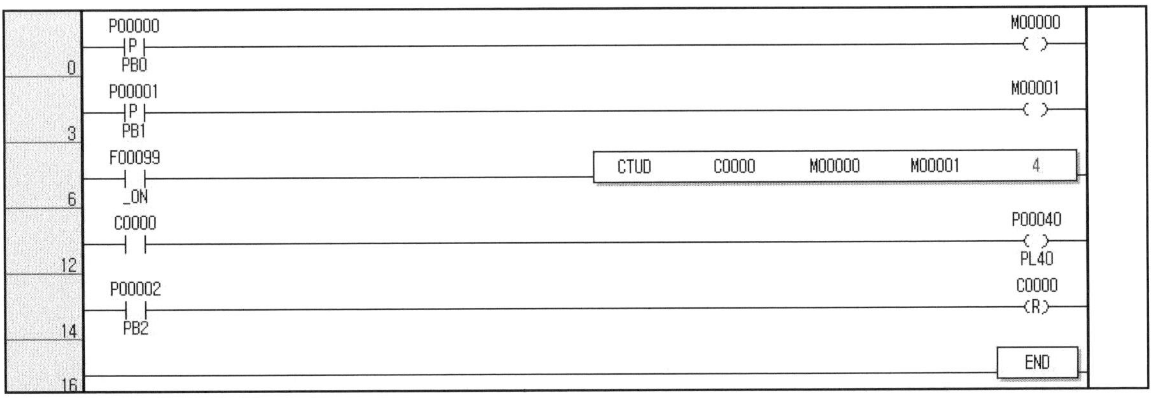

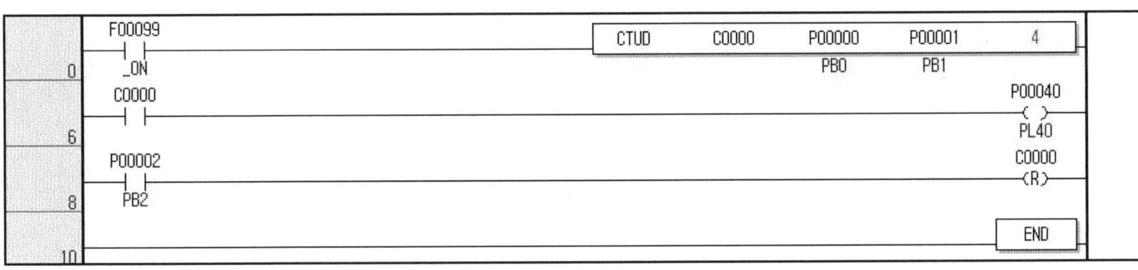

30.2 Melsec 프로그램(CTUD 명령어-1)

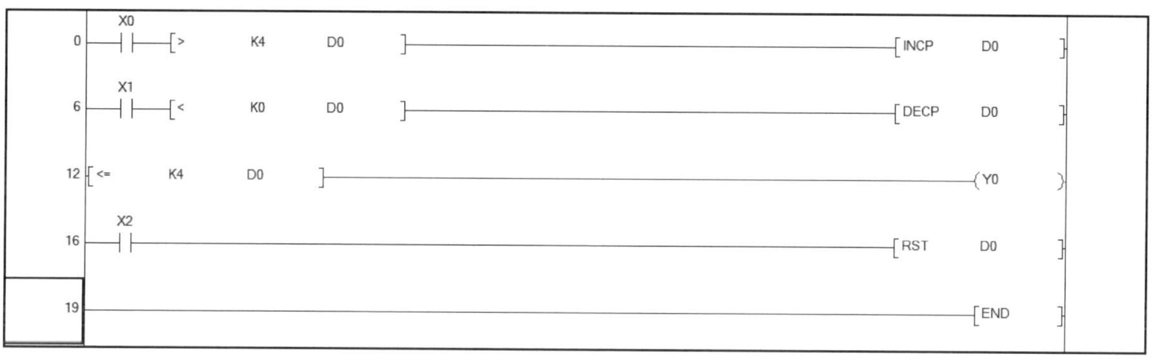

31 CTUD 명령어-2

◆ 동작설명

1. PB0를 누르고 떼는 ON(입력) 카운터 값(설정값)이 3이 될때 PL41 ON(점등) 되는 조건이다.
2. PB1 ON(입력)으로 현재값이 3미만일 때 PL41 OFF(소등)
3. PL41 ON(점등)시 또는 카운터의 현재값이 어느 조건이라도 PB2를 누르고 떼면 PL41 OFF(소등)되고 회로는 초기화된다.

◆ 타임차트

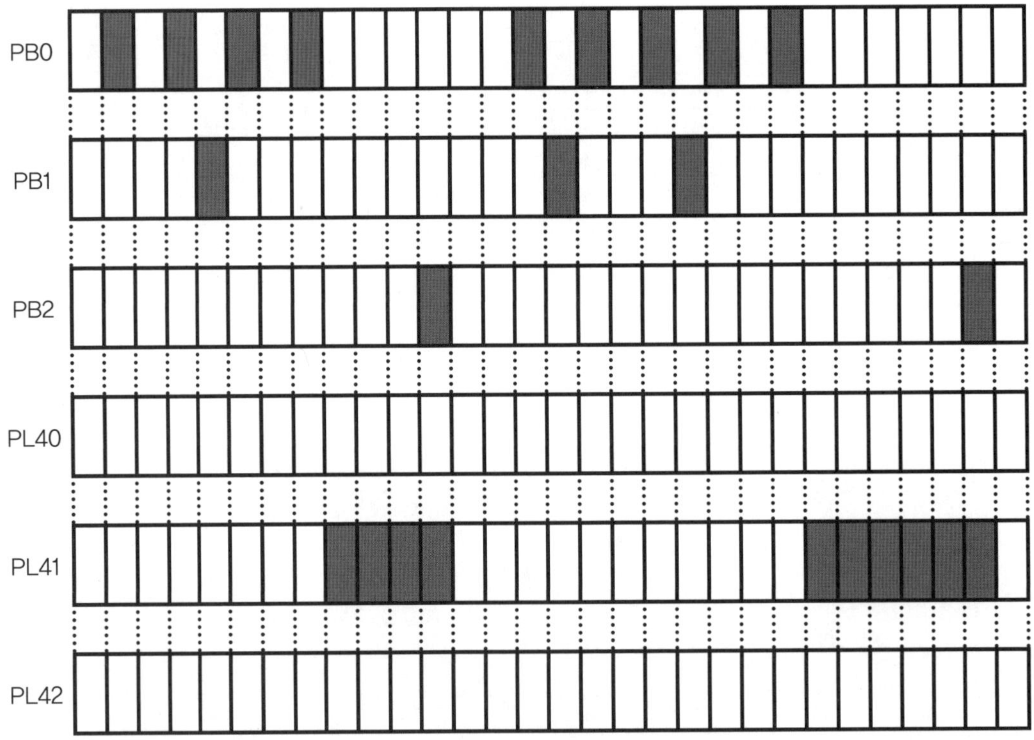

◆ 용도 및 주의사항

1. CTUD는 설정값 이상으로 카운터값이 올라가지 않도록 비교명령을 사용하여 제어한다.
2. CTUD는 비교명령과 결합하여 자동제어 분야에서는 많이 사용한다.

31.1 XGT 프로그램(CTUD 명령어-2)

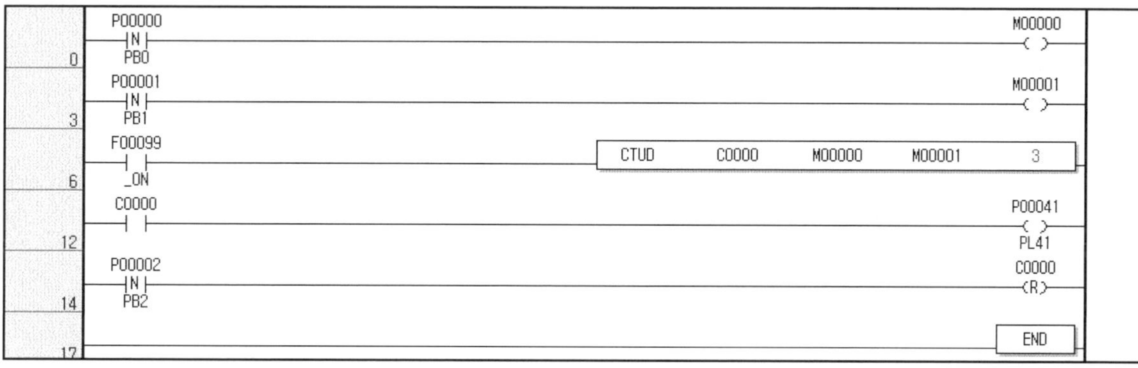

31.2 Melsec 프로그램(CTUD 명령어-2)

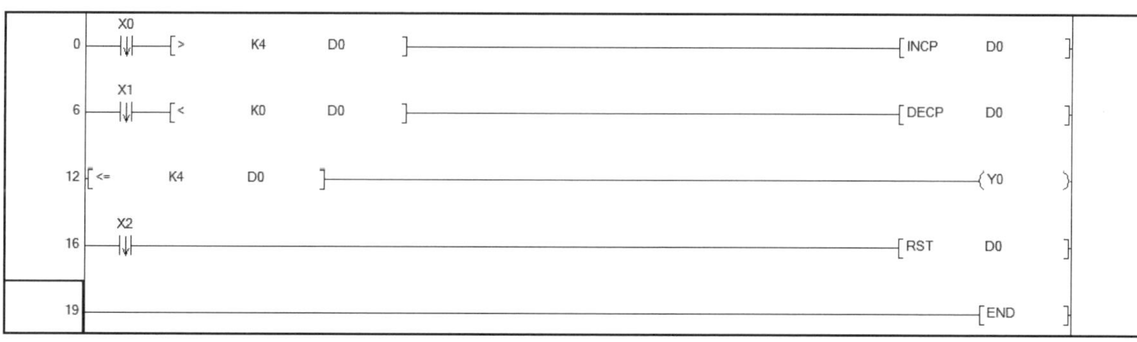

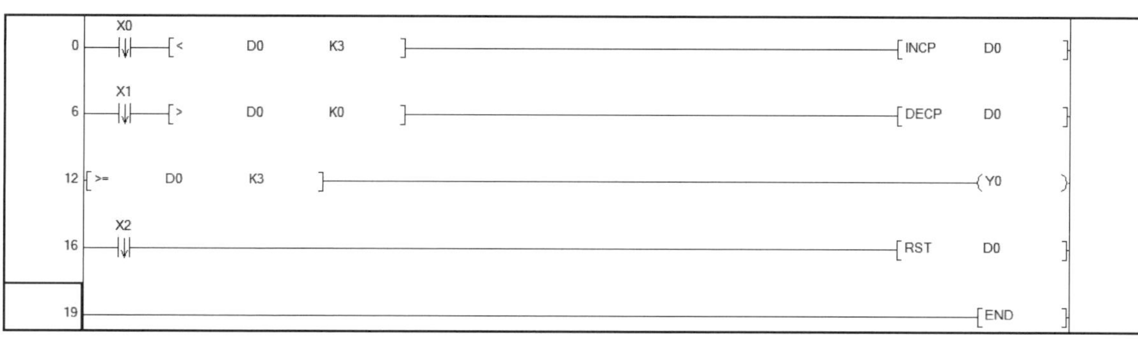

32 플리커 회로-1

◆ 동작설명

1. PB0를 누르면 PL40 1초 ON(점등) 1초 OFF(소등)를 반복하는 회로.
2. PL40 1초 ON/ 1초 OFF 반복하고 있는 동안 PB1 누르면 PL40 OFF(소등) 되고 회로는 초기화 된다.

◆ 타임차트

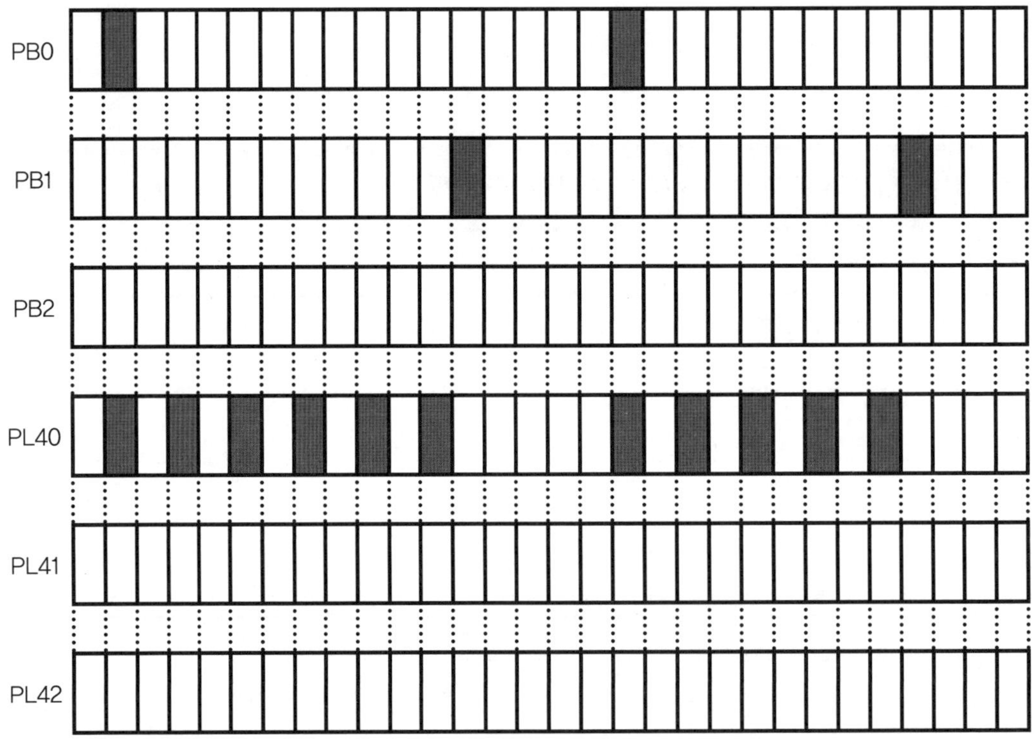

◆ **용도 및 주의사항**

1. 플리커 회로는 타이머.카운터 등과 연계되어 응용력에 따라 다양하게 이용된다 .
2. 특히 EOCR쪽에서 많이 사용한다.
3. 깜박과 빡감의 차이를 습득한다.(B접점은 깜빡이고 A접점은 빡깜이다)

32.1 XGT 프로그램(플리커 회로-1)

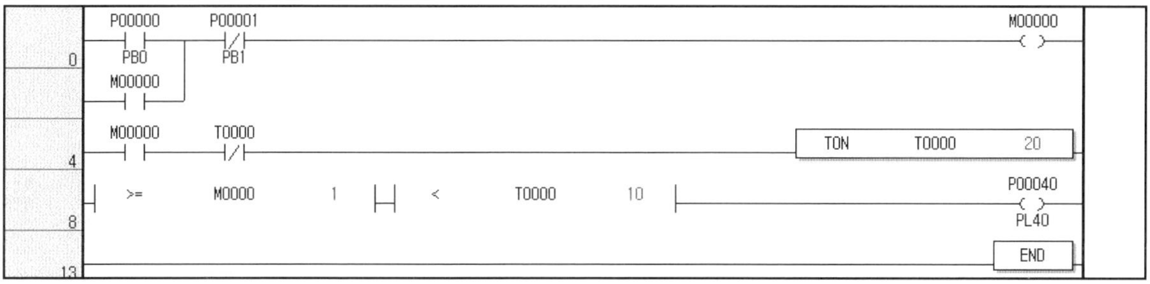

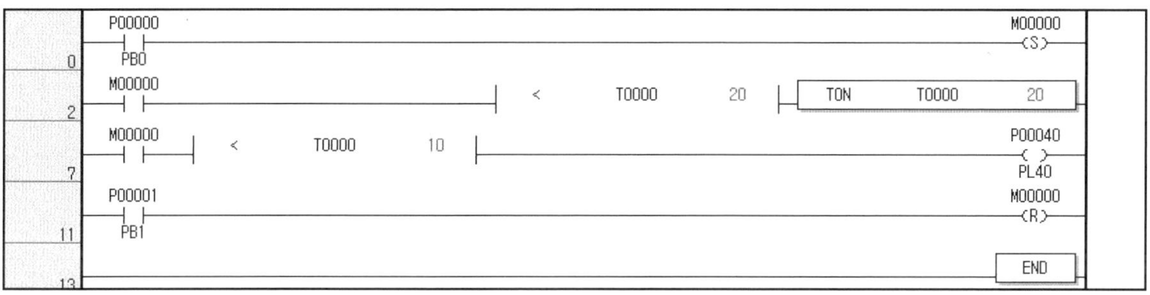

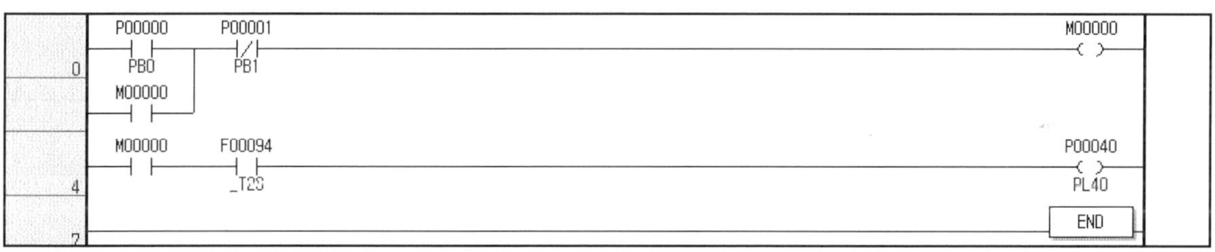

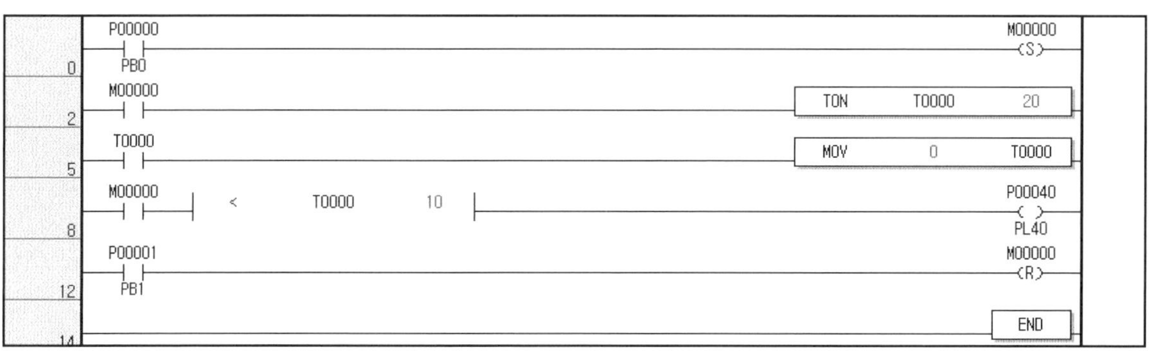

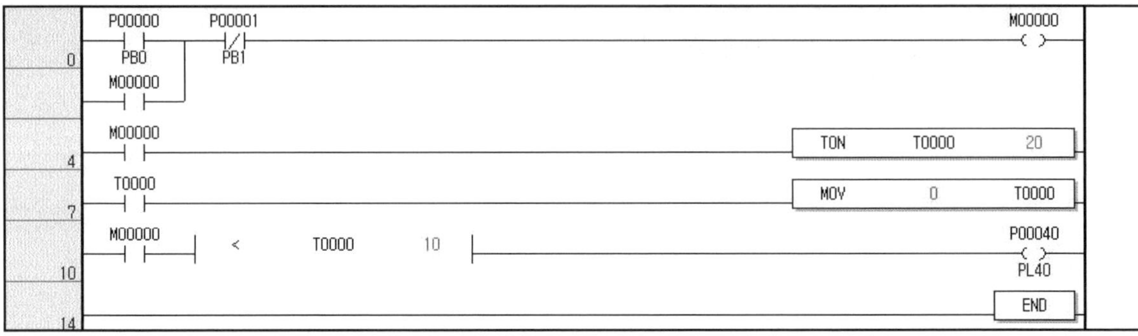

32.2 Melsec 프로그램(플리커 회로-1)

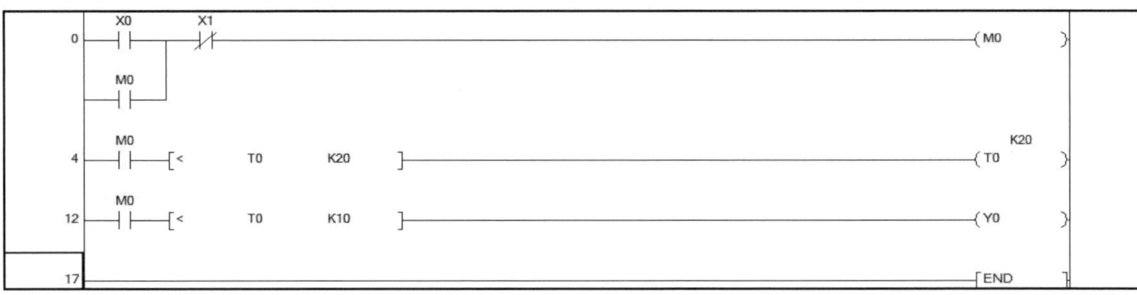

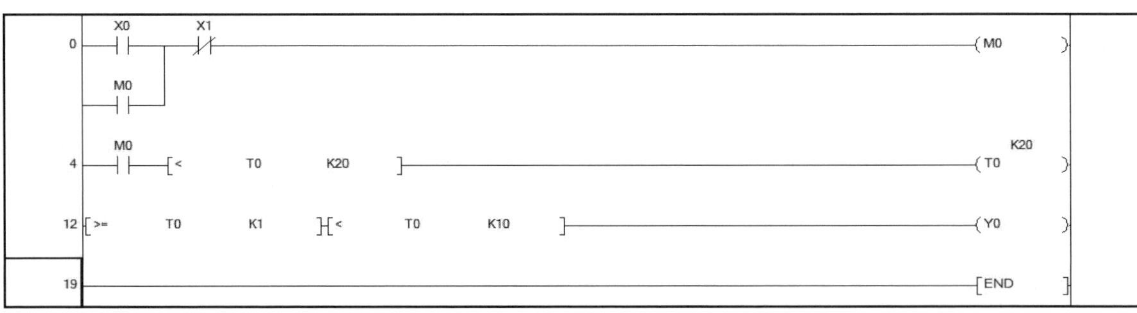

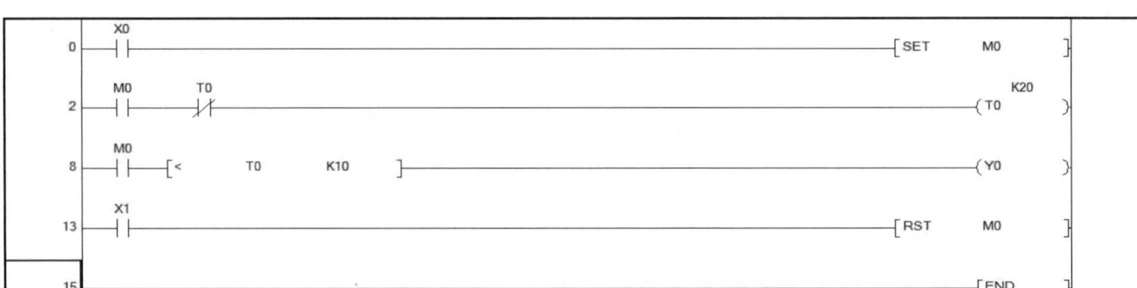

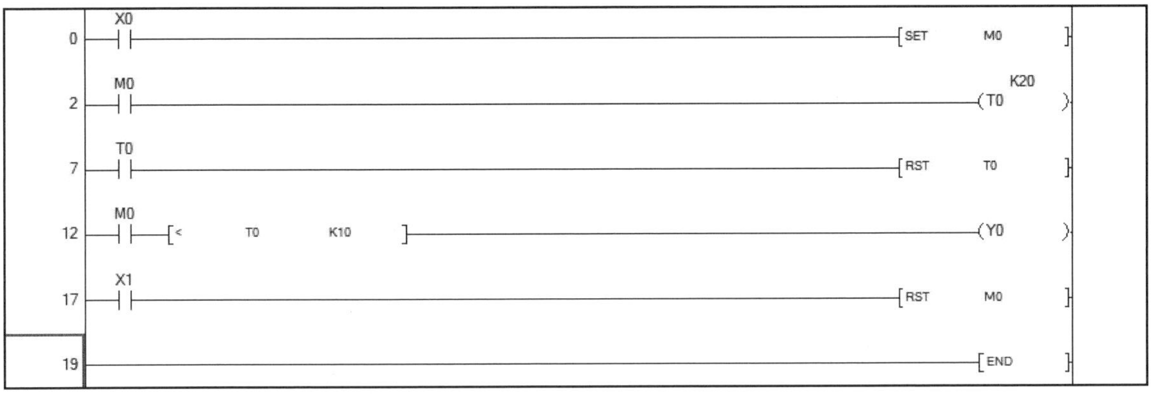
0
X0
SET M0
2
M0
K20
T0
7
T0
RST T0
12
M0
< T0 K10
Y0
17
X1
RST M0
19
END

33 플리커 회로-2

◆ 동작설명

1. PB0를 누르고 떼면 PL40 2초 ON(점등) 1초 OFF(소등)를 반복하는 회로.
2. PL40 2초 ON/ 1초 OFF 반복하고 있는 동안 PB1 누르고 떼면 PL40 OFF(소등)되고 회로는 초기화 된다.
3. PL40이 3초주기로 동작을 하고 있고 그 3초안에서 2초 ON/ 1초 OFF를 반복한다.

◆ 타임차트

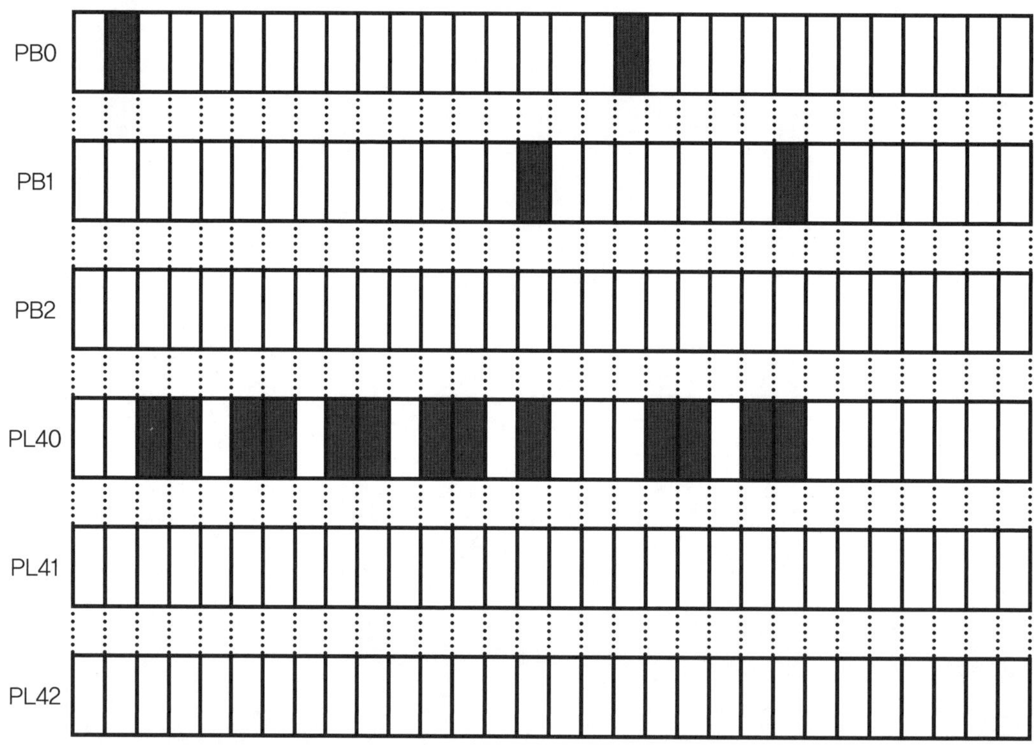

> ◆ 용도 및 주의사항
> 1. 플리커 회로는 모든 회로에서 동작표시등, 동작대기등, 비상등으로 많이 사용되고 있다.
> 2. 특히 EOCR쪽에서 많이 사용한다.
> 3. 타이머의 주기를 파악하는게 가장 중요하다.

33.1 XGT 프로그램(플리커 회로-2)

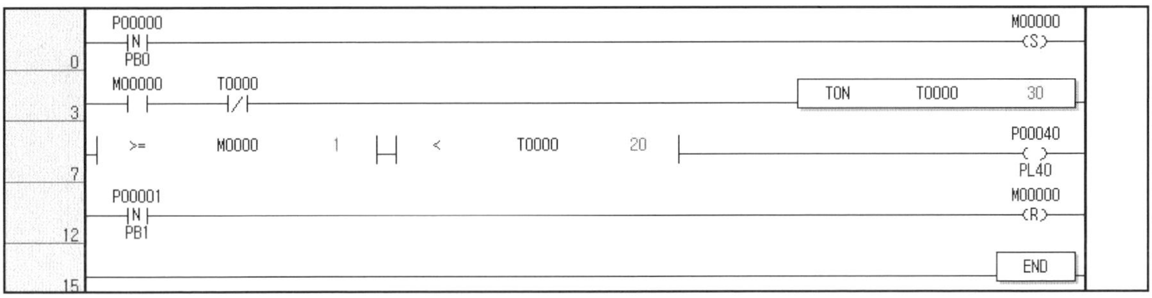

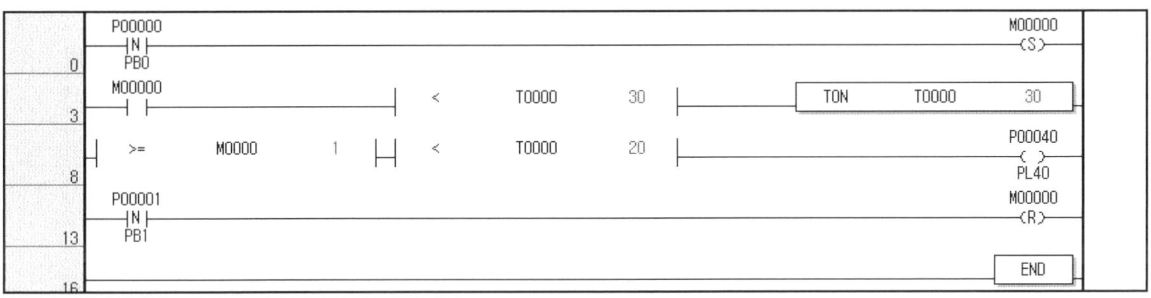

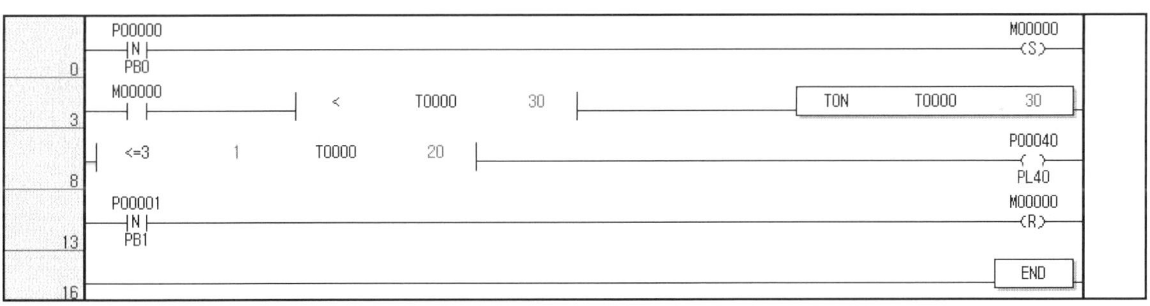

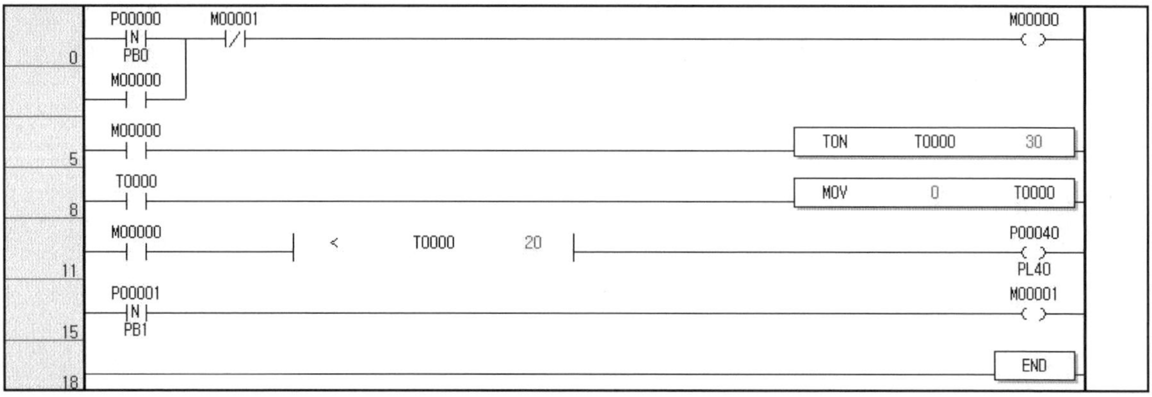

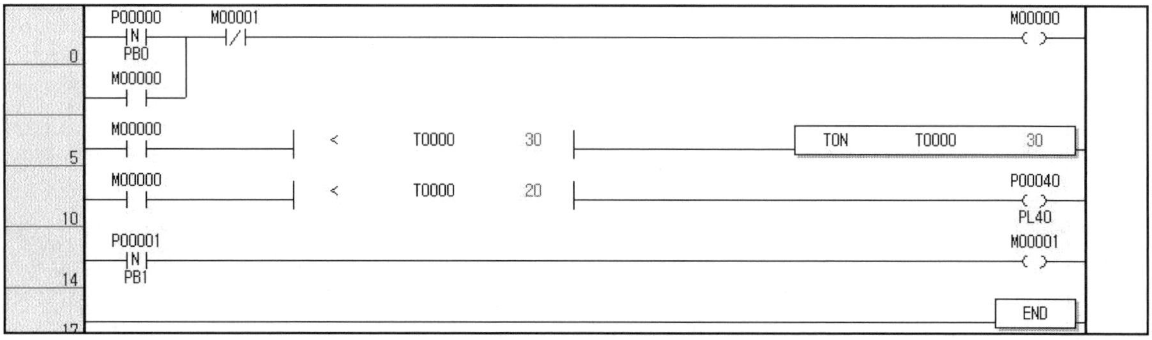

33.2 Melsec 프로그램(플리커 회로-2)

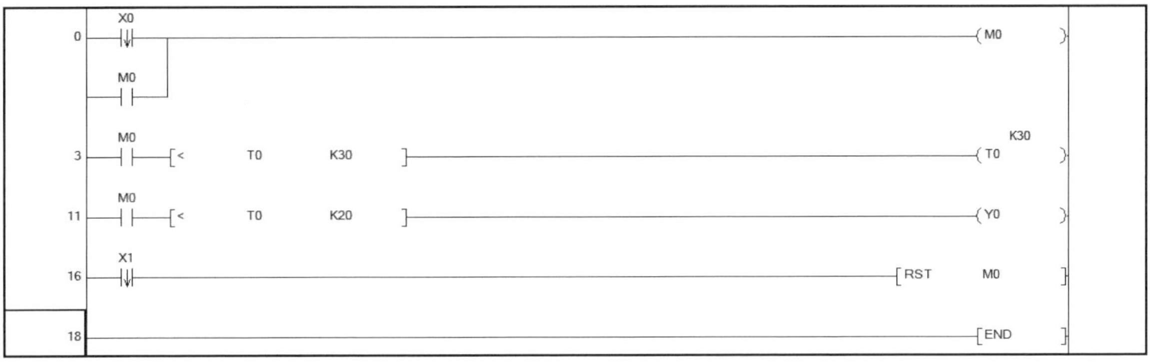
0
X0
M0
M0
3
M0
< T0 K30
K30
T0
11
M0
< T0 K20
Y0
16
X1
RST M0
18
END

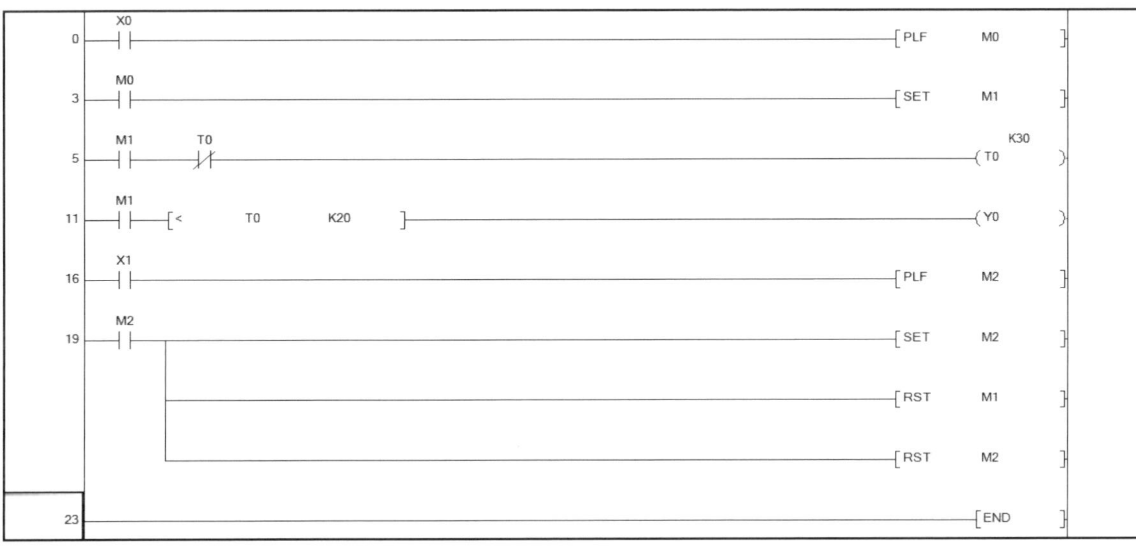
0
X0
PLF M0
3
M0
SET M1
5
M1
T0
K30
T0
11
M1
< T0 K20
Y0
16
X1
PLF M2
19
M2
SET M2
RST M1
RST M2
23
END

34 플리커 회로-3

◆ 동작설명

1. PB0를 누르면 PL40 1초 ON(점등) /1초 OFF(소등) 2초 ON/1초 OFF를 반복하는 회로다.
2. PL40이 반복하여 ON(점등)하고 있는 동안 PB1를 누르고 떼면 PL40 OFF(소등)되고 회로는 초기화 된다.
3. PL40이 5초주기안에서 1초 ON/1초OFF,2초 ON/1초 OFF를 반복하는 회로다.

◆ 타임차트

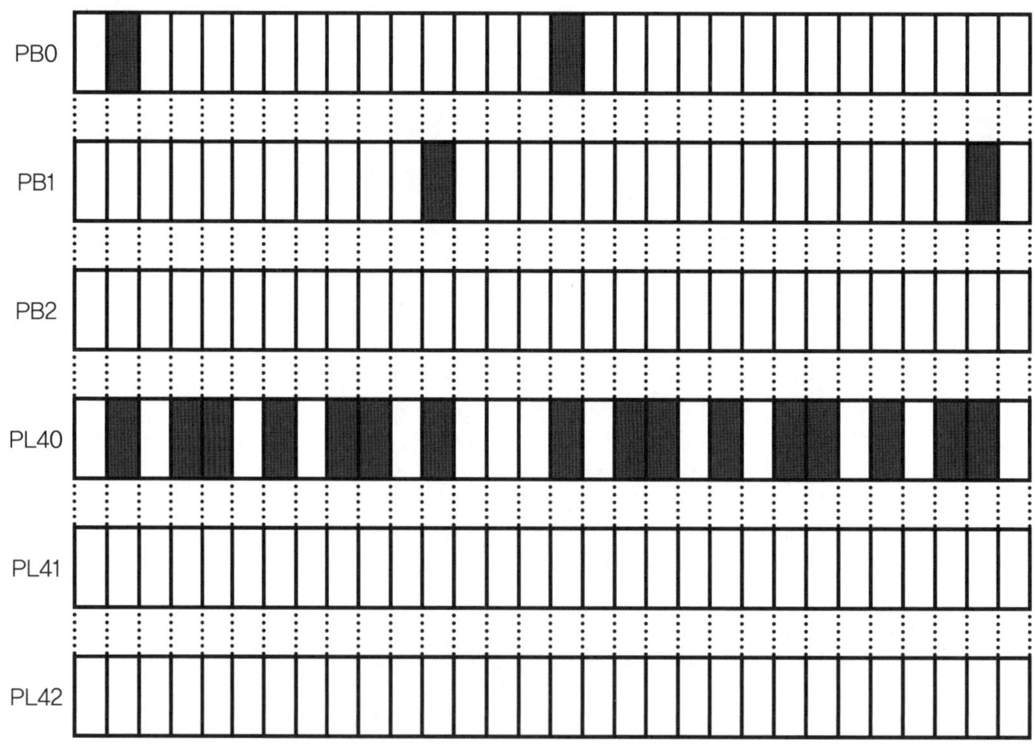

> ◆ 용도 및 주의사항
> 1. 접점 위치에 따라 동작 상태를 파악한다.
> 2. 경보음을 내는 경광등과 함께 사용하는 경우가 많다.

34.1 XGT 프로그램(플리커 회로-3)

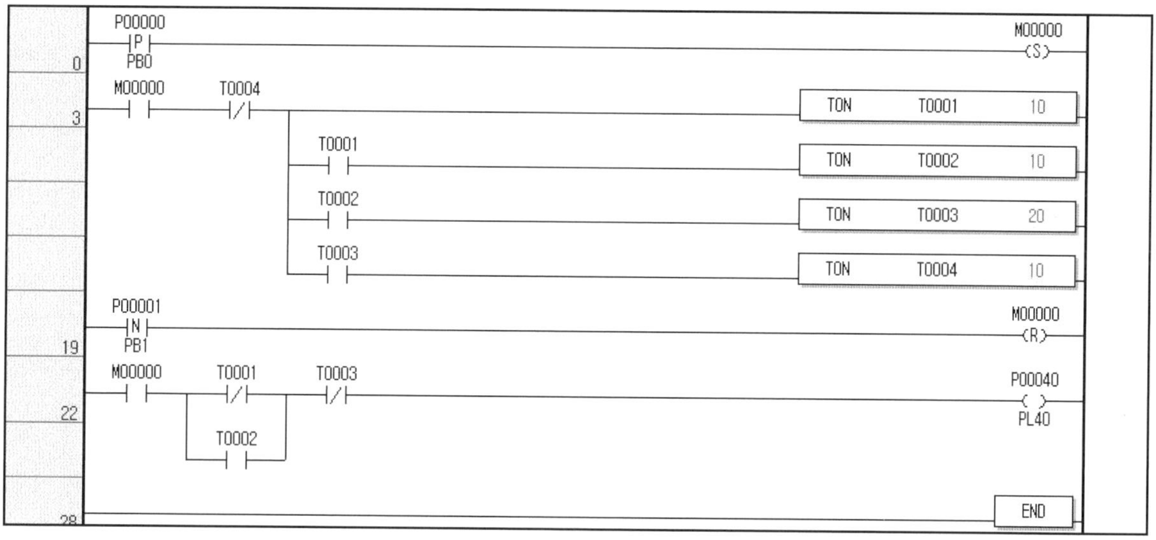

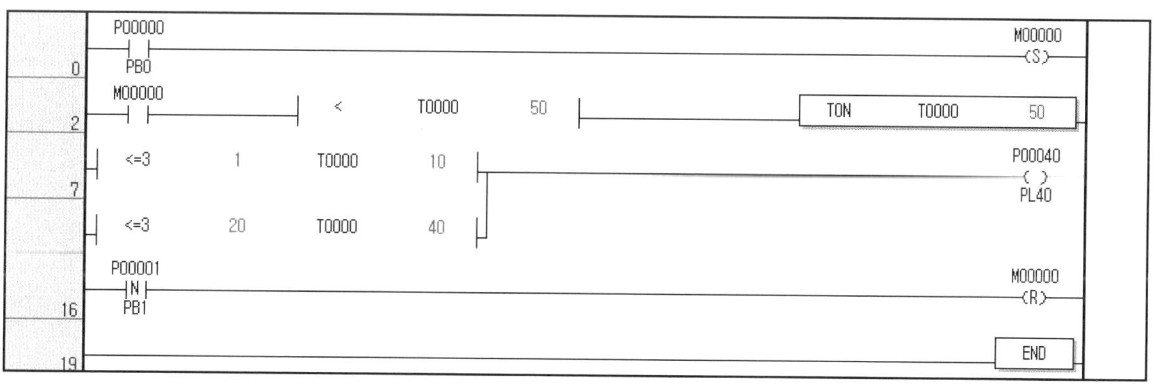

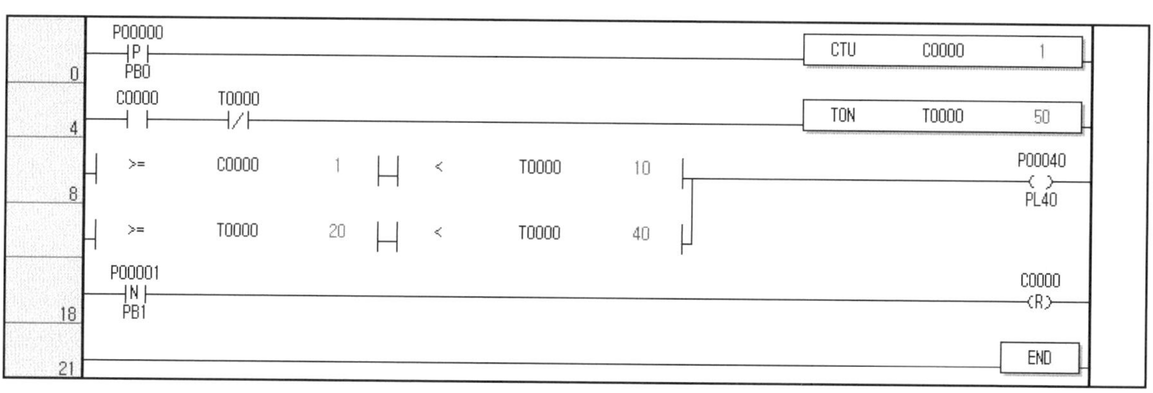

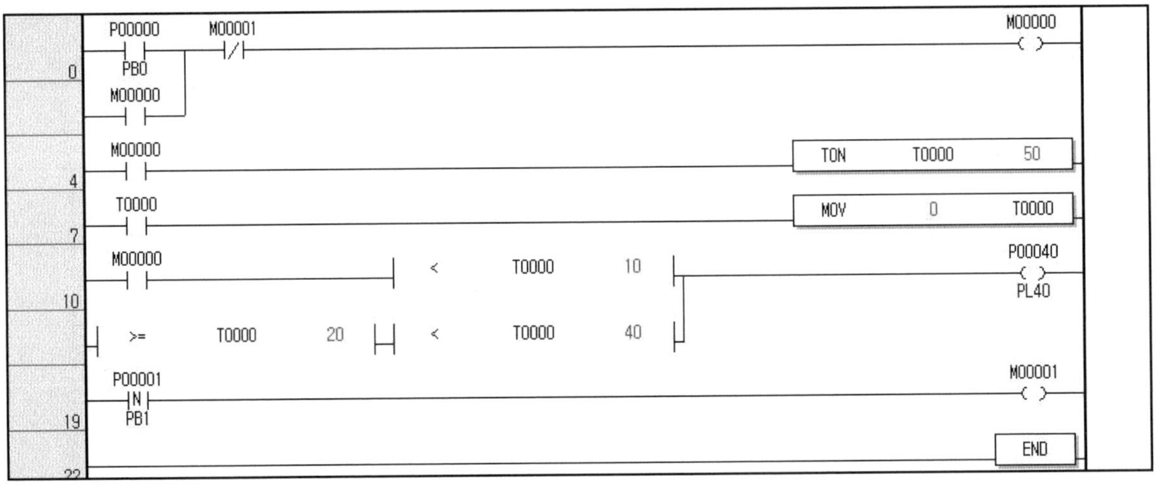
P00000
M00001
M00000
PB0
M00000
M00000
TON T0000 50
T0000
MOV 0 T0000
M00000
< T0000 10
P00040
PL40
>= T0000 20
< T0000 40
P00001
M00001
PB1
END

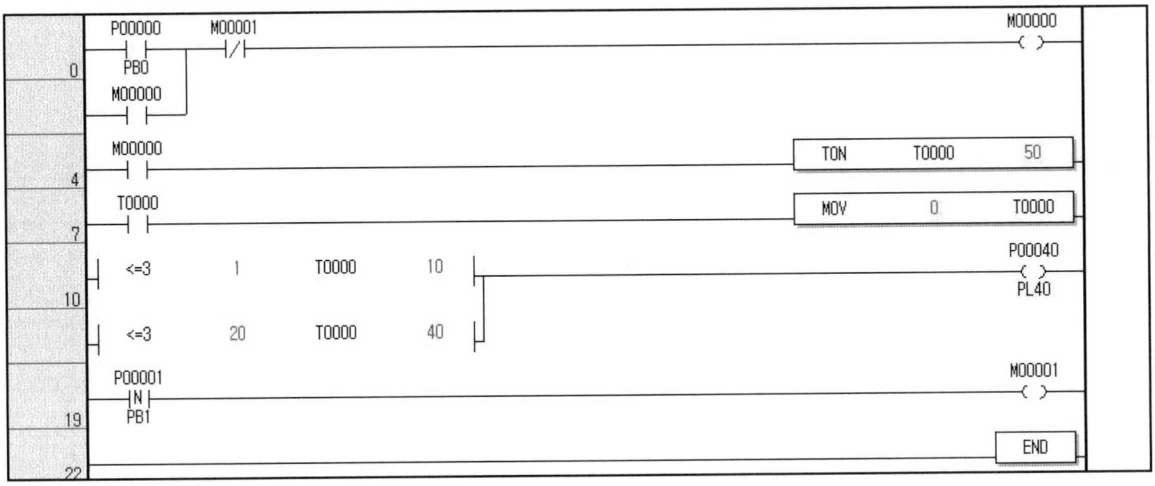
P00000
M00001
M00000
PB0
M00000
M00000
TON T0000 50
T0000
MOV 0 T0000
<=3 1 T0000 10
P00040
PL40
<=3 20 T0000 40
P00001
M00001
PB1
END

34.2 Melsec 프로그램(플리커 회로-3)

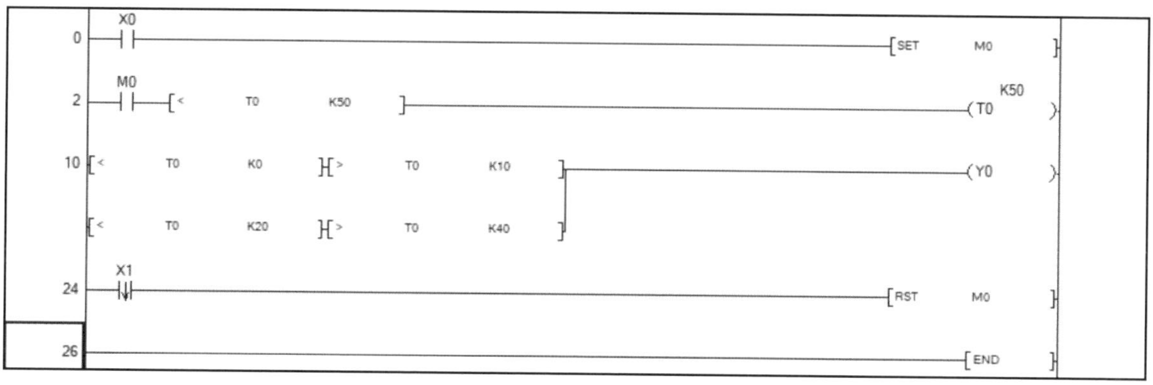

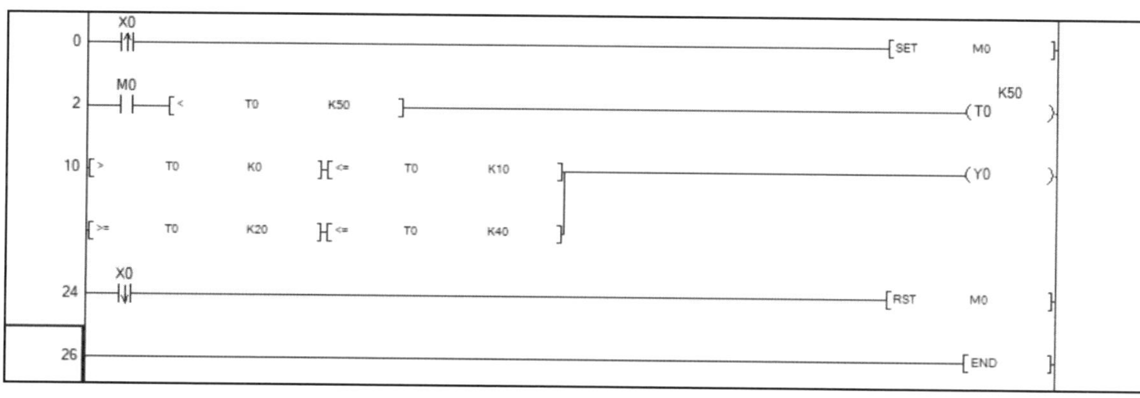

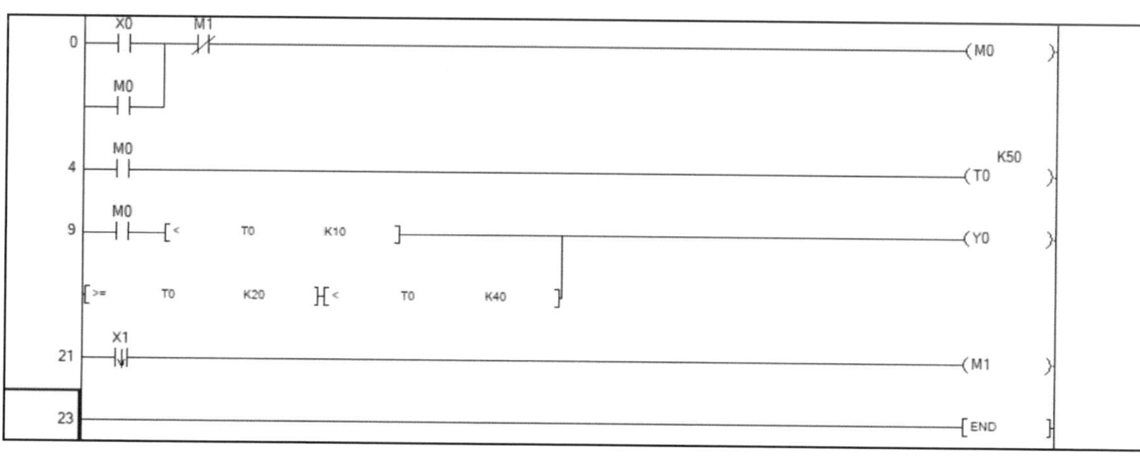

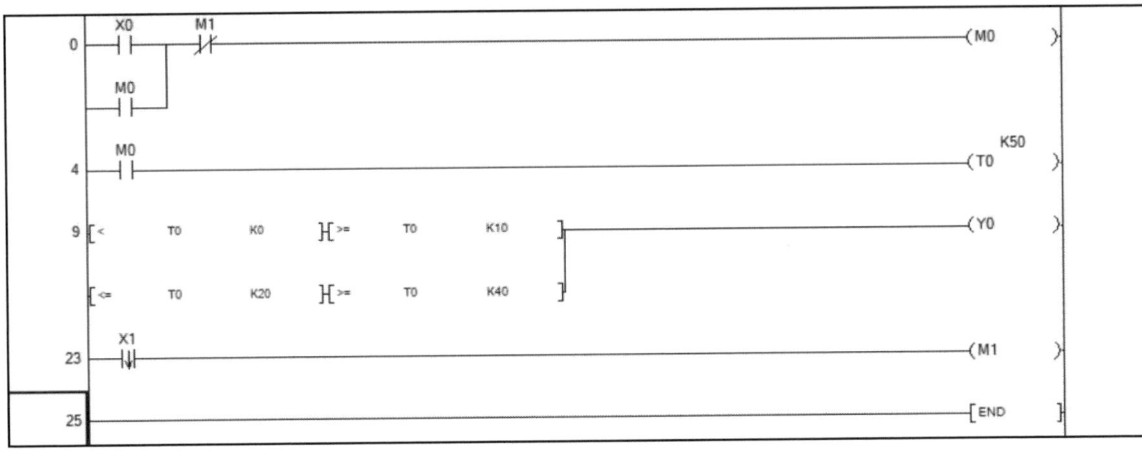
X0
M1
M0
0
M0
4
K50
T0
9
<
T0
K0
>=
T0
K10
Y0
<=
T0
K20
>=
T0
K40
X1
23
M1
25
END

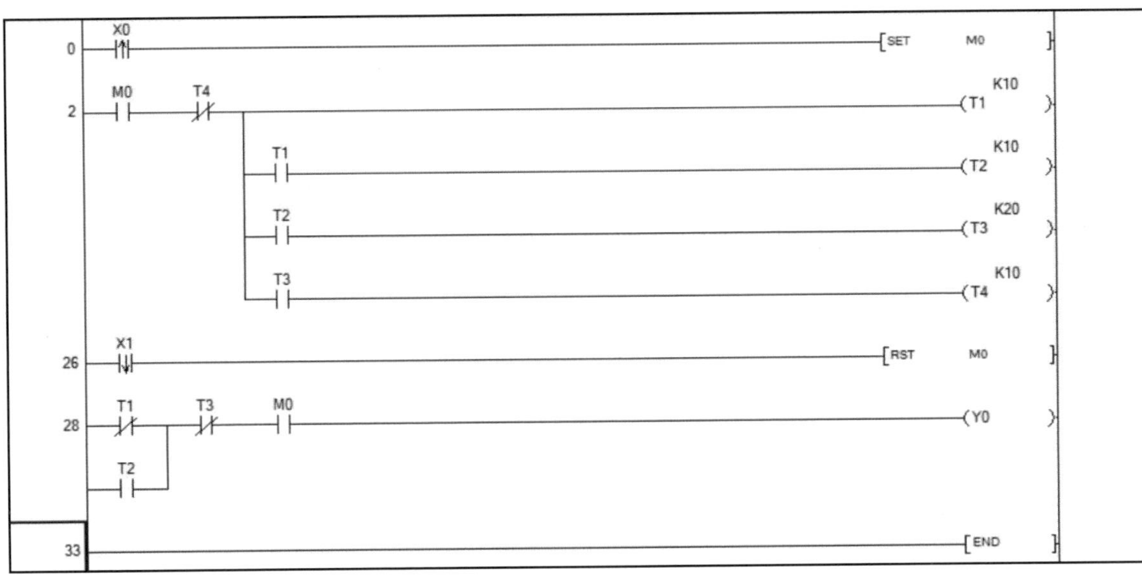
X0
0
SET
M0
M0
T4
2
K10
T1
T1
K10
T2
T2
K20
T3
T3
K10
T4
X1
26
RST
M0
T1
T3
M0
28
Y0
T2
33
END

35 플리커 회로-4

◆ 동작설명

1. PB0를 누르면 PL40은 2초 ON/ PL41이 1초 ON 하는 반복회로다.
2. PL40과 PL41이 반복 동작하는 동안 PB1를 누르고 떼면 회로는 초기화 된다.
3. 타이머 한주기가 3초이고, 이 3초안에서 PL40 2초 ON/ PL41이 1초 ON를 반복한다.

◆ 타임차트

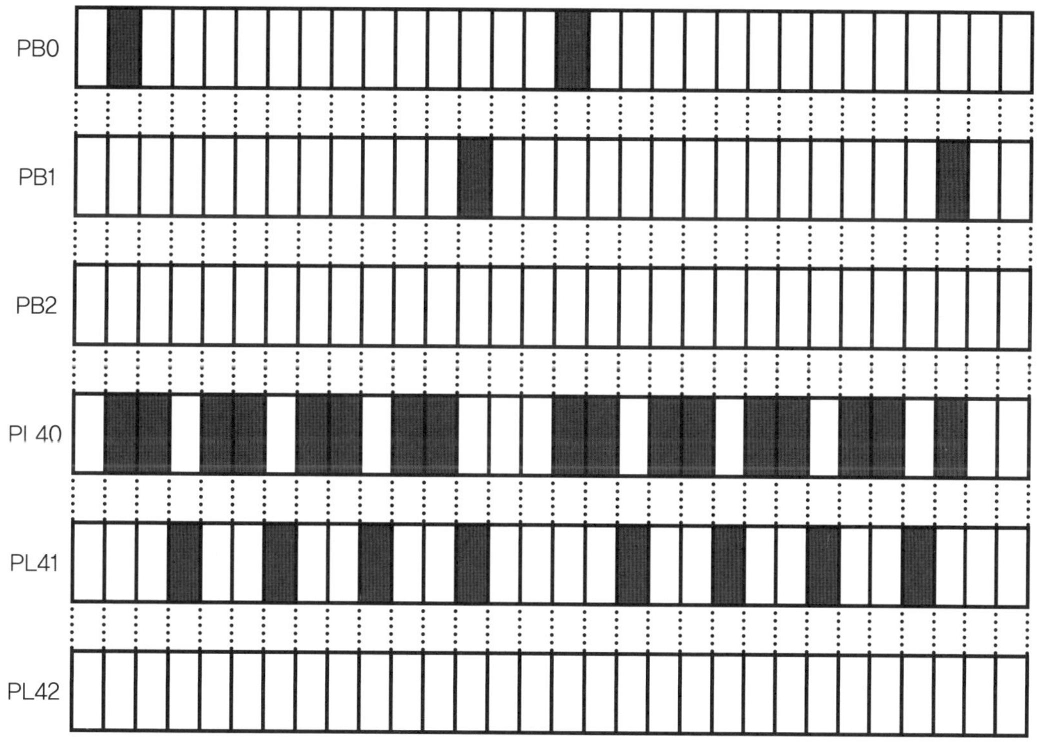

◆ 용도 및 주의사항

1. 여러 램프가 서로 시간차를 두고 교대 점멸하는 것을 습득한다.
2. 여러 상황에서 위험성과 경각심 또는 무언가를 알려주어야 할 경우 많이 사용한다.

35.1 XGT 프로그램(플리커 회로-4)

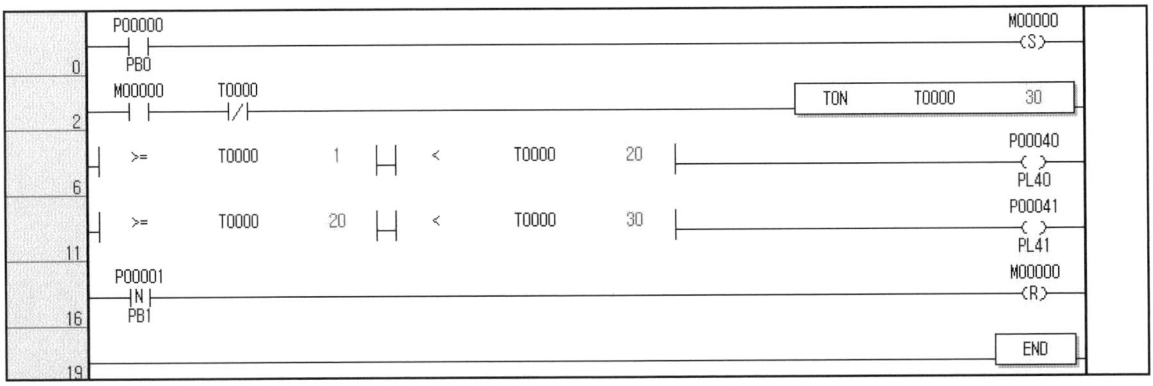

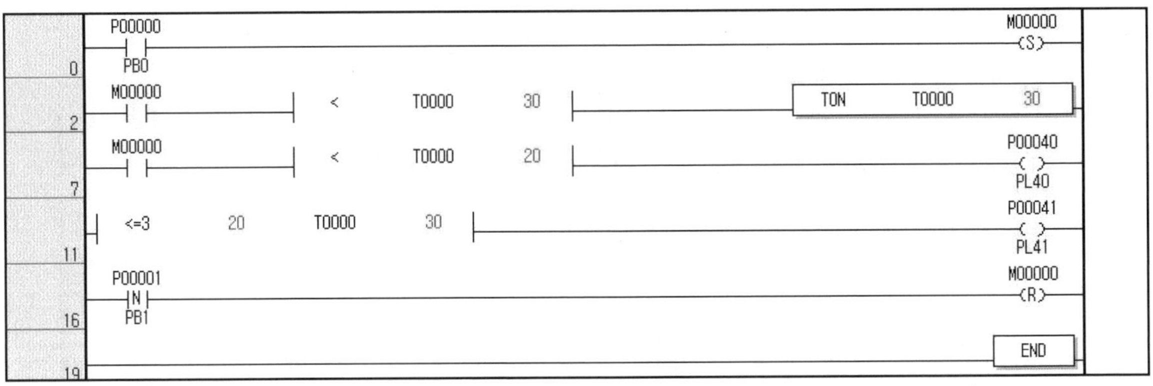

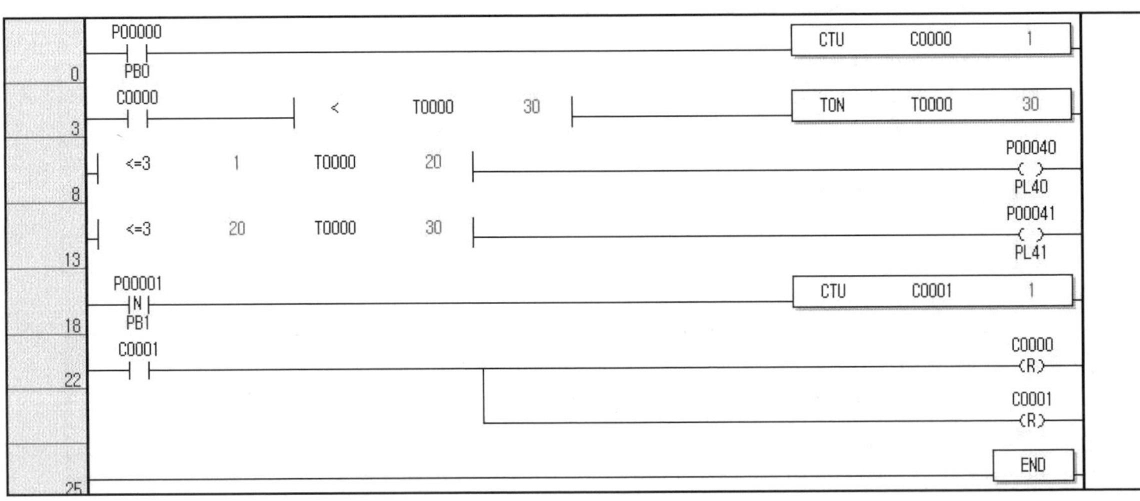

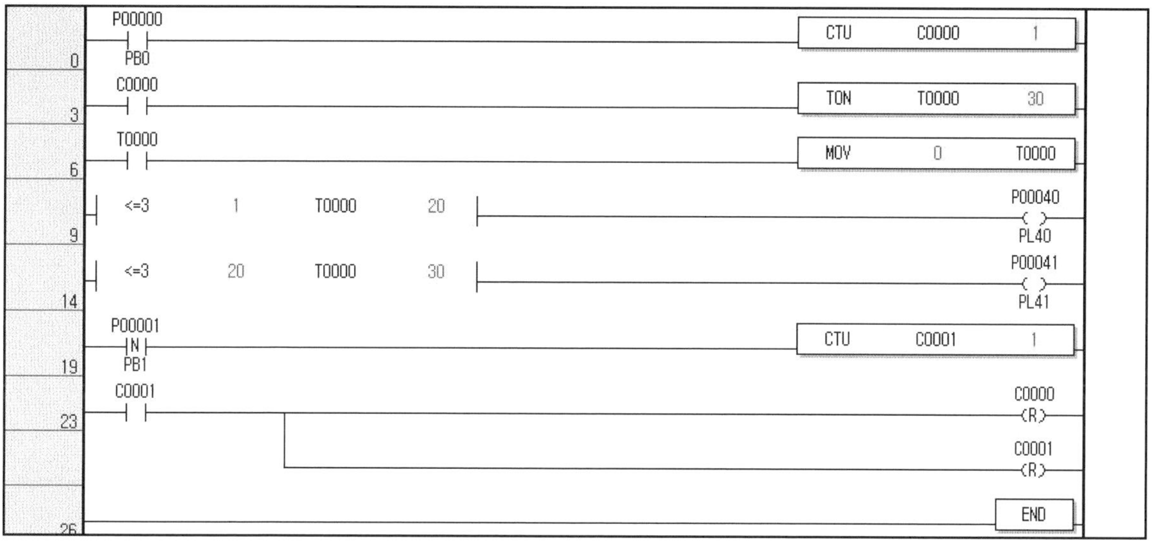

35.2 Melsec 프로그램(플리커 회로-4)

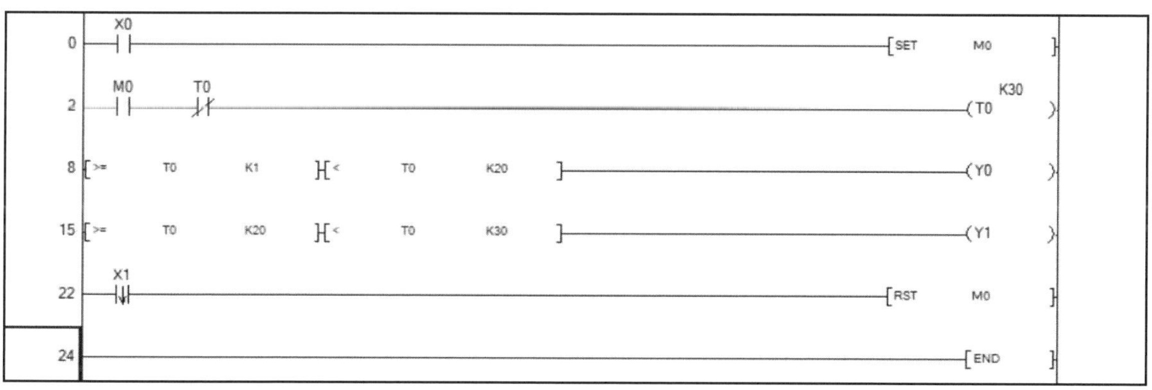

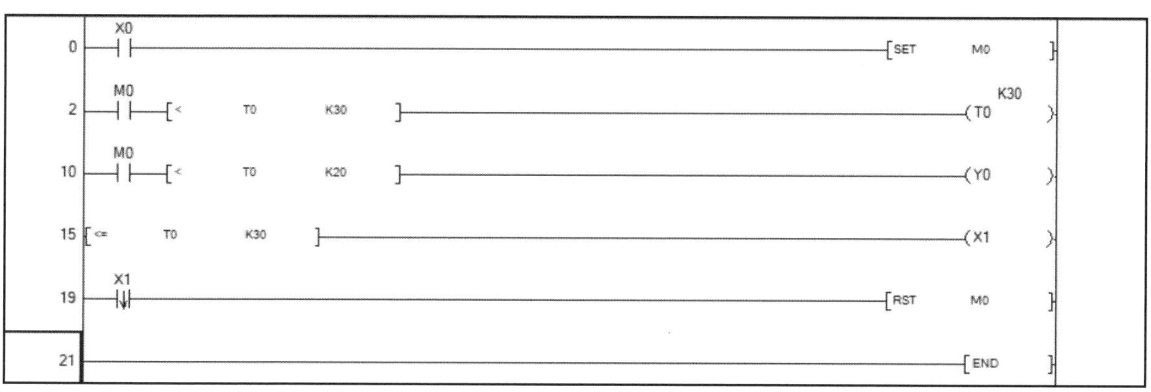

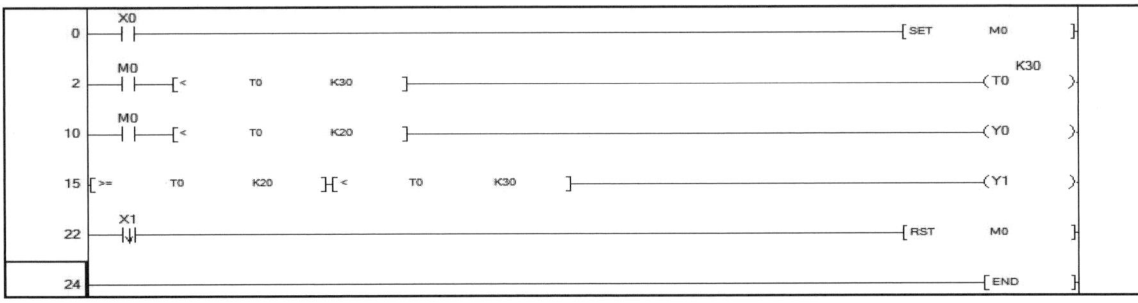
0 X0 SET M0
2 M0 < T0 K30 K30 T0
10 M0 < T0 K20 Y0
15 >= T0 K20 < T0 K30 Y1
22 X1 RST M0
24 END

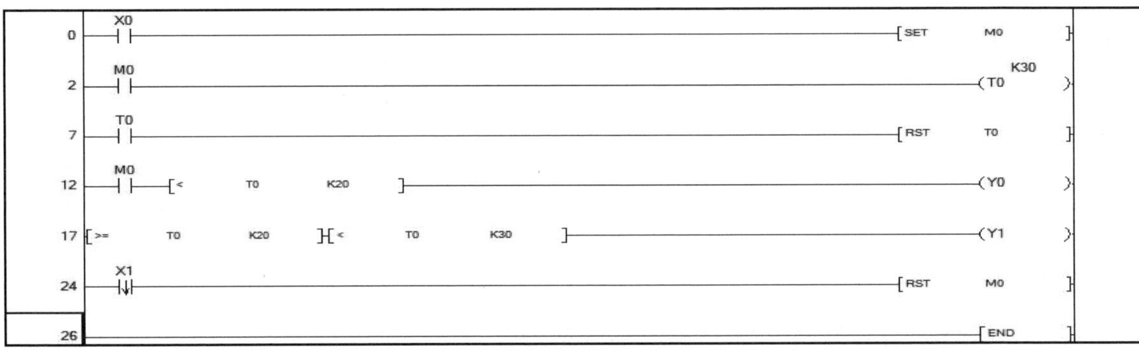
0 X0 SET M0
2 M0 K30 T0
7 T0 RST T0
12 M0 < T0 K20 Y0
17 >= T0 K20 < T0 K30 Y1
24 X1 RST M0
26 END

36 타이머 응용회로-1

◆ 동작설명

1. PB0를 누르고 떼면 P40은 1초 ON/1초 OFF 반복, P41은 1초후 2초 ON 1초 OFF/3초 ON 1초 OFF/4초 ON 1초 OFF를 반복함. P42은 2초후 1초 ON 1초 OFF/2초 ON 1초 OFF/3초 ON 2초 OFF를 반복하는 회로.
2. P40/P41/P42가 반복하는 도중에 PB1를 누르고 떼면 회로는 초기화된다.

◆ 타임차트

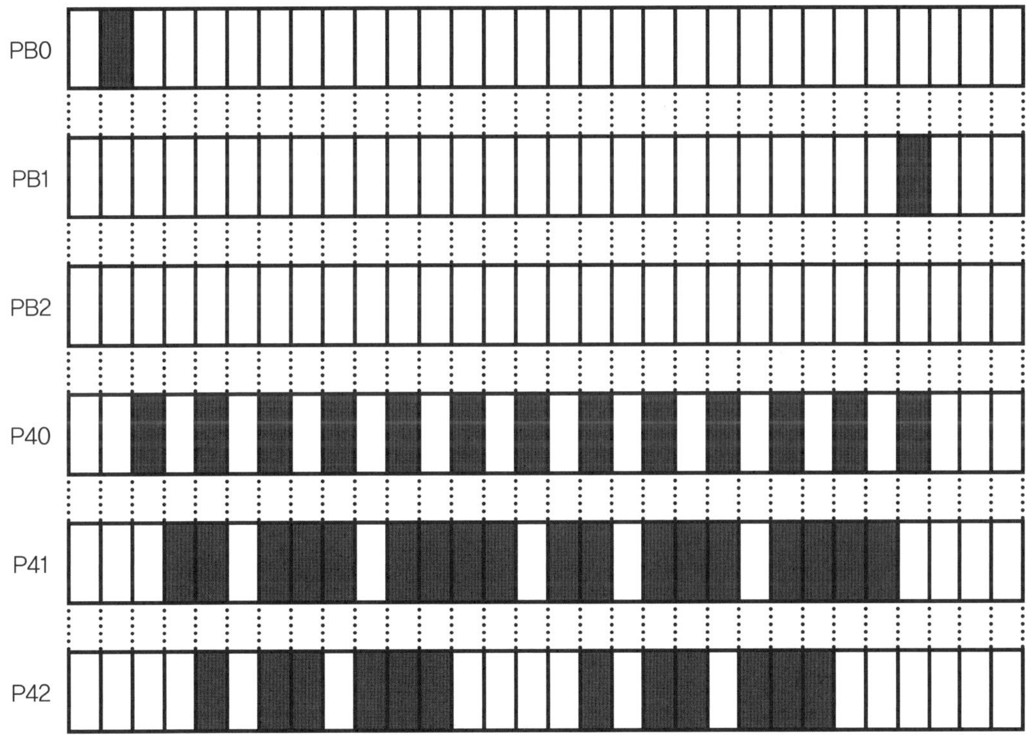

> **◆ 용도 및 주의사항**
> 1. P40/P41/P42이 동시에 반복구간이 있는 회로다.
> 2. 한번에 여러개의 점등조건이 있을 경우 동시에 반복구간이 있는지를 파악한다.

36.1 XGT 프로그램(타이머 응용회로-1)

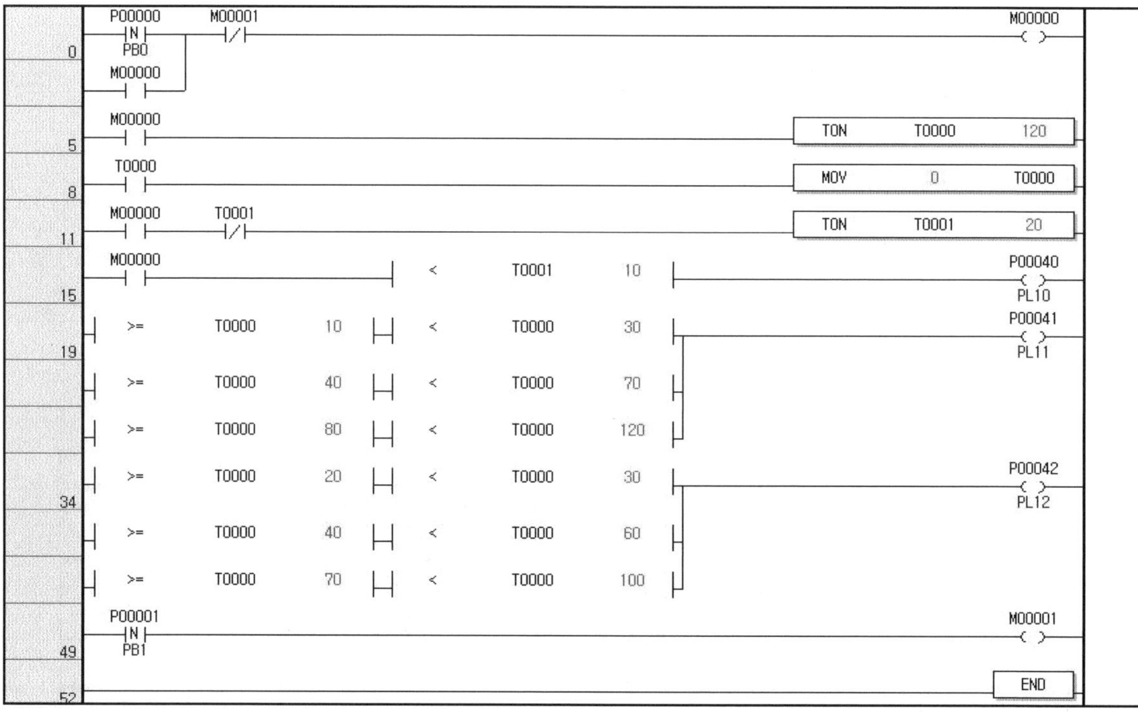

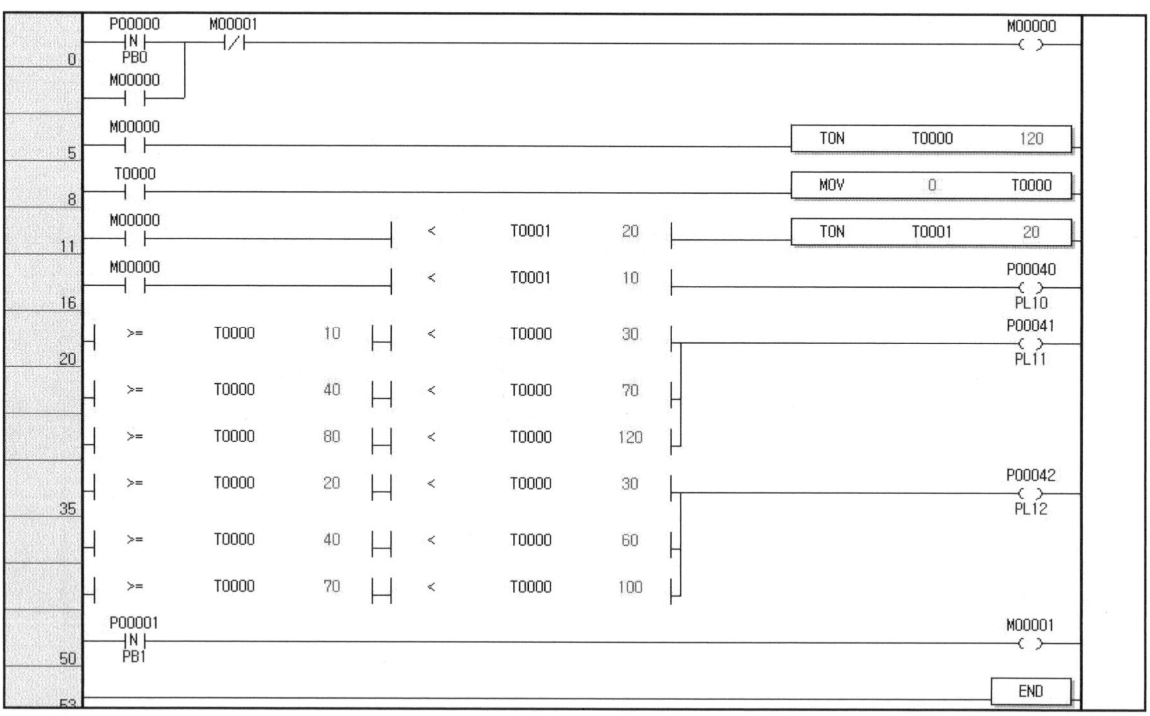

36.2 Melsec 프로그램(타이머 응용회로-1)

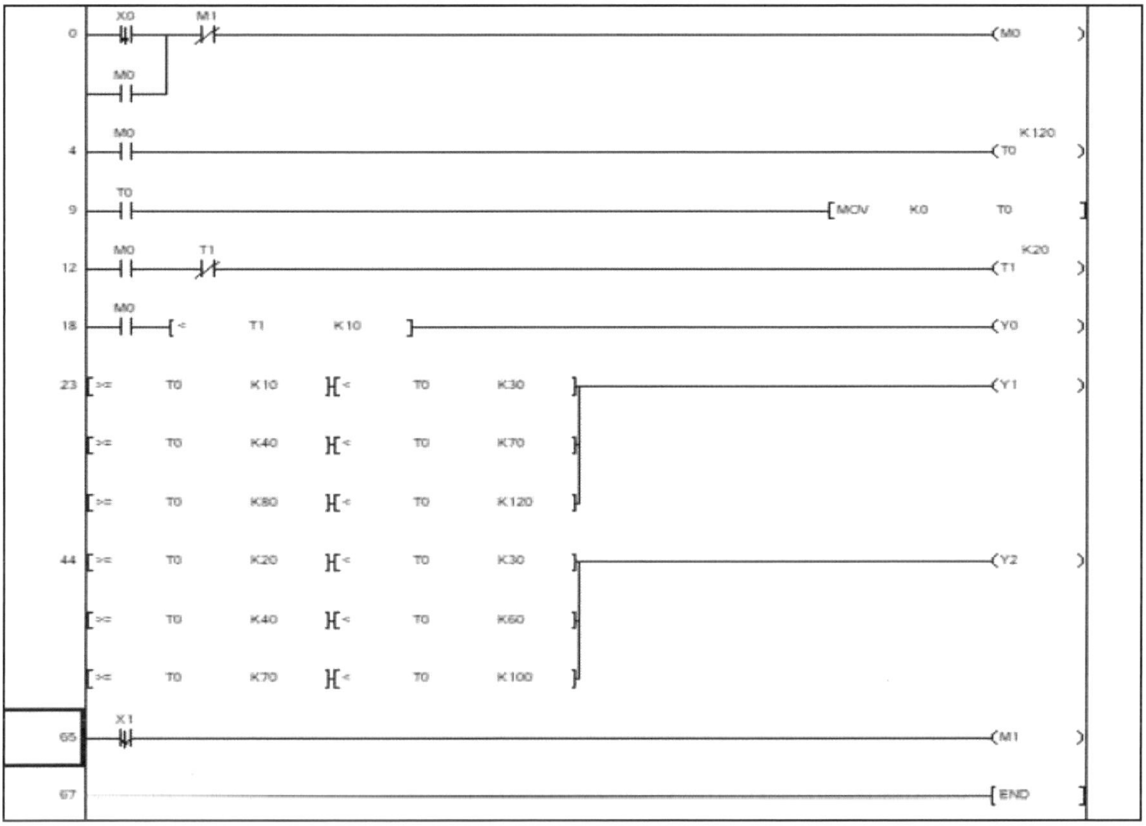

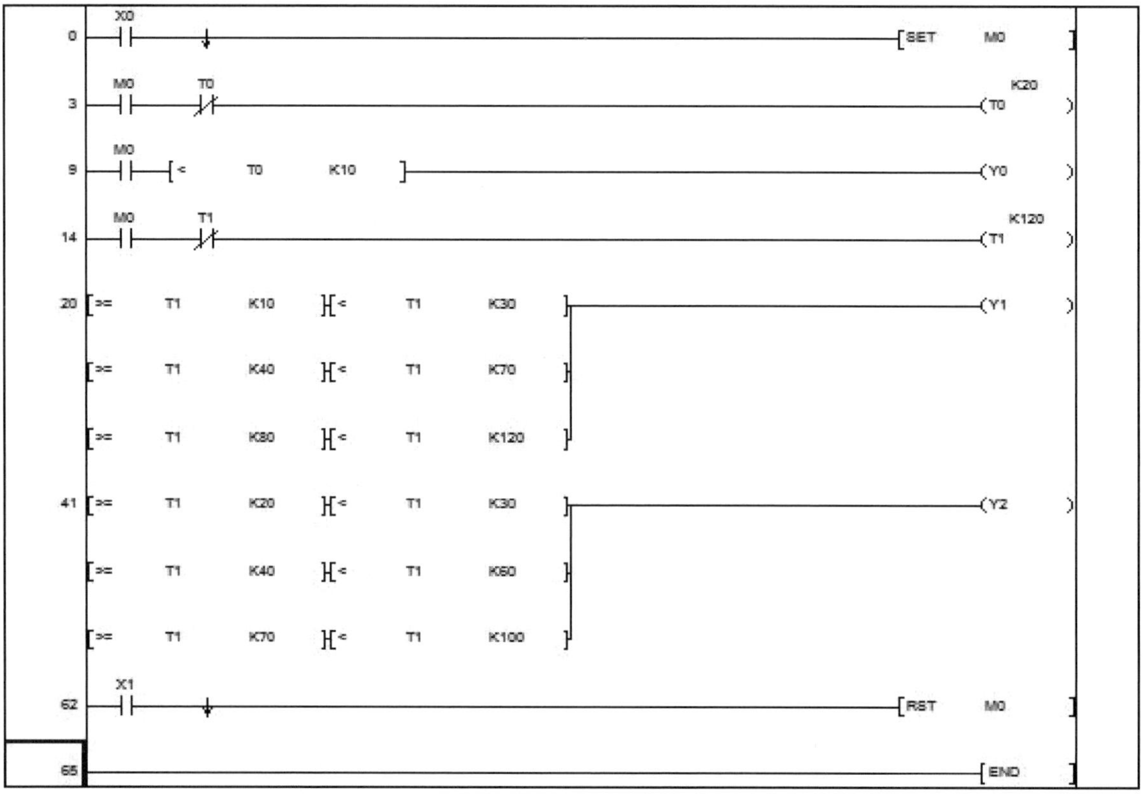
X0
SET M0
M0 T0
K20
T0
M0
< T0 K10
Y0
M0 T1
K120
T1
>= T1 K10 < T1 K30
Y1
>= T1 K40 < T1 K70
>= T1 K80 < T1 K120
>= T1 K20 < T1 K30
Y2
>= T1 K40 < T1 K60
>= T1 K70 < T1 K100
X1
RST M0
END

37 타이머 응용회로-2

◆ 동작설명

1. PB0를 누르면 3초후 P40 1초 ON/1초 OFF, 2초 ON/1초 OFF, 3초 ON/1초 OFF, 4초 ON/1초 OFF를 반복한다.
2. P41은 3초 ON/1초 OFF 를 반복한다.
3. 회로가 반복하는 도중에 PB1를 누르고 떼면 P40과 P41 OFF 하고 회로는 초기화 된다.

◆ 타임차트

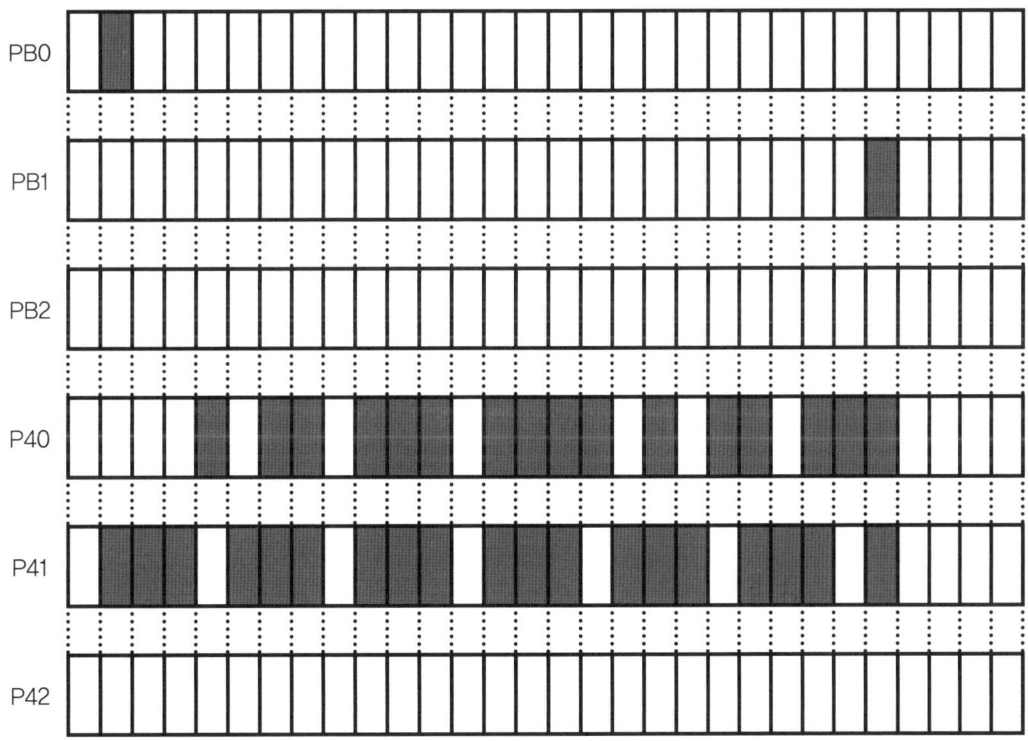

◆ 용도 및 주의사항

1. P40과 P41이 동시에 반복구간이 없는 회로를 습득한다.

37.1 XGT 프로그램(타이머 응용회로-2)

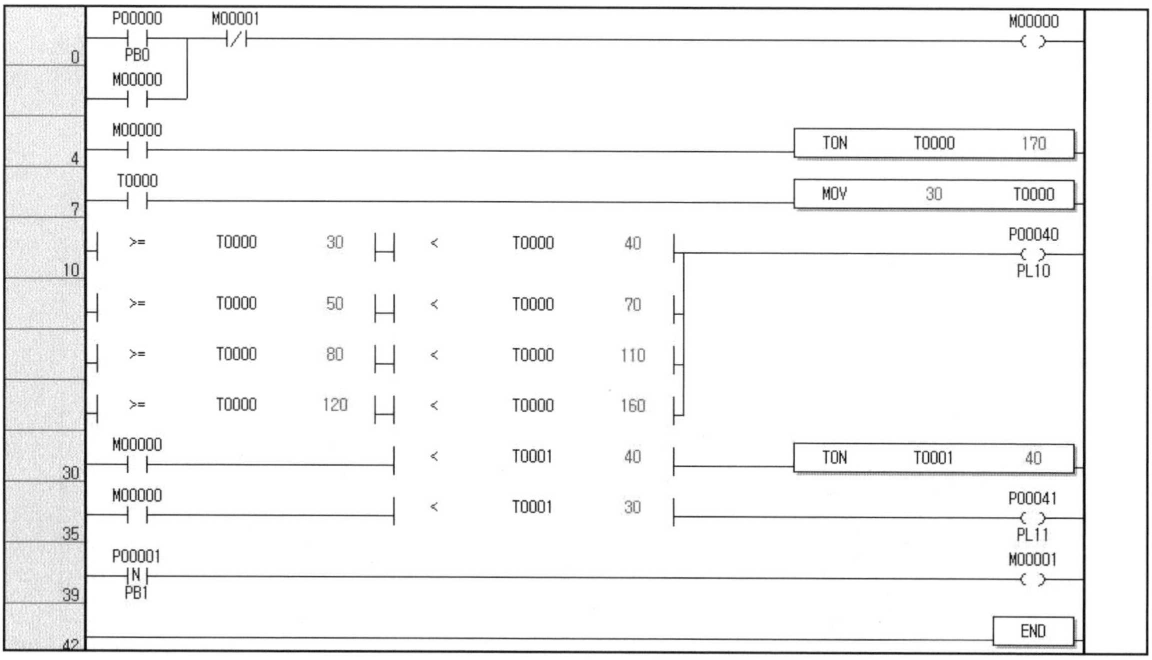

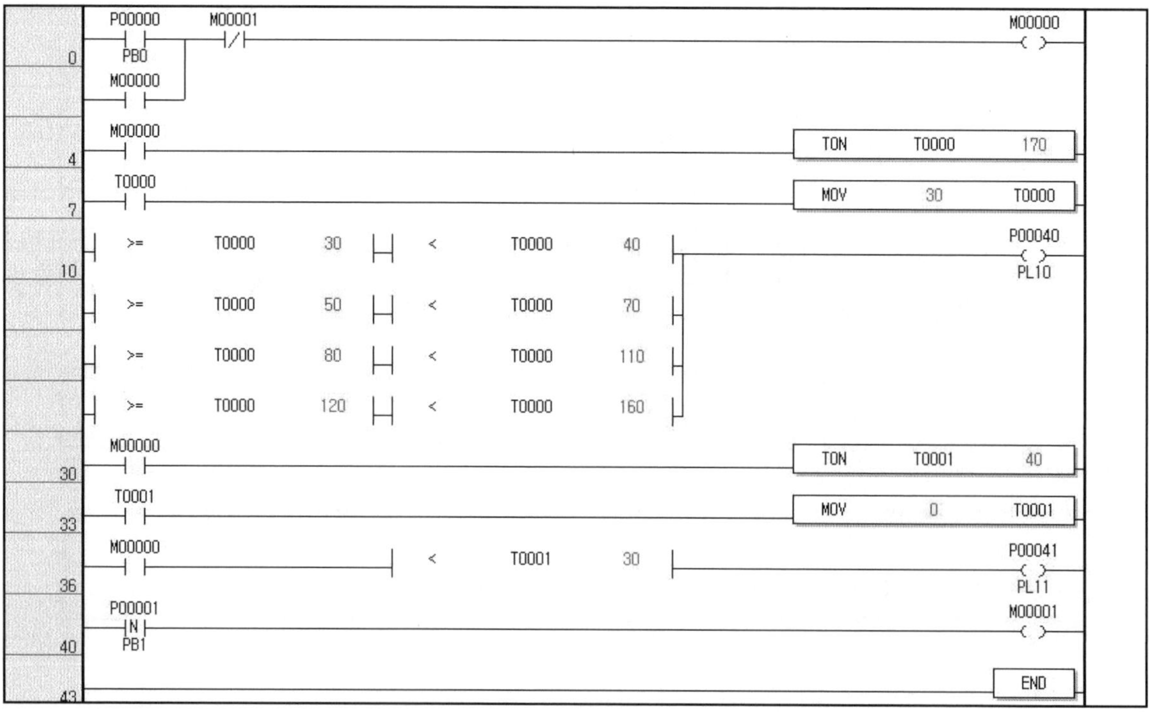

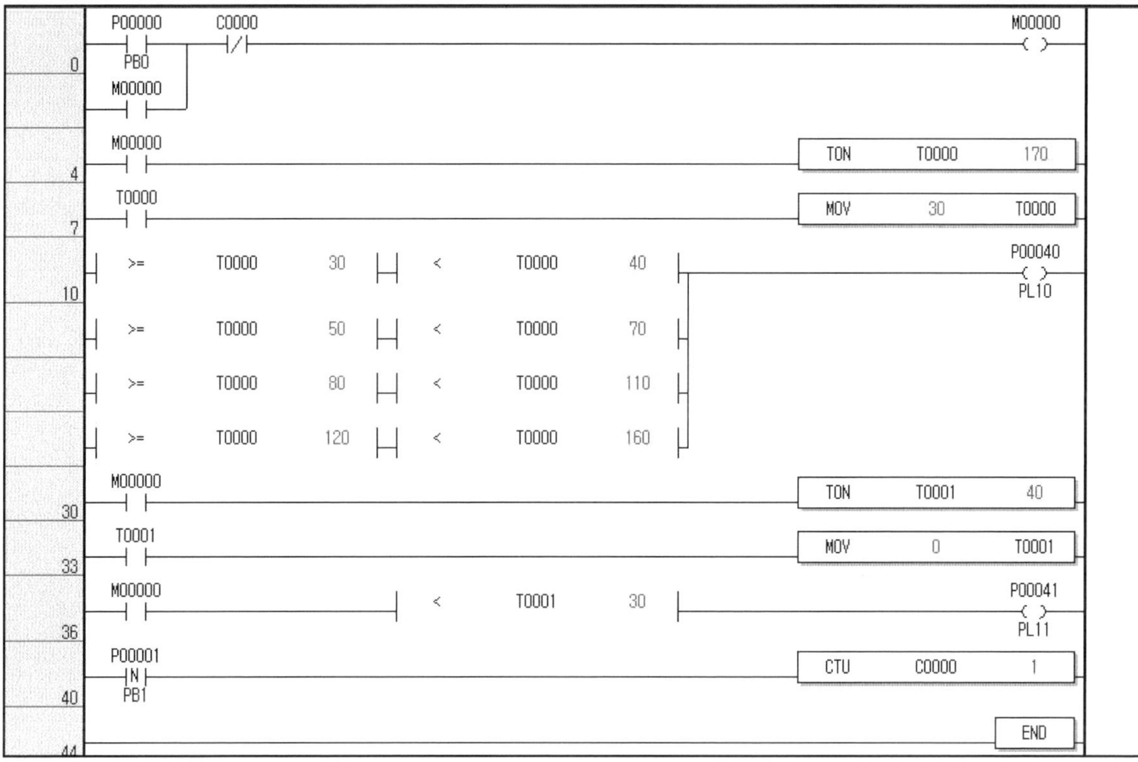
0
P00000
PB0
M00000
C0000
M00000
4
M00000
TON T0000 170
7
T0000
MOV 30 T0000
10
>= T0000 30
< T0000 40
P00040
PL10
>= T0000 50
< T0000 70
>= T0000 80
< T0000 110
>= T0000 120
< T0000 160
30
M00000
TON T0001 40
33
T0001
MOV 0 T0001
36
M00000
< T0001 30
P00041
PL11
40
P00001
N
PB1
CTU C0000 1
44
END

37.2 Melsec 프로그램(타이머 응용회로-2)

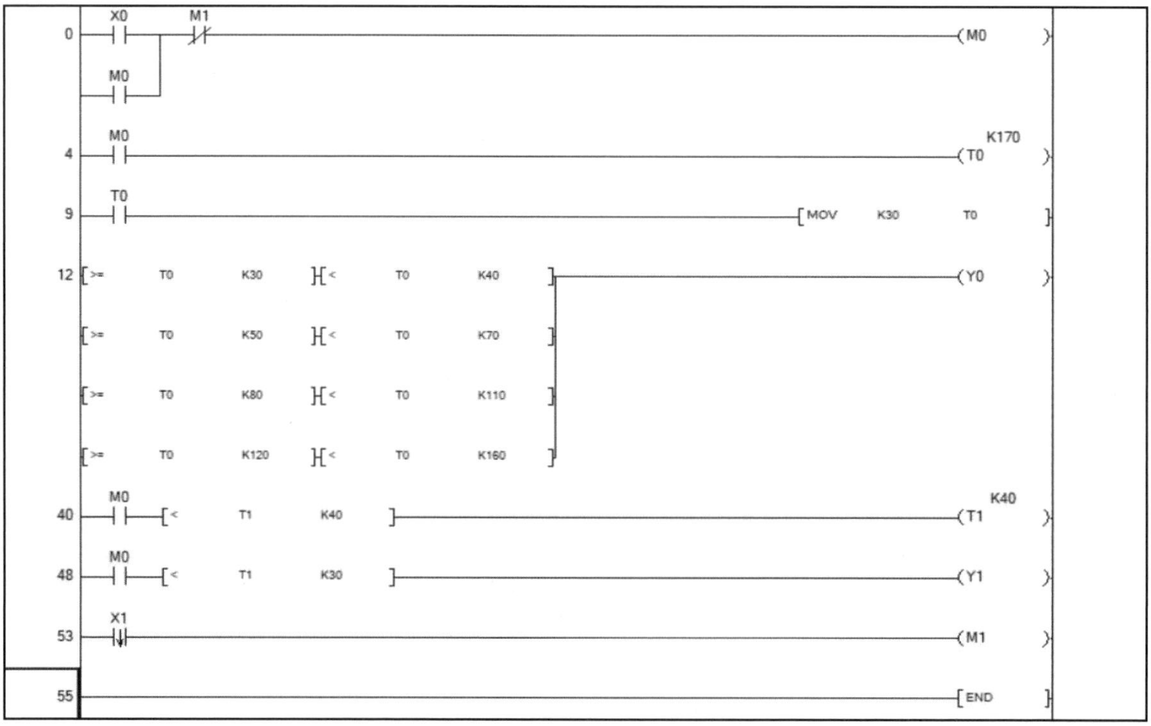

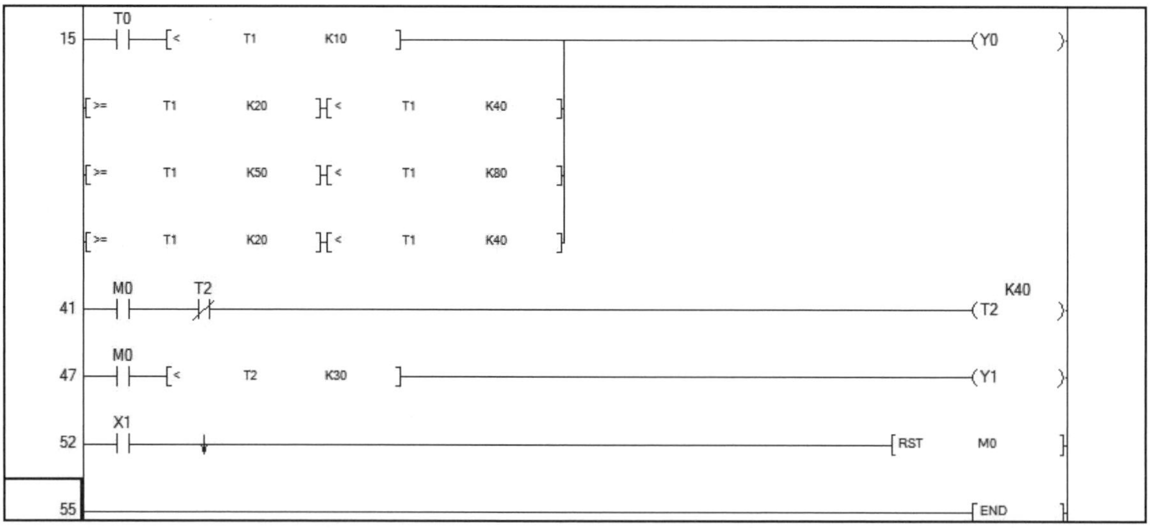

38 카운터를 이용한 응용회로

◆ 동작설명

1. PB0를 두 번 누르면 P40 1초ON/2초 OFF-1초 ON/3초 OFF-1초 ON/1초 OFF를 반복하고
2. P41이 3초후 1초 ON/1초 OFF-2초 ON/3초 OFF를 반복하고
3. P42가 4초후 2초 ON/1초 OFF-3초 ON/1초 OFF-3초 ON/1초 OFF를 반복한다.
4. 회로가 반복하고 있는 동안 PB1를 누르면 회로는 초기화 된다.

◆ 타임차트

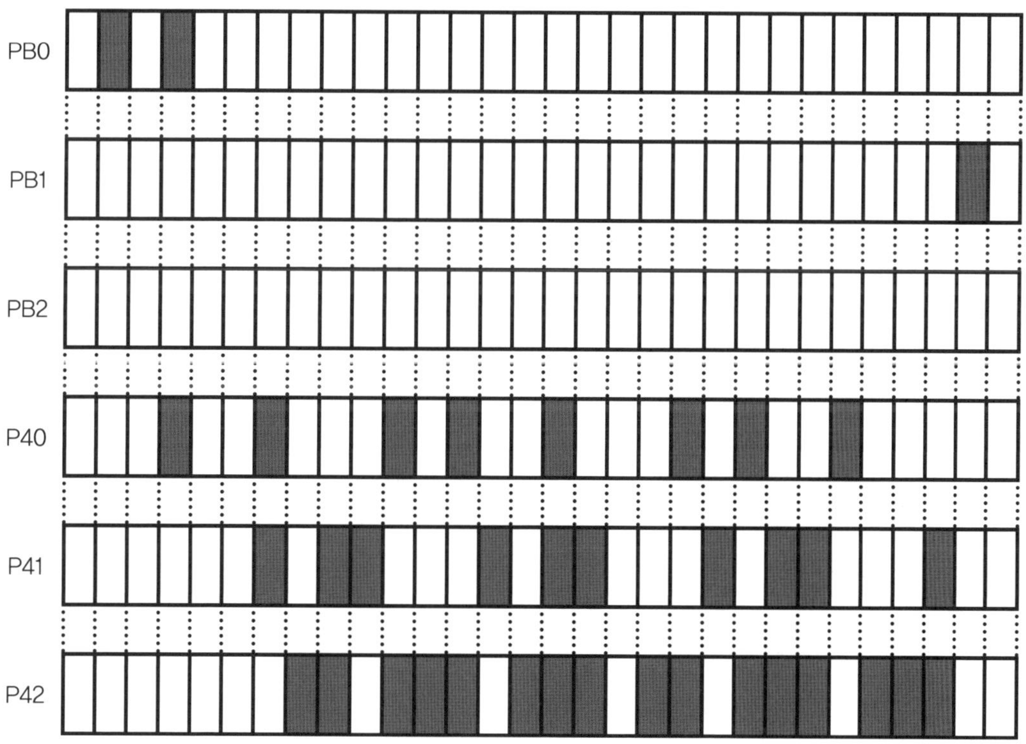

◆ 용도 및 주의사항

1. CTU, TON를 이용한 회로.

38.1 XGT 프로그램(카운터를 이용한 응용회로)

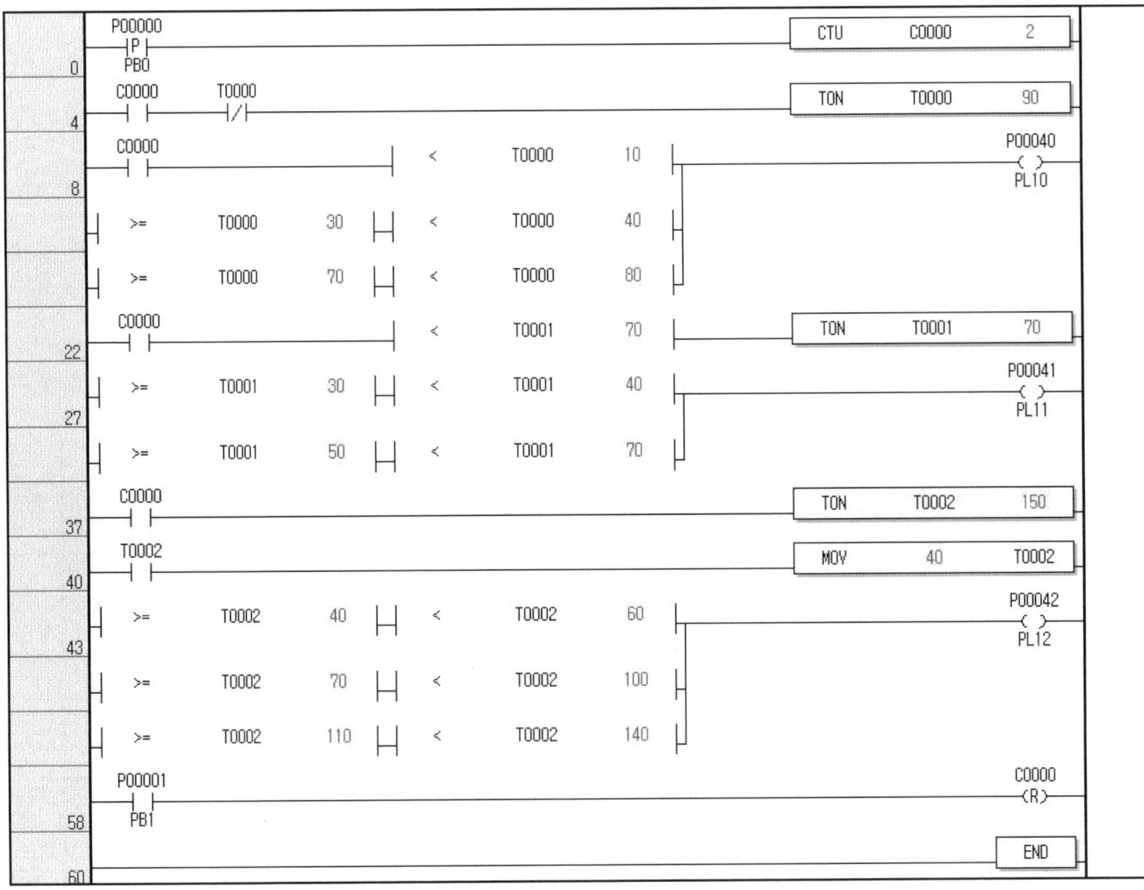

38.2 Melsec 프로그램(카운터를 이용한 응용회로)

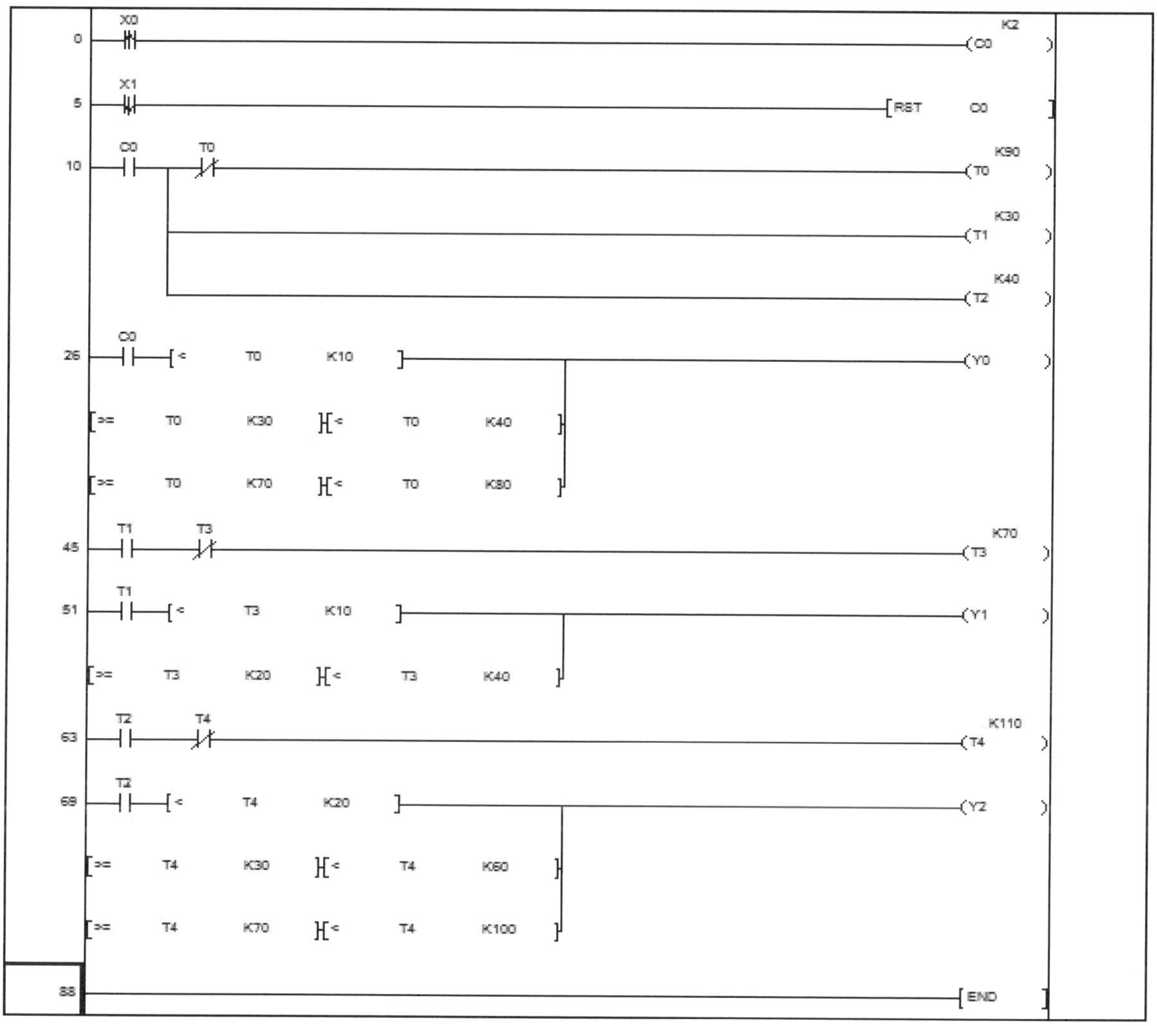

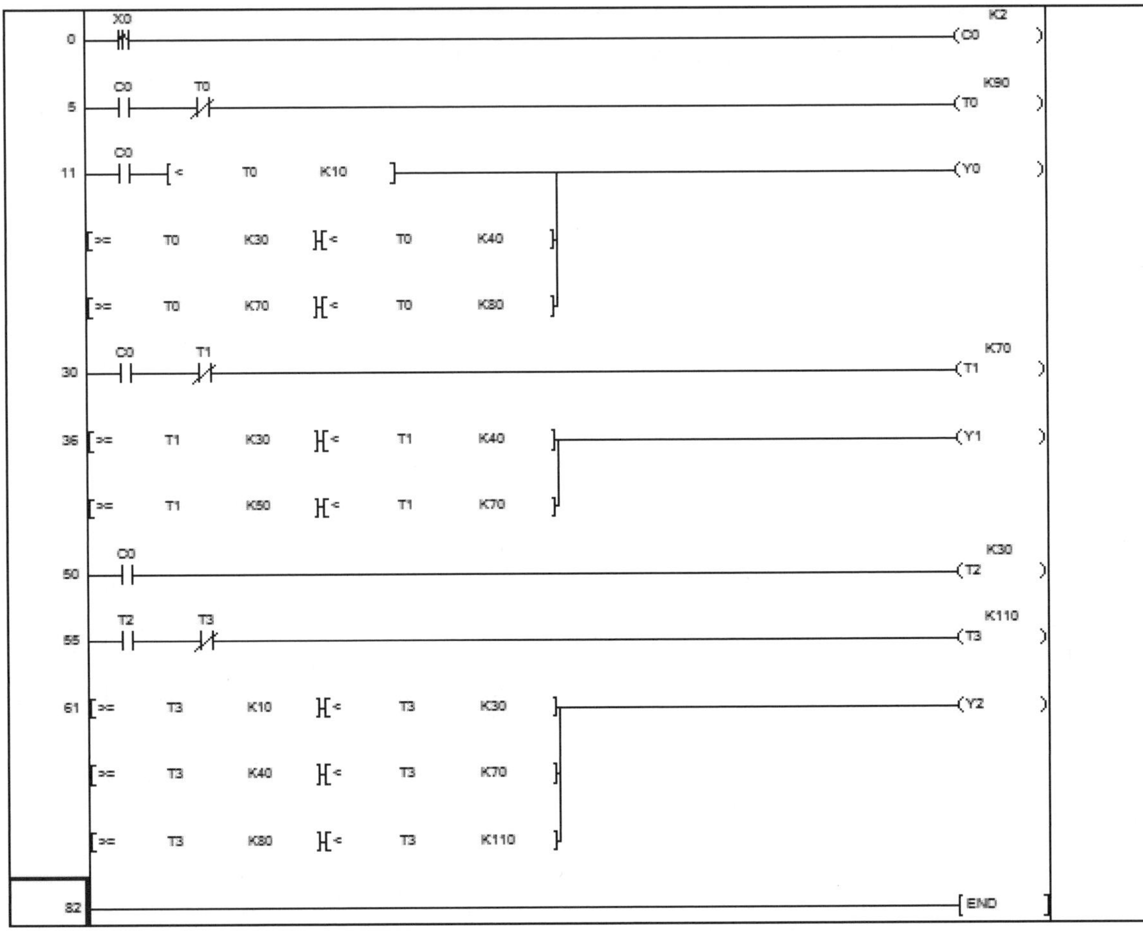
0 X0 (C0 K2)
5 C0 T0 (T0 K90)
11 C0 [< T0 K10] (Y0)
[>= T0 K30][< T0 K40]
[>= T0 K70][< T0 K80]
30 C0 T1 (T1 K70)
36 [>= T1 K30][< T1 K40] (Y1)
[>= T1 K50][< T1 K70]
50 C0 (T2 K30)
55 T2 T3 (T3 K110)
61 [>= T3 K10][< T3 K30] (Y2)
[>= T3 K40][< T3 K70]
[>= T3 K80][< T3 K110]
82 [END]

39 CTU를 이용한 응용회로-1

◆ 동작설명

1. PB0를 두 번 누르고 떼면 3초씩 P40-P41-P42-P41를 반복하는 회로
2. PB1를 두 번 누르고 떼면 회로는 초기화 된다.

◆ 타임차트

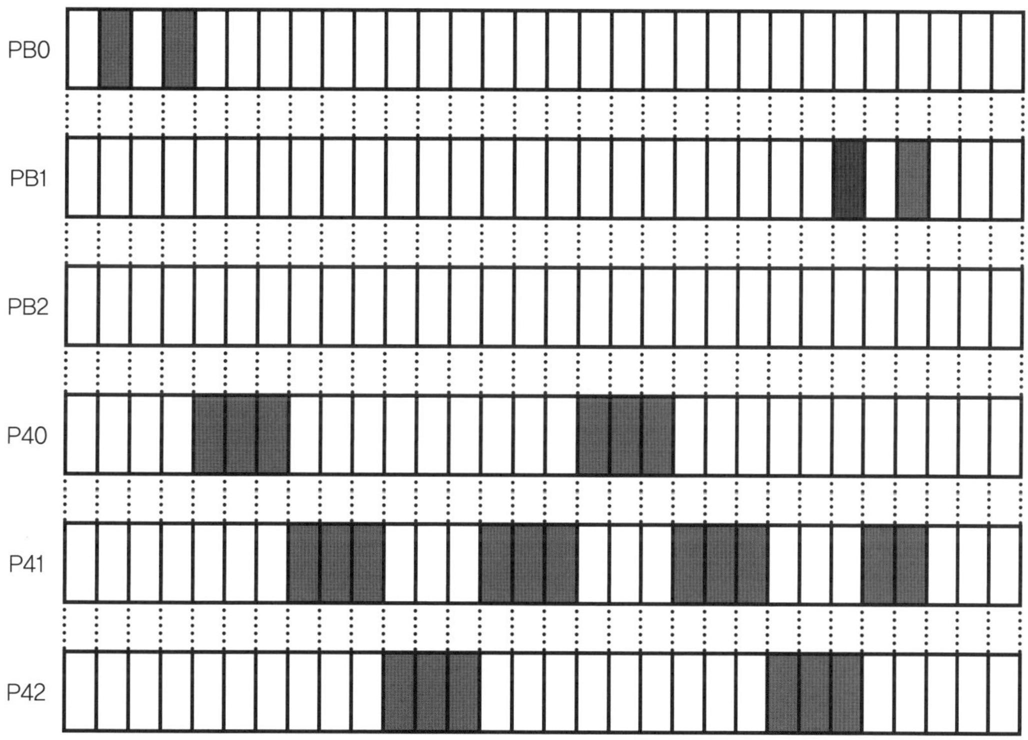

◆ 용도 및 주의사항

1. 순차적으로 점등과 소등을 반복하는 회로임

39.1 XGT 프로그램(CTU를 이용한 응용회로-1)

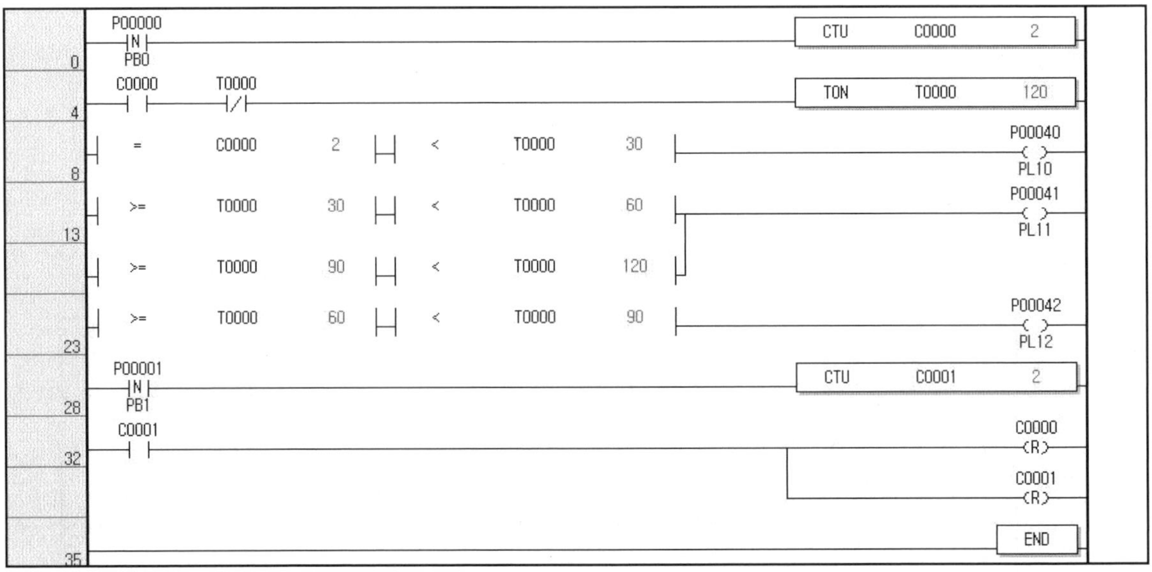

39.2 Melsec 프로그램(CTU를 이용한 응용회로-1)

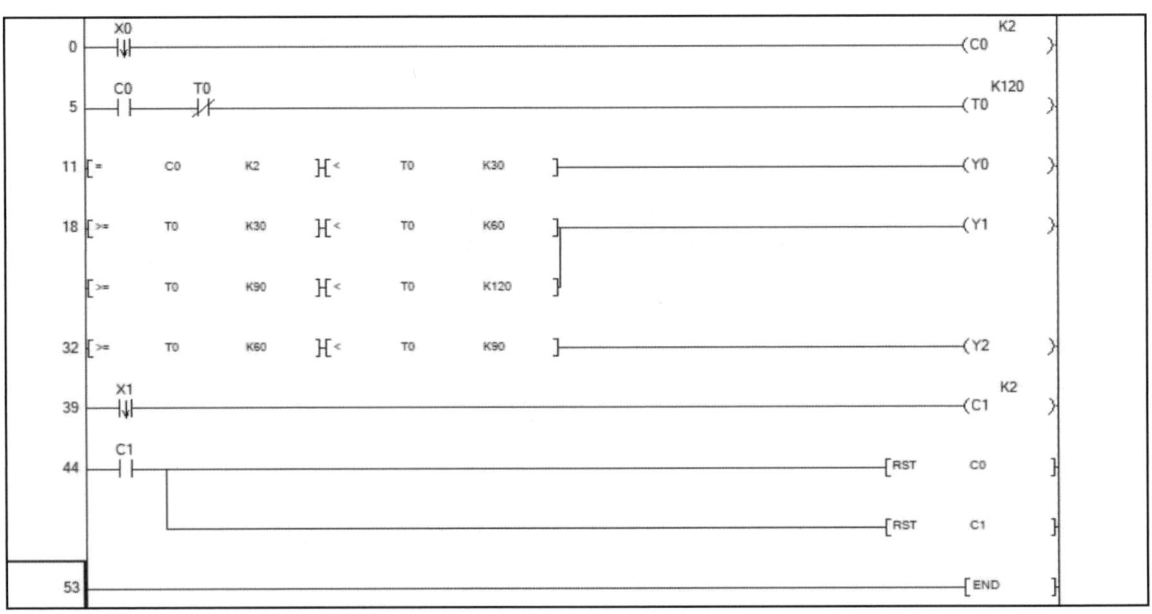

40 CTU를 이용한 응용회로-2

◆ 동작설명

1. PB0를 세 번 누르고 떼면 P40 ON
   2초후 P41 ON
   4초후 P42 ON
2. P40/P41/P42 ON 상태에서 PB1를 세 번 누르고 떼면 P40 OFF
   2초후 P41 OFF
   4초후 P42 OFF 되면서 회로는 초기화.

◆ 타임차트

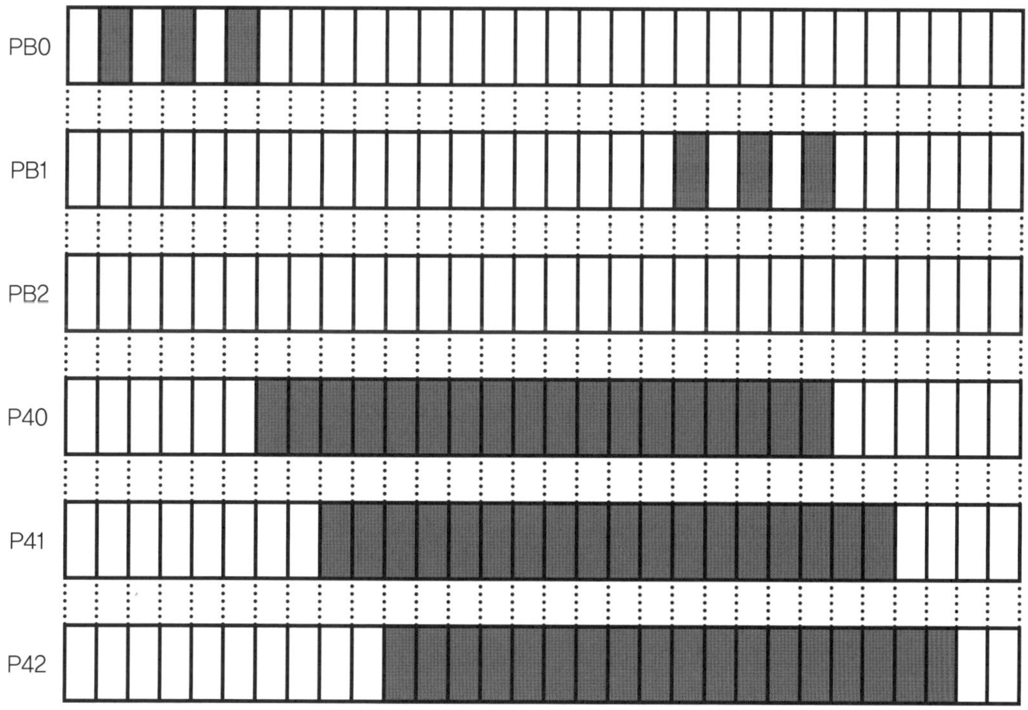

◆ 용도 및 주의사항

1. 순차점등과 순차소등회로임.
2, 자동화 라인에서 특히, 컨베어회로에 응용된다.

40.1 XGT 프로그램(CTU를 이용한 응용회로-2)

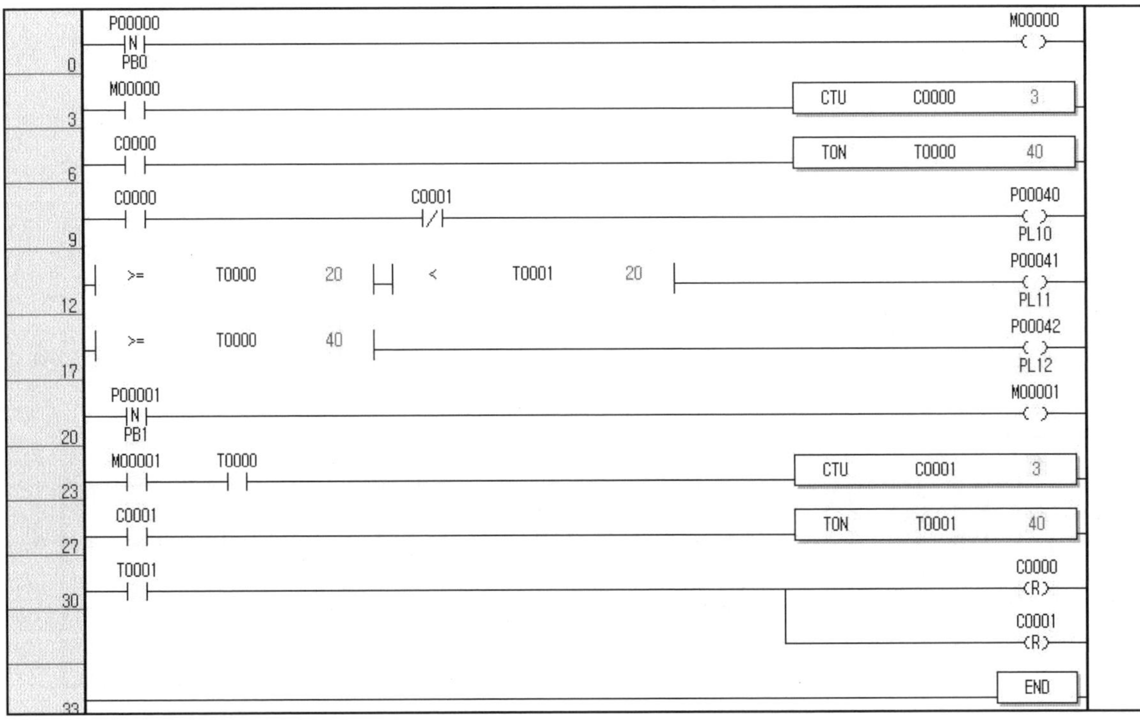

40.2 Melsec 프로그램(CTU를 이용한 응용회로-2)

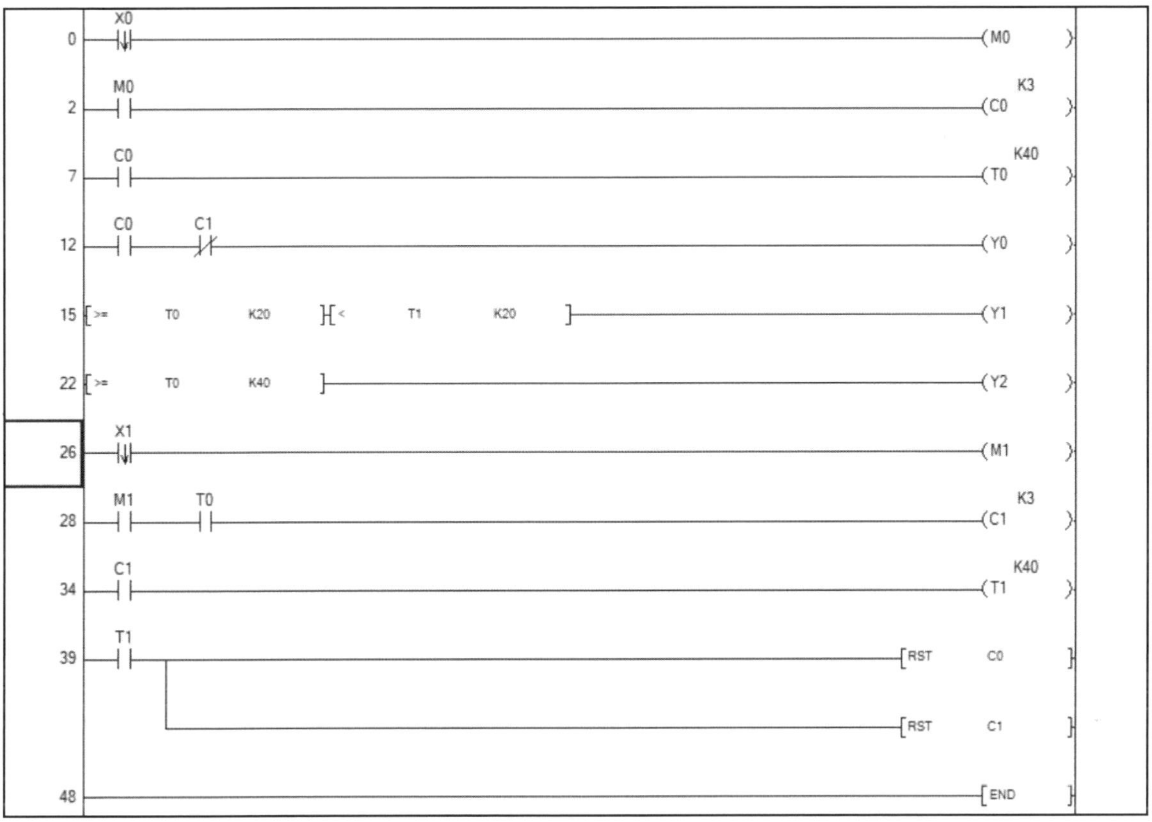

41 CTU+TON을 이용한 회로

◆ 동작설명

1. PB0를 두 번 누르면 P42 ON / 3초후 P41 ON 6초후 P40 ON(점등)
2. P42/P41/P40 모두 ON 상태일때 PB1를 누르면 P42 즉시 OFF/ 1초후 P41 OFF/ 2초후 P40 OFF 회로는 초기화 된다.

◆ 타임차트

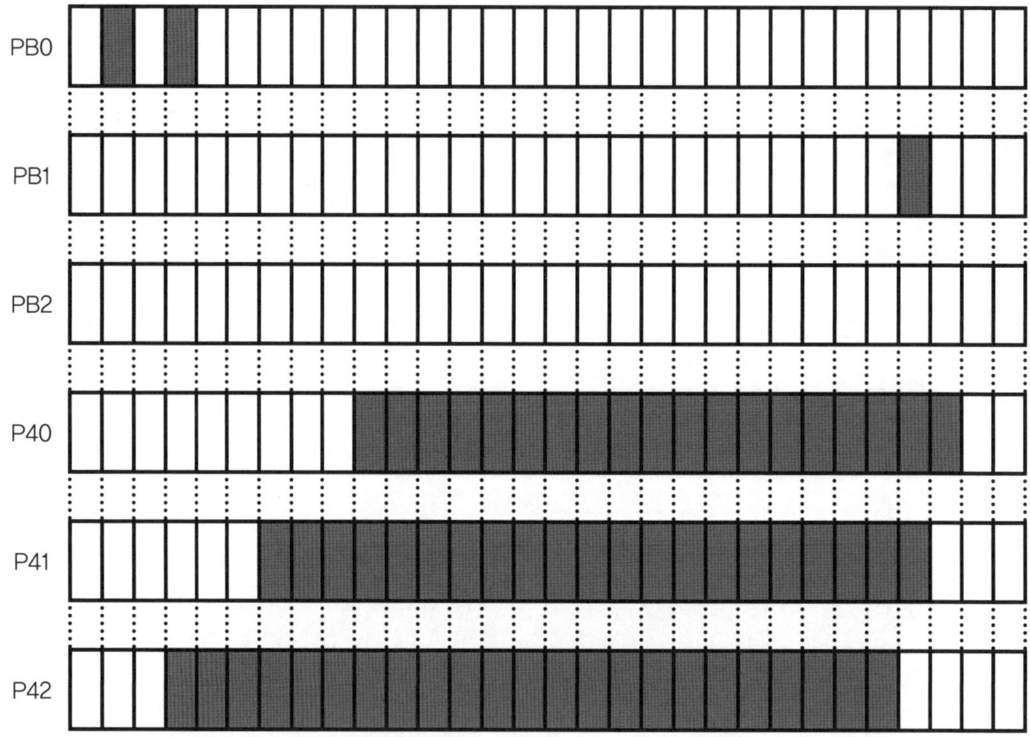

◆ 용도 및 주의사항

1. 역 순차점등회로이다.
2. P42/P41/P40 모두 ON 일때 PB1를 눌러야 한다.- 중간에 PB1를 누르면 회로가 제대로 작동하지 않는다.

41.1 XGT 프로그램(CTU+TON을 이용한 회로)

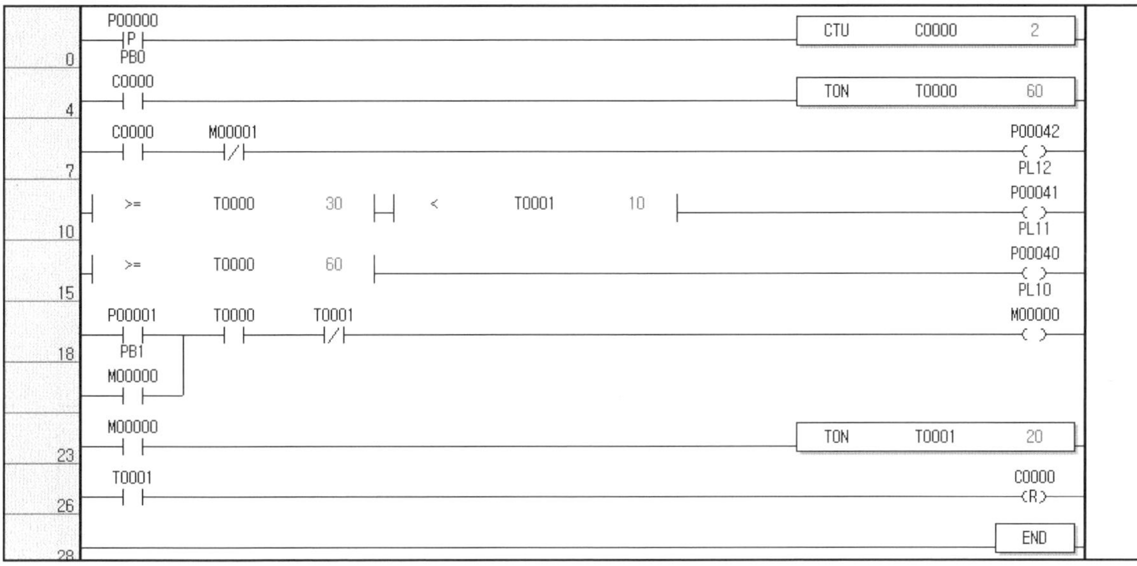

41.2 Melsec 프로그램(CTU+TON을 이용한 회로)

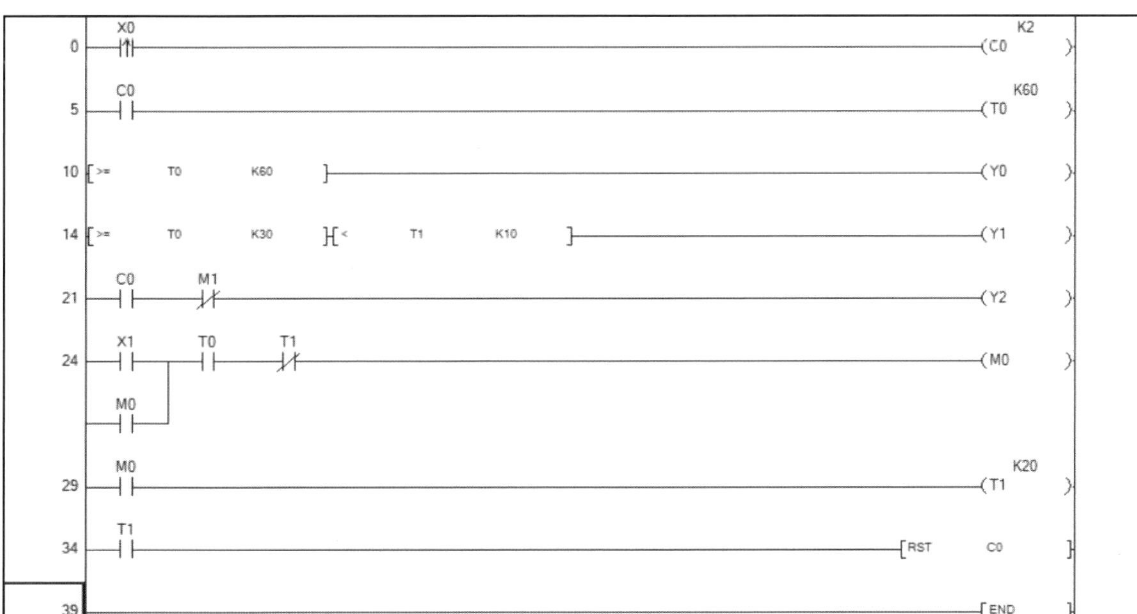

42 CTU+TON+플리커를 이용한 회로

◆ 동작설명

1. PB0를 누르면 P40이 9초 동안 1초 ON/ 1초 OFF 9초후 P41이 8초 동안 2초 ON / 1초 OFF 하고 P42가 5초 동안 ON 후 회로는 초기화 된다.

◆ 타임차트

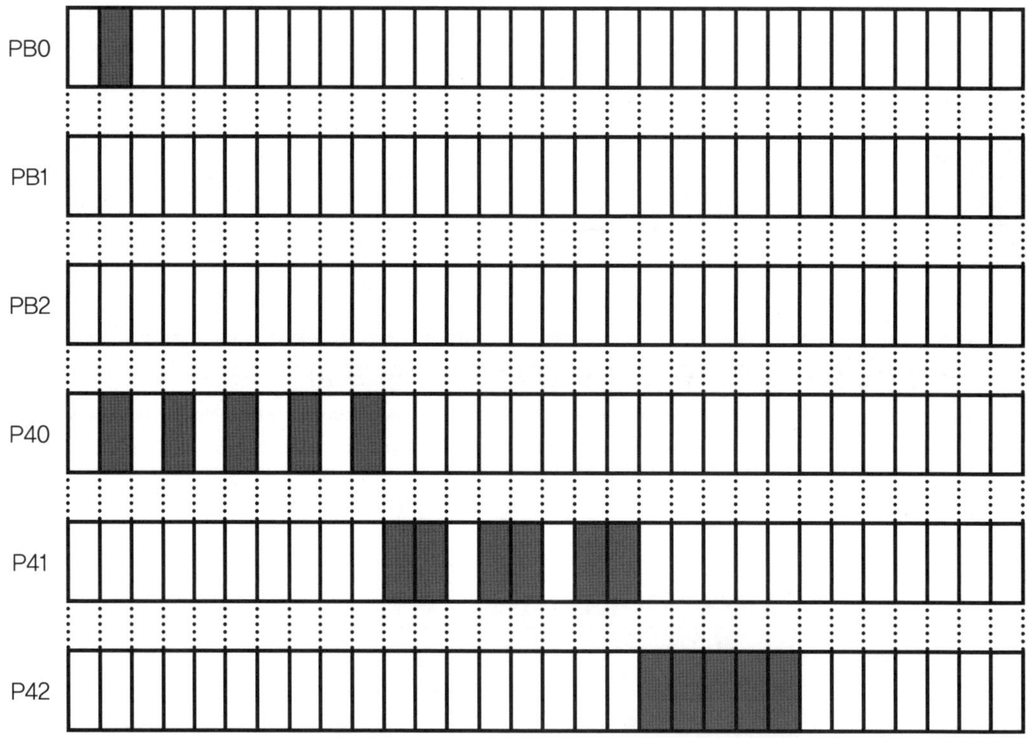

◆ 용도 및 주의사항

1. 정해진 시간동안만 점등하게 하는 회로다.
2. 간단한 회로 같지만 시간이 걸리는 문제다, 반복하여 연습하고 실무에 응용하기 바란다.

42.1 XGT 프로그램(CTU+TON+플리커를 이용한 회로)

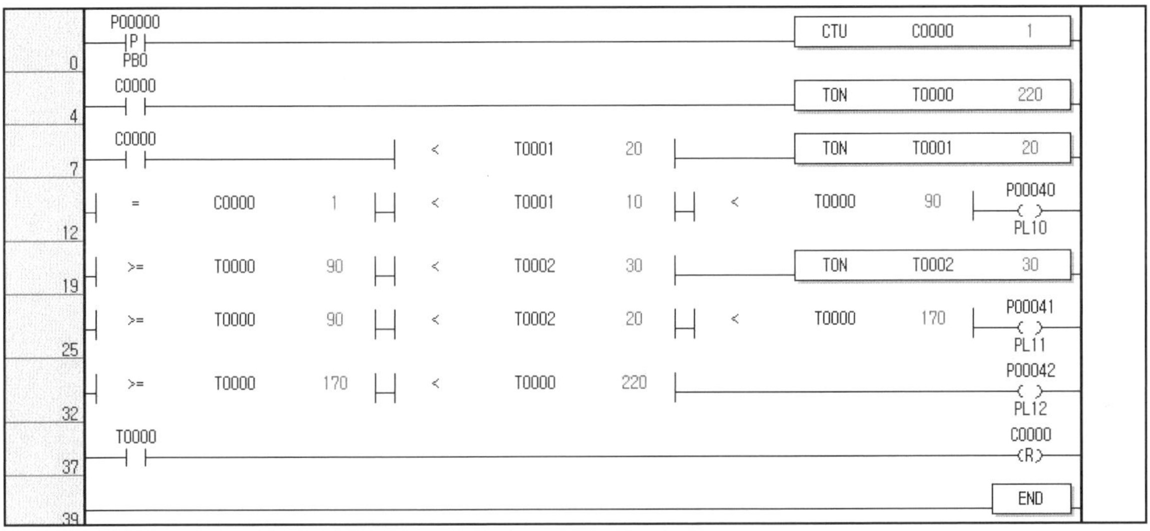

42.2 Melsec 프로그램(CTU+TON+플리커를 이용한 회로)

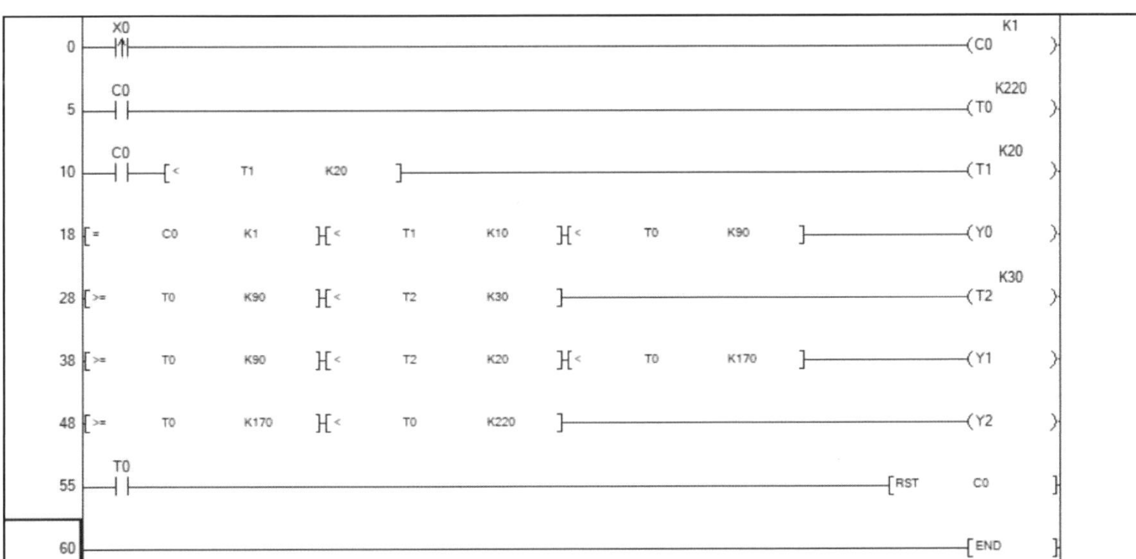

43 플리커 응용회로-1

◆ 동작설명

1. PB0를 누르고 있는 5초후에 P40이 1초 ON/ 1초 OFF 반복하는 플리커 회로가 되고
2. PB0를 떼면 P40은 OFF되고 P41이 8초 동안 2초 ON/ 1초 OFF 반복된 후 회로는 초기화 된다.

◆ 타임차트

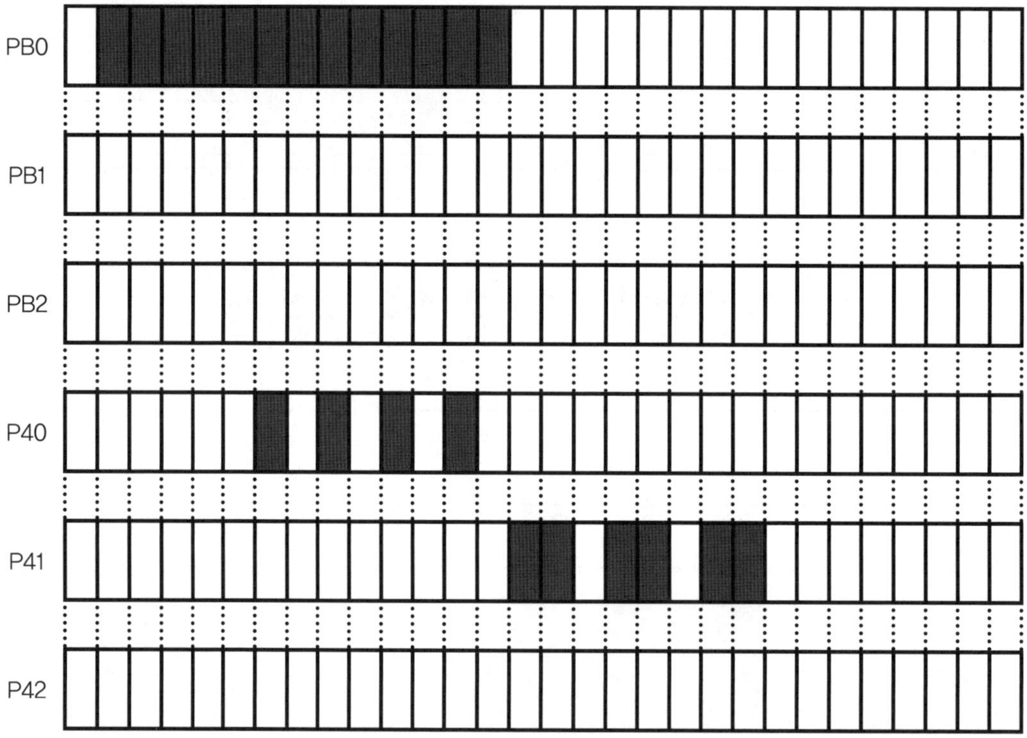

> ◆ 용도 및 주의사항
> 1. 누를때 일정시간후에 플리커회로가 ON하고 또한 누르고 뗄 때 플리커회가 일정시간동안만 동작하고 회로는 초기화 되는 회로임.

43.1 XGT 프로그램(플리커 응용회로-1)

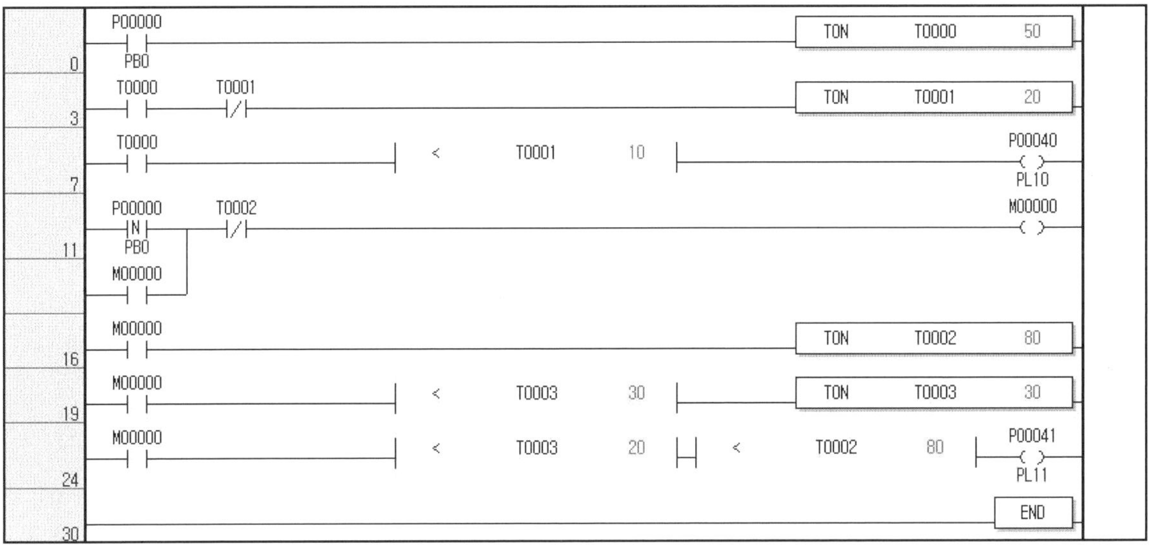

43.2 Melsec 프로그램(플리커 응용회로-1)

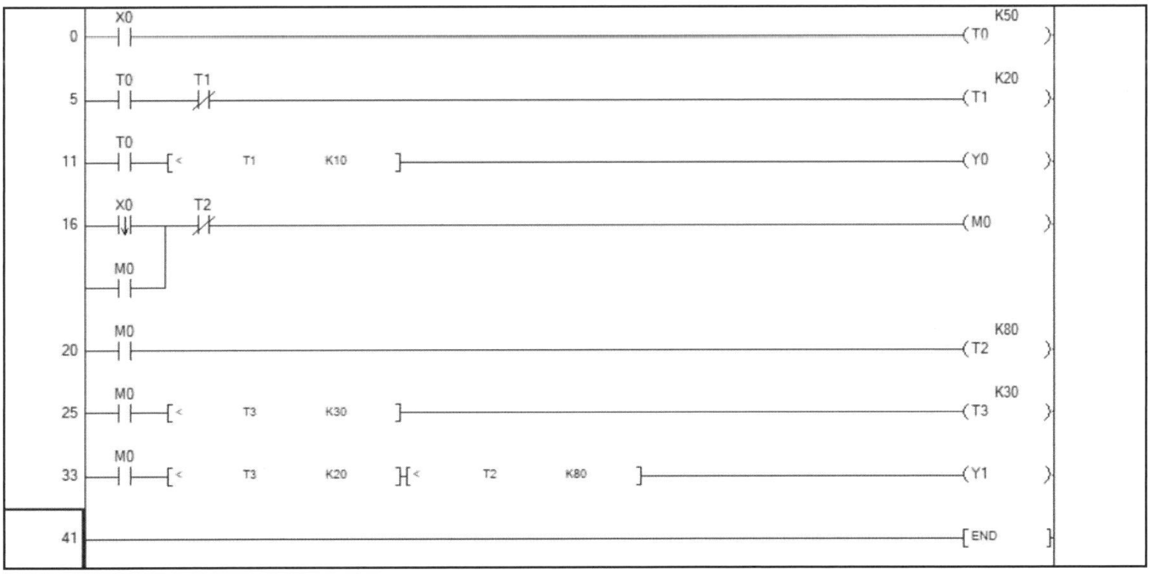

44 플리커 응용회로-2

◆ 동작설명

1. PB0를 누르면 3초후에 P40이 5초동안 1초 ON/ 1초 OFF를 반복하고 난후 PB0를 떼면
2. P40이 9초 동안 ON/OFF 반복 P41이 9초 동안 ON(점등) P42가 9초 동안 4초 ON / 1초 OFF/4초 ON 한 후 회로는 초기화 된다.

◆ 타임차트

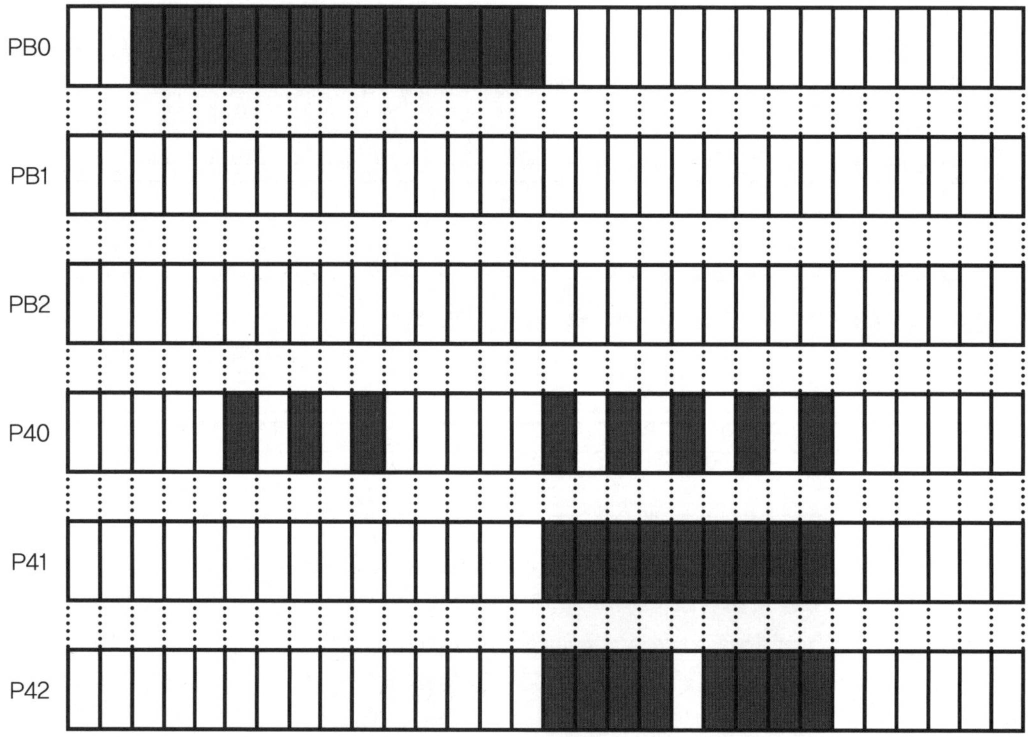

◆ 용도 및 주의사항

1. 누를때 일정시간후에 플리커회로가 ON 하고 또한 누르고 뗄 때 플리커회가 일정시간동안만 동작하고 회로는 초기화 되는 회로임.

44.1 XGT 프로그램(플리커 응용회로-2)

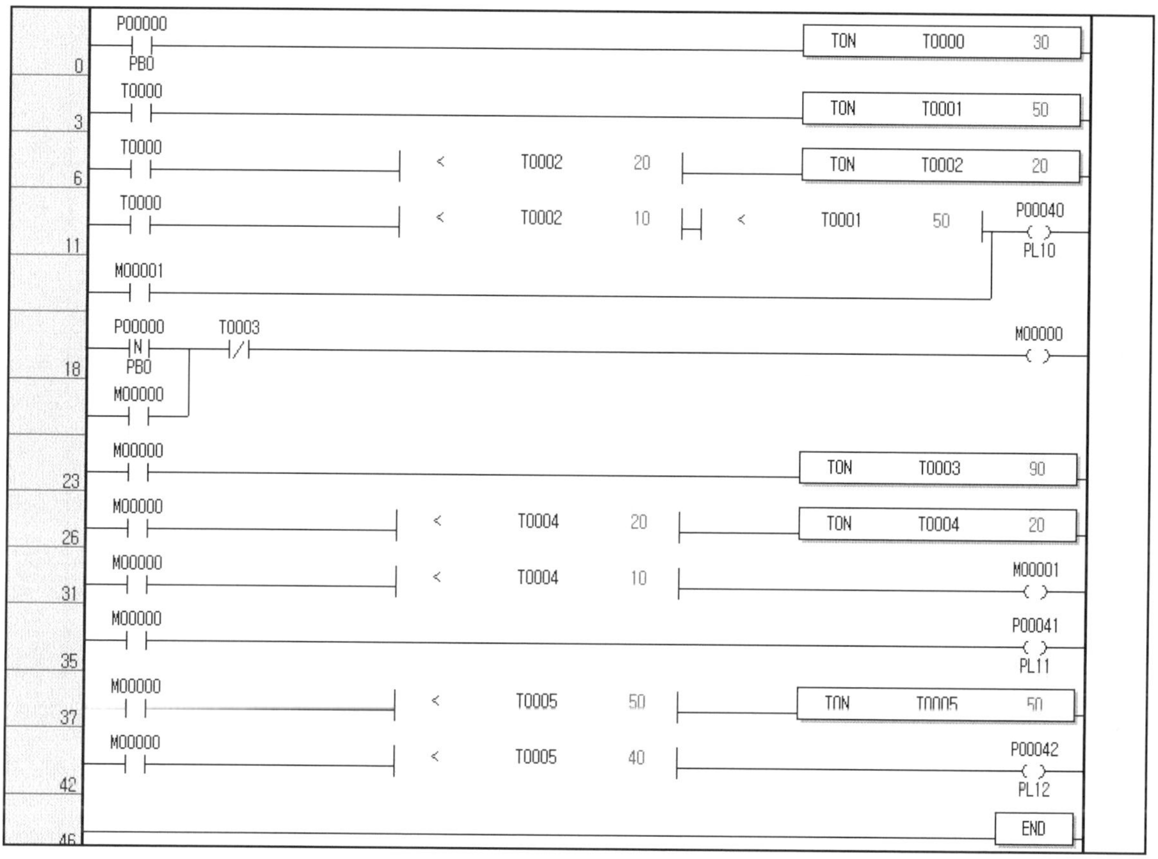

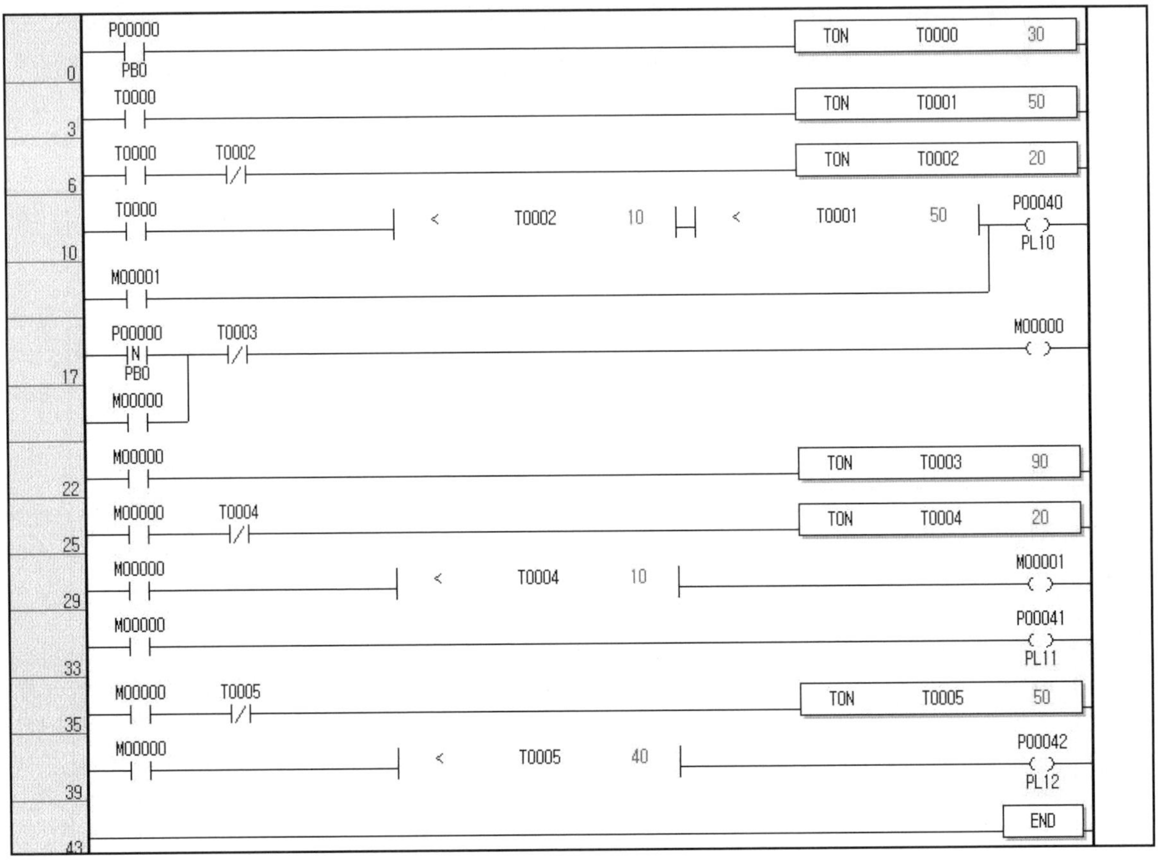
0
P00000
PB0
TON T0000 30
3
T0000
TON T0001 50
6
T0000 T0002
TON T0002 20
10
T0000
< T0002 10
< T0001 50
P00040
PL10
M00001
17
P00000
N
PB0
T0003
M00000
M00000
22
M00000
TON T0003 90
25
M00000 T0004
TON T0004 20
29
M00000
< T0004 10
M00001
33
M00000
P00041
PL11
35
M00000 T0005
TON T0005 50
39
M00000
< T0005 40
P00042
PL12
43
END

44.2 Melsec 프로그램(플리커 응용회로-2)

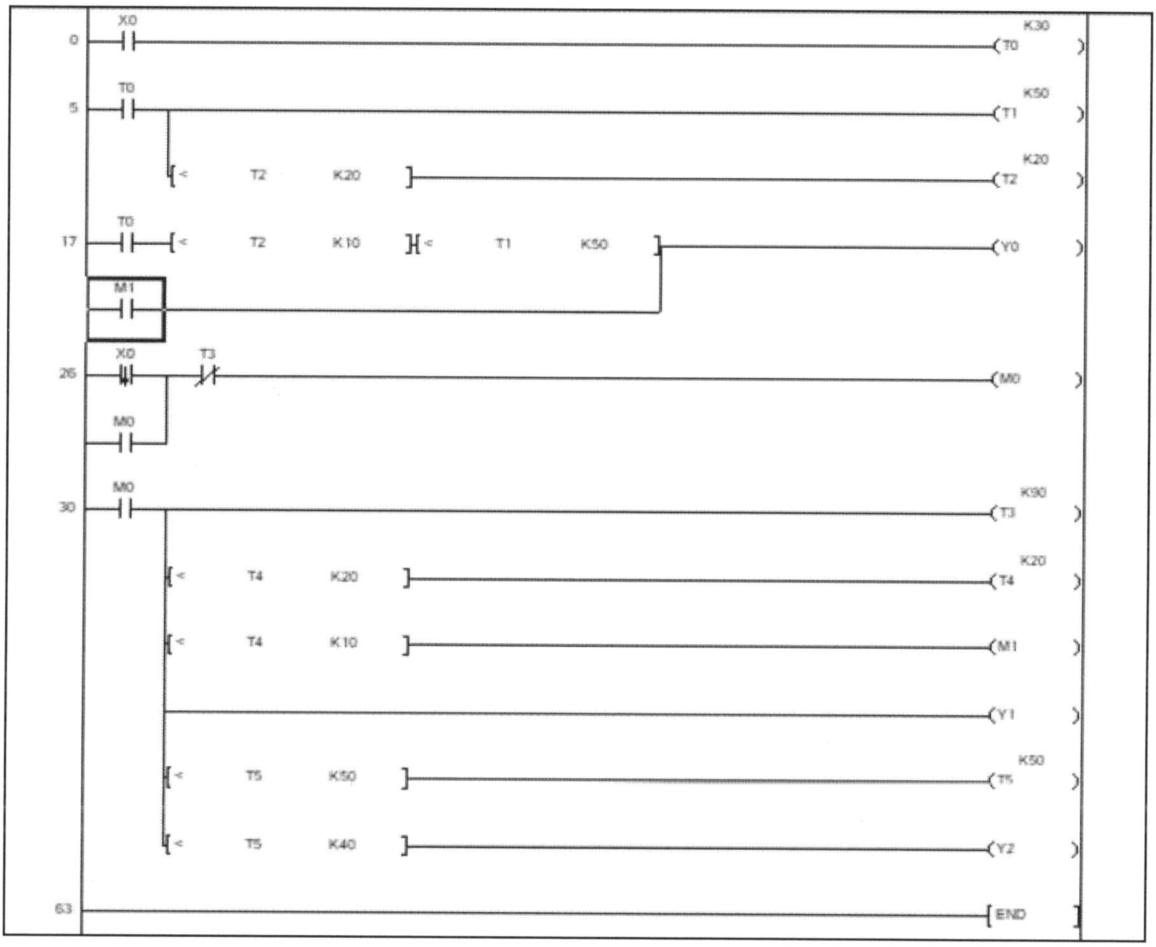

45 자기유지 응용회로

◆ 동작설명

1. PB0를 누르면 P40이 자기유지되어 ON되고 P40이 ON된 상태에서 PB1를 누르면 P40은 OFF 되고 회로는 초기화 된다.
2. 다시 PB0를 누르면 P40이 ON 되고 PB0과 PB1를 동시에 누른다면 P40이 OFF 되는 정지우선회로임.
3. PB2를 누르면 P41이 ON 되고 PB1를 누르면 P41 OFF 되고 회로는 초기화 된다.
4. 다시 PB2를 누르면 P41이 ON 되고 PB2와 PB1를 동시에 누른다면 P41이 점등되는 기동우선회로
5. P41이 ON된 상태에서 PB1를 단독으로 누르면 P41 OFF 되고 회로는 초기화 된다.

◆ 타임차트

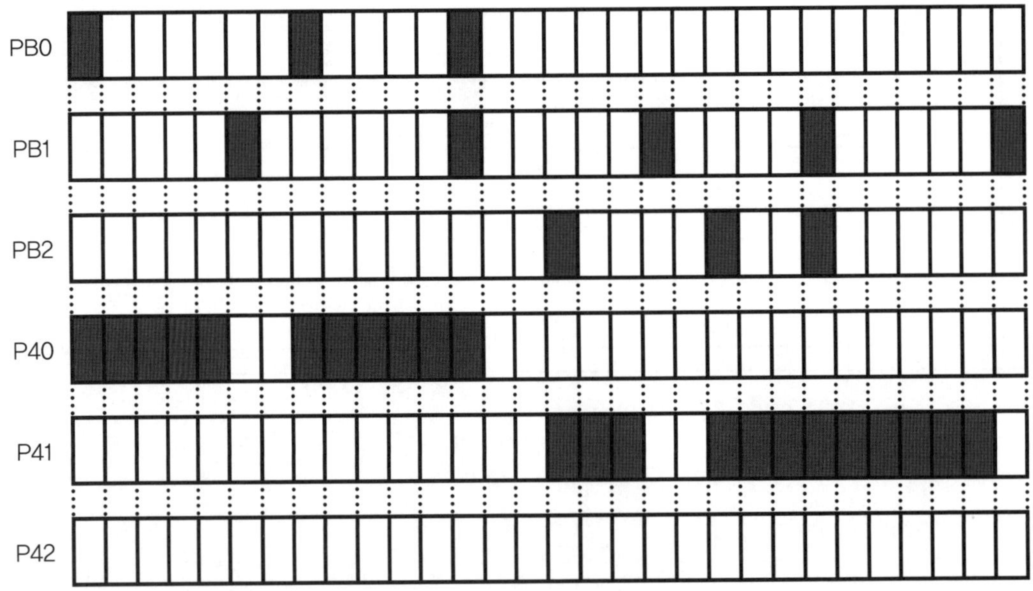

> ◆ 용도 및 주의사항
> 1. 자기유지회로에는 기동우선회로와 정지우선회로가 있다.
> 2. 각각의 쓰임새가 분명히 다르다.
> 3. 반전명령어를 사용하여 회로를 구성해 보자.

45.1 XGT 프로그램(자기유지 응용회로)

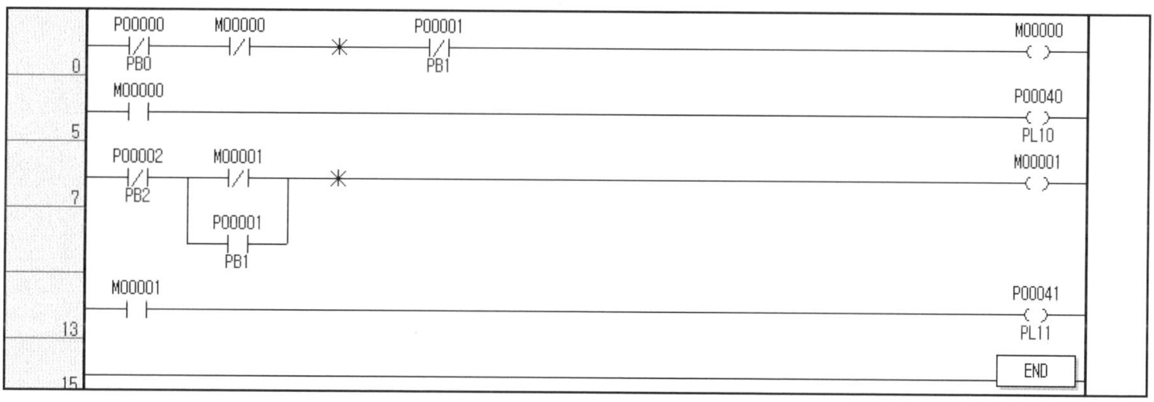

45.2 Melsec 프로그램(자기유지 응용회로)

46 CTU 응용회로-1

◆ 동작설명

1. PB0를 한번 누르고 떼면 P40 ON, 두 번 누르고 떼면 P41 ON 세 번 누르고 떼면 P42 ON
2. PB1를 한번 누르고 떼면 P42 OFF 두 번 누르고 떼면 P41 OFF 세 번 누르고 떼면 P40 OFF 하고 회로는 초기화 된다.

◆ 타임차트

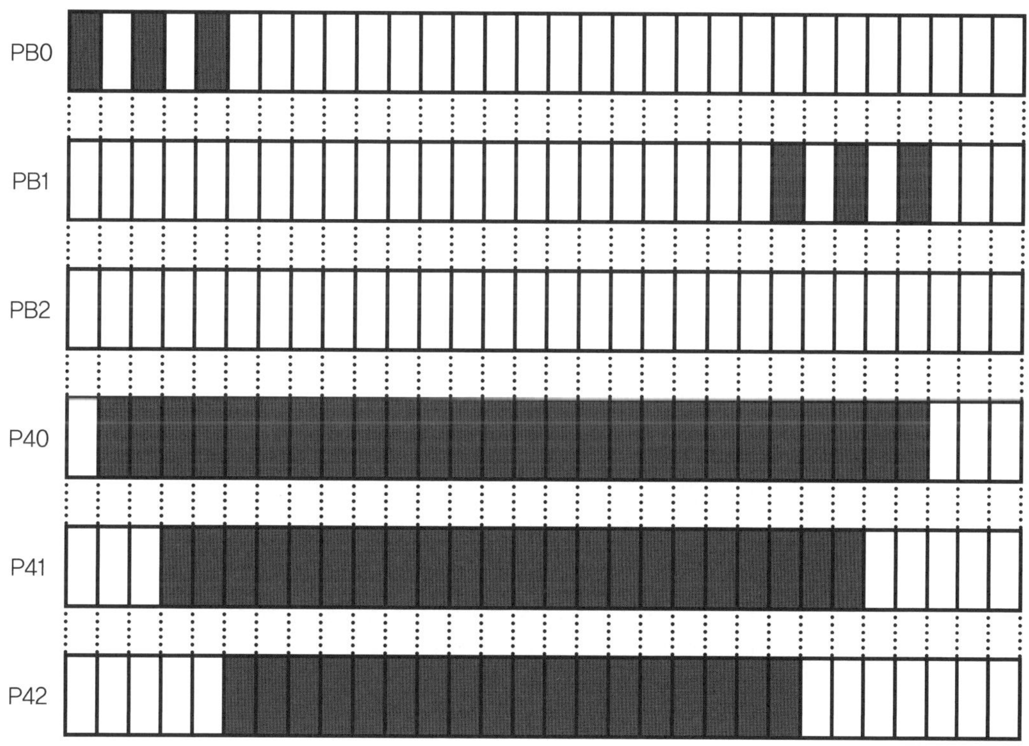

◆ 용도 및 주의사항

1. 증감회로다.

46.1 XGT 프로그램(CTU 응용회로-1)

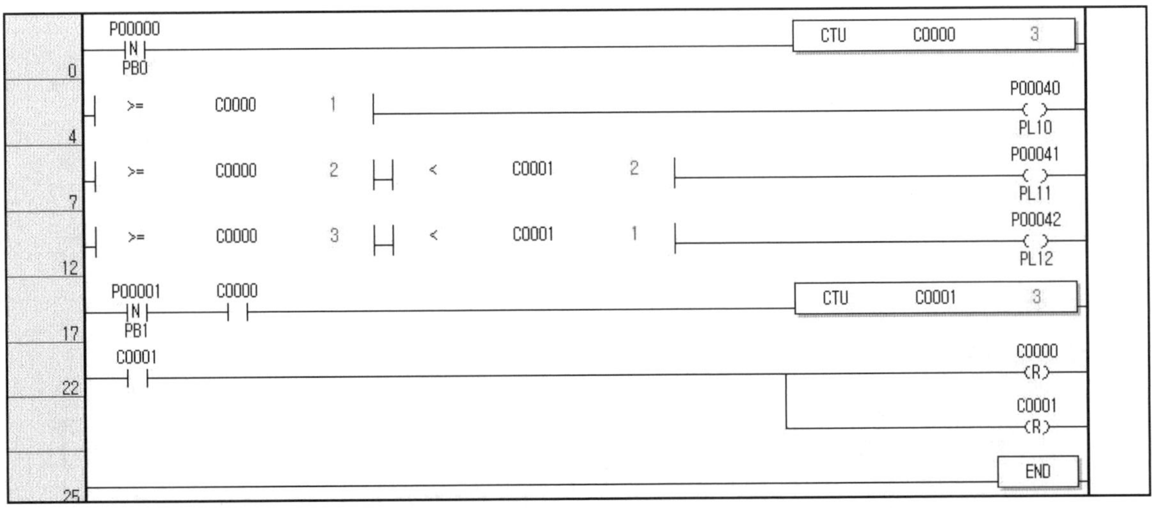

46.2 Melsec 프로그램(CTU 응용회로-1)

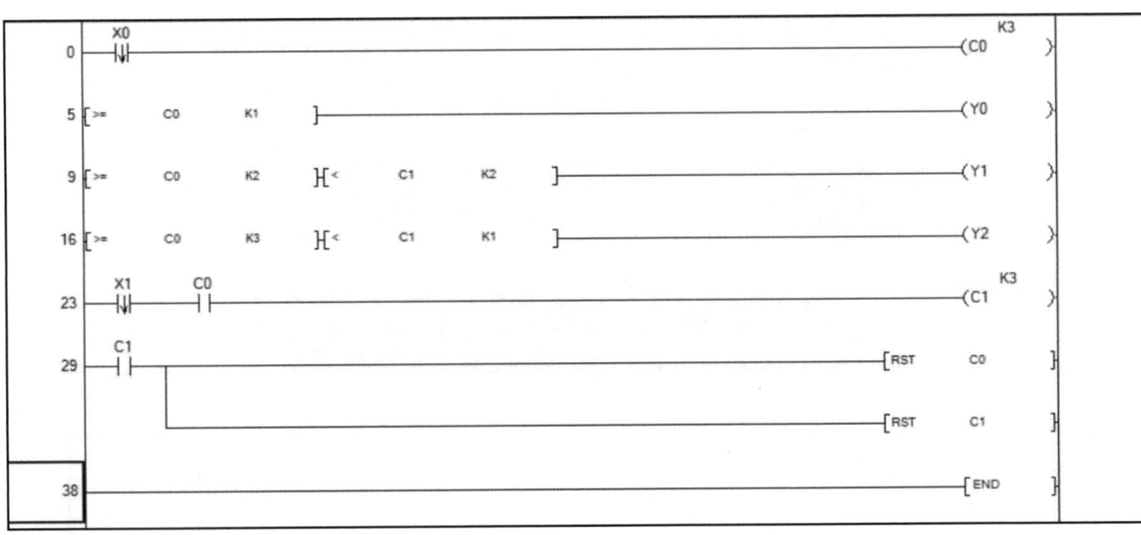

47 CTU 응용회로-2

◆ 동작설명

1. PB0를 한 번 누르면 P40이 ON 두 번 누르면 P41 ON 세 번 누르면 P42 ON
2. P40,P41,P42가 ON된 상태에서 PB0를 네 번 누르면 P42 OFF 다섯 번 누르면 P41 OFF 여섯 번 누르면 P40 OFF 되면서 회로는 초기화 된다.

◆ 타임차트

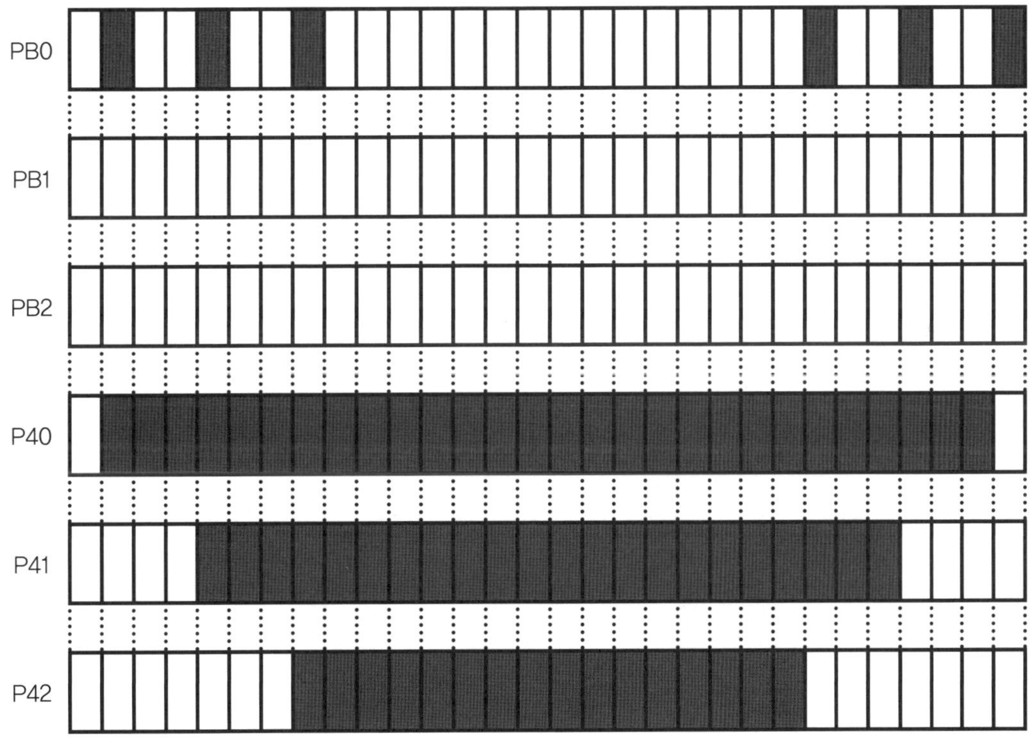

◆ 용도 및 주의사항

1. 증감회로다.

47.1 XGT 프로그램(CTU 응용회로-2)

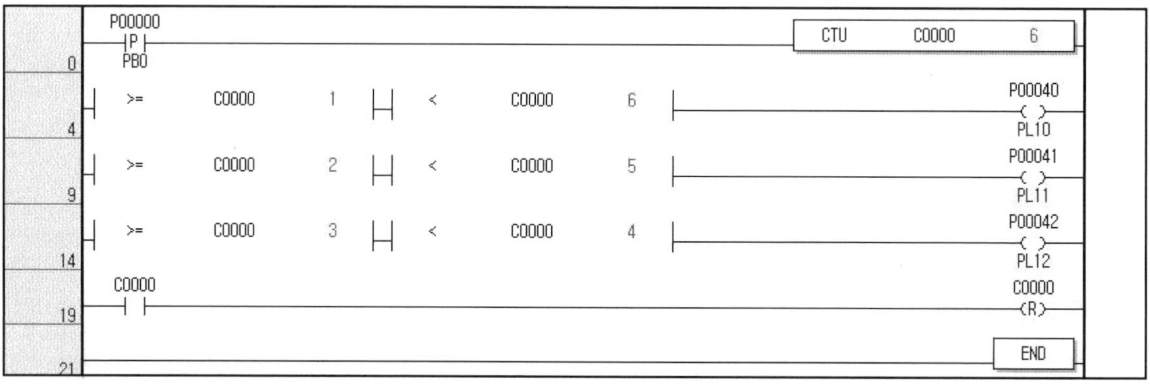

47.2 Melsec 프로그램(CTU 응용회로-2)

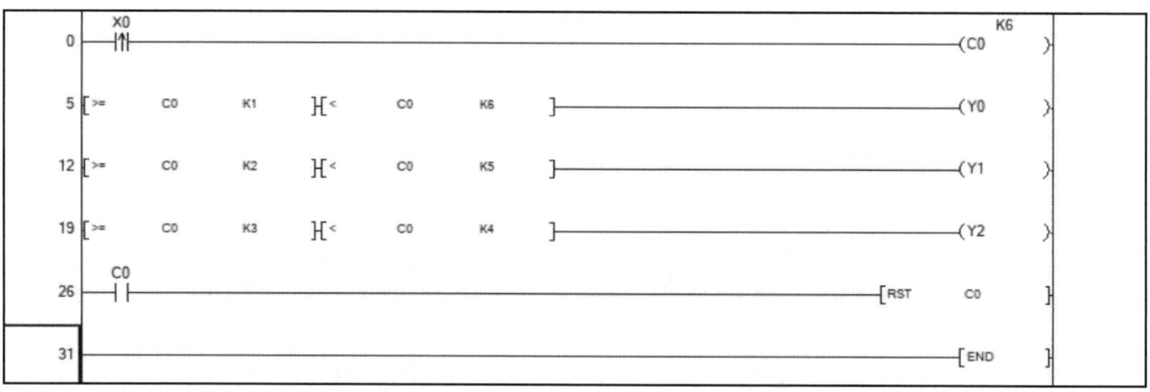

48 플리커 응용회로

◆ 동작설명

1. PB0를 누르고 떼면 P40 3초 ON/5초 OFF P41은 3초후 1초 ON/1초 OFF P42는 2초 ON/6초 OFF를 반복한다.
2. PB1이 입력이 되면 회로는 정지하고 초기화 된다.

◆ 타임차트

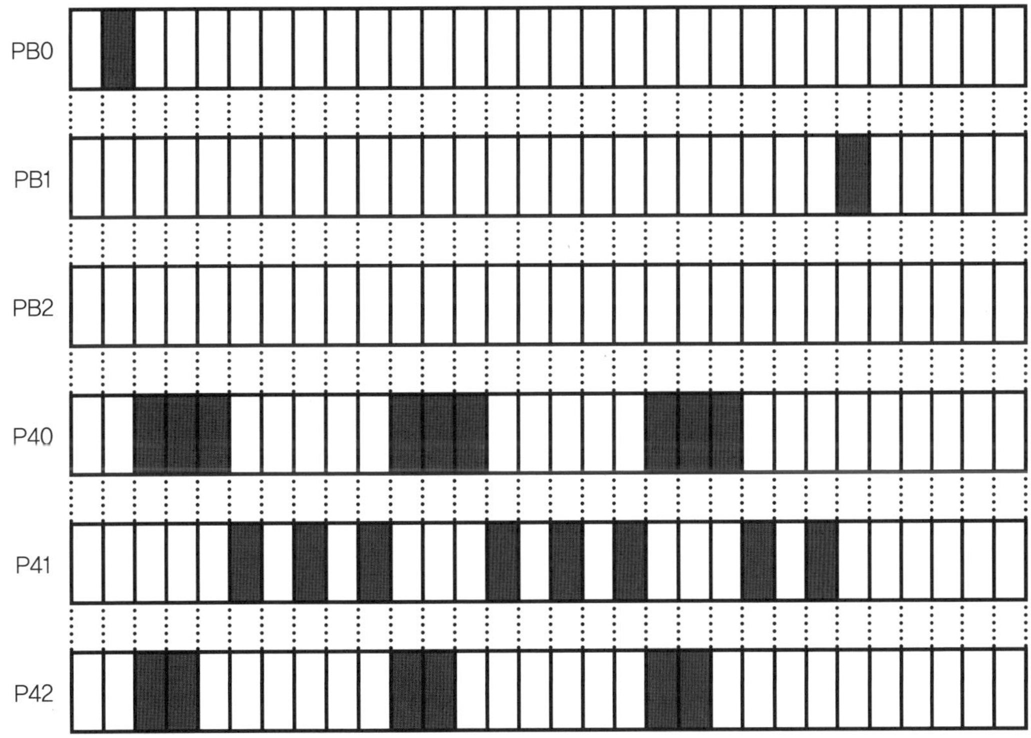

◆ 용도 및 주의사항

1. 타이머와 플리커회로의 조합으로 구성된다.

48.1 XGT 프로그램(플리커 응용회로)

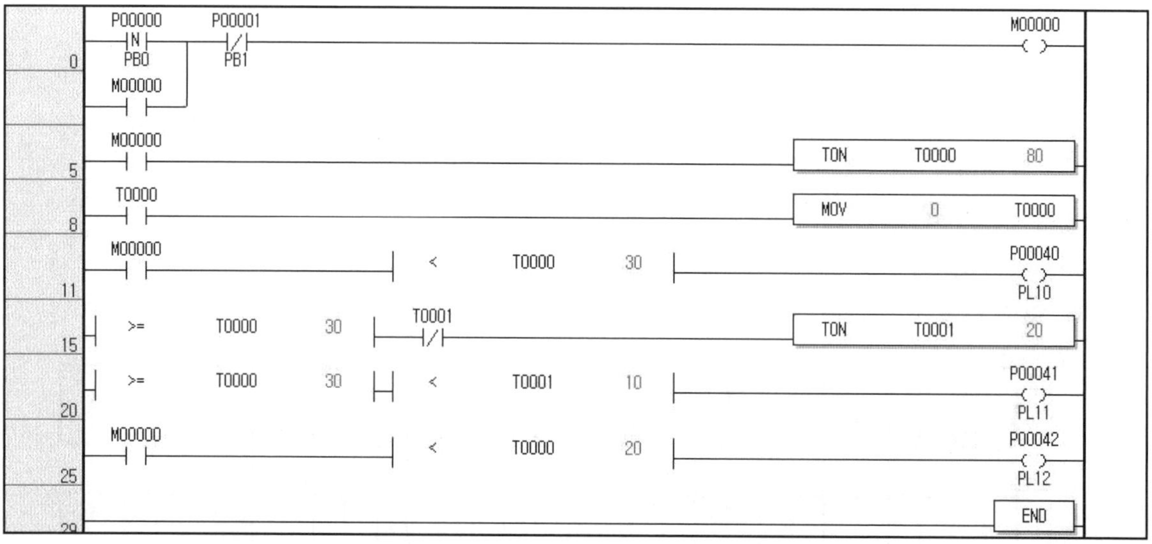

48.2 Melsec 프로그램(플리커 응용회로)

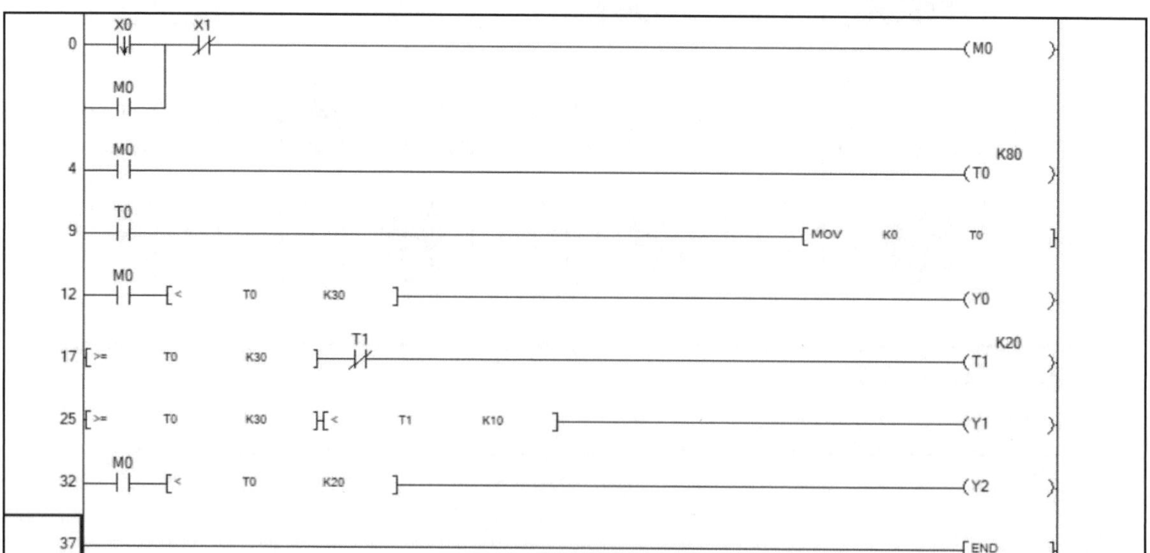

49 신호등을 이용한 응용회로

◆ 동작설명

1. PB0를 누르고 떼면 인도적색 7초동안 ON 차도청색 4초동안 ON 후 차도주황 3초간 ON 후 차도적색 ON
2. 차도주황과 인도적색이 OFF 되면 인도청색은 7초동안 ON 후 8초동안 1초 ON/1초 OFF 반복
3. 인도청색과 차도적색이 OFF 되면 회로는 다시 반복동작하고 PB0를 누르면 회로는 초기화된다.

◆ 타임차트

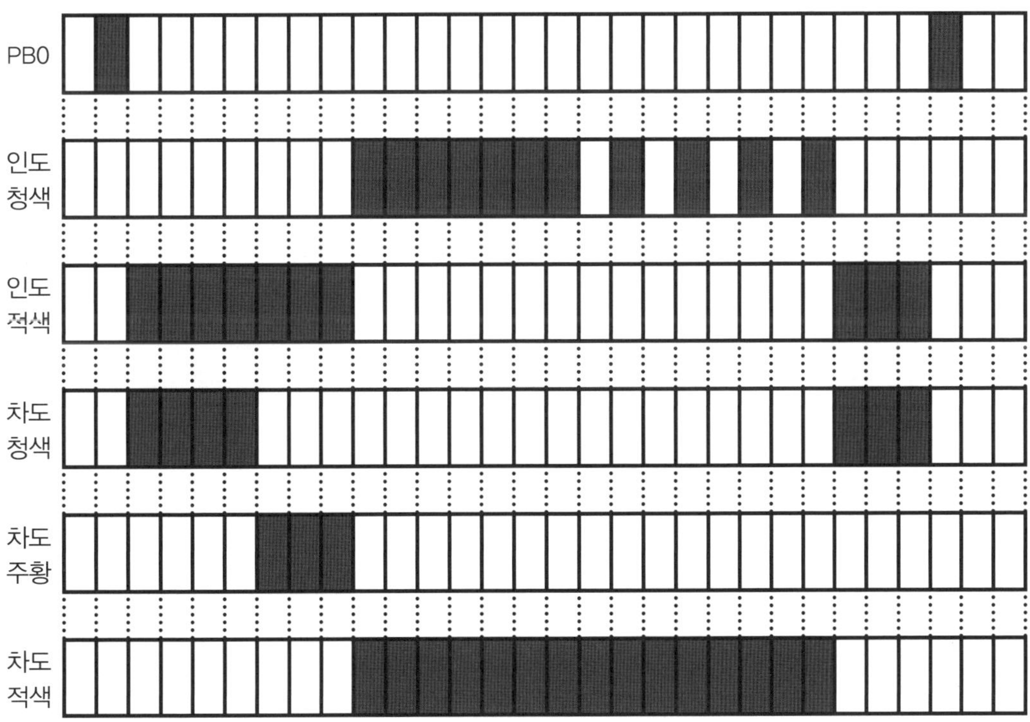

◆ 용도 및 주의사항

1. 신호등 회로를 응용한 회로다.
2. 간단한 프로젝트를 구성하는데 활용할 수 있다.

49.1 XGT 프로그램(신호등을 이용한 응용회로)

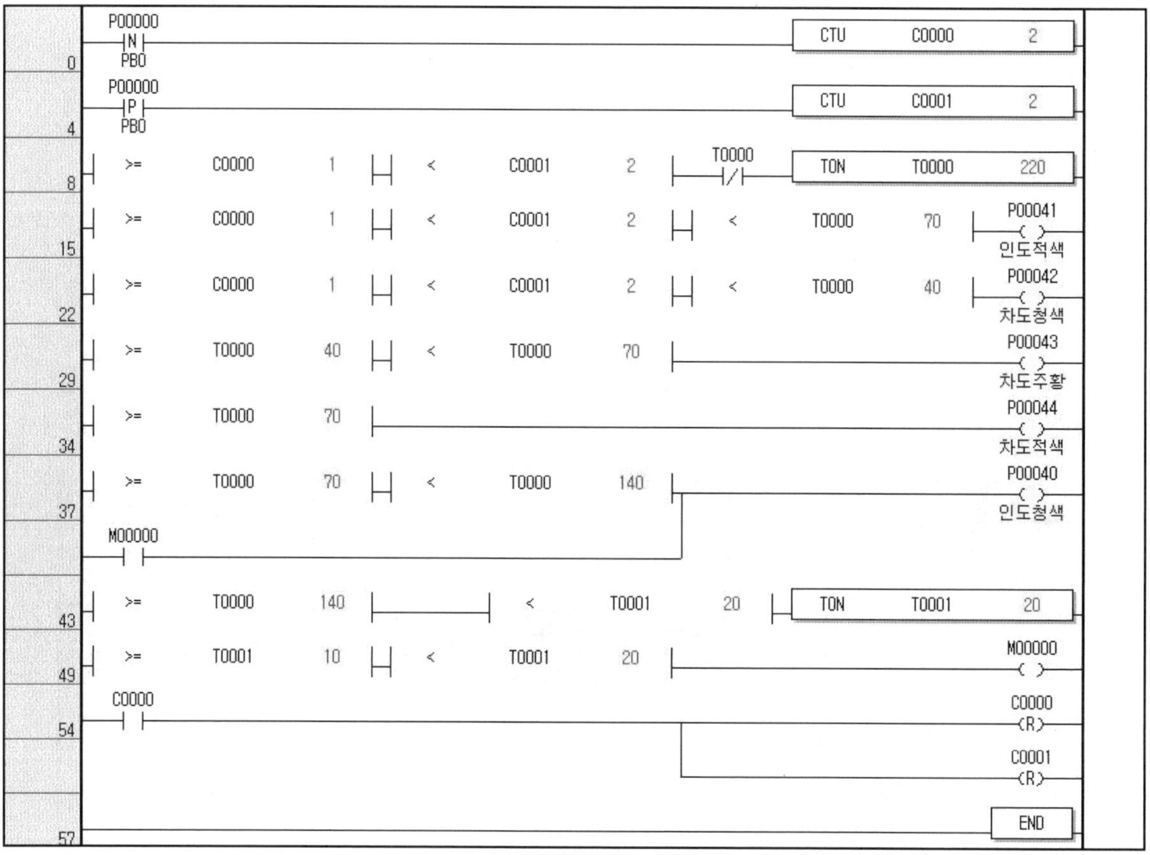

49.2 Melsec 프로그램(신호등을 이용한 응용회로)

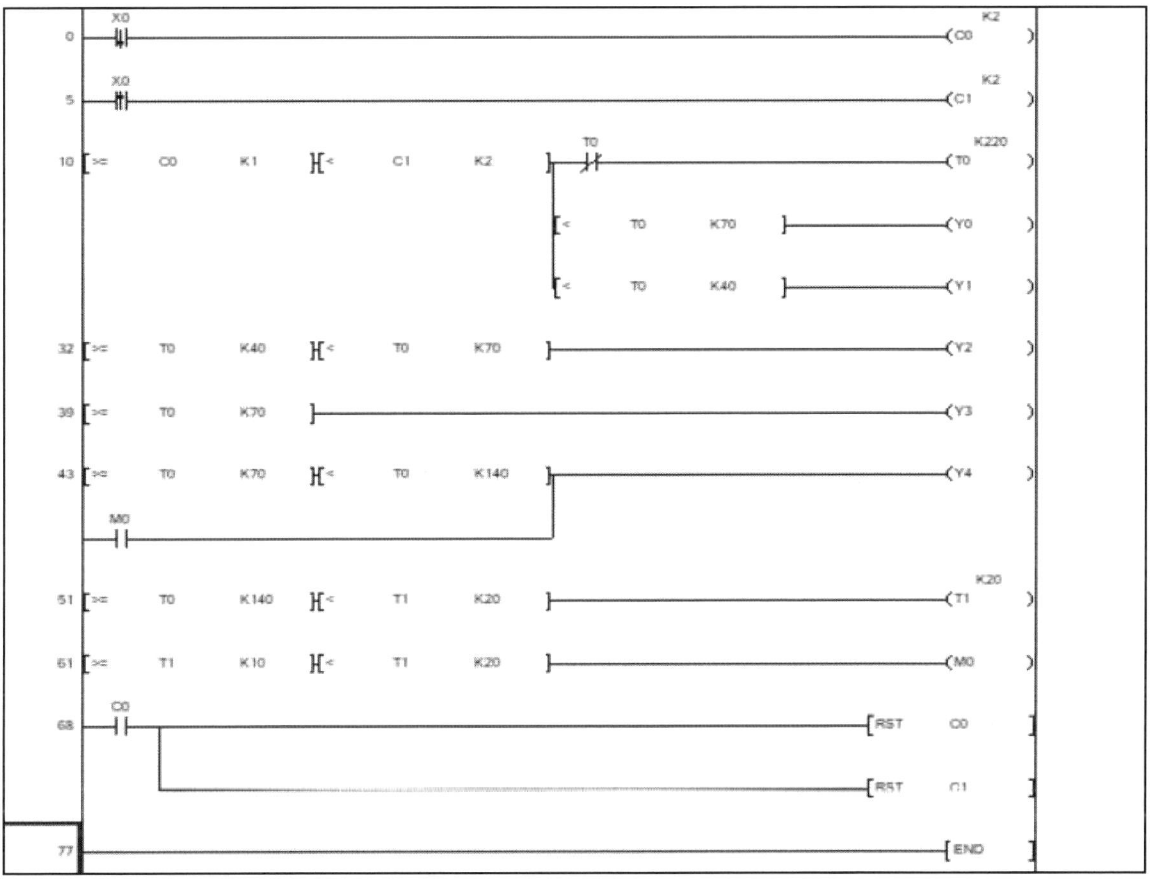

50 타이머를 이용한 응용회로-1

◆ 동작설명

1. PB0를 누르고 떼면 P40이 8초동안 2초 ON/1초 OFF P40 OFF 후 P41이 5초동안 1초 ON/1초 OFF
2. P41이 OFF 후 P42가 6초동안 ON 후 회로는 초기화

◆ 타임차트

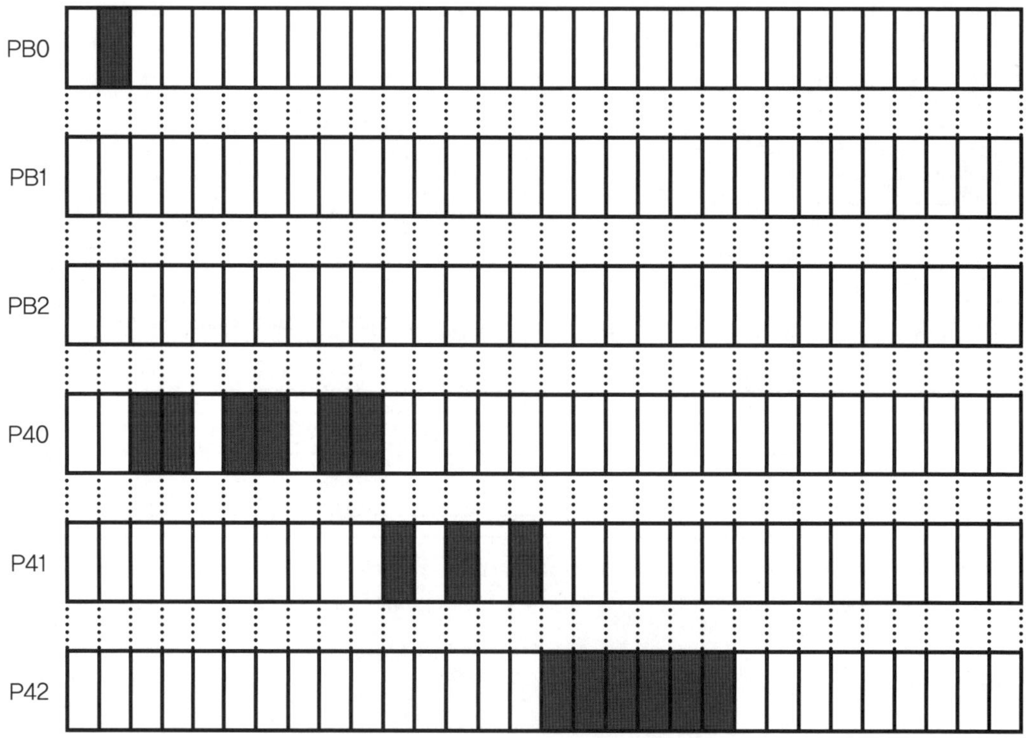

> **◆ 용도 및 주의사항**
> 1. 타이머와 플리커회로의 조합으로 구성된다.

50.1 XGT 프로그램(타이머를 이용한 응용회로-1)

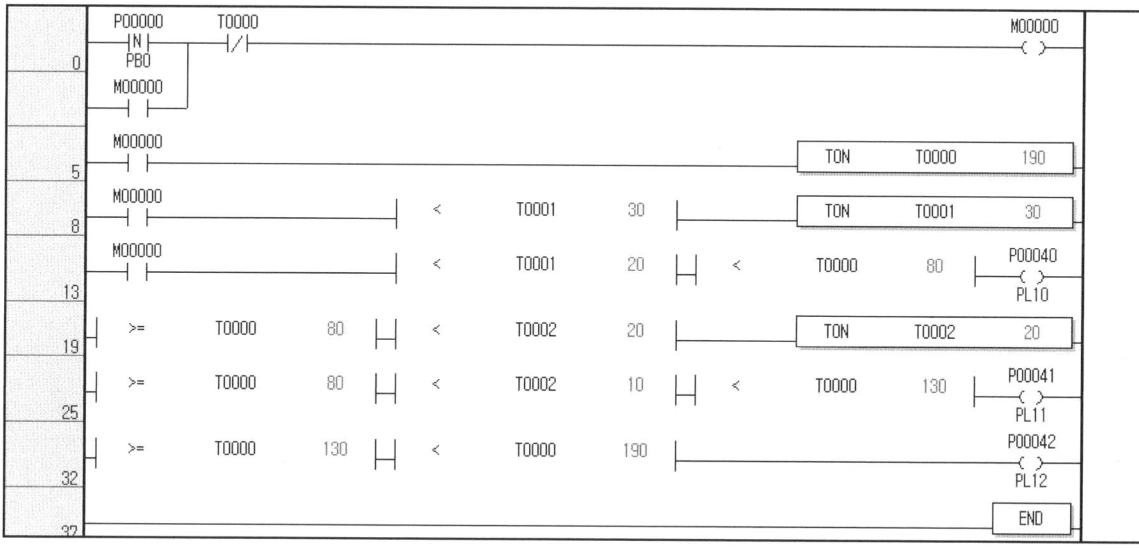

50.2 Melsec 프로그램(타이머를 이용한 응용회로-1)

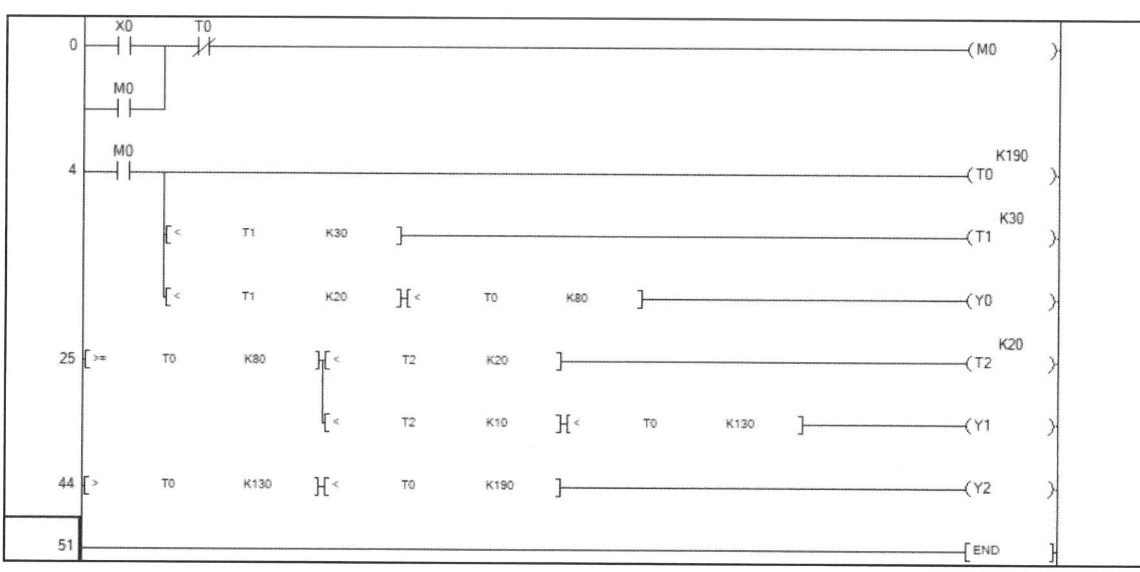

51 타이머를 이용한 응용회로-2

◆ 동작설명

1. PB0를 누르고 떼면 P40과 P42가 3초동안 ON/3초 OFF, P41이 3초 동안 ON/3초 OFF를 교대 반복동작한다.
2. PB1를 누르고 떼면 회로는 정지되고 초기화 된다.

◆ 타임차트

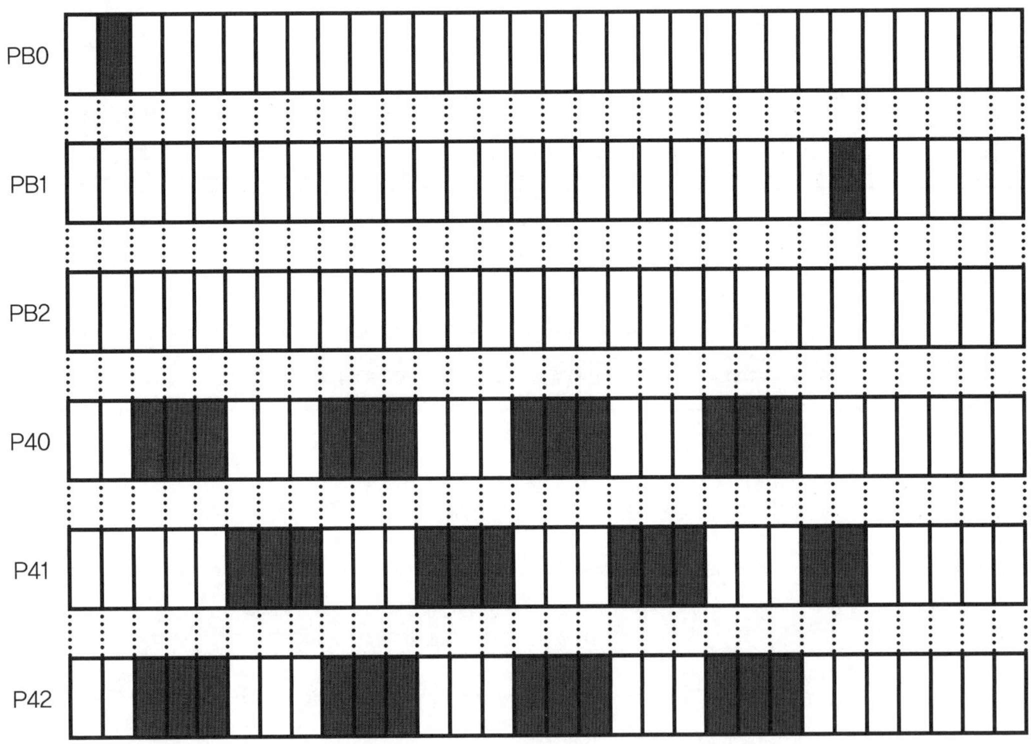

> ◆ 용도 및 주의사항
> 1. 타이머와 플리커회로의 조합으로 구성된다.

51.1 XGT 프로그램(타이머를 이용한 응용회로-2)

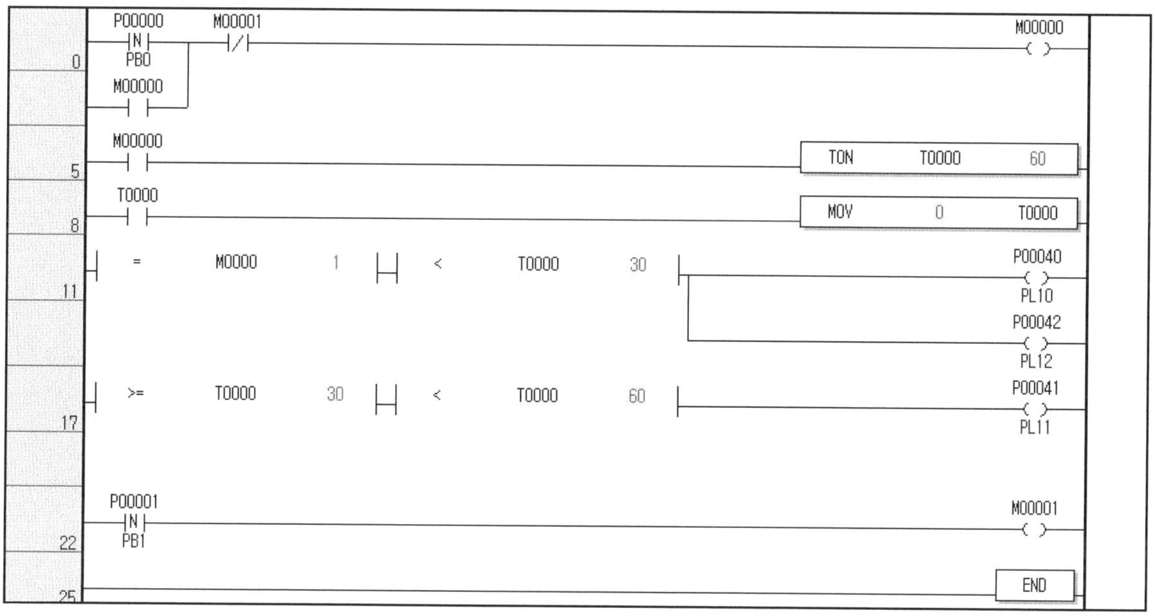

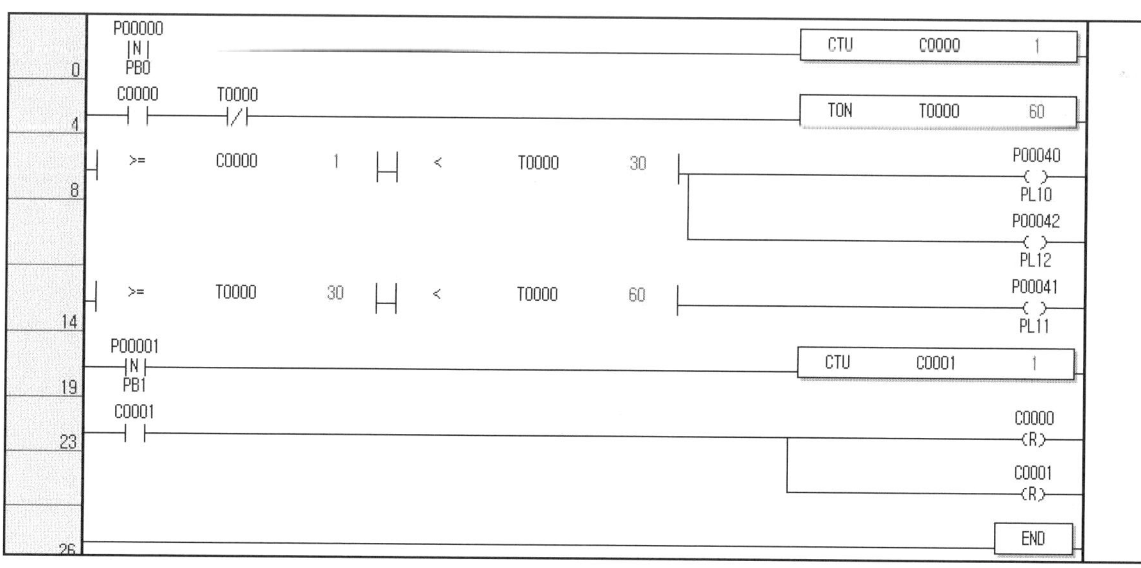

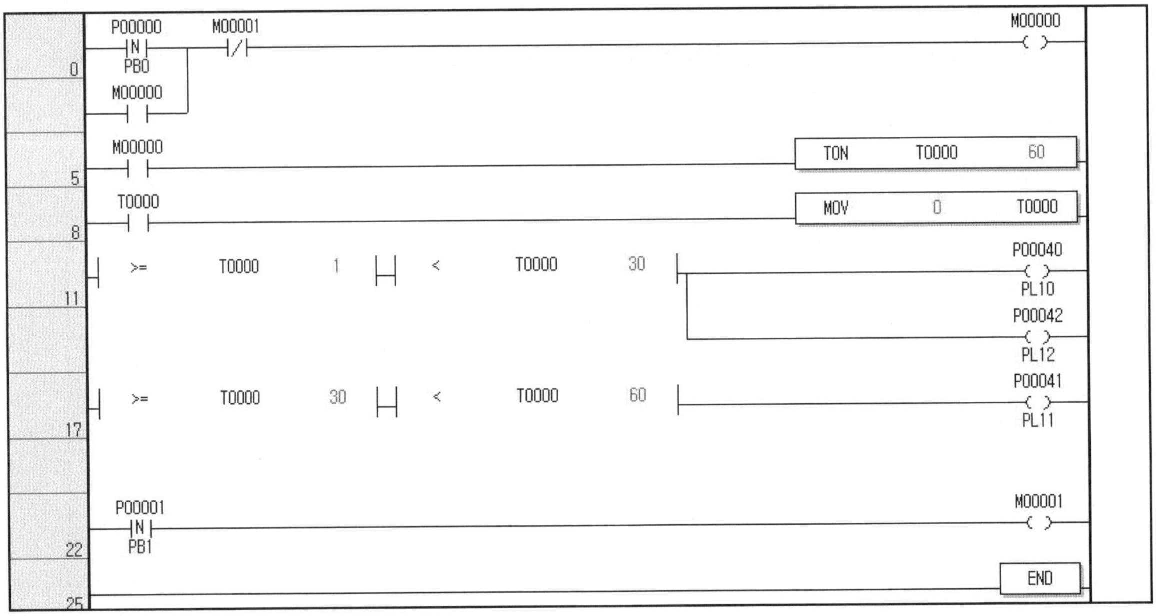

51.2 Melsec 프로그램(타이머를 이용한 응용회로-2)

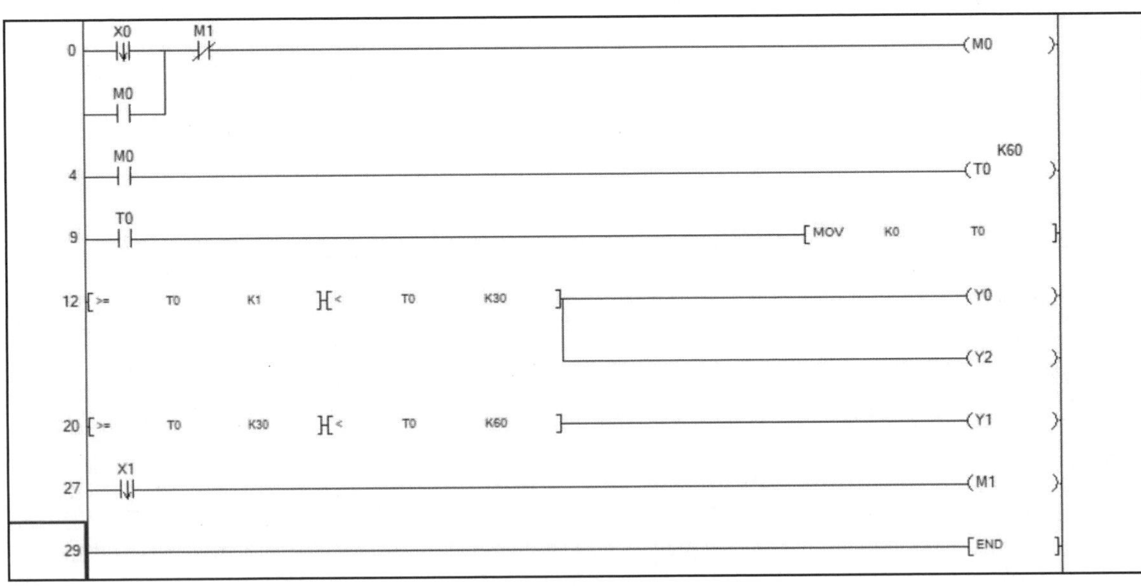

52 카운터를 이용한 응용회로-1

◆ 동작설명

1. PB0를 두 번 누르고 떼면 P40 3초 동안 ON 한 후 OFF/ P41이 3초동안 ON 한 후 OFF P42가 3초동안 ON 한 후 OFF
2. P42가 3초 후 OFF 되면 다시 P41이 3초동안 ON 후 OFF 하면서 P40-P41-P42-P41를 반복하는 회로다.
3. PB1를 누르고 떼면 회로는 정지되고 초기화 된다.

◆ 타임차트

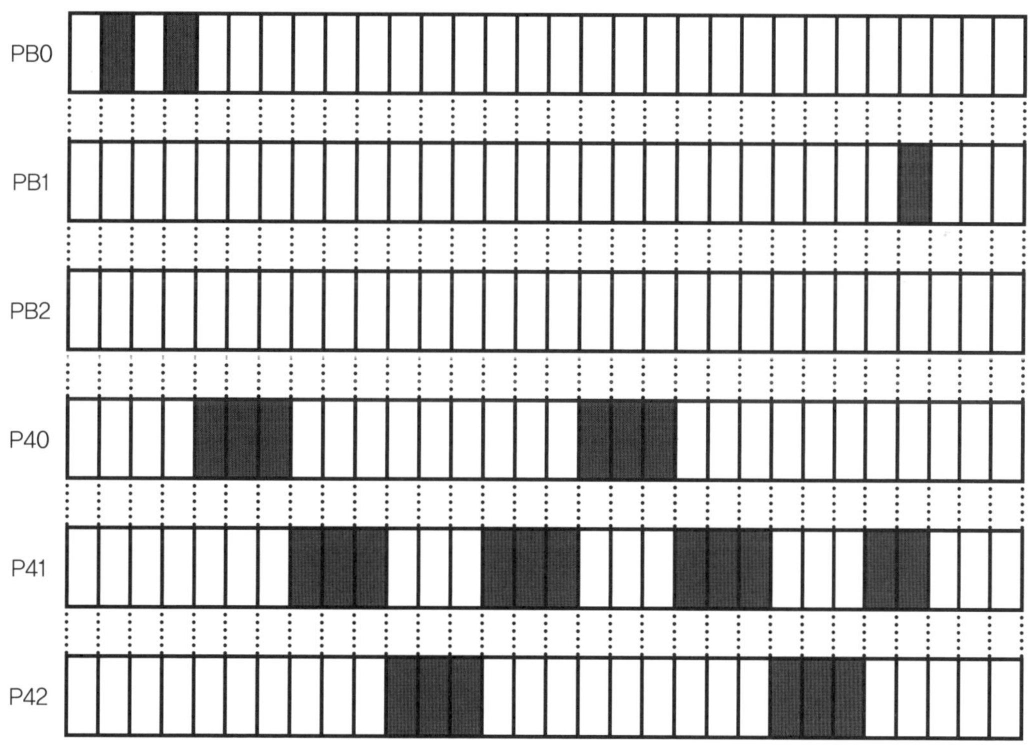

> ◆ 용도 및 주의사항
> 1. 카운터와 타이머회로의 조합으로 구성된다.

52.1 XGT 프로그램(카운터를 이용한 응용회로-1)

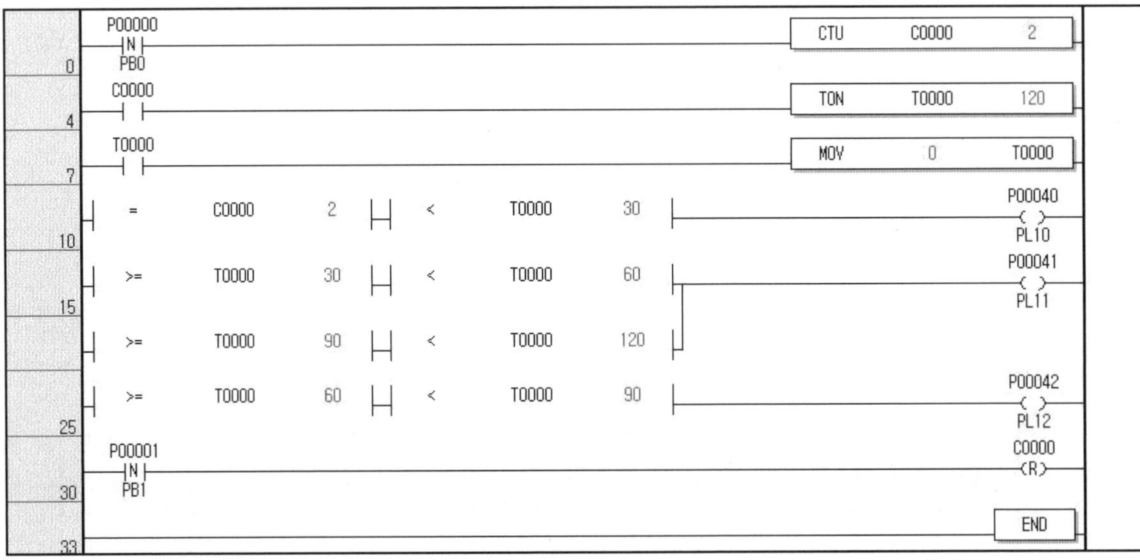

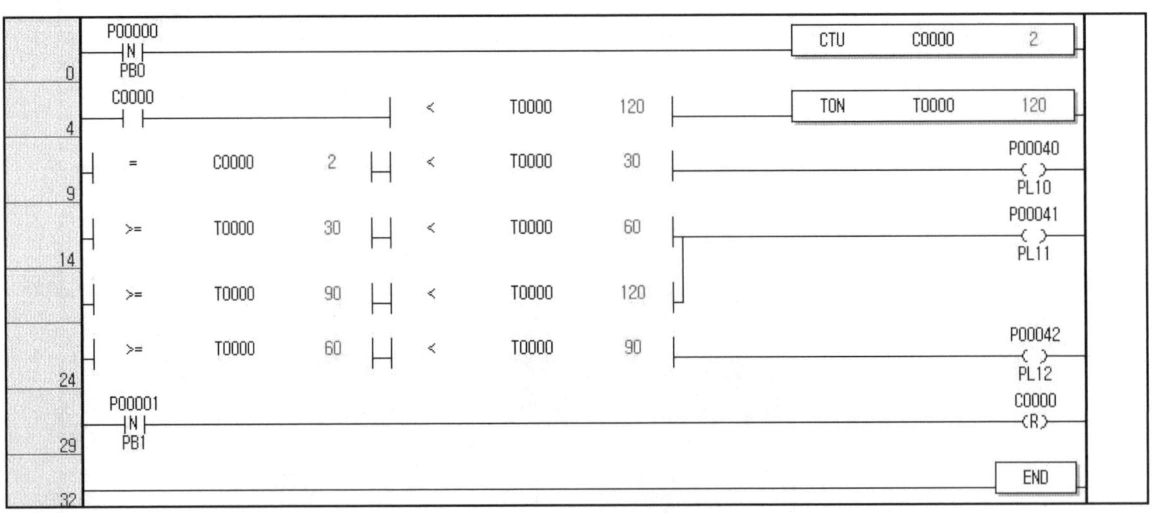

52.2 Melsec 프로그램(카운터를 이용한 응용회로-1)

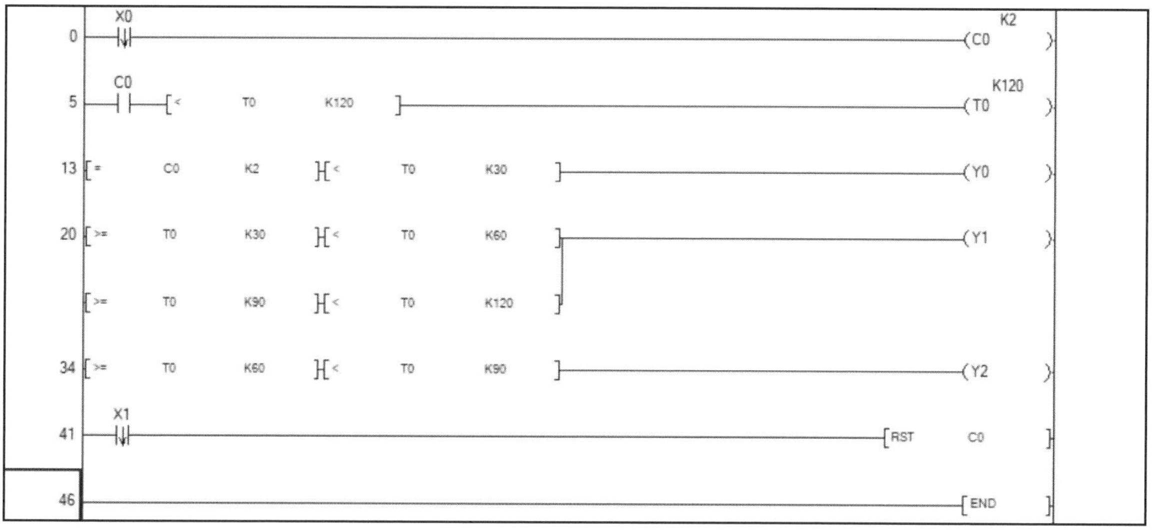

53 카운터를 이용한 응용회로-2

◆ 동작설명

1. PB0를 한 번 누르고 떼면 P40 ON
   PB0를 두 번 누르고 떼면 P41 1초 ON/1초 OFF
   PB0를 세 번 누르고 떼면 P42가 12초동안 2초 ON 1초 OFF 반복 동작 후 계속 ON
2. P40,P41,P42 점등된 상태에서
3. PB1를 한 번 누르고 떼면 P42 OFF
   PB1를 두 번 누르고 떼면 P41 OFF
   PB1를 세 번 누르고 떼면 P40 OFF 하면서 회로는 초기화 된다.

◆ 타임차트

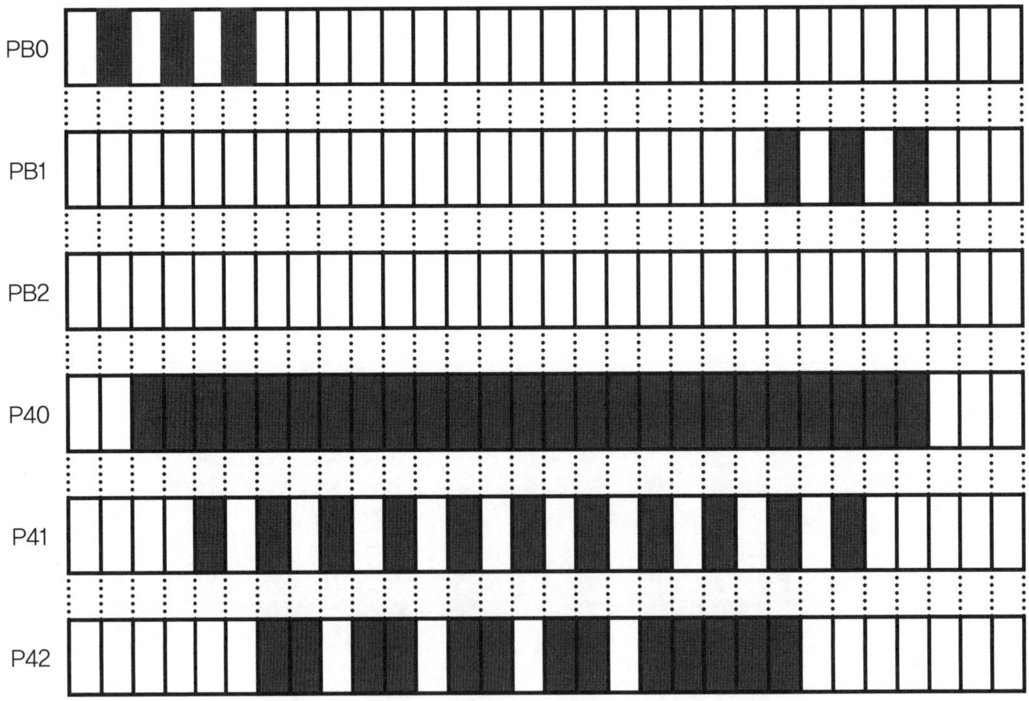

> ◆ 용도 및 주의사항
> 1. 카운터와 타이머회로의 조합으로 구성된다.

53.1 XGT 프로그램(카운터를 이용한 응용회로-2)

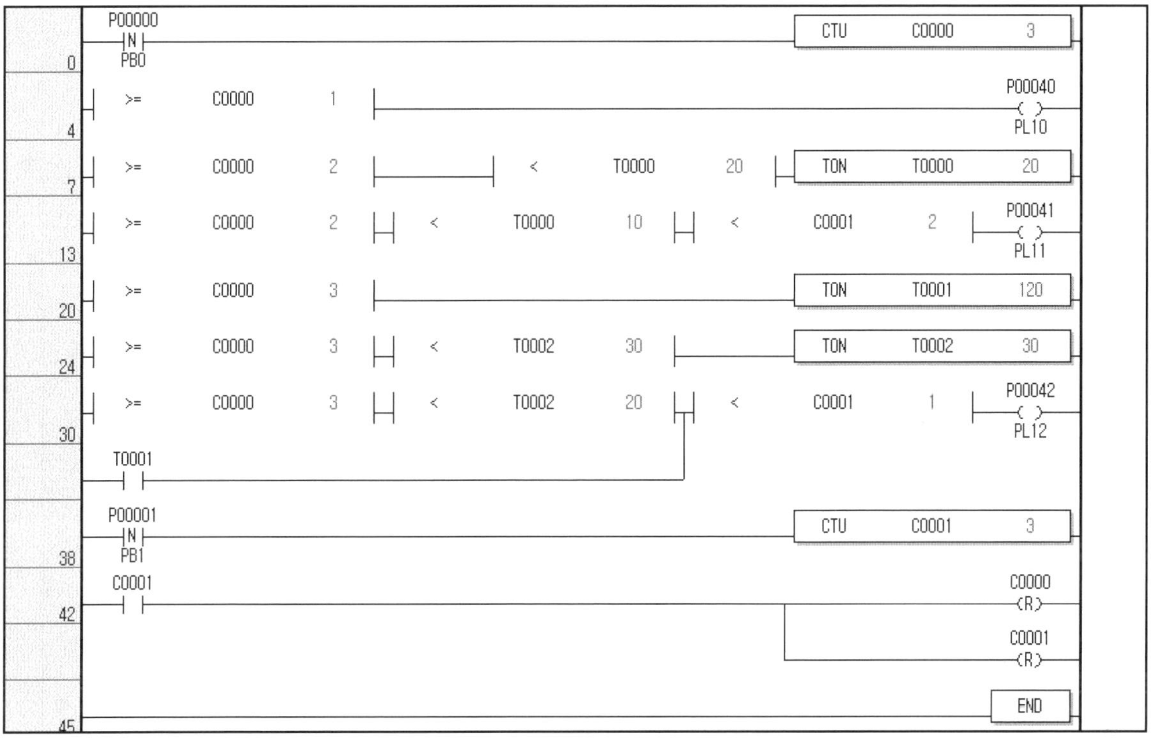

53.2 Melsec 프로그램(카운터를 이용한 응용회로-2)

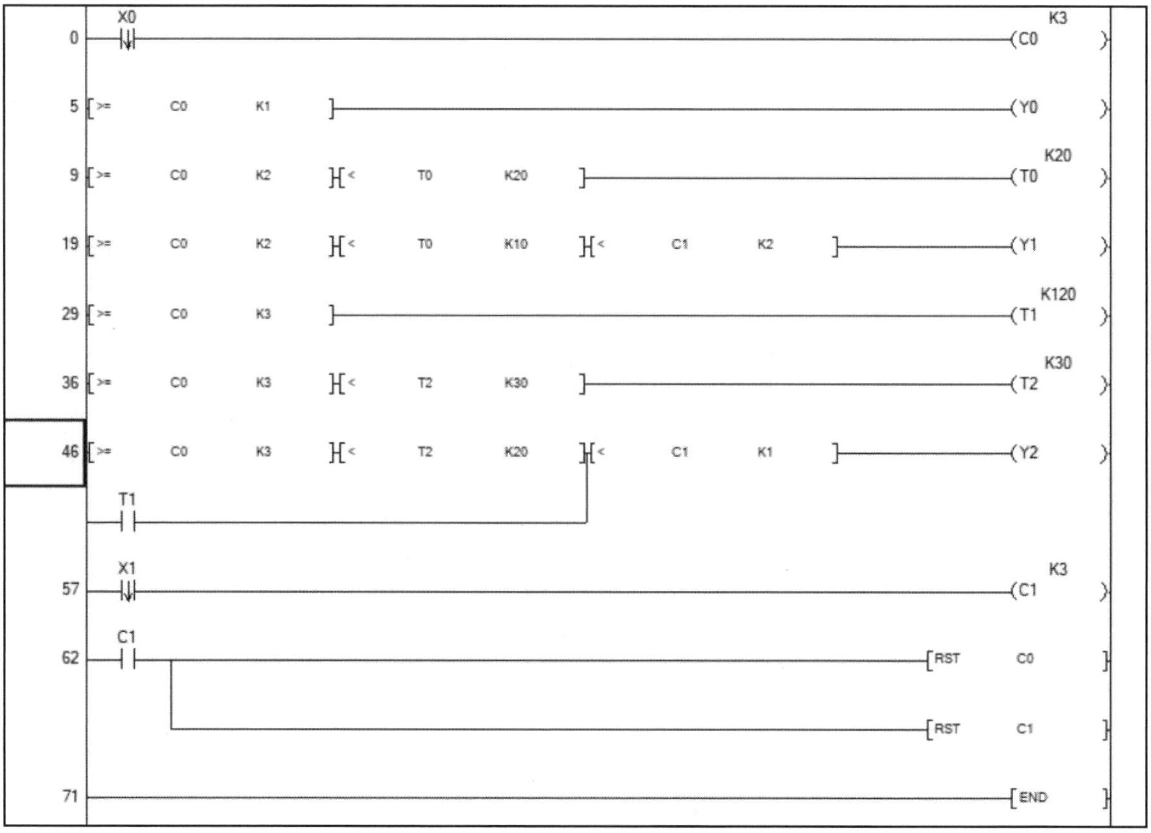

54 후입력우선회로의 응용회로

◆ 동작설명

1. PB0를 두 번 누르면 P40이 2초 ON/1초 OFF
2. P40이 동작하고 있을 때 PB1를 두 번 누르면 P40이 OFF 하고 P41이 3초 ON/1초 OFF
3. P41이 동작하고 있을 때 PB0를 다시 두 번 누르면 P41이 OFF 하고 P40이 동작한다.
4. 후입력우선회로이며 리모컨과 같은 원리다.

◆ 타임차트

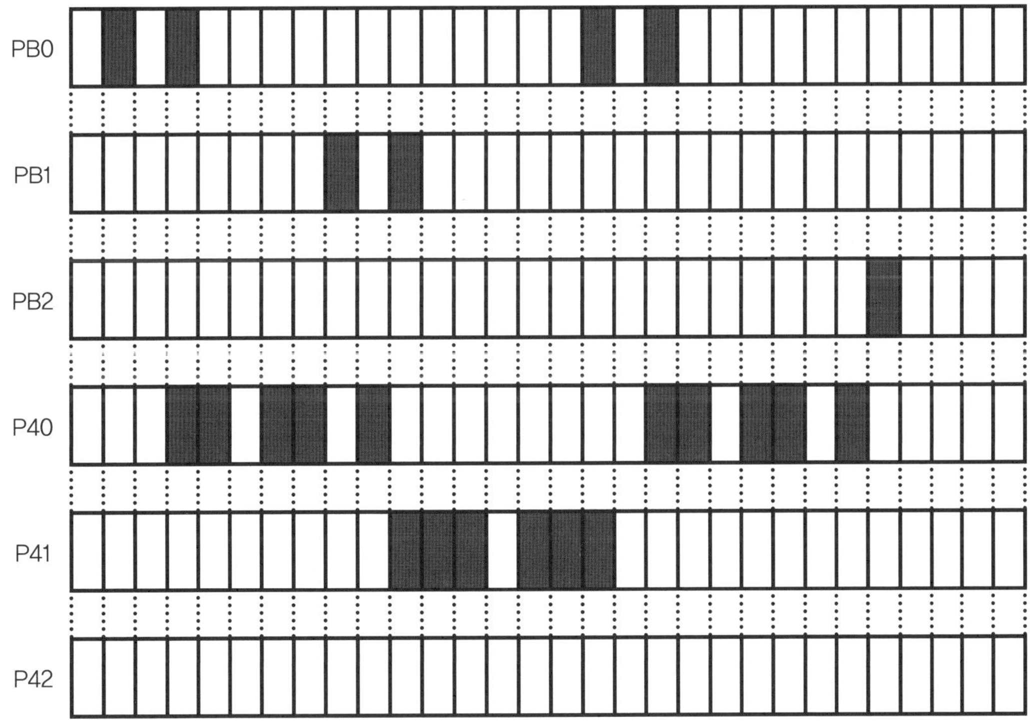

◆ 용도 및 주의사항

1. 카운터와 타이머회로의 조합으로 구성된다.
2. 인터록회로는 선입력우선회로를 말하고 기능장에서는 후입력우선회로까지를 인터록회로의 범위로 이해하면 된다.

54.1 XGT 프로그램(후입력우선회로의 응용회로)

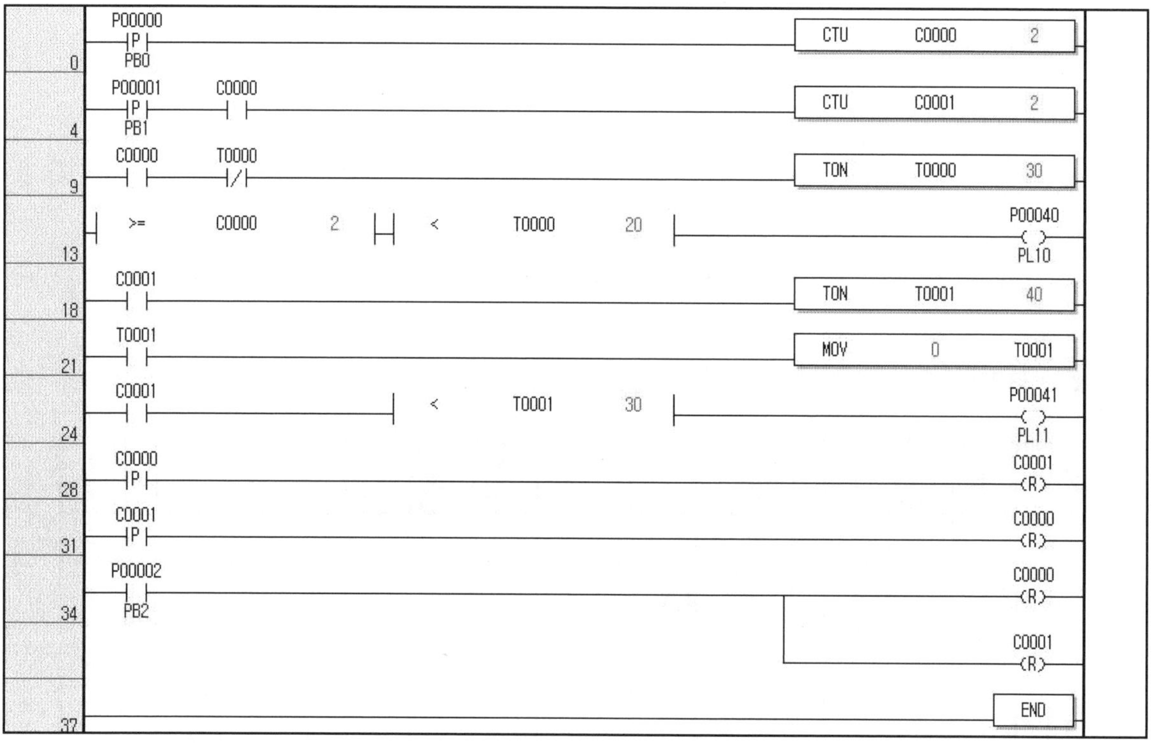

54.2 Melsec 프로그램(후입력우선회로의 응용회로)

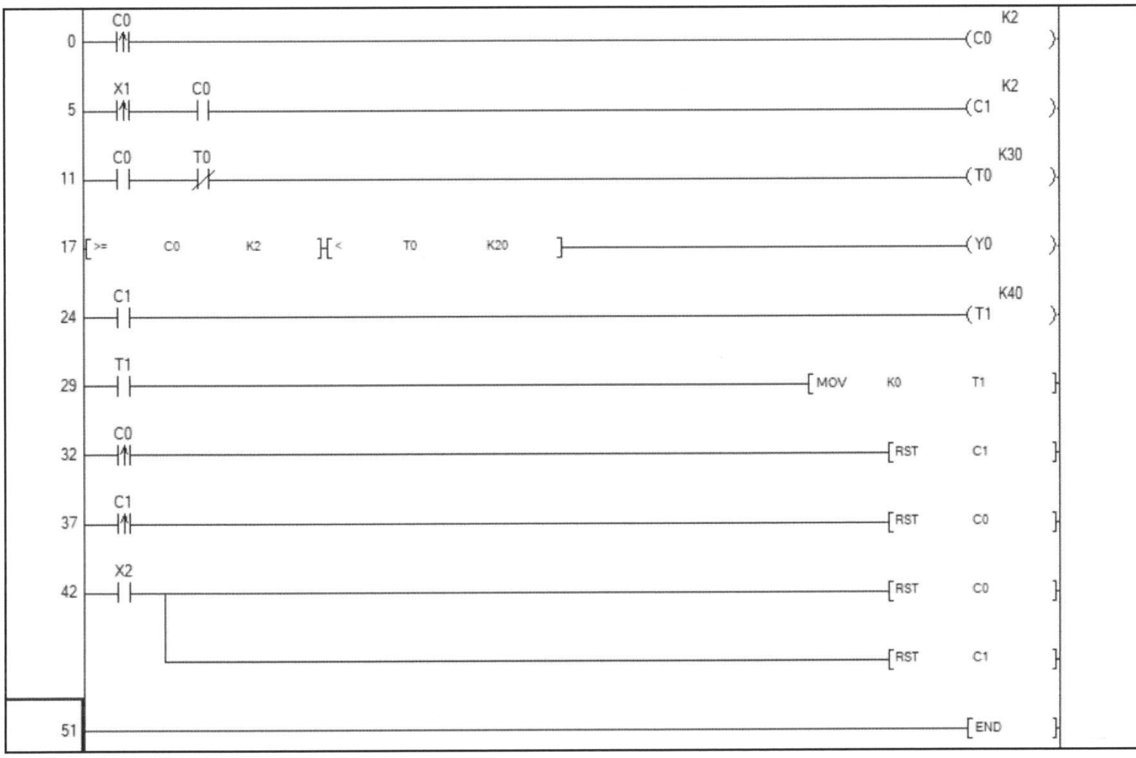

55 타이머를 이용한 후입력우선회로

◆ 동작설명

1. PB0를 누르고 떼면 P40-P41-P42가 3초 동안 씩 1초 ON/1초 OFF를 PB1이 입력되기 전까지 반복 동작한다.
2. PB1를 누르면 P42-P41-P40이 3초 동안씩 1초 ON/1초 OFF를 반복 동작한다.
3. PB2를 누르면 모든 회로는 OFF 되고 회로는 초기화된다.

◆ 타임차트

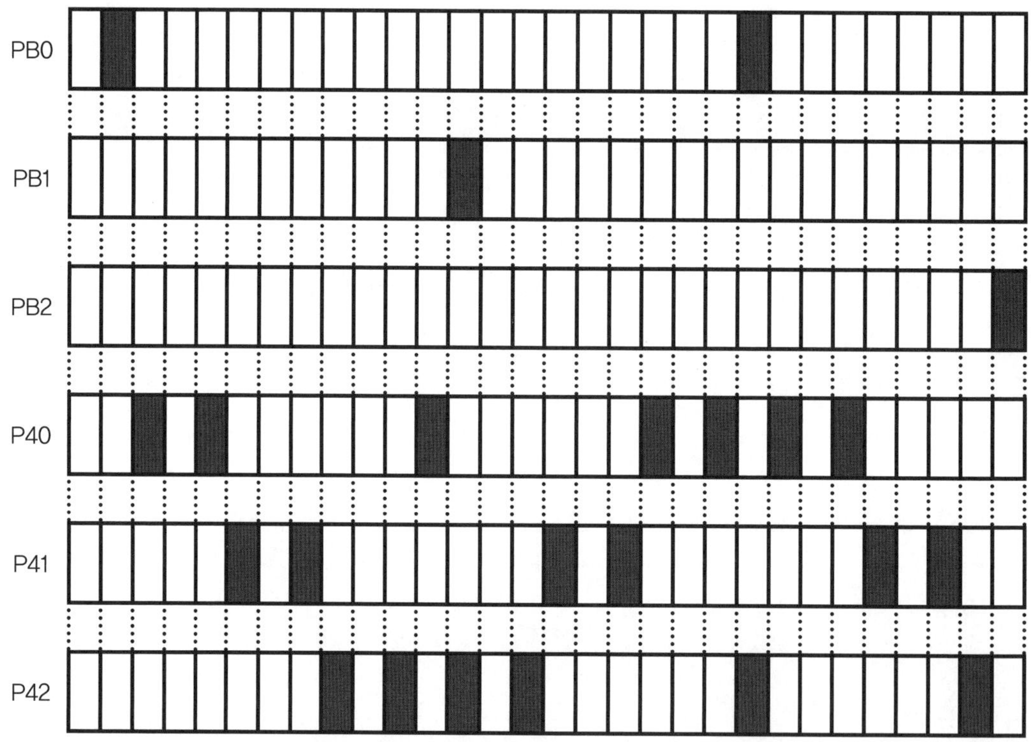

◆ 용도 및 주의사항

1. 나중에 입력한 것이 우선인 회로임-리모콘이 대표적 후입력우선회로다.

55.1 XGT 프로그램(타이머를 이용한 후입력우선회로)

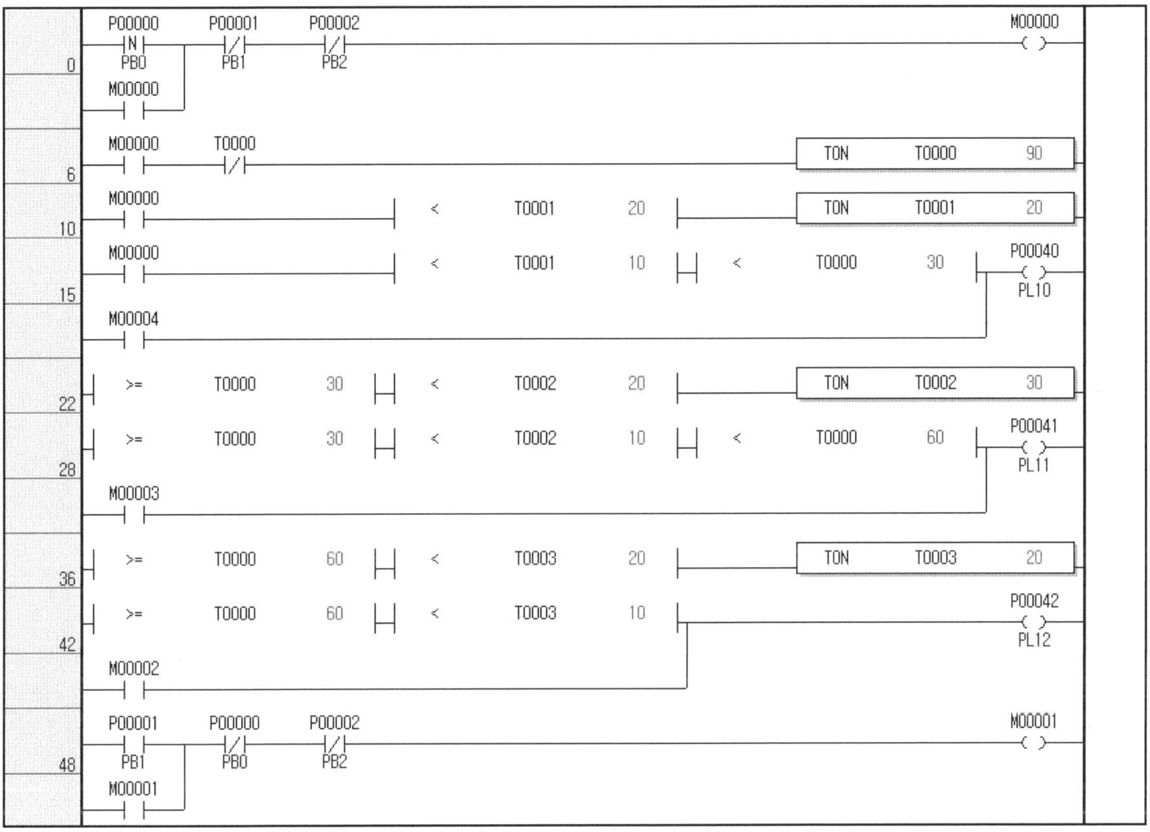

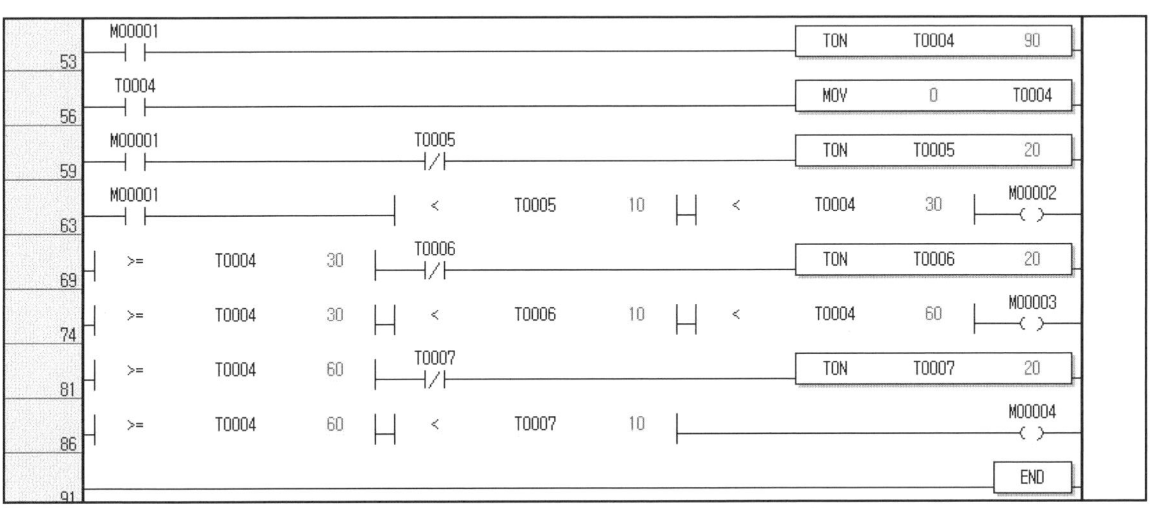

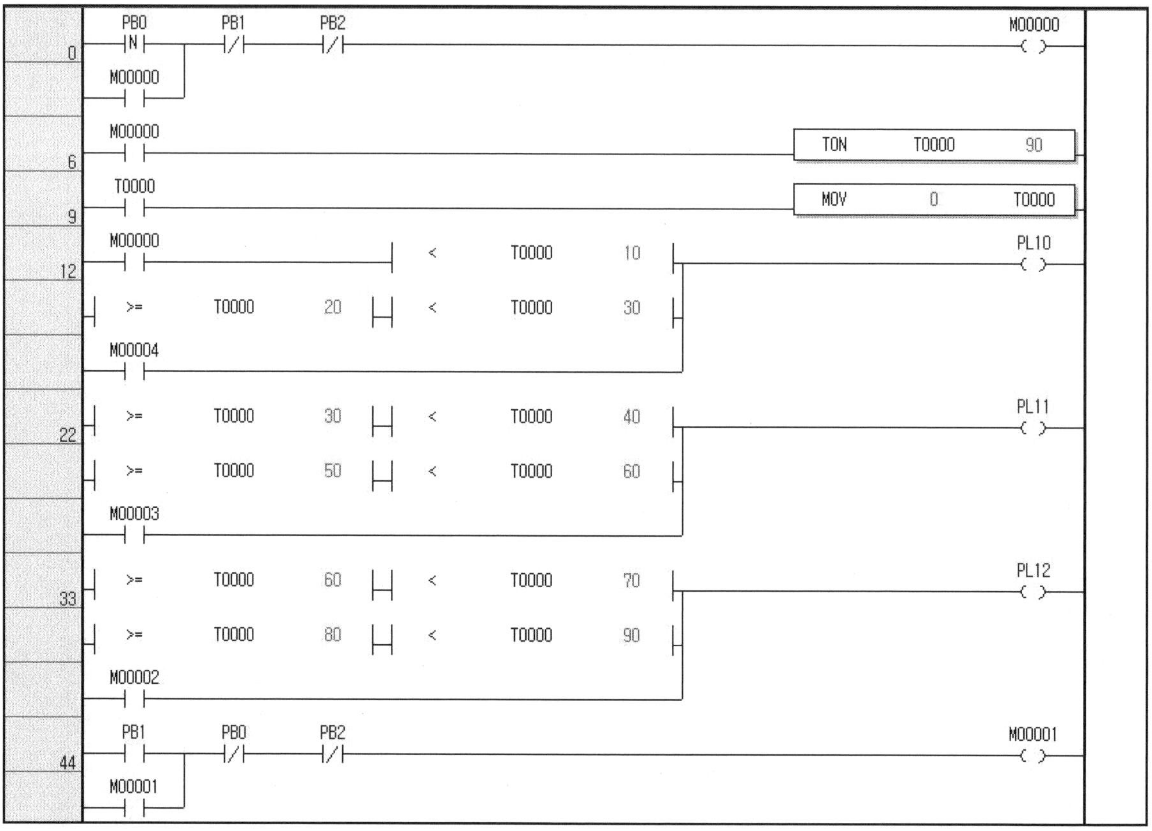
0 PB0 N PB1 PB2 M00000
M00000
6 M00000 TON T0000 90
9 T0000 MOV 0 T0000
12 M00000 < T0000 10 PL10
>= T0000 20 < T0000 30
M00004
22 >= T0000 30 < T0000 40 PL11
>= T0000 50 < T0000 60
M00003
33 >= T0000 60 < T0000 70 PL12
>= T0000 80 < T0000 90
M00002
44 PB1 PB0 PB2 M00001
M00001

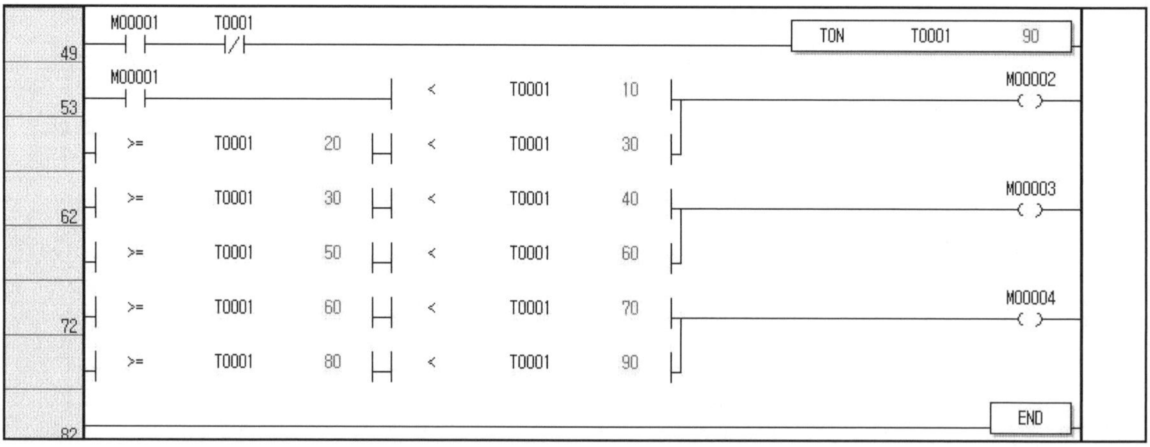
49 M00001 T0001 TON T0001 90
53 M00001 < T0001 10 M00002
>= T0001 20 < T0001 30
62 >= T0001 30 < T0001 40 M00003
>= T0001 50 < T0001 60
72 >= T0001 60 < T0001 70 M00004
>= T0001 80 < T0001 90
82 END

55.2 Melsec 프로그램(타이머를 이용한 후입력우선회로)

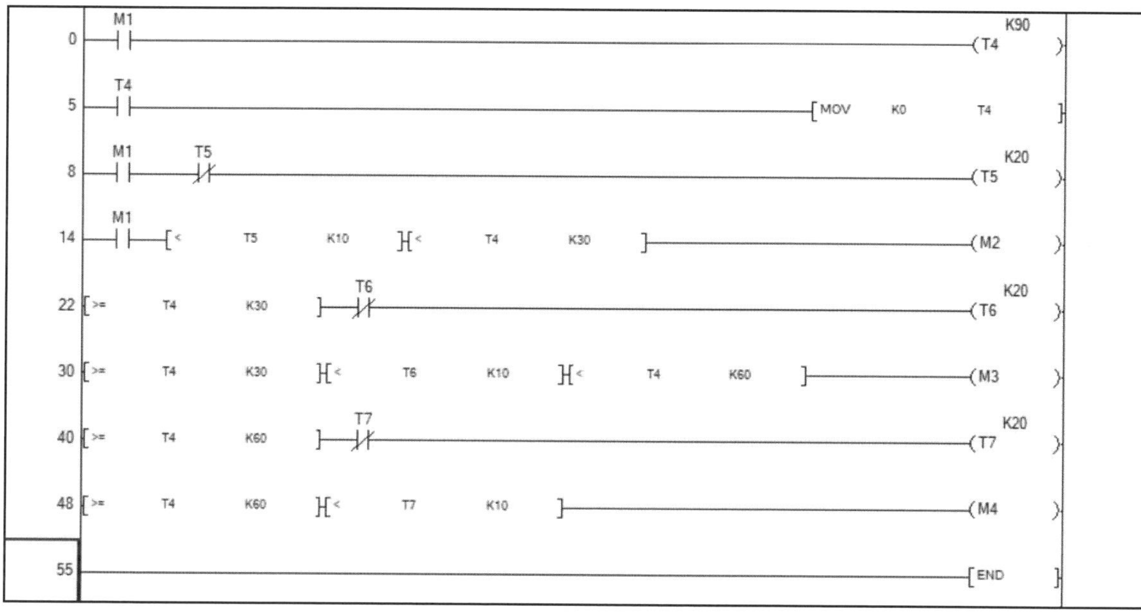

56 ON / OFF를 이용한 후입력우선회로

◆ 동작설명

1. PB0를 한 번누르면 P40이 ON, P42는 1초 ON/1초 OFF
2. PB0를 두 번 누르면 P40과 P42 OFF - P41 ON
3. PB0를 세 번 누르면 P41 OFF 되고 1번과 동일하게 동작하는 후입력우선동작하는 회로임
4. PB1이 입력되면 모든 회로는 OFF 되고 회로는 초기화 된다.

◆ 타임차트

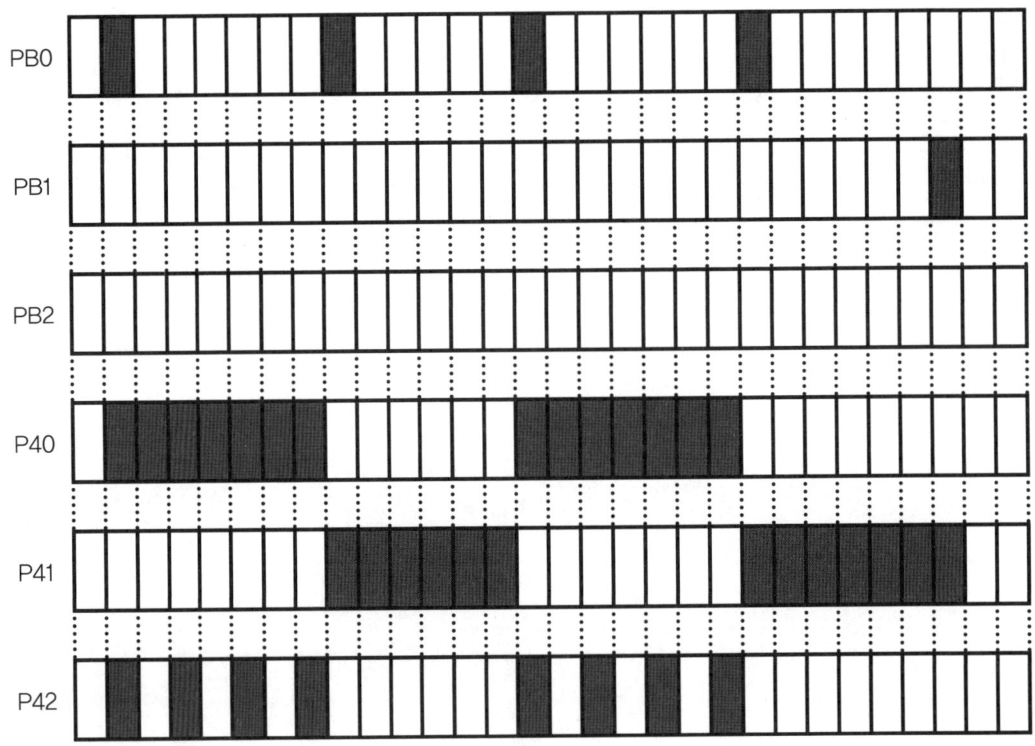

◆ 용도 및 주의사항

1. 입력조건이 동일할때의 후입력회로의 응용

56.1 XGT 프로그램(ON-OFF를 이용한 후입력우선회로)

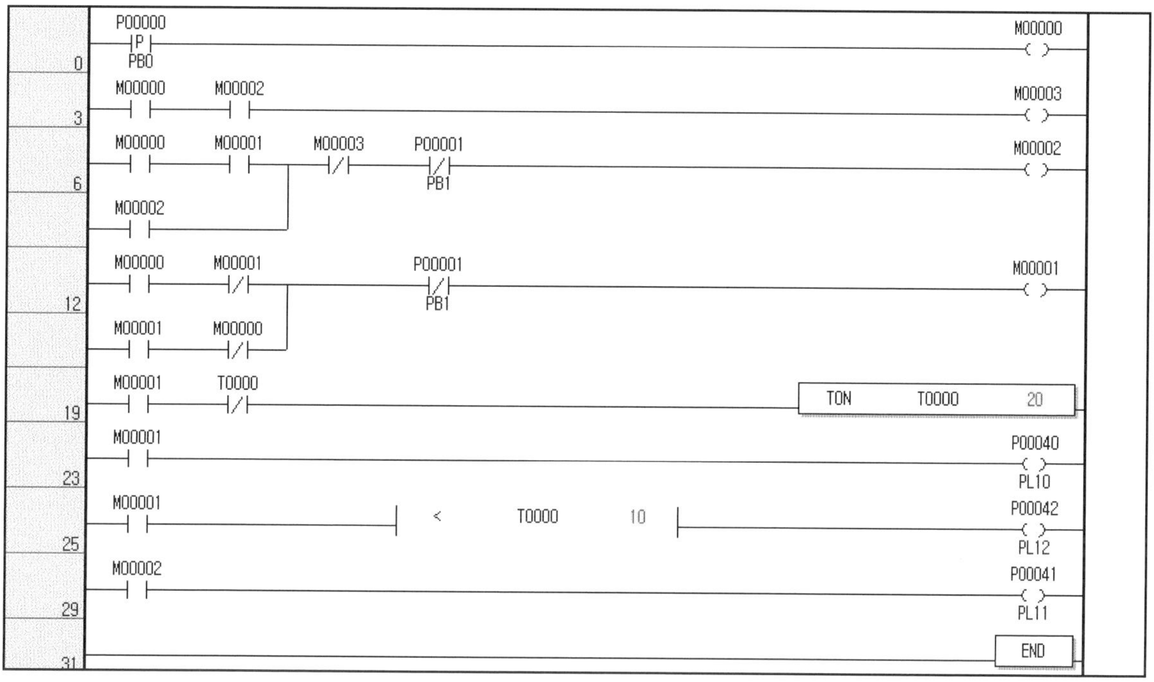

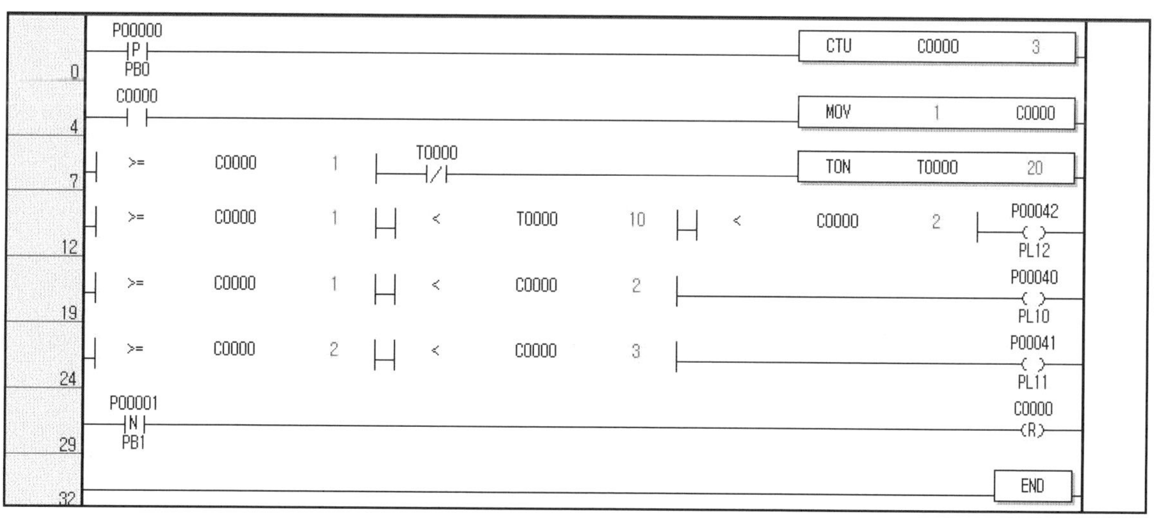

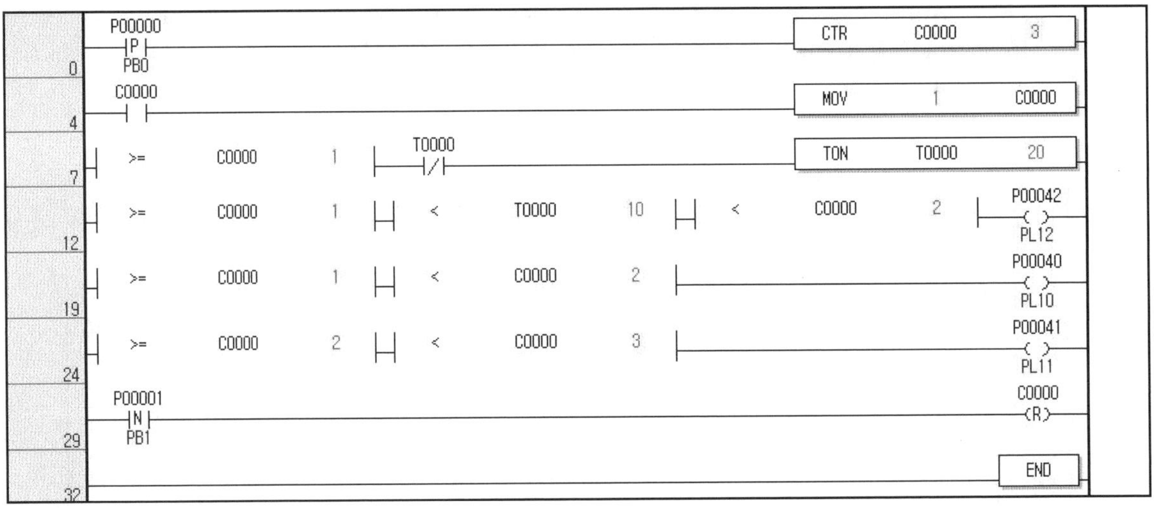

56.2 Melsec 프로그램(ON-OFF를 이용한 후입력우선회로)

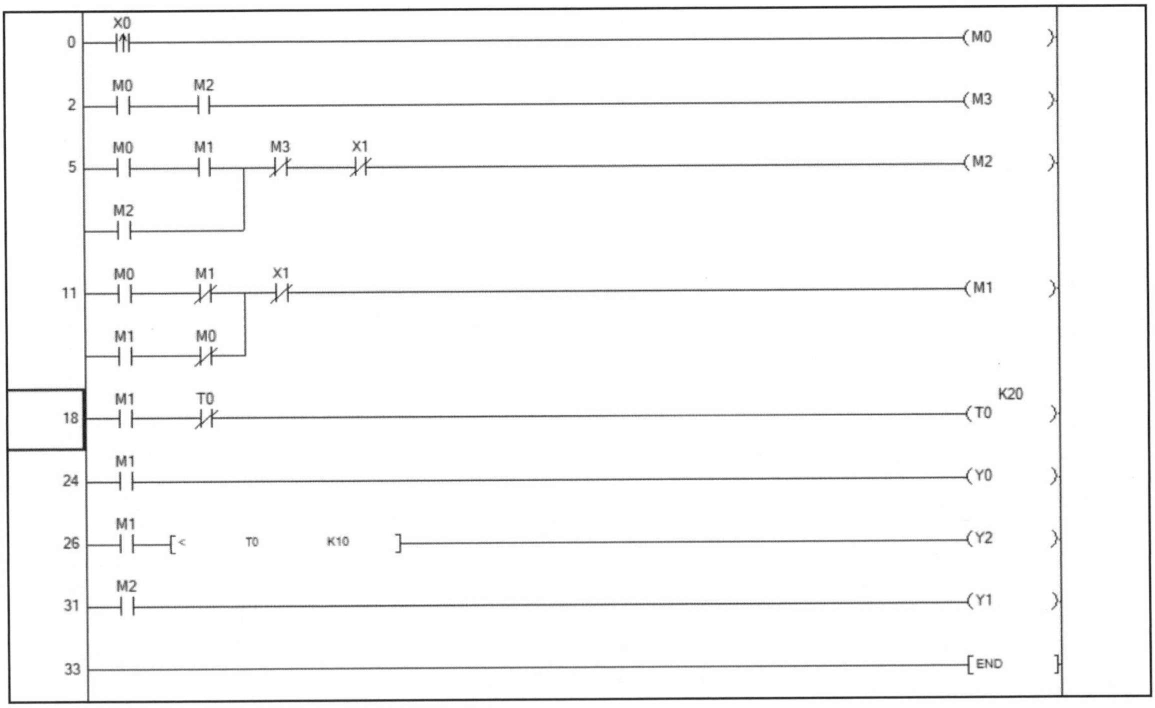

57 TRTG(리트리거블 타이머)

◆ 동작설명

1. PB0를 누르면 PL10 ON 후 설정값 10초후에 OFF
2. PL10 ON 상태에서 PB0를 반복해서 누를때 마다 타이머 설정값이 초기화 되면서 10초 후 OFF
3. PL10이 10초 되기전 PB1를 OFF 하면 회로는 초기화.

◆ 타임차트

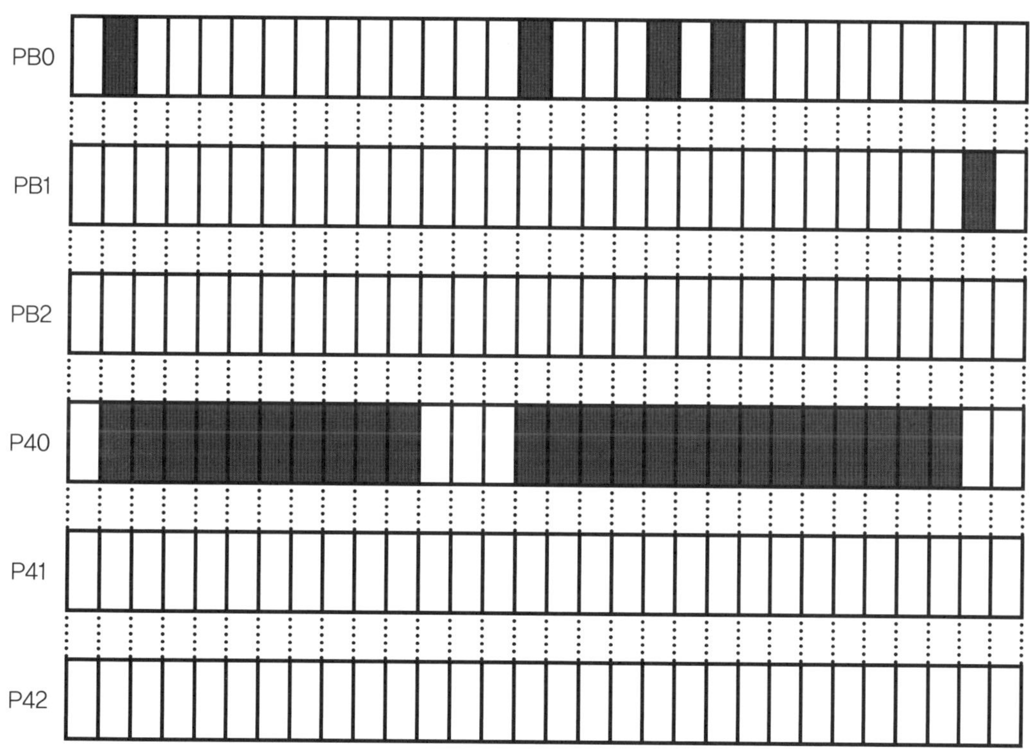

◆ 용도 및 주의사항

1. 입력이 ON 되는 순간 출력이 ON되고 경과시간이 설정 시간에 도달하면 타이머 출력이 OFF 되는 타이머임.
2. 자동문이 이회로를 응용한 것이다.
3. 재트리거타이머라고도 한다.

57.1 XGT 프로그램(TRTG(리트리거블 타이머))

58 TRTG(리트리거블) 응용

◆ 동작설명

1. PB0 한번 누르면 P40 ON P40 ON 상태에서 PB1 누르면 P40 5초후에 OFF
2. P40 ON 상태에서 PB1 반복해서 누를때 마다 타이머 설정값이 초기화 되면서 5초 후에 OFF
3. P40 ON 상태나 PB1의 설정값이 5초 미만일때 PB2를 누르면 회로가 초기화됨.

◆ 타임차트

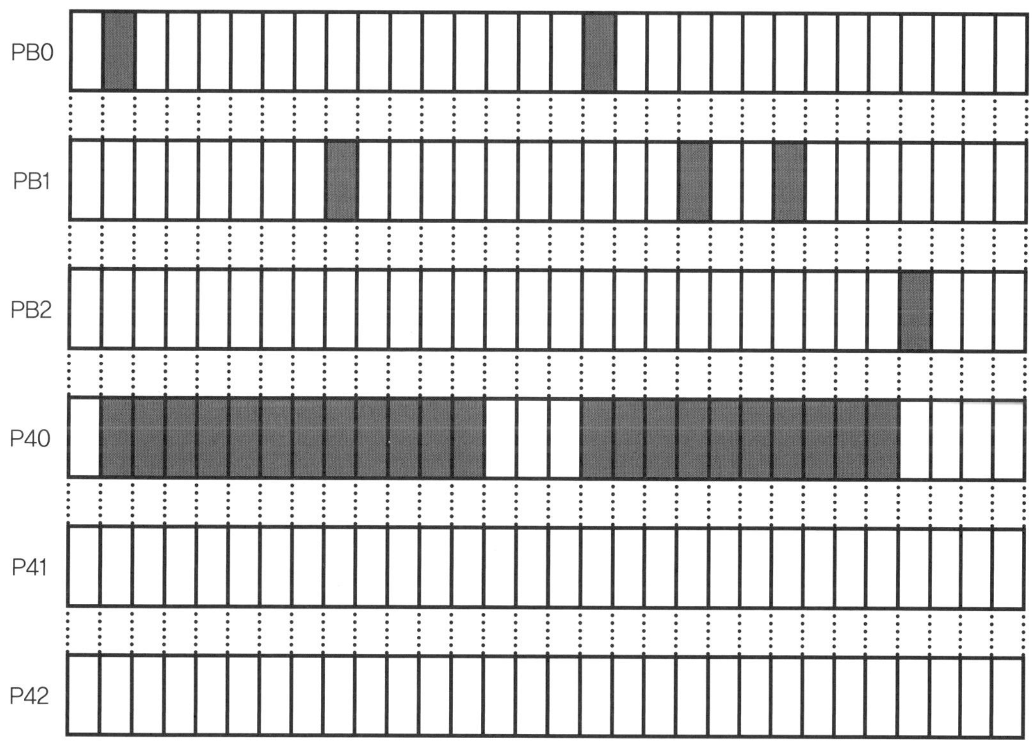

◆ 용도 및 주의사항

1. 이 명령어의 대표적인 것은 자동문이다.

58.1 XGT 프로그램(TRTG(리트리거블) 응용)

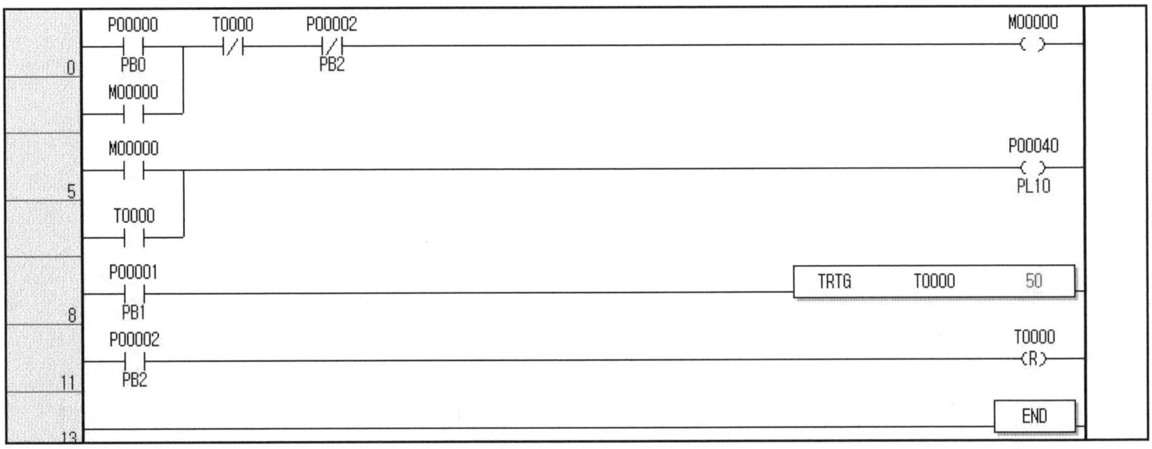

59 TMON(모노스테이블 타이머)

◆ 동작설명

1. PB0 누르면 P40 설정값 7초 동안 ON 후 초기화.
2. 설정값 7초 전에 PB0를 눌러도 변화없다.
3. P40 ON 상태에서 PB1를 누르면 회로는 초기화된다.

◆ 타임차트

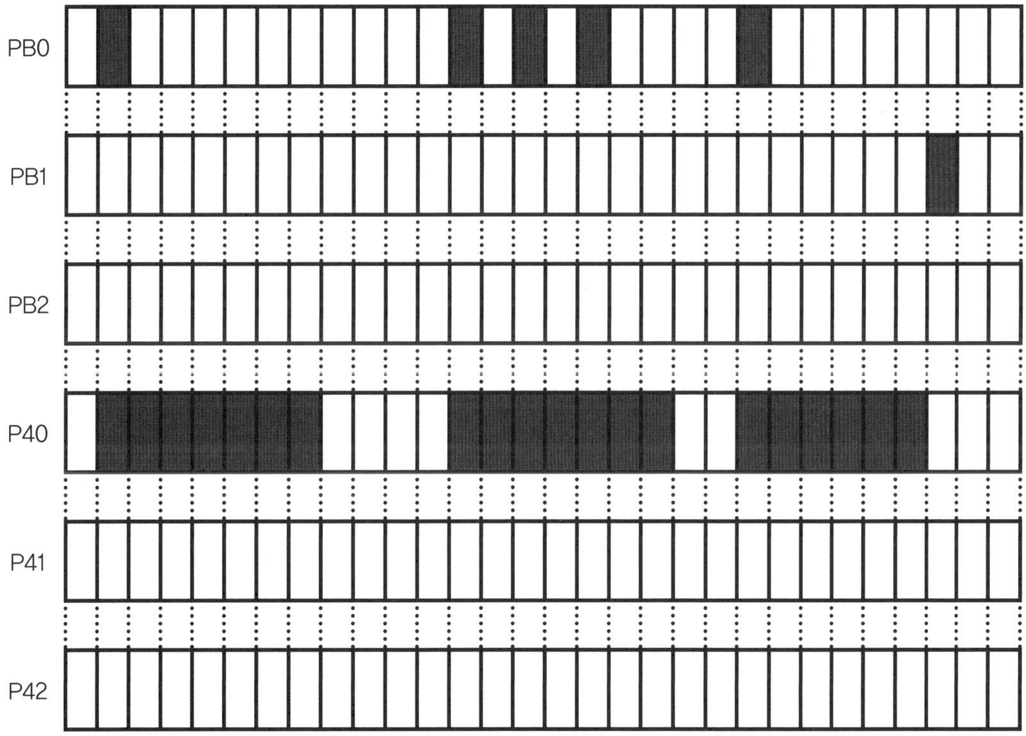

◆ 용도 및 주의사항

1. 정해진 시간동안 동작하는 회로다.
2. 글로파에서 TP와 비슷하다.
3. 입력조건이 ON 되는 즉시 설정된 시간만큼 출력이 ON을 유지한 후에 OFF 된다.

59.1 XGT 프로그램(TMON(모노스테이블 타이머))

60 TMON(모노스테이블) 응용

◆ 동작설명

1. PB0 누르면 P40 ON P40이 ON 상태에서 PB1를 누르면 7초 동안 ON 후 OFF 하면서 회로는 초기화된다.
2. PB1를 반복해서 눌러도 설정값 7초에는 영향을 주지 못하고 7초 후 OFF 하고 회로는 초기화 된다.
3. P40이 ON 시 PB2를 누르면 P40 OFF 되고 회로는 초기화 된다.

◆ 타임차트

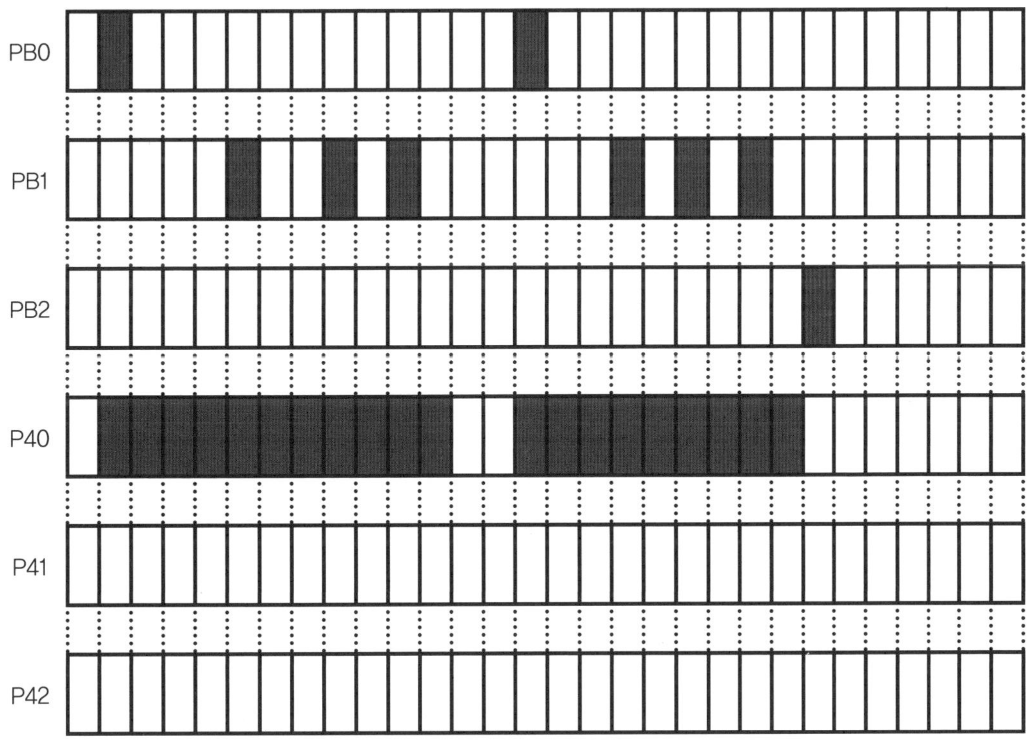

◆ 용도 및 주의사항

1. 입력조건이 성립된 후 설정시간 내에 입력 ON/OFF를 반복하여도 출력상태에는 영향을 주지 않고 한번의 펄스만 출력한다.

60.1 XGT 프로그램(TMON(모노스테이블) 응용)

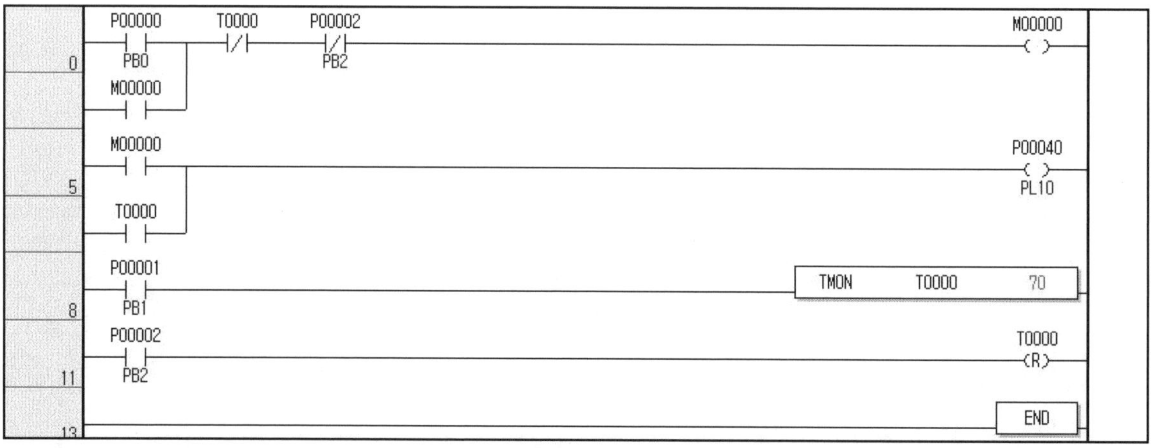

61 TMR(적산타이머)

◆ 동작설명

1. PB0 10초 동안 입력이 되면 P40 ON
2. P40 ON 상태나 PB0의 입력이 10초 되기전 PB1를 누르면 회로는 초기화 된다.

◆ 타임차트

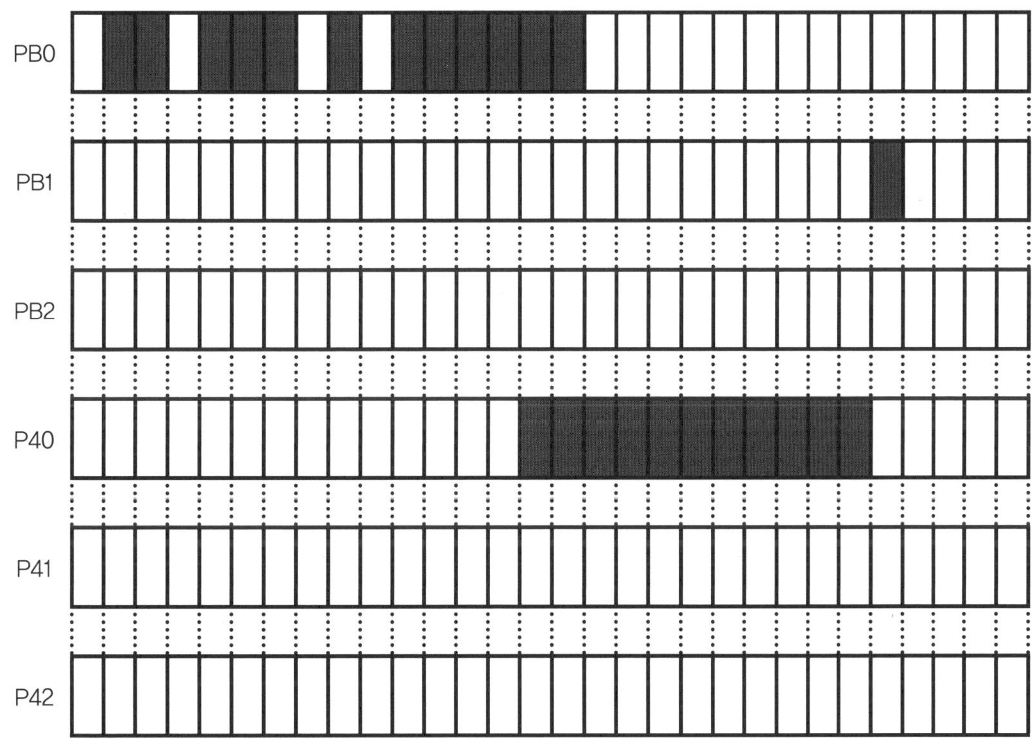

◆ 용도 및 주의사항

1. 적산타이머로 경과시간의 누적된 시간이 설정시간에 도달하면 출력이 ON 된다.(Accumulative Timer)
2. 공구교환경보등과 같이 사용빈도수를 조절하여 제품의 질을 일정하게 유지하게 할수 있도록 공구의 교환주기를 주어 정해진 시간이나 횟수를 초과하면 가동을 멈추게 할수 있다.

61.1 XGT 프로그램(TMR(적산타이머))

62 교대점멸 응용회로-1

◆ 동작설명

1. PB0를 한 번 누르면 P41과 P40이 1초 ON/1초 OFF 교대 점멸
2. PB0를 두 번째 누르고 떼면 P41과 P40이 OFF 되고 P40과 P42가 1초 ON/1초 OFF 동시 점멸한다.
3. PB0를 세 번 누르면 한 번 누른 상태로 돌아가서 P40과 P41이 1초 ON/1초 OFF 교대 점멸함
4. PB1를 누르고 떼면 모든 회로는 정지하고 초기화 된다.

◆ 타임차트

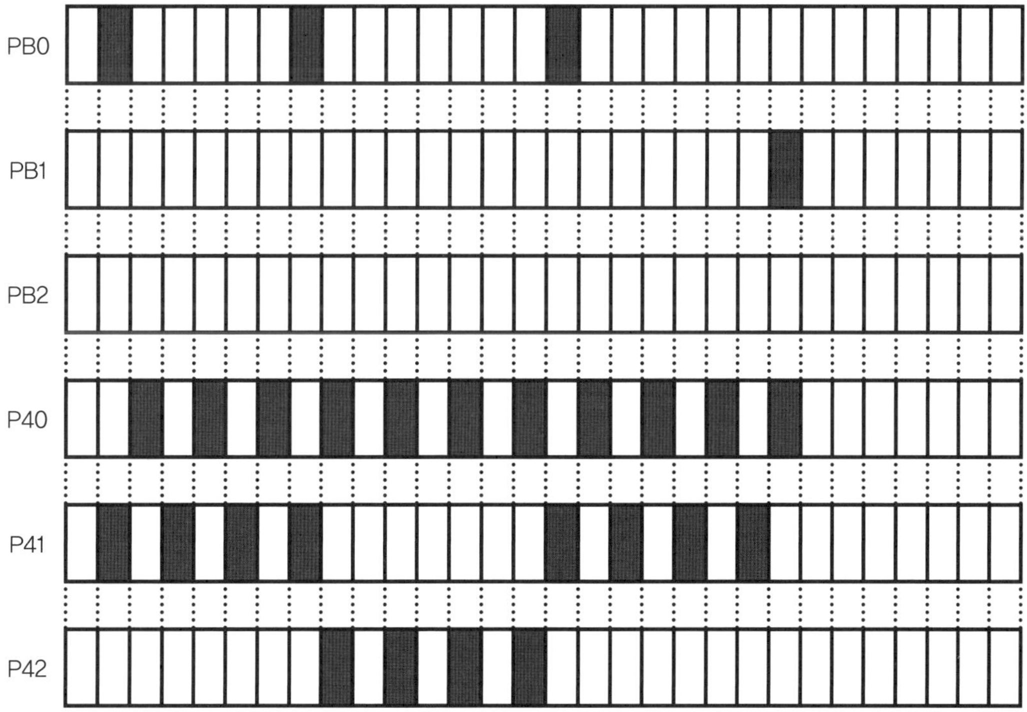

> **◆ 용도 및 주의사항**
> 1. 카운터, 타이머를 이용한 교대점멸
> 2. 양변환과 음변환을 이용한 후입력우선회로이다.

62.1 XGT 프로그램(교대점멸 응용회로-1)

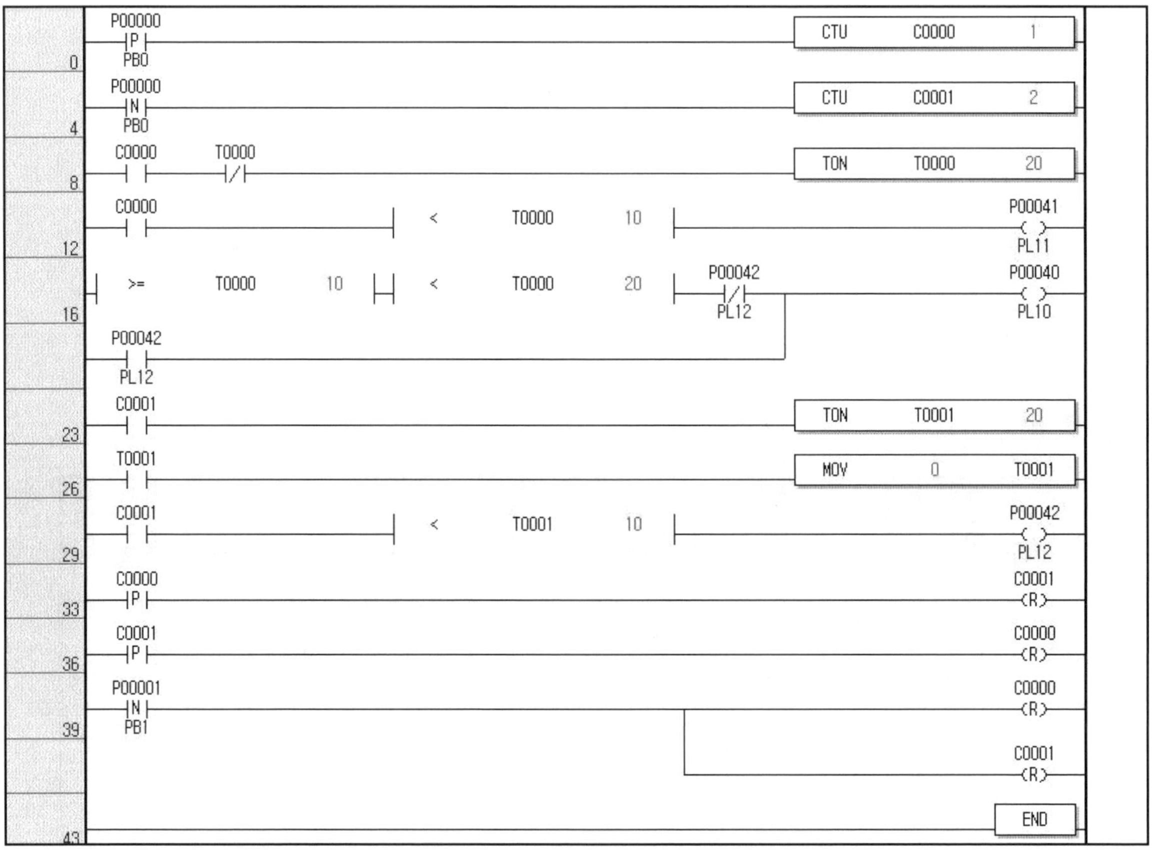

62.2 Melsec 프로그램(교대점멸 응용회로-1)

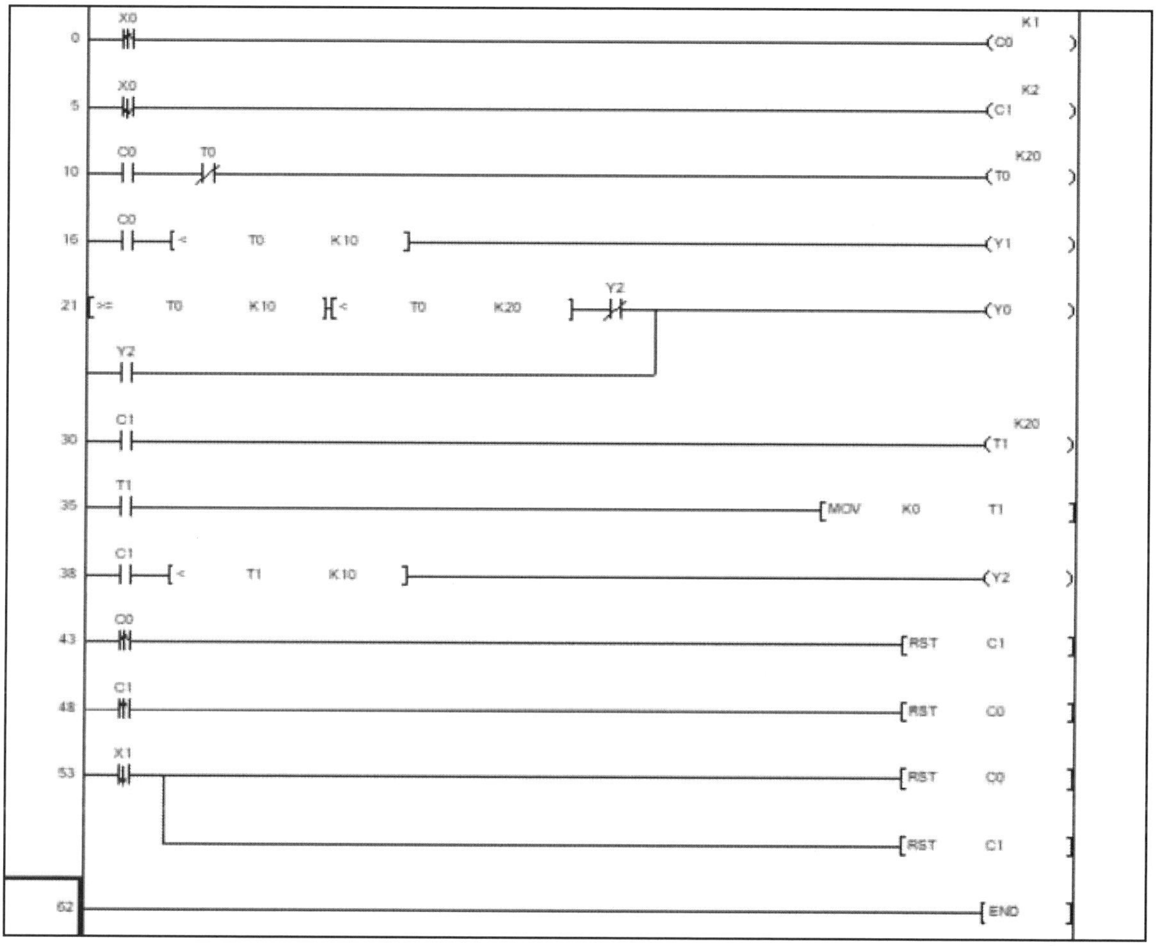

63 교대점멸 응용회로-2

◆ 동작설명

1. 전원을 투입하면 P40이 2초 ON/1초 OFF 반복 동작
2. PB0를 세 번 누르고 떼면 P41과 P42이 5초 ON/2초 OFF
3. PB1를 누르고 떼면 P41과 P42는 OFF 하고 회로는 초기화 된다.

◆ 타임차트

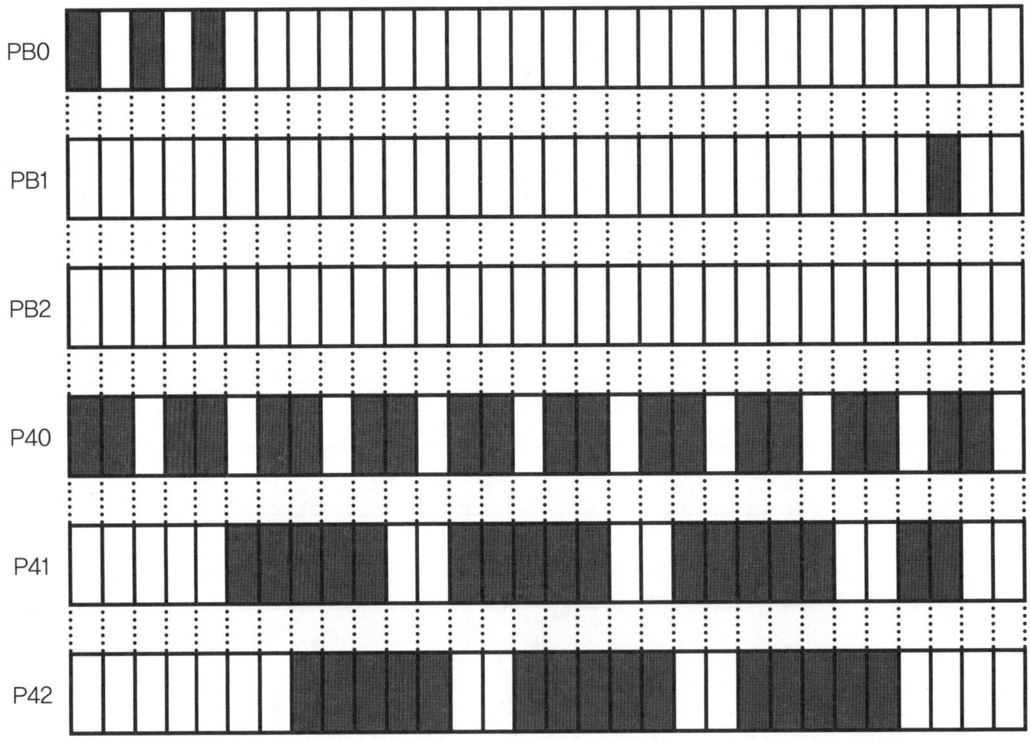

◆ 용도 및 주의사항

1. 카운터, 타이머를 이용한 교대점멸

63.1 XGT 프로그램(교대점멸 응용회로-2)

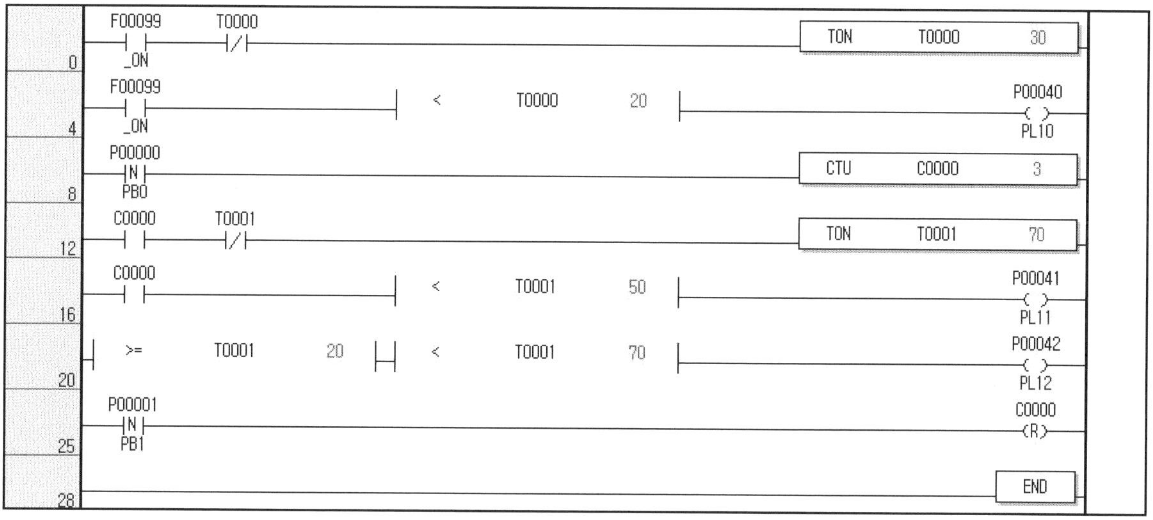

63.2 Melsec 프로그램(교대점멸 응용회로-2)

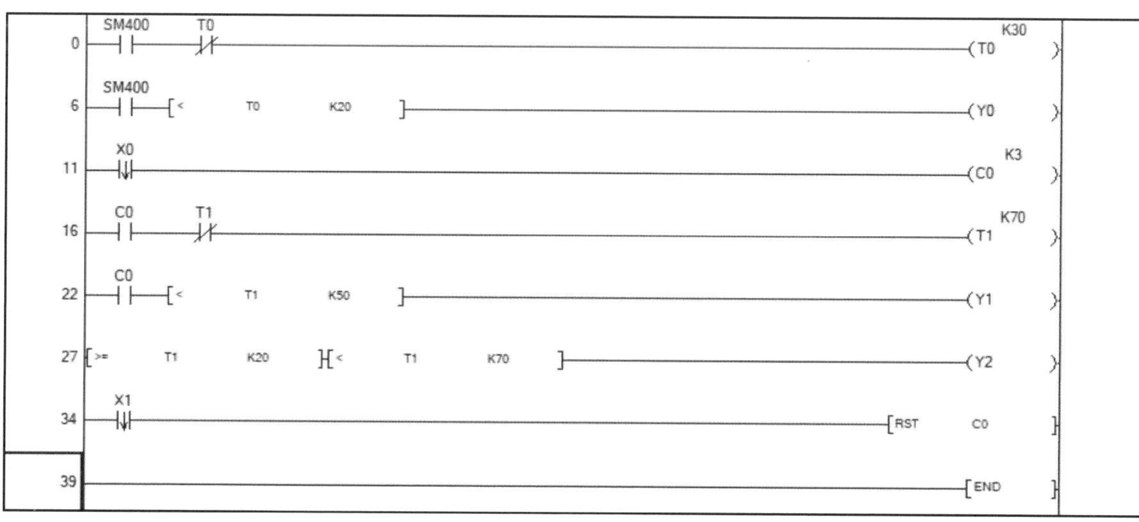

64 교대점멸 응용회로-3

◆ 동작설명

1. PB0를 두 번 누르고 떼면 P40 2초 ON/1초 OFF-3초 ON/1초 OFF-4초 ON/1초 OFF 반복 동작
2. P40 동작 1초 후 P41 1초 ON/1초 OFF-2초 ON/1초 OFF-3초 ON/1초 OFF를 반복 동작
3. P41이 동작 1초 후 P42 3초 ON/1초 OFF-2초 ON/1초 OFF-1초 ON /1초 OFF 를 반복 동작
4. 위 동작은 PB1이 입력되기 전까지는 계속 반복 동작
5. PB1를 누르면 회로는 정지하고 초기화 된다.

◆ 타임차트

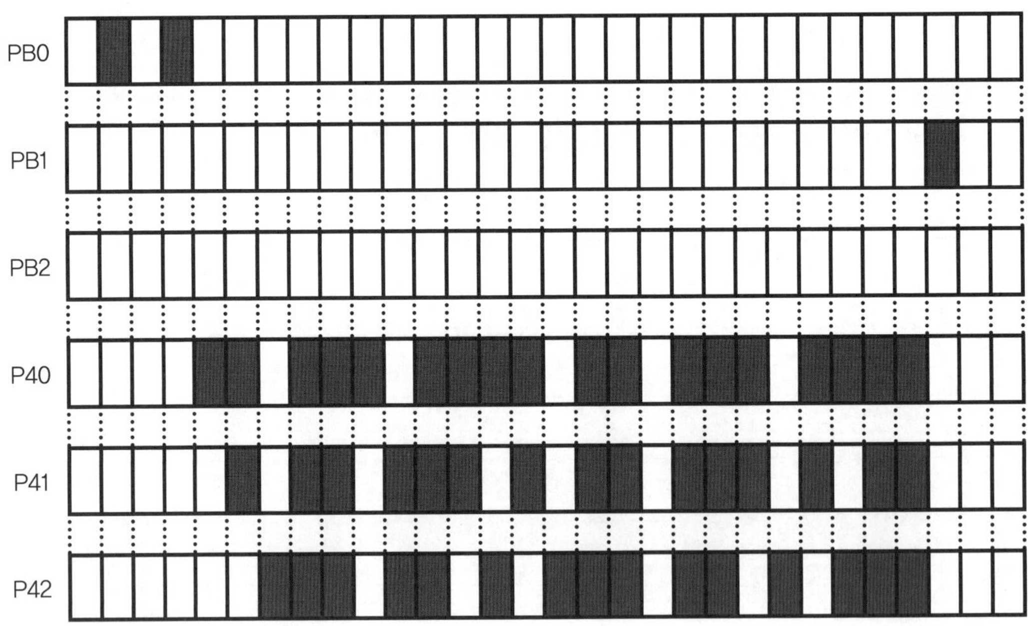

◆ 용도 및 주의사항

1. 카운터, 타이머를 이용한 교대점멸
2. 각각 동작하는 회로로 이용

64.1 XGT 프로그램(교대점멸 응용회로-3)

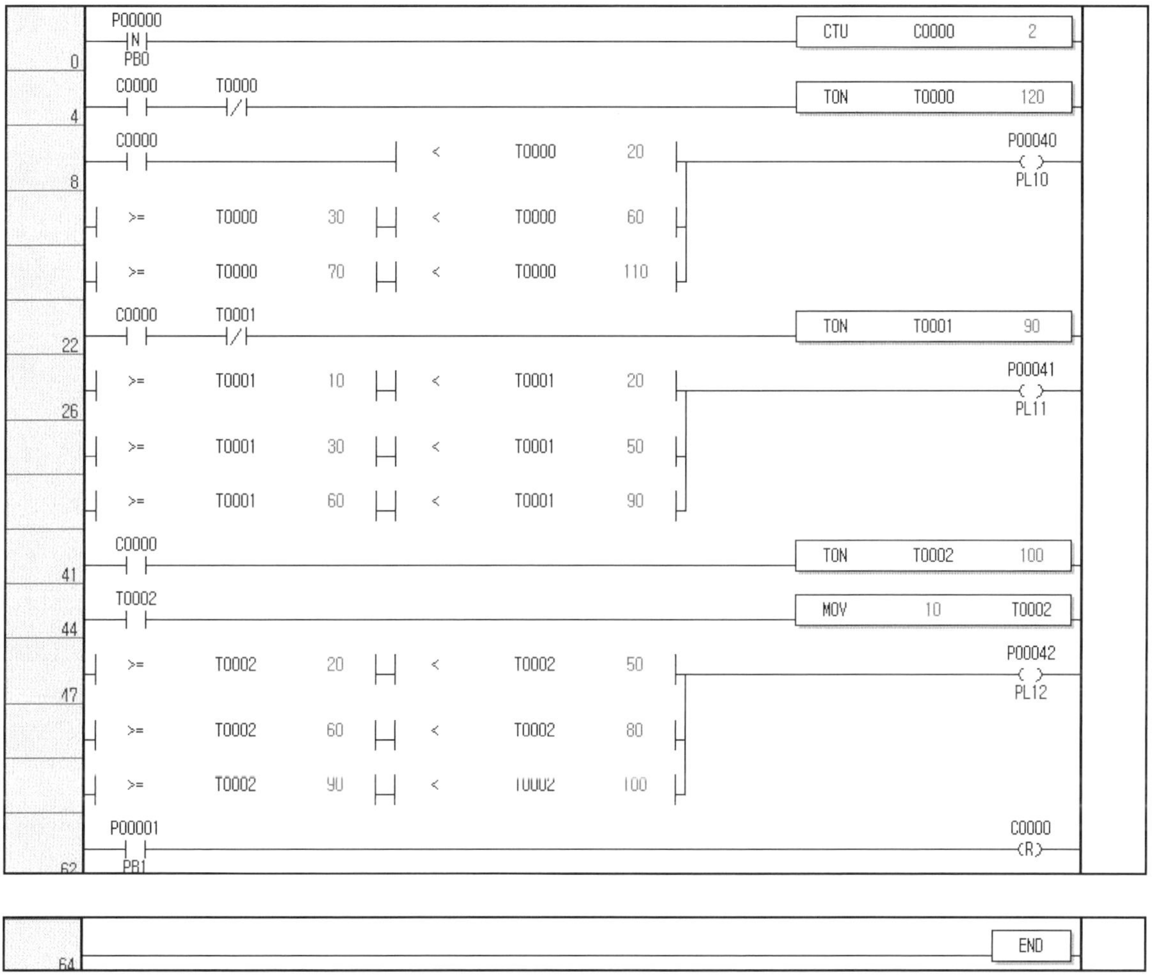

64.2 Melsec 프로그램(교대점멸 응용회로-3)

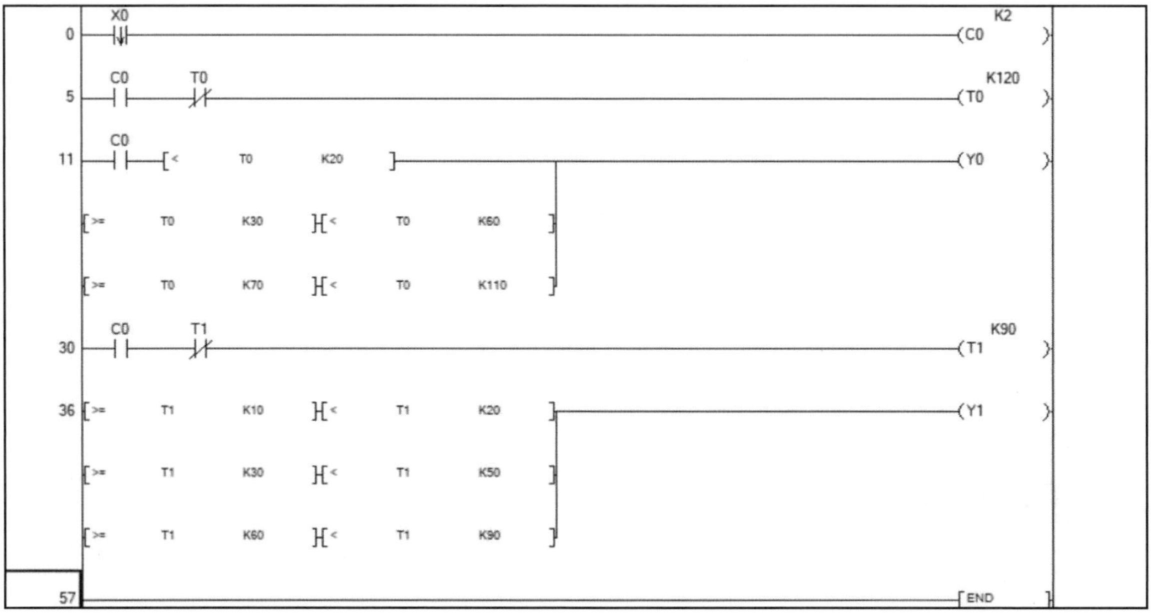

65 양변환(ON) / 양변환(OFF)

◆ 동작설명

1. PB0를 세 번 누르면 P40 ON PB0를 네 번 누르면 P40 OFF 되고 회로는 초기화
2. P40 ON 상태에서 PB1를 누르면 P40 OFF 되고 회로는 초기화 된다.

◆ 타임차트

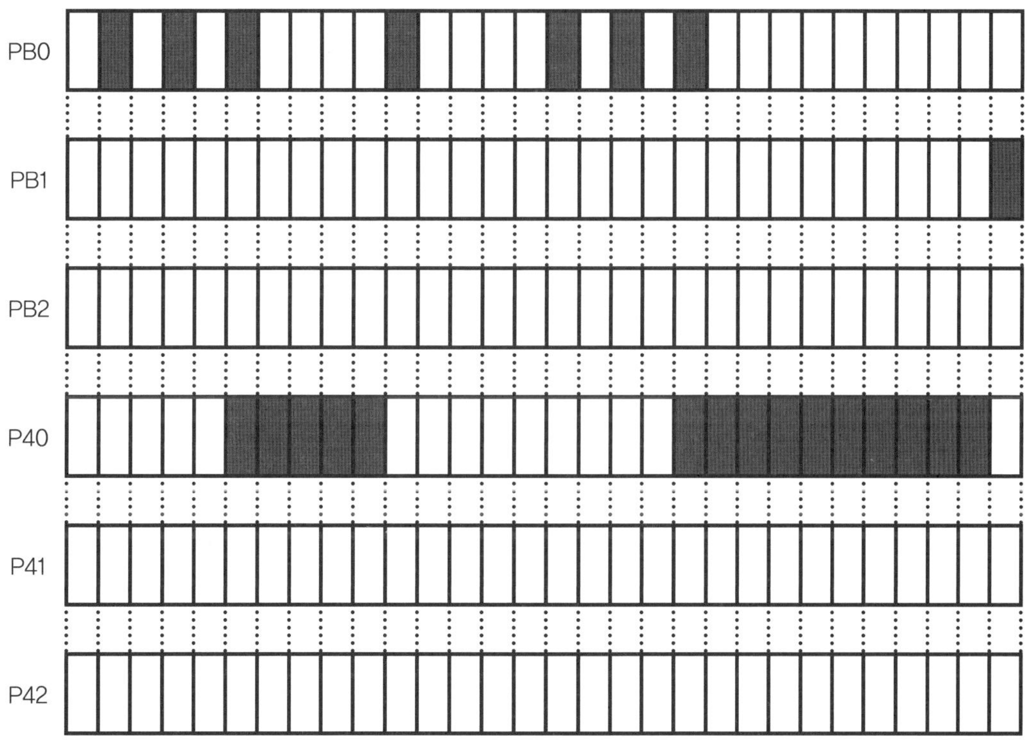

◆ 용도 및 주의사항

1. 양변환, 음변환회로의 사용방법의 일부분이다 유용한 것이니 잘 익혀두기 바란다.

65.1 XGT 프로그램(양변환(ON) / 양변환(OFF))

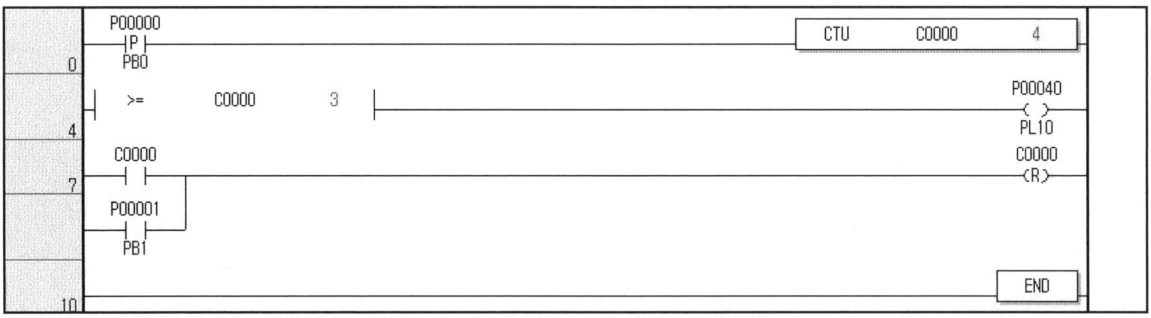

65.2 Melsec 프로그램(양변환(ON) / 양변환(OFF))

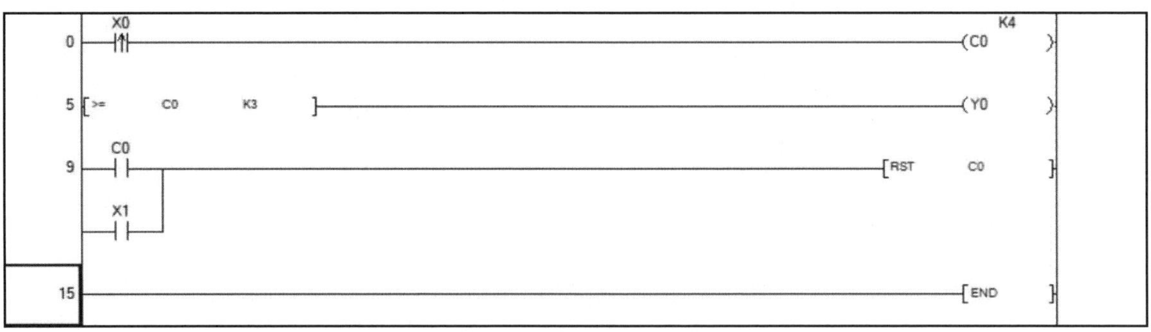

66 양변환(ON) / 음변환(OFF)

◆ 동작설명

1. PB0를 한 번 누르면 P40 ON PB0를 두 번 누르고 떼면 P40 OFF 되고 회로는 초기화 된다.
2. P40이 ON 된 상태에서 PB1를 누르면 회로는 OFF 되고 초기화 된다.

◆ 타임차트

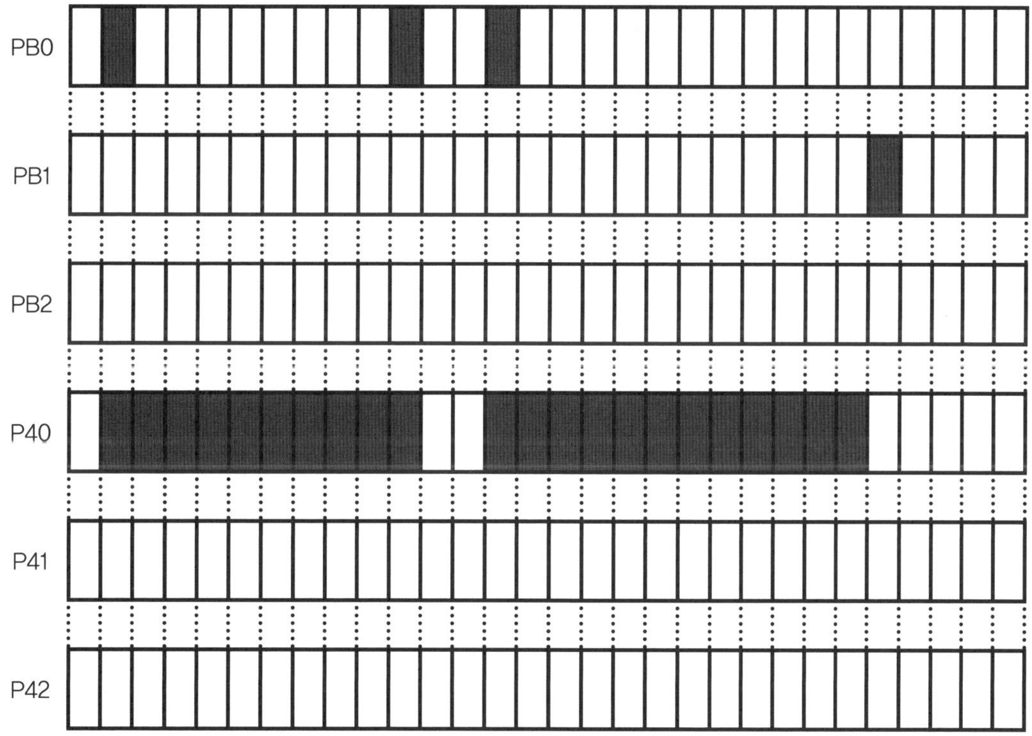

◆ 용도 및 주의사항

1. 산업현장의 자동화 라인에서 센서 및 리미트 스위치와 함께 연계하여 많이 활용되는 회로이다.

66.1 XGT 프로그램(양변환(ON) / 음변환(OFF))

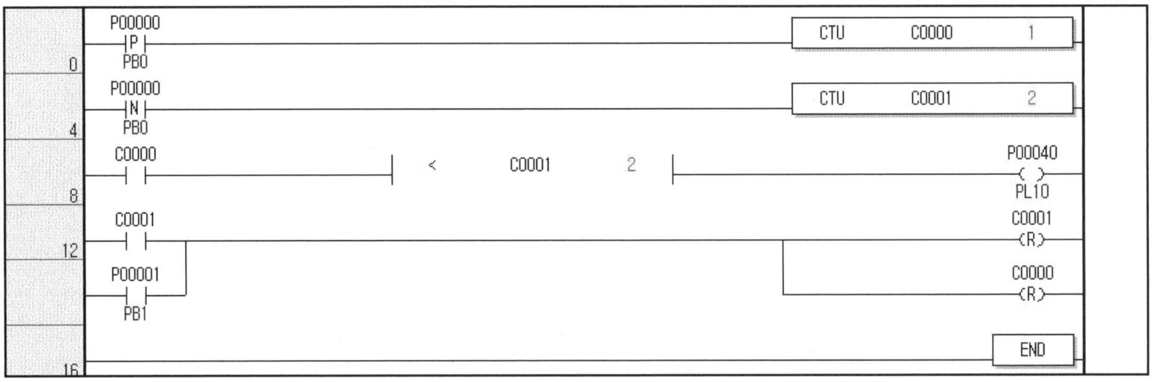

66.2 Melsec 프로그램(양변환(ON) / 음변환(OFF))

67 음변환(ON) / 음변환(OFF)

◆ 동작설명

1. PB0를 한 번 누르고 떼면 P40 ON PB0를 두 번 누르고 떼면 P40 OFF 되고 회로는 초기화 된다.
2. P40 ON 된 상태에서 PB1를 누르면 회로는 OFF 되고 초기화 된다.

◆ 타임차트

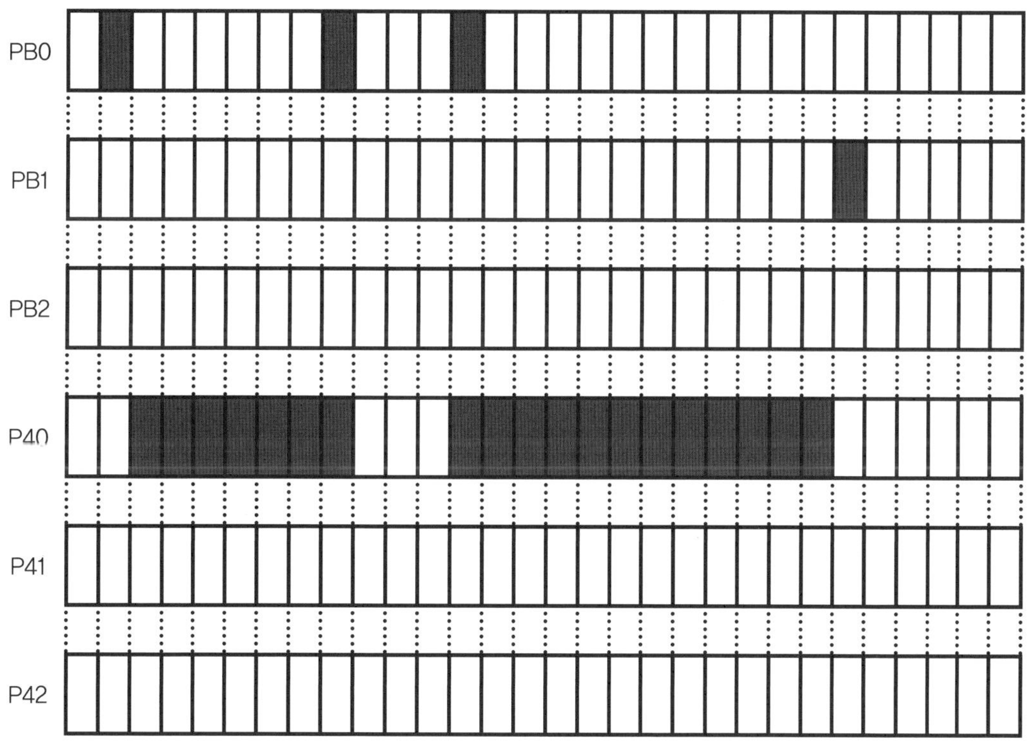

◆ 용도 및 주의사항

1. 자동화 회로에서 많이 응용되는 회로이다.

67.1 XGT 프로그램(음변환(ON) / 음변환(OFF))

67.2 Melsec 프로그램(음변환(ON) / 음변환(OFF))

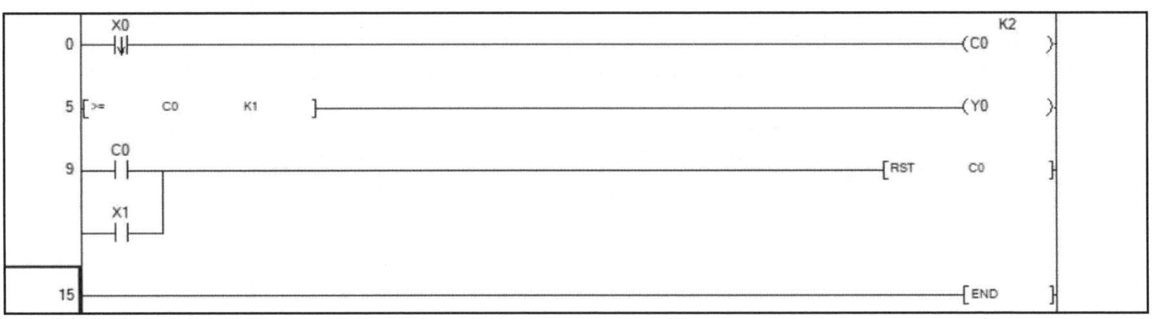

68 음변환(ON) / 양변환(OFF)

◆ 동작설명

1. PB0를 한 번 누르고 떼면 P40 ON PB0를 두 번 누르면 P40 OFF 되고 회로는 초기화 된다.
2. P40 ON 된 상태에서 PB1를 누르면 회로는 OFF 되고 초기화 된다.

◆ 타임차트

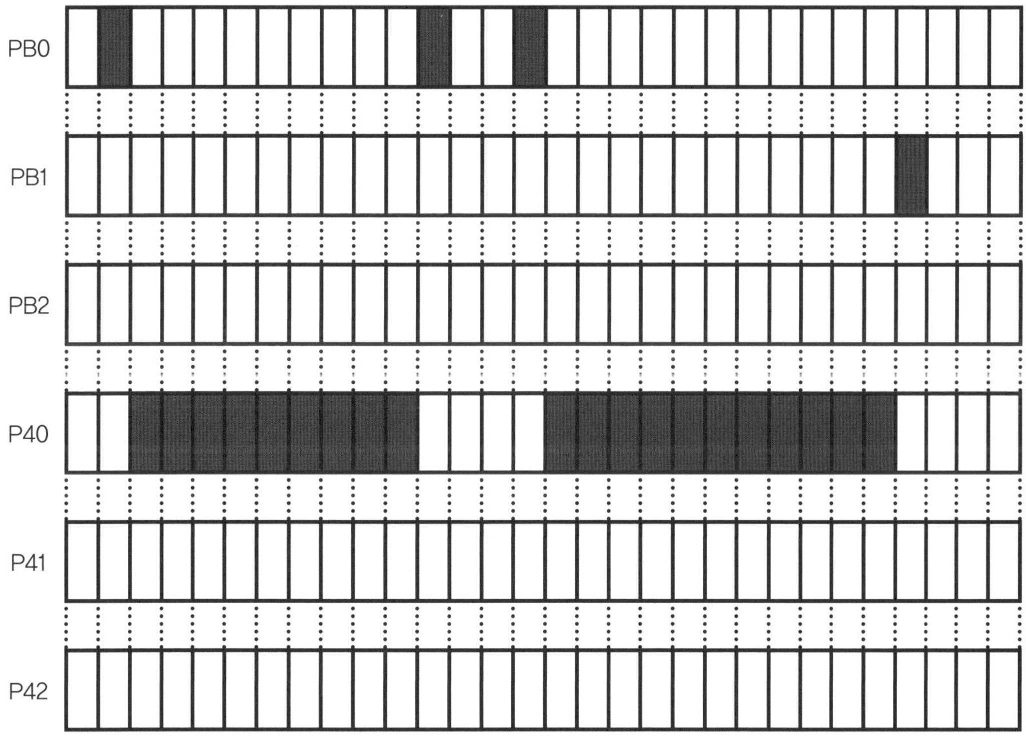

◆ 용도 및 주의사항

1. 자동화 기계장치에 응용되는 회로이다.

68.1 XGT 프로그램(음변환(ON) / 양변환(OFF))

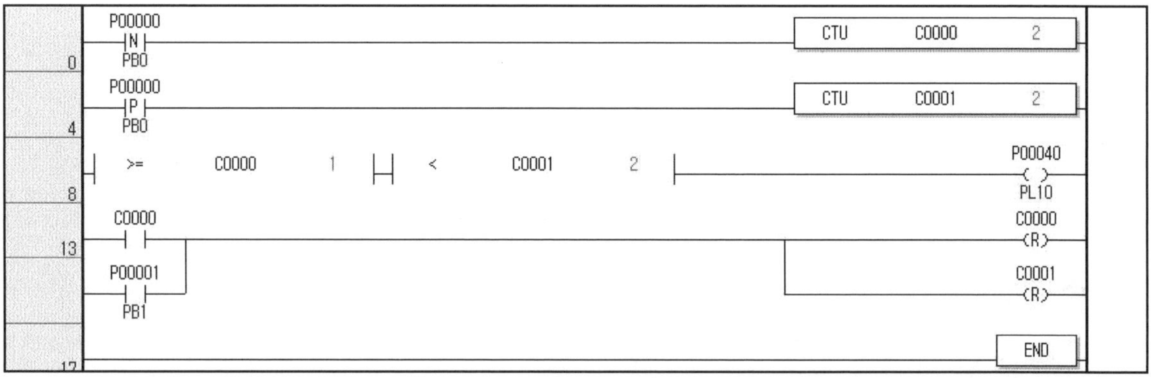

68.2 Melsec 프로그램(음변환(ON) / 양변환(OFF))

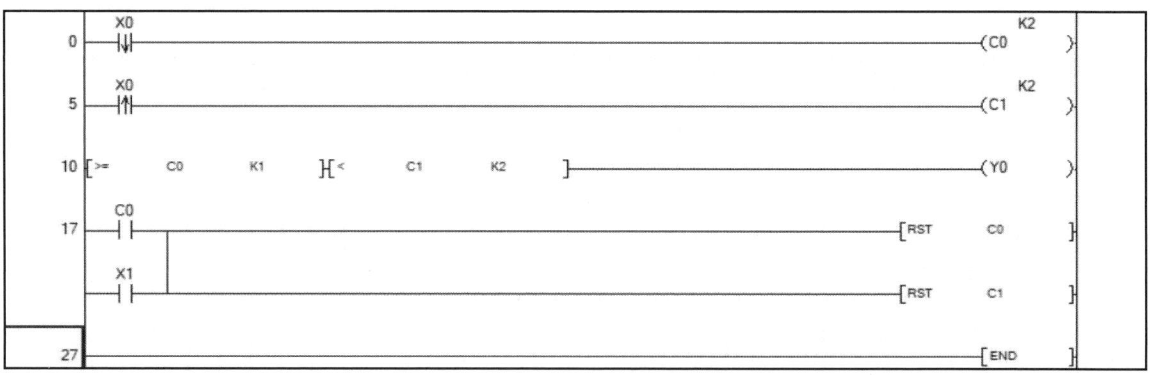

69 기출응용회로-1

◆ 동작설명

1. PB0를 두 번 누르고 떼면 P40 ON PB0를 네 번 누르면 P40 OFF 되고 회로는 초기화 된다.
2. P40 ON 된 상태에서 PB1를 누르면 회로는 OFF 되고 초기화 된다.

◆ 타임차트

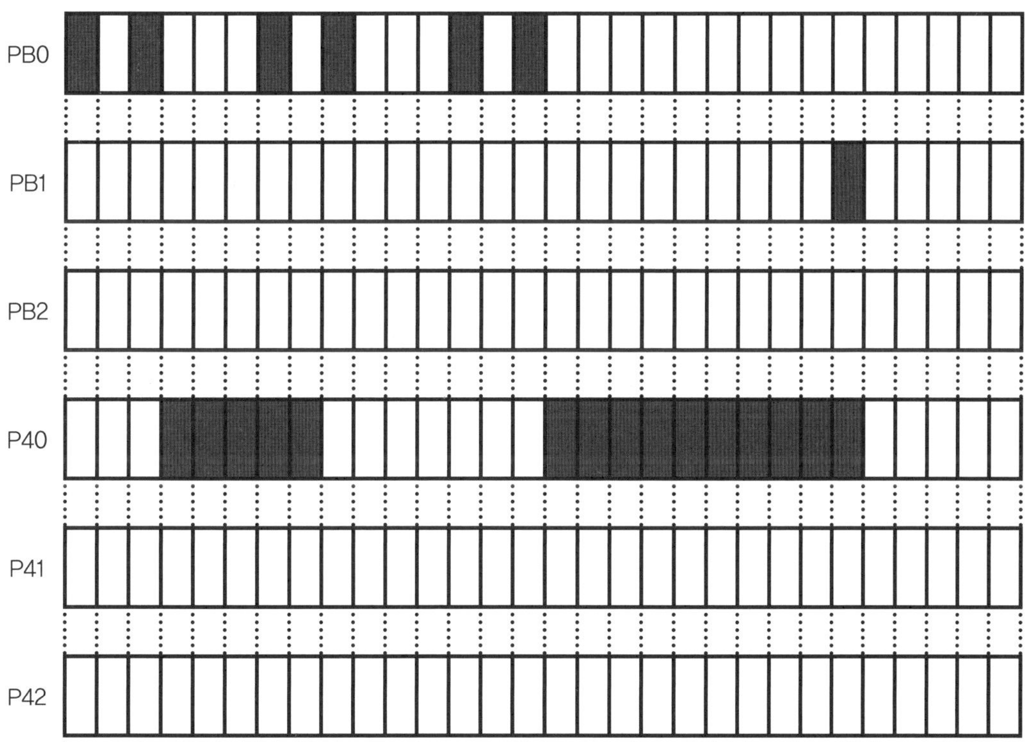

> ◆ 용도 및 주의사항
> 1. 자동화 회로에 널리 이용되는 회로이다.

69.1 XGT 프로그램(기출응용회로-1)

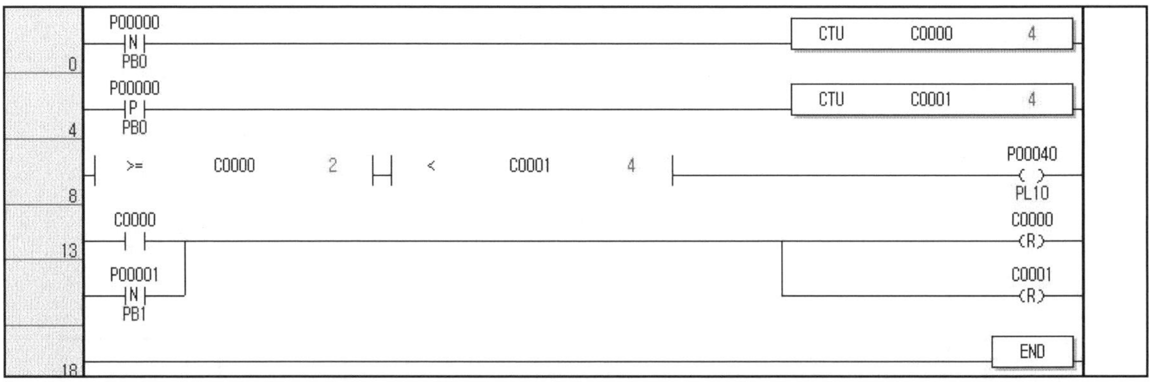

69.2 Melsec 프로그램(기출응용회로-1)

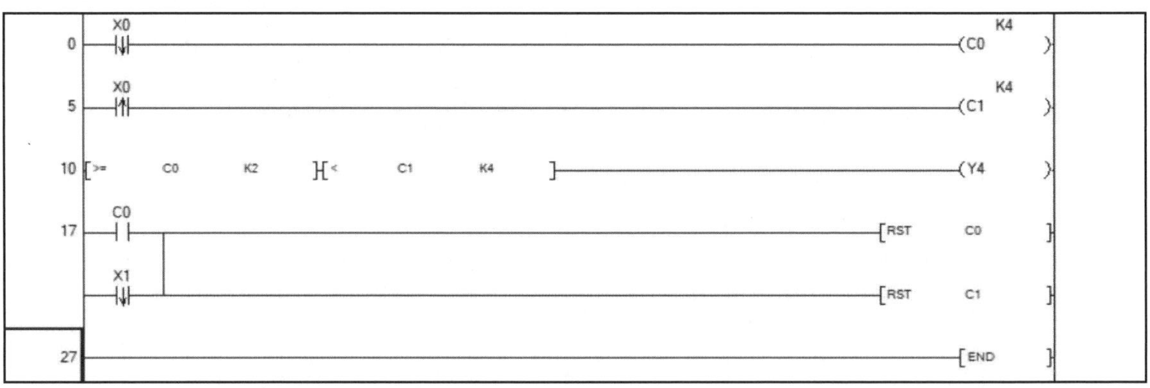

70 기출응용회로-2

◆ 동작설명

1. PB0를 5초이상 누른후 OFF 되면서 P40 ON(점등) PB0를 두 번 누르면 P40 OFF 되고 회로는 초기화 된다.
2. P40이 ON 된 상태에서 PB1를 누르면 P40 OFF 되고 회로는 초기화 된다.

◆ 타임차트

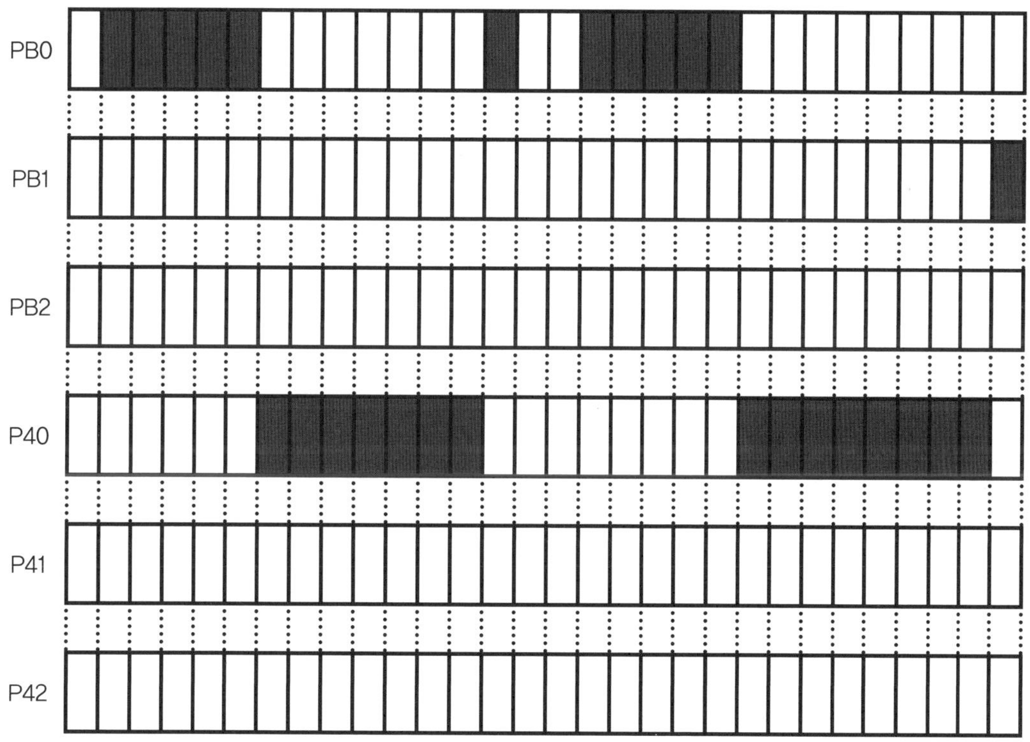

◆ 용도 및 주의사항

1. 자동화에 이용되는 회로이다.

70.1 XGT 프로그램(기출응용회로-2)

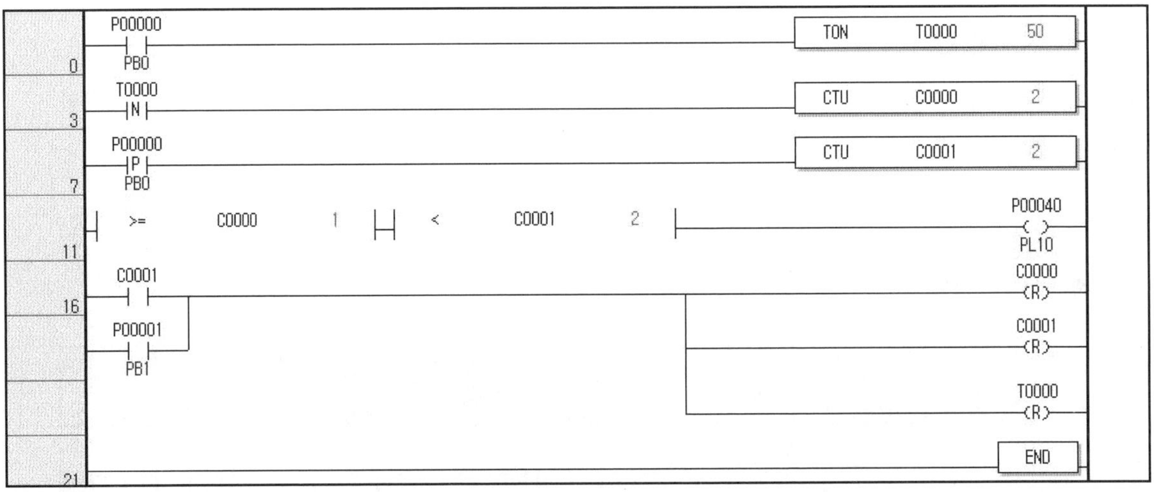

70.2 Melsec 프로그램(기출응용회로-2)

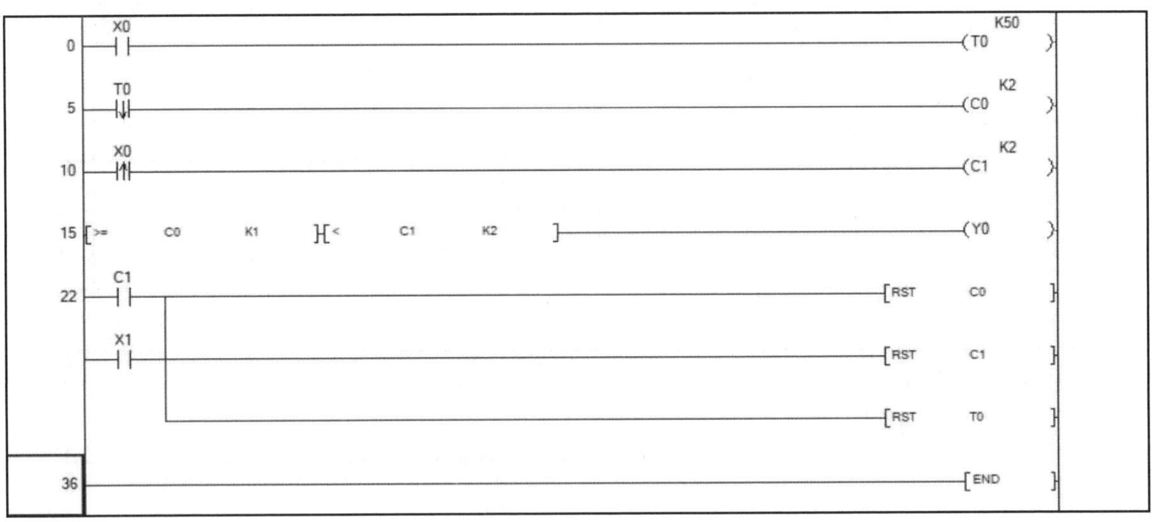

71 카운터를 이용한 응용회로

◆ 동작설명

1. PB0를 두 번 누르면 P40 3초 동안 ON 후 P41이 1초 ON/1초 OFF 반복 동작회로
2. PB0를 다섯 번 누르면 P41 OFF 되고 회로는 초기화
3. P40,P41이 동작시 PB1를 누르면 회로는 초기화 된다.

◆ 타임차트

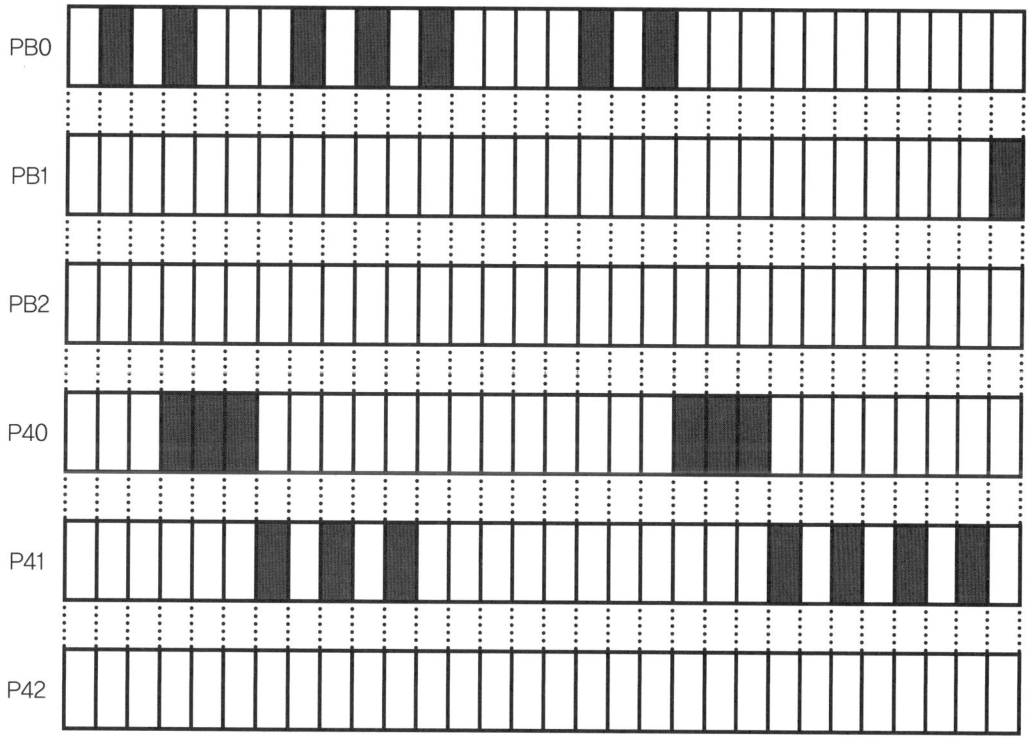

◆ 용도 및 주의사항

1. 자동제어에 응용되는 카운터 회로이다.

71.1 XGT 프로그램(카운터를 이용한 응용회로)

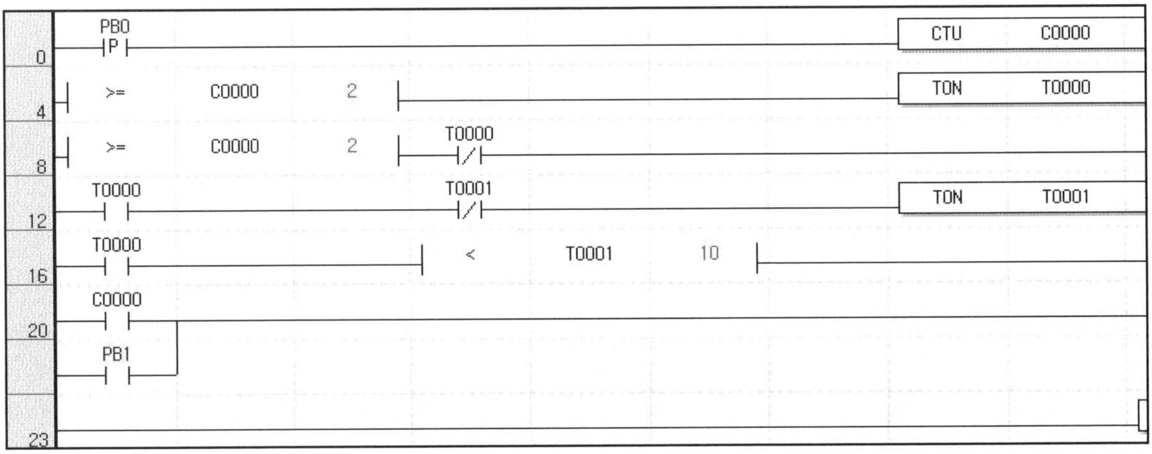

71.2 Melsec 프로그램(카운터를 이용한 응용회로)

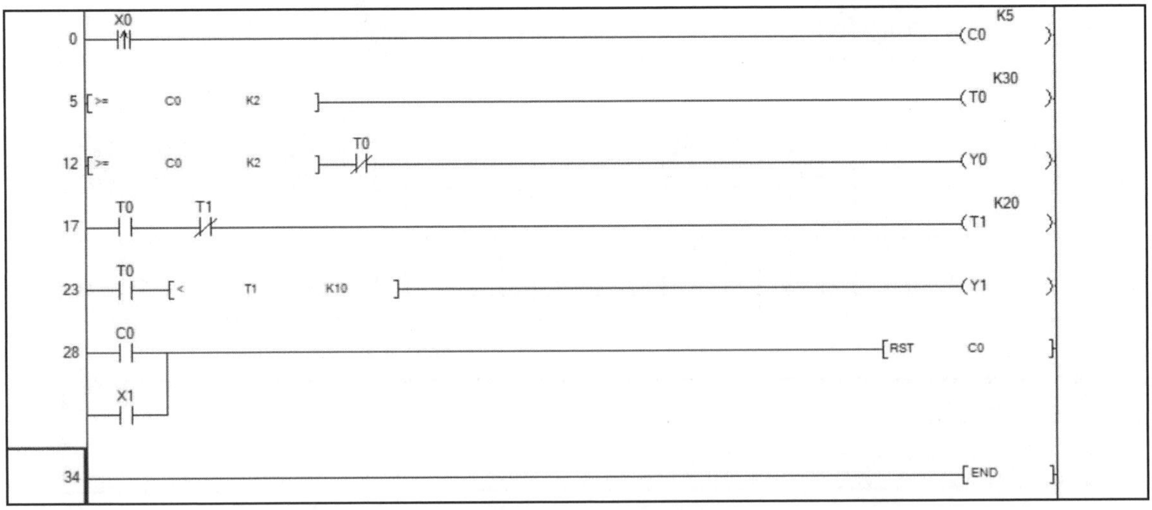

72 이중교대점멸 응용회로-1

◆ 동작설명

1. PB0를 한 번 누르고 떼면 P40과 P41이 2초 ON/ 2초 OFF를 교대 점멸한다.
2. PB0를 두 번째 누르면 P42와 P41이 2초 ON/2초 OFF를 교대 점멸한다.
3. P42과 P41이 교대 점멸하고 있을 때 PB1를 누르고 떼면 회로는 정지하고 초기화 된다.

◆ 타임차트

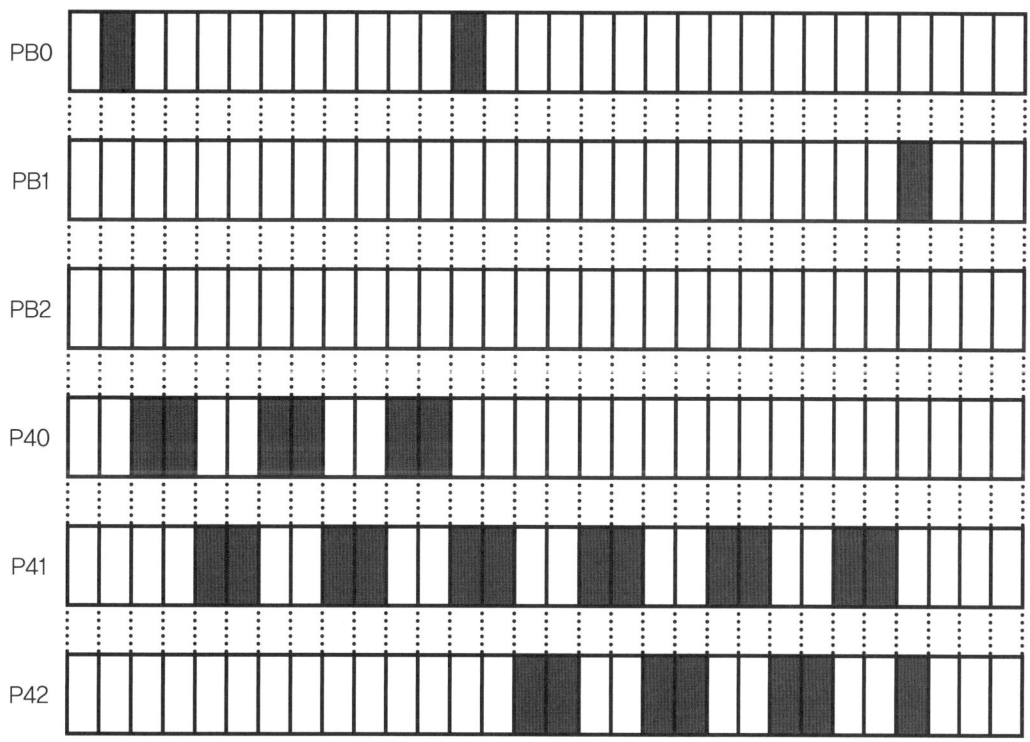

> **◆ 용도 및 주의사항**
> 1. 자동화 회로에 이용되는 교대 점멸회로이다
> 2. 도로공사구간 및 건축공사의 안전을 위한 점멸회로등에도 사용할 수 있다.

72.1 XGT 프로그램(이중교대점멸 응용회로-1)

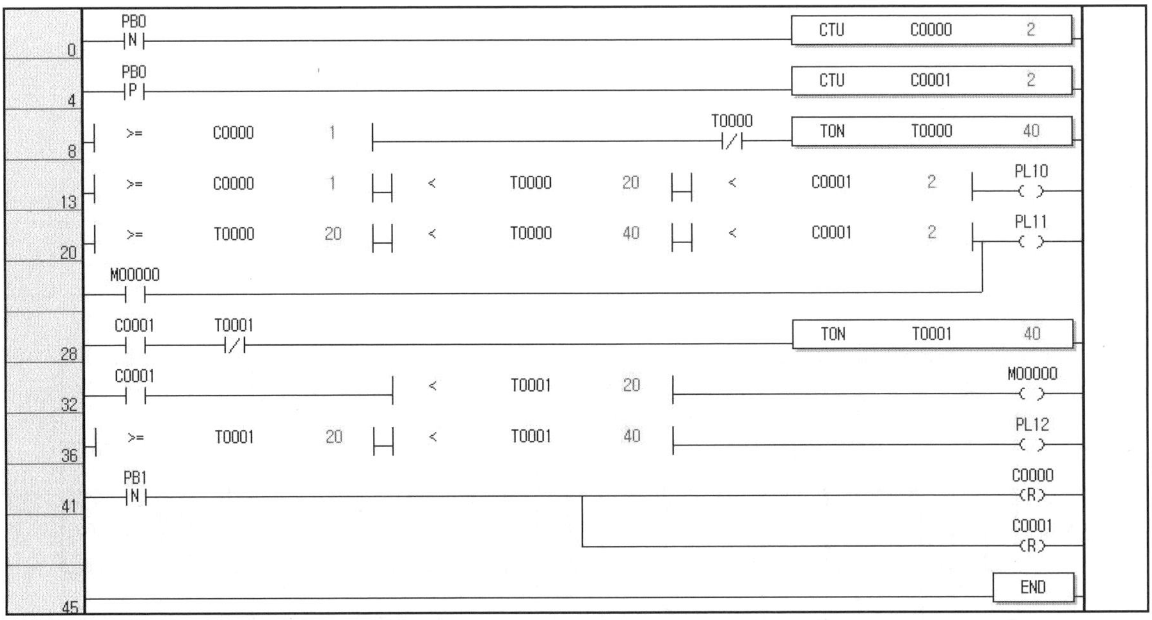

72.2 Melsec 프로그램(이중교대점멸 응용회로-1)

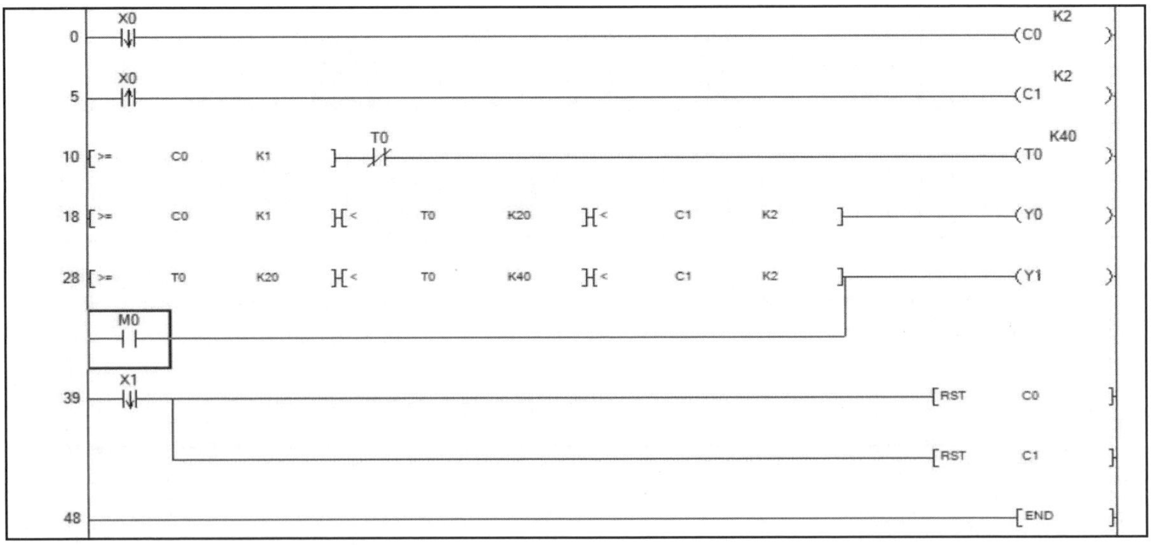

73 이중교대점멸 응용회로-2

◆ 동작설명

1. PB0를 한 번 누르고 떼면 P40과 P41이 2초 ON/2초 OFF를 교대 점멸한다.
2. PB0를 두 번째 누르면 P42와 P41이 2초 ON/2초 OFF를 교대 점멸한다.
3. P42과 P41이 교대 점멸하고 있을 때 PB1를 누르고 떼면 회로는 정지하고 초기화 된다.

◆ 타임차트

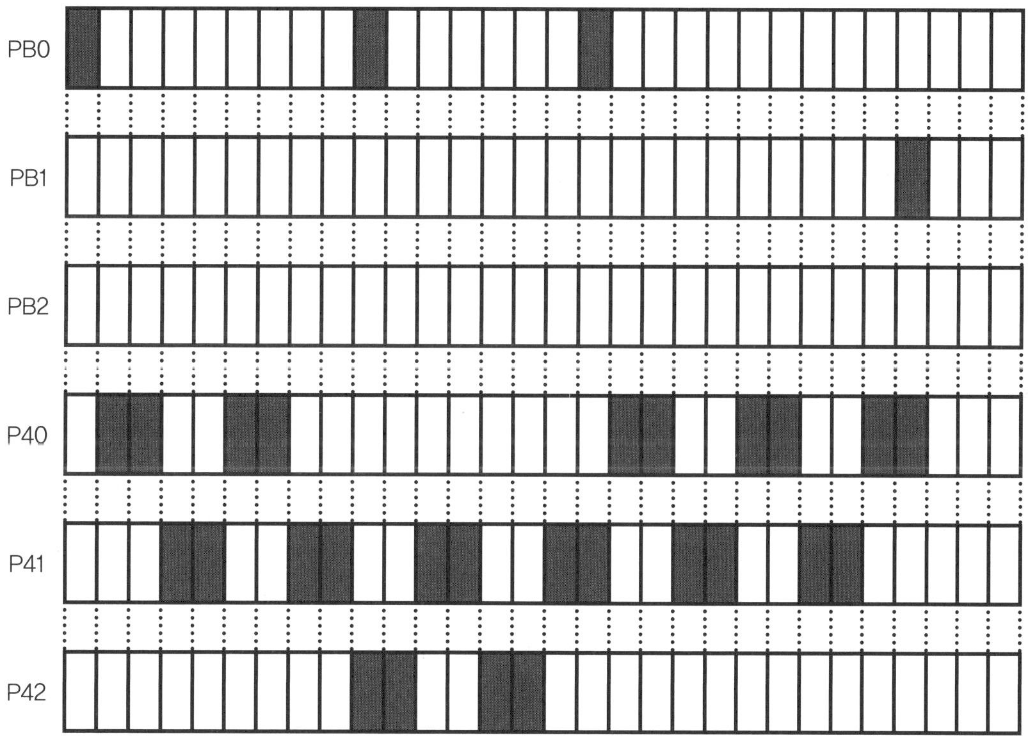

◆ 용도 및 주의사항

1. 반복회로다.

73.1 XGT 프로그램(이중교대점멸 응용회로-2)

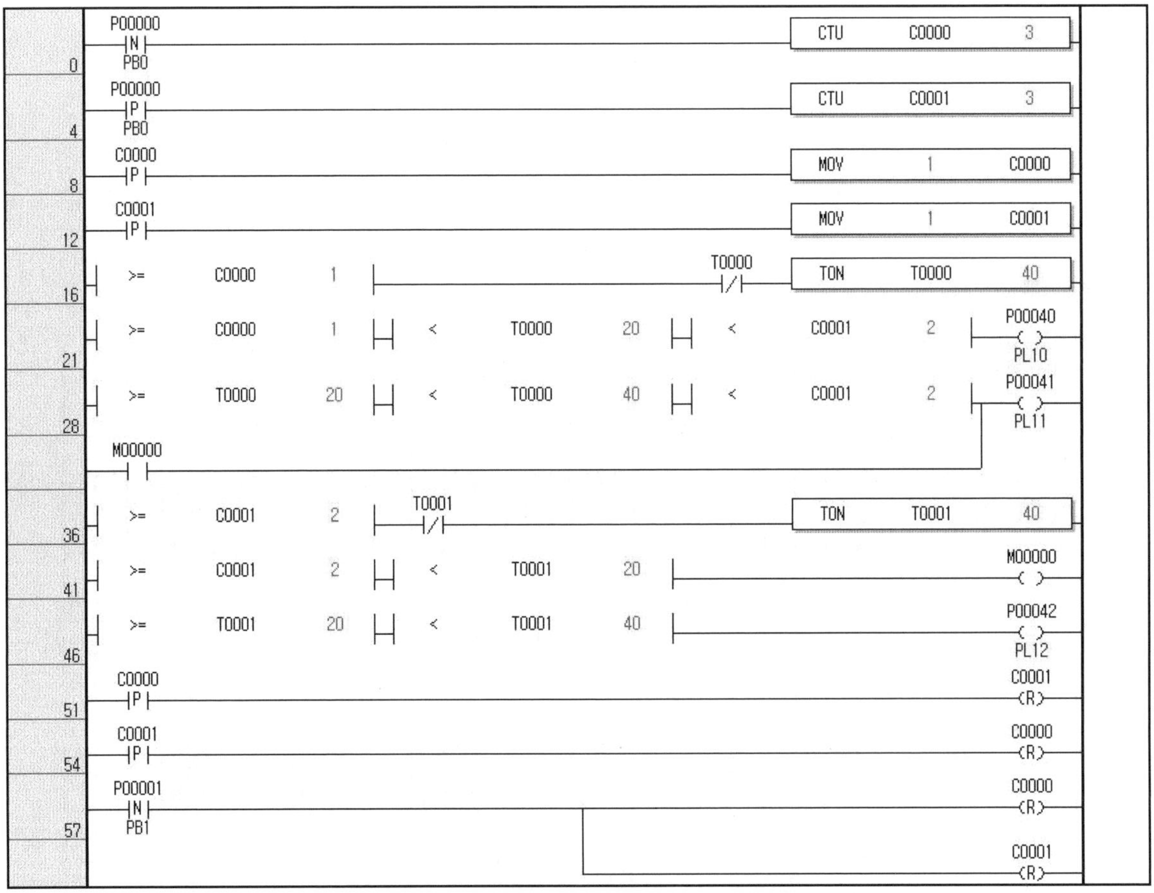

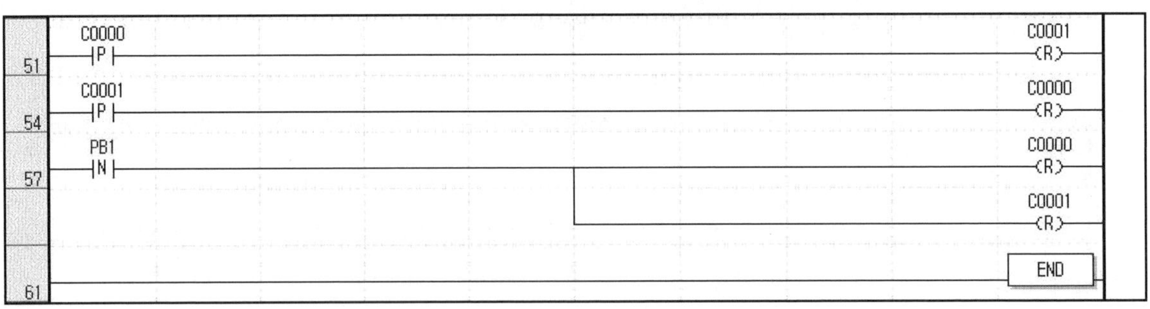

73.2 Melsec 프로그램(이중교대점멸 응용회로-2)

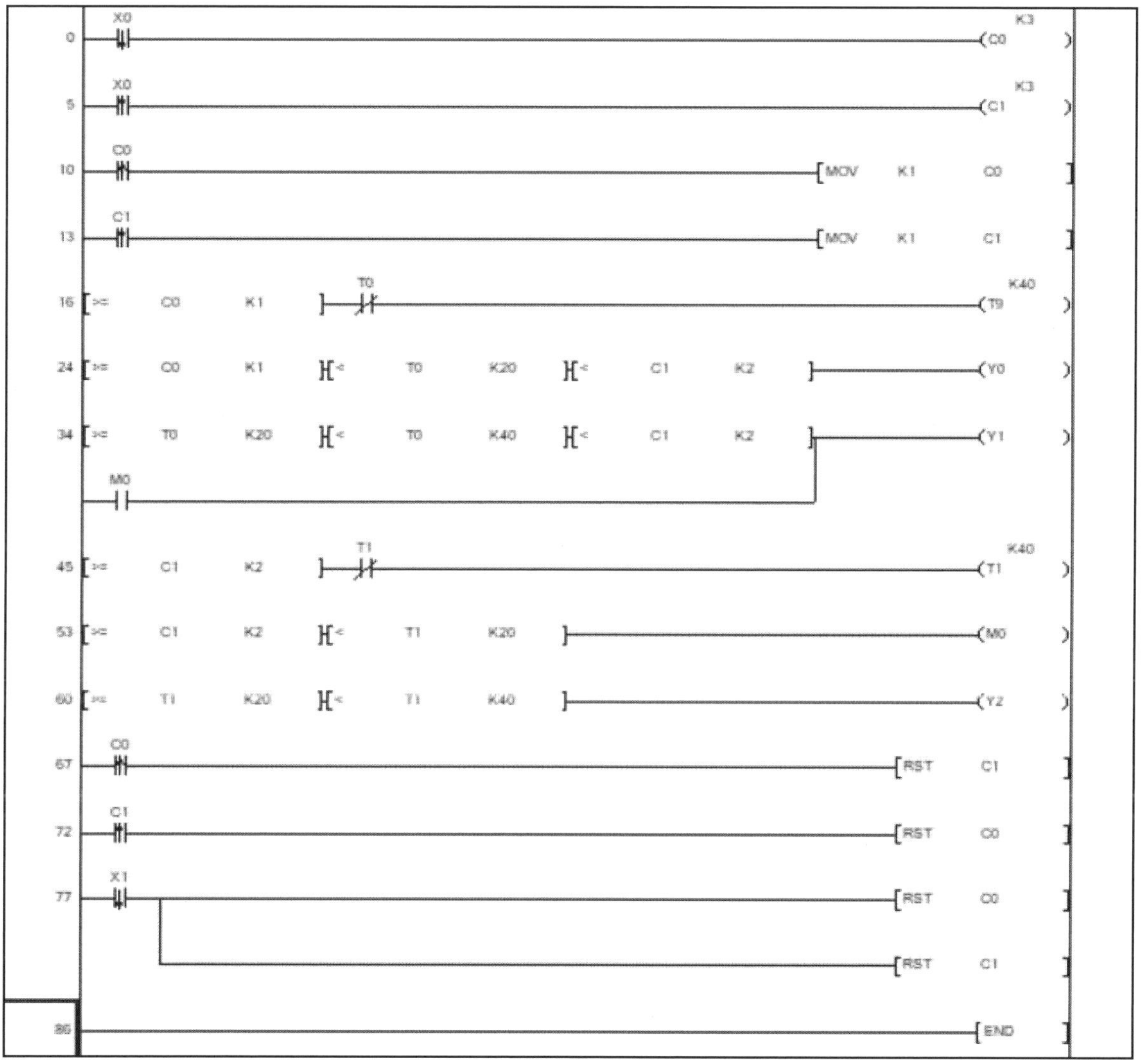

memo

5

시퀀스회로의 논리변환하기

PLC Control Technology

Power Line Communication

1 자기유지 회로

1) 논리게이트 변환 회로

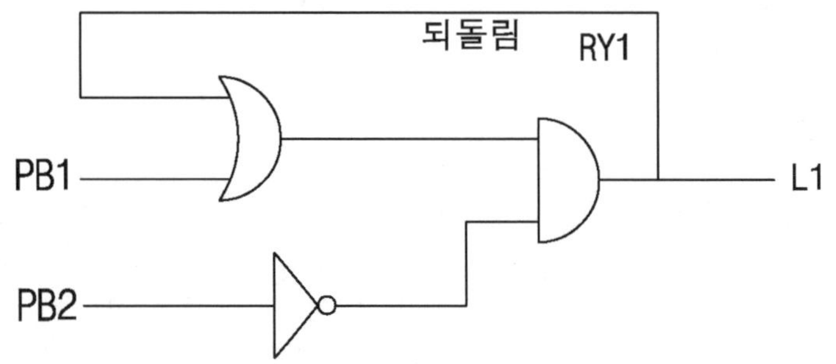

2) 전기 시퀀스 도면

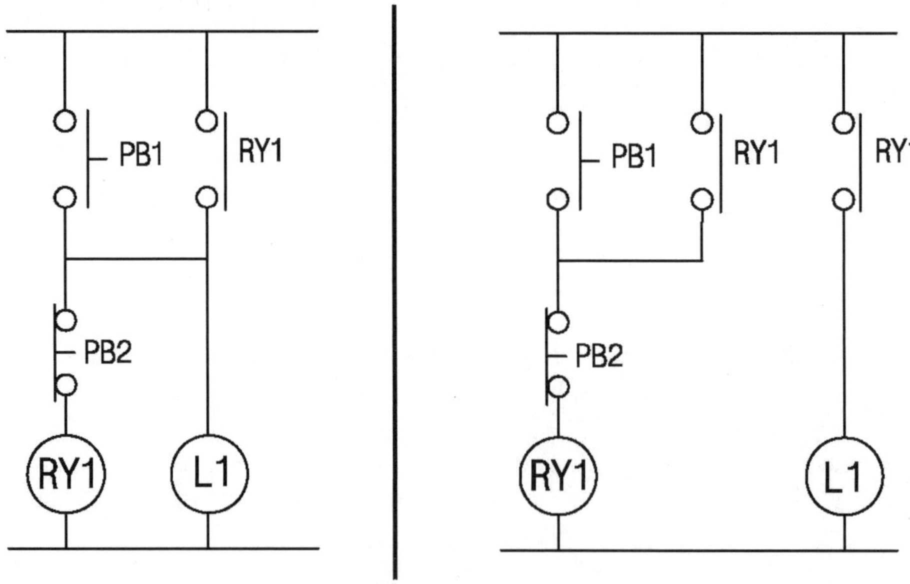

2 자기유지(정지우선) 회로

PLC Control Technology

1) 논리게이트 변환 회로

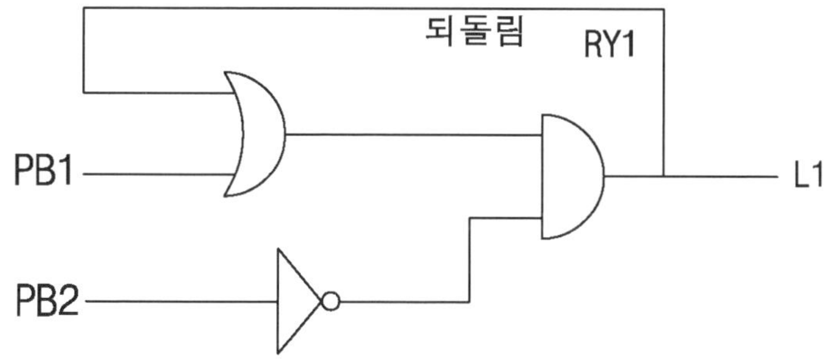

2) 전기 시퀀스 도면

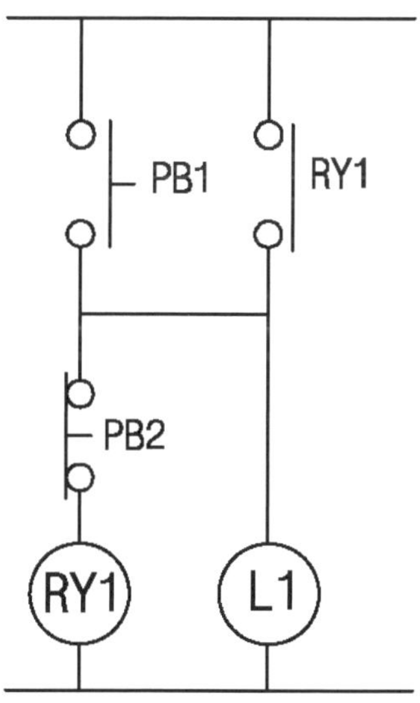

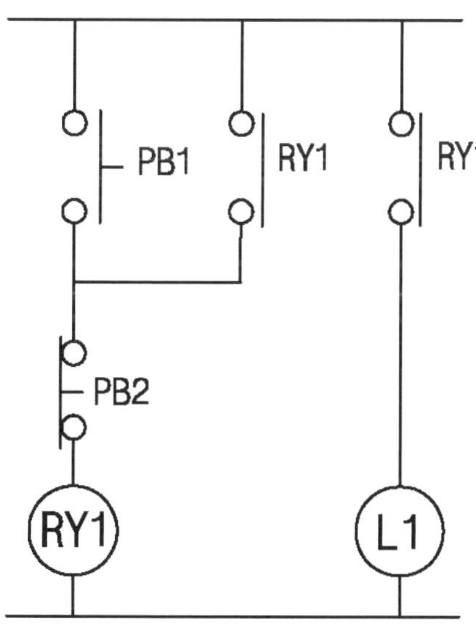

3 자기유지(기동우선) 회로

1) 논리게이트 변환 회로

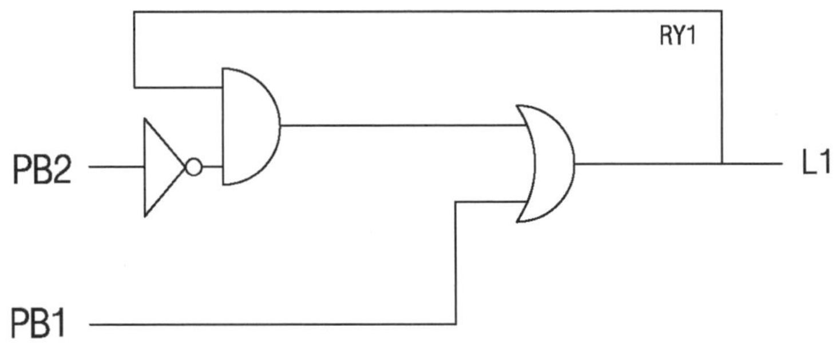

2) 전기 시퀀스 도면

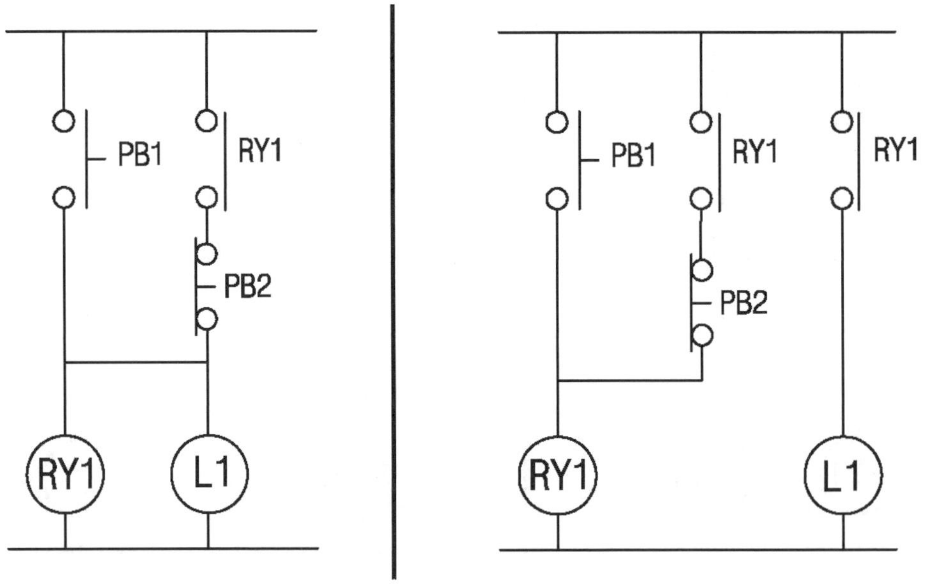

4 인터록 회로

1) 논리게이트 변환 회로

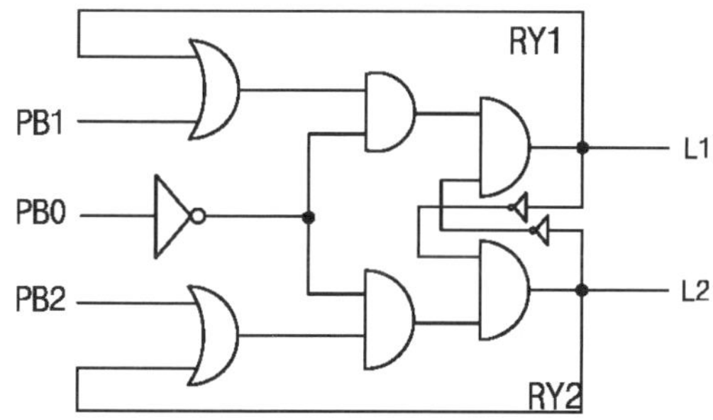

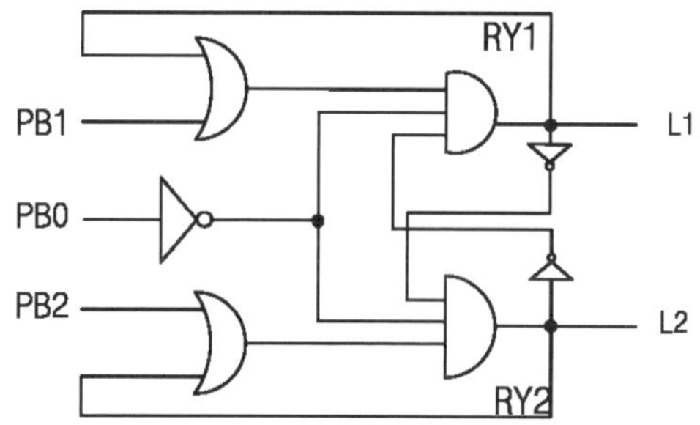

2) 전기 시퀀스 도면

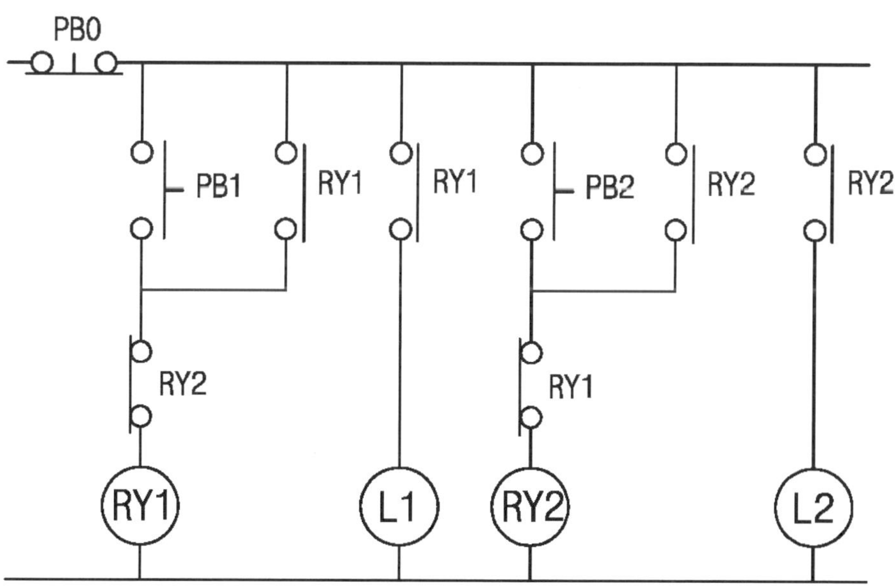

5 우선(순차회로) 회로

PLC Control Technology

1) 논리게이트 변환 회로

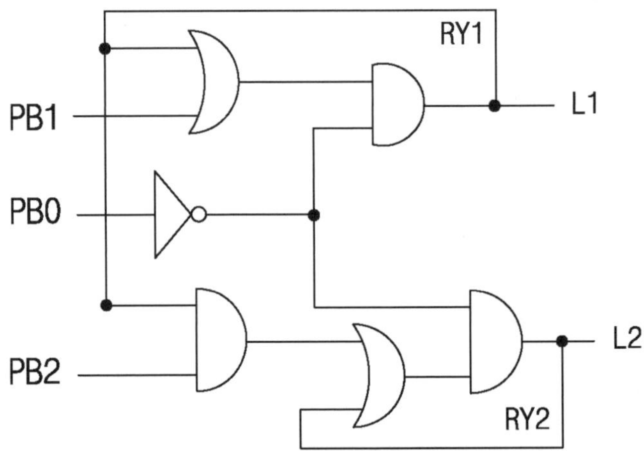

2) 전기 시퀀스 도면

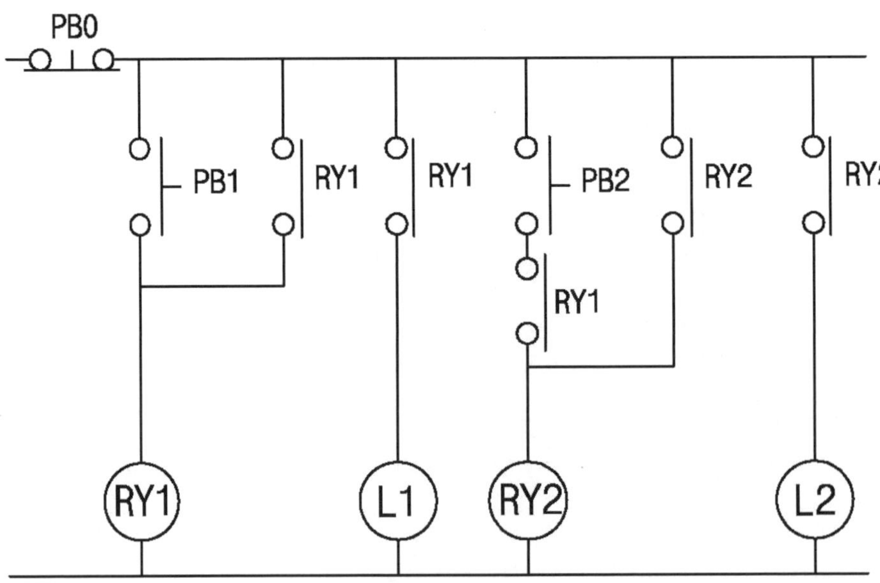

6 우선회로

1) 논리게이트 변환 회로

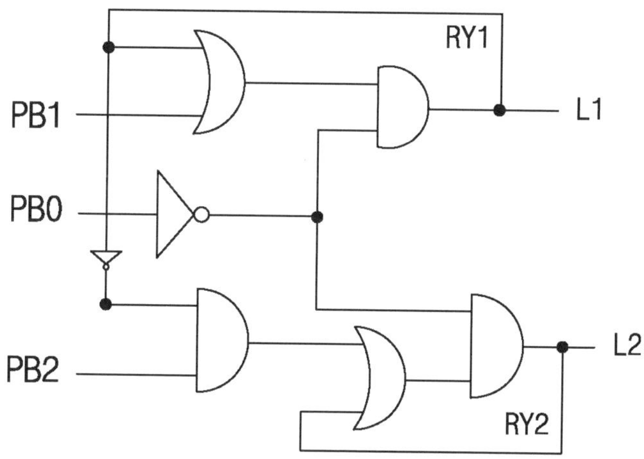

2) 전기 시퀀스 도면

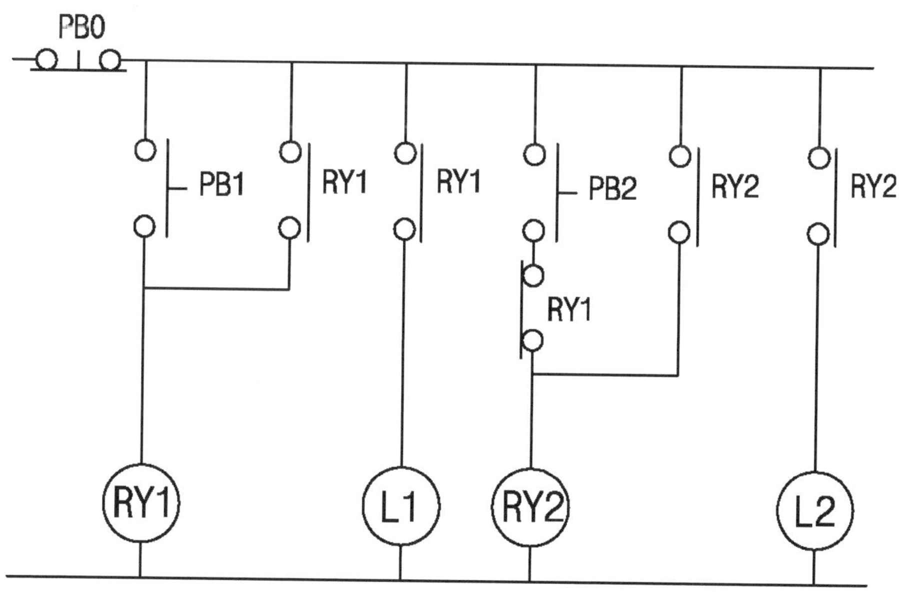

7 후입력우선회로

1) 논리게이트 변환 회로

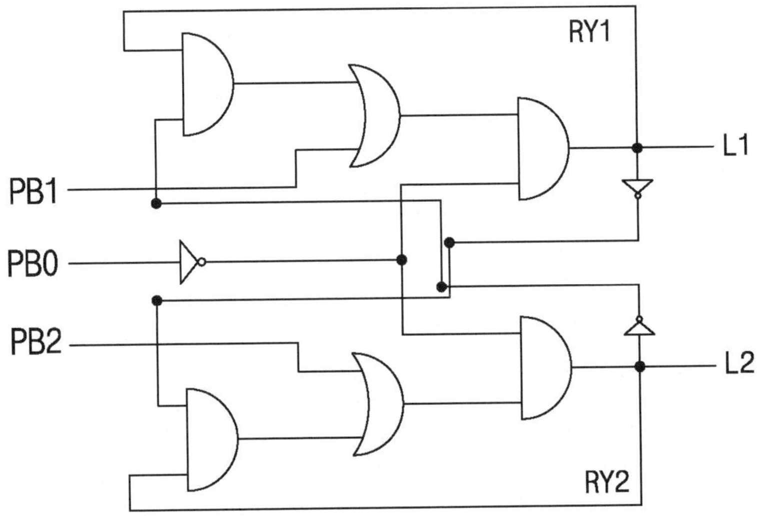

2) 전기 시퀀스 도면

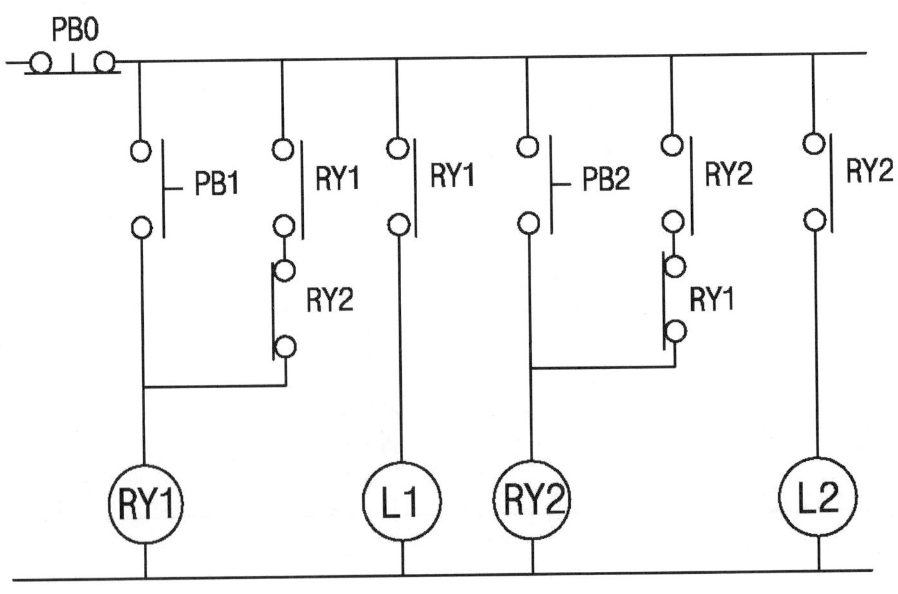

8 타이머 회로

1) 논리게이트 변환 회로

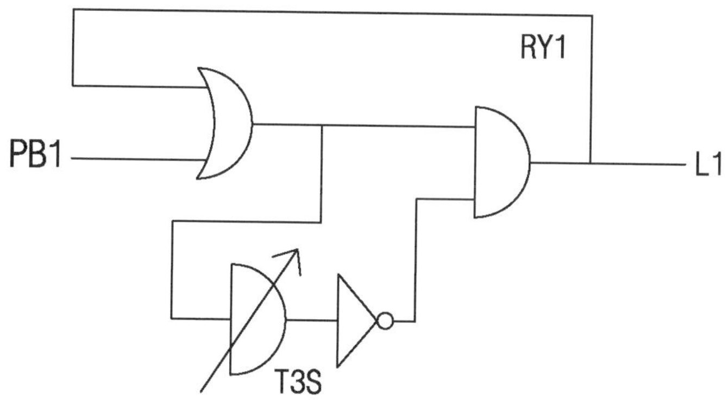

2) 전기 시퀀스 도면

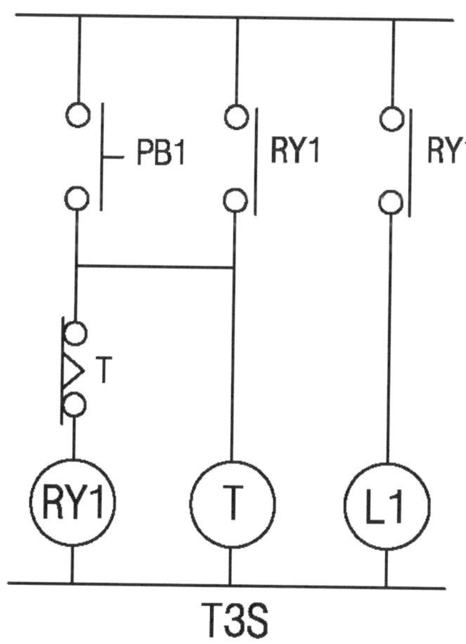

9 타이머 회로

1) 논리게이트 변환 회로

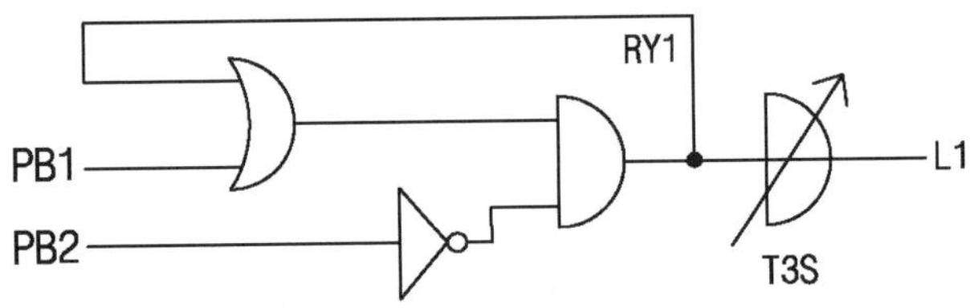

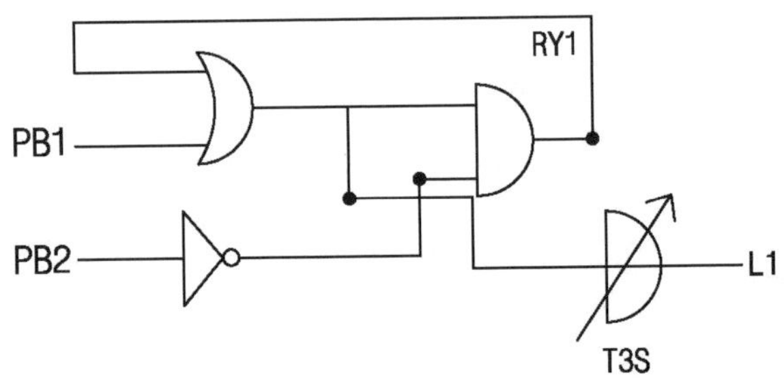

2) 전기 시퀀스 도면

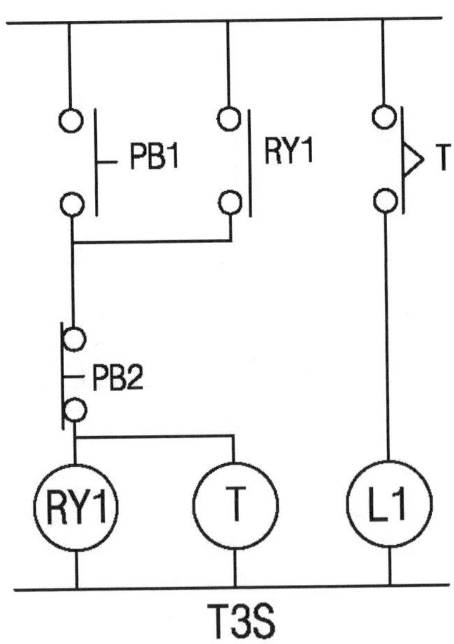

10 순시동작 한시복귀 타이머회로

1) 논리게이트 변환 회로

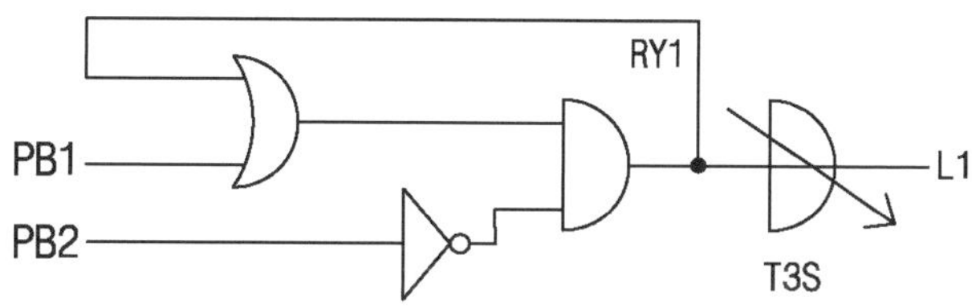

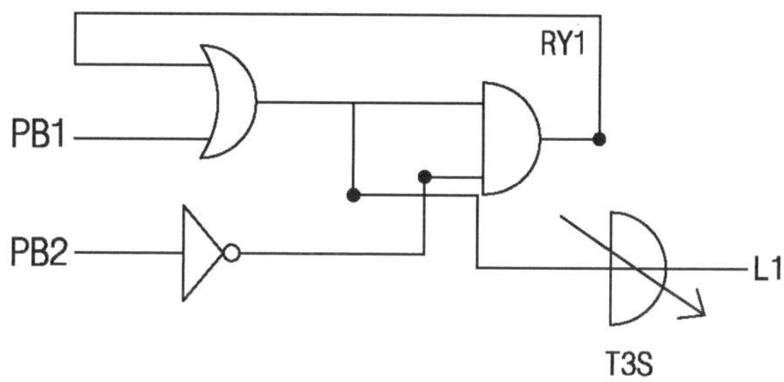

2) 전기 시퀀스 도면

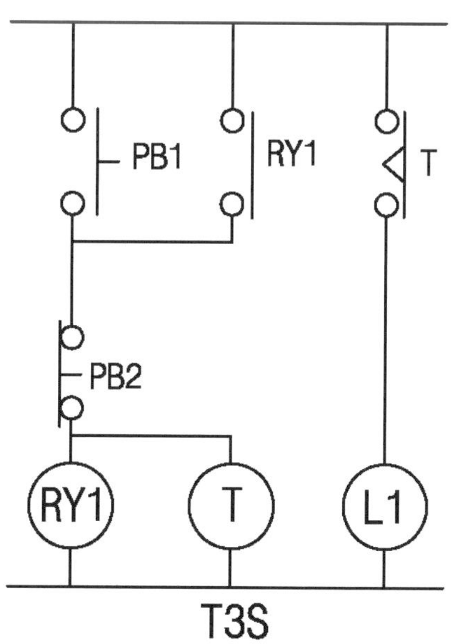

11 인터록 회로

1) 논리게이트 변환 회로

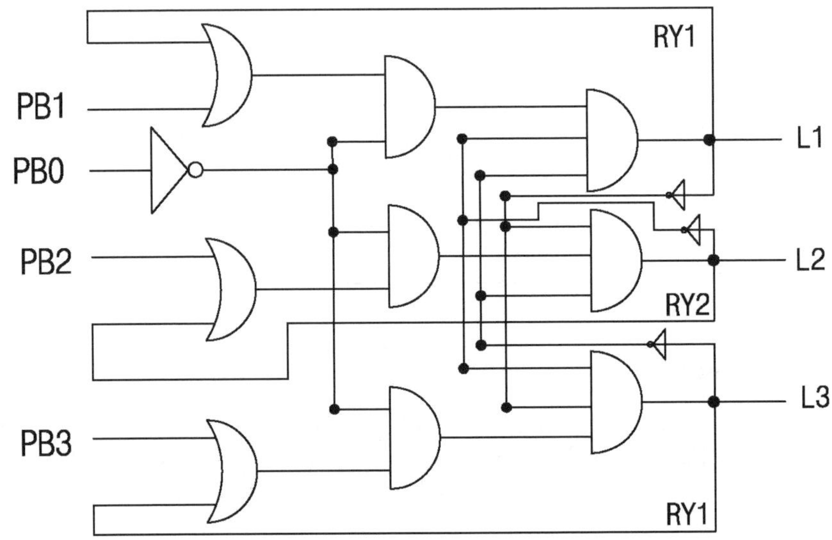

2) 전기 시퀀스 도면

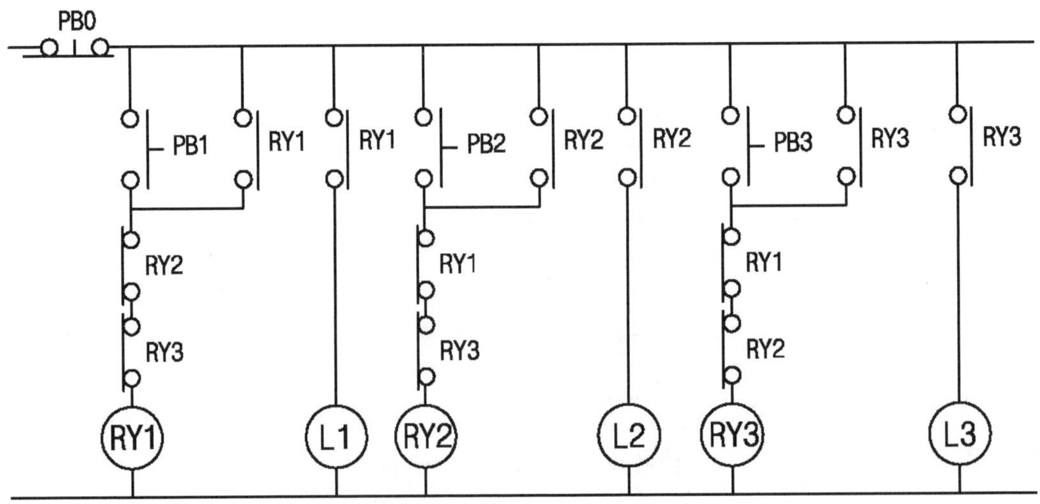

12 인터록 회로

PLC Control Technology

1) 논리게이트 변환 회로

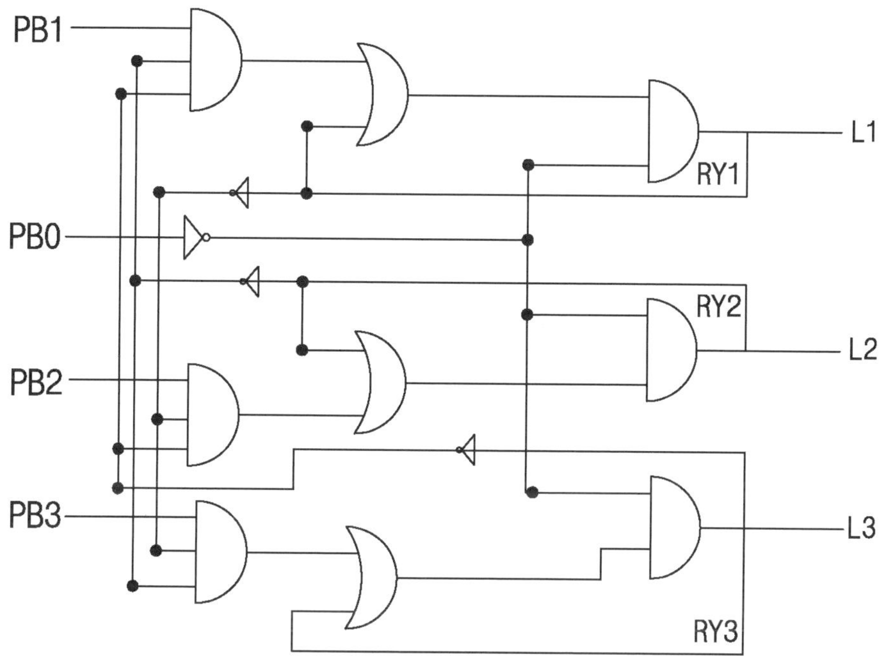

2) 전기 시퀀스 도면

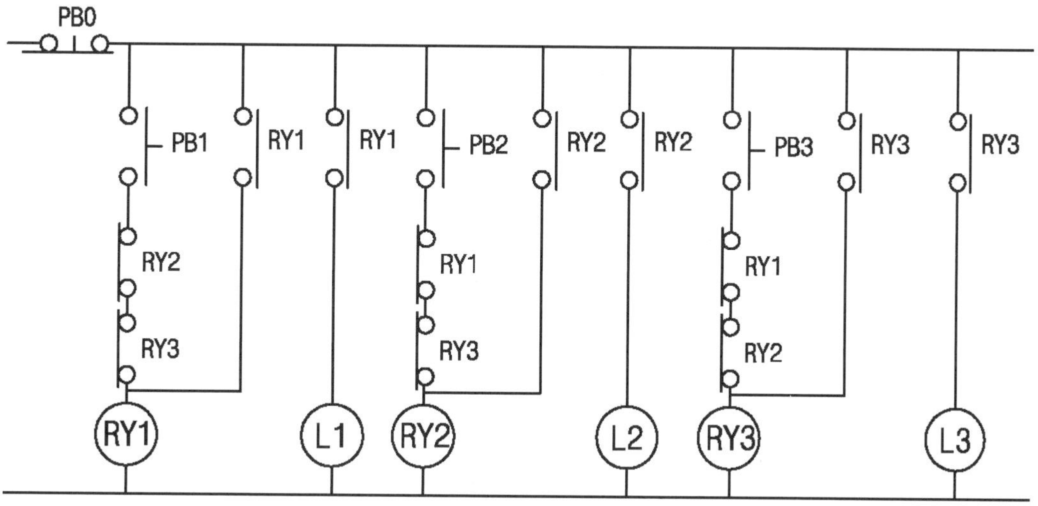

13 우선동작회로

1) 논리게이트 변환 회로

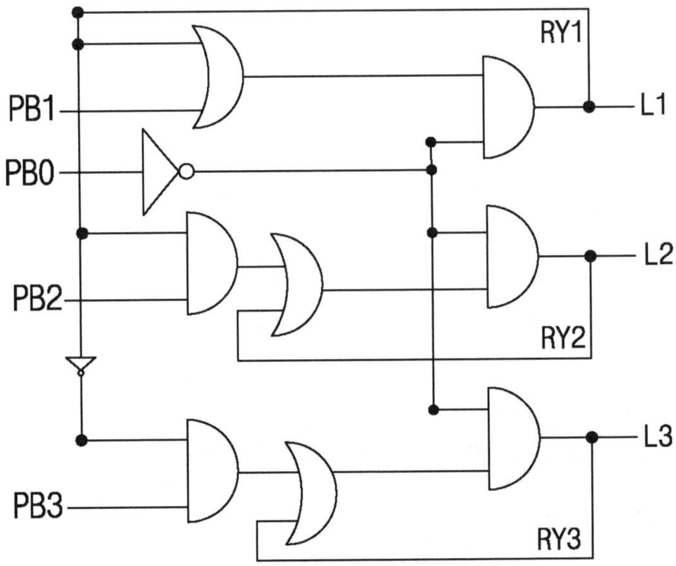

2) 전기 시퀀스 도면

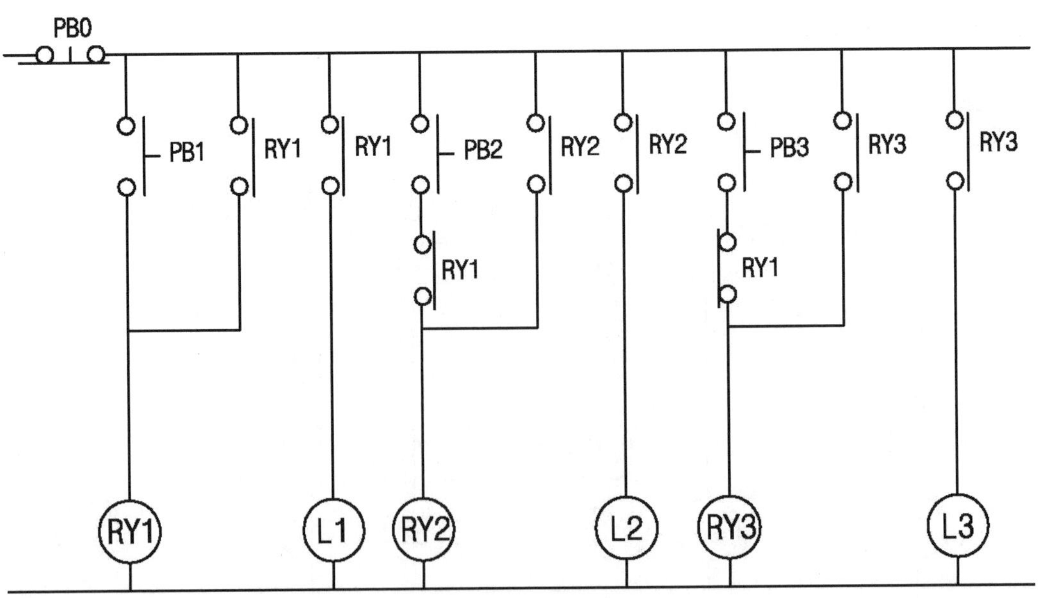

14 전전압기동회로(직입기동)

1) 논리게이트 변환 회로

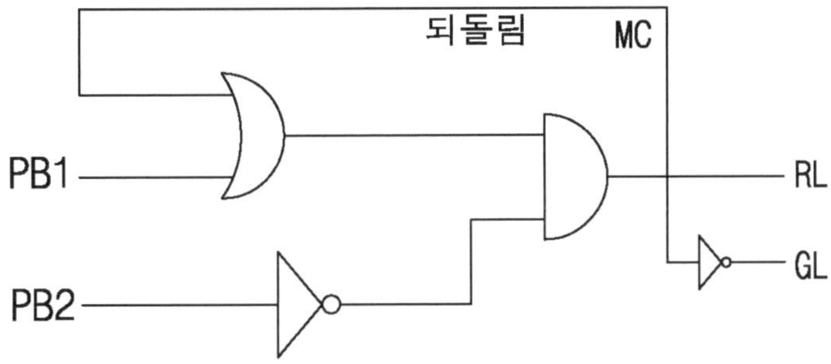

2) 전기 시퀀스 도면

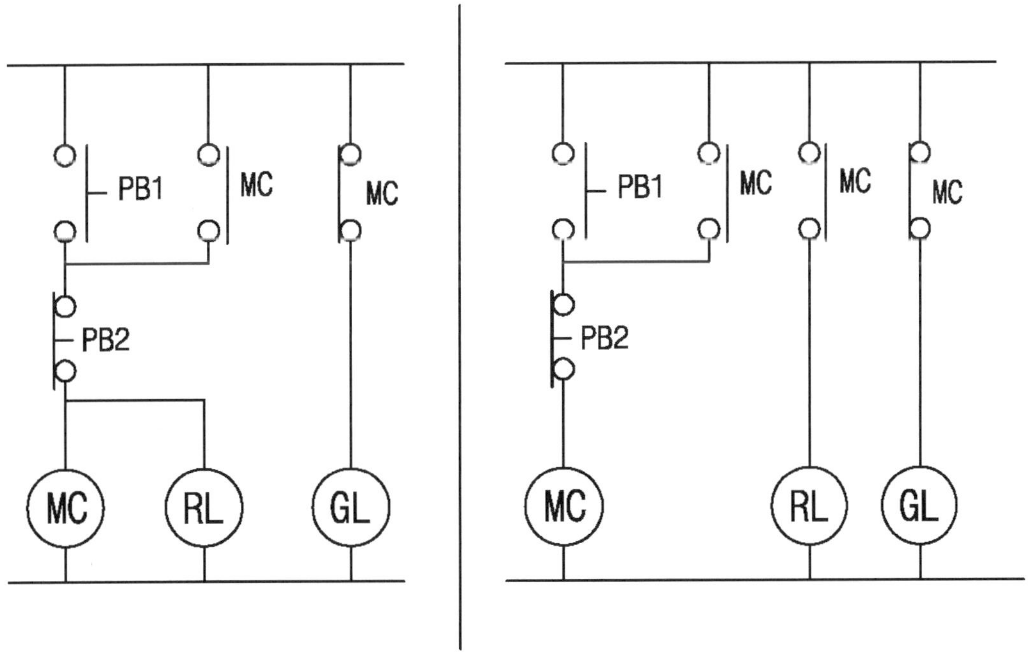

15 Y-Δ 회로

1) 논리게이트 변환 회로

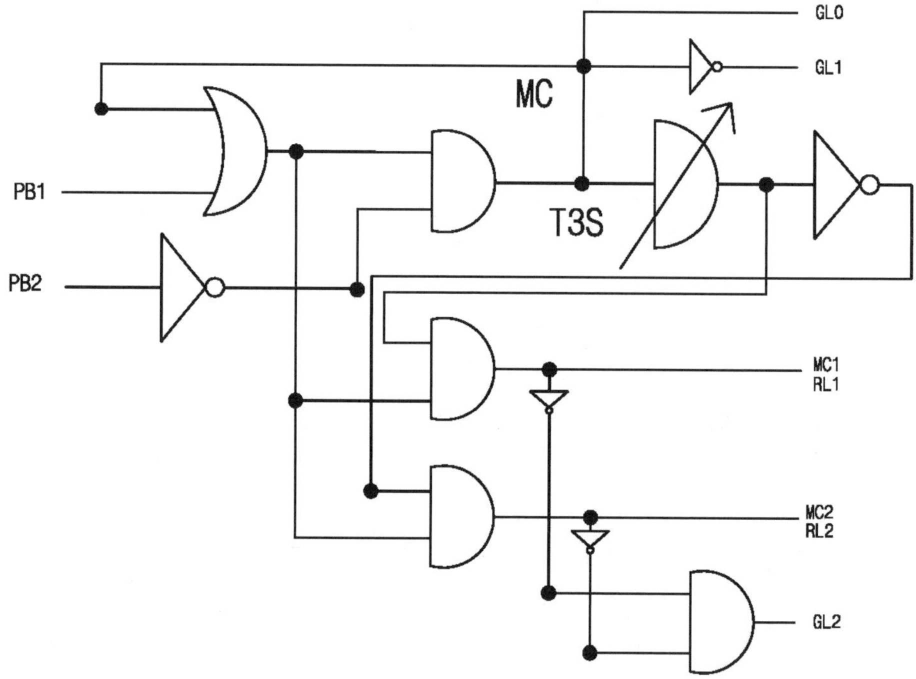

2) 전기 시퀀스 도면

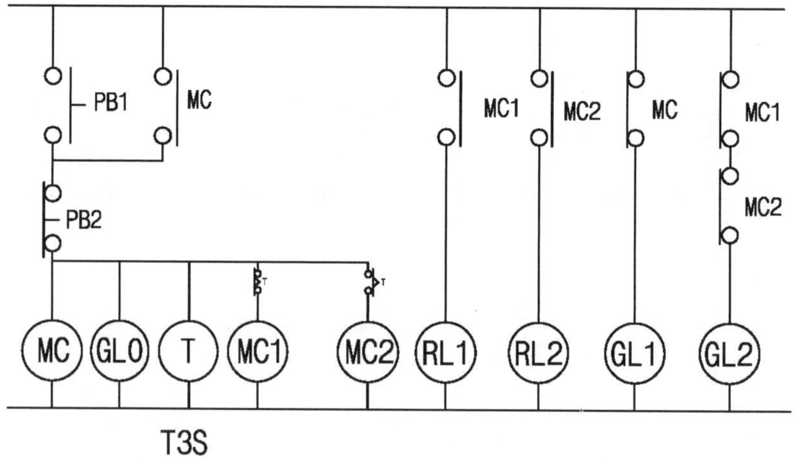

16 ONE SHOT 타이머회로

1) 논리게이트 변환 회로

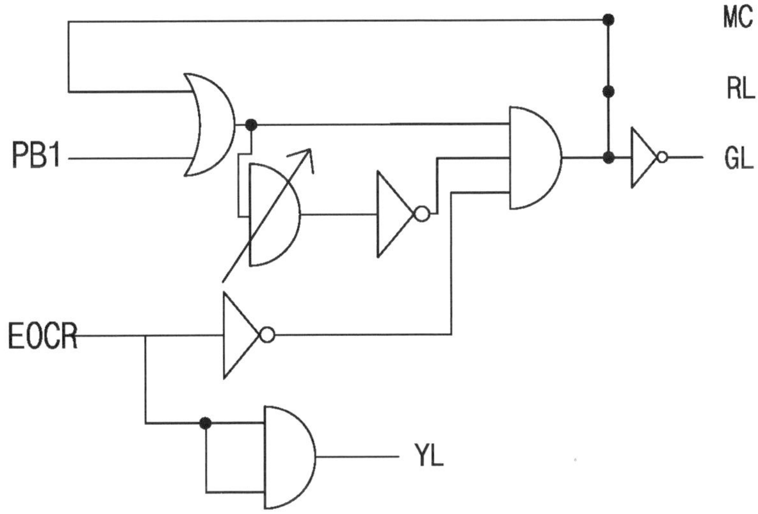

2) 전기 시퀀스 도면

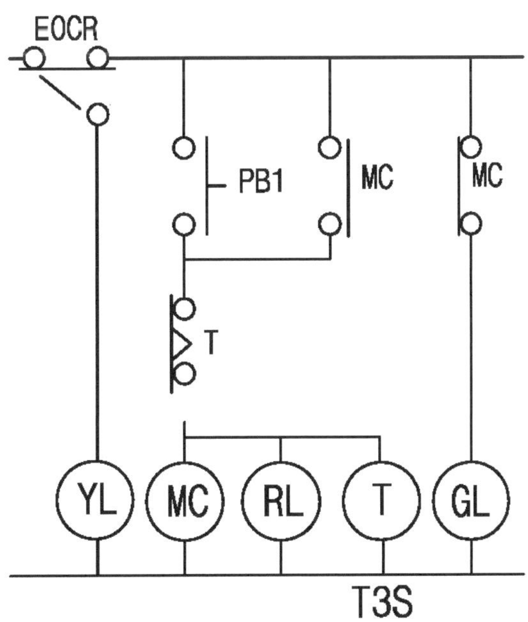

17 타이머회로

1) 논리게이트 변환 회로

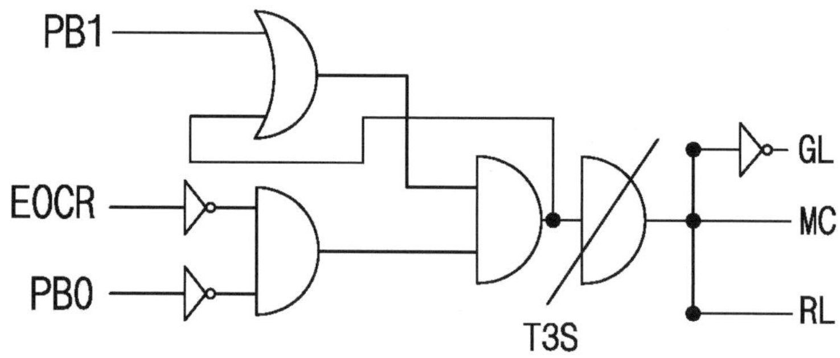

2) 전기 시퀀스 도면

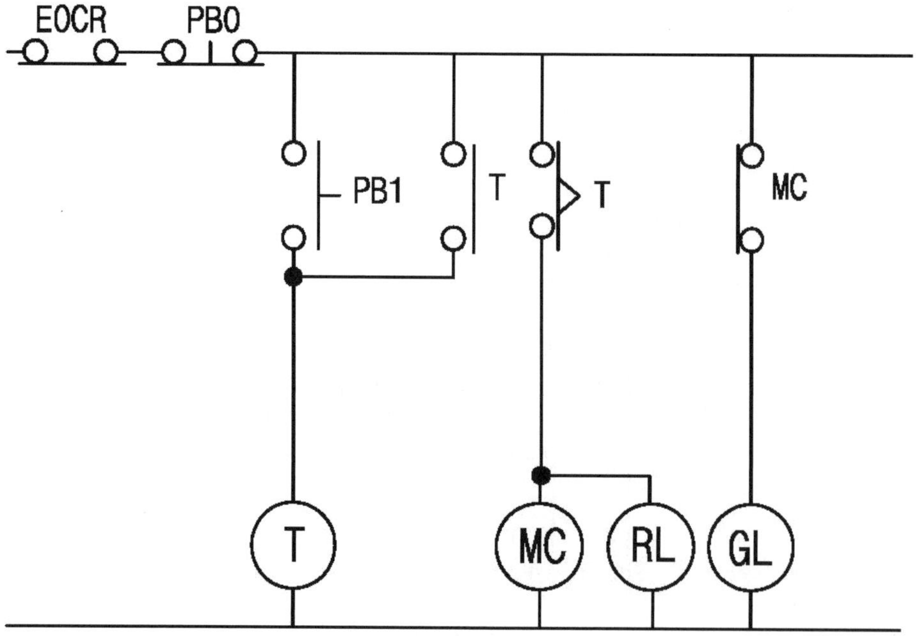

18 타이머회로

PLC Control Technology

1) 논리게이트 변환 회로

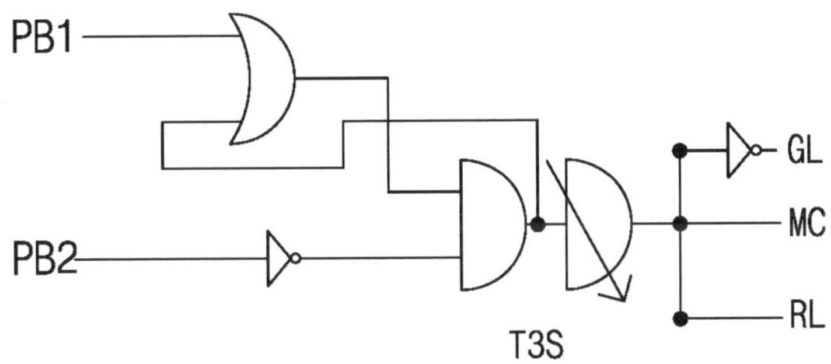

2) 전기 시퀀스 도면

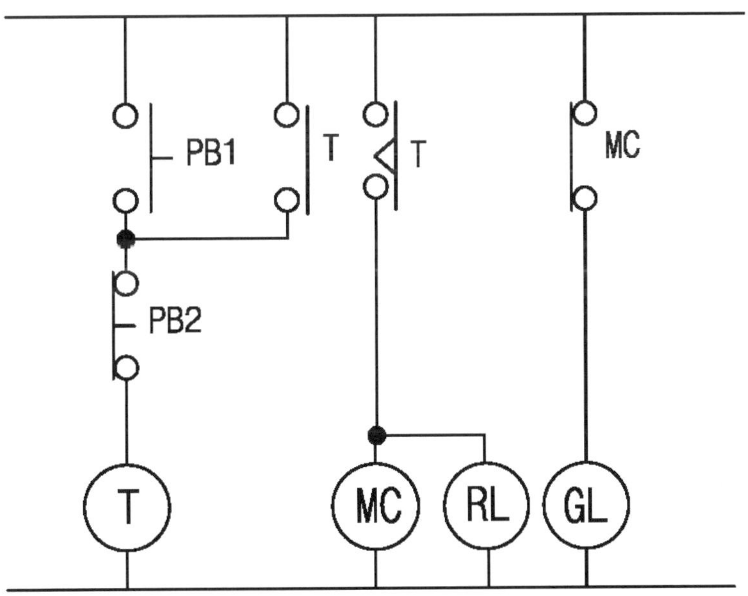

19 정 · 역 운전회로

1) 논리게이트 변환 회로

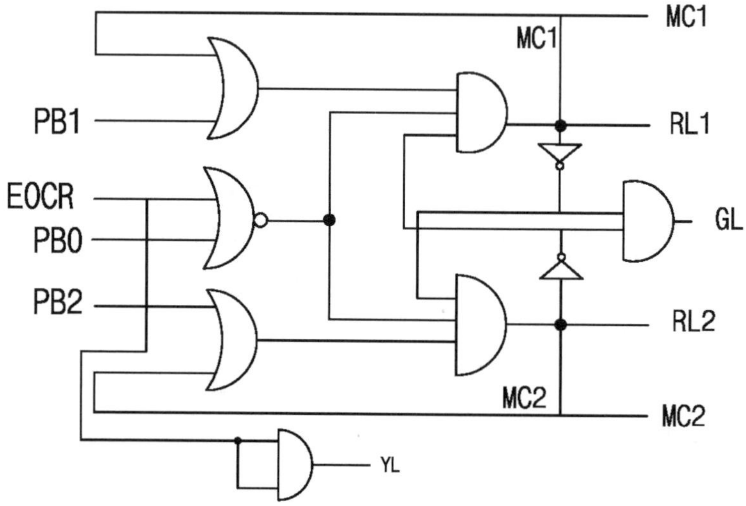

2) 전기 시퀀스 도면

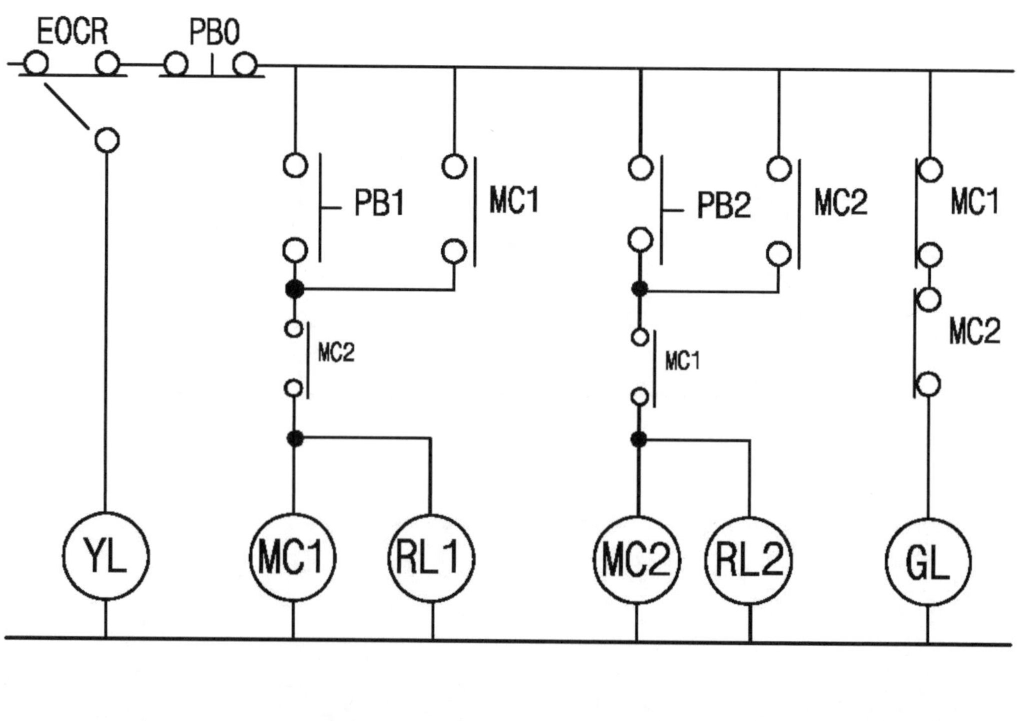

20 순차운전회로

1) 논리게이트 변환 회로

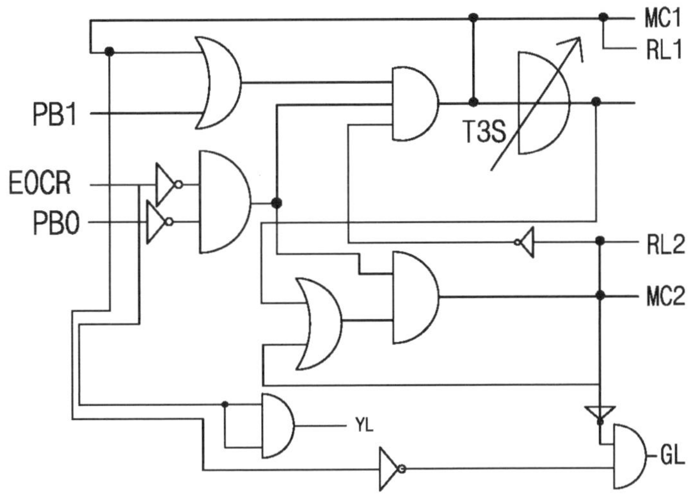

2) 전기 시퀀스 도면

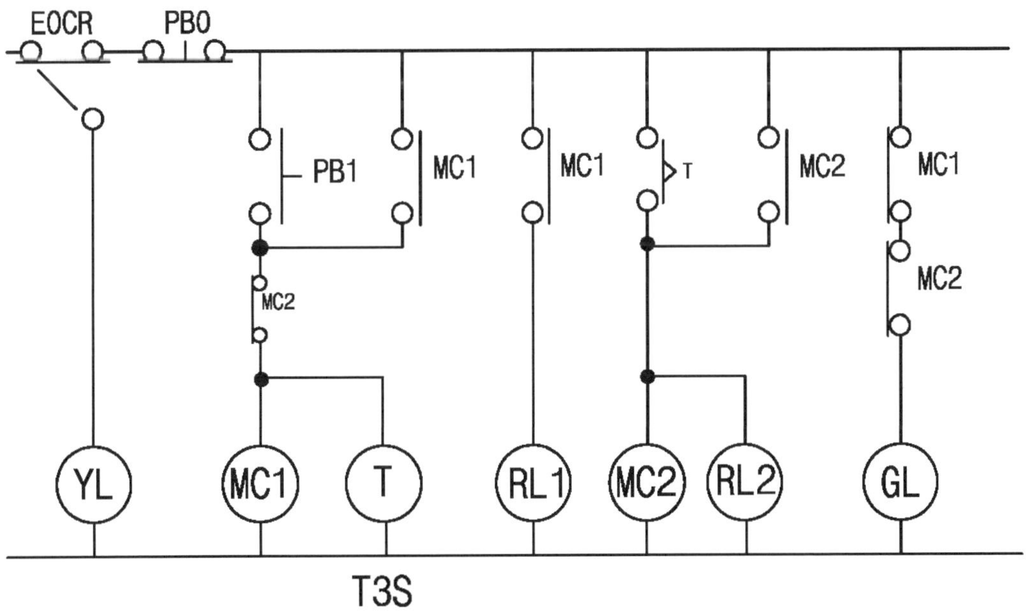

PLC 제어기술

발　　행 / 2024년 2월 29일

저　　자 / 원규식, 김대광, 이두용, 김원[illegible]

펴 낸 이 / 정 창 희

펴 낸 곳 / 동일출판사

주　　소 / 서울시 강서구 곰달래로31길7 (2층)

전　　화 / 02) 2608-8250

팩　　스 / 02) 2608-8265

등록번호 / 제109-90-92166호

ISBN 978-89-381-1178-4-93560

값 / 30,000원